中国科学院科学出版基金资助出版

"十一五"国家重点图书出版规划项目
现代化学基础丛书　27

配位化学

罗勤慧 等　编著

科学出版社
北　京

内 容 简 介

本书内容既包括经典的配位化学，又包括广义的配位化学。全书共分12章，前7章是配位化学基本性质和应用，包括配合物的成键理论、热力学、动力学、光化学、磁化学等。后5章为经典配位化学发展，包括有机金属配合物、超分子配合物、有机金属骨架(MOF)等新型配合物在生命科学、绿色化学、分子器件、信息科学中的应用及其生长点。由浅入深，循序渐进，旨在使读者有坚实的配位化学基础和全面的配位化学知识，还能更上一层楼，有所创新。

该书可作为大学生和研究生的教材及相关专业教师和研究人员的参考书。

图书在版编目(CIP)数据

配位化学 / 罗勤慧等编著.—北京：科学出版社，2012

（现代化学基础丛书；27）

ISBN 978-7-03-033658-3

Ⅰ.①配… Ⅱ.①罗… Ⅲ.①络合物化学 Ⅳ.①O641.4

中国版本图书馆CIP数据核字(2012)第031277号

责任编辑：朱 丽 韩 赞／责任校对：刘小梅
责任印制：赵 博／封面设计：王 浩

科学出版社 出版
北京东黄城根北街16号
邮政编码：100717
http://www.sciencep.com

北京富资园科技发展有限公司印刷
科学出版社发行 各地新华书店经销

*

2012年3月第 一 版　开本：720×1000 1/16
2025年7月第十二次印刷　印张：36 3/4
字数：706 000
定价：108.00元
(如有印装质量问题，我社负责调换)

《现代化学基础丛书》编委会

主　编　朱清时
副主编　（以姓氏拼音为序）
　　　　　江元生　林国强　佟振合　汪尔康
编　委　（以姓氏拼音为序）
　　　　　包信和　陈凯先　冯守华　郭庆祥
　　　　　韩布兴　黄乃正　黎乐民　吴新涛
　　　　　习　复　杨芃原　赵新生　郑兰荪
　　　　　卓仁禧

《现代化学基础丛书》序

如果把牛顿发表"自然哲学的数学原理"的 1687 年作为近代科学的诞生日,仅 300 多年中,知识以正反馈效应快速增长:知识产生更多的知识,力量导致更大的力量。特别是 20 世纪的科学技术对自然界的改造特别强劲,发展空前迅速。

在科学技术的各个领域中,化学与人类的日常生活关系最为密切,对人类社会的发展产生的影响也特别巨大。从合成 DDT 开始的化学农药和从合成氨开始的化学肥料,把农业生产推到了前所未有的高度,以致人们把 20 世纪称为"化学农业时代"。不断发明出的种类繁多的化学材料极大地改善了人类的生活,使材料科学成为了 20 世纪的一个主流科技领域。化学家们对在分子层次上的物质结构和"态-态化学"、单分子化学等基元化学过程的认识也随着可利用的技术工具的迅速增多而快速深入。

也应看到,化学虽然创造了大量人类需要的新物质,但是在许多场合中却未有效地利用资源,而且产生了大量排放物造成严重的环境污染,以至于目前有不少人把化学化工与环境污染联系在一起。

在 21 世纪开始之时,化学正在两个方向上迅速发展:一是在 20 世纪迅速发展的惯性驱动下继续沿各个有强大生命力的方向发展;二是全方位的"绿色化",即使整个化学从"粗放型"向"集约型"转变,既满足人们的需求,又维持生态平衡和保护环境。

为了在一定程度上帮助读者熟悉现代化学一些重要领域的现状,科学出版社组织编辑出版了这套《现代化学基础丛书》。丛书以无机化学、分析化学、物理化学、有机化学和高分子化学五个二级学科为主,介绍这些学科领域目前发展的重点和热点,并兼顾学科覆盖的全面性。丛书计划为有关的科技人员、教育工作者和高等院校研究生、高年级学生提供一套较高水平的读物,希望能为化学在新世纪的发展起积极的推动作用。

序

按照研究对象的复杂程度,科学可以分为上中下游。数学、物理学为上游,化学为中游,生物学、医学、农学、社会科学、技术科学和工程科学为下游。

上游科学的研究对象相对简单一些,但它研究的程度很深,往往建立了完整严谨的理论体系和实验方法;中游科学的研究对象比较复杂;下游科学更为复杂,往往要借用上游和中游科学的理论与实验方法。例如,分子生物学是现代生物学的一个重要分支,它是在分子水平上研究生物学,要借用化学的理论和实验方法。所以化学在科学的长河中,居于承上启下的中心地位。

配位化学是无机化学中发展最快的分支,现在已经超越无机化学,成为无机化学和有机化学的桥梁。它们之间的交叉形成金属有机化学、元素有机化学、簇合物化学、元素高分子化学、生物无机化学、超分子化学等。所以配位化学又成为 21 世纪化学二级和三级学科交叉的中心及创新学科的生长点。

该书作者罗勤慧教授在南京大学配位化学国家重点实验室从事配位化学的研究和教学数十年,对配位化学的发展和教学作出卓越的贡献。由她编写的《配位化学》即将出版,是化学界值得庆贺的一件大事。我有幸首先看到书稿,很高兴为该书写序。

书中对从 Werner 在 1892 年提出副价概念和配位理论到现代广义配位化学的发展历史作出简要清晰的介绍。例如,表 1.1 列出 27 个配位化学发展的里程碑,包括八项诺贝尔奖(获得者 18 人)的贡献。又如,配体 L 的概念最初是含有孤对电子的分子(我们把它记为 L^2,右上角的数字代表配体提供的成键电子数),与含有空轨道的中心金属原子或离子形成共价配键开始的。但现在配体扩充到 L^n,n 可以等于 $0,1,2,3,4,5,\cdots,2m,\cdots$。$n=0$ 时,不提供配位电子,而是从中心原子接受电子。$n=2m$ 时,是有 m 对配位电子的配体,如表 2.1 所示。还包括大环配体,如冠醚、穴醚等。配位还可以是含有 π 键的分子,如 η^2-π 配体、η^6-π 配体(如苯分子、环戊二烯基阴离子 Cp^- 等)。甚至含有 σ 键的 C—H 也可作为配体,形成所谓 agostic bond。

中心原子从金属原子扩充到阴离子,如书中图 1.1~图 1.6 所示。

有关配合物的化学键理论,已由价键理论扩充到分子轨道理论和配位场理论。

配位化学和当前的前沿科学（如生命科学、材料科学、环境科学）都有密切联系。超分子化学是广义的配位化学，书中都有专章详细介绍。

该书可作为大学本科生和研究生的教材，内容丰富多彩，一定可启迪读者创新的思路，从而推动配位化学向前发展。

徐光宪

2010年11月于北京大学

前　言

　　自 Werner 创建配位化学以来,配位化学迅猛发展,它打破了无机化学和有机化学之间的界限,迅速向生物、材料、信息等领域渗透,促进了多学科的交融和发展。特别是近年超分子化学的问世,超越了经典配位化学的成键模式,产生了配位超分子,自组装的笼形、螺旋形、栏栅形以及金属有机骨架(MOF)等新型配合物。以配合物为基础的自组装,是对传统合成方法的变革,并为合成大的聚集体纳米材料分子器件、分子机器等打下了基础。正如 1987 年诺贝尔化学奖获得者 J. M. Lehn 所指出:"超分子化学是广义的配位化学",它的注入,扩大了配位化学的视野,为配位化学注入了活力。由此可见,"配位化学已经不是无机化学的专章或分题","21 世纪的配位化学已远远超过无机化学的范围……而处在现代化学的中心地位","是一门充满活力的新型交叉边缘学科"。

　　鉴于配位化学及其相关学科蓬勃发展,新原理、新方法层出不穷,国内现有教材尚难满足时代需要,为此作者在数十年配位化学教学和科研基础上不揣冒昧尝试编写此书,作为 21 世纪的配位化学教材,供大学本科和研究生使用,也可供相关专业教师和研究人员参考。

　　本书共分 12 章,各章主要内容如下:第 1 章介绍从 Werner 配位化学到广义配位化学的历史发展和亲缘关系,深化对配位化合物的认识。第 2 章和第 3 章介绍配合物的立体化学和化学键理论。第 4~7 章概述配合物的热力学、动力学、光化学和磁化学等基本性质及其应用。第 8~10 章为有机金属配合物、簇合物,等瓣类似性原理和配位催化及生物体系中的配位化学。第 11 章和第 12 章介绍与配位化合物有关的超分子,超分子自组装及其在分子器件、信息科学等领域中的生长点及其应用。本书前 6 章可作为本科生基本教材,后 6 章供研究生进一步学习之用。

　　在编写本书过程中,力求实现教材的基础性和完整性,并兼顾到其应用和发展。从经典配位化学到广义的配位化学,反映了当代配位化学发展的前沿,内容由浅入深,循序渐进,既注意基本概念、研究思路和研究方法的阐述,又注意配位化学的应用和新的生长点,旨在使读者具有坚实的配位化学基础和较全面的知识,还能更上一层楼,有所创新。本书既反映学科的交叉,又避免与相关课程间的重复,在取舍上做到有的放矢,各有侧重。全书用语规范,术语统一,摒弃过时的概念和术语,引入了新内容,使内容简明,易于学习。

作者虽有以上愿望,但无奈才识有限,加之成稿匆促,疏漏和不妥之处在所难免,尚祈国内外专家及读者指正。本书第 7 章磁化学部分由郑丽敏教授撰写,在此表示感谢。最后谨以此书献给我的恩师、我国配位化学的开拓者和奠基人——已故戴安邦院士。

罗勤慧

2011 年 9 月于南京大学

致 谢

徐光宪院士为本书作序,在此深为感激。

感谢中国科学院科学出版基金的资助,使本书得以顺利出版。在本书写作过程中,得到游效曾院士的关怀和帮助。郑丽敏教授对本书给予人力物力的大力支持和帮助,并撰写"配合物的磁性"一章。此外,本书编写还得到陈秋云教授的支持和帮助。沈孟长教授为全书文字润色并对内容取舍提出宝贵意见。魏斌硕士、黄吉硕士、鲍松松博士等不辞辛劳,帮助录入和整理书稿,在此一并致谢。

本书的部分内容和图表取自相关文献和以下著作:①Miessler G L, Donald A T. Inorganic Chemistry(影印版). 北京:高等教育出版社,2004,Chap10,Chap11;②Mocleverty J A, Meyel T J. Comprehensive Coordination Chemistry Ⅱ. Boston:Elsevier Pergamon, 2004;③Gispert J R. Coordination Chemistry. Weinheim Verlag:Wiley-VCH GmbH & Co. KGaA,2008;④Steed J W, Atwood J L. Supramolecular Chemistry, Chichester:John Wiley & Son,2000。特此致谢。

目 录

《现代化学基础丛书》序
序
前言
致谢

第1章 绪论 ········· 1
  1.1 配位化合物的特征 ········· 1
  1.2 配位化学发展的里程碑 ········· 2
    1.2.1 配位化学的诞生和Werner的配位理论 ········· 3
    1.2.2 配位化学的生长时期 ········· 9
    1.2.3 配位化学的扩展时期 ········· 12
    1.2.4 配位化合物定义的深化 ········· 15
  1.3 配合物的中文和英文命名法 ········· 16
    1.3.1 中文命名法 ········· 16
    1.3.2 英文命名法 ········· 18
    1.3.3 冠醚、穴醚及其配合物的命名 ········· 21
  1.4 配位化学在国民经济中的作用 ········· 23
    1.4.1 金属配合物在染色过程中的作用 ········· 23
    1.4.2 元素的分析和分离 ········· 24
    1.4.3 有机金属配合物作为催化剂 ········· 26
    1.4.4 金属药物 ········· 27
    1.4.5 生物转化及其模拟 ········· 28
    1.4.6 配合物与纳米技术和分子器件 ········· 29
  小结 ········· 31
  习题 ········· 31
  参考文献 ········· 33

第2章 配位化合物的立体化学 ········· 34
  2.1 配体和配合物的类型及分类 ········· 34
    2.1.1 螯合配体 ········· 36
    2.1.2 桥联配体 ········· 36
    2.1.3 大环配体 ········· 37

2.2 配合物的空间结构 ·· 40
　　2.2.1 中心原子的配位数和配合物的空间结构的关系 ····················· 40
　　2.2.2 影响因素 ·· 53
2.3 大环配合物的空腔大小和结构的关系 ·· 54
2.4 配合物的异构现象 ·· 56
　　2.4.1 几何异构现象 ·· 57
　　2.4.2 手性异构现象 ·· 58
　　2.4.3 组分异构现象 ·· 72
小结 ·· 74
习题 ·· 75
参考文献 ·· 76

第3章 配合物的化学键理论 ·· 77
3.1 价键理论 ··· 77
　　3.1.1 价键理论的基本内容 ·· 77
　　3.1.2 价键理论的应用与局限性 ···································· 81
3.2 晶体场理论 ·· 81
　　3.2.1 八面场中轨道的分裂 ·· 81
　　3.2.2 轨道能量 ·· 83
　　3.2.3 晶体场中电子的排布及晶体场稳定化能 ····················· 86
　　3.2.4 晶体场分裂能与光谱化学序 ·································· 88
　　3.2.5 Jahn-Teller 效应 ·· 91
　　3.2.6 晶体场理论的应用举例 ·· 94
3.3 配体场理论 ·· 96
　　3.3.1 从晶体场理论到分子轨道理论 ································ 96
　　3.3.2 配合物 σ 分子轨道的组成 ····································· 97
　　3.3.3 有 π 键的八面体配合物 ······································· 100
　　3.3.4 正四面体的分子轨道 ·· 104
3.4 角重叠模型 ·· 105
　　3.4.1 基本论点 ·· 105
　　3.4.2 影响 e_σ 和 e_π 的因素 ·· 111
　　3.4.3 键型的解释 ··· 112
　　3.4.4 角重叠模型的应用 ··· 114
3.5 配合物的电子光谱 ··· 118
　　3.5.1 电子光谱的类型和光谱的选律 ································ 118
　　3.5.2 谱项 ··· 119

  3.5.3 谱项能级图 ········ 122
  3.5.4 电荷转移光谱 ········ 130
小结 ········ 132
习题 ········ 133
参考文献 ········ 134

第4章 配位化合物的热力学性质 ········ 135
 4.1 配离子在溶液中的离解稳定性 ········ 135
  4.1.1 稳定常数表示方法 ········ 135
  4.1.2 各级配离子在溶液中的分布 ········ 137
  4.1.3 配位反应热力学函数和稳定常数的关系 ········ 138
 4.2 中心原子性质对配合物稳定性的影响 ········ 139
  4.2.1 中心原子在周期表中的位置 ········ 139
  4.2.2 软-硬酸碱原则 ········ 141
  4.2.3 Irving-William 序列 ········ 143
 4.3 螯合物的稳定性 ········ 145
  4.3.1 成环作用对配合物稳定性的影响 ········ 145
  4.3.2 螯合效应 ········ 146
  4.3.3 配体的其他性质对稳定性的影响 ········ 148
 4.4 大环配合物的热力学性质 ········ 150
  4.4.1 互补性和选择性 ········ 150
  4.4.2 大环配合物的稳定性 ········ 151
  4.4.3 大环效应 ········ 154
  4.4.4 预组织效应 ········ 155
 4.5 配合物在溶液中的氧化还原稳定性 ········ 157
  4.5.1 简单离子和配离子氧化还原作用的不同 ········ 157
  4.5.2 影响配离子氧化还原稳定性的因素 ········ 159
 4.6 配位作用稳定中心原子的不常见氧化态 ········ 163
  4.6.1 稳定不常见氧化态的配体 ········ 163
  4.6.2 稳定作用的原因 ········ 164
  4.6.3 大环稳定不常见的氧化态 ········ 165
 4.7 稳定常数的测定举例 ········ 166
  4.7.1 基本概念 ········ 166
  4.7.2 吸收光谱法 ········ 168
  4.7.3 核磁共振光谱 ········ 171
  4.7.4 pH-电位法 ········ 174

  4.7.5 用计算机计算稳定常数 ·················· 179
小结 ·················· 183
习题 ·················· 184
参考文献 ·················· 187

第5章 配位化合物的反应动力学及反应机理 ·················· 189
5.1 基本概念 ·················· 189
  5.1.1 配合物的反应及其研究方法 ·················· 189
  5.1.2 势能曲线 ·················· 191
  5.1.3 活化参数 ·················· 192
5.2 配体的取代反应 ·················· 193
  5.2.1 活性配合物和惰性配合物 ·················· 193
  5.2.2 取代反应机理的分类 ·················· 193
  5.2.3 影响取代反应速率的因素 ·················· 195
  5.2.4 八面体配合物取代反应的速率方程 ·················· 198
  5.2.5 机理的实验验证 ·················· 201
5.3 八面体配合物的配体取代反应 ·················· 204
  5.3.1 水的交换动力学 ·················· 204
  5.3.2 线性自由能关系 ·················· 206
  5.3.3 碱式水解:共轭碱机理 ·················· 207
  5.3.4 取代反应的立体化学 ·················· 209
5.4 平面正方形配合物的取代反应 ·················· 212
  5.4.1 平面正方形配合物的取代反应机理 ·················· 212
  5.4.2 反位效应和反位影响 ·················· 214
  5.4.3 进入配体的亲核性 ·················· 218
5.5 氧化还原反应 ·················· 221
  5.5.1 外层机理 ·················· 222
  5.5.2 电子转移的内层机理 ·················· 230
  5.5.3 外层机理和内层机理的区别 ·················· 235
小结 ·················· 236
习题 ·················· 237
参考文献 ·················· 238

第6章 配合物的光化学 ·················· 239
6.1 光化学基本原理 ·················· 239
  6.1.1 光的吸收和发射 ·················· 239
  6.1.2 Stock频移 ·················· 241

    6.1.3 光谱敏化、能量转移和电子转移 ………………………………… 242
  6.2 荧光光谱 ……………………………………………………………… 243
    6.2.1 激发光谱和荧光发射光谱 ……………………………………… 243
    6.2.2 荧光参数 ………………………………………………………… 244
  6.3 主要的光化学反应 …………………………………………………… 246
    6.3.1 非氧化还原反应 ………………………………………………… 246
    6.3.2 光氧化还原反应 ………………………………………………… 248
  6.4 光学活性配合物 ……………………………………………………… 249
    6.4.1 以多吡啶为基础的配合物 ……………………………………… 249
    6.4.2 镧系配合物 ……………………………………………………… 251
    6.4.3 卟啉及其相关配合物 …………………………………………… 255
    6.4.4 树枝状聚合物——收集光的天线系统 ………………………… 255
  6.5 光能的转化和储存 …………………………………………………… 259
    6.5.1 基本原理 ………………………………………………………… 259
    6.5.2 通过光异构化反应储能 ………………………………………… 260
    6.5.3 氧化还原反应光解水 …………………………………………… 261
  6.6 非线性光学材料 ……………………………………………………… 264
    6.6.1 非线性光学效应的起源 ………………………………………… 264
    6.6.2 非线性光学材料的设计 ………………………………………… 265
    6.6.3 有 NOL 效应的配合物举例 …………………………………… 267
  小结 ………………………………………………………………………… 268
  习题 ………………………………………………………………………… 268
  参考文献 …………………………………………………………………… 270

第7章 配合物的磁性 ……………………………………………………… 271
  7.1 基本概念 ……………………………………………………………… 271
  7.2 物质的顺磁性 ………………………………………………………… 273
    7.2.1 唯自旋型体系的顺磁性 ………………………………………… 273
    7.2.2 van Vleck 方程 ………………………………………………… 276
    7.2.3 轨道磁矩的猝灭 ………………………………………………… 279
    7.2.4 自旋-轨道耦合 ………………………………………………… 280
  7.3 物质的抗磁性 ………………………………………………………… 282
    7.3.1 抗磁性产生的原因和 Pascal 常数 …………………………… 282
    7.3.2 磁化率的测定 …………………………………………………… 283
  7.4 磁性离子之间的相互作用 …………………………………………… 284
    7.4.1 反铁磁性相互作用和铁磁相互作用 …………………………… 284

7.4.2 分子轨道的诠释 ················· 285
7.4.3 交换作用的磁参数 ··············· 287
7.4.4 磁相互作用模型及影响作用的因素 ····· 289
7.5 自旋交叉配合物 ······················ 292
7.5.1 自旋交叉配合物的产生 ············ 292
7.5.2 自旋转换曲线 ··················· 293
7.6 分子磁体 ··························· 294
7.6.1 概述 ·························· 294
7.6.2 铁磁体和反铁磁体 ··············· 295
7.6.3 有代表性的分子磁体 ············· 296
小结 ································· 305
习题 ································· 305
参考文献 ······························ 306

第8章 有机金属配合物 ···················· 307

8.1 有机金属配合物简介 ·················· 307
8.1.1 特点 ·························· 307
8.1.2 配合物和配体的命名 ············· 309
8.2 18电子规则 ························ 310
8.2.1 价电子数目的计算 ··············· 310
8.2.2 价电子为18的配合物为什么稳定 ···· 313
8.3 羰基配合物及其类似物 ················ 316
8.3.1 合成 ·························· 317
8.3.2 羰基配合物的结构 ··············· 317
8.3.3 配位羰基的红外振动频率和键长 ···· 319
8.3.4 主族元素和二元羰基配合物间的平行关系 ··· 322
8.3.5 与羰基相关的配体 ··············· 324
8.3.6 氢根和双氢配合物 ··············· 329
8.4 有机的 π-体系的配合物 ··············· 330
8.4.1 烯烃配合物 ···················· 330
8.4.2 烯丙基型配合物 ················· 333
8.4.3 金属茂配合物 ·················· 335
8.5 富勒烯及其配合物 ··················· 341
8.5.1 结构和性质 ···················· 341
8.5.2 富勒烯配合物 ·················· 342
8.6 含 M—C、M=C、M≡C 键的配合物 ········ 346

8.6.1 烷基及相关配合物 ... 346
8.6.2 卡宾配合物 ... 347
8.6.3 卡拜配合物 ... 350
8.7 有机金属配合物的谱学表征 ... 350
8.7.1 红外光谱 ... 351
8.7.2 核磁共振谱 ... 354
8.7.3 配合物表征举例 ... 357
小结 ... 359
习题 ... 360
参考文献 ... 361

第9章 等瓣类似性、簇状配合物和配位催化 ... 362
9.1 等瓣类似性原理 ... 362
9.1.1 等瓣类似性 ... 362
9.1.2 等瓣类似性的推广 ... 366
9.1.3 等瓣类似性的应用举例 ... 369
9.2 簇状配合物 ... 371
9.2.1 分类和形成条件 ... 371
9.2.2 骨架成键理论 ... 375
9.2.3 羰基金属簇的性质 ... 383
9.2.4 其他配体的金属簇 ... 385
9.2.5 金属簇的应用 ... 389
9.3 配位催化的基元反应 ... 390
9.3.1 配体的离解和取代 ... 391
9.3.2 氧化加成 ... 392
9.3.3 还原消去 ... 394
9.3.4 亲核取代反应 ... 394
9.3.5 插入反应 ... 395
9.3.6 氢根消去反应 ... 397
9.3.7 环金属化反应 ... 398
9.4 几种典型的催化反应 ... 399
9.4.1 氢甲酰化过程 ... 399
9.4.2 由甲醇制乙酸(Monsanto)过程 ... 401
9.4.3 烯烃的氢化(Wilkinson催化剂) ... 402
9.4.4 乙烯氧化制备乙醛(Wacker或Smidt过程) ... 404
9.4.5 烯烃聚合催化剂 ... 407

9.4.6 配体性质对催化活性的影响 …… 408
9.4.7 催化反应中的 agostic 作用 …… 409
小结 …… 411
习题 …… 412
参考文献 …… 413

第 10 章 生命过程中的配位化学 …… 414

10.1 生物体内的金属离子和配体 …… 414
10.1.1 与环境有关的配体 …… 415
10.1.2 蛋白质中氨基酸作为配体 …… 415
10.1.3 大环配体 …… 416

10.2 卟啉及其配合物简介 …… 416
10.2.1 卟啉的结构特征 …… 416
10.2.2 卟啉铁（Ⅱ）配合物 …… 417

10.3 血红蛋白和肌红蛋白 …… 418
10.3.1 血红蛋白的化学环境 …… 418
10.3.2 血红蛋白和肌红蛋白的氧合能力 …… 420
10.3.3 人工载氧体 …… 422
10.3.4 双氧配合物的结构 …… 425

10.4 传递电子的蛋白质 …… 426
10.4.1 细胞色素 c …… 426
10.4.2 铁硫蛋白 …… 427

10.5 叶绿素 …… 428
10.5.1 叶绿素的结构 …… 428
10.5.2 光合作用 …… 429

10.6 金属酶及其模拟 …… 430
10.6.1 金属酶的特点 …… 430
10.6.2 如何模拟金属酶 …… 431

10.7 细胞色素 P450 …… 432
10.7.1 结构和反应机理 …… 432
10.7.2 结构和功能的模拟 …… 434

10.8 辅酶 B_{12} …… 435

10.9 固氮酶 …… 437
10.9.1 固氮酶的结构 …… 437
10.9.2 固氮酶的模拟研究 …… 439

10.10 具防御功能的超氧化物酶 …… 442

10.10.1 存在和功能 ·· 442
10.10.2 超氧化物歧化酶的结构 ······································ 442
10.10.3 歧化·O_2^- 的机理 ··· 443
10.10.4 超氧化物歧化酶的模拟 ····································· 446
10.11 双核铁家族 ··· 449
10.11.1 蚯蚓血红蛋白 ·· 449
10.11.2 甲烷单加氧酶 ·· 449
10.12 与绿色化学有关的金属酶 ·· 451
10.12.1 氯过氧化物酶和棘根过氧化物酶 ····························· 452
10.12.2 木质素过氧化物酶和锰过氧化物酶 ··························· 453
10.12.3 锰过氧化氢酶 ·· 454
10.13 生物体内钠钾浓度的控制 ·· 456
10.13.1 细胞膜外钠钾浓度的差别 ···································· 456
10.13.2 细胞膜的结构 ·· 456
10.13.3 大环作为离子载体模型 ····································· 458
10.14 金属药物 ·· 460
10.14.1 顺铂及其相关配合物 ·· 460
10.14.2 与糖尿病有关的配合物 ····································· 463
10.14.3 治疗关节炎的金配合物 ····································· 464
小结 ··· 465
习题 ··· 466
参考文献 ··· 467

第11章 超分子配合物 ··· 468
11.1 从配位化学到超分子化学 ·· 468
11.1.1 主-客体化学概念的建立 ····································· 468
11.1.2 主-客体化学的定义和命名 ··································· 469
11.2 主-客体化合物 ··· 471
11.2.1 阳离子键合的主体 ·· 471
11.2.2 键合阴离子的主体和阴离子的配位化学 ······················ 473
11.2.3 环糊精和包合物 ·· 476
11.2.4 杯芳烃 ··· 478
11.2.5 囚醚和囚合物 ·· 480
11.3 什么是超分子 ··· 484
11.4 超分子的基本功能 ··· 491
11.4.1 分子识别和选择性 ·· 491

11.4.2 转换和易位及催化 …… 492
11.5 合成方法 …… 493
 11.5.1 模板效应 …… 493
 11.5.2 高稀度效应 …… 495
11.6 一些有代表性的配位超分子 …… 496
 11.6.1 索烃、轮烷和分子结 …… 496
 11.6.2 螺旋形分子 …… 501
小结 …… 506
习题 …… 506
参考文献 …… 507

第12章 超分子自组装和超分子器件 …… 508
12.1 什么是超分子自组装 …… 508
 12.1.1 自组装的基本概念 …… 508
 12.1.2 研究自组装的目的 …… 509
12.2 金属配合物的自组装 …… 510
 12.2.1 金属配合物的自组装的特点 …… 510
 12.2.2 设计原理 …… 511
 12.2.3 立方体的自组装 …… 513
 12.2.4 配合物组装纳米反应器 …… 515
12.3 金属阵列的自组装 …… 517
 12.3.1 分子梯和架结构 …… 517
 12.3.2 栅栏型金属阵列 …… 519
12.4 晶体工程 …… 520
 12.4.1 简介 …… 520
 12.4.2 无限结构的配位聚合物的设计原理 …… 521
 12.4.3 合成方法 …… 524
 12.4.4 多孔型配位聚合物 …… 525
12.5 超分子器件 …… 528
 12.5.1 什么是超分子器件 …… 528
 12.5.2 超分子器件研究涉及的范围 …… 528
 12.5.3 分子插头和插口 …… 531
 12.5.4 分子开关 …… 533
 12.5.5 荧光分子传感器 …… 535
12.6 分子机器 …… 540
 12.6.1 以过渡金属配合物为基础的分子机器 …… 540

12.6.2 含过渡金属的联锁分子 …………………………………………… 544
12.7 逻辑门 ……………………………………………………………………… 548
　12.7.1 YES 门和 NOT 门 …………………………………………………… 548
　12.7.2 AND 门 ……………………………………………………………… 549
　12.7.3 OR 门 ………………………………………………………………… 551
　12.7.4 XOR 门 ……………………………………………………………… 551
小结 ………………………………………………………………………………… 553
习题 ………………………………………………………………………………… 553
参考文献 …………………………………………………………………………… 555
本书常用缩写符号 …………………………………………………………… 557

第1章 绪　　论

提要　从配位化学的发展历史,介绍"广义配位化学"或"完整配位化学"的含义。介绍中、英文命名法和配合物的应用。

1.1 配位化合物的特征

配位化学(coordination chemistry)的研究对象是配位化合物(coordination compound,配合物),是指能独立存在的分子进一步结合成高度有序、结构明确和性质复杂的化合物,它们广泛存在于自然界和人工合成的化合物中。例如,$CuSO_4 \cdot 5H_2O$ 通常被看成简单的盐,其实它也是配合物,其结构如(1.1)所示。其他有代表性的配合物如 Zeise 盐 $K[PtCl_3(C_2H_4)] \cdot H_2O$ 的阴离子结构(1.2)、二茂铁$[Fe(C_5H_5)_2]$ (1.3),冠醚和穴醚与 K^+ 形成的配合物(1.4)和(1.5)。此外,还有穴醚正离子(结合 $6H^+$)和 N_3^- 形成的配合物(1.6)等。这些配合物将在以下各节进行介绍。

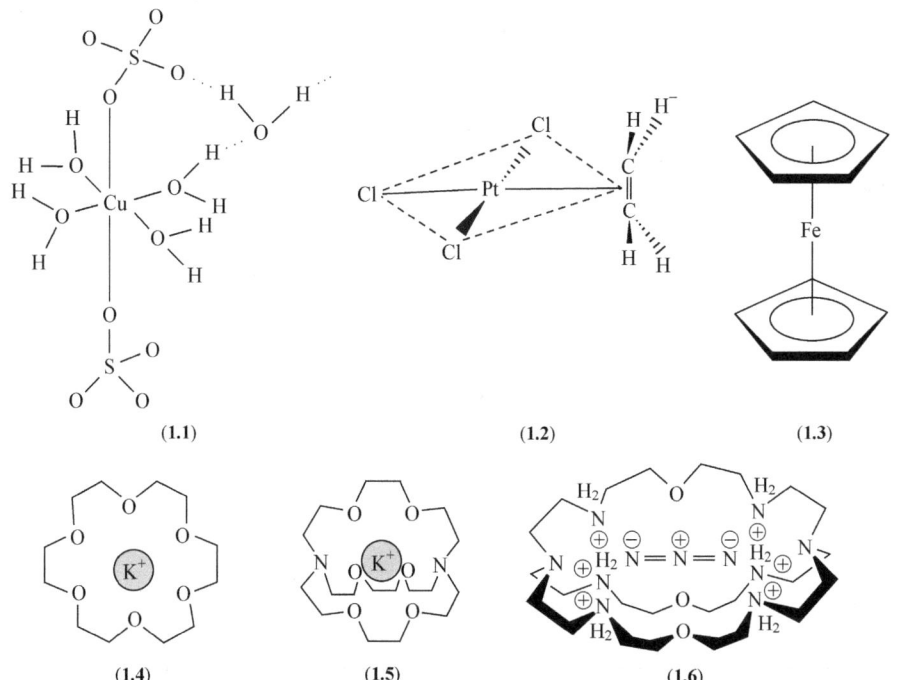

现先以 $CuSO_4 \cdot 5H_2O$ 为例进行说明。它是由能够稳定而独立存在的 $CuSO_4$（无色）和 H_2O 进一步化合成蓝色的 $CuSO_4 \cdot 5H_2O$。

$$CuSO_4 + 5H_2O \longrightarrow CuSO_4 \cdot 5H_2O$$

固态 $CuSO_4 \cdot 5H_2O$ 的化学结构如化合物(**1.1**)，其中 5 个水分子中有 4 个与 Cu^{2+} 直接连接得比较牢固，其余一个水分子不直接和 Cu^{2+} 连接，而以氢键和另一分子的 SO_4^{2-} 相连，两个 SO_4^{2-} 虽和 Cu^{2+} 连接，但相距较远，结合得比较松弛。因此 $CuSO_4 \cdot 5H_2O$ 在固态中并非以单分子存在，而是以氢键相连的聚合体。如果将 $CuSO_4 \cdot 5H_2O$ 溶于水，仍得蓝色溶液，显然在 $CuSO_4 \cdot 5H_2O$ 中存在着蓝色的 $[Cu(H_2O)_4]^{2+}$，它既能存在于晶体中，又能存在于溶液中，SO_4^{2-} 虽在晶体中和 Cu^{2+} 疏松地连接，但在溶液中则分离。这说明在配合物中有一个区别于简单化合物的特征部分，称为配位实体（coordination entity），如化合物(**1.2**)~(**1.6**)所示的都是配位实体。它是由离子或原子同一定数目的分子或离子按一定组成和空间构型有序排列而成，无论在晶体或溶液中都结合得比较牢固，有一定的稳定性。

1.2 配位化学发展的里程碑

长期以来配位化学一直处于不断发展、丰富和完善的过程中，由于配合物种类和结构的复杂性，对配位化学的研究范围和配合物的定义难以用简洁的语言说明。在不同历史阶段，人们对其认识深度不同，要对配位化合物的含义有一定的理解，必须结合配位化学的发展加以介绍，为了方便起见，将配位化学发展年表列于表 1.1。

表 1.1 配位化学发展年表

年份	人名	贡献
1827	N. C. Zeise	第一个有机金属配合物 Zeise 盐 $K[PtCl_3(C_2H_4)] \cdot H_2O$ 的合成
1871	C. M. Blomstrand S. M. Jorgensen	为了解释配合物结构提出链式理论
1893	A. Werner	提出配位理论，配位化学创始
1894	E. Fischer	引入锁和钥匙（lock and key）的概念
1894	G. B. Kauffman	将配位理论翻译成英文，书中第一次出现"coordination"术语
1906	P. Ehrlich	引入接受体（receptor）的概念
1913	A. Werner	因配位理论取得卓越成就获得了诺贝尔化学奖
1916	G. N. Lewis	提出共用电子对理论
1929	H. A. Bethe	提出晶体场理论
1935	J. H. van Vleck	发展了晶体场理论

续表

年份	人名	贡献
1937	K. L. Wolf	创造出术语"超分子"并描述它是由配位饱和的物种缔合而成的实体
1939	L. Pauling	将价键理论和氢键概念引入在划时代著作《化学键的本质》中,并于1954年获得诺贝尔化学奖
1951,1956	T. J. Kealy, L. E. Orgel	合成出二茂铁,并确定其晶体结构
1955	K. Eiegler, G. Natta	发明定向聚合催化剂,于1963年获诺贝尔化学奖
1957	J. S. Griffith, L. E. orgel	提出配体场理论
1961	N. F. Curtis	由丙酮和乙二胺合成第一个席夫(Schiff)碱大环
1964	D. C. Hodgkin	用X射线研究维生素B_{12}等生物分子结构
1967	C. J. Pederson	合成冠醚,并与Lehn,Cram在1987年共获诺贝尔化学奖
1969	J. M. Lehn	第一个合成穴醚,并于1978年引入术语"超分子化学",将被定义为分子组装的化学
1973	D. Cram	第一个合成球醚,并用它来检验预组织重要性
1973	G. Wilkinson, E. O. Fischer	因研究二茂铁的杰出贡献获诺贝尔化学奖
1976	W. N. Lipscomb	因硼化学的理论和合成贡献获诺贝尔化学奖
1982	R. Hoffmann	提出等瓣类似性理论获诺贝尔化学奖
1983	H. Taube	配合物电子转移机理研究获诺贝尔化学奖
1996	H. W. Kroto, R. E. Smalley, R. E. Curl	因对富勒烯化学的贡献三人共获诺贝尔化学奖
1987,2003	G. Wilkinson, R. D. Gillard J. A. McCleverty, T. J. Meyer	专著"*Comprehensive Coordination Chemistry*"(《配位化学大全》)Ⅰ和Ⅱ分别出版。该书总结了配位化学的成就、现状和发展
2010	R. F. Heck, E. I. Negishi, A. Suzuki	利用钯的催化交叉偶合反应合成复杂的似天然的有机分子,三人共获2010年诺贝尔化学奖

1.2.1 配位化学的诞生和Werner的配位理论

19世纪以前,化学界的思想受原子价学说统治,用它能方便地解释一般无机化合物的形成和反应。但随着合成化学的发展,大量不知名的新型化合物不断涌现。它们大多有鲜艳的颜色,当时就用化合物颜色或发现者命名(表1.2)。其中以法国Tassaert研究的钴氨化合物$CoCl_3 \cdot 6NH_3$为代表,它按式(1-1)合成,并具有式(1-2)和式(1-3)的性质。

$$CoCl_2 + 6NH_3 \longrightarrow CoCl_2 \cdot 6NH_3 \xrightarrow[NH_4Cl]{O_2} CoCl_3 \cdot 6NH_3 \qquad (1-1)$$

$$2(CoCl_3 \cdot 6NH_3) + 6KOH \xrightarrow{沸腾} Co_2O_3 \downarrow + 12NH_3 \uparrow + 6KCl + 3H_2O \quad (1\text{-}2)$$

$$CoCl_3 \cdot 6NH_3 + AgNO_3 \longrightarrow AgCl \downarrow + Co(NO_3)_3 \cdot 6NH_3 \quad (1\text{-}3)$$

表 1.2　早期研发的配合物

旧化学式	颜色	名称	现代化学式
$CoCl_3 \cdot 6NH_3$	黄	黄色氯化钴	$[Co(NH_3)_6]Cl_3$
$CoCl_3 \cdot 4NH_3$	绿	绿色氯化钴	反-$[Co(NH_3)_4Cl_2]Cl$
$CoCl_3 \cdot 4NH_3$	紫	紫色氯化钴	顺-$[Co(NH_3)_4Cl_2]Cl$
$PtCl_2 \cdot 2NH_3$	绿	Magnus 盐	$[Pt(NH_3)_4][PtCl_4]$
$Ni \cdot 4CO$	无色	Mend 盐	$Ni(CO)_4$

为什么符合原子价学说的化合物会进一步结合成更复杂且高度有序的化合物？为什么在这些化合物中 NH_3 和 Cl^- 在溶液中表现出不同的稳定性？人们百思不解，只好把它们称为分子化合物（高级化合物）或复杂化合物（complex compounds），complex 这一名词一直沿用至今。它是 coordination compounds 的同义词，国内曾将 complex 译为络合物，后者译为配位化合物，前者似乎是更广泛的提法，后者多用于正式场合。

当时之所以称之为分子化合物，是区别于原子价理论可以说明的化合物，它们的出现，使化学界大为震惊，大师们纷纷探索其原因，但都宣告失败。1892 年瑞典苏黎世联邦工业大学一个不知名的 26 岁的讲师 Alfred Werner 长期思索过渡金属-氨化合物的结构后，提出了著名的配位理论[1]，其主要论点如下。

1. 配位和配位数

根据 Webster 大字典，配位（coordination）意味着相对有序排列。Werner 为了解释分子化合物的结构，设想把金属离子作为中心构成一圆球，其他分子或离子相对有序地排列在其周围，称为配位。和中心原子直接相连的分子或离子称为配位体，简称配体。配体"Ligand"一词源于希腊文"Liga"有黏合体之意。与中心原子相连配位原子的数目为配位数。

2. 主价和副价

Werner 认为在化合物中应存在着两种化合价即主价（primary valency）和副价（secondary valency）。例如，在 $CoCl_3$ 中 Co^{3+} 的主价为 +3，和 3 个 Cl^- 结合，虽得到满足，但副价却未满足，所以 $CoCl_3$ 还能进一步和 6 个 NH_3 结合生成 $CoCl_3 \cdot 6NH_3$。至于主价和副价的区别何在，当时不能解答，其实 Werner 指的主价就是中心原子的氧化数，副价就是中心原子的配位数。

3. 内层和外层①

中心原子分别以主价和副价两种不同方式连接。

例如，在 $CoCl_3 \cdot 6NH_3$ 中，NH_3 和 $CoCl_3$ 直接连接距离较近，处于 Co^{3+} 的内层（inner sphere），而 Cl^- 和 Co^{3+} 联系得较为松弛处在 Co^{3+} 的外层（outer sphere）。这就解释了为什么 $CoCl_3 \cdot 6NH_3$ 溶于水时，在常温处于内层的 NH_3 不和酸、碱反应，而在外层的 Cl^- 发生离解，使溶液电导值和 $LaCl_3$ 有相近的试验结果。为了区别内、外层，他将中心原子和配体放在括号中，表示它们处于内层，平衡电荷的离子或中性分子放在括号之外，表示处于外层。后来成为配合物的化学式，如 $[Co(NH_3)_6]Cl_3$、$[Cu(NH_3)_4]Cl_2$。

早期对这类化合物性质研究的一个重要实验手段是摩尔电导率的测定。溶液中的电导是由于带电离子的迁移，在一定稀度的溶液中，化合物的摩尔电导率与其离子数目有关，如果测定某化合物的摩尔电导率 Λ 与相同条件下已知离子数的强电解值相比较，即可推知该化合物中所含离子数。表 1.3 列出一些化合物在水溶液 25℃ 时的摩尔电导率 $(S \cdot cm^2 \cdot mol^{-1})$，表中 $PtCl_4 \cdot 2NH_3$ 的 Λ 值很小，为非电解质。$PtCl_4 \cdot 3NH_3$ 和 $NaCl$ 相近，为 1∶1 电解质。$PtCl_4 \cdot 6NH_3$ 在溶液中解离成 5 个离子，其 Λ 值可高达 $523 S \cdot cm^2 \cdot mol^{-1}$。实验事实的积累为配位化学的建立奠定了实验基础。

表 1.3 配合物在水中的摩尔电导率（浓度 $0.001 mol \cdot L^{-1}$，温度 25℃）

电解质	配合物	电导率/$(S \cdot cm^2 \cdot mol^{-1})$	现代化学式
非电解质	$PtCl_4 \cdot 2NH_3$	3.52	反-$[Pt(NH_3)_2Cl_4]$
	$PtCl_4 \cdot 2NH_3$	6.99	顺-$[Pt(NH_3)_2Cl_4]$
1∶1 电解质(118~131)	NaCl	123.7	
	$PtCl_4 \cdot 3NH_3$	96.8	$[Pt(NH_3)_3Cl_3]Cl$
	$PtCl_4 \cdot 3NH \cdot KCl$	100.8	$K[PtNH_3Cl_5]Cl_2$
1∶2 和 2∶1 电解质(235~280)	$CaCl_2$	260.8	
	$CoCl_3 \cdot 5NH_3$	261.3	$[Co(NH_3)_5Cl]Cl_2$
	$CrBr_3 \cdot 5NH_3$	280.1	$[Cr(NH_3)_5Br]Br_2$
	$PtCl_4 \cdot 4NH_3$	228.9	$[Pt(NH_3)_4Cl_2]Cl_2$
	$PtCl_4 \cdot 2KCl$	256.8	$K[PtCl_6]$
1∶3 电解质(400~422)	$LaCl_3$	393.5	
	$CoCl_3 \cdot 6NH_3$	441.7	$[Cr(NH_3)_6]Cl_3$
	$PtCl_4 \cdot 5NH_3$	404	$[Pt(NH_3)_5Cl]Cl_3$
1∶4 电解质(523~528)	$PtCl_4 \cdot 6NH_3$	522.9	$[Pt(NH_3)_5]Cl_4$

---

① 旧称内界和外界。

4. 空间结构

Werner 借助有机化学中异构现象的概念,从合成含有 4 个配体和 6 个配体的配合物的异构体数目推断出它们的立体结构。例如,对 $[Co(NH_3)_4Cl_2]^+$,他合成出紫色和绿色两种异构体,但根据推断,含 6 个配体的化合物应有八面体、三角棱柱、三角反棱柱和六角形及六角锥 5 种形状(图 1.1),其中除八面体外,其余 4 种都应有图中所示的 3 种异构体,且每种异构体都不应具有旋光活性。但 Werner 只从他合成的紫色化合物中分离出有旋光活性的对映体,因而他推断所得到的化合物的空间构型为八面体,具有顺式(*cis*)和反式(*trans*)两种结构。其中,顺式因存在着不相重叠的镜影具有旋光活性,紫色化合物应为顺式。他还从研究 $[Pt(NH_3)_2Cl_2]$ 的异构体的数目中推断出含 4 个配体的配合物应有四面体和平面正方形两种形状。其中,仅平面正方形的化合物存在着顺式和反式两种异构体,四面体的配合物不存在异构体,如图 1.2 所示。由配合物的异构现象确定了配合物的空间结构,是 Werner 对配位化学的又一重要贡献。

5. 次层配位

Werner 为了解释氨合物和水合物的存在,提出次层(第二层)配位(second sphere coordination)的概念。例如,在 $[Co(NH_2CH_2CH_2NH_2)_3]$ 中,Co^{3+} 的配位数虽被乙二胺 $[HN_2CH_2CH_2NH_2(en)]$ 所饱和,但还能进一步和水分子作用,生成 $[Co(en)_3 \cdot 3H_2O]Cl_3$。这是由于第一层配体虽和中心原子配位,但还可通过残余力量和第二层的离子或分子作用,进行次层配位。这种残余力量今天看来就是氢键、偶极等引力。例如,在固体 $CuSO_4 \cdot 5H_2O$ (**1.1**)中,一个水分子通过氢键与 Cu^{2+} 间接相连。

又如图 1.3 表示一价金属正离子在溶液中的状态,图中除内层的 6 个水分子分别以氧和一价金属离子配位外,内层水分子上的氢和外层水分子氧形成氢键。Werner 首次提出次层配位的概念不仅能说明无机化学中许多实验事实,而且成为了超分子化学(supramolecular chemistry)中的一个重要概念,因为超分子的形成就是通过次层配位而实现的,超分子是以弱相互作用为特征(第 11 章)。例如,图 1.4 中 $[Fe(CN)_6]^{4-}$ 的配位数为 6,虽已被 CN^- 所饱和,但可通过 CN^- 的氮和大环多氨正离子上的氢形成氢键,形成超分子配合物。1911 年 Werner 的专著 *Neuere Anschaungen auf dem Gebiet der Anorganischen Chemie*(《无机化学领域的新贡献》)被译成英文,书中应用了分子识别(molecular recognition)等词汇。书中指出"所有初级化合物(饱和碳氢化合物除外)都有和它钟爱的化合物结合的性质。"这孕育着分子识别的概念。Werner 配位理论结束了当时化学界的混乱状态,他的创新论点和卓越远见为超分子化学奠定了基础。

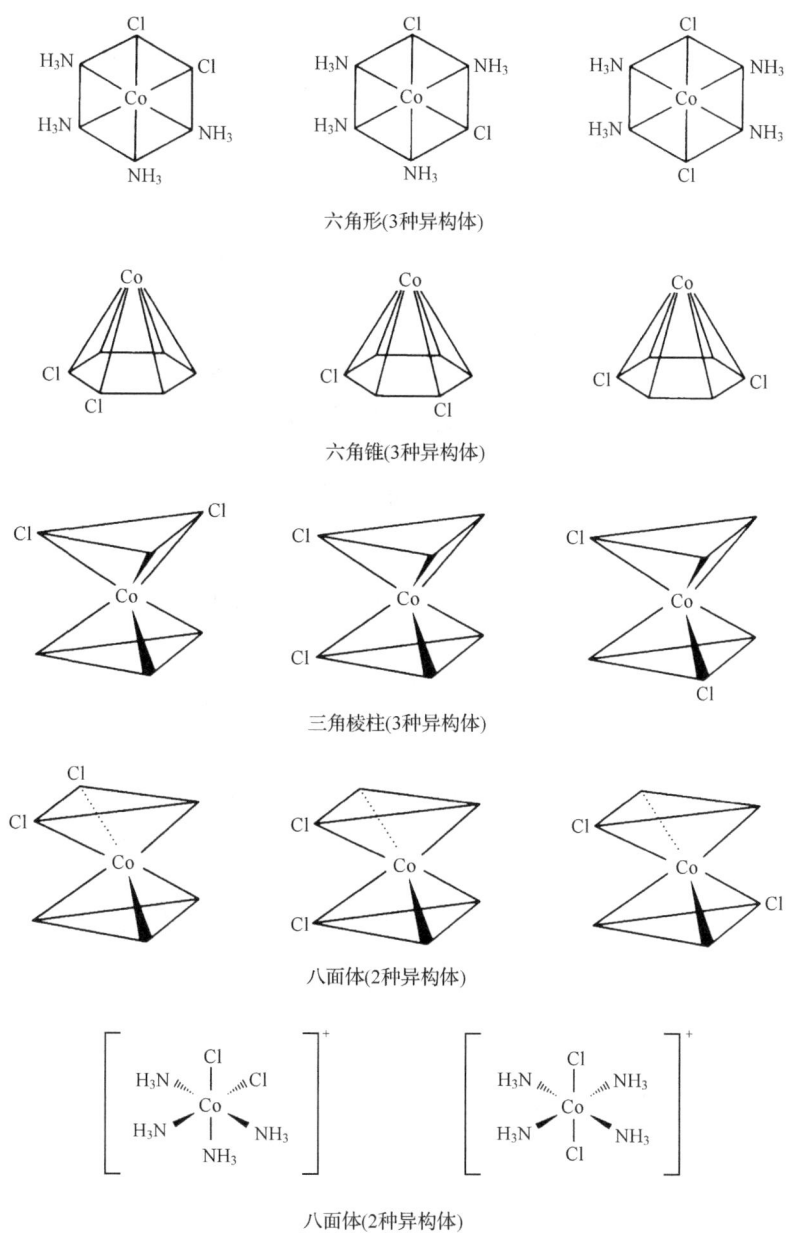

图 1.1 六配位的配合物 cis-[Co(NH$_3$)$_4$Cl$_2$]$^+$、trans-[Co(NH$_3$)$_4$Cl$_2$]$^+$

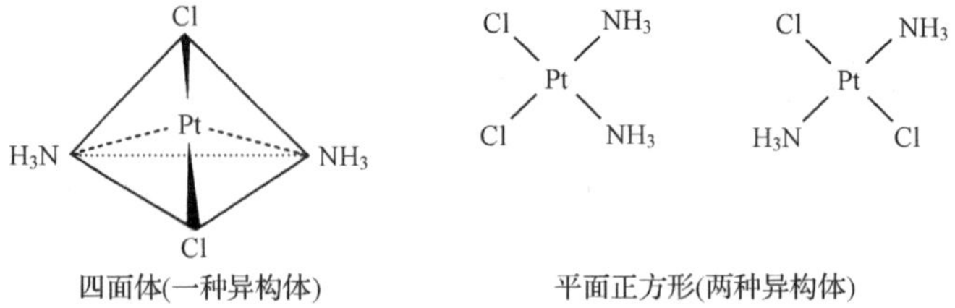

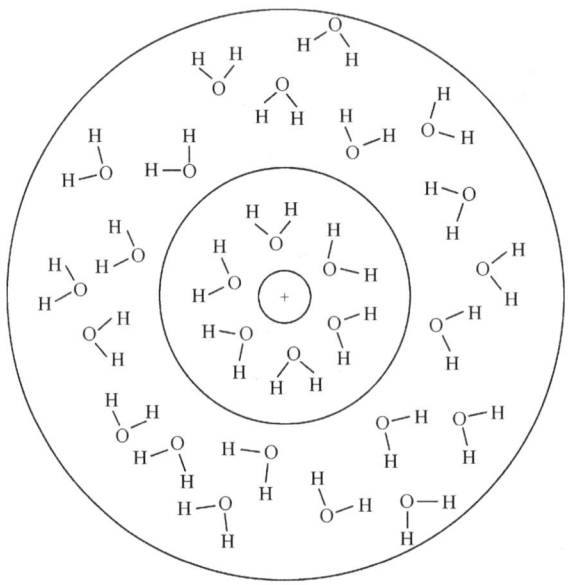

四面体(一种异构体)　　　　　平面正方形(两种异构体)

图1.2　四配位的配合物可能的结构

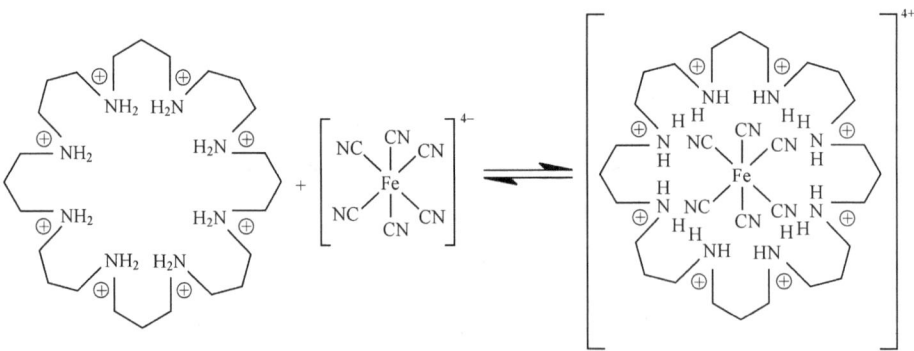

图1.3　水合金属离子在溶液中的第一层和第二层配位

图1.4　$[Fe(CN)_6]^{4-}$ 对大环多胺正离子的次层配位
⊕代表正电荷

1.2.2 配位化学的生长时期

1. 经典配合物或 Werner 配合物

Werner 的配位理论虽然获得了很大的成功,但配体和中心原子靠什么力量结合起来的,主价和副价的本质及二者区别在哪里? 这不是当时能解答的,直到 1916 年 N. Lewis 提出共用电子对理论,即两个原子可以采取共享电子对来完成最外层的稳定结构。后来发展成为配合物的价键理论。1931 年 L. Pauling 首次成功地将价键理论应用于配合物。按照他的观点,配合物的形成可看成是 Lewis 酸-碱反应,金属离子或金属作为酸(电子受体),配体作为碱(电子授体或电子给体),二者之间由于电子对授受形成配位共价键,简称配位键。它们之间的反应称为配位反应(coordination reaction)。例如,式(1-4)为三氟化硼与三甲胺之间的配位反应。生成的配位键用箭头表示。

$$F_3B + :N(CH_3)_3 \longrightarrow F_3B:N(CH_3)_3 \text{ 或 } \left[F-B\leftarrow N(CH_3)_3 \right] \quad (1\text{-}4)$$

这里氮提供电子对,硼是坐享其成。在未配位前,B 与 3 个 F^- 结合是共价键,B 与 N 结合是配位键,但在配合物形成以后,不因来源不同而有所差别。因此,这个配合物的化学结构可以(**1.7**)表示

$$\left[F\rightarrow B \leftarrow N(CH_3)_3 \right] \text{ 或 } \left[F-B\leftarrow N(CH_3)_3 \right]$$

(**1.7**)

在配合物中,配体是给予电子对的分子或离子,至少具有孤电子对。配体中提供孤电子对与中心原子直接相连的原子称为配位原子。配体三甲胺中的氮是配位原子。在配合物中接受配体孤电子对的离子或原子统称中心原子(central atom),按照 Pauling 的观点,作为中心原子的条件是必须具有空的价电子轨道,可以接受配体给予的孤电子对,周期表中绝大多数金属都可以作为中心原子。中心原子与一定数目的分子或离子,以配位键结合组成的整体即为配位实体。带正离子或负离子的配位实体统称为配离子。含有配位实体的化合物统称为配合物。

以上讨论的配合物,其配位原子有明确的孤电子对,中心原子具有较高的氧化态(形式氧化态 $\geqslant +2$),配体中没有不饱和键,如配体为氨、卤素、氧给体等,配体以 σ 键与金属离子结合,如 $[NiCl_4]^{2-}$(**1.8**)、$[Co(H_2N\text{-}C_2H_4\text{-}NH_2)_2Cl_2]^+$(**1.9**),称

为经典配合物（classical coordination compound）或称 Werner 型配合物，相应的配体如卤素、NH_3 等称为经典配体。

$$\left[\begin{array}{c}Cl\\|\\Cl-Ni-Cl\\|\\Cl\end{array}\right]^{2-} \quad \left[\begin{array}{c}H_2C-N\cdots Co\cdots N-CH_2\\H_2C-N\cdots Co\cdots N-CH_2\end{array}\right]^{+}$$

(1.8)　　　　　(1.9)

继 Pauling 之后，Bethe 和 van Vleck 相继提出了晶体场和配体场理论，以及 R. Hoffmann 的等瓣类似性原理并用之于配合物研究。至此，配合物成键本质不再局限于电子对授受的概念。

2. 有机金属配合物

在经典配位化学迅速发展的同时，有机金属化学异军突起，金属有机化学研究的化合物是含有金属和碳原子之间成键的化合物。例如，1827 年发现的 Zeise 盐 $K[PtCl_3(C_2H_4)]\cdot H_2O$，化合物（**1.2**）是 Zeise 盐的阴离子结构。其中，乙烯并无供给 Pt(Ⅱ)的孤电子对，如何和 Pt(Ⅱ)配位呢？直到 1950 年才由英国化学家 D. Chatt 用分子轨道理论予以说明，如图 1.5 所示，Chatt 认为在 Zeise 盐内，乙烯的 π_{2p} 电子对和 Pt(Ⅱ)配位，同时 Pt(Ⅱ) d 轨道的电子对反馈到乙烯空的反键 π_{2p}^* 轨道形成反馈键，这样乙烯既是电子给体，又是电子受体，使得中心原子和配体间电子云密度无法预测，使场中心原子不具有明确的氧化态。另外，CO、NO、CN^- 等也属于非经典配体的范畴。它们以 π 轨道接受金属离子的电子，所以又称为 π 酸配体或 π 受体（π-acceptor）。这些将在今后各章节中详细讨论。

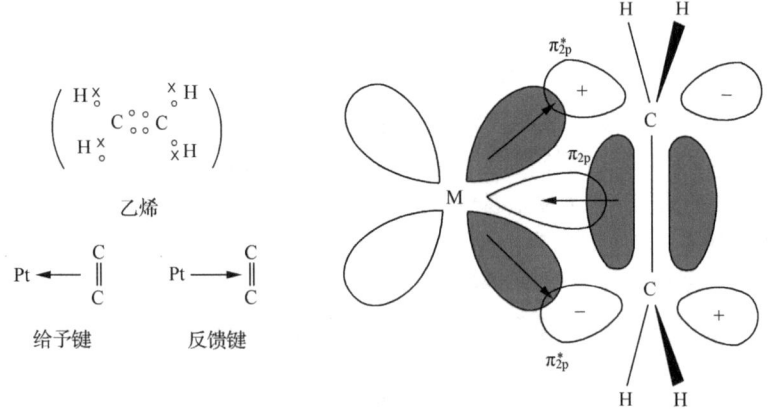

图 1.5　Zeise 盐的配位实体结构示意图

1951年,二茂铁($(C_2H_5)_2Fe$)(**1.3**)的发现是配位化学发展史上又一里程碑。二茂铁是由环戊二烯基($C_5H_5^-$)和亚铁离子结合成的配合物,其结构经X射线衍射研究确定,在配合物中两个环戊二烯基的环是相互平行的,二价铁离子嵌在两环之间形成夹心型。环戊二烯基的碳原子之间以及它们和氢原子间都以共价相连,每个碳原子上未成键的一个p电子组成不定域π键,通过π电子与铁(Ⅱ)形成配合物(图1.6)。此外,如二苯合铬$(C_6H_6)_2Cr$也属于这类配合物。由此可见,大多数有机金属配合物的特点是中心原子多为低氧化态,配体是不饱和的,没有孤电子对,以线形或环上的所有不定域π电子和中心原子成键。

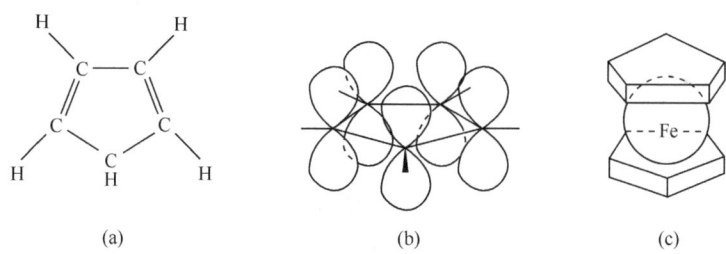

图1.6 环戊二烯基(a)、它的p电子(b)以及二茂铁(c)

20世纪80年代人们发现在金属有机配合物中广泛存在着一类新型化学键,引起人们极大关注,即agostic键,agostic键指烷基、烯基、卡宾、芳基中的H与过渡金属间形成的二电子三中心键。以烷基为例,当C—H键中的电子进入过渡金属的d轨道,C—H中的H原子同时与1个过渡金属和C原子形成的C—H→M键。agostic源于拉丁语,意为"抓住使其靠在近旁",周公度建议将agostic bond译为抓氢键。例如,图1.7[$Ru(PPh)_3Cl_2$]、[*trans*-$PdI_3(PPhMe_2)_2$]和*trans*-[$PdBr(PPh_3)_2(Me_4(CH=C-C=CH))$]的化学结构的研究表明,这两个配合物中某些芳基膦配体的膦位氢以其特定取向与金属间存在着弱相互作用,M—H间距比正常的M—H键长15%~20%,许多催化反应都是通过agostic相互作用(agostic interaction)生成含agostic键的配合物作为中间体而得以实现。关于agostic键的形成、性质及其在催化中的应用,将在第9章中介绍。

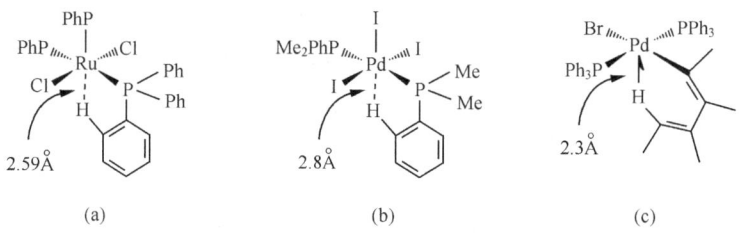

图1.7 含agostic键的配合物的结构

(a) [$Ru(PPh)_3Cl_2$]; (b) [*trans*-$PdI_3(PPhMe_2)_2$]; (c) *trans*-[$PdBr(PPh_3)_2(Me_4(CH=C-C=CH))$]

此外,在无机化学、有机化学和生物领域中一类极其重要的配合物是维生素B_{12}和它的衍生物(第 10 章图 10.18),维生素 B_{12} 在 1926 年由动物肝脏中获得,1972 年才进行了人工合成,具有无机、有机及生物的特征。维生素 B_{12} 的中心原子为钴(Ⅲ),Co(Ⅲ)除和钴啉环及轴向苯基咪唑的氮原子配位外,还通过 Co—C 键相连,维生素 B_{12} 的 Co—C 键是和 CN^- 相连,除 CN^-,Co(Ⅲ)还可和其他烷基成键,是维生素 B_{12} 的衍生物,它们是自然界唯一一类已知的有机金属配合物,他们的发现打破了无机、有机、生物学科之间的界限,是通往三者的桥梁。维生素 B_{12} 是治疗贫血的重要药物,其衍生物有多种催化功能,这将在第 10 章详细讨论。

1.2.3 配位化学的扩展时期

1. 配位化学与主-客体化学

1913 年,Werner 因对配位化学的卓越贡献,获得了诺贝尔化学奖,在此之后有十余个诺贝尔奖得主都冲击过配位化学,为配位化学作出了贡献,他们的工作促使配位化学上了一个新台阶(表 1.1)。1967 年美国 Dupont 公司的 C. J. Pederson 以十分偶然的机会得到了第一个冠醚,他的本意是合成线形的双酚[式(1-5)],他用邻苯二酚作原料,将邻苯二酚中一个酚基用四氢呋喃保护,然后在和双-(2-氯乙基)醚反应,反应结束后,除了得到他希望的双酚产物外还得到 30.4% 的白色纤维状结晶产物即二苯并[18]冠-6。这个白色纤维状晶体的副产品,提醒 Pederson 它不是一个聚合物而是分子化合物。尤其令他感兴趣的是这个化合物的溶解性。例如,它微溶于甲醇,当在甲醇溶液中加入碱金属盐时,它在甲醇溶液中的溶解度会大大增加。将它溶解在 $KMnO_4$ 的苯溶液中,溶液显示紫色(当时称为紫苯)。此外还发现这个新奇化合物能在有机溶剂中溶解金属生成蓝色溶液。通过一系列的实验事实,最后他大胆地设想"K^+ 已堕入分子中心的孔洞中"。Pederson 首次报道了 349 种环状多醚和碱金属、碱土金属离子的配位作用。例如,配合物(**1.4**)是环状多醚和 K^+ 的配合物称为[18]冠-6。由于环状多醚结构酷似王冠,作为配体冠盖于金属离子之上,所以称为王冠醚(crown ethers),简称冠醚,是一种冠状配体。冠醚化合物的问世开创了主-客体化学的新纪元,也为超分子化学的蓬勃发展奠定了基础。稍后由 J. M. Lehn 和 D. J. Cram 分别合成类似冠醚的三维结构的环状化合物穴醚或称穴状(配)体(cryptand)。例如,(**1.5**)是穴醚和 K^+ 的配合物,穴醚不仅和碱金属、碱土金属离子有更强的配位能力,而且和阴离子或有机分子也能形成稳定的配合物。配合物(**1.6**)是结合 6 个 H^+ 的穴状配体和 N_3^- 形成的配合物。

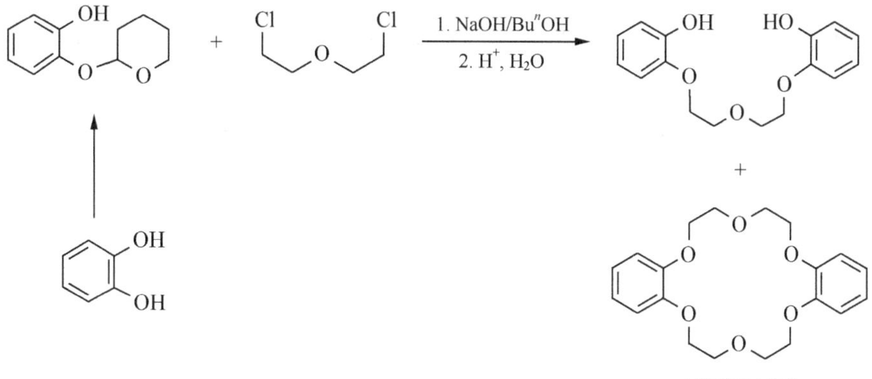

第1章 绪　论

二苯并[18]冠-6

(1-5)

这类配合物的成键作用和前面讨论的不同，(1.4)和(1.5)中的冠醚和穴醚是分别通过氧原子和金属离子以离子-偶极键形成的一种新型配合物。在(1.6)中正离子穴状配体上的氢和 N_3^- 的端基氮形成氢键 $N—H\cdots N^-$。此外，这种结合还需要环状配体的空腔和金属离子的尺寸，构型相互匹配。显然，用前面所述的任何一种结合方式(键型)来描述这种结合都是不恰当的，Cram 把这类化合物称为主-客体(host-guest)化合物。即将冠醚、穴醚等环状配体看成主体，金属离子、阴离子和有机分子看成客体，主-客体间借助氢键静电引力等弱相互作用结合，以低键能为特征。例如，一般共价键有高键能，在 $200\sim400$ kJ·mol^{-1}，氢键键能为 $1\sim80$ kJ·mol^{-1}，离子-离子间静电相互作用为 $4\sim40$ kJ·mol^{-1}，偶极-偶极相互作用都低于 4kJ·mol^{-1}。这种作用力与传统原子-原子间的化学键不同，不是发生在原子层次，而是在分子层次[2,3]。

2. 超分子化学是广义的配位化学[4]

以弱相互作用形成的化合物十分广泛。例如，在配合物中常出现次层配位的现象，许多配合物也因次层配位而形成配位超分子(图 1.4)。弱相互作用不仅存在于合成化合物中，也广泛存在于生物体中。例如，在图 1.8 中常见的羧酸二聚体和 DNA 双螺旋结构中的碱基对都是用氢键联结的。显然具有弱相互作用的化合物并不限于冠醚等大环的配合物(主-客体化合物)。Lehn 将主-客体化合物的概念加以推广，使其更加普遍化，用"超分子"这一术语来概括所有具有弱相互作用的化合物。所谓超分子即超越共价键的分子。超分子化学被定义为超越分子的化学或分子组装的化学(第 11 章)。超分子是由一个或多个物种通过分子间非共价力按一定方式聚集组装成的复杂体。Lehn 还将主-客体之间的关系推广到分子接受体(简称受体 molecular receptor)-底物(substrate)之间的关系。所谓分子接受体是通过共价键连接并具有明确结构的有机分子或离子。例如,大环既是主体也是受体,金属离子既是客体也是底物。底物通常指键合的小组分,它并不限于金属离子,可扩张到各种类型的阳离子、阴离子、中性离子。超分子比主-客体化合物有更广泛的意义,超分子和主-客体化合物之间的大致区别可见图1.9。

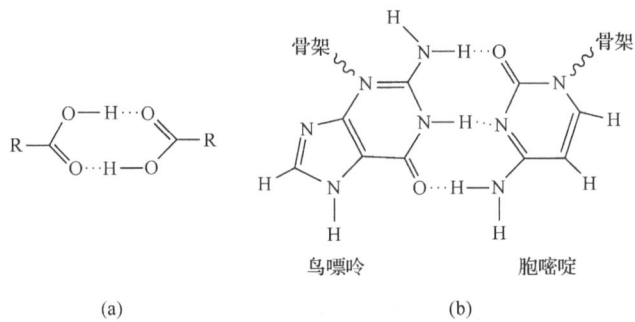

图1.8 羧酸二聚体(a)、DNA中碱基对的氢键联结(b)

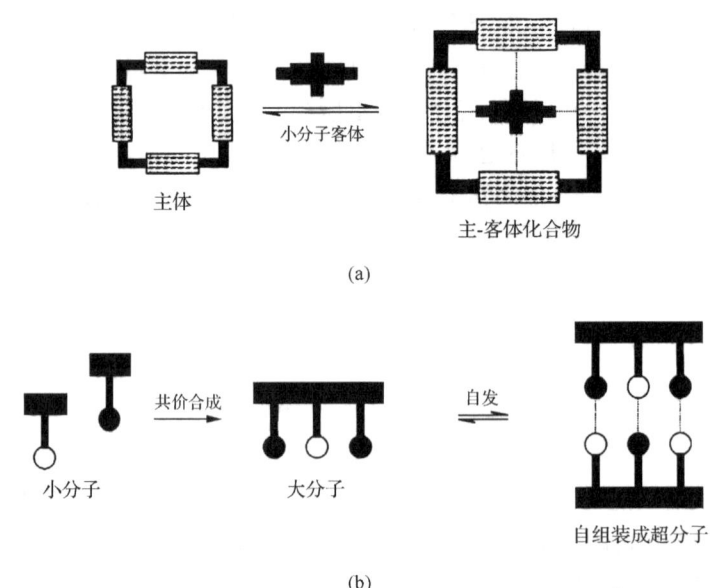

图1.9 由分子作模块构筑成主-客体化合物(a)、超分子(圆代表键合位置)(b)

由此可见,主-客体化学起源于冠醚与碱金属离子的配位化学,然后扩张到其他大环和阳离子、阴离子、中性离子及天然分子。主-客体化学是对大环配位化学的高度概括,也可看成是在特定情况下的超分子化学雏形,而超分子化学是主-客体化学的深化和发展,二者之间没有明确的界限。1992年在第29届国际配位化学学术讨论会上,Lehn在题为"从配位化学到超分子化学"的演讲中指出,"超分子化学是广义的配位化学,配位化学借助于超分子化学而得以发展","分子受体化学即是配位化学的延伸和深化"。配位化学、主-客体化学、超分子化学间有如此紧密的亲缘关系,以致它们的概念术语是平行演化、相互渗透、相互反馈的,它们之间的关系现总结于表1.4,表中术语可根据不同情况使用。

表1.4 配位化学和超分子化学术语间的关系

学科	对象	组分	
配位化学	配位化合物	中心原子(金属)	配体
主-客体化学	主-客体化合物	客体	主体
超分子化学	超分子	底物	(接)受体

1.2.4 配位化合物定义的深化[5]

由于配位化学是一门不断发展和丰富的学科,以配体概念的发展为例,徐光宪院士在序言中指出,开始认为配体是含有孤电子对的分子或离子,它与含有空轨道的中心金属原子或离子形成配位共价键,以 L^n 表示,n 代表配体的成键电子数,m 可以等于 $0,1,2,\cdots,2m$,$n=1$ 指含有 σ 键的 C—H 也可作为配体形成 agostic 键,$n=2m$(m 代表配体中配位原子数)表示配体以 m 个配位原子提供 $2m$ 个电子的螯合配体和大环配体。近来在超分子化学中又用弱相互作用的概念代替电子对授-受的概念。因而对配位化合物至今很难有一致的确切定义。

国际纯粹和应用化学协会(IUPAC)在最新(2005年)公布的《无机化学命名法》中推荐配位化合物的定义是:"配位化合物是含有配位实体的化合物,配位实体可以是离子或中性分子,它是由**中心原子(通常是金属)和排布在其周围的其他原子或基团(配体)**组成的"。有些教科书也作类似的定义,这类定义只说明配合物组分的特征是由若干配体和中心原子组成的,而不是它们之间是如何结合的。这种说法似乎太笼统。

1993年 D. H. Bush 提出"完整配位化学"(complete coordination chemistry)的概念,使配位化合物的定义和配位化学研究范围更加具体化,他建议配位化学应包括两类授-受体的化学,即不仅包括以电子授-受为基础的经典配位化学的内容,还应包括弱相互作用为基础的分子之间授-受体的化学,这样将 Werner、Pauling、Chatt 等的中心原子的概念扩展到无机、有机的各种阳离子(如 NH_4^+、$R—NH_3^+$、胍盐等)、阴离子(无机、有机酸根、N_3^- 等)及中性分子(烷烃、芳烃等)。将配位键的概念扩展到多个物种之间各种键合作用,包括氢键、静电引力、范德华力、疏水作用、配位作用等,至今 Bush 的建议已被人们所接受。

由于超分子所涉及的面极广,配合物各组分间键的强弱差别很大,很难在配合物和超分子之间划出一条界限,一般认为超分子涉及更广阔的分子间相互作用,如生物膜、分子薄膜、囊泡和无限结构的化合物,它们具有更多样的分子间引力,但不具有明确结构,不属于配位化学研究的范畴。配体(受体)的设计、合成、结构特征、键合原子数目、排列方式、客体(底物)的配位、几何因素和生成配合物的热力学、动力学性质、谱学特征等,既是配位化学的内容,又是超分子化学的研究基础。但由于分子间非共价作用的能量低,超分子物种的热力学不稳定性和动力学的多变性及物种本身的复杂性,使得超分子化学又具有特殊性。人们还选用适当配合物作为模块组装成特定功能的超分子或超分子器械,这些都为配位化学的研究注入了活力。

综合以上各节所述可以认为:"**配位化合物是含有配位实体的化合物。配位实体可以是离子或中性分子。它是以无机、有机的阳离子、阴离子或中性分子作为中心,和有序排列在其周围的原子、分子或基团(配体),通过多种相互作用(配位作用、氢键、离子-偶极、偶极-偶极、疏水作用、π-π 相互作用等),结合成具有明确结构的化合物**"。

自从 Werner 创立配位化学以来,配位化学这棵幼苗历经百余年,已成为枝繁叶茂的大树。以下各章将介绍配位化合物的基本性质,理论和各分支的发生和发展[5]。

1.3 配合物的中文和英文命名法

1.3.1 中文命名法

主要取自中国化学会推荐的《无机化合物命名原则》。

1. 配位实体命名

(1) 对配位实体命名时,配体名称列在中心原子之前,不同配体名称之间用中圆点(·)分开,最后一个配体名称之后缀以"合"字。

(2) 在配位实体中配体数目用倍数词头二、三、四表示。

(3) 中心原子的氧化数用带圆括号的罗马数字如(Ⅰ)或(Ⅱ)表示,或用带圆括号的阿拉伯数字如(1-)或(1+)表示配离子所带的电荷数。现举例如下,并列出英文命名以兹比较。

例 1-1　　$[Pt(NH_3)_4]^{2+}$　　四氨合铂(Ⅱ)离子
　　　　　　　　　　　　　　　　Tetrammineplatinum(Ⅱ)
　　　　　　　　　　　　　　　　四氨合铂(2+)离子
　　　　　　　　　　　　　　　　Tetrammineplatinum(2+)

2. 配合物命名

若配位实体为阳离子(配阳离子),命名时与无机盐命名一样,外层的阴离子命名在先。若为配阴离子化合物，则在配阴离子和外层阳离子之间用"酸"连接。

例 1-2　　[Ag(NH$_3$)$_2$]Cl　　氯化二氨合银(Ⅰ)
　　　　　　　　　　　　　　　　Diamminesilver(Ⅰ)chloride

例 1-3　　K$_3$[Fe(CN)$_6$]　　六氰合铁(Ⅲ)酸钾或六氰合铁酸(3−)钾
　　　　　　　　　　　　　　　　Potassium　hexacyanoferrate(Ⅲ)
　　　　　　　　　　　　　　　　Potassium　hexacyanoferrate(3−)

例 1-4　　[Cu(NH$_3$)$_4$]SO$_4$　　硫酸化四氨合铜(Ⅱ)
　　　　　　　　　　　　　　　　Tetraammine copper (Ⅱ) surfate

例 1-5　　Na[B(NO$_3$)$_4$]　　四硝酸根合硼(Ⅲ)酸钠或四硝酸根合硼酸(1−)钠
　　　　　　　　　　　　　　　　Sodium tetranitratoborate (Ⅲ)
　　　　　　　　　　　　　　　　Sodium tetranitratoborate (1−)

3. 配体命名次序①

(1) 对配体命名时，先阴离子，后中性配体，最后为正离子配体。

(2) 无机配体和有机配体同在时，先命名无机配体，后命名有机配体，书写时把有机配体置于圆括号中。

例 1-6　　[Cr(H$_2$O)$_5$Br]Cl$_2$　　二氯化溴·五水合铬(Ⅲ)或二氯化溴·五水合铬(3+)
　　　　　　　　　　　　　　　　Pentaaquabromochromium(Ⅲ)dichloride
　　　　　　　　　　　　　　　　Pentaaquabromochromium(3+)dichloride

例 1-7　　K$_2$[Cu(NH$_2$CH$_2$CH$_2$NH$_2$)Cl$_4$]　　四氯·(乙二胺)合铜(Ⅱ)酸钾
　　　　　　　　　　　　　　　　　　　　　　　　　四氯·(乙二胺)合铜(2+)酸钾
　　　　　　　　　　　　　　　　　　　　　　　　　Potassiumtetrachloro (ethylenediamine)cuprate(Ⅱ)
　　　　　　　　　　　　　　　　　　　　　　　　　Potassiumtetrachloro (ethylenediamine)cuprate(2+)

例 1-8　　[Pt(en)Cl$_2$]　　二氯·(乙二胺)合铂(Ⅱ)或二氯·(乙二胺)合铂(Ⅱ)
　　　　　　　　　　　　　Dichloro(ethylenediammine) platinum (Ⅱ)
　　　　　　　　　　　　　Dichloro(ethylenediammine) platinum(Ⅱ)

---

① 此条中文命名法与 IUPAC 2005 年以前公布的 *Nomenclature of Inorganic Chemistry* 中配体的命名顺序相同，但 2005 年后修改成配体字首以阿拉伯字的顺序为顺序。目前两种方法都出现在文献和书籍中。

4. 多核配合物命名

在桥基前冠以希腊字母 μ-，桥基多于一个时，用二(μ-)、三(μ-)表述。

例 1-9 $[\text{Cl}_2\text{Fe}(\mu\text{-Cl})_2\text{FeCl}_2]^0$

二(μ-氯)·四氯合二铁(Ⅲ) 或 二(μ-氯)·二[二氯合铁(Ⅲ)]
di-μ-chloro-tetrachlorodiiron (Ⅲ)

例 1-10 $[(\text{NH}_3)_5\text{Cr}-\text{OH}-\text{Cr}(\text{NH}_3)_5]\text{Cl}_5$ 五氯化 μ-羟·二[五氨合铬(Ⅲ)]或五氯化 μ-羟·二[五氨合铬(5+)]或五氯化 μ-羟·十氨合二铬(Ⅲ)

μ-hydroxo-bis(pentaamminechromium (Ⅲ)) chloride 或 μ-hydroxo-bis(pentaamminechromium)(5+)chloride

μ-hydroxo-decaamminedichromium (Ⅲ) chloride

1.3.2 英文命名法

主要取自 2005 年 IUPAC 推荐的无机化学命名法中配位化学部分[6]。

1. 配位实体命名

在配位实体中，配体和中心原子命名顺序（配体在先，中心原子在后）及中心原子氧化数表述法均与中文命名相同，如**例 1-1**，但如果在化学式中需要表示某一中心原子的氧化数时，则以罗马数字作为中心原子的上标，如 $[\text{Mn}^{\text{Ⅶ}}\text{O}_4]^-$、$[\text{Co}^{\text{Ⅱ}}\text{Co}^{\text{Ⅲ}}\text{W}_{12}\text{O}_{42}]^{7-}$。

2. 倍数词头

同类配体的数目用两类倍数词头表示（表 1.5）。

(1) 如果是简单配体则用第一类倍数词头，但当一个配体具有两个给体原子时，如"双齿"则用"bidentate"，而不用"didentate"。

(2) 如果为复杂配体则用第二类倍数词头，并将复杂配体置于括号中。在中文命名中倍数词头不变化。

表 1.5　两类倍数词头

倍数	第一类	第二类
1	mono	mono
2	di	bis
3	tri	tris
4	tetra	tetrakis
5	penta	pentakis
6	hexa	hexakis
7	hepta	hepatakis
8	octa	octakis
9	nona	nonakis
10	deca	decakis
11	undeca	undecakis
12	dodeca	dodecakis

例 1-11　$[Ni(C_5H_5)_2]$　　Bis(cylopentadienyl)nickel（Ⅱ）
　　　　　　　　　　　　二(环戊二烯基)合镍(Ⅱ)

例 1-12　$[Fe(bpy)_3]^{2+}$　　Tris(bipyridine) iron（Ⅱ）
　　　　　　　　　　　　三(联吡啶)合铁(Ⅱ)

3. 配体命名

(1) 阴离子配体以-o 字结尾。

① 阴离子名字结尾如为-ide、-ite 或-ate,则末尾-e 被-o 代替,变为-ido、-ito 和 -ato。例如

　　CH_3COO^-　　　　acetato;
　　CH_3OSOO^-　　　methyl sulfito;
　　CH_3CONH^-　　　acetamido。

② 按过去习惯,如中文发音为单音节阴离子则去-ide,然后加-o,但 2005 年 IUPAC 建议不去-ide,直接在字尾加 o,至今两种情况均出现在文献中,如表 1.6 所示。

表 1.6　阴离子两种命名法举例

名称	F^-	Cl^-	O^{2-}	OH^-	CN^-	S^{2-}
阴离子	flouride	chloride	oxide	hydroxide	cyanide	sulfide
习惯配体名	fluoro	chloro	oxo	hydroxo	cyano	thio
推荐用配体名	fluorido	chlorido	oxido	hydroxido	cyanido	

（2）中性配体保持原有名称，但配位水称为 aqua（**例 1-6**）。配位氨命名为 ammine（**例 1-1**、**例 1-2**、**例 1-6**）。现将常见配体的 IUPAC 名和中文名列于表 1.7 以供参考。

表 1.7　配体的 IUPAC 名和中文命名对照

化学式	IUPAC(配体)名	中文配体名
F^-	fluoro, fluorido	氟
Cl^-	chloro, chlorido	氯
Br^-	bromo, bromido	溴
I^-	iodo, iodido	碘
N_3^-	azido	叠氮
CN^-	cyano, cyanido	氰
SCN^-	thiocyanato-S(S-键合)	硫氰根
NCS^-	thiocyanato-N(N-键合)	异硫氰根
OH^-	hydroxo, hydroxide	羟
H_2O	aqua	水
CO	carbonyl	羰基
CS	thiocarbonyl	硫羰基
NO	nitrosyl	亚硝酰
NO_2^-	nitrito-N, nitro	亚硝酸根-N
ONO^-	nitrito-O, nitrito	亚硝酸根-O
CH_3NC	methylisocyanide	甲基异氰
PR_3	phosphane	膦
Py	pyridine	吡啶
NH_3	ammine	氨
$MeNH_2$	methylamine	甲胺
NH_2^-	amido	氨基

4. 配体命名次序

以配体名字开头第一个字母在字母表中的顺序（即 A，B，C…顺序）决定。在排序中不考虑前缀。

例 1-13　$[Co(NH_3)_4Cl_2]^+$ tetraamminedichlorocobalt（Ⅲ）
Tetraammine 是以 a 字为配体名字之首，dichloro 是以 c 字为首，不包括前缀。如 $[Pt(NH_3)BrCl(CH_3NH_2)]$　Ammine bromochloromethylammineplatium（Ⅱ）。

5. 配合物命名

（1）若配位实体为阳离子，则按盐类命名（与中文命名相似），见**例 1-1**、**例 1-2**。
（2）若配位实体为阴离子，则中心原子元素英文名的-um 结尾用-ate 取代。

例 1-14 $[PtCl_4]^{2-}$ Tetrachloroplatinate（Ⅱ）或 Tetrachloroplatinate（2-）
但当中心原子为以下金属时按以下变化（**例 1-3，例 1-5，例 1-7**）

| Iron(Fe) | Lead(Pb) | Silver(Ag) | Gold(Au) | Copper(Cu) | Tin(Sn) |
| ferrate | plumbate | argentate | aurate | cuprate | stannate |

6. 多核配合物命名

与中文命名法相同（**例 1-9**、**例 1-10**）

例 1-15 $[(NH_3)_4Co(OH)(NH_2)Co(NH_3)_4]^{4+}$
μ-amido-μ-hydroxo-bis(tetraammine cobalt)(4+)

1.3.3 冠醚、穴醚及其配合物的命名[3]

至今冠醚等大环化合物缺乏系统命名，在 IUPAC 体系中仅选择简单大环，按有机化学原则予以命名则十分复杂，不能适用，现国内外使用的是简单命名。

1. 冠醚的简单命名

（1）将环上原子的总数放在方括号之内置于"冠"字之前。
（2）然后将"冠"字之后标注氧（或其他配位原子）的数目。
（3）取代基作为词头放在"冠"字之前，如苯并-（benzo-）、二环己基-（dicyclo-hexano-）等。有的文献在"冠"字之前不加括号以短横"-"代之。

例 1-16

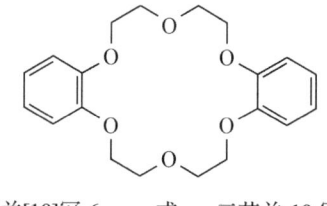

二苯并[18]冠-6 或 二苯并-18-冠-6
Dibenzo[18]crown-6   Dibenzo-18-crown-6

表述一个 18 元大环的冠醚，环上含有六个氧原子和两个苯基取代基，根据英文名简写为 DB16C6。

（4）如果在含氧冠醚中六个氧原子被氮原子或硫原子取代，简称为氮（杂）（aza-）冠醚或硫（杂）（thia）冠醚。

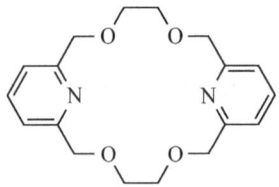

二吡啶基[18]冠-6　　　或　　二吡啶基-18-冠-6
Dipyrido[18]crown-6　　　　Dipyrido -18-crown-6

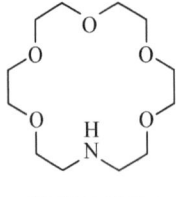 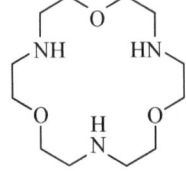 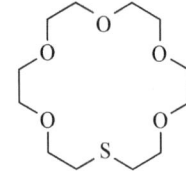

氮(杂)[18]冠-6　　　　三氮(杂)[18]冠-6　　　　硫(杂)[18]冠-6
Aza[18]crown-6　　　　Triaza[18]冠-6　　　　Thia[18]crown-6

2. 穴醚的命名

穴醚又称为穴状体或穴状配体,更广泛称呼是对含有 1 个和两个桥键的化合物分别称为大二环(macrobicycle)和大三环(macrotricycle)。

穴醚的命名是在"穴醚"二字前标明桥头原子间每个桥链上配位原子的数目。如化合物(**1.10**)、(**1.11**)分别称为[2.2.1]穴醚和[2.2.2]穴醚。在(**1.12**)中桥链上有苯基取代基,被命名为[2.2.2B]穴醚。目前,大量穴醚已被合成,桥链可来自不同的原子如 N、S 和复杂的基团,显然这种命名只适用于简单穴醚。例如

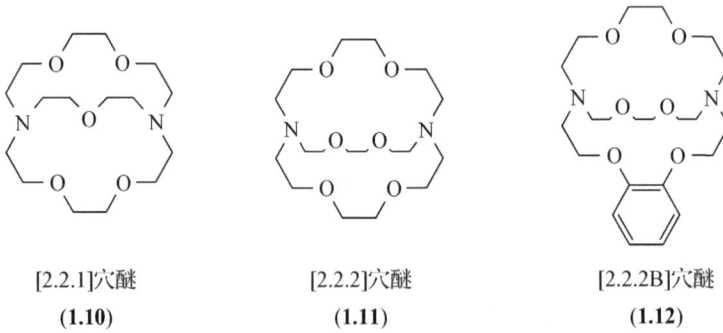

[2.2.1]穴醚　　　　　　[2.2.2]穴醚　　　　　　[2.2.2B]穴醚
(**1.10**)　　　　　　　　(**1.11**)　　　　　　　　(**1.12**)

3. 配合物的命名

在国际上用词尾"-and"表示自由的配体。用词尾"-ate"表示形成的配合物,如"coronand"称为冠状(配)体、"coronate"表示它们形成的配合物,中文称为冠合物。"cryptand"称为穴状(配体)或穴醚。相应的配合物称为"cryptate"中文称为穴合物。相似的"spherand"和"spherate",分别称为球状(配)体(或球醚)和球合物。

对具体的冠醚或穴醚的金属配合物,借助于数学符号"⊂"表示,表示隶属之意,如[K^+⊂18⊂6]表示18⊂6的K^+配合物(**1.4**),[K^+⊂(2.2.2)]表示K^+和穴醚[2.2.2]形成的配合物(**1.5**)。

1.4 配位化学在国民经济中的作用

配合物具有花样繁多的成键模式、奇异的空间构型和独特的物理性质,在生产和科研方面已有许多应用。例如,早至古代铬(Ⅲ)的配合物用于鞣革,过渡金属螯合物用于染色。特别是近年来许多配合物展现出光、电、磁、生物等独特的功能,成为一类极富实际意义的功能性配合物。以功能性配合物为基础可以组装成具有更丰富的物理特性的分子材料和纳米材料,并为分子器件和分子机器开辟了良好的前景。鉴于配合物在各领域中的应用不胜枚举,现仅择少数例子加以介绍。

1.4.1 金属配合物在染色过程中的作用

远古时代,人们用植物直接作为染料,但染料附着力不强,颜色暗淡。当在染色过程中加入金属离子形成配合物后,牢固度大大增加,显示出鲜艳的颜色。这是由于不存在配合物时,染料分子和织物以氢键或范德华力相连,当形成配合物后,其中金属与织物以配位共价连接或沉积在织物上,并将光吸收移到可见区,使光吸收增强。在古代,如普鲁士蓝$KFe[Fe(CN)_6]$、樱草素$K_3[Co(NO_2)_6]\cdot 6H_2O$(黄色)都被用作染料。国外最早有记录的配合物作为染料的是普鲁士蓝,1704年由普鲁士某染料厂的一个工人得到,他用兽皮和牛血在铁锅中煮,经水解出CN^-,再和$Fe(Ⅲ,Ⅱ)$作用得到蓝色染料。我国用配合物作为染料的记载始于《诗经》[8],比国外早得多。诗经有"缟衣茹藘"的记载,"茹藘"就是茜草,当时用茜草的根和黏土(或白矾)制成牢固度很高的红色染料,后来称为茜素染料,即存在于茜草根中的1,2-二羟基-9,10-蒽醌和黏土(或白矾)中的Al^{3+}和Ca^{2+}生成的红色配合物[式(1-6)]对织物有强的附着力,这是最早的媒染染料。在长沙马王堆1号墓出土的深红色绢,经鉴定就是用茜素红媒染染料染色的。

$$\text{茜素 (水溶性染料)} \xrightarrow{H_2O/热矾} \left[\text{配合物结构} \right]^{2-} Ca^{2+} \quad (1\text{-}6)$$

此后,金属配合物作为染料(或颜料)得到很大的发展,如偶氮染料、酞菁染料,大量用于染色和塑料中,如(**1.13**)是酞菁合铜(Ⅱ),呈美丽的蓝色。酞菁合氧钛和金属偶氮配合物分别用于激光打印和喷墨打印技术中。此外,金属配合物作为染料还用于光数据储存和电色材料中。

(**1.13**)

1.4.2 元素的分析和分离

配合物的形成扩大了金属离子之间性质的差异,如颜色、溶解度、稳定性都因配合的形成方式有了很大的变化,这为金属离子的分析、分离创造了良好条件。当今溶液中任何一种分析法和分离法,如分光光度、萃取、离子交换法都和配合物形成有密切关系,其中有代表性的如用于配位滴定的氨羧配位剂,以乙二胺四乙酸(EDTA)为例,它在掩蔽剂存在下能分析许多金属离子。

20世纪40年代前后,由于原子能及火箭的发展,亟需大量核燃料及高纯度铀、稀土的化合物,这一需求促进了配位化学对有关分离、分析方法的研究。例如,用乙二胺四乙酸钠和稀土离子生成的配合物稳定性差,用离子交换技术,成功地分离性质极为相似的13个稀土元素,从而代替了传统的分级沉淀法。因为$La(OH)_3$

的溶解度(1.8×10^{-5} mol·L^{-1})与 Lu(OH)$_3$ 溶解度(1.3×10^{-6} moL^{-1})仅相差 10 倍,而[La(edta)]$^-$的稳定性($\beta=10^{15.9}$)和[Lu(edta)]$^-$的稳定性($\beta=10^{19.33}$)相比却差 10^4 倍,配合物的形成为分离创造了条件。由于配体种类多样和结构多变,通过配体剪裁和设计可以得到对金属离子优良的分析和分离试剂,例如,以磷酸三丁酯(R_3PO)为基础的磷氧萃取剂,在硝酸介质中借助氧原子和 UO_2^{2+} 生成配合物(**1.14**),改变烷基可对 UO_2^{2+} 获得好的分离效果,见式(1-7)。

$$UO_2(NO_3)_2 + 2TBP(org) \longrightarrow [UO_2(NO_3)_2(TBP)_2](org) \quad (1-7)$$

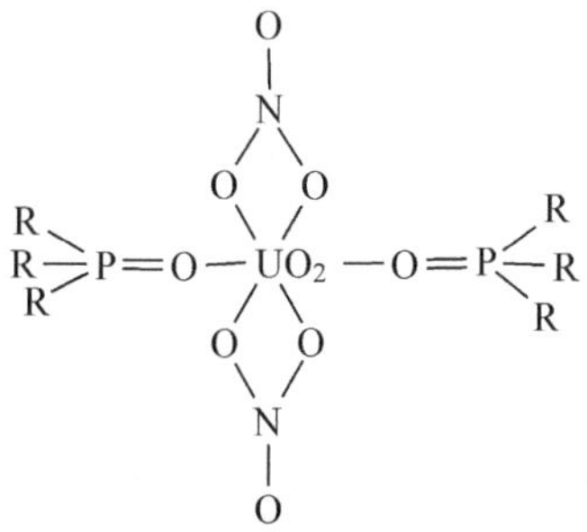

(**1.14**)

磷氧萃取剂不仅是 UO_2^{2+} 的优良萃取剂,经修饰后也可成为稀土的萃取剂。我国稀土储量极其丰富,是稀土资源大国。稀土是重要的战略物资,与航天、信息及核工业等息息相关。稀土分离除采用离子交换法外,过去还采用传统萃取法,不但耗时,分离也不易,要得到国防工业急需的高纯度(>99.9%)的镨钕更加困难。为此,我国徐光宪院士在他的串级理论的基础上摒弃了传统萃取法,建立了串级萃取法,不仅解决了当时国际上镨钕分离的难题,而且在我国将该法用于生产,为我国稀土工业作出了重要贡献。为表彰其功绩,国家特授予他 2008 年国家最高科学技术奖。

此外,又如在湿法冶金中的羟肟萃取剂,它是水杨醛肟的衍生物,在 pH 3.5~9.5 时可定量萃取铜,在 pH8.3~10 时可定量萃取镍,对其他金属几乎无干扰。羟肟萃取剂已用于湿法冶金工业中,其反应见式(1-8)。

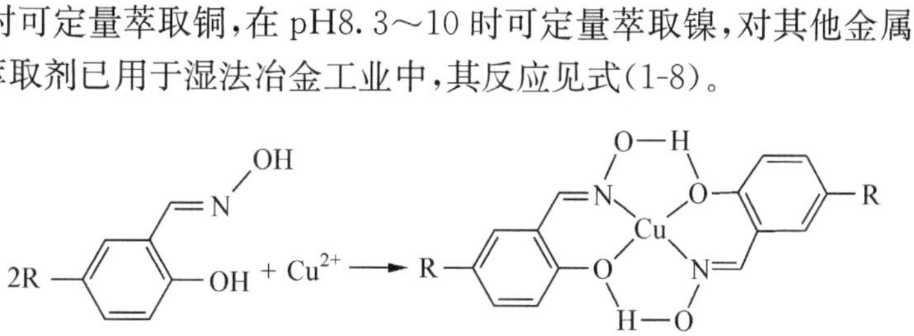

$$(1-8)$$

(R为长链烷烃)

随着大环化合物和超分子的问世,新的分析和分离试剂也得到进一步开发,如冠醚、穴醚用于碱金属和碱土金属以及镧系离子的分离。大环化合物作为萃取剂比非环化合物有更大的优越性。大环四硫醚(**1.15**)~(**1.17**)在硫脲存在下能从Pt^{2+}的氧化物溶液中萃取铂。经修饰的杯芳烃(第11章)不仅对UO_2^{2+}有高的萃取率,而且在废弃核燃料处理过程中对锕系元素(Np、Pu、Am)的萃取率超过传统使用的非环化合物。借助配合物生成用于元素分离和湿法冶金虽已成熟,但结合我国资源,如探索处理我国金川、攀枝花等多金属共生矿和低品位矿的合适方法,进行有关的配位化学研究,尚有许多工作要做。

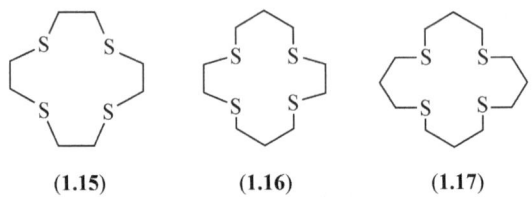

(1.15)　　　　(1.16)　　　　(1.17)

1.4.3　有机金属配合物作为催化剂

由于配位化学发展,无机化学和有机化学间界限变得模糊不清了,以致在这两大领域间不再存在明显差别,主族和过渡金属的有机金属配合物已成为有机合成的常用试剂。例如,$Na_2[Fe(CO)_4]$能将卤代烷或酰卤化物转变成烷烃、醛、酮、羧酸和酰卤。

$$Na_2[Fe(CO)_4] \xrightarrow{RX} [RFe(CO)_4]^- \xrightarrow{H^+} RH \tag{1-9}$$

20世纪60年代石油工业兴起,如何将相对低廉的原料(石油,煤,水)转变成重要的工业原料,有机金属配合物在均相催化中起着重要作用,有机金属配合物可直接作为催化剂或在反应过程中中间体,参与反应,如氢化反应式(1-10)中的Wilkinson催化剂,$[RuCl(PPh_3)_3]$甲醇羰化反应中的Monsanto过程和$[RhI_2(CO)_2]^- + CH_3I$为催化剂[式(1-11)],以及Ziegler和Natta用于烯烃聚合的$TiCl_4$和Et_2AlCl混合物的烯烃聚合催化剂等。又如2010年美国科学家R. F. Heck和日本科学家E. I. Negishi及A. Suzuki利用钯的催化交叉偶合反应合成复杂的似天然的有机分子,可应用于制药、电子工业和各种先进材料。[①]

$$\diagup\!\!\!\diagdown\!\!\!\diagup\!\!\!\diagdown \xrightarrow[{[RuCl(PPh_3)_3]}]{H_2,\ 25℃,\ 1atm①} \diagup\!\!\!\diagdown\!\!\!\diagup\!\!\!\diagdown + \diagup\!\!\!\diagdown\!\!\!\diagup\!\!\!\diagdown \tag{1-10}$$

$$CH_3OH + CO \xrightarrow[{[RhI_2(CO)_2]}]{CH_3I,\ 1atm} CH_3COOH \tag{1-11}$$

有机金属配合物作为催化剂的反应大多在溶液中的分子间进行,反应分子易于研究和修饰,对发展高选择性的催化剂十分有利,其优点是非传统的多相催化剂

---

① 1atm=1.01325×10^5 Pa。

能够比拟的。由于生产需要,合成化学有大的发展,在此期间新配合物不断涌现,被喻为无机化学的"文艺复兴"。

1.4.4 金属药物

许多无机化合物都有生物活性,大量生化反应因金属离子的存在而得以进行,用无机化合物作为药物始自古代。例如,清热药石膏($CaSO_4$),泻药芒硝($NaNO_3$),砷的化合物用于治疗梅毒,汞的化合物用于防腐,锑的化合物用于治理吸血虫病,$BaSO_4$ 用于肠胃道疾病的显影剂,Ba^{2+} 虽然有大的毒性,但是由于 $BaSO_4$ 的低溶解度而阻止了毒性。金属药物的作用与体内的配合物形成有关,2,3-二巯基丙醇是汞的解毒剂,由于它的两个巯基是软碱,和软酸 Hg^+ 及 Hg^{2+} 生成很稳定的螯合物(**1.18**),能将汞离子排出到体外。近年来,用配合物作为药物得到了很大的发展,如抗癌药顺式-二氯·二氨合铂(Ⅱ)。早期人们用金的化合物治疗关节炎,古代认为戴金手镯能治疗关节炎,这是由于汗中溶解微量的金的治疗作用。金的简单化合物一般有毒性,近来 Au(Ⅰ)配合物(2,3,4,6-四-σ-乙酰基-1-硫-β-吡喃葡萄糖-S)·(三乙基膦)合 Au(Ⅰ)(**1.19**),能用于口服,十分有效。此外,还发现钒(Ⅳ)配合物能模拟胰岛素功能,有治疗糖尿病的作用,如二(吡啶甲酸根)合氧钒(Ⅳ)(**1.20**)等。Zn(Ⅱ)的环胺(**1.21**)配合物对抗艾滋病有疗效,已作为抗艾滋病的临床候选药。此外,如 Ti(Ⅳ)、Nb(Ⅴ)等金属茂用于抗肿瘤药物的研究,卟啉和酞菁的配合物在光动力学治疗癌症,在血液病中得到应用。凡此种种,不胜枚举,为此,人们要求对药物机理的了解和对新药的开发日益强烈,这是对配位化学的一大挑战,也大大刺激了将配位化学用于生物体系的研究。

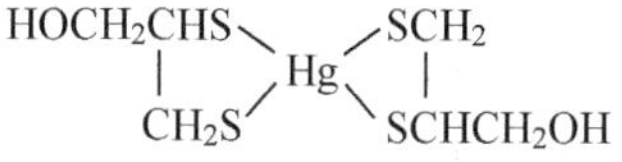

(**1.18**)

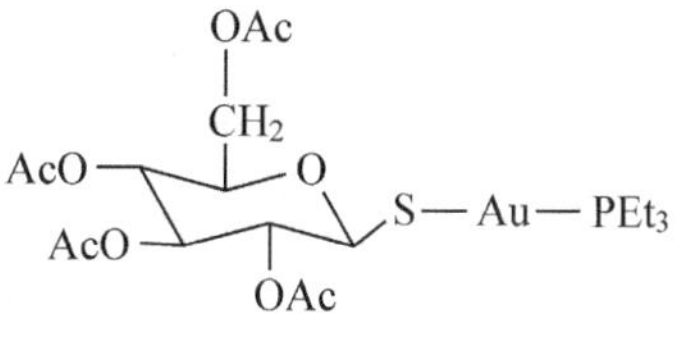

(**1.19**)

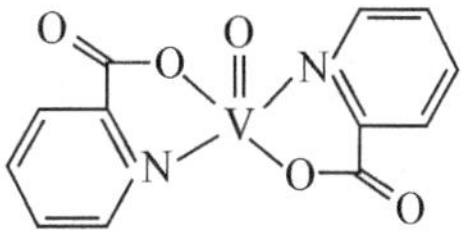

(**1.20**)

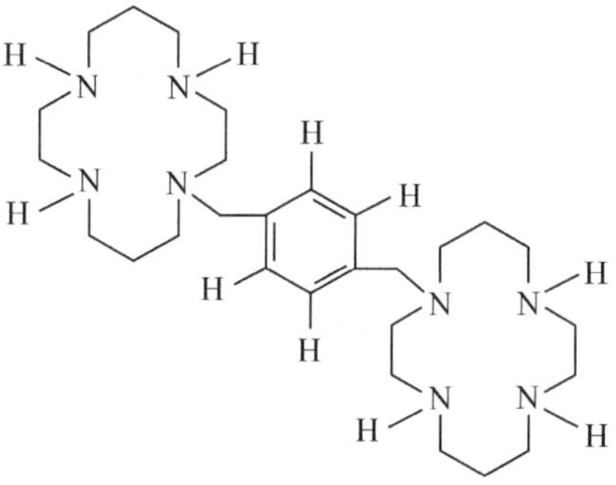

(**1.21**)

1.4.5 生物转化及其模拟

金属离子在生物体内的存在十分广泛。它们和卟啉、蛋白质等生物配体结合，表现出多种功能，哺乳动物体内约有70%的铁与卟啉形成配合物，卟啉环上取代基不同，金属离子不同，轴向配体不同，显示的功能各异。它们是生物体内酶和蛋白质的活性部分。据统计，土壤中仅5%的细菌被人们所认识，它们通过体内酶的作用转化废物成为人们所需要的物质。在已知一千多种酶中有1/3以上含有金属离子。它们以配合物的形式存在，作为酶的活性中心。因此，配位化合物在模拟生物转化(bio-transformation)方面是一个重要的课题。模拟生物转化可以用配合物模拟生物作用，将低廉物质转化成有用产品。现举例如下。

常温常压下固氮菌将空气中的氮转变成氨 $N_2+3H_2 \longrightarrow 2NH_3$。在工业上合成氨用氧化铁作为催化剂需要高温高压，产率仅为15%～20%。地球上$1m^2$土地上的空气柱约含有8t氮，相当于40t$(NH_3)_2SO_4$，地球上植物生长每年需氮100Mt，其中80%来自固氮酶的作用，它的固氮转化作用如此之高，非一般化学反应所能比拟。固氮酶含有两种蛋白质，一种是Fe-Mo蛋白(或Fe-Mo辅因子)[图10.24(b)]，起着氮的固定和还原作用，另外一种是铁硫蛋白，起着电子传递作用。它们都可分别看作铁和钼-铁多核(或簇状)配合物，目前，虽已合成许多过渡金属-分子氮配合物，如$[Ru(NH_3)_6(N_2)]Cl_2$及其他固氮体系，但模拟固氮酶作用，常温常压下还原成可利用的氨，却一直未获成功。

将木质素变废为宝[9]，木质素是一种芳香高聚物，是人类可再生的纤维资源之一，它是植物纤维中蕴藏太阳能极大的物质，是石油的最佳代用品。目前，木质素在制浆造纸等工业中作为废液排放，不但污染环境，且处理过程价格昂贵。20世纪80年代人们从白腐菌(phanerochaete chrysosporicum)中分离出木质素酶(包括木质素过氧化物酶和锰过氧化物酶)，它们能使木质素降解，是自然界唯一依赖H_2O_2催化单电子氧化大量有机底物的金属酶。通过木质素降解的研究，可使木质素转变成重要的化工产品(如醇、酮等)、生物蛋白、有机肥料等。这对我国人口众多、耕地短缺、能源不足的今天显得十分重要。木质素酶特别对难氧化的有机底物有其独到之处。例如，不能被一般微生物降解的DDT，能被木质素酶氧化成二氧苯酚。木质素酶虽能使木质素和多氧芳香化合物降解，但天然酶不易分离，在分离过程中易造成二次污染，且天然酶在大量H_2O_2存在下易失活，实际应用不便。木质素酶中含有卟啉铁(Ⅲ)作为活性中心，人们用铁(Ⅲ)或锰(Ⅲ)的卟啉化合物作为降解模型进行研究，模型物的相对分子质量小，扩散性能好，易于穿透木质素，已证实模拟体系用于处理木材片有较好的去木质素能力。因此，寻求在温和条件下使木质素降解的化学体系，变废为宝，这对发展绿色化学和21世纪我国的持续发展具有深远意义。

甲烷是稳定的惰性分子，是天然气的主要成分，甲烷单加氧酶(methane

mono-oxygenase,MMO)能选择性地羟化各种非活性的 C—H 键。例如,转化 CH_4 成甲醇 $CH_4 \xrightarrow{[O]} CH_3OH$,MMO 的活性中心可看成是 Fe(Ⅱ)的双核配合物,其间用羟基、谷氨酸根和乙酸根桥联,目前 MMO 的结构还不十分清楚,但用配合物进行模拟的工作已引起注意。我国西南天然气资源十分丰富,如果能加以转化,将是对国民经济的一大贡献。

在加快推进绿色和低碳革命及能源短缺的今天,太阳能的利用十分迫切,因为太阳能资源丰富,是环境清洁和不受禁运的能源,但由于太阳距地球 $1.5×10^8$ km,而且以漫射的形式释放能量,到达地球每单位面积能量的功能很低。又由于太阳辐射能量的断续性,使其利用受到限制。因此,需要把太阳能转化为电能或合成燃料加以利用和储存,以备不时之需。

自然界绿色植物的叶绿素的光合作用为人类的能量储存和转化提供了启示。叶绿素的活性中心可看成是镁(Ⅱ)的配合物。叶绿素作为天线能吸收光能产生激发态,并作为电子给予体,转移电子到近邻的电子受体,经多步复杂的反应产生 CO_2 和水,然后通过光化学反应转变为碳水化合物(第 10 章)。所以化学家面临的挑战是设计非生物循环来模拟这一工作(第 6 章)。人们设想模拟叶绿素利用太阳能驱动光化学反应。将其中大部分入射的光能储存于产物中,然后通过催化剂以热或电的形式释放能量。配合物如多吡啶、卟啉、树状形配合物都有类似叶绿素吸收光和转移电子的功能。有的还兼具催化剂的功能。近年来,以配合物为基础的具有吸光和催化功能的超分子器件已得到很大的发展。这说明配位化学在发展能源方面也有用武之地。

以上四项研究,虽早自 20 世纪 70～80 年代就已经进行,但一直未有突破,在《配位化学大全Ⅱ》(*Comprehensive Coordination of Chemistry* Ⅱ)以"配位化学过去,现在和将来"为题的评述中仍将它们列为热门课题,正如在该文中指出"自然界提供使化学家惊奇的新鲜事物,为此,配位化学伴随着催化和材料科学的发展,也一直不断地响应对生物模拟的挑战",生物转换及其模拟是人类长期的追求和梦想,人们应为此做出不懈努力,虽"路漫漫其修远兮,吾将上下而求索"。

1.4.6　配合物与纳米技术和分子器件

纳米技术是 20 世纪 90 年代发展起来的崭新学科,它是按人们的意志和需要直接操纵原子、分子排列和运转构筑纳米结构,产生新物质,新材料和新器件的科学。纳米材料尺寸在 1～100nm 会展现出特别功能和对尺寸敏感的特性,因为尺度不同常引起分子或原子中主要的相互作用力的不同,导致物质性能及运动规律发生变化,纳米离子有大的比表面,引起催化性质的增强。例如,纳米铂黑催化剂可使乙烯催化反应的温度从 600℃降至室温。此外,纳米粒子导致的磁性和电热传递方式的改变也引起了人们的注意。所以纳米技术可为控制催化、传感功能、分子电路及制造各种能量转换元件,提高太阳能、化学能、电能的转换效率等应用提供广阔前景。

在此,配位化学在纳米技术的发展中起着独特作用。由于配合物花样繁多,结构奇异,成键方式独特,功能各异,利用超分子自组装的方法以配合物作为模块可得到性质奇特的分子元件。例如,穴醚与 Eu(Ⅲ)的穴合物具有光能转换功能(图 1.10)。

生成配合物后能增强对紫外光的吸收,并转换成荧光发射。四苯基卟啉 Zn(Ⅱ)的衍生物(**1.22**)是一个高稳定性的记忆分子,将它载在硅片上有储存信息的功能,是计算机储存元件的候选者。此外许多受体-底物体系具有分子开关、分子导线等功能(第 12 章),将它们从小到大一个分子、一个分子地组装成纳米尺度的超分子聚集体,产生的纳米器件或纳米机器等新型器件,用于处理和储存信息,将会对发展超小型计算机铺平道路。因为通过纳米技术,将使计算机硬盘和软盘的储存密度大大提高,总体储存能力提高 10 万~100 万倍。将特定功能的配合物作为前体,组装成结构有序的纳米结构的分子器件,它需要配体剪裁、配合物的设计、合成和超分子自组装等基础研究。现在人们已经通过自组装分子得到几个纳米尺寸的超分子结构(如栏栅形分子、胶囊形分子、多面体等),但要获得有实际应用的超分子器件仍是任重道远。

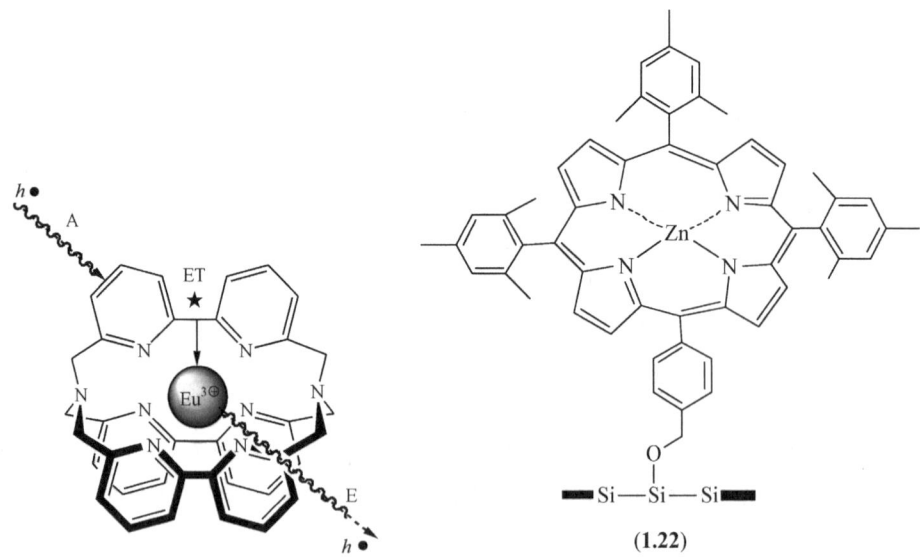

图 1.10 Eu(Ⅲ)穴合物的光转换

从本章所述可见,"配位化学已经不是无机化学的专章或分题","它不仅是无机化学重要的分支和无机化学登堂入室的通道,它已跨越了无机化学和有机化学之间的界限,并渗透到生物、材料、信息等领域,促进多学科的交融和发展"[10]。"21世纪的配位化学已远远超过无机化学的范围……而处在现代化学的中心地位","是一门充满活力的新交叉边缘学科[11]"。可以预料在不远的将来,配位化学这棵大树将会更加枝繁叶茂,硕果累累。

小　　结

(1) 含配位实体的化合物是配合物,配位实体至少含有一个中心原子和一定数目的配体组成的多面体结构,有一定的稳定性。

(2) 本章根据配位化学发展的各历史阶段说明了配合物的含义:① 电子对授-受的经典配合物(σ键配合物);② 具有反馈或不定域π键的金属有机配合物(π酸配合物);③ 主-客体配合物(由接受体-底物相互作用形成的);④ 超分子(超越共价键的分子,以弱相互作用形成的分子);⑤ 由广义配位化学和完整配位化学概念说明配合物是由独立存在的物种以多种键(配位键、氢键、范德华力等)相互作用形成的化合物。

(3) 说明了以下各类配合物的成键特点、衍变情况和它们之间的关系。

从螯合物(金属离子和多齿配体)——→大环化合物(正、负离子、中性分子和环状配体)——→主-客体配合物——→超分子。

(4) 介绍了中、英文的简单命名法及比较了二者之间的异同。

(5) 对将要在各章中出现的配合物的应用做一简单介绍。

习　　题

1. 对如下配合物分别赋予中文名和英文名。

K_2FeO_4 　　　　　　　　　　$Fe(C_5H_5)_2$

$[Cr(NH_3)_6]Cl_3$ 　　　　　　　$[Cr(NH_3)_4Cl_2]Cl$

$K[PtCl_3(C_2H_4)]$ 　　　　　　$K_3[Al(C_2O_4)_3]$

$K_2[Co(N_3)_4]$ 　　　　　　　$K[Co(edta)]$

$[Cr(NH_3)_2(H_2O)_3(OH)](NO_3)_2$ 　　$(H_3N)_4Co\overset{O}{\underset{Cl}{\diagup\diagdown}}Co(en)_2]Cl$

2. 对如下大环分别赋予中文名和英文名,并选出两个配体对其金属离子配合物命名。

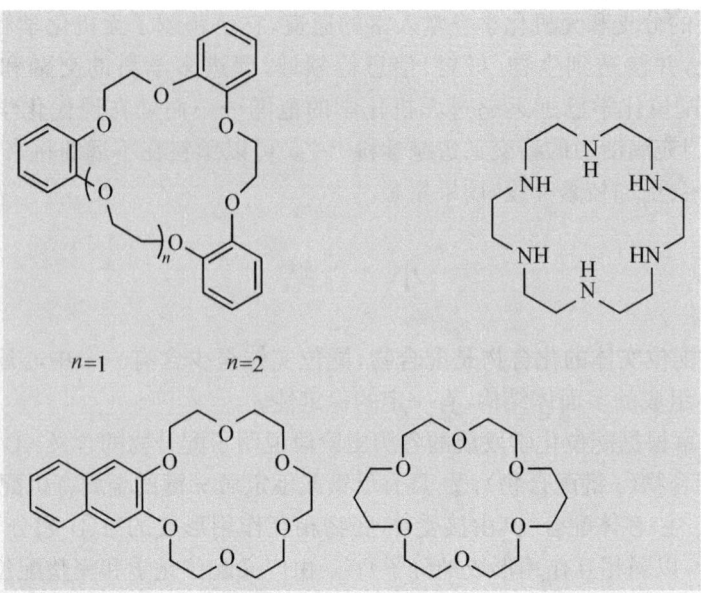

3. 写出下列配合物的化学式。
(1) 三氯·氨合铂(Ⅱ)酸钾
(2) 氯化硝基·氨·羟胺·吡啶合铂(Ⅱ)
(3) 硫酸叠氮·五氨合钴(Ⅲ)
(4) 四(异硫氰根)·二氨合铬(Ⅲ)酸铵
(5) 二苯合铬
(6) 六氟合硅(Ⅳ)酸
(7) 三(μ-羟基)·六氨合二钴(Ⅲ)离子
(8) 硫酸 μ-氨基·μ-羟基·八氨合二钴(Ⅲ)

4. 固体 $CrCl_3 \cdot 6H_2O$ 的化学式可能是 $[Cr(H_2O)_6]Cl_3$、$[CrCl(H_2O)_5]Cl_2 \cdot H_2O$ 或 $[CrCl_2(H_2O)_4]Cl \cdot 2H_2O$,现用离子交换法测定其化学式:

将含有 0.319g 的 $CrCl_3 \cdot 6H_2O$ 的溶液通过氢型的阳离子交换树脂,交换出的酸用 $0.125 mol \cdot L^{-1}$ 的 NaOH 滴定,用去 NaOH 28.5mL。

试问其化学式是以上三种中的哪一种?

5. 一反磁性配合物的组成为 $CoCl_3(en)_2H_2O$,摩尔质量为 $303 g \cdot mol^{-1}$,取 83.5mg 溶于水,再倾入氢型阳离子交换柱中,交换出的酸需 $0.05 mol \cdot L^{-1}$ 的 NaOH 溶液 $11.0 mL^{-1}$ 使其能中和,试写出配合物的结构式。

6. 有两种配合物,其组成均为 $CoBr(SO_4)(NH_3)_4H_2O$,若将它们分别溶于水中,各以 $AgNO_3$ 和 $BaCl_2$ 溶液检验,一种只与 $AgNO_3$ 生成沉淀,另外一种还与 $BaCl_2$ 生成沉淀。试写出以上两种配合物的结构式和可能的空间排布。

参 考 文 献

[1] 孟庆金,戴安邦. 配位化学的创始与现代化. 北京:高等教育出版社,1998:5-68
[2] 罗勤慧. 大环化学——主客体化合物和超分子. 北京:科学出版社,2009:4-35
[3] 孙小强,孟启,阎海波. 超分子化学导论. 北京:中国石化出版社,1997
[4] Lehn J M. From coordination chemistry to supramolecular chemistry. In: Williams A F, Florianic, Merbach A E. Perspectives in Coordination Chemistry. New York: VHCA,1992:447-462
[5] Bush D H. The complete coordination chemistry——one practioner's perspective. Chem. Rev.,1993,93:847-860
[6] Connelly N G, Damhus T, Hartshorn, et al. Nomendature of inorganic chemistry, IUPAC Recommendation 2005. Royal Society of Chemistry, Cambridge
[7] 中国化学会. 无机化学命名法. 北京:科学出版社,1980
[8] 赵匡华,周嘉华. 中国科学技术史(化学卷). 北京:科学出版社,1988:624-625,632
[9] 张建军,罗勤慧. 木质素酶及其化学模拟的研究进展. 化学通报,2001,8:420
[10] 戴安邦. 无机化学的复兴和发展. 大学化学,1988,3:1
[11] 徐光宪. 21世纪配位化学是处于现代化学中心地位的二级学科. 北京大学学报(自然科学版),2002,38:149

第 2 章 配位化合物的立体化学

提要 介绍各种类型配体(氨羧、大环、席夫碱、三角架、多吡啶等)的特点。配位数和空间结构的关系,影响空间结构的因素。几何异构和光学异构等异构现象,从中引入配合物的绝对构型和构象及其命名。

2.1 配体和配合物的类型及分类

在元素周期表中,一共有 14 种元素可以作为配体原子,它主要属于周期表的 3 个主族的元素,包括 V 族的 N、P、As、Sb,Ⅵ 族的 O、S、Se、Te,Ⅶ 族的卤素和氢负离子以及有机配体的碳原子。现将有代表性的配体列于表 2.1,根据它们的结构特点,将配体和其配合物的特点归纳如下。

表 2.1 配体的类型

No.	名称	缩写	化学式	齿数
1	吡嗪(pyrazin)	pz		
2	4,4′-联吡啶(4,4′-bipyridine)	4,4′-bpy		
3	1,10-菲咯啉(1,10-phenthroline)	phen		2
4	2,2′,2″-三吡啶(2,2′,2″-terpyridine)	terpy		3
5	2,2′:6′,2″:6″,2‴:6‴,2⁗:6⁗-六吡啶(sexipyridine)	sexpy		6
6	氨基乙酸根(glycinate)	gly	$H_2NCH_2COO^-$	2

第 2 章 配位化合物的立体化学

续表

No.	名称	缩写	化学式	齿数
7	乙酰丙酮根(acetyacetonate)	acac	(结构式)	2
8	丙二胺(propylenediamime)	pn	$H_2NCH_2CH_2CH_2NH_2$	2
9	三乙基四胺(triethylenetetramime)	trien	$H_2N(CH_2)_2NH(CH_2)_2NH(CH_2)_2NH_2$	4
10	乙二胺四乙酸根 (ethylenediamine tetraacetate)	edta	(结构式)	6
11	2,2′,2″-三(2-氨乙基)胺 (2,2′,2″-tris(2-aminoethyl)amine)	tren	(结构式)	3
12	水杨醛酰腙 (salicylaldehyde acylhydrazone)		(结构式)	2
13	卟啉环(porphyrin)	por	(结构式)	4
14	15-[冠]-5(15-crown-5)	15C5	(结构式)	5
15	穴醚[2,2,2](cryptate)	[2,2,2]	(结构式)	8
16	富勒烯碳-60(fullerenes C_{60})	C_{60}	(结构式)	
17	邻亚苯基双(二甲胂) (o-phenylenebis-dimethylarsine)	diars	(结构式)	2

2.1.1 螯合配体

配体由单原子和多原子组成,单原子的配体如卤素离子,多原子配体中有的只含有1个配体原子,如水、氨、三苯基膦(Ph_3P)等,它们只与中心原子形成一个配位键,称为单齿(monodentate)配体。多原子配体中如果含有两个配位原子,可以同时形成两个配位键的称为二齿(bidentate)配体,如乙二胺、氨基乙酸,以及表2.1中的No.3、6、7、8等。二乙基三胺($NH_2CH_2CH_2NHCH_2CH_2NH_2$)及表中序号的No.4、12等是三齿(tridentate)配体。不止一个配位原子的配体总称为多齿(malti-dentate 或 poly-dentate)配体,多齿配体与中心原子形成的环状配合物称为螯合物(chelate),多齿成环配体称为螯合配体(chelating ligand)。螯合配体形成螯合物时,成环所需的原子数称为环的元数,大多数稳定的螯合物都是五元环或六元环。四元环在螯合物中很少见。比六元环更大的环往往不稳定,且只能用金属离子的高氯酸盐和相应的螯合剂在有机溶剂中制备。例如,乙二胺四乙酸根(EDTA)是六齿配体,它和许多金属离子形成5个五元环的稳定配合物(**2.1**)。

(2.1)

2.1.2 桥联配体

配体联结两个或两个以上的金属原子形成多核(金属)配合物,这种配体称为桥联配体(bridging ligand)或桥联基团(bridging group),桥基可以是单原子,如Cl^-、O^{2-}、S^{2-}等,也可以是多原子,如联氨(NH_2NH_2)、氰根、吡嗪(表2.1 No.1)、4,4′-联吡啶(表2.1 No.2)等。联氨中两个配原子距离太近,不能以同一中心原子成环,只能各与一个中心原子成键形成双核配合物(**2.2**),CN^-除作为单齿配体外还作为桥基。在(**2.3**)中,CN^-通过氮和碳原子桥联。连接两个不同的中心原子形成异三核配合物。

吡嗪和4,4′-联吡啶也是优良的桥联配体,它们能桥联过渡金属离子(包括Pt、Mo、Ru),例如,化合物(**2.4**)是通过吡嗪桥联两个不同氧化态的金属离子,形成混合氧化态双核钌(Ⅱ、Ⅲ)配离子。

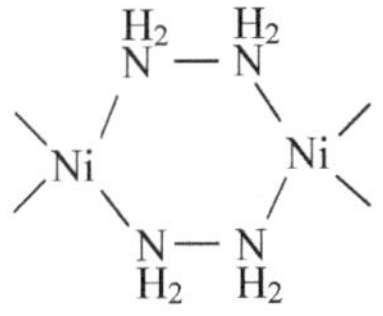

(2.2)

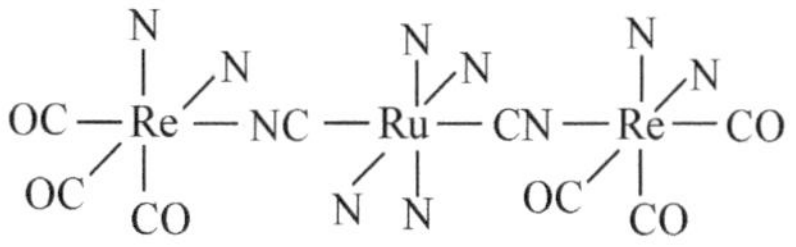

(2.3)

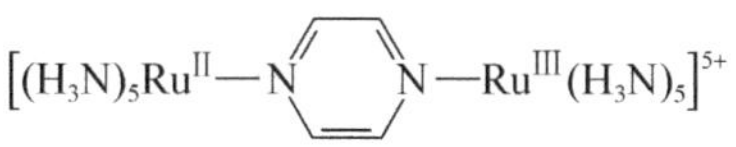

$[(H_3N)_5Ru^{II}-N\underset{}{\bigcirc}N-Ru^{III}(H_3N)_5]^{5+}$

(2.4)

在多核配合物的基础上发展成的簇状配合物和配位聚合物将分别在第9章和第12章讨论。

2.1.3 大环配体

大环也是一种多齿配体,配位原子位于环的骨架上,大环配合物和一般螯合物不同的是金属离子位于环的空腔中。金属离子尺寸和大环腔径匹配才能形成稳定的化合物。大环既来自于人工合成,也存在于大自然中,以卟啉环(表2.1No.13)作为天然大环母体的代表。

(1) 卟啉环是由4个吡咯环组成的刚性大环,环上具有不同侧链取代基(R),环平面上有不定域π电子能调节4个氮原子的配位能力。负二价的阴离子卟啉能和过渡金属离子形成稳定的配合物,其中卟啉铁(Ⅱ)和卟啉镁(Ⅱ)分别是血红蛋白和叶绿素的活性部位。

酞菁(2.5)是卟啉的类似物,它和卟啉是等电子结构。

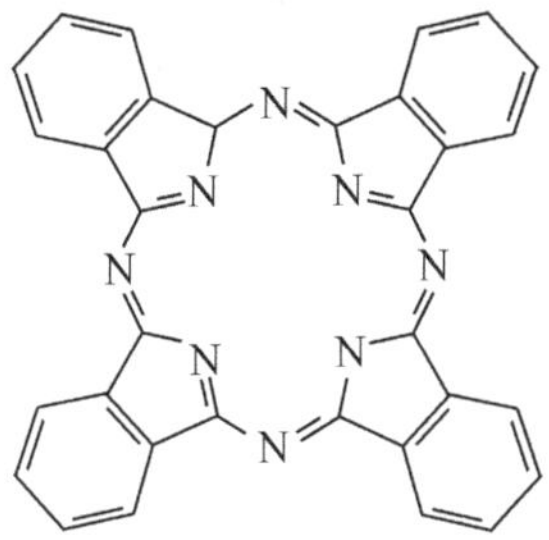

(2.5)

(2) 冠醚和穴醚。人工合成的大环种类繁多,以冠醚、穴醚作为代表,冠醚是一种环状多醚的化合物,大多含有$(YCH_2CH_2)_n$的重复结构,Y为杂原子,可以是氧、硫、氮、磷、硅等。表2.1 No.14的杂原子为5个氧,环上原子总数为15的冠醚

([15]-冠-5)。除杂原子可以改变外,环上还可有芳环[二苯并-[18]冠-6、呋喃环(**2.6**)、萘环(**2.7**)、环己基(**2.8**)等]。除了含醚键外还可以含酯基、酰胺基、β-二酮基等,有的环不严格遵守($-YCH_2CH_2$)$_n$规律。

呋喃基[18]冠-6
(**2.6**)

双(二萘基)[22]冠-6
(**2.7**)

二环己基[18]冠-6
(**2.8**)

含氧冠醚配合物是由带正电的金属离子和电负性较高的氧,借助离子-偶极键而联系着,氧的孤电子对向着环的内侧,它们对碱金属及碱土金属有极强的配位能力。例如,二环己基[15]冠-5 能与 Na^+ 生成极稳定的配合物,能把一般玻璃容器上的 Na^+ 剥落下来。含氧冠醚可认为含氧冠醚中的氧被胺基取代,因为类似乙二胺,又常被人们称为环胺(cyclam),如环胺(**2.9**)~(**2.11**)。

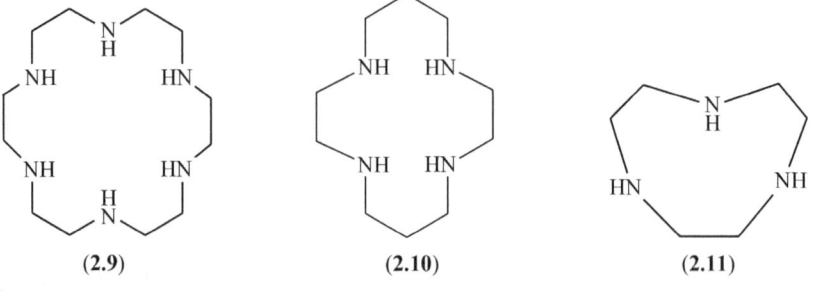

(2.9)   (2.10)   (2.11)

在环胺中氮比氧有更丰富的成键特性,它可以仲胺、叔胺、酰胺等方式成环,且环上氮原子、氧原子上的氢可被取代,并具有高的选择性,在很多方面有重要的用途。例如,双环胺(**1.22**)的 Zn(Ⅱ)配合物已作为抗艾滋病药物的临床候选者。又如环胺胺基上的氢被羧基取代如(**2.12**)的结构,它与 EDTA 结构有一定的类似性,但 EDTA 选择性差。而(**2.12**)对 Ca^{2+} 和镧系元素有高的选择性,它的 Gd^{2+} 配合物已作为诊断药物,用于核磁共振成像时使用的造影剂。

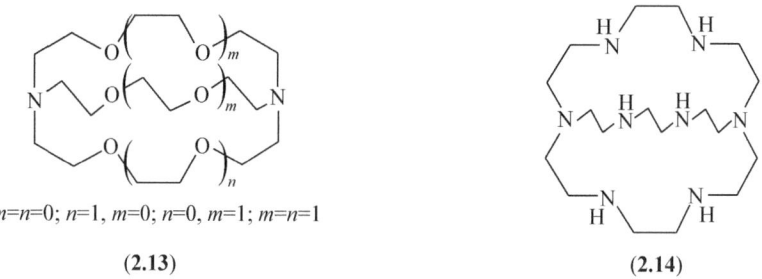

(2.12)   EDTA

穴醚是一种三维结构的大环(**2.13**),因金属离子配位时能完全藏匿在类似冠醚的穴中,所以称为穴醚、穴状配体或大二环化合物(macrodicyclic compound)。含氧穴醚的空腔在和金属离子匹配下对碱土金属离子有强的配位能力,如穴醚[2.2.2]能与 Ba^{2+} 生成极其稳定的可溶性配合物,它能使难溶的 $BaSO_4$ 在水中的溶解度达 $50 gL^{-1}$,这样强的配位能力,远非碱土金属最强的螯合剂 EDTA 所能比拟。

冠醚、穴醚虽以键合碱金属、碱土金属为特征,对过渡金属、镧系甚至阴离子也有配位作用。当穴醚[2.2.2]中的氧原子被 NH 或 S 取代后急剧改变其配位性质。对过渡金属离子表现出极大的亲和力,对其他高毒性重金属如 Pb^{2+}、Cd^{2+}、Hg^{2+} 也具有很高的选择性。化合物(**2.14**)为含氮穴状配体。

$m=n=0; n=1, m=0; n=0, m=1; m=n=1$

(2.13)   (2.14)

第 1 章已经提到将冠醚、穴醚和金属离子的配合物推广为主-客体化合物,它开创了超分子化学的新纪元,大环是构筑超分子的基础,还有许多大环配体,如富勒烯等将在以下各章中讨论。

除以上所述外,还有许多令人感兴趣的配体,如席夫碱配体(表 2.1 中 No.12),它是由含胺基分子和醛基分子缩合的产物。用席夫碱缩合法可得到各式各样的配体包括大环,所以说席夫碱配体是一类多方面的配体。表 2.1 中 No.11 tren 是三齿配体也是典型的三脚架配体。三脚架配体具有 $X(-Y)_3$ 单元,X 可以是 N、P、AS，Y＝NH$_2$、R$_2$N、R$_2$P、RS 等，它有利于和二价金属生成三角双锥(**2.15**)和四方锥构型(**2.16**)。此外，吡啶配体(表 2.1 中 No. 4,5)在构筑各种构型(如螺旋形、梯形)的超分子中是一类极其重要的配体。(**2.17**)是由 2,2′,2″-三吡啶(表 2.1 中 No. 4)为基础构成的双螺旋配合物[1]。

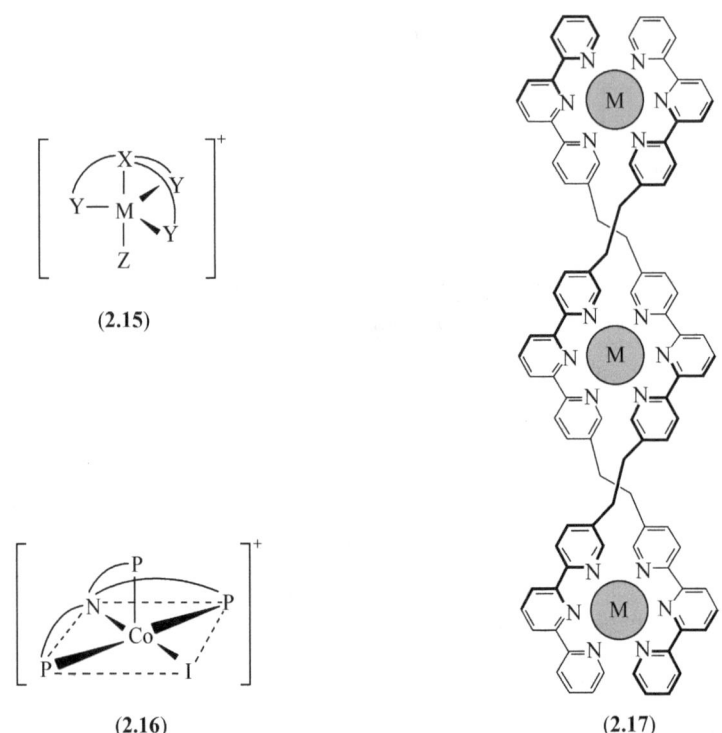

2.2 配合物的空间结构

2.2.1 中心原子的配位数和配合物的空间结构的关系

在第 1 章已指出，在配位实体中配体和中心原子以配位键联系着，中心原子键合配位原子的数目，即接纳电子对的数目称为中心原子的配位数。对于中性配体或一价配体，配位数决定于：①中心原子的大小，即与它在周期表的周次有关，而与族次无关，对简单的经典配体，一般认为，在周期表中，第一周期元素最高配位数为 2，第二周期元素最高配位数为 4，第三周期为 6，以下为 8，第七周期最高可达 12。②中心原子的氧化数。对同一配体比较，在相同情况下，中心原子的氧化数高，配位数也增加。③配体的大小和中心原子与配体半径的比值。例如，Fe^{3+} 对小体积

F⁻的配位数为6,对大体积Cl⁻的配位数却是4。结晶化学指出,配位数大小决定于中心原子与配体半径之比,比值越大,配位数越高。④配体所带的电荷。如果配体是阴离子,那么电荷越小越有利于高配位数,电荷较大的阴离子将使配体之间斥力增加,配位数因此而减小。例如,B(Ⅲ)、Si(Ⅳ)、P(Ⅴ)与F⁻生成BF_6^{3-}、SiF_6^{2-}、PF_6^-,而与O^{2-}生成BO_3^{3-}、SiO_3^{2-}、PO_4^{3-}。显而易见,以上考虑十分简单,把中心原子和配体看成刚体,纯粹从静电观点出发,没有考虑到中心原子的电子构型 d 电子数目配体的齿数、形状等诸多因素,有很大的局限性。

早在 Werner 的配位理论中就指出,一定配位数的化合物有特定的空间结构(或称空间构型)。现将各种配位数具有可能的空间结构列于表 2.2。

表 2.2 中心原子配位数、d 电子数和配合物空间结构

配位数	结构	图形	实例	中心电子 d 电子数
2	直线形($D_{\infty h}$)¹⁾		$[Cu(NH_3)_2]^+$	d^{10}
			$[Ag(CN)_2]^-$	d^{10}
3	三角形(D_{3h})		$[Au(PPh_3)_3]^+$	d^{10}
			$[Pt(PPh_3)_3]$	d^{10}
4	四面体(T_d)		$[ZnCl_4]^{2-}$	d^{10}
			$[BeF_4]^{2-}$	d^0
			$[CuCl_4]^-$	d^7
			$[FeCl_4]^-$	d^5
			$[CuBr_4]^{2-}$	d^9
	平面正方形(D_{4h})		$[Ni(CN)_4]^{2-}$	d^8
			$[Pt(NH_3)_4]^{2+}$	d^8
5	三角双锥(D_{3h})		$[Fe(CO)_5]$	d^8
			$[CdCl_5]^{3-}$	d^{10}
	四方锥(C_{4v})		$[Ni(CN)_5]^{3-}$	d^8

续表

配位数	结构	图形	实例	中心电子d电子数
6	八面体 (O_h)		$[PtCl_6]^{2-}$	d^6
			$[Co(NH_3)_6]^{3+}$	d^6
	三角反棱柱 (D_{3h})	图2.8(a)	$[Re(S_2C_2Ph_2)_3]$	d^1
7	五角双锥 (D_{5h})	图2.11(b)	$[ZrF_7]^{3-}$	d^0
			$[HfF_7]^{3-}$	d^0
	加冠三棱柱 (C_{2v})	图2.11(c)	$[NbF_7]^{2-}$	d^0
	加冠八面体 (C_{3v})	图2.11(a)	$[NbOF_6]^{3-}$	d^0
8	十二面体 (D_{2d})	图2.14(a)	$[Mo(CN)_8]^{4-}$	d^2
			$[Zr(ox)_4]$	d^0
	四方反棱柱 (D_{4d})	图2.14(b)	$[TaF_8]^{3-}$	d^0
			$[ReF_3]^{3-}$	d^2
	六角双锥 (D_{6h})	图2.14(c)	$[UO_2(acac)_3]^-$	d^0
9	三冠三棱柱 (D_{3h})	图2.15(a)	$[TcH_9]^{2-}$	d^0
			$[La(H_2O)_9]^{3+}$	d^0
10	双冠四方反棱柱	图2.15(b)	$K_2[Er(NO_3)_5]$	
11	单冠五角反棱柱	图2.15(c)	$[La(NO_3)_5(H_2O)]$	
12	20面体	图2.15(d)	$[La(NO_3)_3(18C_6)]$	

1) 括号内数字表示结构点群的对称元素符号。

由表2.2可见,配位数为2、3的配合物只有一种空间结构,随着配位数的增加,空间结构的数目也增加,当配位数为7、8时有三种结构,配位数大于9时,简单配体的配合物极为少见,多存在于以大环作为配体的镧系、锕系配合物中。此外,空间结构还和d电子数有关。

1. 配位数1

配位数为1的配合物十分稀少,仅发现在金属-有机配合物中,例如,大体积配体1,3,5-三苯基苯和Cu^{2+}或Ag^+生成的配合物$[Cu\{C_6H_2(C_6H_5)_3\}]$或$[Ag\{C_6H_2(C_6H_5)_3\}]$。图2.1是2,6-trip$_2$C$_6$H$_3$(trip=2,4,6-ipr$_3$-C$_6$H$_2$)和Tl^+的配合物$[(2,6-trip_2-C_6H_3)Tl]^+$的晶体结构[2]。配体庞大的体积阻止了金属离子

之间的桥联和更高的配位数的生成。

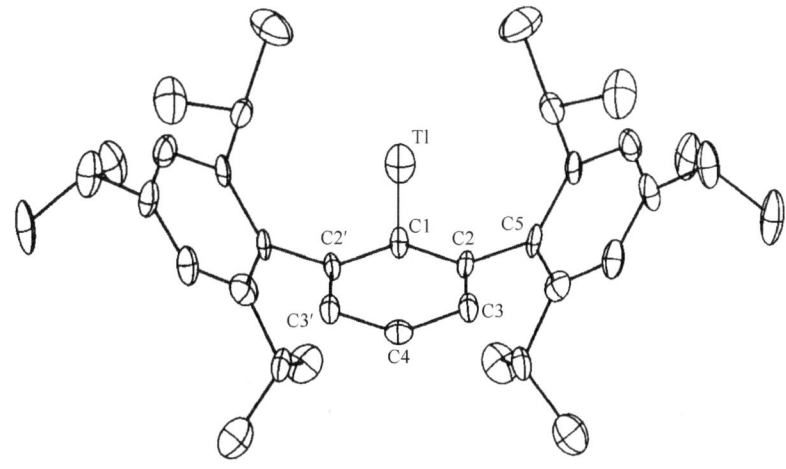

图 2.1　$[(2,6\text{-trip}_2C_6H_3)Tl]^+$ 的晶体结构

2. 配位数 2

配位数为 2 的配合物很少,熟知的例子是 $[Ag(NH_3)_2]^{2+}$,配合物的中心原子大都是 d^{10} 电子构型,周期表 IB 族一价正离子和 Hg^{2+} 能生成配位数为 2 的直线形配合物,亦如 $[Cu(NH_3)_2]^+$、$[CuCl_2]^-$、$[AgCl_2]^-$、$[AuCl_2]^-$ 和 $[Hg(CN)_2]$ 等。此外,d^5 的 Mn^{2+} 也有直线形的例子,如 $[Mn(N(SiMePh_2)_2)_2]$(Me 代表甲基,Ph 代表苯基)(图 2.2),由于在配合物中大体积配体 $N(SiMePh_2)_2^-$ [二(甲基二苯基硅)氨基负离子]的空间位阻,在空间只能呈现出直线形或接近直线形结构。这种情况也出现在 d^6、d^7 的离子中。

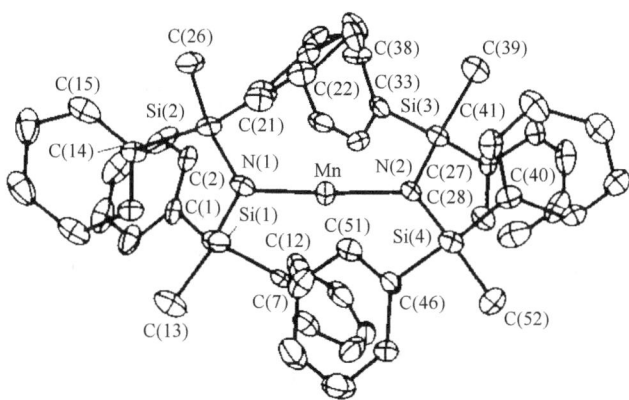

图 2.2　配位数为 2 的 $[Mn(N(SiMePh_2)_2)_2]$ 的晶体结构

3. 配位数 3[3]

配位数为 3 的配合物的典型的例子是[HgI₃]⁻,I⁻排列在近等边三角形的顶点,Hg(Ⅰ)位于三角形中央,具 d^{10} 电子构型的中心原子既能形成直线形又能形成三角形配合物。图 2.3 是三配位的[Cu(SPMe₃)₃]⁺三(硫化三甲基膦)合铜(Ⅰ)和[Cu(SPMe₃)₃Cl]₃三(氯-μ-三(硫化三甲基膦)合铜(Ⅰ))的环状结构。此外,[Au(PPh₃)₃]⁺、[Au(PPh₃)₂Cl]、[Pt(PPh₃)₃]也生成三配位结构,大体积的 PPh₃ 和 SPMe₃ 阻止了高配位数的生成。

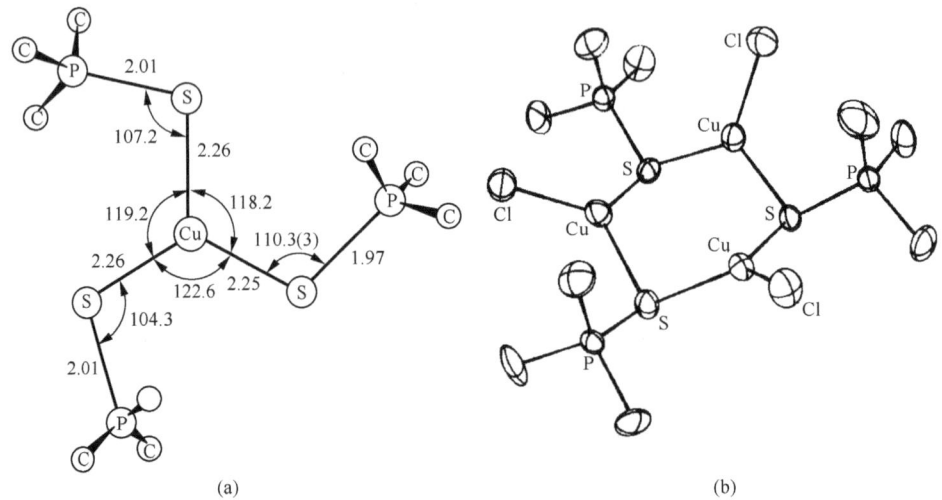

图 2.3 配位数为 3 的配合物
(a) [Cu(SPMe₃)₃]⁺; (b) [Cu(SPMe₃)₃Cl]₃

4. 配位数 4

配位数为 4 的配合物有四面体和平面正方形两种构型,从静电推斥的观点看,形成四面体结构更为有利。

1) 四面体结构

四面体配合物一般发现在以下情况中:①大体积配体(Cl⁻、Br⁻、I⁻等)和小的过渡金属离子或高电荷的过渡金属离子[Mn(Ⅶ)和 Cr(Ⅵ)]形成的配合物([CuBr₄]⁻、[FeCl₄]⁻或[MnO₄]⁻、[CrO₄]²⁻)。② d^0(贵气体电子构型),如[BeF₄]²⁻、[BF₄]⁻。③ d^{10}(拟贵气体电子构型),如[Cu(py)₄]⁻、[Ni(CO)₄]及大多数 Zn(Ⅱ)的配合物。据统计,Zn(Ⅱ)的配合物中 84% 属四面体结构。④少数 d^5 离子([MnCl₄]²⁻)和 d^7 的 Co²⁺([CoCl₄]²⁻)也生成四面体,其原因将在第 3 章中进行解说。图 2.4 列出了一些四面体结构的配合物。

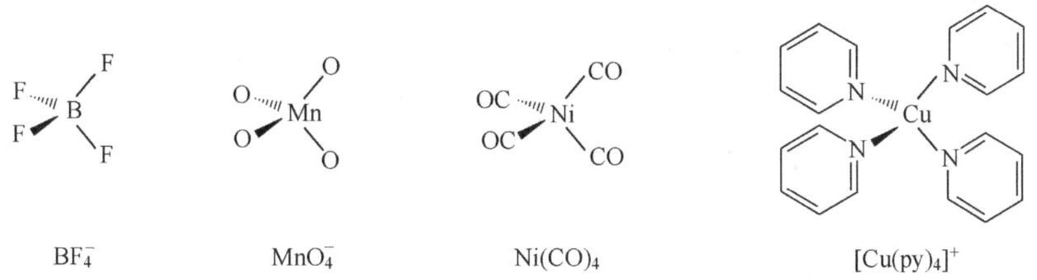

图 2.4 四面体结构的配合物

2) 平面正方形结构

平面正方形配合物的中心原子多为 d^8 的金属离子,如 Rh^+、Ir^+、Ni^{2+}、Pt^{2+}、Au^{3+} 等,它们的配合物 $[RhCl(PPh_3)_3]$、$[Ni(CN)_4]^{2-}$、$[NiCl_2(PMe_3)_2]$、$[AgF_4]^-$ 是平面正方形。此外,d^7 的 Co^{2+} 只有和二齿配体才形成平面正方形。

平面正方形结构比较四面体在空间排布上很少有利,因此二者可相互转换。例如,Cu(Ⅱ)和 Ni(Ⅱ)的配合物有四面体、平面正方形和中间体三种结构,依赖于配体性质和晶体中存在的反离子,因为四面体和平面正方形能量相差很小,晶体的填充效应大大地影响结构的选择。又如配合物 $[NiBr_2(P(C_6H_5)_2(CH_2C_6H_5)_2)]$ 在同一晶体中存在着四面体和平面正方形两种构型。

配体的立体效应对四配位数的几何结构有重要作用,例如,含取代基 R 的二(水杨醛胺)合镍(Ⅱ)(**2.18**)的几何构型与配体上取代基 R 有关,当 R=正丙基时,在溶液中测得配合物的磁矩 $\mu=0$,应为平面正方形结构。当 R=异丙基时,$\mu=1.8\sim2.3\mu_B$,四面体配合物的磁矩大约为 $3.3\mu_B$,因而在溶液中存在着平面正方形和四面体两种构型,其中有 50%~70% 的四面体。如果 R=第三丁基时,测得配合物的磁矩为 $3.2\mu_B$,磁矩数据指出约 95% 的配合物生成四面体构型,由于丁基的空间位阻,两个丁基不能共处在一个平面,因此生成四面体。

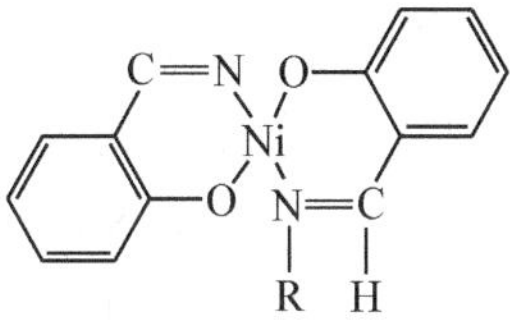

(2.18)

某些第一过渡系的平面正方形配合物和八面体之间存在着平衡($D_{4h} \rightleftharpoons O_h$),可在一定条件下相互转变。

5. 配位数 5

配位数为 5 的配合物有三角双锥和四方锥两种构型。

1) 三角双锥

以 d^8、d^9、d^{10} 和 d^0 的金属离子较为常见,其中五个配体处在等同位置的规则三角双锥结构很少,往往产生不同程度的畸变,如 $[CuCl_5]^{3-}$、$[ZnCl_5]^{3-}$、$[CdCl_5]^{3-}$,图 2.5 是 $[CuCl_5]^{3-}$ 的结构,它存在于复盐 $[Cr(NH_3)_6][CuCl_5]$ 中。其轴向配体与金属间的键长和赤道配体与金属间的键长不等,略有差异,但近似可看成规则的三角双锥。此外,有的配合物畸变较大,如二氰·三(苯基二乙氧基膦)合镍 $[Ni(CN)_2(PhP(OEt)_2)_3]$(图 2.6),它的结构介于三角双锥和四方锥之间。

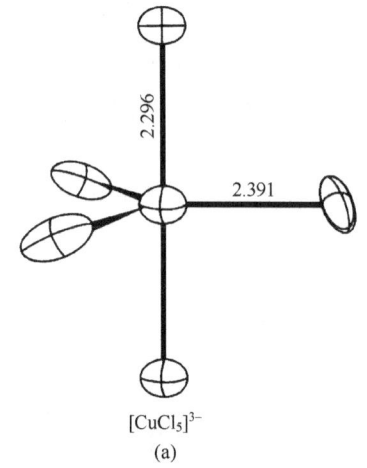
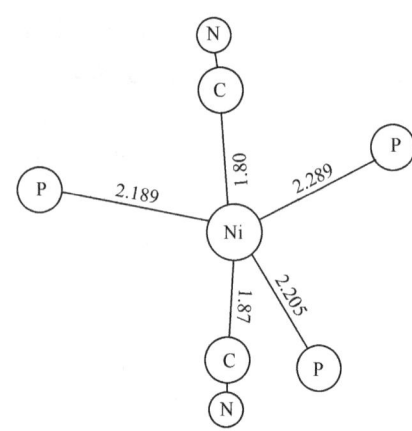

图 2.5　$[Cr(NH_3)_6][CuCl_5]$ 中的 $[CuCl_5]^{3-}$ 三角双锥结构

图 2.6　$[Ni(CN)_2(PhP(OEt)_2)_3]$ 的分子结构

2) 四方锥

规则的四方锥不多,一般也略有畸变,如在 $[Cr(en)_3][Ni(CN)_5]\cdot 1.5H_2O$ 中的 $[Ni(CN)_5]^{3-}$,Ni(Ⅱ)位于四方平面之上稍高一点,四个 CN^- 处于平面上四个相同的位置。另外一个 CN^- 垂直于平面和 Ni(Ⅱ)配位。

三角双锥和四方锥在能量上相差很小(25kJ),只要键角稍加改变,很容易从一种构型变为另一种构型。例如,$[Ni(CN)_5]^{3-}$ 的两种构型能量很接近,只将阳离子 $[Cr(en)_3]^{3+}$ 改变为 $[Cr(pn)_3]^{3+}$(pn 为丙二胺),则 $[Ni(CN)_5]^{3-}$ 就从畸变四方锥变为三角双锥及四方锥的混合物。混合物在红光光谱及拉曼光谱中出现两组带,当失水时三角双锥的一组带消失,说明 $[Ni(CN)_5]^{3-}$ 的四方锥结构更为稳定。

许多配位数为 5 的分子具有从一种结构转变成另外一种结构的流变性(fluxional behavior)。例如,$Fe(CO)_5$ 和 PF_5 分别在 ^{13}C 和 ^{19}F 核磁共振谱上有清晰的单峰,这指出在 NMR 时间标度范围内所有原子是等同的,因为从结构上看无论是三角双锥还是四方锥,他们的配体都处在两种不同的配位环境中,NMR 试验说明这只有两种可能,即该化合物从一种结构到另外一种结构转变迅速,使 NMR 谱不能分辨,或者在溶液中存在着三角双锥和四方锥之间的中间结构。

多齿配体往往按照其结构要求稳定配合物的某一种构型。如三角架配体 $[((Me_3)_2NCH_2CH_2)_3]N$[简写成(Me_6tren)],由于受配位原子间的距离所限制,只能形成三角双锥。例如,图 2.7 是它和 Co^{2+} 形成的三角双锥配合物$[CoBr(Me_6tren)]Br$。因为四方锥或四面体都需要 N—C_2—N 间距能满足一个跨度,如果将 Me_6tren 替换为 $N(CH_2CH_2CH_2NR_2)_3$,在后者结构的直链上多增加一个亚甲基,即 N—C_3—N 有较大的跨度,能够满足多种空间构型的要求,因而它能生成三角双锥、四方锥和四面体等几种构型[4]。

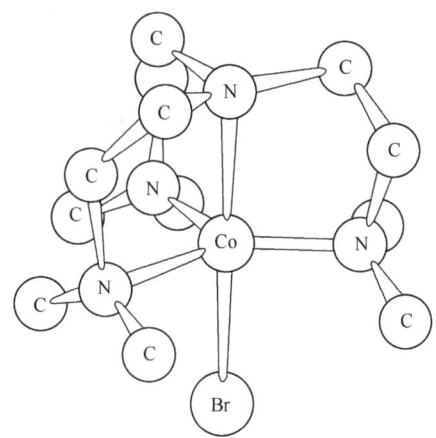

图 2.7 $[CoBr(Me_6tren)]^+$ 的结构

6. 配位数 6

配位数为 6 的八面体配合物是存在最多的一种构型,如 d^6 和 d^3 的 Cr^{3+}、Co^{3+} 的配合物和大部分水合金属离子几乎毫无例外地以八面体结构存在。这种构型从维尔纳开始已经研究得很多了,目前令人感兴趣的是畸变八面体,例如,将八面体沿一个二重轴拉长或压缩,则八面体产生畸变(四方畸变),形成拉长或压缩八面体,这类畸变我们将在第 3 章中讨论到。如果将八面体沿一个三重轴拉长或压缩,则八面体畸变成三角反棱柱(三角畸变)。三角棱柱[图 2.8(a)]是柱的上、下底的两个三角面重叠,三角反棱柱[图 2.8(b)]是上、下底的三角平面相差 60Å。两种结构发现在 ThI_2 的晶体中,其中一半钍原子形成三角反棱柱,另外一半形成三棱柱,三角反棱柱目前发现得很少。$[Re(S_2C_2Ph_2)_3]$[三(cis-1,2-二苯乙烯-1,2-二硫醇根)合铼](图 2.9)是第一个合成出来的三棱柱型结构。此后,以 $R_2C_2S_2$ 类型为配体的铑、钼、钨、钒、锆及其他金属的配合物陆续合成出来。$R_2C_2S_2$(顺式-1,2-二烷基-1,2-二硫乙二酮)是一类有趣的配体,在配体上的电荷是不确定的,它既可以中性二硫酮($n=0$),又可以不饱和的二硫醇根阴离子($n=2$)存在,在形式上二者相差两个电子。

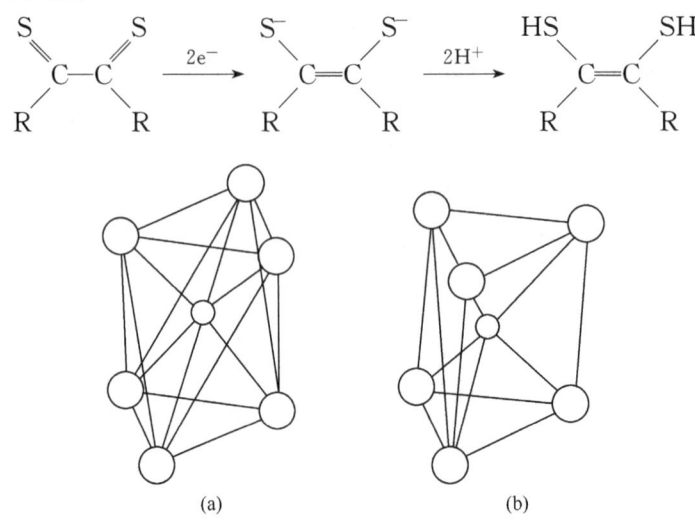

图 2.8　三角反棱柱(a)和三棱柱(b)

中心小圆圈为金属

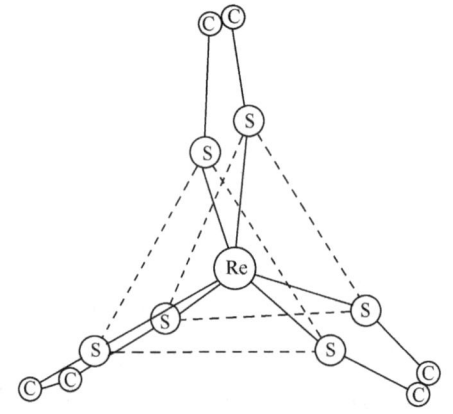

图 2.9　$[Re(S_2C_2Ph_2)_3]$ 的结构

电子不仅在配体的分子轨道中是不定域的,而且在配合物中遍及于金属离子和配体的分子轨道。对中性配合物$[M(S_2C_2R_2)_3]^0$加入 1 个或多个电子形成$[M(S_2C_2R_2)_3]^{n-}$,还原物种的结构随电子数的增加从三角棱柱向八面体畸变。例如,$[Me(S_2C_2R_2)_3]^0$为三角棱柱,扭曲角 $\theta=0°$,当加 3 个电子后 $\theta=14°$ 向八面体畸变。

$$[M(R_2C_2S_2)_3]^0 \underset{-e}{\overset{e}{\rightleftharpoons}} [M(R_2C_2S_2)_3]^- \underset{-e}{\overset{e}{\rightleftharpoons}} [M(R_2C_2S_2)_3]^{2-} \cdots$$

1,2-乙烯二硫醇根的配合物的另外一个特点是,在这类化合物的螯合环中,两个硫原子间的距离约为 3.05Å,比二者范德华半径(1.80Å)之和约短 0.6Å,这说明其中存在着 S—S 键,且有较大的强度足以维持三棱柱结构。三棱柱结构虽不多见,但可通过一个合适的三棱柱结构且有一定刚性的螯合配体,金属离子嵌入其内而形成三棱柱的配合物。

例如,顺式-1,3,5-三(吡啶-2-醛缩亚氨基)环己烷((py)$_3$tach)的结构如图 2.10(a)所示,它的亚氨基和环己烷的环垂直相连,生成的配合物能保持原有结构不改变,如图 2.10(b)所示。

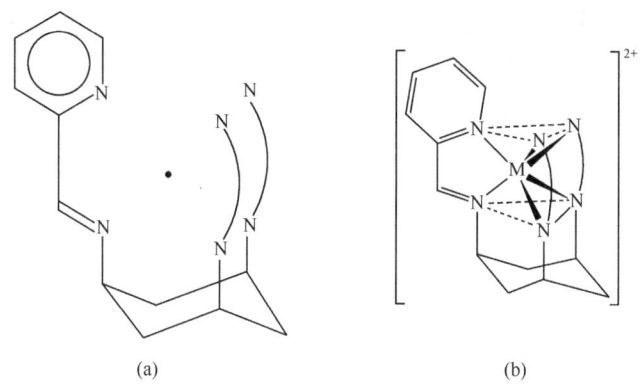

图 2.10　[M(py)$_3$tach]$^{2+}$ 的三棱柱配体结构(a)和配合物结构(b)
N∩N 代表 py,M=Zn,Mn,Co

配位数大于 6 的高配位数配合物(7 配位到 9 配位或更高),其多面异构体之间的能量非常相近,相互转变的可能性较大,因而有可能采取几种构型,生成高配位数要求中心原子与配体间有大的引力,配体间排斥力应较小,中心原子氧化态较高(氧化数为 Ⅳ 或 Ⅴ),配体有较大的电负性或体积小,极化性低(如 H$^-$、F$^-$、OH$^-$)。此外,多齿配体如 β-二酮、乙二酸根、邻苯二酚根、氨三乙酸根和乙二胺四乙酸根,都可能生成配位数为 7 或 8 的配合物。

7. 配位数 7

配位数为 7 的配合物十分稀少,根据剑桥结构数据库(Cambridge Structural Database)显示,7 配位数的 σ 键的过渡金属的配合物仅占所有配合物的 1.8%,且为不规则的多面体,在各种不规则多面体中有三种结构最为重要,即加冠八面体、五角双锥和加冠三棱柱三种结构,如图 2.11 所示。

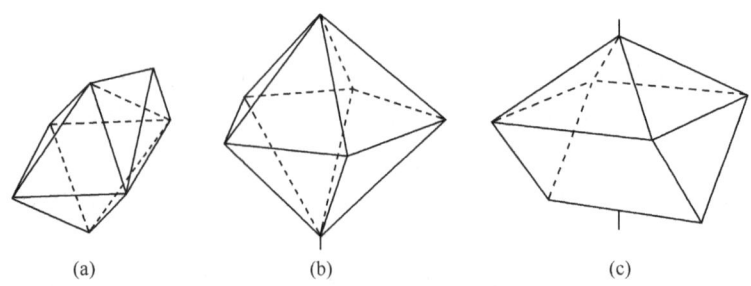

图 2.11 配位数为 7 的配合物的结构:加冠八面体(a)、五角双锥(b)和加冠三棱柱(c)

1) 五角双锥

如[ZrF_7]$^{3-}$、[HfF_7]$^{3-}$、[UF_7]$^{3-}$、[$V(CN)_7$]$^{2-}$ 和二齿配体 N,N- 二甲基二硫代氨基甲酸根和钛生成的配合物。例如,图 2.12 是钛(Ⅳ)配合物的结构,其中 3 个二齿配体的硫原子占据 6 个配位位置,剩下一个位置被氯所占据,氯·三(N,N- 二甲基二硫代氨基甲酸根)合钛(Ⅳ)具有不规则的五角双锥结构。

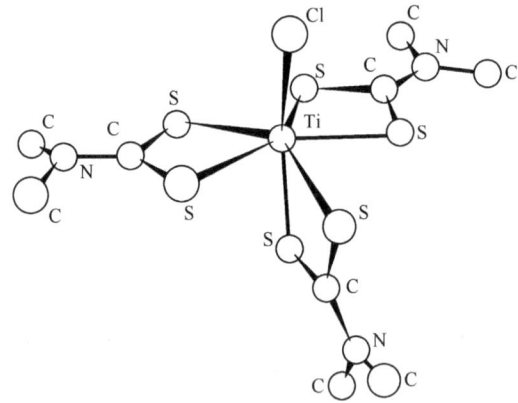

图 2.12 氯·三(N,N- 二甲基二硫代氨基甲酸根)合钛(Ⅳ)

2) 加冠八面体

它是在八面体的一个面上加上第七个配体而成,如[$NbOF_6$]$^{3-}$ 及一水·三(二苯基丙二酮根)合钬[$Ho(H_2O)(C_6H_5COCHCOC_6H_5)_3$],后者的结构如图 2.13 所示,其中水分子位于钬和有机配体所组成的八面体的一个面上,并直接和钬相连。

3) 加冠三棱柱

配合物的六个配体组成三棱柱,第 7 个配体位于棱柱的矩形面上,如[NbF_7]$^{2-}$,其结构见图 2.11(c)的结构。

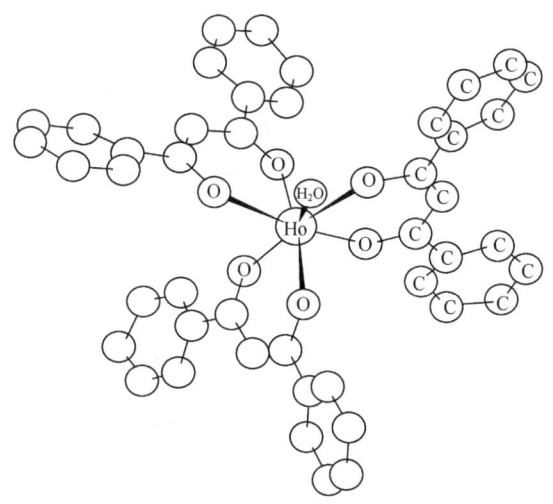

图 2.13 [Ho(H$_2$O)(C$_6$H$_5$COCHCOC$_6$H$_5$)$_3$]的结构

8. 配位数 8

形成配位数为 8 配合物的中心原子是Ⅳ、Ⅴ、Ⅵ族的重金属,如锆、铪、铌、钽、钼、钨及镧系锕系。它要求中心原子有较大的体积,配体有较小的体积,中心原子有较高的氧化态(氧化数一般大于Ⅲ),其电子构型为 d^0、d^1、d^2 的 Zr(Ⅳ)、Mo(Ⅳ、Ⅴ)、Re(Ⅴ、Ⅵ)。配位数为 8 的配合物目前发现的十二面体和四方反棱柱是普遍存在的两种构型,其结构见图 2.14。例如,[Mo(CN)$_8$]$^{4-}$、[Zr(ox)$_4$]$^{4-}$ 属于十二面体构型,[TaF$_8$]$^{3+}$、[ReF$_8$]$^{3-}$、[MoF$_8$]$^{2-}$ 是四方反棱柱构型。除这两种构型外,六角双锥[图 2.14(c)]也曾被发现,如[UO$_2$(acac)$_3$]$^-$ 呈六角双锥结构。至于配位数为 8 的配合物理应成立方体,但这种构型被发现得很少。十二面体和四方反棱柱可认为由立方体畸变而得,因立方体中配体间的斥力较大,配体推斥的结果,使其容易转变为上述两种稳定结构。

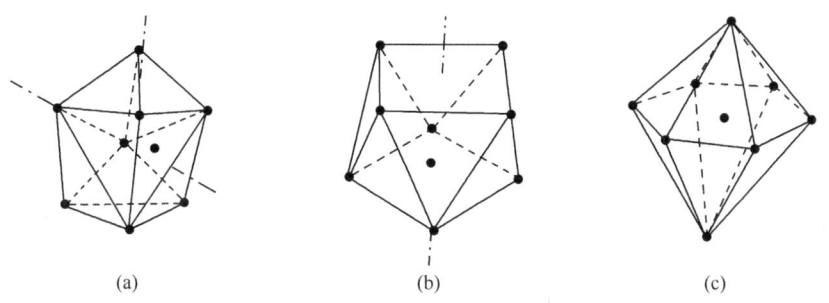

图 2.14 十二面体(a)、四方反棱柱(b)和六角双锥(c)

9. 高配位数(9～12)

配位数为 9、10、11、12 的配合物,虽然很少,但已有发现。它们的结构见图 2.15。四齿大环如卟啉、酞菁和含氧冠醚,在形成配合物时它们的四个给体原子与金属保持共平面,往往形成夹心型结构,使得配合物具有立方体、四方反棱柱或中间结构。已知配位数为 9 的配合物极为稀少,已发现的有 $[ReH_9]^{2-}$(图 2.16)、$[TcH_9]^{2-}$、$[Nd(H_2O)_9]^{2-}$,它们采取如图 2.15(a)所示的三冠三棱柱结构,即在三棱柱的三个矩形的每个面上加一个配体而成。

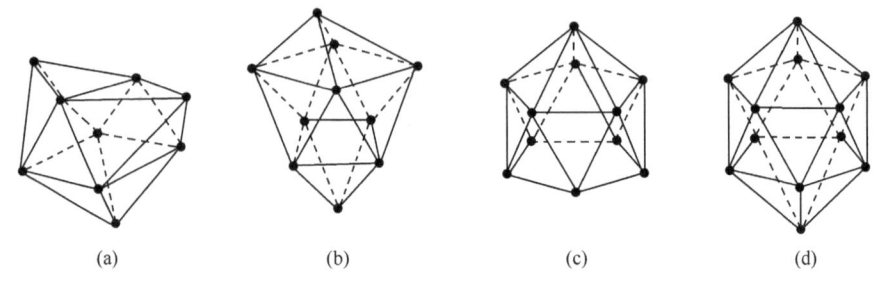

图 2.15 配位数 9～12 配合物的立体结构
(a) 三冠三棱柱;(b) 双冠四方反棱柱;(c) 单冠五角反棱柱;(d) 20 面体

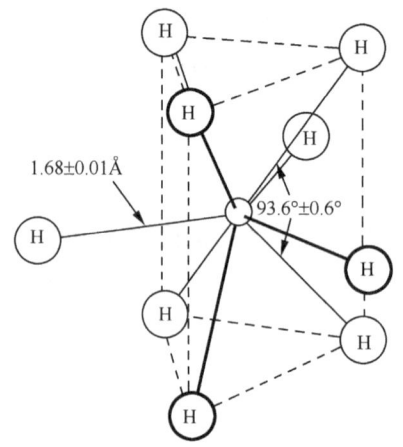

图 2.16 $[ReH_9]^{2-}$ 的结构

高配位数配合物的配体为双齿或多齿配体。配位数为 10 的配合物具有 $[M(A-A)_5]$ 型结构(A-A 为二齿配体),其中结构最稳定的是双冠四方反棱柱,如 $K_2[Er(NO_3)_5]$ 和 $Na_6[Th(CO_3)_5]\cdot 12H_2O$。配位数为 11 的配合物极为稀少,出现在镧系的硝酸根配合物中,如[Ln(NO$_3$)$_5$(H$_2$O)]、[Ln(NO$_3$)$_4$(H$_2$O)$_3$](Ln=镧系),其结构类似于去角二十面体。配位数为12的配合物是稳定的20面体,如图2.17是[Ce(NO$_3$)$_6$]$^{3-}$的20面体的晶体结构。此外,大环易形成配位数为12的结构,如Ln(NO$_3$)$_3$与[18]冠-6形成的[Ln(NO$_3$)$_3$(18C6)]。

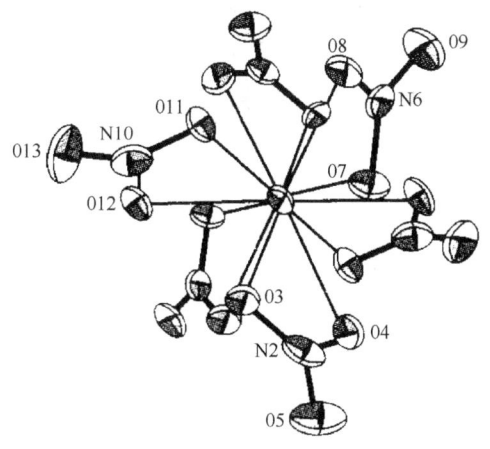

图 2.17 [Ce(NO$_3$)$_6$]$^{3-}$ 的晶体结构

2.2.2 影响因素

从以上实验结果可见,配位数和空间构型的影响因素如下:①空间位阻。一般来说,小体积的阳离子(第一过渡系)和大体积配体由于空间位阻,阻止高配位数(7~12)配合物的形成,有利于低配位数(1~6)配合物的形成。相反,大的阳离子,如第二、第三过渡系及镧系、锕系元素和低空间位阻的配体有利于高配位数配合物的形成。②配体酸性和金属氧化态。软酸或π酸配体和低氧态的金属有利于低配位数配合物的形成,因为它们之间有较强的键,增加了配合物的稳定度,且低氧化态金属是富电子的,不需要另外的配体来提供电子生成更多的键来增加稳定度。相反,高氧化态金属和硬酸配体(如F$^-$、O^{2-}等)有利于高配位数配合物的形成。③冠醚和穴醚状配体有高的齿数,和小分子共存可稳定高配位数配合物。④晶体填充效应(crystal packing effects)有利于配合物产生畸变。根据配体紧密填充(ligand close-packing)模型,分子在填充时,具同一中心原子的分子,如MF$_3$X、MF$_2$X(X=F、OH、NH$_2$等),其非键间距F⋯F不因填充而改变,但键角F—M—F和键长M—F会发生改变。因此,晶体填充效应改变了配离子尺寸和形状,使规则形状的配合物被填充在晶格中产生了畸变。⑤电子层-电子对互斥作用(valence shell-electron pair repulsion,VSEPR)使具有d^0、d^5、d^{10}电子构型的中心原子形成直线、三角形等结构。VSEPR模型认为分子结构与价电子层的电子对的相互排斥力有关,假定价电子对定域在核和完整的内电子层的周围,电子对的相互排斥力使电子对之间的距离尽可能保持最远。例如,$[Ag(NH_3)_2]^+$中Ag^+从两个NH_3接受两对电子成键,按照价电子相互排斥模型,配位数为2的配合物只能采取直线形($H_3N—Ag—NH_3$)结构才最稳定。同理,配位数为3、4、5、6的配合物分别具有3~6对电子,只有保持三角形、四面体、三角双锥、八面体的结构才最稳定。由此说明了d^0、d^5、d^{10}的中心原子形成配合物的空间结构,见表2.3。

表 2.3　某些 d^0、d^5、d^{10} 的过渡金属配合物和主族配合物的结构

化学式	构型	举例
ML_2	直线形(两电子对)	$[Ag(CN)_2]^-$,$[Au(CN)_2]^-$,$[Ag(NH_3)_2]^+$,$[Au(PPh_3)_2]^+$,$[Pd(PPh(t-Bu)_2)_2]$
ML_3	三角形(三电子对)	$[Au(PPh_3)_3]^+$,$[Au(PPh_3)_2Cl]$,$[Cu(SPMe_3)_3]$
ML_4	四面体(四电子对)	$[BeX_4]^{2-}$,$[BX_4]^-$,$[ZnX_4]^{2-}$,$[HgX_4]^{2-}$,$[FeCl_4]^-$(X=卤素)
ML_5	三角双锥(五电子对)	$[CdCl_5]^{3-}$,$[ZnCl_5]^{3-}$
ML_6	八面体(六电子对)	$[Sb(OH)_6]^-$,$[SbF_6]^-$,$[AsF_6]^-$,$[SiF_6]^{2-}$

由表2.3可见,从VSEPR模型预测某些主族元素配合物的空间构型能够得到满意的结果。另外,在主族元素中如$[SbF_6]^{3-}$、$[BiF_6]^{3-}$,其中Sb^{3+}、Bi^{3+}有7对电子,却具有八面体构型,这似乎与原理有矛盾。有人认为许多重金属s轨道上的一对电子是惰性电子(砷的4s电子,铋的6s电子)。在考虑排斥作用时不应算在内,这显然有些勉强。VSEPR模型有局限性,一般适合于主族元素和简单配体。

2.3　大环配合物的空腔大小和结构的关系[1]

以上介绍的配位数和配合物结构的关系比较简单,适合于简单配体和以经典配位键为基础的配合物,而大环配体的配合物其结构更为复杂,影响结构的因素更多,十分有趣,现举例说明。

大环化合物和一般螯合物不同之处是金属离子位于环的空腔中。例如,卟啉的环上含有双键及4个吡咯环组成的卟啉环(表2.1 No.13),环上具有刚性,与金属离子配位时,环不发生变形,金属离子在与环大小匹配下位于环的中心,形成规则的平面形结构。对于冠醚环,环上多醚键—OCH_2CHO—,有高度的柔软性,其配合物的空间结构主要与金属离子和冠醚空腔尺寸有很大关系。冠醚对金属离子的配位结构,因二者尺寸不同大致可分为四类,其结构模型用图2.18表示。

(1) 冠醚的腔径和金属离子直径匹配,冠醚以氧和金属离子形成离子-偶极键,[18]-冠-6(18C6)的内腔直径在 2.60～3.20Å,与 K^+ 直径(2.66 Å)恰好匹配,所以金属离子与配体形成 1∶1 配合物,如图 2.19(b)所示。从 18C6 与 KSCN 形成配合物的 X 射线晶体结构数据表明,K^+ 位于腔中心,K—O 的距离为 2.78 Å。

(2) 金属离子直径大于冠醚腔径。如果金属离子尺寸比腔径稍大,则金属离子位于氧原子所在的平面稍高处[图 2.18(a)]。图 2.19 是苯并-[15]冠-[5]与 NaI 的配合物的晶体结构,其中含 1 分子水,Na^+ 距 5 个氧原子所组成平面距离为 0.75Å,位于五角锥顶端上,水分子在顶端和 Na^+ 配位。当金属离子直径比腔径大得多时,还可形成二者之比为 1∶2 或 2∶3 的夹心型[图 2.18(a)右]配合物。

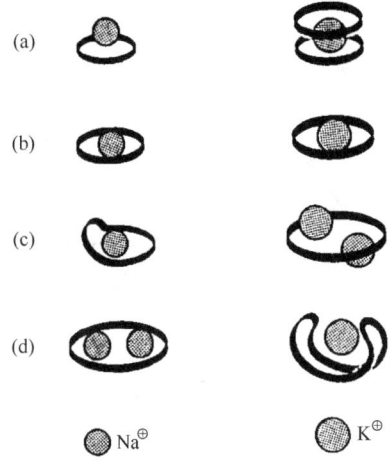

图 2.18 某些冠醚配合物的结构模型
(a) 15C5;(b) 18C6;(c) 24C8;(d) 30C10

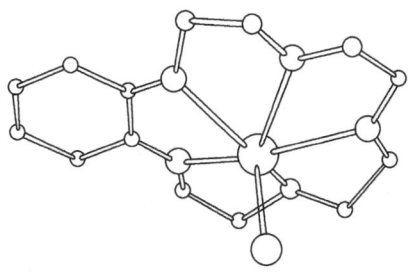

图 2.19 NaI 和 B15C5 的配合物

(3) 金属离子半径比冠醚腔径小。这时配体往往产生畸变,将 1 个或两个金属离子包裹在其中[图 2.18(c)和(d)右]。例如,环数大的[30]冠-10 与 KI

的配合物,其中 10 个氧原子参加配位,并将 K^+ 包裹,呈马鞍形结构。此外,孔径大的冠醚如二苯并-[24]冠-8 能将 KSCN 中的两个 K^+ 包裹形成 1∶2 的配合物。

（4）金属离子不在空腔内。冠醚部分地或完全不与之成键,在后一种情况下,借金属离子的其他配体与冠醚杂原子成键而联系着。这种情况出现在镧系、锕系的配合物中。图 2.20 为 $UO_2(NO_3)_2 6H_2O$ 与 18C6 的 2∶1 配合物。经 X 射线衍射分析证明铀不在环内,铀(Ⅵ)周围除两个氧外,其余 4 个配位位置由两分子 NO_3^- 和两分子 H_2O 满足,其中水分子借助氧键和环上的氧联系着。具有这种结构的配合物,其中心原子有较大体积,中心原子和原有含氧配体(NO_3^-、H_2O)亲和力较强,则冠醚上的氧只能部分或完全不参加配位。

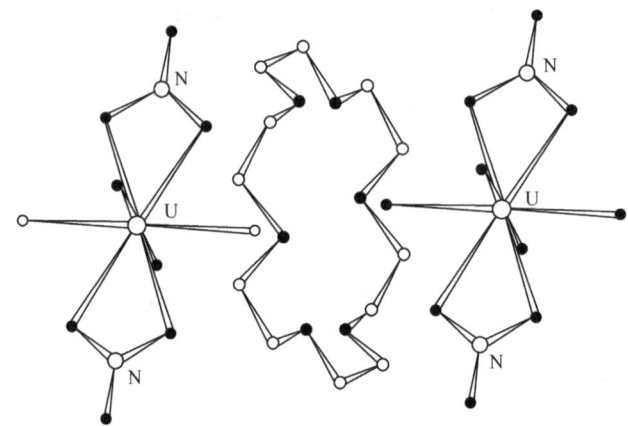

图 2.20　$UO_2(NO_3)_2 6H_2O$ 与 18C6 的 2∶1 配合物

2.4　配合物的异构现象

配合物因存在着多种配位数,它和有机化合物比较存在着大量的异构体。异构体是指具有同一化学式,但有不同物理性质和化学性质的不同化合物。异构体大致可分为两类,即因配体在金属离子周围的空间结构排布不同而产生的立体(或构型)异构,因键合方式和组分不同产生的组分(或结构)异构。异构现象在配位化学中至关重要,因为配体在溶液中常相互转化。当纯的配合物被溶解在溶液中会互变成各种异构体。异构体的类型众多,现仅择重要者介绍如下:

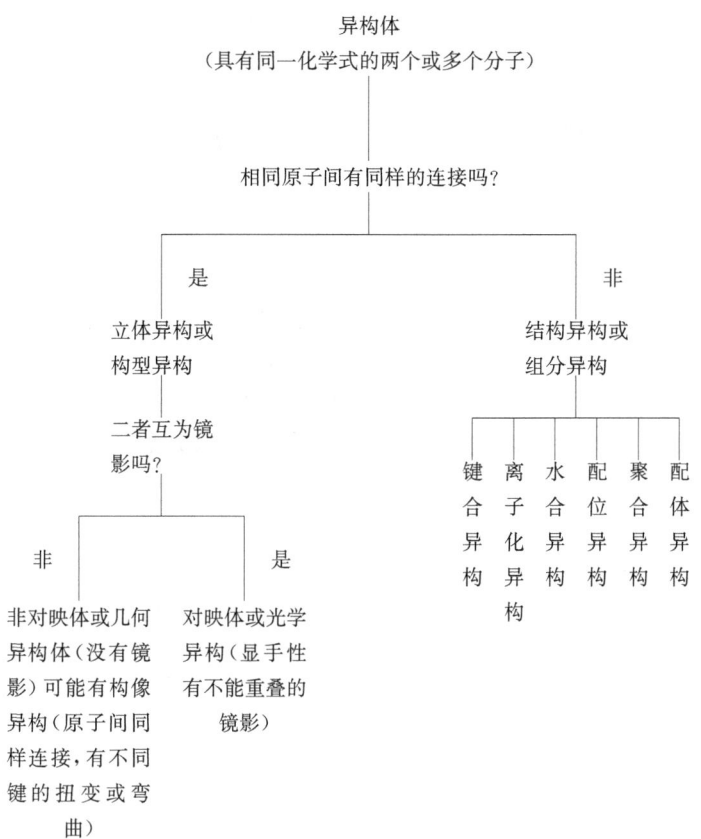

2.4.1 几何异构现象

几何异构现象(geometric isomerism)中最常见的是顺反异构现象,它发生在配位数为4的平面正方形和配位数为6的八面体中。早在18世纪就发现二氯·二氨合铂有组成相同而性质不同的两种异构体,一种为橙黄色,在水中有较大的溶解度(25℃,0.2523g：100g水)。另外一种为鲜黄色,在水中溶解度比较小(25℃,0.0366g：100g水)。后来。化学家从不同的角度研究。例如,用物理方法测定配合物的偶极矩发现,橙黄色的顺式有较大的偶极矩,鲜黄色的反式偶极矩为零。顺式-二氯·二氨合铂已广泛地作为抗癌药物,称为顺铂。为此,顺铂类似物的研究十分活跃。几何异构体在溶液中常发生转化(异构化),例如

$cis\text{-}[CoCl_2(en)_2]^+ \rightleftharpoons trans\text{-}[CoCl_2(en)_2]^+$

$trans\text{-}[CoCl_2(en)_2]^+$ 的溶液在水浴中浓缩，主要得到 $cis\text{-}[CoCl_2(en)_2]^+$ 的（紫色）晶体，紫色晶体在盐酸溶液中蒸发时又变成反式的绿色晶体，这是因为 $cis\text{-}[CoCl_2(en)_2]Cl$ 在水中溶解度较大，而 $trans\text{-}[CoCl_2(en)_2]Cl \cdot HCl$ 在盐酸中溶解度较小，HCl 作为沉淀剂将反式异构体析出。此外，顺式和反式异构体的紫外吸收光谱和红外光谱差别较大。例如，反式异构体较顺式对称性高，在红外光谱中，顺式的谱峰多，且较反式复杂。

在溶液中正八面体配合物进一步被取代时，如 $[Co(NH_3)_3Cl_3]$ 和 $[Co(dien)_2]^{3+}$ $[dien=NH(CH_2CH_2NH_2)_2]$，可生成面式和经式两种异构体，面式（$fac\text{-}$）异构体指三个等同配体位于八面体三角平面上，经式（$mer\text{-}$）异构体是指三个配体位于等分分子的平面上，如图 2.21 所示。

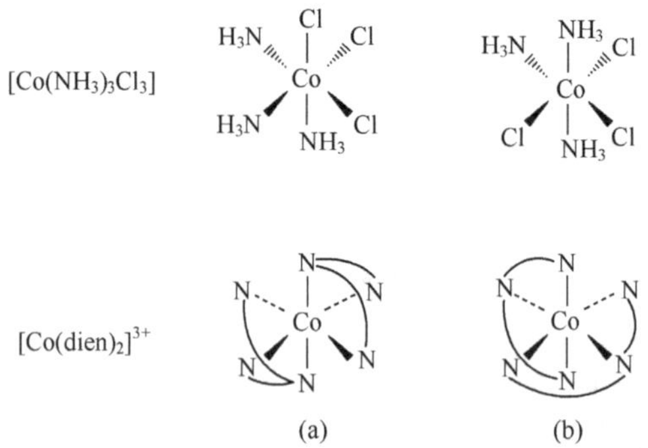

图 2.21 $[Co(NH_3)_3Cl_3]$ 和 $[Co(dien)_2]^{3+}$ 的两种异构体
(a) 经式；(b) 面式

2.4.2 手性异构现象

1. 手性异构体与分子结构的关系

含有 $[Co(en)_3]^{3+}$ 的配合物可以分离出两种异构体，一种有使平面偏振光左旋的性质，另外一种有使平面偏振光右旋的性质（旋转方向相反但度数相同）。$[Co(en)_3]Br_3$ 的两种异构体的空间结构犹如左、右手，相互成镜像，互为手性异构体。$[Co(en)_3]Br_3$ 的摩尔旋光度 $[M]_D = \pm 602°$。其他含双齿配体的离子如

[Co(ox)$_3$]$^{3-}$等,也同样可分离出对映体。对映体对平面偏振光旋转方向不同,这种现象称为手性异构现象(chiral isomerism)。手性分子具有旋转平面偏振光的能力,即旋光性。光学活性分子中没有对称平面和对称中心,例如,[Co(en)$_3$]$^{3+}$中的一个螯合环被两个氯取代后,有顺式、反式两种几何异构体。其中顺式-[CoCl$_2$(en)$_2$]$^+$没有对称面和对称中心,能分离出对映体(图2.22)。反式-[CoCl$_2$(en)$_2$]$^+$分子中有对称面(σ)和对称中心(i),不具有手性,没有旋光活性,但这种说法是十分不严格地。严格地说,如果分子中没有非真轴 S_n(或旋转反映轴)才可能分离出手性异构体,反之,如果分子中有一个 S_n 轴,它必然与其镜像重叠,因此没有光学活性。实际上,对称面是一重非真轴,对称中心是二重非真轴。因此,有对称中心和对称面的分子就能与其镜像重叠,手性分子并不是完全没有对称性的分子,而是没有 S_n 轴的分子。如图 2.23 中的 1,3,5,7-四甲基环辛四烯的分子中没有 σ 和 i,满足上述条件,但有 S_4 轴,有重叠镜像,没有光学活性。

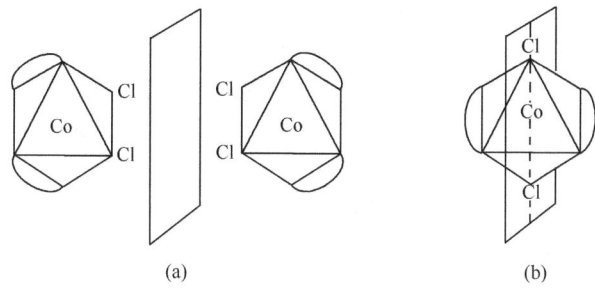

图 2.22 cis-[CoCl$_2$(en)$_2$]的对映体(a)和 trans-[CoCl$_2$(en)$_2$](b)

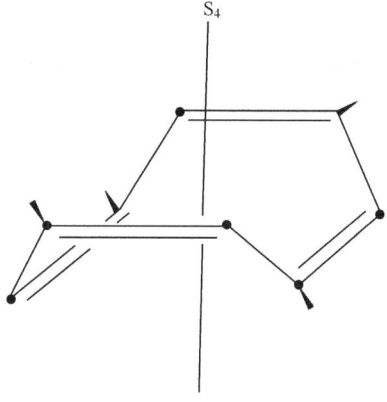

图 2.23 1,3,5,7-四甲基环辛四烯

2. 手性异构体举例

1) 单齿和多齿配体

配位数为 6 的配合物如果仅有一个二齿配体，也有手性异构体存在。例如，$[CoCl_2(NH_3)_2(en)_2]^+$ 有三种几何异构体存在，其中两种不具有旋光活性，但另外一种可以分离出对映体，请读者列出。

旋光活性的八面体并不是一定要有多齿配体，单齿配体的八面体也会有旋光活性。$[Pt(NH_3)(NO_2)(Cl)(Br)(I)(py)]$ 有十五种几何异构体，每种几何异构体又可分出相应的手性异构体，共应分离出 30 种，此外还有外消旋体。但含单齿配体的配合物比较不稳定，所有异构体目前还难以一一合成和分离出来。请读者写出其中一对对映体。

2) 多核配合物

桥基相连的对称多核配合物如 $[(HN_3)_5Cr—OH—Cr(NH_3)_5]Cl_5$ 五氯化 μ-羟基·二[五氨合铬(Ⅲ)]，不应有手性异构体，但两个桥基相连的 μ-氨基·μ-硝基·四(乙二胺)合二钴(Ⅲ)离子应该有如下的对映体和一种内消旋体。

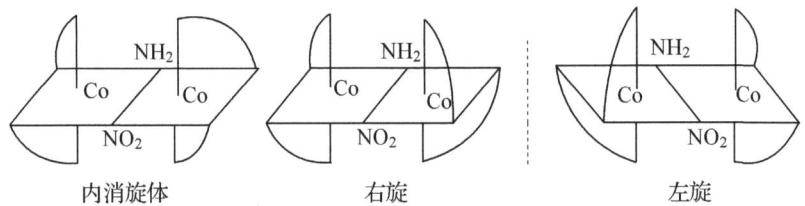

内消旋体　　　　右旋　　　　左旋

Werner 从顺式-氯·氨·二(乙二胺)合钴(Ⅱ)的配合物中分离出旋光对映体，证实了空间构型概念的正确性，此后又陆续分离出一系列以 Co(Ⅲ)、Cr(Ⅲ)、Fe(Ⅱ)及 Rh(Ⅲ)为中心原子，以乙二胺、乙二酸、联吡啶为配体的旋光对映体。尽管如此，他的工作仍然受到非议，有人认为旋光活性起因于有机配体，而不是由于配合物空间结构的不对称性。约 20 年之后，他又从不含碳原子的六氯化三(μ-二羟·四氨)合四钴(Ⅲ) $[Co(Co(NH_3)_4(OH)_2)_3]Cl_6$ 的多核配合物中分离出对映体。多核配合物的结构见 (**2.19**)。此对映体有很大的摩尔旋光系数，$[M]_D = \pm 47\,600°$。

3) 四面体和平面正方形配合物

四面体配合物没有几何异构体，但和有机碳原子一样，如果四个配体不同，应有手性异构体，但通常四面体配合物中四个配体非常活泼，消旋很快，不易分离出来，所以有光学活性的四面体配合物至今发现得极少。四面体配合物能分离出对映体的如二(苯甲酰丙酮)合铍(Ⅱ)[或 Zn(Ⅱ)、B(Ⅲ)]的配合物比较稳定，苯甲酰丙酮本身没有旋光性，形成配合物时虽然有四个相同的氧原子配位在铍上，但螯合

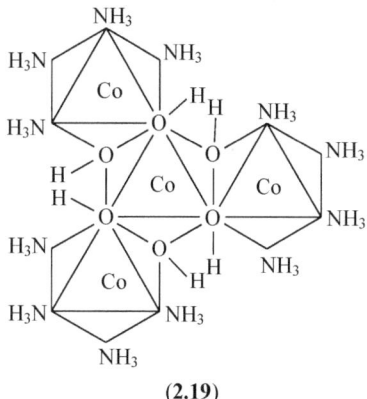

(2.19)

环的形成使螯合物变为非对称的,有了旋光活性,其空间排布如图 2.24 所示。有旋光性的平面正方形配合物至今也有发现,图 2.25 是其中一例。

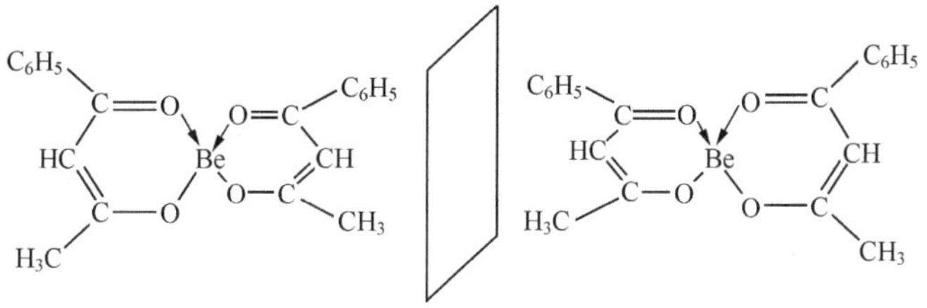

图 2.24 二(苯甲酰丙酮)合铍(Ⅱ)的对映体

存在着 σ 和 i 对称元素的平面正方形配合物就不会有光学活性,在图 2.25(a) 中引入了两个不同的二胺配体来消去 σ 和 i,在右边每个碳原子上分别引入了两对不同的取代基,这样消去了通过两个配体中点并垂直于 PtN_4 平面的 σ,使配合物具有光学活性,但如果形成四面体配合物就不具有手性[图 2.25(b)]。

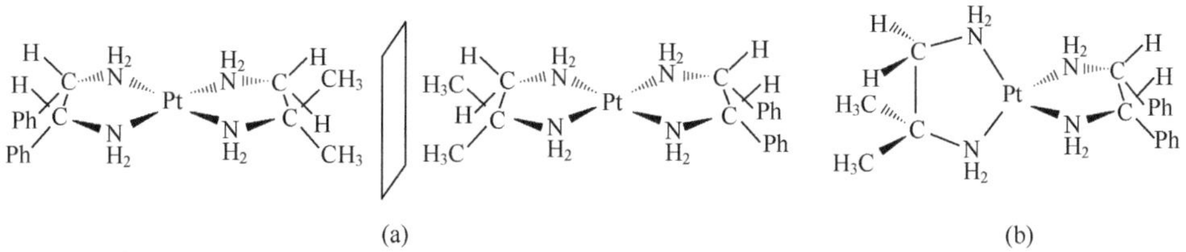

图 2.25 Pt(Ⅱ)的平面正方形配合物(a)和同一配体的四面体配合物(b)

4) 配体有手性

按照 IUPAC 命名法,有机化合物的绝对构型用 (R) 或 (S) 表示。如配体有手性,也会使配合物有光学活性,氨基丙酸有 (R) 和 (S) 两种构型,含 (S)-氨基丙酸根(S-alan)的配合物如[Co(NH₃)₅(S-alan)]³⁺ (**2.20**)，因(S)-氨基丙酸有光学活性，使配合物具有旋光性。

(2.20)　　　　S-alan

3. 配体的构象(conformation)与手性

因为许多螯合环不是平面的，在同一分子或不同分子中因键的弯曲或扭曲，螯合环会有不同构象，与中心原子相连的螯合环的构象也会引起手性异构现象。Bailar等将有机化学构象的概念运用到配合物中来，并用构象分析原理讨论了一些配合物可能存在的构象。

当乙二胺的两个亚甲基不在同一平面上，以交叉式（δ或λ）键合到中心原子上，形成折叠的五元环。例如，以金属与C—C键的中点的连线为二重轴，则产生δ或λ的两种交叉式的配合物。此外，当乙二胺两个亚甲基也可在同一平面和金属离子键合，则称为重叠式。

如图2.26[Co(NH₃)₄(en)]³⁺中的乙二胺，除以重叠式与钴形成对称的构象外，还以两种交叉式与钴配位生成不能重叠的对映体，具有光学活性。如果配合物中有两个或两个以上的环存在，环与环之间的作用可以稳定某一构象。如在[M(en)₂]ⁿ⁺中，乙二胺以两种交叉式λ、δ和金属离子成键，有如下三种组合，即Mλλ、Mδδ、Mλδ。图2.27(a)为Mλλ，其中乙二胺以同一构象和金属离子生成配合

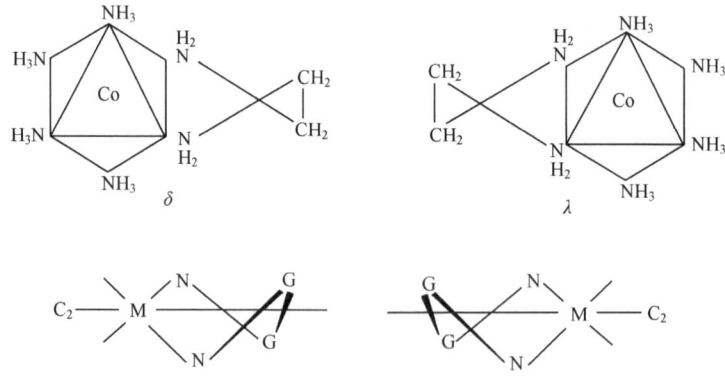

图2.26　乙二胺螯合环的两种构象

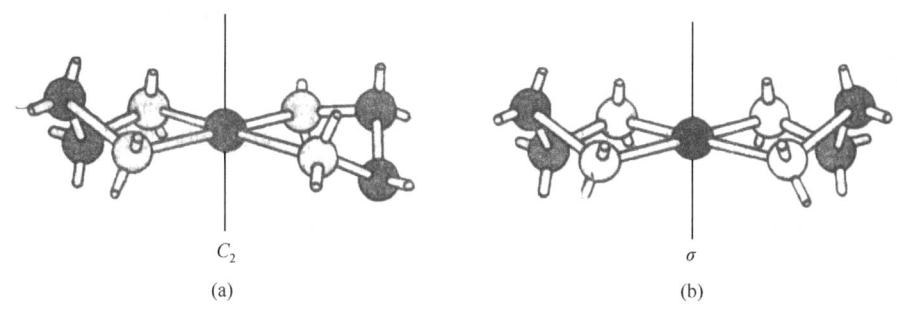

图 2.27 平面正方形螯合物的两种构象
(a) λλ；(b) λδ

物；图 2.27(b) 为 Mλδ，表示乙二胺以两种不同的构象生成配合物，其中 Mλλ 和另一交叉式 δ 的配合物 Mδδ 互为对映体，两者能量相近，由图可见 Mλδ 为内消旋，且它的两个环上相邻的 NH_2 基上的氢是重叠的，而其他的两个环上相邻的两个构象却与之相反，两个环上相邻 NH_2 基上的氢是交错的。以固态存在的双乙二胺的金属配合物绝大多数以 λ、δ 式存在。

至于 $[M(en)_3]^{n+}$ 型的配离子，除考虑环分布产生的手性外，再考虑到配体的构象就更为复杂，因为它也产生手性。环不对称分布产生的手性异构体，其绝对构型的符号用 Δ 和 Λ 表示。

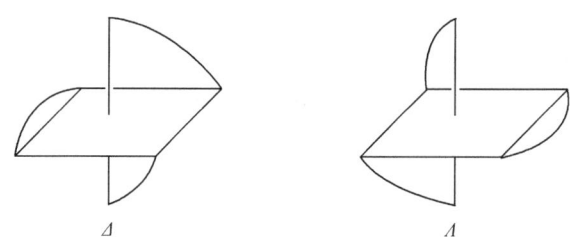

Δ   Λ

由于环具有不同的构象，在一定的 Δ 或 Λ 构型下[Λ 和 Δ 为配合物绝对构型符号(2.4、2.5 节)]可产生 δδδ、δδλ、δλλ 和 λλλ 四种组合，从统计观点考虑应有如下八种组合的配合物，即 Λδδδ、Δλλλ；Λδδλ、Δλλδ；Λδλλ、Δλδδ；Λλλλ、Δδδδ。理论上推测以上八种构象，实际上只能得到极少数的几种。例如，以 X 射线研究[Cr(en)₃]³⁺ 配离子，发现这三种构象（δλλ、δδλ、λλλ）均为 Λ 型，其中没有 Λδδδ 存在。

4. 旋光对映体的拆分

实验室合成的光学活性配合物一般均是外消旋体混合物（用 *rac*-代表消旋），因对映体能量相等，左右旋光体各占 50%。从外消旋体混合物中，将两种对映体分开称为"拆分"，拆分有自发拆分与化学拆分两种方法。

$K_3[Co(C_2O_4)_3]$外消旋体的溶液在13.2℃以上结晶时,则两种对映体分别结晶出来,因为在13.2℃以上时旋光体对映体比外消旋体稳定。根据形态的不同可以用人工把两种对映体$(-)_{589}$-$K_3[Co(C_2O_4)_3]$和$(+)_{589}$-$K_3[Co(C_2O_4)_3]$检出分开。化学式$K_3[Co(C_2O_4)_3]$前面的正、负符号表示旋光方向,当测定光进入观察者眼睛的位置时,使偏振光振动方向按顺时针方向旋转作为$(+)$,此时试样的旋光活性是右旋的,反之逆时针旋转为$(-)$,下标589是左旋所对应的波长,即钠光D线$\lambda=589nm$。

如果在自发结晶时加入某种对映体晶体作为晶种,则可使拆分更为方便。例如,在$[Co(C_2O_4)(en)_2]^+$的外消旋体浓溶液中加入一点它的对映体晶粒,则溶液析出右旋对映体,左旋对映体留在溶液中,这种方法称为自发拆分,能够进行自发拆分的旋光配合物较少,绝大多数旋光配合物均须用化学拆分来分离。

化学拆分是在旋光性配离子的外消旋溶液中加入一种旋光性的有机离子或配离子(电荷与前者相反)从而达到拆分的效果。例如,在$[Cr(en)_3]^{3+}$的外消旋体浓溶液中加入右旋酒石酸根的溶液,则沉淀出$(+)$-$[Cr(en)_3][(+)$-$C_4H_4O_6]Cl \cdot 5H_2O$,而$(-)$-$[Cr(en)_3]^{3+}$留在溶液中,加入含I^-的溶液则沉淀出$(-)$-$[Cr(en)_3]I_3$。用配离子作为拆分试剂效果比植物碱更好,分离较快,得到的产物更纯,而植物碱往往难于结晶,得到的产物中夹带的植物碱不易除去,因此产品的纯度较差。近年来用离子-离子对色谱拆分是一个好方法,它用于复杂对映体的拆分,即将待拆分的对映体吸附在柱上,加上未消旋体的反离子作为流动相。许多旋光性的螺旋形配合物就是用这种方法拆分的。例如,将待拆的双核Fe(Ⅲ)的双螺旋硫酸盐吸附在交换柱上[4],用O,O'-二-4-苯甲酰-L-酒石酸盐溶液作为淋洗剂而得以拆分。

5. 手性异构体的绝对构型

手性配合物中,配体围绕中心原子的空间排布与平面偏振光旋转的方向之间没有一定的联系,旋转方向只与使用的波长有关。因此,不可能从旋光符号来决定手性配合物的绝对构型(absolute configuration)。目前决定构型最好的方法是X射线衍射实验,但对难于得到单晶的配合物可用已知构型配合物的旋光光谱和圆二色光谱与待测化合物比较,来决定手性配合物的绝对构型,现将其基本原理简述如下:

光波是一种电磁波,其电场或磁场振动方向和光传播方向垂直,自然光的电场可无规则地在垂直于光传播方向的一切平面上振动。图2.28表示垂直于纸面方向前进的一束光的横切面,每一双箭头表示每一个与纸面垂直的平面光的振动方向。若在这束光的通路中放一个平面偏光过滤器,它只能允许在某一平面上振动的光波通过,通过这个平面偏光过滤器的光称为面偏振光,它只能在某一平面振动。平面偏振光可分解为振幅相等、周期相等而方向相反的左圆偏振光和右圆偏振光。当偏振光进入旋光性介质时,光和物质由于相互作用,使左圆和右圆偏振光在其中传播的速度不同,因而产生了旋光。

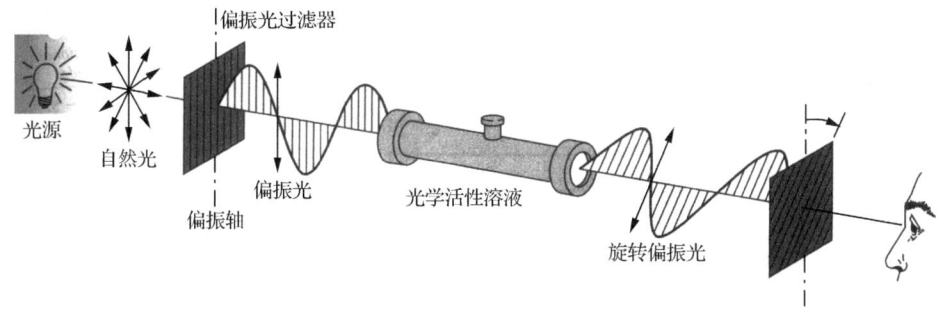

图 2.28　平面偏振光的旋转

光在介质中前进的速度,可用折光率 n 来量度,左、右二圆偏振光的折光率(n_l 和 n_r)不同,即是产生旋光的原因。入射光和透射光的振动面所成的角度 α 和光在真空中的波长 λ 及左、右圆偏振光折光率有如下关系:

$$\alpha = 1800(n_l - n_r)/\lambda \quad [\alpha \text{ 的单位为}(°) \cdot dm^{-1}] \tag{2-1}$$

对于溶液来说,常采用在某一波长 λ 下的比旋光度 $[\alpha]_\lambda$。

$$[\alpha]_\lambda = \alpha/lc \tag{2-2}$$

式中,l 为通过手性介质的光路长度(dm);c 为手性物质的溶液浓度($g \cdot 100mL^{-1}$)。

若在不同波长时测出比旋光度,以 $[\alpha]_\lambda$ 对波长作图,所得曲线称为旋光色散(optical ratatory dispersion)曲线,简称 ORD 曲线。图 2.29 中的虚线为典型的 ORD 曲线,实线为配合物的吸收曲线。比较两条曲线可见,比旋光度在一定的波长范围内变化很小,但在靠近化合物的可见或紫外吸收峰的附近时却变化很大,甚至旋光符号也会不同,这种现象称为 Cotton 效应。随着波长地增加,$[\alpha]_\lambda$ 从负向正值改变,称为正 Cotton 效应[图 2.29(a)],反之称为负 Cotton 效应[图 2.29(b)],正 Cotton 效应是在长波附近出现波峰,负 Cotton 效应是在长波附近出现波谷。实验证明,构型相同的配合物的旋光色散曲线应该相似,即在某一波长有相同符号的 Cotton 效应。如 $(-)_{589}[CoCl_2(en)_2]^+$ 和 $(+)_{589}[CoF_2(en)_2]^+$ 有不同的旋光符号,但它们有相似的 ORD 曲线,所以它们有相同的构型。

平面偏振光和光学活性物质作用的另外一种现象是左、右圆偏振光被介质吸收的程度不同,二者摩尔吸光系数之差($\varepsilon_l - \varepsilon_r$),称为圆二色性(circular dichroism)。在不同波长下测得的($\varepsilon_l - \varepsilon_r$)对波长作图,得圆二色曲线,简称 CD 曲线,图 2.30 表示为理想的 CD 曲线和 ORD 曲线。CD 曲线和 ORD 曲线之间有密

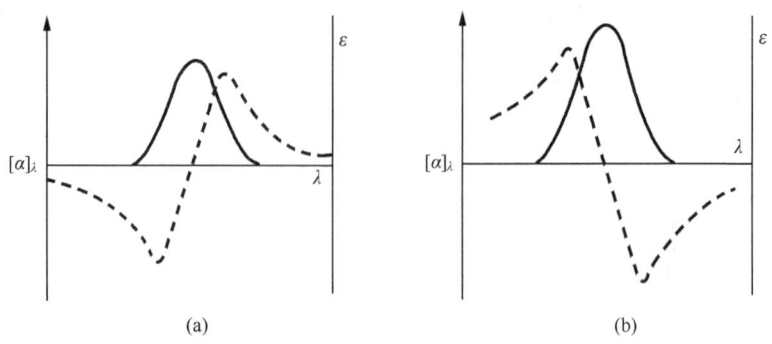

图 2.29　旋光色散曲线（虚线）和吸收曲线（实线）

(a) 正 Cotton 效应；(b) 负 Cotton 效应

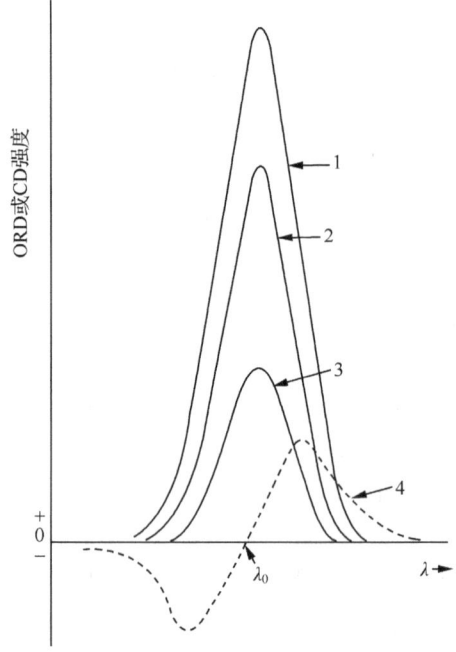

图 2.30　左、右圆偏振光的吸收曲线(1,2)、CD 曲线(3)和 ORD 曲线(4)

切的联系。两类曲线总是出现在吸收峰的附近，ORD 曲线通常在吸收峰附近出现突跃的转折点，而 CD 曲线却出现极大值。正的 Cotton 效应的 CD 曲线，在吸收峰附近出现正的极大值，而负的 Cotton 效应则相反。

光活性的配合物有相同的 Cotton 效应，它们会有相同的构型。对映体表现出有镜像的 Cotton 效应。为了决定某一配合物的空间构型，可用已知结构的配合物的 CD 或 ORD 曲线作为标准进行比较。通常用已知 $\Delta\delta\delta$ 构型的（＋）-

[Cr(en)$_3$]$^{3+}$作为标准来判断其他钴配合物的绝对构型。图 2.31 为 Λ-(+)-[Co(en)$_3$]$^{3+}$ 的 CD 曲线和 ORD 曲线。

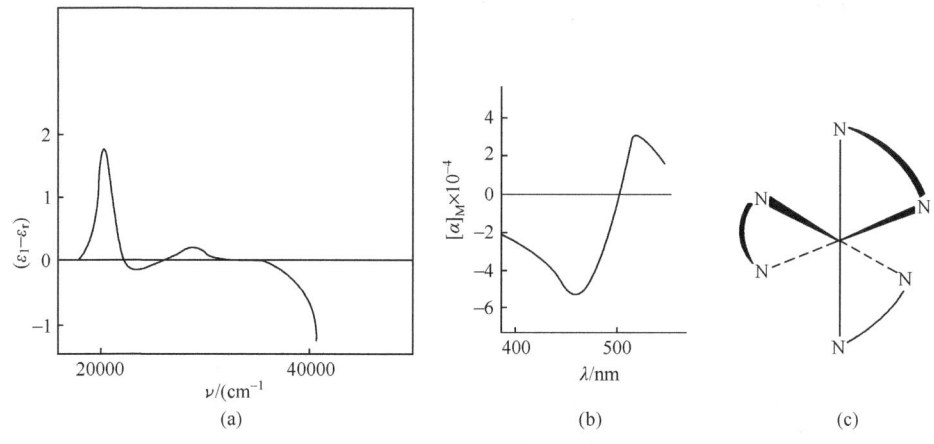

图 2.31　Λ-(+)-[Co(en)$_3$]$^{3+}$ 的 CD 曲线(a)、ORD 曲线(b)、结构式(c)

现以 S-氨基丙酸(S-alan)与 Co^{3+} 的配合物为例来说明其光学异构体的分离和鉴定,用 S-氨基丙酸与新制备的 Co(OH)$_3$ 或 [Co(NH$_3$)$_6$]Cl$_3$ 分别在溶液中煮沸可得三(S-氨基丙酸根)合钴(Ⅲ)的面式、经式两种几何异构体。利用溶解度不同,用萃取法或色层法加以分离,可得到如图 2.32(a)中面式 Δ 和 Λ 及经式 Δ 和 Λ 共四种不同的光学异构体。以上四种异构体的吸收光谱和 CD 光谱绘于图 2.32 以确定其绝对构型。

由图 2.32 可见,面式和经式异构体有不同的紫外可见光谱,反映出它们之间有不同的几何构型,同一面式(或经式)的 Δ 和 Λ 构型化合物的紫外可见光谱很相似,说明中心原子与配位原子在空间联结的情况相同。虽然面式(或经式)Δ、Λ 的紫外可见光谱相似,但 CD 光谱却不相同,当比较它们的 CD 光谱时,面式(+)和面式(-)[或经式(+)与经式(-)]的 CD 曲线却互为镜像。面式(+)和经式(+)在低能区有正的 Cotton 效应,与图 2.31 Λ(+)[Co(en)$_3$]$^{3+}$ 的 CD 曲线相似。所以这两个配合物同 Λ(+)[Co(en)$_3$]$^{3+}$ 有相同的构型。面式(-)同经式(-)在低能区有负的 Cotton 效应,它们的绝对构型应与(+)异构体相反,应为 Δ。但必须注意 CD 曲线互为镜像与旋光符号正、负无关,仅决定于绝对构型是否相反(Λ 或 Δ)。有时 CD 谱不容易解释,它可能和不同符号的谱峰重叠,甚至有时 CD 峰和吸收峰不能匹配,使解释产生困难。必须借助于核磁共振谱等物理手段进行测定。

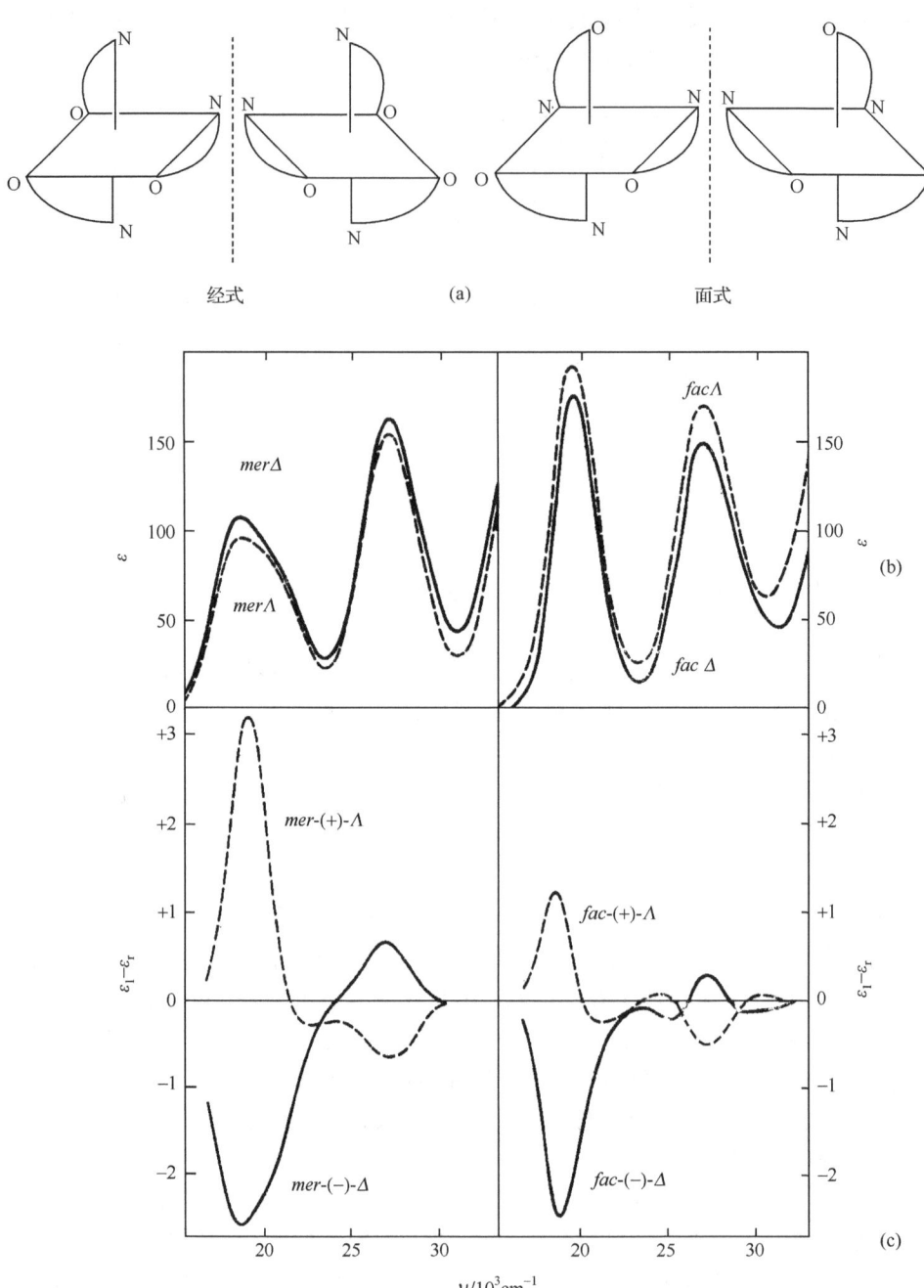

图 2.32 [Co(S-alan)$_3$]面式和经式对映体的结构(a)、对映体的吸收光谱(b)和对映体的 CD 光谱(c)

6. 手性异构体绝对构型的命名[5]

手性异构体的命名较为复杂,1970 年国际纯粹与应用化学联合会,在此基础上总结出一套新的命名法,公布在无机化学命名法中(IUPAC, Nomenclature of Inorganic Chemistry,1970)作为国际通用命名法。现介绍这套命名法中的主要内容。

1) 基本原理

以含两个二齿配体的顺式八面体螯合物为例,图 2.33(a)表示由两个二齿配体 AA、BB 和两个单齿配体所组成的螯合物,二齿配体用粗线表示。其右边表示二齿配体 AA 和 BB 的相对位置。AA 和 BB 互不正交,虚线表示 AA 在纸面下,实线表示 BB 在纸面上。因 AA 和 BB 为互不正交的两条斜线,可由 AA 和 BB 确定一圆柱面(图 2.34),再由圆柱面与 BB 确定一螺旋线,由右手或左手螺旋决定螯合物的绝对构型,以 Δ 表示右手螺旋,以 Λ 表示左手螺旋。其步骤由图 2.34 说明。

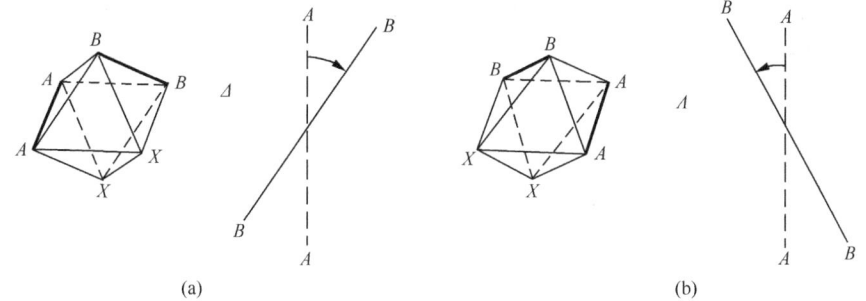

图 2.33　确定两个二齿配体手性配合物的绝对构型

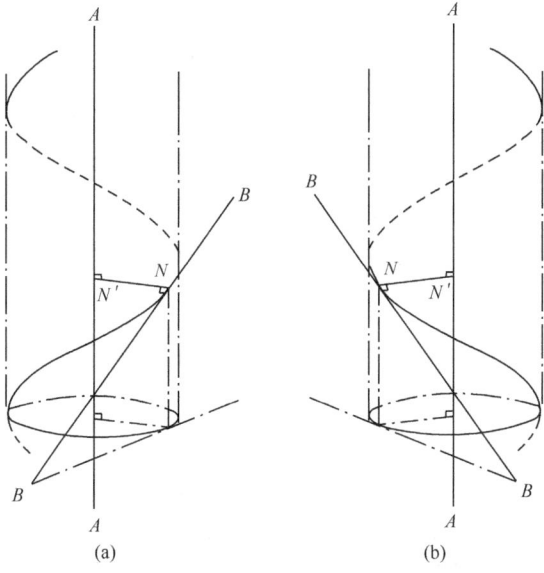

图 2.34　右手螺旋 Δ 或 δ(a)和左手螺旋 Λ 或 λ(b)

(1) 对于互不正交且不在同一平面的两条斜线 AA 和 BB,有一条唯一的公共法线 NN',以 AA 为轴,NN' 为半径作一圆柱面,BB 则为圆柱面上的 N 点的切线。

(2) 在圆柱面上确定一条螺旋线,使 BB 为螺旋线的切线,切点为 N 点。

(3) 确定螺旋线是右手螺旋还是左手螺旋,即用拇指与轴线 AA 平行,使 4 个指头顺着螺旋线上升的方向,如果右手能适合则为右手螺旋,反之为左手螺旋。更直观的方法是将 AA 放在 BB 之下,如图 2.33(a)中的 AA 要向右转动一角度才能与 BB 重合,为右手螺旋,故该配合物为右手螺旋式,同理,图 2.33(b)按此法即为左手螺旋式。

2) 用于含 3 个二齿配体的手性异构体

图 2.35(a)为 3 个二齿配体的八面体螯合物,为了便于确定其构型,将其画成图 2.35(b),并将图中的三条粗线分别组成含两条粗线的八面体,得图 2.35(c)、(d)、(e)一组组合(也可得到其他组合)。将(c)、(d)、(e)中任何一个,按上述步骤处理,都得到 Δ 型,所以决定 3 个二齿配体的八面体手性异构体的构型时,只要任选其中一种组合来决定即可。现以图 2.36 为例说明两个二齿配体和 3 个二齿配体的八面体配合物的构型确定。

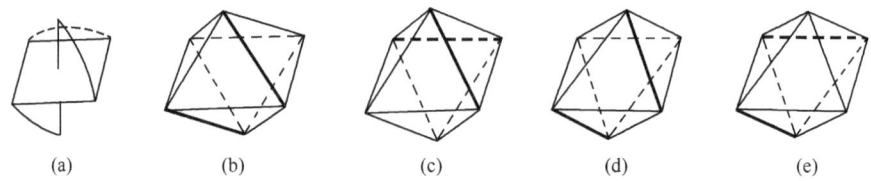

图 2.35　3 个二齿配体的手性配合物构型的组合

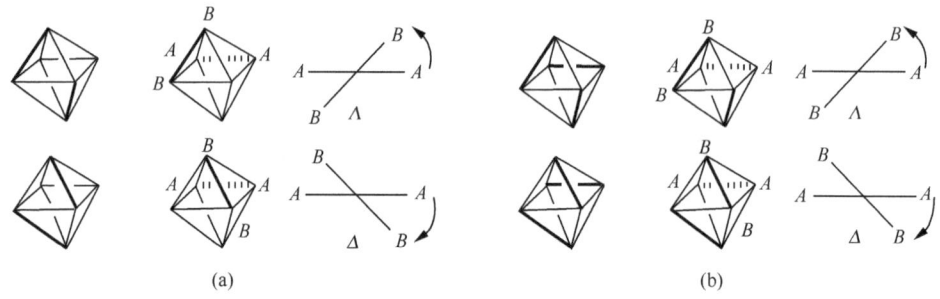

图 2.36　八面体手性异构体的构型确定
(a) 两个二齿配体;(b) 三个二齿配体

3) 用于构象

确定螯合环的构象方式是 δ 还是 λ,也用可类似方法来确定,与构型命名不同的是,用于构型时一个螯合环用一条粗线表示,而在确定螯合环构象时,一个螯合环要定出两条斜线来确定螺旋线。现在规定联结两个配位原子的连线为 AA,例如,乙二胺的两个氮原子,图 2.37 为两个对映体在纸面上的投影,两个配位原子位于纸面上,其连线为 AA,在螯合环中的配位原子相邻的两原子的连线为 BB,BB 在纸面之上,中心原子 M 在纸面下,投影在两条线的交点上,根据 AA 和 BB 的相对位置即可决定构象是 δ 还是 λ,图 2.37(a) 和 2.33(b) 一样,所以为 λ,图 2.37(b) 和 2.33(a) 一样,所以为 δ。

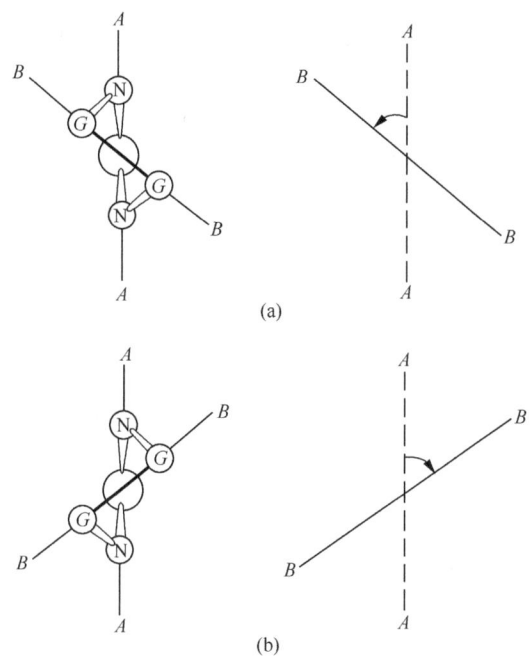

图 2.37 决定螯环构象的例子

4) 手性异构体的命名举例

前面分别叙述了螯合物的绝对构型和螯合环的构象,现对螯合物的命名举例如下:

$(-)_{589}[Co(pn)_3]Cl_3$ 表示螯合物在钠光 589nm 下为左旋。如果螯合物中配体有光学活性则在配体前标出。

$(-)_{589}[Co\{(R)(-)(pn)\}_3]Cl_3$ 表示螯合物在钠光 589nm 下为左旋,其中配体 pn 构型为 R (右手螺旋)。

$\Delta(-)_{589}[Co\{(R)(-)(pn)\}_3\lambda\lambda\lambda]Cl_3$ 表示螯合物为 Δ 构型,在 589nm 钠光下为左旋,三个 pn 的构型为 R,所生成三个螯环构象均为 λ。

以上所说的旋光性为右旋或左旋是由旋光仪测出的。配体的构型为 R 或 S,螯合物的构型为 Δ 或 Λ,螯合环的构象为 δ 或 λ 是由 X 射线分别测出原子的排列,然后再用右手螺旋或左手螺旋决定。

2.4.3 组分异构现象

1. 键合异构

在多原子配体中,例如,SCN^-虽有两个配位原子,但不能成环,只能分别与中心原子成键。如 M—SCN 的配体称为硫氰根,是以硫键合,而 M—CNS 配体称为异硫氰根,是以氮键合。此外,如 CN^-(氰根)、NC^-(异氰根)等,这类配体称为两可配体(ambidentate)。两可配体可与一种金属离子生成两种异构体,二者的区别只在于与中心原子键合的配位原子不同,这种异构体称为键合异构体。例如,$[Co(NH_3)_5NO_2]^{2+}$有两种颜色不同的化合物,这是因为亚硝酸根以 N 配位生成黄色的硝基(nitro)异构体,以 O 配位生成红色的亚硝酸根(nitrito)异构体。

$$(2.21)$$

已知含 NO_2^- 的键合异构(linkage isomerism)体的例子很多。此外,CN^-、SCN^-、$SeCN^-$、SO_3^{2-}、$S_2O_3^{2-}$、乙酰丙酮根、半胱氨酸根等也是两可配体,其中 $S_2O_3^{2-}$ 能生成(2.21)和$[(H_3N)_3Co—S—SO_3]^+$两种结构。配体以哪一端与中心原子成键与二者的软硬度有关。"软硬酸碱法则"指出:"硬亲硬,软亲软。"当中心原子为硬酸时需硬碱配位原子与它成键,当中心原子为软酸时需软碱配位原子与它成键,如$[VO(NCSe)_4]^{3-}$ 和 $[Ag(Se(CN))_2]^-$。

有时配体间软、硬度差别很小,溶剂性质也会影响两可配体的键合,如式(2-3)所示,在低介电常数的溶剂中 SCN^- 以氮键合,在高介电常数溶剂中则以硫键合。

$$\begin{array}{c} As(C_6H_5)_3 \\ | \\ NCS—Pd—SCN \\ | \\ As(C_6H_5)_3 \end{array} \underset{\text{高介电常数溶剂}}{\overset{\text{低介电常数溶剂}}{\rightleftharpoons}} \begin{array}{c} As(C_6H_5)_3 \\ | \\ SCN—Pd—NCS \\ | \\ As(C_6H_5)_3 \end{array} \quad (2-3)$$

除以上两个因素外,空间因素对键合异构体的相对稳定性有时可起重要作用。例如,在所有硫氰根的配合物中,SCN^- 都以弯曲形式与金属成键如 M—S﹨C—N,而异硫氰根却以直线形式成键(M—N—C—S),显然,前者的空间位阻大于后者,所以在[Pd(NCS)$_2$(py)$_2$]中,由于 py 有较大的空间位阻,只能形成 Pd—NCS 键。同样,硝基(NO$_2^-$)比亚硝酸根(ONO$^-$)有更大的空间位阻,在 [Ni(ONO)$_2$(py)$_4$]和[Ni(NO$_2$)$_2$(NH$_3$)$_4$]中,NH$_3$ 的空间位阻小于 py,所以在后一种配合物中,位阻大的 NO$_2^-$ 和 NH$_3$ 共存。

键合异构体在光、电等外界因素诱导下常发生转化,例如

$$\left[\begin{array}{c}(H_3C)_2S-Ru(NH_3)_5\\|\\O\end{array}\right]^{2+} \underset{e^-}{\overset{-e^-}{\longrightarrow}} (H_3C)_2SO-Ru(NH_3)_5]^{3+} \qquad (2-4)$$

二甲亚砜配体和 Ru(Ⅱ)是以 S 键合,和 Ru(Ⅲ)是以 O 键合。键合异构现象的原理已被用于构筑分子开关和分子器件。

2. 电离异构

电离异构(ionization isomerism)指两个配合物的组成相同,但外层离子和配位实体不同,例如

$$[CoBr(NH_3)_5]SO_4 \text{ 和}[CoSO_4(NH_3)_5]Br,$$
$$[Pt(OH)_2(NH_3)_4]SO_4 \text{ 和}[PtSO_4(NH_3)_4](OH)_2。$$

3. 配位异构

配位异构(coordination isomerism)是指两个含配阳离子和配阴离子的配合物,整个配合物的组成相同,但配离子不同。例如

$$[Co(NH_3)_6][Cr(CN)_6] \text{ 和}[Cr(NH_3)_6][Co(CN)_6],$$
$$[Cu(NH_3)_4][PtCl_4] \text{ 和}[Pt(NH_3)_4][CuCl_4]。$$

4. 水合异构

水合异构(hydrate isomerism)是一种特殊的电离异构,上述电离异构中当有一个配体换成水时就成为水合异构。例如,CrCl$_3$·6H$_2$O 有 3 个结晶不同的化合物,即[Cr(H$_2$O)$_6$]Cl$_3$(紫色)、[CrCl(H$_2$O)$_5$]Cl$_2$·H$_2$O(蓝绿)、[CrCl$_2$(H$_2$O)$_4$]Cl·2H$_2$O(黑绿色)。如果将 CrCl$_3$·6H$_2$O 通过阳离子交换树脂,这 3 个异构体能够被分离得到。其中以[CrCl$_2$(H$_2$O)$_4$]Cl·2H$_2$O 的反式构型为主要成分。此外,第 4 个异构体[CrCl$_3$(H$_2$O)$_3$](黄绿)在高浓度 HCl 溶液中也被发现。处于内界和外界的水分子可由下述反应得到证实:

$$[Cr(H_2O)_6]Cl_3 \xrightarrow{\text{浓硫酸脱水}} \text{无变化}$$

$$[CrCl(H_2O)_5]Cl_2·H_2O \xrightarrow{\text{浓硫酸脱水}} [CrCl(H_2O)_5]Cl_2$$

其他水合异构体的例子:[Co(NH$_3$)$_5$(H$_2$O)](NO$_3$)$_3$ 和[Co(NH$_3$)$_5$(NH$_3$)](NO$_3$)$_2$·H$_2$O。

其他异构现象，如配体异构(ligand isomerism)(即配体互为异构体，则生成相应的配合物称为配体异构体)和聚合异构(polymerization isomerism)(实验式相同，但相对分子质量成倍数关系的一组配合物)。聚合异构现象的例子，如$[Co(NO_2)_3(NH_3)_3]$和$[Co(NH_3)_6][Co(NO_2)_6]$互为聚合异构。

小　　结

(1) 符合以下条件的金属离子和配体满足高配位数和低配位数的要求。

低配位数 $\begin{cases} 小体积阳离子 \\ 大体积配体 \\ 软酸配体 \end{cases}$　　高配位数 $\begin{cases} 大体积阳离子(第二、第三周期，f_n 元素) \\ 低位阻配体 \\ 硬酸配体 \\ 冠醚等大环配体 \end{cases}$

(2) 配位数和空间结构有密切联系，除中心原子和配体的电荷及体积对空间结构有影响外，中心原子的电子互斥及配体的强制构型、晶体填充效应常引起畸变。

(3) 冠醚等大环配合物的结构取决于配体空腔直径与金属离子的匹配程度。

(4) 重要的异构现象有几何异构现象和手性异构现象，前者包含顺式、反式、面式、经式等异构现象，后者来源于配位实体中无非真转轴，配体本身有手性及螯合环有不同构象。单齿和多齿配体形成的单核和多核配合物均可有手性。

(5) 配合物的绝对构型和旋光符号之间无一定联系。可用 ORD 曲线($[\alpha]$对λ作图)和 CD 曲线$[(\varepsilon_l-\varepsilon_r)$对$\lambda$作图]来决定构型，在吸收峰附近的 ORD 曲线的$[\alpha]$随波长的增加而增加，相应的 CD 曲线出现极大值，称为正 Cotton 效应，反之为负 Cotton 效应。相同构型的配合物有相同的 Cotton 效应。

(6) 讨论手性异构体时采用如下符号：

Δ 和 Λ 为螯合环分布不对称的手性配合物的绝对构型符号，Δ 为右手螺旋，Λ 为左手螺旋。

δ 和 λ 代表螯合环不同的构象，δ 为右手螺旋，λ 为左手螺旋。

R 和 S 为手性配体绝对构型的符号。

$(+)_\lambda$ 和 $(-)_\lambda$，在波长 λ 下偏振光旋转方向，$(+)$ 为右旋，$(-)$ 为左旋。

(7) 键合异构体的生成取决于配体和中心原子的软、硬度，配体的空间位阻，溶剂效应和外界光、电、酸、碱等因素有关。

习 题

1. 试举出经常遇见的具有哪些 d 电子数目的金属有以下结构?
   (1) 线形；(2) 平面正方形；(3) 三角棱柱；(4) 十二面体

2. 画出以下配合物可能的几何异构体,并指出哪些具有光学活性。
   (1) $[Co(en)(NH_3)_2BrCl]^+$ (2) $[Pt(NH_3)BrCl(NO_2)]^-$
   (3) $[Co(NH_2CH_2CO_2)_2NH_3Cl]^+$ (4) $[Co(trien)Cl_2]^+$

3. 怎样区分以下各对异构体? 并指出它们每对互为哪种异构体?
   (1) $[Co(NH_3)_5Br]SO_4$ 和 $[Co(NH_3)_5SO_4]Br$ (2) $[Co(NH_3)_3(NO_2)_3]$ 和 $[Co(NH_3)_6][Co(NO_2)_6]$
   (3) cis-$[CoCl_2(en)_2]Cl$ 和 $trans$-$[CoCl_2(en)_2]Cl$ (4) cis-$NH_4[Co(NO_2)_4(NH_3)_2]$ 和 $trans$-$NH_4[Co(NO_2)_4(NH_3)_2]$
   (5) cis-$[Pt(gly)_2]$ 和 $trans$-$[Pt(gly)_2]$,($gly = NH_2CH_2COOH$)

4. Ni(Ⅱ)的配合物$[NiCl_2(Pph_3)_2]$是顺磁性,相应 Pd(Ⅱ)的配合物为反磁性,试预测这两种配合物的几何构型和异构体数目。

5. 写出下列配位实体的化学结构式。
   (1) 顺-二氯·四氰合铬(Ⅲ)离子   (2) 经-三氯·三氨合钴(Ⅲ)
   (3) 反-二氯·二(三甲基膦)合钯(Ⅱ)   (4) 面-三硝基·三水合钴(Ⅲ)

6. 三(2-二甲氨基乙基)胺(Me_6tren)和 $2,2',2''$-三氨基三乙二胺(tren)均可和二价金属离子生成配位数为 5 的配合物$[M^{Ⅱ}(Me_6tren)X]Y$ 和 $[M^{Ⅱ}(tren)X]Y$,但前者较后者更能生成稳定的三角双锥结构,后者较易生成四方锥结构,原因何在?

7. 组合 Co^{3+}、NH_3、NO_2^- 和 K^+ 可得七种配合物,其中一种是$[Co(NH_3)_6](NO_2)_3$,试写出
   (1) 其他六种的化学式；(2) 每一个化合物的名称；(3) 配合物的空间结构。

8. 组成为 $Co(en)_2Cl_3(H_2O)_2$ 的配合物,可能有几种不同的异构体?
   (1) 试写出各异构体的结构式。(2) 其中哪个有光学活性? (3) 哪一个当量电导率最高? 哪一个最低? (4) 哪一个偶极矩最高? 哪一个最低? (5) 哪一个酸性最强? 哪一个最弱? 对(3)~(5)说明原因。

9. 说明下列配合物中各符号的意义。
   (1) $(+)_{589}[Co(en)_3]Cl_3$
   (2) $\Lambda(+)_{589}[Co\{(+)pn\}_2\{(-)pn\}\delta\delta\lambda]Cl_3$
   (3) $\Delta(-)_{589}[Co\{(R)(-)pn\}_3\lambda\lambda\lambda](+)_{546}[Rh(C_2O_4)_3]$

10. 写出下列配合物的绝对构型的符号。

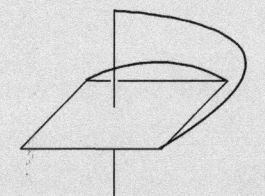  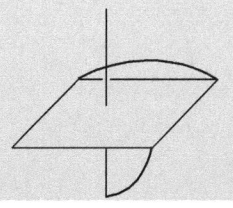

参 考 文 献

[1] 罗勤慧. 大环化学——主-客体化合物和超分子. 北京：科学出版社，2009
[2] Niemeyer M, Powre P P. Sythesis and Solid-State Structure of 2,6-Trip$_2$-C$_6$H$_3$TI (Trip = 2,4,6-iPr$_3$C$_6$H$_2$); A Monomeric Arylthallium (I). Compound with a Singly Coordinated Thallium Atom. Angewandte Chemie Int；Ed,1998；1227-1279
[3] Alvarez S. Bonding and stereochemistry of three-coordinated transition metal compouds. Coord. Chem. Rev. ,1999,13；193-295
[4] Rapenne G, Sauvage J P. Patterson B T, et al. Resolution, X-ray structure and absolute configuration of a double-stranded helical diiron(Ⅱ) bis(terpyridine) complex. Chem. Commun. ,1999；1853
[5] (a) IUPAC. Nomenclature of Inorganic Chemistry (2nd ed). 1970. Cambridge；Royal Society of Chemistry
(b) 罗勤慧，沈孟长，戴安邦. 配位化合物手性异构体绝对构型的命名. 自然科学术语研究，1985,2；11

第 3 章 配合物的化学键理论

提要 本章力图使读者对配合物成键理论有清晰的概念,避免过多的数学推导,深入浅出地介绍配合物的价键理论,晶体场理论和配体场理论及角重叠模型的基本概念,并用来说明配合物的成键情况,立体结构和电子光谱等实验事实。

为了说明配合物的各种错综复杂的立体结构、反应、光谱和磁性质,化学家相继提出了各种配合物成键的理论[1~3]来概括配合物形成的本质,这种努力从Werner创立配位化学时就开始了。Kossel 在 1916 年和 Magnus 在 1922 年提出了离子模型,即静电理论。后又经过许多化学家的推广和修正。这种理论把中心原子和配体看成是点电荷,它们之间由于静电引力而结合。离子模型说明了某些简单配合物的成键本质,如配位数、立体结构和稳定性等,反映了某些简单配合物的成键本性。但因为这个模型过于简单,因此对很多事实都不能说明。1931 年Pauling 提出了价键理论,这个理论取得了很大的成功,而且直观易懂,至今仍在使用。1929 年 Bethe 和 1932 年 van Vleck 的工作奠定了晶体场理论的基础,这个理论是在静电理论的基础上考虑了中心原子的轨道在配体静电场中的分裂,后来这个理论得到了很大的发展。1935 年 van Vleck 把分子轨道理论用到配合物化学键的研究中,补充了晶体场理论的不足。因此,将分子轨道理论与晶体场理论互相配合来处理配合物称为配体场理论。这样虽然处理方法较为严密,但计算困难。1958 年山寺用角重叠模型来简化分子轨道的处理方法,可以得出晶体场的若干参数,大大弥补了以上两种理论的不足,后来 Jorgensen 等整理成为一般的理论,称为角重叠模型或者称为角重叠近似方法。

3.1 价键理论

3.1.1 价键理论的基本内容

1. σ 配键和配位数

配体和中心原子共享电子对而形成配位键。配位键的电子云形状是以中心原子和配位原子两原子核的连线为对称轴的圆柱体,所以又称为 σ 配键,σ 配键的数目就是中心原子的配位数。

2. 配合物的杂化轨道和空间结构

为使配合物有足够的稳定性，中心原子以形成杂化轨道来接受配体的电子对，以[Ag(NH$_3$)$_2$]$^{2+}$为例，由于Ag$^+$的s轨道和p轨道能量相差不大，可以通过线性组合来构成数目相同的杂化轨道。

$$\psi_1 = (s + p_x)/\sqrt{2}$$
$$\psi_2 = (s - p_x)/\sqrt{2}$$

（$1/\sqrt{2}$为归一化系数）。故Ag$^+$的原子轨道s轨道和p轨道杂化生成两个sp杂化轨道，如图3.1所示。

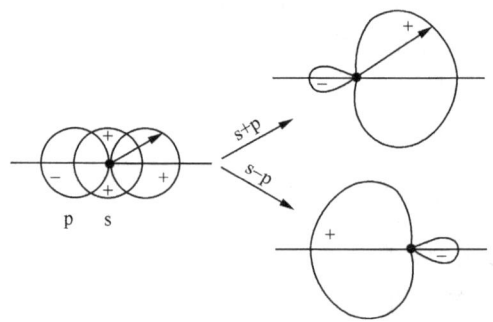

图3.1 sp杂化轨道

两个sp杂化轨道分别指向通过中心原子的直线两端，配体电子对所占轨道必须与中心原子的杂化轨道作最大的重叠，即在杂化轨道极大值的方向与中心原子结合，以杂化轨道成键时，轨道重叠的程度比原有的s轨道和p轨道成键时重叠程度大，才能生成稳定的键。因此，配合物具有一定的空间构型，所以[Ag(NH$_3$)$_2$]$^{2+}$为直线形结构，其他配位数为2的配合物也一样。对配位数为3的配合物，由一个s轨道和两个p轨道线性组合，则得到三个等价的sp^{2}杂化轨道：它们分别指向等边三角形的三个顶点，因此配位数为3的配合物具有三角形结构。配位数为4的配合物有两种情况，一种是中心原子的轨道进行sp^{3}杂化，配合物成正四面体结构，sp、sp^{2}及sp^{3}杂化轨道见图3.2。

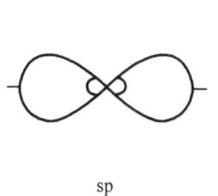 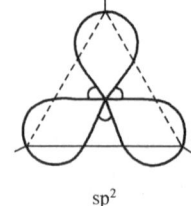 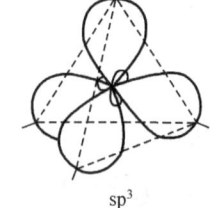

sp   sp^2 sp^3

图3.2 sp、sp^{2}及sp^{3}杂化轨道

另外一种是中心原子进行 dsp^2 杂化,配合物为平面正方形结构。配位数为 6 的配合物可以用 d^2sp^3 和 sp^3d^2 两种杂化轨道成键,均为正八面体结构。

若干配合物的杂化轨道及空间构型见表 3.1。

表 3.1　配合物的杂化轨道及空间结构的关系

配位数	杂化轨道	参加杂化的原子轨道	成键能力	空间构型	举例
2	sp	s、p_x	1.932	直线形	$[Ag(NH_3)_2]^+$
3	sp^2	s、p_x、p_y	1.991	三角形	$[AgCl_3]^{2-}$
4	sp^3	s、p_x、p_y、p_z	2.000	正四面体	$Ni(CO)_4$
4	dsp^2	$d_{x^2-y^2}$、s、p_x、p_y	2.694	平面正方形	$[PtCl_4]^{2-}$
5	dsp^2			三角双锥	$Fe(CO)_5$
5	d^2sp^2			四方锥	$[Ni(P(C_2H_5)_3)_2Br_3]$
6	d^2sp^3	$d_{x^2-y^2}$、dz^2、s、p_x、p_y、p_z	2.932	正八面体	$[Co(NH_3)_6]^{3+}$
6	sp^3d^2	s、p_x、p_y、p_z、d_{xy}、d_{yz}		正八面体	$[CoF_6]^{3-}$
7	d^3sp^3			五角双锥	$[ZrF_7]^{3-}$
7	d^4sp^2			加冠三棱柱	$[TaF_7]^{2-}$
8	d^4sp^3			正十二面体	$[Mo(CN)_8]^{4-}$
8	d^5p^3			四方反棱柱	$[TaF_8]^{3-}$

3. 高自旋和低自旋配合物

过渡族元素有不成对 d 电子,它们的磁矩 μ 同原子中不成对的电子数 n 有如下关系:

$$\mu = \sqrt{n(n+2)}\mu_B \quad (波尔磁子)$$

磁矩的测量为配位键的本质和配合物的电子结构提供了很重要的线索。表 3.2 列出了一些金属离子和配合物的磁矩。表中 $K_3[Fe(C_2O_4)_3]$ 的磁矩经测定为 $5.8\mu_B$,相当于具有 5 个不成对电子,与 Fe^{3+} 的磁矩大致相符。由此可以断定,Fe^{3+} 在与 $C_2O_4^{2+}$ 生成配离子后,其电子结构没有发生变化,配体的电子对占据 sp^3d^2 杂化轨道。

表 3.2 某些过渡族元素配合物的磁矩

d电子数	离子	配合物	空间构型	不成对电子数	磁矩/μ_B 计算	磁矩/μ_B 实测
1	V^{4+}			1	1.73	1.77～1.79
		[VO(acac)$_2$]	四方锥	1	1.73	1.8
4	Mn^{3+}			4	4.90	4.80～5.06
		K_3[Mn(CN)$_6$]	八面体	3	2.83	3.2
		[Mn(acac)$_3$]	八面体	4	4.90	4.90
5	Fe^{3+}			5	5.92	5.2～6.0
		K_3[Fe(C$_2$O$_4$)$_3$]	八面体	5	5.92	5.8
		K_3[Fe(CN)$_6$]	八面体	1	1.73	2.2
6	Fe^{2+}			4	4.90	5.0～5.5
		(H$_4$N)$_2$Fe(SO$_4$)$_2$·6H$_2$O	八面体	4	4.90	5.5
		K_4[Fe(CN)$_6$]·3H$_2$O	八面体	0	0	0.1
6	Co^{3+}			4	4.90	4.3
		K_3[CoF$_6$]	八面体	4	4.90	5.5
		[Co(en)$_3$]Cl$_3$	八面体	0	0	0.2
7	Co^{2+}			3	3.87	4.30～5.20
		Cs[CoCl$_4$]	四面体	3	3.87	4.5
8	Ni^{2+}			2	2.83	2.80～3.50
		K_2[Ni(CN)$_4$]	平面正方形	0	0	0
9	Cu^{2+}			1	1.73	1.70～2.20
		Cs$_2$[CuCl$_4$]	四面体	1	1.73	2.0

而 K_3[Fe(CN)$_6$]的磁矩为 $2.2\mu_B$，相当于有一个不成对电子。可见 Fe^{3+} 在形成配合物时，d 电子发生配对以尽量空出轨道来接受配体的电子对，配体的电子对占据 d^2sp^3 杂化轨道。

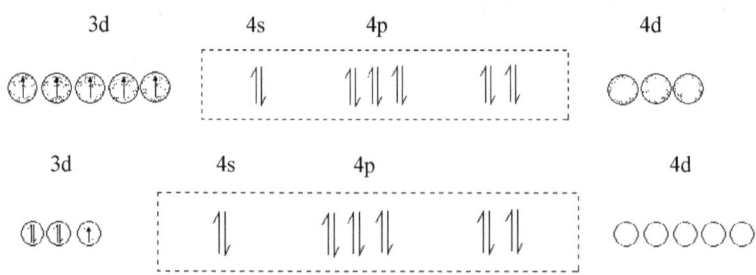

从以上事实可以看出，中心原子和配体形成配合物时有两种情况：①中心原子

的电子结构不受配体的影响,因此电子服从洪德规律,即自旋最大的状态最稳定,如 $K_3[Fe(C_2O_4)_3]$,这种配合物称为高自旋配合物。中心原子的 d 电子没有发生重排,配体提供的电子对占据最外层的 ns、np、nd 轨道,故 Pauling 称为外轨型配合物,现称高自旋配合物;②另外一类配合物,如 $K_3[Fe(CN)_6]$,中心原子 Fe^{3+} 的 6 个 d 电子发生了重排,使 d 电子成对并集中到较少的轨道中去,让出空轨道来接受配体的电子对,不成对电子数减少,现称为低自旋配合物。由于配体的电子对进入了中心原子的内层 d 轨道,因此又称为内轨型配合物。目前,内轨的术语已很少使用。

对八面体配合物,用磁矩的数据虽然可以区别 $d^4 \sim d^7$ 的低自旋与高自旋配合物,但对 d^1、d^2、d^3、d^8、d^9 却不能区别,见表 3.2。

3.1.2 价键理论的应用与局限性

价键理论概念明确,模型具体,其假定与化学工作者所熟悉的价键概念一致,易被初学者所接受,能反映配合物的大致面貌。对推动配位化学成键理论的发展起了重要作用,但也存在很大的不足。例如,用 4d 轨道组成杂化轨道,4d 轨道的能量太高,似乎不可能;用磁矩来区分 $d^4 \sim d^7$ 的低自旋和高自旋八面体配合物虽较为有效,但对高自旋和低自旋型配合物的不成对电子数相同的,d^1、d^2、d^3、d^8 和 d^9,不能用磁矩来区别;更重要的是价键理论只是讨论了配合物的基态性质,对激发态却无能为力,因此不能解释配合物的颜色及电子光谱,而在成键理论中大多数实验数据的依据多来自于电子光谱;对一些非经典配合物如羰基化合物、二茂铁等用价键理论却不能给予满意的解释。但目前价键理论中杂化轨道概念用于讨论配合物的成键仍然十分有效。

价键理论在历史的长河中曾一度衰落,直到等瓣类似性概念的提出(第 9 章)又有复苏之势。

3.2 晶体场理论

3.2.1 八面体场中轨道的分裂

1930 年 Bath 研究自由 Na^+ 放置在晶体内部,其能层受晶体场的影响。发现自由金属离子的轨道是一组能量相同的简并轨道(degenerate orbital)在晶体的静电场中发生分裂,分裂情况与晶体场的对称性有关,这个概念后来被用于研究配合物,即假定带正电荷的金属离子被带负电的点电荷的配体围绕着,靠静电引力形成配合物,正、负电吸引形成配合物的同时,配体和金属离子的电子又相互排斥,使金属离子的轨道发生分裂,排斥力的大小和配体在金属离子周围的排布有关。

图 3.3 是金属离子的轨道分布,当配体存在时,配体的静电场对中心原子的电子产生排斥。例如,中心原子的 s 轨道在八面体场中受到 6 个配体的排斥作用,能量有所升高,但因 s 轨道为球形对称,不发生分裂,只有一个简并轨道。当中心原子的 p 轨道位于八面体场中,从图 3.3(b)可见,配体对 3 个 p 轨道的作用完全是等同的,所以 3 个 p 轨道在八面体场中能量相同,仍然是三重简并的。自由金属离子的 5 个 d 轨道在空间分布不同,但其能量均相同,仍然是五重简并的轨道。但当 d 轨道位于八面体场中时情况就不一样了,如以 $Ti(H_2O)_6^{3+}$ 为例,自由 Ti^{3+} 的 5 个 d 轨道能量相同,1 个 d 电子占据 5 个轨道的可能性相等,但当 Ti^{3+} 与配体形成八面体配合物时[图 3.4(a)],配体必须沿 $\pm x$、$\pm y$、$\pm z$ 方向接近离子,Ti^{3+} 的 $d_{x^2-y^2}$ 和 d_{z^2} 这两个轨道正指向配体,Ti^{3+} 的 $d_{x^2-y^2}$、d_{z^2} 轨道上的电子云与配体的电子云处于迎头相"顶"的情况中。由于静电推斥作用,$d_{x^2-y^2}$、d_{z^2} 轨道上的能量升高,在 d_{xy}、d_{yz}、d_{zx} 方向上的电子云处于两个配体之间,受到推斥力较小,也就是"顶"的程度较小,因此,这 3 个轨道上的能量比前面两个轨道的能量低,所以在配体场的作用下五重简并 d 轨道发生了分裂,分裂成一组能量较低的 d_{xy}、d_{yz}、d_{zx} 轨道,称为 t_{2g} 轨道,一组能量较高的轨道称为 e_g 轨道。其中 3 个轨道即 d_{xy}、d_{yz}、d_{zx} 轨道,在空间的分布是等同的。因而这 3 个轨道是一组能量相同的三重简并轨道。

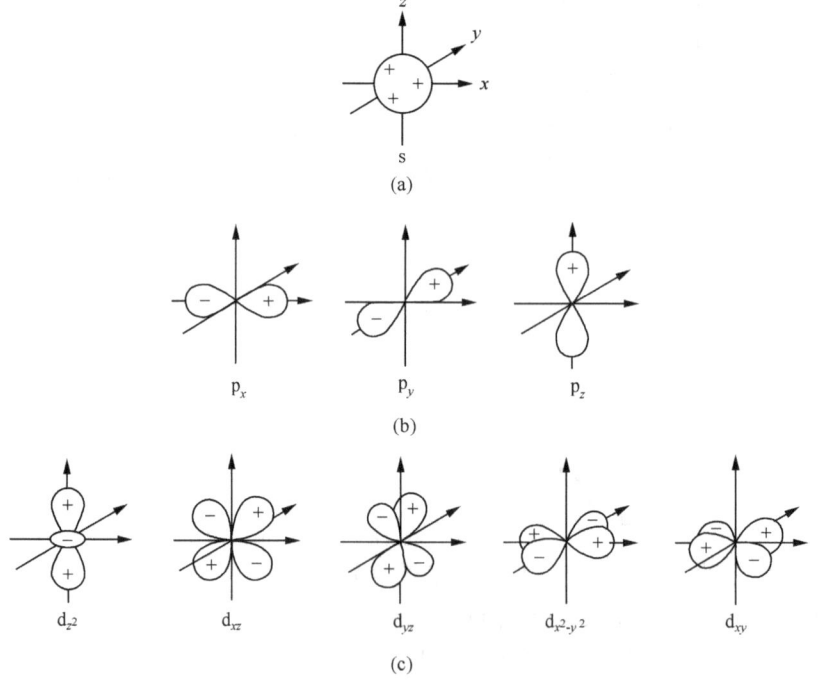

图 3.3 金属离子的轨道分布
(a) s 轨道;(b) p 轨道;(c) d 轨道

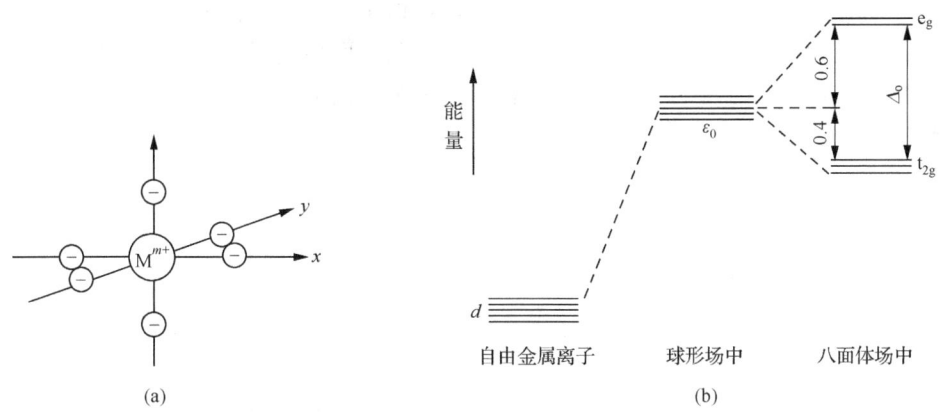

图 3.4 金属离子 M^{m+} 与配体形成的八面体配合物(a)和 $Ti(H_2O)_6^{3+}$ 的能级分裂(b)

$d_{x^2-y^2}$ 和 d_{z^2} 在空间分布虽然不同,但 d_{z^2} 轨道可以看成 $d_{x^2-y^2}$ 和 $d_{z^2-y^2}$ 两个轨道的线性组合,所以 d_{z^2} 和 $d_{x^2-y^2}$ 在八面体场中的能量相同,它们是一组二重简并轨道。t_{2g} 轨道代表轨道的对称类别,下标 g(或 u)代表轨道(波函数)对中心原子的对称性,g 表示对中心原子反演是对称的(u 表示是反对称的)。另外下标 1 和 2 是由于其他对称性不同而附加的,读者如有兴趣可参看有关书籍。下面我们将使用 t_{2g}、e_g、a_{1g} 等作为轨道的符号。如 $(t_{2g})^3$ 表示三重简并的 t_{2g} 轨道上有 3 个电子。$(e_g)^2$ 表示二重简并的 e_g 轨道上有两个电子,轨道波函数在中心原子反演下是对称的。

3.2.2 轨道能量

前面已经指出,d_{xy}、d_{yz}、d_{zx} 轨道空间的分布是完全等同的,是一组三重简并轨道,$d_{x^2-y^2}$ 和 d_{z^2} 在八面体场中能量相同,是一组二重简并轨道,由于配体的作用引起金属离子简并,因此使 d 轨道能级分裂,称为微扰作用。图 3.4(b)为 $Ti(H_2O)_6^{3+}$ 的能级分裂图。

由 $Ti(H_2O)_6^{3+}$ 的能级分裂图,我们可以假想 Ti^{3+} 被引进负电荷的球形对称场中,在球形对称场的作用下,所有 d 轨道的能量都升高 ε_0,但不发生分裂。但若 6 个水分子分布在以 Ti^{3+} 为中心的八面体的 6 个顶点上,配体和 Ti^{3+} 作用所产生的能量,一部分为 ε_0,另外一部分使 d 轨道能量进一步发生变化,分裂成 t_{2g} 和 e_g 两组轨道,两组能量之差称为分裂能(splitting energy),对八面体配合物分裂能(splitting energy),以符号 Δ_o 或 10Dq 表示。

$$E(e_g) - E(t_{2g}) = \Delta_o = 10Dq$$

在正八面体场中,d 轨道分裂的结果是 e_g 轨道能量上升了 $0.6\Delta_o$,而 t_{2g} 轨道降了 $0.4\Delta_o$,当形成四面体配合物时,4 个配体处在四面体的顶点。由图 3.5 可见,$d_{x^2-y^2}$ 轨道的极大值指向立方体的面心,而 d_{xy} 轨道的极大值指向立方体棱边的中点,后者比前者更接近配体,因此 d_{xy} 轨道与配体的排斥力大于 $d_{x^2-y^2}$,其能量也比 $d_{x^2-y^2}$ 轨道的能量高。其他轨道也类似。所以在四面体场(T_d)作用下,轨道的分裂情况与八面体正相反,分裂成一组能量较高的三重简并的 t_2 轨道和一组能量较低的二重简并的 e 轨道。

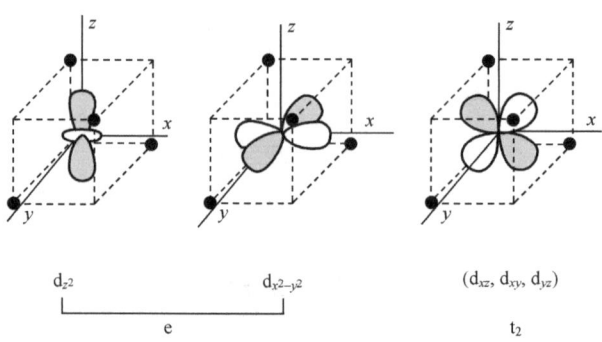

图 3.5 在 T_d 场中的 d 轨道和配体位置

由于正四面体没有对称中心,因此轨道下标不用 g 或 u。正四面体的 e 与 t_2 轨道不像八面体的 e_g 与 t_{2g} 直接指向配体,且正八面体周围配体的数目也比八面体少,所以中心原子与配体间的排斥力也较小。正四面体 d 轨道能量的分裂也小于八面体。根据计算,中心原子与配体的距离相同时,在相同配体的四面体场中,其分裂能 Δ_t 仅为八面体场中 Δ_o 的 4/9,即

$$E(t_2) - E(e) = \Delta_t = 4/9 \times \Delta_o$$

平面正方形配合物可看成是八面体配合物的特殊情况,即八面体 z 轴方向上处于相反位置的两个配体移到无限远处时就成为平面正方形,这样中心原子 $d_{x^2-y^2}$ 的电子受到配体的排斥力最大(图 3.6),能量最高,d_{xy} 的电子云因夹在两个配体之间所受到的排斥力要小一些,其能量次之。d_{z^2} 轨道的电子云只有在 xy 平面上才受到配体的影响,其能量又次之。d_{xz} 和 d_{yz} 受到的影响最小,能量最低。图 3.7 所示为 d 轨道在平面正方形中分裂为高能的 $d_{x^2-y^2}$ 轨道和低能的 d_{xy}、d_{z^2}、d_{xz}、d_{yz} 轨道(按能量降低顺序),d_{xy} 和 $d_{x^2-y^2}$ 两轨道的能量差为 Δ_o,其轨道的对称性和八面体场有所不同。

除以上讨论的三种构型的配合物外,其他构型中心原子 d 轨道的能级分裂情况在此不能详细讨论。表 3.3 列出了各种构型的 d 轨道能量。图 3.7 是常见的几种结构的中心原子 d 轨道的能级分裂图。

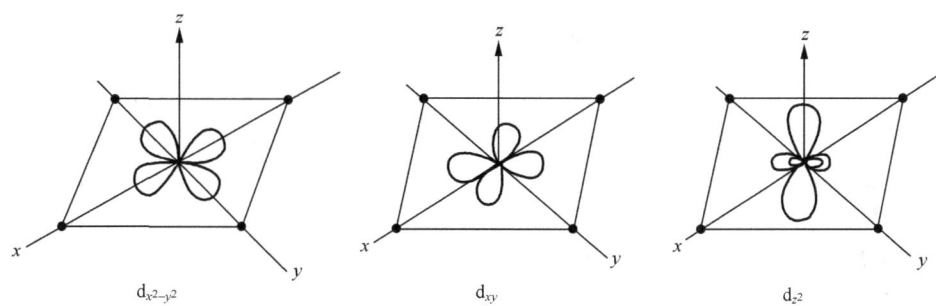

图 3.6 平面正方形配合物的 d 轨道

表 3.3 八面体配合物的晶体场稳定化能

弱场(高自旋)				强场(低自旋)			
d^n	构型	不成对电子数	CFSE	d^n	构型	不成对电子数	CFSE
d^1	t_{2g}^1	1	$-0.4\Delta_o$	d^1	t_{2g}^1	1	$-0.4\Delta_o$
d^2	t_{2g}^2	2	$-0.8\Delta_o$	d^2	t_{2g}^2	2	$-0.8\Delta_o$
d^3	t_{2g}^3	3	$-1.2\Delta_o$	d^3	t_{2g}^3	3	$-1.2\Delta_o$
d^4	$t_{2g}^3 e_g^1$	4	$-0.6\Delta_o$	d^4	t_{2g}^4	2	$-1.6\Delta_o + P$
d^5	$t_{2g}^3 e_g^2$	5	0	d^5	t_{2g}^5	1	$-2.0\Delta_o + 2P$
d^6	$t_{2g}^4 e_g^2$	4	$-0.4\Delta_o$	d^6	t_{2g}^6	0	$-2.4\Delta_o + 2P$
d^7	$t_{2g}^5 e_g^2$	3	$-0.8\Delta_o$	d^7	$t_{2g}^6 e_g^1$	1	$-1.8\Delta_o + P$
d^8	$t_{2g}^6 e_g^2$	2	$-1.2\Delta_o$	d^8	$t_{2g}^6 e_g^2$	2	$-1.2\Delta_o$
d^9	$t_{2g}^6 e_g^3$	1	$-0.6\Delta_o$	d^9	$t_{2g}^6 e_g^3$	1	$-0.6\Delta_o$
d^{10}	$t_{2g}^6 e_g^4$	0	0	d^{10}	$t_{2g}^6 e_g^4$	0	0

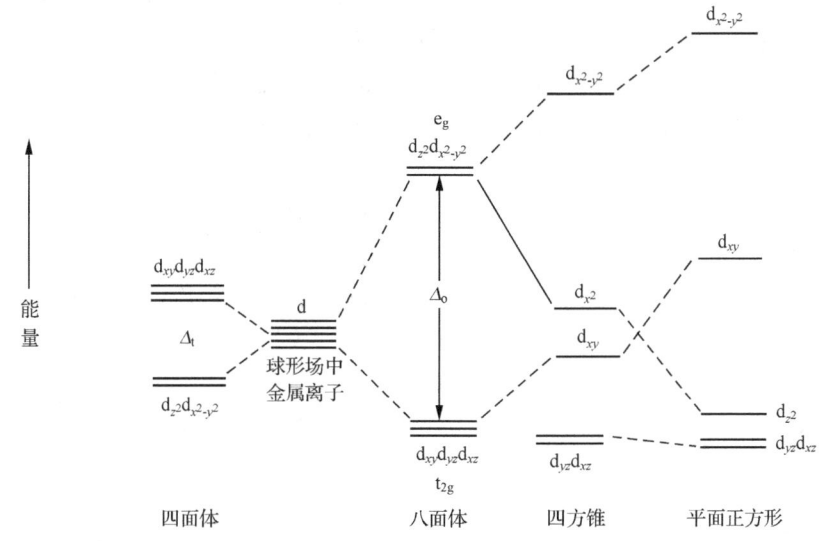

图 3.7 在晶体场中几种对称性配合物的中心原子 d 轨道能级分裂图

3.2.3 晶体场中电子的排布及晶体场稳定化能[4]

根据以上所述,八面体配合物的 d 轨道在配体电场的影响下,分为两个高能级的 e_g 轨道及三个低能级的 t_{2g} 轨道。一个轨道能容纳两个反平行的电子,因此,5 个 d 轨道能接受 10 个电子,我们一个一个地加入电子直到 10 个,必须注意两个原则:①当 1 个轨道中已有 1 个电子时,它对第 2 个电子起排斥作用,因此需要一定的能量克服这种排斥力,第二个电子才能进去和第一个电子成对,电子成对所需的能量称为电子成对能 P(electron pair energy)。②当 1 个电子离开低能的 t_{2g} 轨道进入高能的 e_g 轨道时所需的能量就是它们的能级差 10Dq,即分裂能 Δ_o,故电子成对或是自旋平行,将取决于 Δ_o 大于或小于 P。若 $\Delta_o>P$,电子必须成对,才使整个体系最稳定;若 $\Delta_o<P$,电子采取自旋平行才最稳定。

中心原子的 d^1、d^2、d^3 电子占据低能的 t_{2g} 轨道,体系能量比未分裂前球形场中的能量有所降低,电子真实分布的能量和在球形场中的能量(或平均能量)之差称为晶体场稳定化能(crystal field stabilization energy,CFSE)。对 d^1 的 $(t_{2g})^1$ 构型的 CFSE$=-0.4\Delta_o$,对 $d^2(t_{2g})^2$ 和 $d^3(t_{2g})^3$,其 CFSE 分别为 $-0.8\Delta_o$ 和 $-1.2\Delta_o$。当中心原子为 d^4 时,第 4 个电子可能有两种方式进入 d 轨道,一种是电子相互作用很大,配体场作用很小,即 $\Delta_o<P$,称为弱配体场(week ligand field)情况,在这种情况下电子排布与自由金属离子排布相同,电子采取 $(t_{2g})^3(e_g)^1$ 构型,也称高自旋(high spin)型。

$$\text{CFSE}=3\times(-0.4\Delta_o)+1\times 0.6\Delta_o=0.6\Delta_o$$

另外一种情况正相反,即 $\Delta_o>P$,称为强配体场(strong ligend field)情况。在此情况下,第 4 个电子进入已有 3 个电子的 t_{2g} 轨道,电子构型为 $(t_{2g})^4$,其 CFSE 为 $-1.6\Delta_o+P$,属于低自旋型(low spin)。如前已指出,配合物采取哪一类型的电子分布要看 Δ 和 P 的大小。如果 $\Delta>P$,电子从 t_{2g} 到 e_g 所需能量较大,其结构是低自旋。对构型术语总结于下:

强配体场具有大的 Δ_o 值,为低自旋   弱配体场具有小的 Δ_o 值,为高自旋

对于具有 d^6 的离子,在弱场下电子构型为 $(t_{2g})^4(e_g)^2$ 的配合物,在 t_{2g} 轨道虽有两个电子成对,但在球形场轨道不分裂的情况下也有两个电子成对(图 3.8),因此在计算稳定化能时,这对电子的成对能不应计入,CFSE$=-0.4\Delta_o$,同理,在强场下 d^6 的 CFSE$=-2.4\Delta_o+2P$。

d^4、d^5、d^6、d^7 都有两种构型,d^8、d^9、d^{10} 只有一种,其电子构型及 CFSE 值总汇于表 3.4。

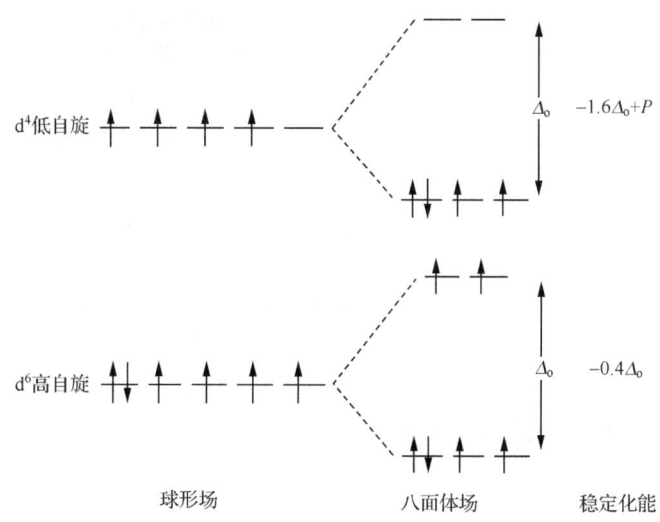

图 3.8 对 O_h 低自旋 d^4 和高自旋 d^6 的 CFSE

表 3.4 四面体配合物的晶体场稳定化能

d^n	构型	不成对电子数	CFSE
d^1	e_g^1	1	$-0.6\Delta_t$
d^2	e_g^2	2	$-1.2\Delta_t$
d^3	$e_g^2 t_{2g}^1$	3	$-0.8\Delta_t$
d^4	$e_g^2 t_{2g}^2$	4	$-0.4\Delta_t$
d^5	$e_g^3 t_{2g}^2$	5	0
d^6	$e_g^3 t_{2g}^3$	4	$-0.6\Delta_t$
d^7	$e_g^4 t_{2g}^3$	3	$-1.2\Delta_t$
d^8	$e_g^4 t_{2g}^4$	2	$-0.8\Delta_t$
d^9	$e_g^4 t_{2g}^5$	1	$-0.4\Delta_t$
d^{10}	$e_g^4 t_{2g}^6$	0	0

在四面体配合物中 Δ_t 只有八面体的 4/9，这样小的 Δ 值，不能超过成对能 P，因此四面体配合物只有高自旋，没有低自旋，其电子构型及稳定化能的数据列于表 3.4。在四面体配合物中电子自旋不成对，因此有低的 CFSE 值。在四面体配合物中其 CFSE 值比八面体配合物低得多，因而其晶体场稳定作用并不重要。

以上所说的高自旋配合物和低自旋配合物，并不意味着他们的自旋状态是一成不变的，如果轨道分裂和电子成对能相差不大，在外界条件（如温度、溶剂）的影响下，高自旋和低自旋之间就可以发生互变。例如，N,N- 二烷基二硫代氨基甲酸酯和 Fe^{3+} 生成的配合物 $[Fe(S_2NR'R)_3]$，随烷基 R 和 R' 的不同可以有低自旋 t_{2g}^5

和高自旋 $t_{2g}^3 e_g^2$ 两种配合物存在,当配体是二硫代氨基甲酸酯时,得到的三(二硫代氨基甲酸酯)合铁(Ⅲ),将它冷却至绝对零度,测得有效磁矩为 2.1 左右,接近于低自旋态 t_{2g}^5,当温度增到 350K,接近于高自旋态 $t_{2g}^3 e_g^2$,这说明高自旋和低自旋之间存在着平衡,温度升高可使电子激发到 e_g 轨道,有利于由低自旋变为高自旋。

除高自旋 d^5 外,所有过渡金属配合物,随配体场强度的增加体系能量有所降低,因而增加了稳定作用。图 3.9 中(1)和(2)分别表示 d^6 体系的高自旋和低自旋配合物随配体场强度的增加能量变化情况,从图 3.9 可见,低自旋配合物比高自旋配合物能量降低更快,直线坡度较大,在两条直线的交点左边,配体场较小,电子成对能大于分裂能,有利于高自旋配合物的形成,反之在交点右边,有利于低自旋配合物的形成。在两条线交点附近的配体所形成的配合物,因分裂能和电子成对能相差不多,就可发现高自旋和低自旋的相互转变。

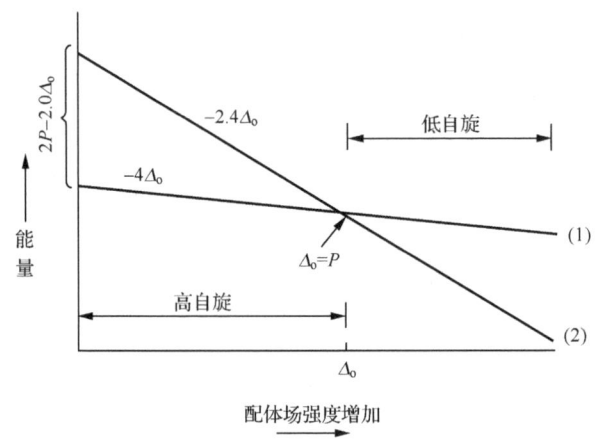

图 3.9 在 O_h 场中 d^6 的配合物稳定化能和配体场强度的关系
(1) 高自旋;(2) 低自旋

3.2.4 晶体场分裂能与光谱化学序

1. 分裂能的实验基础

晶体场分裂能的数据从电子光谱中获得。关于如何从光谱中计算分裂能将在以后详细讨论。现在我们仍然从 1 个电子体系进行说明,如图 3.10(a)所示,$[Ti(H_2O)_6]^{3+}$ 的电子在通常情况下占据 t_{2g} 轨道,当受到频率为 Δ_o/h 的光照射后(h 为普朗克常量),电子将从 t_{2g} 跃迁到 e_g 轨道,其吸收峰的波数在 20 300cm^{-1}(相当于波长在 500nm),如图 3.10(b)所示。计算能量相当于 20 300cm^{-1} × 1kJ·mol^{-1}/83.6cm^{-1}=243kJ·mol^{-1}。同样 $[ReF_6]$ 也有 1 个 d 电子,其吸收峰在 32 500cm^{-1},所以其 Δ_o 相当于 388 kJ·mol^{-1}。这是最简单的情况,更复杂的将在 3.5 节中讨论。

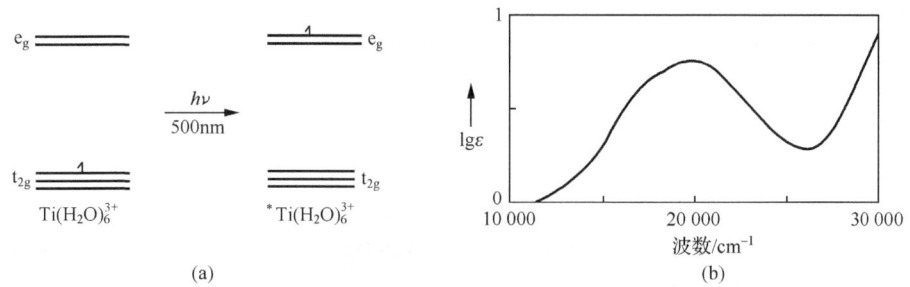

图 3.10 $[Ti(H_2O)_6]^{3+}$ 的 d-d 跃迁(a)和 $[Ti(H_2O)_6]^{3+}$ 的可见吸收光谱(b)

除了从光谱波峰位置可以得到分裂能外,还可由量子力学微扰理论近似得到。实际上分裂能的数值都是直接由光谱得到的,所以分裂能的数据常以 cm^{-1} 为单位。现将由光谱所得的一些配合物的 Δ_o 值列于表 3.5。

表 3.5 一些过渡金属配合物的 Δ_o (单位:cm^{-1})

配合物	Δ_o	配合物	Δ_o	配合物	Δ_o
$[CrCl_6]^{3-}$	13 200	$[MoCl_6]^{3-}$	19 200	$[V(H_2O)_6]^{2+}$	12 600
$[Cr(dtp)_3]$	14 400	$[RhCl_6]^{3-}$	20 300	$[Cr(H_2O)_6]^{2+}$	13 900
$[CrF_6]^{3-}$	15 200	$[Rh(dtp)_3]$	22 000	$[Mn(H_2O)_6]^{2+}$	7800
$[Cr(H_2O)_6]^{3+}$	17 400	$[Rh(H_2O)_6]^{3+}$	27 000	$[Fe(H_2O)_6]^{2+}$	10 400
$[Cr(NH_3)_6]^{3+}$	21 600	$[Rh(NH_3)_6]^{3+}$	34 100	$[Co(NH_3)_6]^{2+}$	10 100
$[Cr(en)_3]^{3+}$	21 900	$[Rh(en)_3]^{3+}$	34 600	$[Co(en)_3]^{2+}$	11 000
$[Co(dtp)_3]$	14 200	$[Rh(CN)_6]^{3-}$	45 500	$[NiBr_6]^{4-}$	7000
$[Co(H_2O)_6]^{3+}$	18 200	$[IrCl_6]^{3-}$	25 000	$[NiCl_6]^{4-}$	7300
$[Co(NH_3)_6]^{3+}$	22 900	$[Ir(dtp)_3]$	26 600	$[Ni(H_2O)_6]^{2+}$	8500
$[Co(en)_3]^{3+}$	23 200	$[Ir(NH_3)_6]^{3+}$	41 000	$[Ni(en)_3]^{2+}$	11 600
$[Co(CN)_6]^{3-}$	33 500	$[Ir(en)_3]^{3+}$	41 400	$[Ni(NH_3)_6]^{2+}$	10 800

注:dtp 为 $(C_2H_5O)_2PS^{2-}$。

从表可见,金属离子的电荷与 Δ_o 值大小有关,金属离子的电荷越高,与配体结合得越紧密,配体对 d 轨道微扰作用也越大。周期表中第一系列的过渡金属的八面体配合物中,二价金属离子的 Δ_o 值在 $7500 \sim 13\ 000 cm^{-1}$,三价金属离子的 Δ_o 值在 $14\ 000 \sim 2100\ cm^{-1}$。

在配体相同的情况下,过渡金属元素由第一系列向第二、第三系列变化时(即 3d→4d→5d),因 d 轨道半径增加,分裂能也随之增大。由 Cr 到 Mo,Co 到 Rh,Δ_o

值增加大约 50%,从 Rh 到 Ir,Δ_o 值增加大约 25%。由于 Δ_o 值的增大,第二、第三系列过渡元素只有低自旋配合物,而第一系列过渡元素却既能生成低自旋配合物也能生成高自旋配合物。

配体的性质与分裂能的大小有很大关系,从表 3.5 可见,对同一金属离子,变换配体使 Δ_o 值按如下顺序增加:

$I^-<Br^-<S^{2-}<SCN^-<Cl^-<F^-<$ 尿素 $<OH^-\sim ONO^-\sim HCOO^-<(C_2O_4)^{2-}<H_2O<NCS^-<$ 甘氨酸 $\sim EDTA<$ 吡啶 $<NH_3<en<bpy<phen<NO_2^-\ll CN^-<CO$,这个顺序称为光谱化学序(spectra chemical series)。它只能用于正常氧化态的金属离子,并且不是很严格的顺序,某些邻近配体间也会发生颠倒。用晶体场效应不能完全说明这个顺序,因为晶体场理论认为,中心原子 d 轨道分裂是由于离子或偶极子间的排斥作用,这样看来配体为阴离子时,其排斥作用应该比中性分子大一些,阴离子配体应位于光谱化学序的末端,但许多阴离子如 I^-、Br^- 等却位于它的前面。又如 H_2O 的位置也在 OH^- 之后,NH_3 的永久偶极矩为 4.90×10^{-30} cm(1.47D)①比水小 $[6.17\times 10^{-30}$ cm(1.85D)],在光谱化学序中却在水之后,因而单纯从静电排斥作用出发不能说明光谱化学序的实质。

2. 光谱化学序和配体受授体性质

光谱化学序用纯粹的晶体场理论不能完全进行解释,但根据配体给予和接受电子的能力,引入分子轨道理论处理(3.3 节)结果就能较完善地说明。现根据配体接受电子的能力将配体进行分类。

(1) 配体是 σ 给予体,例如,NH_3 有一对孤电子作为 σ 给予体用于成键,没有适当对称性的 π 轨道,这类配体成键相对简单。其 Δ 值大小用晶体场理论能够说明。例如,乙二胺对金属离子的 d 电子有比氨更强的静电排斥力,产生更大的 Δ 值,即 $en>NH_3$。

(2) π 给予体,如卤素(ns^2,np^5),它以 π 型的 p 轨道的电子作给体,这类配体和金属离子成键降低了 Δ 值(3.3.3 节),所以多数卤素离子配合物多为高自旋型。卤离子产生配体场的(晶体场)强弱有如下顺序:$F^->Cl^->Br^->I^-$,此外,其他配体如 H_2O、OH^- 及 RCO_2^- 等也是以 π 电子成键的配体。按照配体给予 π 电子的能力大小有 $H_2O>F^->RCO_2^->OH^->Cl^->Br^->I^-$。在以上顺序中 OH^- 低于 H_2O,这是因为 OH^- 有更大 π 给予体倾向。

(3) π 受体,配体有空的反键 π 轨道($π^*$)或 d 轨道,金属离子有多余的 d 电子,配体和金属离子除形成 σ 键外,还以空的 $π^*$ 轨道接受金属离子的 d 电子,生成反馈键,这时配体具有 π 受体性质,反馈键的形成增加了 Δ 值。例如,CN^-、CO 是

---

① 1cm=0.300×10^{30}D。

典型的 π 受体，π 受体生成反馈键的强弱有如下顺序：CO、CN^-＞phen＞NO_2^-＞NCS^-。将以上三种情况结合起来，并认为 NCS^- 作为 σ 给体的能力略小于 NH_3，从配体受体给体性质得到了与光谱化学序类似的序列。即对光谱化学序作了进一步解释，它表现出配体从强 π 受体到 π 给体的性质。例如

CO,CN ＞phen＞	……	en＞NH_3 ＞py＞	……	H_2O＞F^-＞ RCO_2^-＞OH^-	……	I^-
低自旋						高自旋
强场						弱场
大 Δ 值						小 Δ 值
π 受体		σ 配体				π 给体

由于影响光谱化学序的因素很多，这只能是不严格的顺序，它也不可能包括所有的配体。

3.2.5 Jahn-Teller 效应

Cu(Ⅱ)的八面体配合物多偏离正八面体结构，以 $[Cu(NH_3)_6]^{2+}$ 为例，其中 4 个 NH_3 与 Cu^{2+} 之间的距离较短，而另外两个 NH_3 与 Cu^{2+} 的距离较长，其几何构型为一拉长的八面体。此外，还有压缩八面体存在。这种现象对铜(Ⅱ)来说是一种普遍现象，可用 Jahn-Teller 效应予以说明。

Cu^{2+} 为 d^9 电子构型，比呈球形对称分布的 d^{10} 少 1 个电子，其电子可按两种方式分布，即 $(t_{2g})^6 d_{x^2-y^2}^2 d_{z^2}^1$ 或 $(t_{2g})^6 d_{x^2-y^2}^1 d_{z^2}^2$。前面一种和 d^{10} 构型比较，相当于在 z 轴上少一个电子。这样，减少了在 z 轴上的电子对中心原子的屏蔽作用，同时也导致中心原子对配体的吸引力增加，使 z 方向的键距缩短，得到 4 个长键和两个短键，成了一种压扁的八面体。后一种情况是在 $d_{x^2-y^2}$ 轨道上比 d^{10} 少 1 个电子，使其在 xy 平面上 4 个配体受到中心原子的吸引力增加，因而得到 4 个短键和两个长键，形成拉长的八面体，$[Cu(NH_3)_6]^{2+}$ 就是这种情况。

Jahn 和 Tellel 认为，d 电子层没有充满的中心原子的非线形分子，完全对称的构型是不稳定的，因而分子要发生畸变达到低对称性的几何构型。也就是说，轨道简并的电子构型是不稳定的，要发生几何构型的变化，使简并消失。图 3.11 表示简并消失和能级分裂的情况。当 d 电子采取 $(t_{2g})^6 d_{x^2-y^2}^1 d_{z^2}^2$ 排布时，z 轴上的 d 电子受配体的排斥力较小，因而 $d_{z^2} d_{zx} d_{zy}$ 轨道能级下降，根据重心不变原理，不含 z 成分的轨道能级升高。

图 3.11(a)为拉长八面体能级分裂示意图。图中 e_g 轨道分裂为 $d_{z^2} d_{x^2-y^2}$ 两个

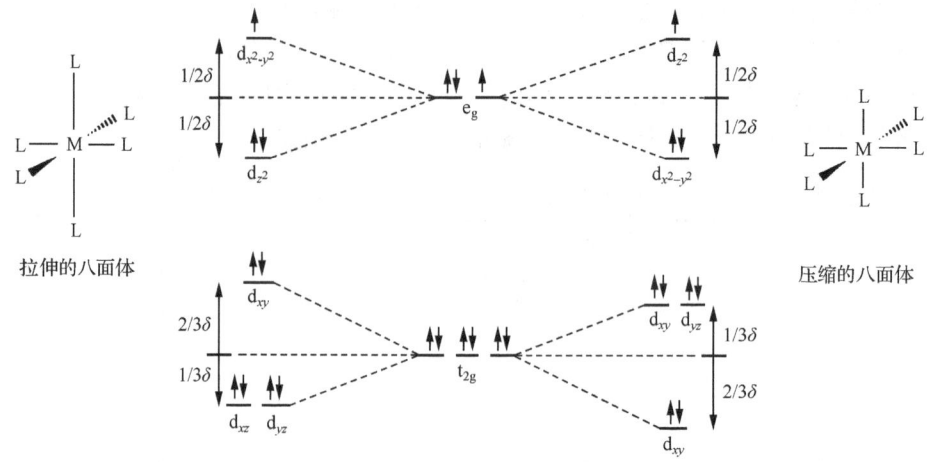

图 3.11 轨道能级图

(a) 拉长八面体；(b) 压缩八面体，$\Delta_o \gg \delta$（能级距离未按实际比例画出）

轨道，能量差为 δ，t_{2g} 轨道分裂成 d_{xy} 和二重简并的 d_{yz} 和 d_{zx} 轨道，能量差也设为 δ，由于 t_{2g} 轨道受到的影响小，因此分裂程度远小于 e_g 轨道。图 3.11(b) 为压缩八面体能级分裂示意图。由图 3.11 可见，d^9 构型的畸形八面体和正常八面体比较，t_{2g} 轨道在分裂后能量变化为 $4(\mp\frac{1}{3}\delta)+2(\pm\frac{2}{3}\delta)=0$，即畸形八面体和正八面体的 t_{2g} 轨道具有相同的能量，e_g 轨道分裂后能量为 $2(-\frac{1}{2}\delta)+(\frac{1}{2}\delta)=-\frac{1}{2}\delta$，所以 d^9 构型的离子形成畸形八面体，较之未畸变的八面体来说总的能量下降了 $\frac{1}{2}\delta$，所以畸变八面体更为稳定，其能量下降为"畸变"提供了动力。如果将位于拉长八面体 z 轴上的配体继续位移直到无穷远，则在 z 轴上中心原子的电子所受到的排斥力也继续减小，z^2 轨道能级继续下降，最后图 3.11 变成正方形的能级图，见图 3.12。

中心原子具有 d^{10}、d^5、d^0 的八面体配合物的电子云分布是球形对称的，d^3 构型及强场低自旋的 d^6 配合物，其中心原子的 d 电子位于全满或半满的 t_{2g} 轨道，电子云分布是正八面体对称的，这些离子不产生 Jahn-Teller 效应。除 d^9 外，高自旋的 d^4 如 Cr(Ⅱ)、Mn(Ⅲ)，和低自旋的 d^7 如 Co(Ⅱ) 和 Ni(Ⅲ)，其 e_g 轨道上有 1 个电子，故应有 Jahn-Teller 效应。目前，Cr(Ⅱ) d^4、Mn(Ⅲ) d^4、Ni(Ⅲ) d^7 的 Jahn-Teller 效应已从实验观察得到，如 $[NiF_6]^{3-}$。

对于中心原子为 d^1、d^2，低自旋的 d^5 和高自旋的 d^6、d^7，由于 t_{2g} 轨道分裂程度较小，因此八面体畸变也较小。现将 d 电子数与 Jahn-Teller 效应的关系总结于表 3.6。

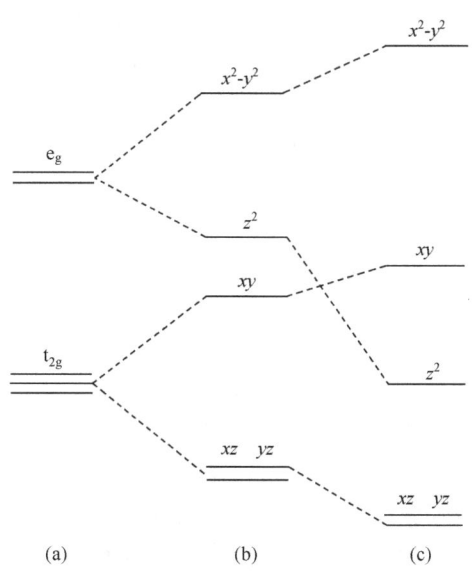

图 3.12 八面体配合物的畸变
(a) 八面体;(b) 拉长八面体;(c) 平面正方形

表 3.6 八面体配合物中 d 电子数和 Jahn-Teller 效应间的关系

d 电子数	高自旋	低自旋
1~2	弱	弱
3		
4	强	弱
5		弱
6	弱	
7	弱	强
8		
9	强	强
10		

除用 X 射线直接测定晶体结构的方法来观察 Jahn-Teller 效应外,从电子吸收光谱中也能够观察到。例如,前面我们讨论过的[$Ti(H_2O)_6$]$^{3+}$ 的吸收光谱,它在 20 300cm^{-1}处有一个吸收带,这是由于 d 电子在 t_{2g}→e_g 之间跃迁所引起,这个谱带是不对称的,用数学方法可以发现,这个峰是由两个吸收峰叠加而成的,因为 d^1 构型的[$Ti(H_2O)_6$]$^{3+}$ 产生畸变成压扁的八面体,使其对称性由八面体(O_h)对称性

降低到四方对称性(D_{4h}),对称性降低,能级进一步分裂。据估计[$Ti(H_2O)_6$]$^{3+}$的构型和八面体略有偏差,稍为压扁。两个吸收峰的产生是由 d_{xy} 轨道上的电子分别跃迁到 $d_{x^2-y^2}$ 和 d_{z^2} 轨道上所引起。

此外,从配位数为 6 的八面体配合物的稳定常数也可观察到,例如,[$Cu(NH_3)_4(H_2O)_2$]$^{2+}$ 在水溶液中很容易形成,其中两个水分子位于轴向,呈拉长的八面体结构,而[$Cu(NH_3)_6$]$^{2+}$ 只有在液氨中才能形成,说明两个 NH_3 在轴向与 Cu(Ⅱ)结合很弱,从以下反应的平衡常数(即逐级稳定常数)可见

$$[Cu(H_2O)_6]^{2+} + NH_3 \rightleftharpoons [Cu(NH_3)(H_2O)_5]^{2+} + H_2O$$

$$K_1 = \frac{[Cu(NH_3)]}{[Cu][NH_3]} = 2 \times 10^4$$

$[Cu(NH_3)(H_2O)_5]^{2+} + NH_3 \rightleftharpoons [Cu(NH_3)_2(H_2O)_4]^{2+} + H_2O \quad K_2 = 4 \times 10^3$

$[Cu(NH_3)_2(H_2O)_4]^{2+} + NH_3 \rightleftharpoons [Cu(NH_3)_3(H_2O)_3]^{2+} + H_2O \quad K_3 = 1 \times 10^3$

$[Cu(NH_3)_3(H_2O)_3]^{2+} + NH_3 \rightleftharpoons [Cu(NH_3)_4(H_2O)_2]^{2+} + H_2O \quad K_4 = 2 \times 10^2$

$[Cu(NH_3)_4(H_2O)_2]^{2+} + NH_3 \rightleftharpoons [Cu(NH_3)_5(H_2O)]^{2+} + H_2O \quad K_5 = 1 \times 10^{1}$

$[Cu(NH_3)_5(H_2O)]^{2+} + NH_3 \rightleftharpoons [Cu(NH_3)_5]^{2+} + H_2O \quad K_6$ 非常低

当 Cu^{2+} 与 1~4 个 NH_3 反应时,NH_3 分子位于八面体赤道平面,距 Cu(Ⅱ)较近,而第 5 个、第 6 个 NH_3 分子位于拉长八面体的轴向,距离大,和 Cu(Ⅱ)结合力比 H_2O 更弱,所以和第 5 个、第 6 个 NH_3 反应时稳定常数大大下降。

3.2.6 晶体场理论的应用举例

晶体场理论能说明若干有关配位化学的实验事实,如金属离子半径、晶格能、水合能等热力学性质和动力学性质以及立体结构等,本节我们着重用晶体场结构优选能(structure preference energy, SPE)来说明一些结构现象,至于其他性质将分别在以后章节中进行阐述。

第 2 章已指出许多因素影响配合物的立体结构,晶体场的稳定作用是其中一种。因为晶体场稳定化能对结构稳定作用有贡献,例如,d^n 型的金属离子在正四面体场中能级分裂较八面体为小($\Delta_t = 4/9\Delta_o$),其稳定化能的贡献也小,例如,四面体配合物 CFSE 的最大值为 $1.2\Delta_o$,转换为八面体的 CFSE 只有 $1.2 \times 4/9 = 0.533\Delta_o$。从 CFSE 的贡献大小来看,过渡金属离子形成八面体的趋势较大,形成四面体的趋势较小。四面体的 CFSE 乘以转换因子 4/9 得到相当于八面体大小的 CFSE(表 3.7 第 3 列),二者之差(八面体的值减去四面体的值)称为八面体对四面体的结构优选能,简称 OSPE,如果不考虑其他因素影响时,OSPE 越大,生成八面体配合物越容易。

表 3.7　$d^1 \sim d^9$ 电子构型的八面体对四面体的结构优选能

电子构型	四面体的 CFSE $\Delta_t(T_d)$	四面体的 CFSE $\Delta_o(O_h)$①	八面体的 CFSE 高自旋	八面体的 CFSE 低自旋	OSPE 高自旋	OSPE 低自旋
d^1	0.6	0.267	0.4	0.4	0.133	0.133
d^2	1.2	0.533	0.8	0.8	0.267	0.267
d^3	0.8	0.355	1.2	1.2	0.845	0.845
d^4	0.4	0.178	0.6	$1.6 \sim P$	0.422	$1.422 \sim P$
d^5	0	0	0	$2.0 \sim 2P$	0	$2.0 \sim 2P$
d^6	0.6	0.267	$0.4 \sim P$	$2.4 \sim 2P$	0.133	$2.133 \sim 2P$
d^7	1.2	0.533	$0.8 \sim 2P$	$1.8 \sim P$	0.267	$1.267 \sim P$
d^8	0.8	0.355	$1.2 \sim 3P$	1.2	0.845	0.845
d^9	0.4	0.178	$0.6 \sim 4P$	0.6	0.422	0.422

① 将四面体的 Δ_t 值折算成以八面体 Δ_o 为单位的值。

从表 3.7 可见，d^5（高自旋）离子的 OSPE 为零，d^0、d^{10} 也为零，说明 CFSE 对两种结构的贡献相同。如配体体积较大时生成四面体还可减少配体间的排斥力，所以 $[FeCl_4]^-$、$[Zn(NH_3)_4]^{2+}$、$[AlCl_4]^-$、$[Cd(NH_3)_4]^{2+}$、$[HgI_4]^{2-}$、$[MnO_4]^-$ 采取稳定的四面体结构。中心原子为高自旋 d^3、d^8 的配离子有较大的 OSPE，因此 d^3 的 Cr^{3+}、d^8 的 Ni^{2+} 生成八面体的居多，生成四面体的较少。d^1、d^2、d^6、d^7 的高自旋配离子，因其 OSPE 贡献不大，有时也会生成四面体。如第 2 章所指出的，d^7 的 Co(Ⅱ)的卤化物就是四面体构型。

低自旋八面体和四面体比较一般有较大的 OSPE，所以低自旋的八面体容易存在，对 d^4、d^5、d^6、d^7 的配合物，除与分裂能有关外，还受电子成对能的影响，其中以 d^5、d^6 最为显著。如 Mn^{2+}、Fe^{3+} 均为 d^5 构型，它们都有稳定半满壳层，迫使电子成对必须消耗较大的电子成对能，如前节已指出的，Mn^{2+}、Fe^{3+} 配合物多为高自旋型，但由于电荷高的金属离子有较大的分裂能，Fe^{3+} 的电子成对能虽然较大，在低自旋情况下，仍可得到较大的 OSPE，使低自旋稳定。因此 Fe(Ⅲ)和 Mn(Ⅱ)的八面体配合物比较，配合物 Mn(Ⅱ)（除 CN^- 外）几乎全为高自旋，而 Fe(Ⅲ)有高自旋也有低自旋。

晶体场稳定化能仅是配合物总键能的极小一部分，中心原子与配体间的静电能为 $2000 \sim 6200$ kJ，而晶体场效应所贡献的能量仅为 $40 \sim 200$ kJ。因而，中心原子及配体的半径电荷等因素对决定配合物的几何构型来说，比 CFSE 的贡献更加重要。因此，如果不加分析地用来预测配合物的空间构型，必然会导致与实验事实不符的结果，但在其他因素相近时晶体场的影响也不能忽略。

3.3 配体场理论

晶体场理论是在中心原子与配体的静电作用的基础上建立起来的。d 轨道的分裂完全取决于静电作用,它假定配体的电子不进入中心原子的轨道,而中心原子的 d 电子也不进入配体的轨道,配位键完全具有离子键的性质,没有共价键的性质。这种考虑过于简化,并不完全合乎实际,对解释有些实验事实有一定的困难。例如,不能解释光谱化学序等。又如研究 $K_2[IrCl_6]$ 在稀溶液中的顺磁共振谱时,发现 $[IrCl_6]^{2-}$ 中的一个不成对电子在铱(Ⅳ)核上消耗 5% 的时间,这证明不参加成键的电子也不是单纯地停留在原子轨道上,而是在整个分子中分布。因此,如果用分子轨道来处理轨道重叠部分,把得出的结果加进晶体场理论的结果中,即配体场理论,就更符合实际。

3.3.1 从晶体场理论到分子轨道理论

在讨论分子轨道理论时,我们从已熟悉的晶体场模型入手,首先考虑一个最简单的体系,假想它由 1 个配体 L 和 1 个中心原子 M^+ 组成。配体 L 有 1 个前沿轨道(frontier orbital),其内有一对电子,这对电子可给予金属离子。中心原子 M^+ 在前沿轨道上有 1 个外层电子和两个 sp 杂化轨道[图 3.13(a)]。

在反应前,自由金属离子 sp 轨道(A_1, A_2)是简并的,当配体的孤电子对接近时,它分裂成高能的 A_1^* 和低能的 A_2 轨道(*代表已被 L 微扰后的高能轨道),M^+ 的电子占据受配体排斥力小的 A_2 轨道,A_1^* 与 A_2 之间能量差为 Δ [图 3.13(a)],如果从分子轨道模型来考虑却不同,当配体 L 接近金属离子时,中心原子的一个轨道 A_1 与配体的轨道 B 重叠,并混合成一个能量较低的成键轨道 ψ_b 和一个能量较高的反键轨道 ψ_a [图 3.13(b)]。

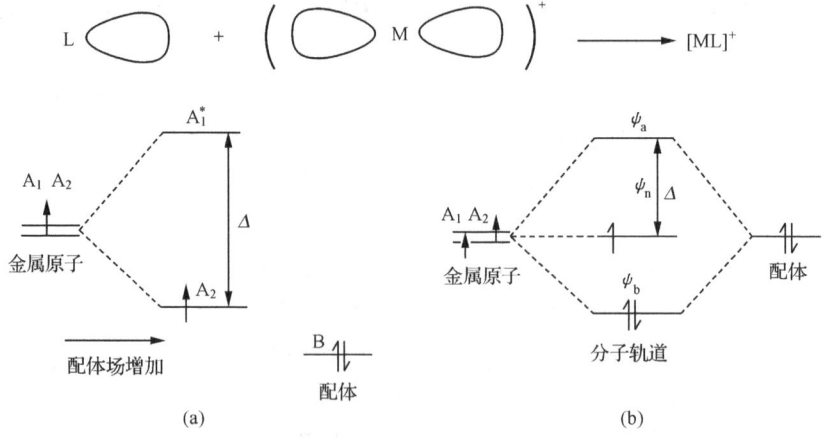

图 3.13 晶体场模型(a)和分子轨道模型(共价键)(b)

它的另外一个轨道 A_2 距 B 较远,与 B 不重叠,因而形成分子后能量不变,称为非键轨道 ψ_n。如果金属离子和配体提供的 3 个电子分布在 ψ_b^2、ψ_n^1 上,则体系能量因生成分子而降低。分子轨道模型和晶体场模型有近似之处,金属离子的电子总是占据能量较低的轨道。如果给予 Δ 能量,则位于非键轨道的电子将跃迁到较高的反键轨道上($\psi_a - \psi_n = \Delta$)。Δ 的大小与金属受配体微扰的程度有关。在讨论晶体场模型时,假定无共价键形成,则在 B 轨道上电子的能量大大低于 A 轨道上电子的能量。以上讨论分子模型时,我们把两者轨道能级看成相近,如果配体的负电性增加,其能级下降,中心原子和配体间的键有离子键的成分。当配体的能级继续下降时,最后可看成且完全的离子键。因此,晶体场模型为分子轨道模型的极限情况。

把配体的微扰而导致金属离子能级分裂和配体与金属离子轨道的重叠一起来考虑,由图 3.14 可见,金属原子的简并轨道受配体电子的排斥作用分裂为 A_1^* 和 A_2 轨道(电荷效应),进而配体与金属离子轨道相互重叠组成分子轨道(重叠效应),由于配体有较大的负电性,它的原子轨道能量与成键轨道 ψ_b 的能量更为接近。因此,ψ_b 轨道具有更多配体轨道的性质。在 ψ_b 配体轨道中电子的性质主要是配体的电子性质,所以认定 ψ_b 轨道由配体的电子占据,而 ψ_n 轨道能量与金属离子轨道能量相同,所以认为 ψ_n 轨道被金属离子的电子占有。配体的 B 轨道和金属离子 A 轨道能量相差越大,形成离子键的程度越大。如两者处在同一能级上,其能量差为零,则金属离子和配体以共价键结合。

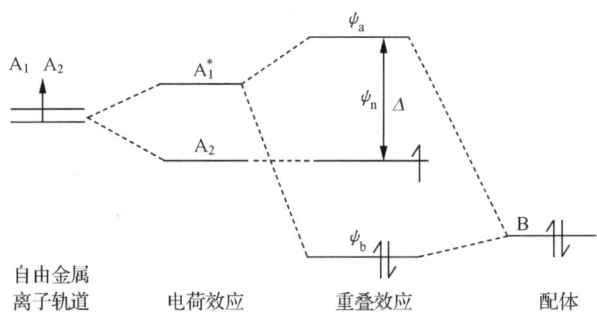

图 3.14 分子轨道理论模型(强离子键)

3.3.2 配合物 σ 分子轨道的组成

分子轨道理论是假定中心原子和配体间的键主要是共价键,共价键的产生是由于中心原子的 s、p、d 轨道和适当对称性的配体轨道重叠并相互作用的结果,作用的大小和能量的高低以分子轨道能级图表示。组合成配合物 ML_n 的分子轨道有如下步骤:①确定配合物点群对称性(O_h、T_d、D_{4h}……点群);②决定在点群作用下中心原子轨道(s、p、d)的对称类别(表 3.8);③将和中心原子对称性匹配的配体轨道线性组合成配体群轨道;④和中心原子对称性相同的配体群轨道进一步组合成配合物的分子轨道。如以[Co(NH$_3$)$_6$]$^{3+}$为例,由于中心原子的内层轨道不参加化学反应,在组合成分子轨道时只考虑外层及次外层的轨道,即 3d,4s,4p。中心原子轨道按照八面体对称类别列于表 3.8 中。

表 3.8　ML$_6$ 型正八面体配合物的 σ 分子轨道组成(不含反馈 π 键)

对称类别	中心原子轨道	配体群轨道	分子轨道		
			成键	反键	非键
A_{1g}	s	$\sigma_1+\sigma_2+\sigma_3+\sigma_4+\sigma_5+\sigma_6$	a_{1g}	a_{1g}^*	
T_{1u}	p$_z$	$\sigma_1-\sigma_6$	t_{1u}	t_{1u}^*	
	p$_x$	$\sigma_3-\sigma_5$			
	p$_y$	$\sigma_2-\sigma_4$			
E_g	d$_{z^2}$	$2\sigma_1+2\sigma_6-\sigma_2-\sigma_3-\sigma_4-\sigma_5$	e_g	e_g^*	
	d$_{x^2-y^2}$	$\sigma_2-\sigma_3+\sigma_4-\sigma_5$			
T_{2g}	d$_{xy}$ d$_{xz}$ d$_{yz}$				t_{2g}

由表 3.8 可见,中心原子 s 轨道属于对称类别 A_{1g},或者说 s 轨道是 a_{1g} 轨道,中心原子的 p$_x$、p$_y$、p$_z$ 轨道是八面体对称性下的一组三重简并轨道,属于对称类别 T_{1u}(t_{1u} 轨道)。中心原子的 d$_{x^2-y^2}$ 和 d$_{z^2}$ 属对称类别 E_g。在八面体配合物中,中心原子的 d$_{xy}$、d$_{yz}$、d$_{zx}$ 轨道因不指向配体,不能形成 σ 分子轨道,在不考虑 π 成键的作用下,它是一组非键的 t_{2g} 轨道。6 个配体 σ 轨道在 O_h 点群下组成群轨道,利用投影算符法可以得到配体群轨道和与之关联的金属轨道,这种处理方法十分复杂,可参阅有关书籍[3]。但由于八面体配合物群轨道的高度对称性可由图 3.15 直观获得。

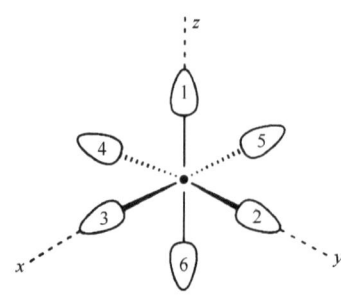

图 3.15　在八面体配合物种配体的 σ 群轨道
[以下使用中配体位置标记顺序(1,2,3……)不变]

s 轨道是球形对称的,6 个配体的 σ 轨道线性组合成群轨道($\sigma_1+\sigma_2+\sigma_3+\sigma_4+\sigma_5+\sigma_6$),从图 3.16 可以形象地看出,与 s 轨道有相同的对称性,同属于对称类别 A_{1g},对称类别相同也可说明两者对称性匹配,可以作最大重叠,因而可组合成 1 个能量较低的成键轨道 a_{1g} 和 1 个能量较高的反键轨道 a_{1g}^*。同样中心原子的 p$_x$、p$_y$、p$_z$ 和 d$_{x^2-y^2}$、d$_{z^2}$ 轨道也可和对称性相同的配体群轨道分别组合成成键(t_{1u}、e_g)和反键的分子轨道(t_{1u}^*、e_g^*)。由此 6 个配体的 6 个 σ 轨道和同样对称性的中心原子共组合成 12 个分子轨道。中心原子的 d_{xy}、d_{yz}、d_{zx} 轨道因不指向配体,二者不能重叠,不能形成 σ 分子轨道,只考虑 σ 成键作用时,它是一组非键轨道。现将八面体配合物的 σ 分子轨道组成总结于表 3.8。

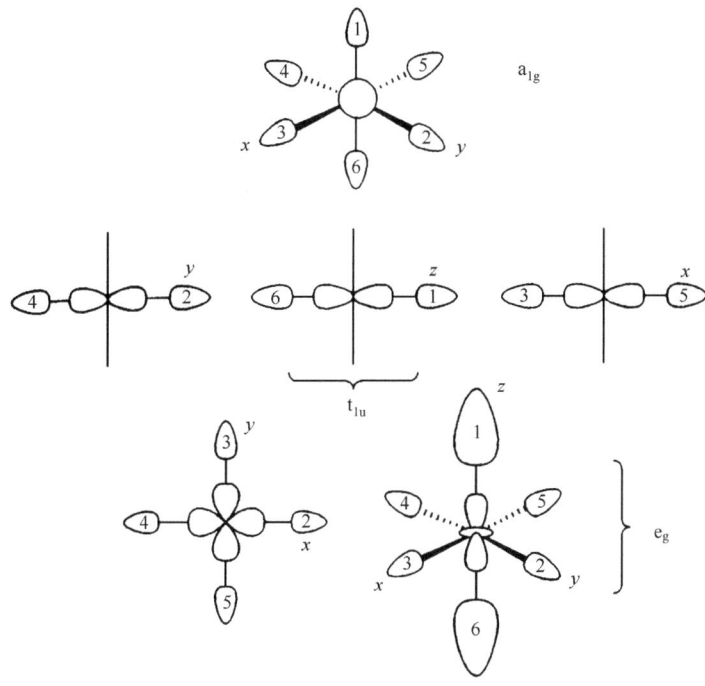

图 3.16　在 O_h 对称性下配体群轨道和相应的金属离子轨道

在以上讨论的基础上绘出配合物 MX_6^{n-6} 的分子轨道能级图(图 3.17)。图 3.17 左边表示金属离子的 3d、4s、4p 轨道,中间表示分子轨道,右边表示 6 个配体具有相同能量 σ 的轨道。图 3.17 中中心原子和配体对称性用大写字母(A_{1g}、E_g、T_{2g})表示,分子轨道用小写字母(a_{1g}、t_{1u}、e_g)表示。从 a_{1g}、t_{1u}、e_g 分子轨道可见,它们的能级更接近于配体 σ 的轨道,它们有更多配体轨道的性质,因此配体的 6 对电子在不违背 Pauling 原理的前提下占据这 6 个轨道。反键 e_g 轨道 $e_g(\sigma^*)$ 轨道能级更接近于金属离子轨道,t_{2g} 轨道是来自于金属离子的 d_{xy}、d_{yz}、d_{zx} 轨道,其能级没有变化,如配合物为 $[Co(NH_3)_6]^{3+}$,金属 Co^{3+} 的 6 个电子有可能占据这两个轨道。金属离子的 6 个电子究竟是全部排列在 t_{2g} 轨道,还是占据 $e_g(\sigma^*)t_{2g}$ 轨道,取决于这两个轨道的能量差 Δ_o。例如,$[Co(NH_3)_6]^{3+}$ 的 Δ_o 值较大,所有电子占据非键的 t_{2g} 轨道,其电子构型为 $(a_{1g})^2(e_g)^4(t_{1u})^6(t_{2g})^6$。$[CoF_6]^{3-}$ 的 Δ_o 值较小,Co(Ⅲ)的 6 个电子中有 4 个占据不成键的 t_{2g} 轨道,有两个占据反键轨道,具有 $(a_{1g})^2(e_g)^4(t_{1u})^6(t_{2g})^6(e_g^*)^2$ 型轨道,因为有电子进入反键轨道,所以 Co—F 键比 Co—NH_3 键弱。

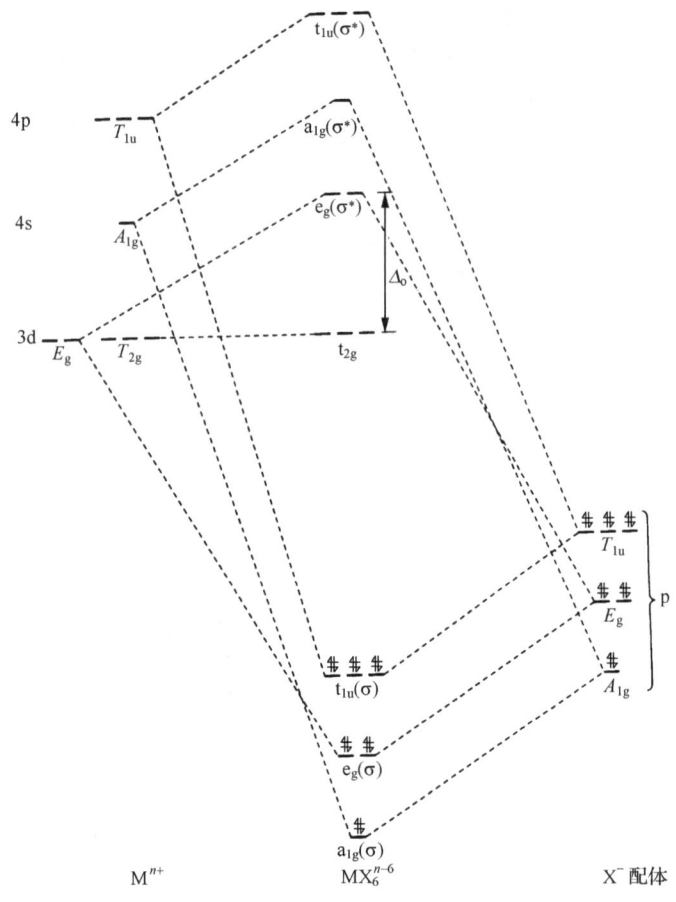

图 3.17 分子轨道能级示意图

3.3.3 有 π 键的八面体配合物

上节指出在配体仅有 σ 轨道的体系中,中心原子的 t_{2g} 轨道不能和配体的 σ 轨道重叠,它们是非键轨道。如果配体有对称类别的 t_{2g} 群轨道,它就能和金属离子的 t_{2g} 轨道组合成成键的 $t_{2g}(\pi)$ 轨道和反键的 $t_{2g}^*(\pi^*)$ 轨道。图 3.18 表示三种类型

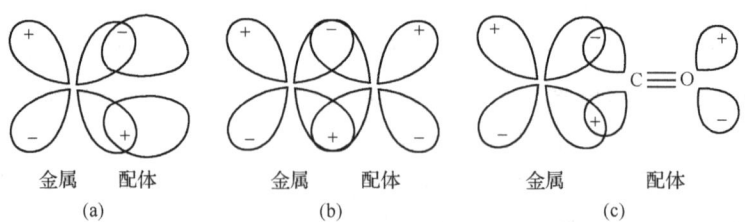

图 3.18 3 种 π 键的直观模型,中心原子的 d 轨道和配体的组合
(a) p 轨道;(b) d 轨道;(c) π^* 轨道

的配体轨道和中心原子 d 轨道形成 π 键的直观模型。分别给出配体为垂直于 σ 键轴的 p 轨道、配体为 d 轨道、配体为反键 π^* 轨道的 π 键模型。现就以上三种情况分别加以讨论。

(1) 第一类 π 键,以 $[CrF_6]^{2-}$ 为例,它的 σ 分子轨道生成情况已在上节讨论过了,现仅就 π 键的形成加以说明。F^- 有较高的电负性,其 2p 轨道比中心原子的 3d 轨道能级低,且外层 2s、2p 轨道已被电子占据,6 个 F^- 的 p 轨道组合成 π 型的配体群轨道,即 t_{2g}、t_{1u}、t_{2u}、t_{1g},其中 t_{2u} t_{1g} 群轨道基本上是不成键的,t_{1u} 已和中心原子的 $t_{1u}(p_x、p_y、p_z)$ 轨道匹配,组合成 σ 分子轨道,所以只需考虑 t_{2g} 群轨道与金属离子的轨道组合。图 3.19 中部是仅生成 σ 键而不生成 π 键的情况。图 3.19(b) 绘出了 $[CrF_6]^{3-}$ 的 π 分子轨道能级示意图。图右边为 F^- 的群轨道,它是由垂直于 σ 键轴的 2p 轨道组合成的,和八面体中金属离子 t_{2g} 轨道作用后生成成键的 t_{2g} 轨道和反键的 t_{2g}^* 轨道,t_{2g} 能级比未成键时有所降低,t_{2g}^* 则有所升高。t_{2g} 轨道的能级与

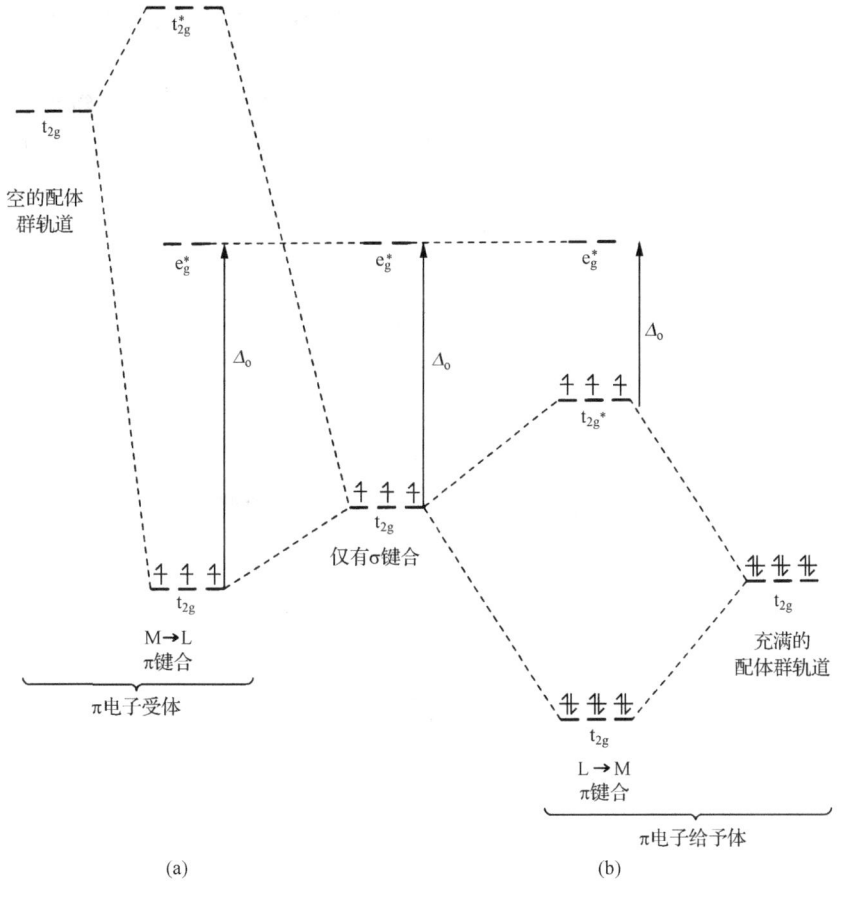

图 3.19 π 给体和 π 受体对 Δ_o 的影响

配体群轨道接近，因此被 F^- 的电子所占据，而 Cr(Ⅲ) 的 3 个 d 电子只能占据能量较高的 t_{2g}^* 轨道。e_g^* 和 t_{2g}^* 能级差为 Δ_o。因为 t_{2g}^* 能级升高，而 e_g^* 能级不变，因此二者之差（即 Δ_o）减小。由于 Δ_o 的减小，而得到高自旋配合物。这类配合物中，p 轨道有充满的电子，在成键的 $t_{2g}(\pi)$ 分子轨道中，被配体电子占据，金属离子的 d 电子被配体电子推向能级较高的 t_{2g}^* 轨道，而配体 π 电子占据低能分子轨道，这好似配体授予电子到金属（L→M），也称为 L→M 的 π 键，这类配体也称为 π 给体配体（π-donor ligand）。

配体电子分布在 $t_{2g}(\pi)$ 轨道，能量虽有所降低，但金属离子的 d 电子却分布在高能级的 $t_{2g}^*(\pi^*)$ 轨道，二者相互抵消，所以这种 π 键的生成对分子的稳定作用（即金属与配体间键的强度）贡献极微。

F^-（和其他卤离子）为阴离子配体，从静电作用的观点应较其他中性配体对电子有更大的排斥作用，应位于光谱化学序中强场的位置，但在光谱化学序中 F^- 却位于弱场位置，因此从静电观点很难得以说明。但若从形成 π 键降低了 Δ_o 值来考虑，因而生成高自旋配合物，这样 F^- 位于弱场位置，自然就容易理解了。

(2) 第二类 π 键，以 CO 形成的羰基配合物为例，CO 的分子轨道图示于图 3.20。CO 的最高占有的分子轨道（HOMO）是 3σ 轨道，在形成配合物时，轨道上的 1 对电子（:C≡O:）作为给予电子形成 σ 键。此外，在 LUMO 能级上有空的 π* 轨道，用它来和金属离子的 $t_{2g}(d_{xy}、d_{yz}、d_{zx})$ 轨道形成 π 键，图 3.19(a) 表示配体 π* 轨道和金属离子 d 轨道的成键情况，图 3.19(a) 右侧表示配体空 π* 轨道组合成 t_{2g} 群轨道，配体的 $\pi^*(t_{2g})$ 群轨道比金属离子 t_{2g} 轨道能级高，而且是空的，当组成分子轨道时，成键的 t_{2g} 轨道就被金属离子的电子占据。t_{2g}^* 分子轨道能级更接近

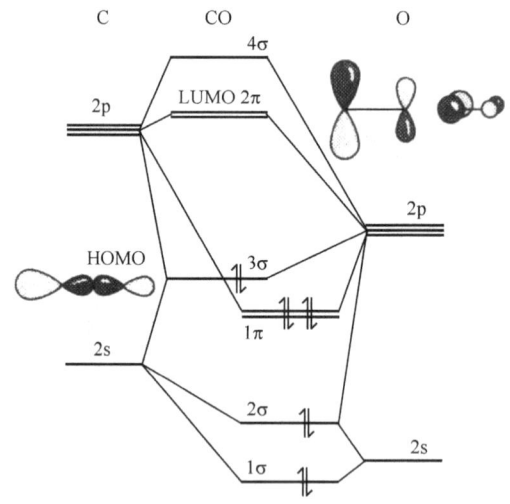

图 3.20　CO 的分子轨道示意图

配体群轨道,因而具有配体轨道的特征,相当于金属的电子反馈到配体轨道,这类 π 键好似从金属授予电子到配体(M→L)称为 π 反馈键(π-back binding),如 CN^-、CO 等配体因接受金属反馈电子,又称 π 酸配体(π-acidic ligands)。

由图 3.19(a)可见在分子轨道中成键的 t_{2g} 轨道能级比不形成反馈键时的原有金属的 t_{2g} 轨道能级低,而 t_{2g}^* 轨道比 e_g^* 能级高,金属离子 d 电子占据成键 t_{2g} 轨道,这样就使 e_g^* 和 t_{2g} 的差别增加,既增加了分裂能,同样也增加了金属离子的稳定化能和配合物的稳定度,所以具有空的 π 轨道的配体比只有 σ 轨道的配体能够和金属离子形成更稳定的键。Δ 值的增大,使它超过电子成对能 P,使电子自旋成对更为容易。Δ 值增加也引起配合物的吸收峰离开可见区而进入紫外区。

(3) 第三类生成 π 键的配体,如 R_3As、R_3P、R_3S(R=烷基或芳香基),它们与 NH_3 相似以 sp^3 杂化轨道和金属生成 σ 键。此外,磷和硫的 3d、砷的 4d 轨道是空的,相对于其他过渡金属它们有较低的负电性,因而配体 π 群轨道 t_{2g} 比金属离子 t_{2g} 轨道能级高而且是空的,它们的成键情况与第二类相同。以上配体用空的 d 轨道与金属 d 轨道重叠生成的 π 键称为 d-dπ 键,以区别于和配体 p 轨道重叠生成的 d-pπ 键。生成 d-pπ 键的配体除 CN^- 外,CO、NO、CS 等配体也可生成,如 trans-[$RhCl(CS)(PPh_3)_2$]、[$Fe(CO)_2(NO)_2$]等。d-dπ 键的配体还有 PF_3、$AsCl_3$ 等,如 $H[Co(PF_3)_4]$、[$(R_3P)_3Mo(CO)_3$]等。

对于 π-反馈键,人们往往用直观模型来表示。图 3.21 表示金属和 CO 相互作用的情况,图中 CO 的叶片表示一对 σ 电子,授予金属形成 σ 键[图 3.21(a)]。金属 d 轨道的电子授予 CO 的 $π^*$ 轨道形成 π 反馈轨键[图 3.21(b)]。配体 σ 授予作用,增强了配体和金属之间的键能,金属反馈电子又减少了金属周围电荷的堆积,从而增加了配合物的稳定性,即增强了金属和配体的结合力,起到了协同效应(synergism)[图 3.21(c)]。协同效应可用 IR 和 X 射线结构测定所证实。以上讨论了三类配体与中心原子形成两种 π 键。第一种配体是电子给予体,中心原子是电子接受体,这种情况常出现在以氧、氟为配体,中心原子为高氧化态的配合物中,这类配体位于光谱化学序弱场部位。后一种情况,即以上所示的第二类和第三类配体,这里中心原子是电子给予者,配体是电子接受体。故生成的 π 键称为 π 反馈键,配体是位于光谱化学序中的强场,如烯烃、羰基等稳定中心原子低氧化态的配体。

从以上讨论可以看出,形成反馈 π 键的条件是配体具有空的 p 或 d 轨道(π 轨道),中心原子具有 d 电子。碱金属、碱土金属等非过渡元素没有 d 电子,不能生成 π 反馈键。Sn^{2+}、Sb^{3+}、Pb^{2+}、Bi^{3+} 等离子虽有 d 电子,但被 s 电子屏蔽住了,也不能生成 π 键,所以它们生成的配合物能力较弱,更不能生成羰基配合物。而且,过渡金属的氧化态越低,d 电子数越多,则反馈作用越强,因此 π 键常存在低氧化态或零价过渡金属的配合物中,In^{3+}、Ge^{4+}、Sn^{4+}、Sb^{5+} 等离子虽有 d 电子,但中心原子的正电荷太高,d 电子也不易给出,也不能生成 π 反馈键。

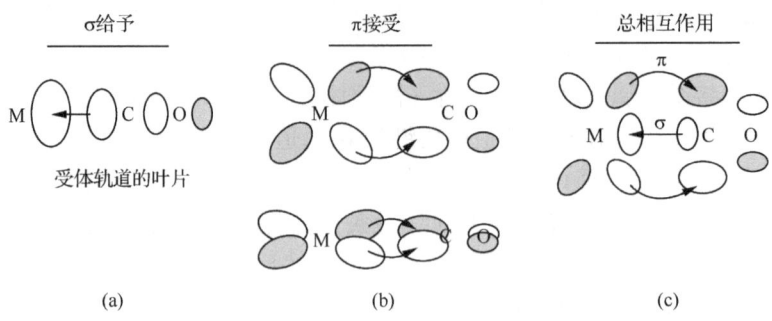

图 3.21 CO 和金属间的 σ 和 π 相互作用

π 反馈键的生成可从金属离子和配体之间的键长得到证实。例如，在羰基配合物 $Ni(CO)_4$ 中实测的金属与碳原子之间的距离为 1.82Å，比按照二者共价半径之和 1.92Å 计算出来得更短，说明金属与碳之间不是以单键（σ 单键）存在，而有双键性质。此外，通过核磁共振偶合常数的研究，可进一步证实 π 键模型。

3.3.4 正四面体的分子轨道

正四面体配合物的分子轨道组成和八面体配合物相似。首先将中心原子按四面体轨道对称性的对称类别分别来分类。s 轨道属于 a_1，p 轨道属于 t_2。因正四面体没有对称中心，故不需标明 g、u。4 个配体的 σ 群轨道，3 个属于 t_2，1 个属于 a_1，4 个配体的 9 个 π 群轨道，分别属于 e、t_1 和 t_2。将有 π 键和没有 π 键的正四面体的分子轨道的能级图绘于图 3.22。

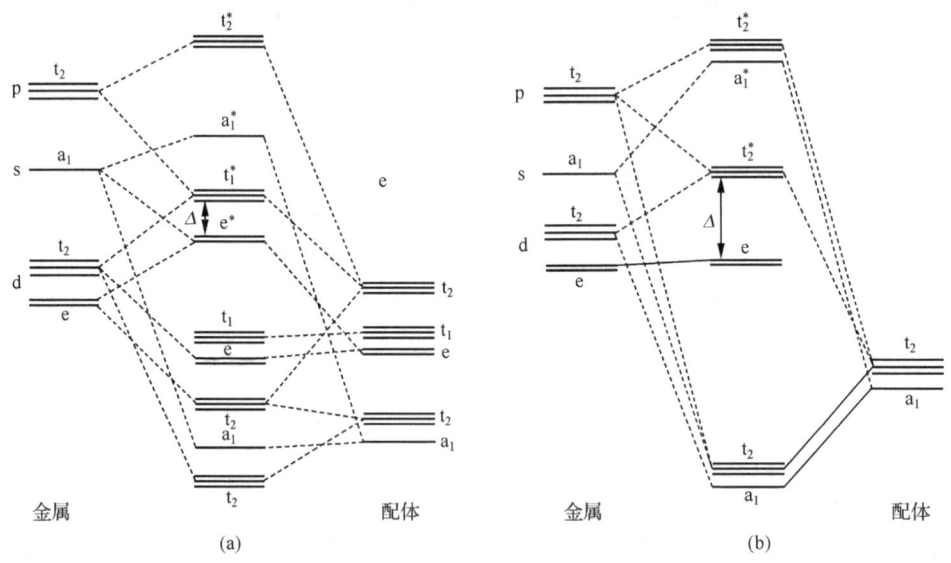

图 3.22 正四面体分子轨道能级图
(a) 包括 π 键；(b) 不包括 π 键

上面我们讨论了价键理论、晶体场理论和配体轨道理论，它们是从各个不同角度来揭示中心原子与配体之间结合力的本质。如以图 3.17 中[Co(NH$_3$)$_6$]$^{3+}$ 的分子轨道为例来看，配体电子占据 a_{1g}、t_{1u}、e_g 分子轨道，它是由中心原子的 1 个 s、3 个 p 和两个 d 轨道分别与配体群轨道组成。这与价键理论观点认为配体的电子占据中心原子的 d^2sp^3 杂化轨道的说法一致。中心原子的 d 电子占据 t_{2g} 和 $e_g{}^*$ 分子轨道，说明了中心原子的 d 轨道在晶体场中的分裂情况，这是晶体场所详尽讨论的部分。配体场理论由中心原子和配体轨道重叠不仅包括了晶体场理论的论点，还讨论了 π 键的生成。因此三种理论相当于从不同角度对配合物的结合力的本质摄取下来的三幅图片，每幅图片各有特点，也各有局限性和片面性。

配体场理论是从较高的角度和较远的距离来取景，把配合物看成是中心原子和配体相互联系的整体，在处理问题时看到了矛盾的两个方面和相互联系，这是其优点，这一理论原则上可把晶体场理论和价键理论包括进去。其缺点是太笼统，只获得了结合方式的轮廓，不能说明形成分子轨道时，轨道能量如何改变，且计算复杂运用不便。价键理论则把镜头放在中心原子与每一个配体之间来取景，只摄取了配体的电子对填入中心原子的杂化轨道形成配位键的情况，所以价键理论概念十分明确，特别容易被化学工作者所接受，其缺点是无法说明光谱等事实。晶体场理论是把镜头对向中心原子的 d 轨道，特别详尽地描述了在晶体场的影响下 d 轨道能级的分裂，但忽略了配体与中心原子的共价结合。近年来发展的角重叠模型，考虑到了中心原子和配体电子云的重叠，又简化了分子轨道的复杂计算，能说明若干实验事实，是一种有发展前途的理论。

3.4　角重叠模型[5～7]

角重叠模型(angular overlap model)是简单而定量的方法，它能计算分子轨道能量。在量子力学的基础上用极坐标从径向的角度来表示金属离子轨道和配体轨道相互作用的重叠积分，并简化引入角重叠参数(angular overlap parameter)和角标度因子(angular scaling factor)来描述轨道重叠时能量的变化。有关的数学推导已不在本书内容之列，故不加以介绍。

3.4.1　基本论点

1. 角重叠参数和角标度因子

图 3.23 是金属离子的 d_{z^2} 轨道和配体的 p_z 轨道(或相同对称性的杂化轨道)的重叠情况，生成以配体占优势的成键轨道和金属离子占优势的反馈轨道，因重叠

相互作用的结果引起成键轨道能量的降低,反键轨道能量的增加。图 3.23(a)是配体的 σ 杂化轨道沿 z 轴方向与中心原子 d_{z^2} 轨道重叠,因配体居于 z 轴,指向金属 d_{z^2} 轨道中心,重叠最大,所以因重叠而引起轨道能量变化也越大,近似地将最大重叠时成键轨道能量降低或反键轨道能量增高以 e_σ 表示,e_σ 称为角重叠参数,与表征金属和配体重叠大小的重叠积分有关,e_σ 为正值,是描述金属和配体键合性质的参数,既具有中心原子性质又具有配体的性质。

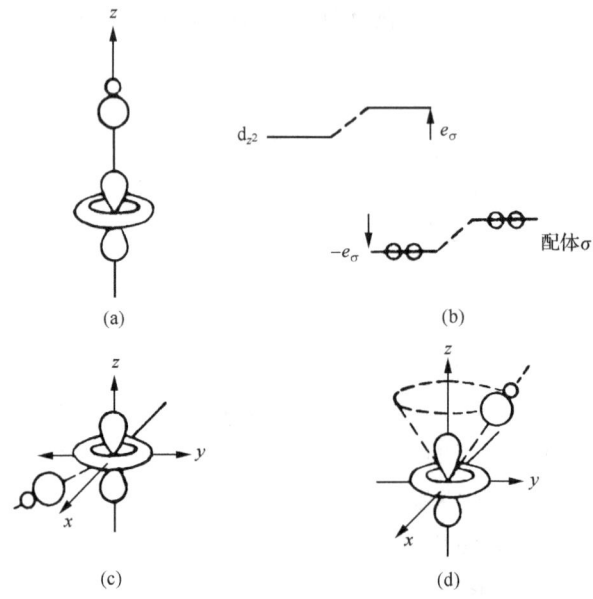

图 3.23 配体的轨道和中心原子 d_{z^2} 轨道的重叠
(a) 最大重叠($F_\sigma^2=1$);(b)轨道分裂;(c)$F_\sigma^2<1$;(d)$F_\sigma^2=0$

当配体偏离 z 轴时,如图 3.23(c)中配体进入 xy 平面与金属 d_{z^2} 轨道重叠减小,如果以最大重叠时的 e_σ 作为标准($e_\sigma=1$),则配体偏离 z 轴时表征重叠时能量变化应为 e_σ 的分数,以 $F_\sigma^2 e_\sigma$ 表示,F_σ^2 称为角标度因子,它是配体在空间位置极坐标 θ 和 φ 的函数。例如,当配体移出 z 轴,如图 3.23(d)所示,其杂化轨道指向 d_{z^2} 轨道的节点,则金属和配体间不发生相互作用,因而重叠积分为零,与之有关的 F_σ^2 值也为零。由此可见,中心原子与配体的距离并未改变,只是改变了配体的角度,导致了二者相互作用减小,标志作用大小或能量高低的量度 $F_\sigma^2 e_\sigma$ 也随之改变。现将 $F_\sigma(\theta, \varphi)$ 的函数关系列于表 3.9。

表 3.9　d 轨道的 $F_\sigma(\theta,\varphi)$ 和 $F_\pi(\theta,\varphi,\psi)$ 值 [θ,φ 值见注 a、b]

轨道	$F_\sigma(\theta,\varphi)$	$F_{\pi y}(\theta,\varphi,\psi)$ c	$F_{\pi x}(\theta,\varphi,\psi)$
d_{z^2}	$(1+3\cos2\theta)/4$	$\frac{\sqrt{3}}{2}\sin2\theta\sin\psi$	$-\frac{\sqrt{3}}{2}\sin2\theta\sin\psi$
d_{yz}	$\frac{\sqrt{3}}{2}\sin\varphi\sin2\theta$	$\cos\varphi\cos\theta\cos\psi-\cos\varphi\cos2\theta\sin\psi$	$(\cos\varphi\cos\theta\sin\psi+\sin\varphi\cos2\theta\cos\psi)$
d_{zx}	$\frac{\sqrt{3}}{2}\cos\varphi\sin2\theta$	$(-\sin\varphi\cos\theta\cos\psi-\cos\varphi\cos2\theta\sin\psi)$	$(-\sin\varphi\cos\theta\sin\psi+\cos\varphi\cos2\theta\cos\psi)$
d_{xy}	$\frac{\sqrt{3}}{3}\sin2\varphi(1-\cos2\theta)$	$(\cos2\varphi\sin\theta\cos\psi-\frac{1}{2}\sin2\varphi\sin2\theta\sin\psi)$	$(\cos2\varphi\sin\theta\sin\psi+\frac{1}{2}\sin2\varphi\sin2\theta\cos\psi)$
$d_{x^2-y^2}$	$\frac{\sqrt{3}}{4}\cos2\varphi(1-\cos2\theta)$	$(-\sin2\varphi\sin\theta\cos\psi-\frac{1}{2}\cos2\varphi\sin2\theta\sin\psi)$	$(-\sin2\varphi\cos\theta\sin\psi+\frac{1}{2}\cos3\varphi\sin2\theta\cos\psi)$

注：a. 配体在 z 轴；b. 配体在任意位置；c. φ 为使配体坐标系的 $x、y$ 轴与中心原子的 $x、y$ 轴平行所必须绕配体 z 轴转动的角度。具体见下图。

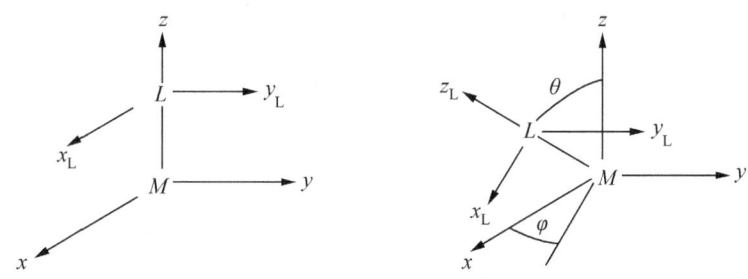

2. 配体轨道

每一配体除有一个 σ 轨道外还有两个 π 轨道，即 π 接受体轨道（如 CO、CN^-）和 π 给体轨道（如卤素），图 3.24(a)表示金属离子的 d_{xz} 轨道分别和配体的 π 受体轨道（π^* 或 d）重叠的情况。在图 3.24(b)中配体的 π^* 轨道高于金属的 d 轨道，金属的 d_{xz} 轨道和配体的 π^* 或 d 空轨道重叠时，相互作用的结果使成键分子轨道能量比原始金属的 d_{xz} 轨道能量降低，使反键轨道比原始 d 轨道能量升高。升高和降低的能量值分别以角重叠参数 e_π 表示，同样地，金属 d_{xz} 轨道与配体 π^* 轨道因为做最大重叠，所以为 $1e_\pi$，配体如果偏离时，为 e_π 的分数，以 $F_\pi^2 e_\pi$ 表示。配体的 π 轨道和金属的 d 轨道作用程度比 σ 轨道小，即 $e_\pi<e_\sigma$，如果配体用 π 轨道给予电子，则 e_π 为正，如用 π 空轨道接受电子，则 e_π 为负。

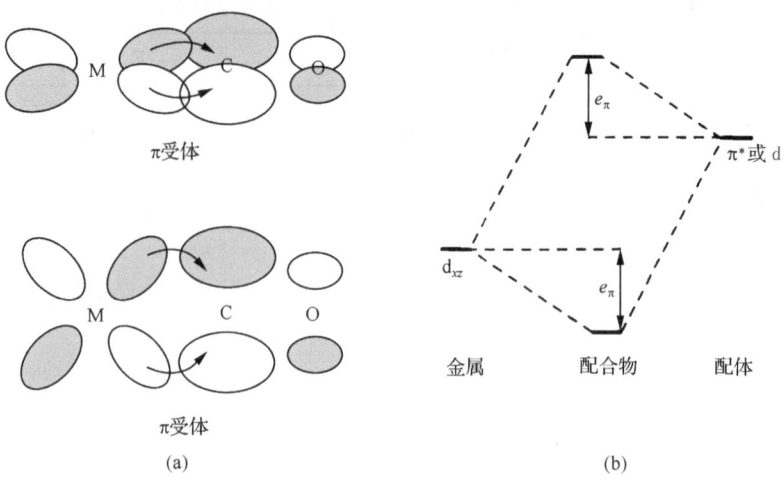

图 3.24 π 受体和金属相互作用

根据 $F_\sigma(\theta,\varphi)$ 和 $F_\pi(\theta,\varphi)$ 的值就可以算出配体在不同位置时使金属离子 d 轨道能量改变的值,现举例说明。

在八面体配合物中,假定配体占据 1～6 的位置,以极坐标表示(表 3.10)。

表 3.10　八面体配合物配体 σ 轨道的极坐标位置

配体位置	1	2	3	4	5	6
θ	0	$\pi/2$	$\pi/2$	$\pi/2$	$\pi/2$	π
φ	0	0	$\pi/2$	π	$3\pi/2$	0

由表 3.9 的 F_σ 对 θ、φ 的函数关系,从表 3.10 得到在配体(1)位和(2)位时对 $d_{x^2-y^2}$ 的 F_σ 值。

(1) $d_{x^2-y^2}$　$F_\sigma = \dfrac{\sqrt{3}}{4}\cos2\varphi(1-\cos2\theta) = \dfrac{\sqrt{3}}{4}\times 1\times(1-1)=0$

(2) $d_{x^2-y^2}$　$F_\sigma = \dfrac{\sqrt{3}}{4}\times 2 = \dfrac{\sqrt{3}}{2}$

同样可算出配体在其他位置(表 3.12)对 d 轨道的 F_σ 值,由此得到能量的改变值 $F_\sigma^2 e_\sigma$,现将角标度因子 F_σ^2 列于表 3.11。对 F_π^2 的计算读者如有兴趣可参考有关文献[5]。

表 3.11 角标度因子 F_σ^2 及 F_π^2 值

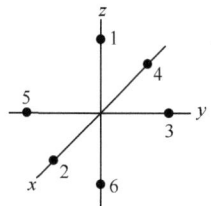
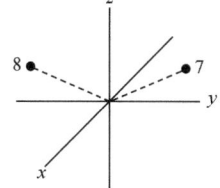
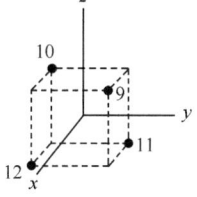

配体位置		中心原子轨道				
		z^2	x^2-y^2	xz	yz	xy
1	σ	1	0	0	0	0
	π	0	0	1	1	0
2	σ	1/4	3/4	0	0	0
	π	0	0	1	0	1
3	σ	1/4	3/4	0	0	0
	π	0	0	0	1	1
4	σ	1/4	3/4	0	0	0
	π	0	0	1	0	1
5	σ	1/4	3/4	0	0	0
	π	0	0	0	1	1
6	σ	1	0	0	0	0
	π	0	0	1	1	0
7	σ	1/4	3/16	0	0	9/16
	π	0	3/4	1/4	3/4	1/4
8	σ	1/4	3/16	0	0	9/16
	π	0	3/4	1/4	3/4	1/4
9	σ	0	0	1/3	1/2	1/3
	π	2/3	2/3	2/9	2/9	2/9
10	σ	0	0	1/3	1/3	1/3
	π	2/3	2/3	2/9	2/9	2/9
11	σ	0	0	1/3	1/3	1/3
	π	2/3	2/3	2/9	2/9	2/9
12	σ	0	0	1/3	1/3	1/3
	π	2/3	2/3	2/9	2/9	2/9

表 3.12　几何构型与配体的位置

结构	原子
直线形	1 和 6
平面三角形	2、7、8
平面正方形	2～5
四面体	9～12
三角双锥	1、2、7、8 和 6
四方锥	1～5
八面体	1～6

轨道总能量：配体的轨道和中心原子的 d 轨道作用的结果，导致配体轨道能量的降低，中心原子轨道能量增加，所以在角重叠模型中把中心原子的轨道称为反键轨道，(角重叠模型认为，中心原子 d 轨道和配体轨道作用后，其能量升高为反键轨道，在轨道如 z^* 等，但在本教材中一律略去 * 号，以免混淆。)该理论指出，因配体的作用，中心原子 d 轨道能量的变化量以 $F_\sigma^2 e_\sigma$ 和 $F_\pi^2 e_\pi$ 表示。配体在不同的空间位置使得中心原子 5 个 d 轨道能量不同，其总变化量可由表 3.11 计算得到，即将表中每一纵行相应的 σ 或 π 配体的 F_σ^2 和 F_π^2 的值相加就得到相应的 $F_\sigma^2 e_\sigma$ 和 $F_\pi^2 e_\pi$ 的值。

配体在 1～6 位置形成八面体配合物，中心原子 d_{z^2} 轨道能量变化量为

$$\sum_1^6 F_\sigma^2(z^2,\sigma)e_\sigma + \sum_1^6 F_{\pi x}^2(z^2,\pi_x)e_\pi + \sum_1^6 F_{\pi y}^2(z^2,\pi_y)e_\pi = (1+1/4+1/4+1/4+1/4+1)e_\sigma = 3e_\sigma$$

同样，计算 $d_{x^2-y^2}$ 轨道也有相同的值 $3e_\sigma$。且 d_{xy}、d_{yz}、d_{zx} 轨道的能量变化量有相同的值，各为 $4e_\pi$，所以配体与中心原子轨道作用，结果生成一组二重简并和一组三重简并轨道。两组轨道能量之差为分裂能

$$\Delta_o = 3e_\sigma - 4e_\pi \tag{3-1}$$

对平面正方形和四面体构型的 d 轨道能级也可按相似方法计算，所得结果用图 3.25 表示。图中 z^2、x^2-y^2 等表示相互作用后金属离子的轨道。在配体和金属离子之间距离相同的情况下，比较八面体的分裂能 Δ_o 和四面体的分裂能 Δ_t

$$\Delta_t = 4/3e_\sigma + 8/9e_\pi - 8/3e_\pi = 4/3e_\sigma - 16/9e_\pi = 4/9(3e_\sigma - 4e_\pi) \tag{3-2}$$

即 $\Delta_t = 4/9 \Delta_o$。

对平面正方形的配合物，当忽略配体 π 轨道的作用时，$e_\pi \approx 0$。平面正方形的轨道为一组三重简并和两个非简并的轨道。

从以上叙述可见，从配体不同的空间分布，计算出中心原子 d 轨道能级，用参

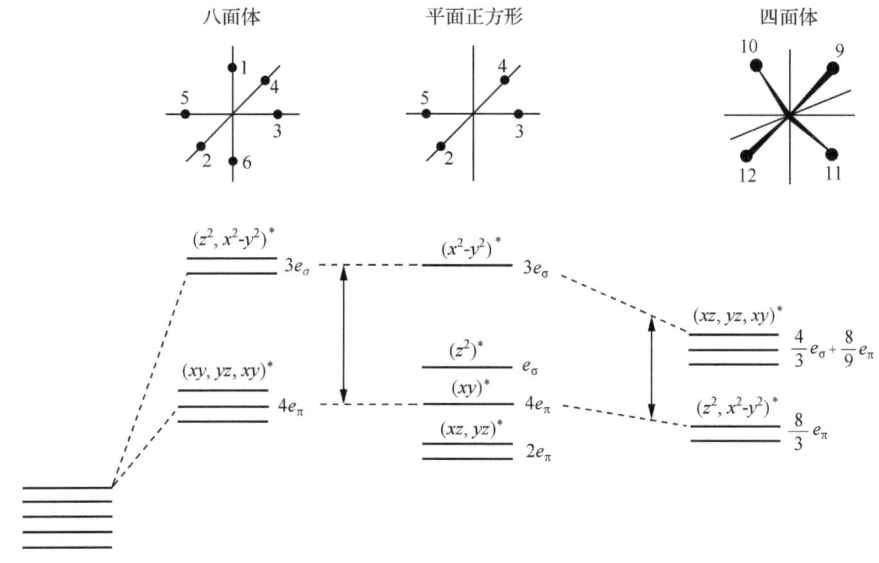

图 3.25 角重叠模型与轨道分裂

数表示其能级次序与晶体场模型的结论一致。且八面体和四面体分裂能之间的关系用该模型所得的结果与晶体场模型完全符合。

3.4.2 影响 e_σ 和 e_π 的因素

在配合物中改变金属离子的电荷和配体的种类会引起 e_σ 和 e_π 值的变化，从而改变 Δ 的值，其结果可能引起自旋态的变化。例如，Co^{2+} 有 3 个不成对的 d 电子，$[Co(H_2O)_6]^{2+}$ 是高自旋，而 $[Co(H_2O)_6]^{3+}$ 却为低自旋。$[Fe(H_2O)_6]^{3+}$ 是高自旋，但 $[Fe(CN)_6]^{3+}$ 却是低自旋。表 3.13 列出由光谱获得的角重叠模型的参数。从表 3.13 可以得到如下结论：①一般来说，e_σ 大于 e_π 的 2 倍左右，因 σ 键是通过金属离子和配体按周围电子云在直线方向上重叠产生的，而 π 键生成相互重叠的电子云不是在直线方向，重叠程度减小。②当配体为卤离子，其 σ 和 π 参数随卤离子的半径增加和负电性减小而减小。因为配体半径增加使得键长增加，对金属离子的电子云重叠减小。负电性的减小降低了配体对金属 d 电子的吸引力，使二者电子云重叠性减弱。③比较 Pa(Ⅳ) 和 U(Ⅴ) 的配合物发现，Pa(Ⅳ) 和 U(Ⅴ) 具有等电子结构，但它们的八面体配合物的 σ 和 π 参数却随金属离子核电荷数的增加而增加，并保持近似比例关系，这意味着核电荷数的增加使配体更靠近金属，电子云易于重叠。④在表中，Cr^{3+} 和 CN^- 的八面体配体配合物的 e_π 为负值，说明其是一个 π 受体。按表中 e_σ 值，en 和 NH_3 低于 CN^-，表中卤离子既是 π 给体，又是 σ 给体，排列在系列的末端，这与分光化学序有一致的关系。

表 3.13　一些配合物的角重叠参数

金属	X	$e_\sigma/\mathrm{cm}^{-1}$	e_π/cm^{-1}	$\Delta_o=3e_\sigma-4e_\pi$	$\Delta\sigma/\mathrm{cm}^{-1}$
八面体 MX_6 配合物					
Cr^{3+}	CN^-	7530	-930	26.310	
	en	7260		21.780	
	NH_3	7180		21.540	
	H_2O	7550	1850	15.250	
	F^-	8200	2000	16.600	
	Cl^-	5700	980	13.180	
	Br^-	5380	950	12.340	
	I^-	4100	670	620	
Ni^{2+}	en	4000			
	NH_3	3600			
Pa(Ⅳ)	F^-	2870	1230		
	Cl^-	1264	654		
	Br^-	976	683		
	I^-	725	618		
U(Ⅴ)	F^-	4337	1792		
	Cl^-	2273	1174		
	Br^-	1775	1174		

3.4.3 键型的解释

1. σ 相互作用

以 $[M(NH_3)_6]^{2+}$ 为例进行说明，配体 NH_3 没有 π 轨道，用来生成 σ 键的电子对居于氮的 p_z 轨道，当生成八面体配合物时，配体位于金属离子的 1～6 位置。因受配体作用，金属离子 d 轨道的能量发生变化。对金属离子的 d_{z^2} 轨道，当配体在 1、6 位置时作用最强，每个配体使能量升高 e_σ，配体在 2～5 位置上和 d_{z^2} 轨道时作用减弱，每个配体使 d_{z^2} 轨道能量升高 $1/4 e_\sigma$，6 个配体共使 d_{z^2} 轨道能量升高 $\sum_1^6 F_\sigma^2(z^2,\sigma)e_\sigma = \left(2+4\times\dfrac{1}{4}\right)e_\sigma = 3e_\sigma$，对 $d_{x^2-y^2}$ 轨道：配体在 1、6 位置不和 $d_{x^2-y^2}$ 轨道作用，在 2～5 位置能量升高 $\left(4\times\dfrac{3}{4}\right)e_\sigma$，总共能量升高也是 $3e_\sigma$。对于 d_{xy}、d_{xz}、d_{yz} 轨道，因不和配体发生作用，其能级保持不变。因此在八面体配合物中，配体和金属相互作用引起金属离子 d 轨道总能量变化为 $6e_\sigma$。

同样对配体轨道,能量降低和金属离子轨道的能量升高应相同,也是 $6e_\sigma$,所以每个轨道能量降低为 e_σ。以图 3.26 表示,图中 5 个金属离子轨道两个能量升高成 z^2、x^2-y^2,而其余 3 个(xy、xz、yz)能量不变,6 个配体的电子对进入能量低的配体轨道起稳定作用,其能量是 $12e_\sigma$。而金属离子的 d 电子处于非键和反键(相当于晶体场理论的 e_g)轨道。处于反键轨道的电子起了去稳定作用,其能量为 $3e_\sigma$。三重简并和二重简并能量差即为八面体的分裂能 $\Delta_o = 3e_\sigma$。

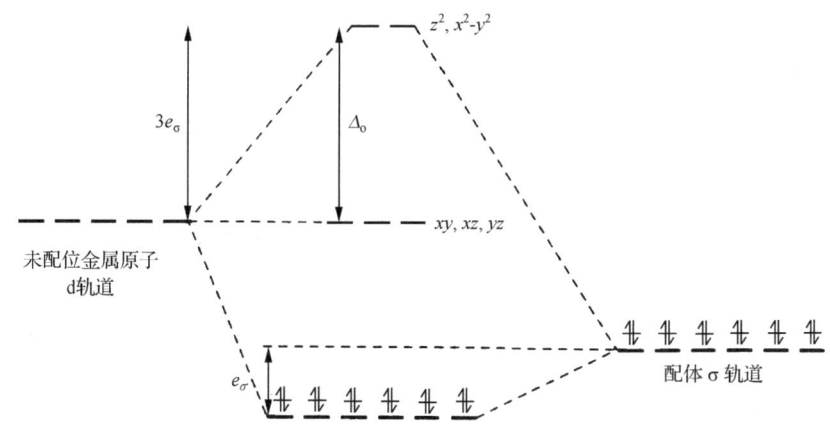

图 3.26　形成 σ 给予键的八面体配合物

2. π 受体和金属离子相互作用

以 $[M(CN)_6]^{n-}$ 为例,已知 CN^- 具有空的 π^* 轨道,它和金属离子 d_{xz} 轨道有最强的作用,由于 π^* 轨道能量较高,和金属离子 d_{xy}、d_{xz}、d_{yz} 轨道发生 π-π 相互作用生成成键的轨道(xy、xz、yz),用表 3.11 计算,它们比原有金属离子 d 轨道能量降低 $-4e_\pi$(图 3.27)。另外一个反键轨道位于高能处,不能成键。金属离子 d 电子占据低能轨道,因 π 重叠而引起的分裂能 $\Delta_o = 3e_\sigma + 4e_\pi$。

3. π 给体

被占有的配体的 p、d 或 π^* 轨道与金属离子 d 轨道的相互作用类似于 π 受体的情况。例如,卤离子通过 p_y 轨道将电子云给予金属形成 σ 键,又将 p_x 和 p_z 的电子云通过 π 相互作用给予金属。除卤离子外,其他既具有 σ 给体又具有 π 给体性质的配体也属于这一类。如以 $[MX_6]^{n-}$ 为例,对金属离子的 d_{z^2} 和 $d_{x^2-y^2}$ 轨道,配体的 π 轨道不和金属离子的这两个轨道作用。对 d_{xy}、d_{xz} 和 d_{yz} 轨道,配体在 1~6 位置与它们发生作用,使 d_{xy}、d_{xz}、d_{yz} 每个轨道能量增加为 $4e_\pi$,总能量增加为 $12e_\pi$,相应于每个配体能量降低为 $2e_\pi$,其能级图如图 3.28 所示。

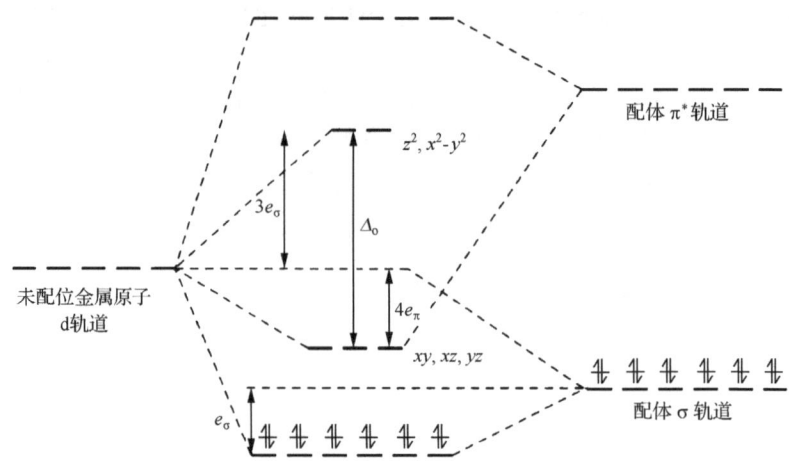

图 3.27　在八面体配合物中金属离子 d 轨道和配体空的 π 轨道相互作用

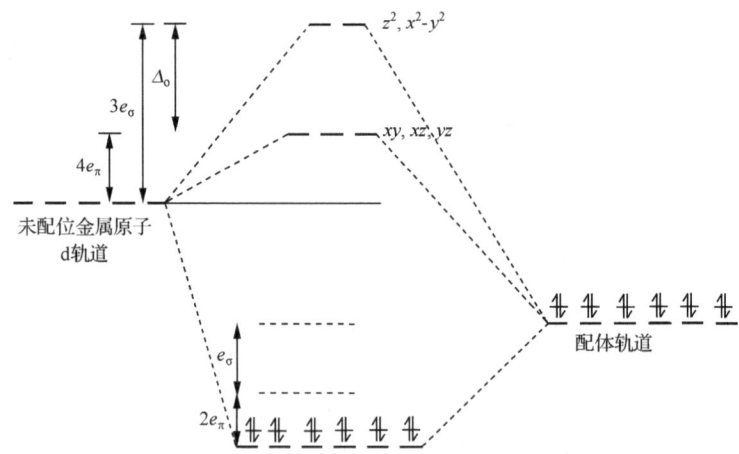

图 3.28　在八面体配合物中，金属离子 d 轨道和 π 轨道给体相互作用

在图 3.28 中金属离子能量升高，配体 π 轨道能量下降的情况和 π 受体相反。$\Delta_o = 3e_\sigma - 4e_\pi$，所以 π 给体引起 Δ_o 值减小，π 受体引起 Δ_o 值增加（$\Delta_o = 3e_\sigma + 4e_\pi$）。

3.4.4　角重叠模型的应用

1. 配合物的结构优选能

我们曾用晶体场理论（晶体场结构优选能）来说明配合物的空间结构，但这种说法比较笼统，现用角重叠模型进一步深化。角重叠模型指出，在形成配合物时，配体群轨道稳定性增加，而中心原子轨道稳定性下降。例如，八面体配合物中心原

子的 z^2 轨道能量增加 $3e_\sigma$，在 z 轴方向上配体群轨道能量变化 $3e_\sigma$，因为配体群轨道上有两个电子，所以该群轨道对电子提供 $6e_\sigma$ 的能量。在相同的情况下，$d_{x^2-y^2}$ 的配体群轨道也提供 $6e_\sigma$ 的能量，即 σ 键电子的能量总共为 $12e_\sigma$，它是二倍配体数目乘以 e_σ，同样对四面体及平面正方形，σ 键电子的能量也为二倍配体数目乘以 e_σ，即为 $8e_\sigma$。对于八面体，中心原子的 xy、xz、yz 三个简并轨道中每一个能级为 $4e_\pi$，配体 π 键电子的能量为 $24e_\pi$，即四倍配体数乘以 e_π。在四面体及平面正方形配合物中，如果不考虑 π 轨道的作用，则把 π 轨道能级作为零并在能级项中略去 e_π 项。这样它们的能级图可简化如下：

$$
\begin{array}{cc}
\underline{\quad\quad}\ x^2\text{-}y^2\ \ 3e_\sigma & \\
\underline{\quad\quad}\ z^2\ \ \ \ e_\sigma & \underline{\quad\quad\quad}\ xy,\ yz,\ xy\ \ \frac{4}{3}e_\sigma \\
 & \\
\underline{\quad\quad}\ \ \ 0 & \underline{\quad\quad\quad} \\
\underline{\quad\quad} & \\
D_{4h} & T_d
\end{array}
$$

配体与中心原子 d 轨道相互作用的总能量为中心原子反键 σ 电子的能量和配体 σ 成键电子能量之和，四面体和平面正方形配合物的能量 $E(T_d)$ 和 $E(D_{4h})$ 可用式(3-3)和式(3-4)表示：

$$E(D_{4h}) = (n_{z^2} + 3n_{x^2-y^2} - 8)e_\sigma \tag{3-3}$$

$$E(T_d) = (4/3 n_\sigma - 8)e_\sigma \tag{3-4}$$

式中，n_{z^2}、$n_{x^2-y^2}$ 分别为平面正方形配合物的 z^2、x^2-y^2 轨道上的电子数，n_σ 为四面体 xy、yz、xz 轨道上的电子数。

在角重叠模型中，d^n 电子在轨道上的排列与晶体场模型相似，四面体配合物的分裂能很小，只有高自旋配合物。平面正方形配合物的 z^2 轨道与低能的三重简并轨道能量差为 $1e_\sigma$，小于电子成对能($1.3e_\sigma$)，而 z^2 与 x^2-y^2 轨道能量之差为 $2e_\sigma$，大于电子成对能。因此平面正方形的低自旋配合物首先应占领低能的 4 个轨道。由此可得平面正方形和四面体两种构型的能量差为

$$\Delta E(D_{4h}/T_d) = \left(n_{z^2} + 3n_{x^2-y^2} - \frac{4}{3}n_\sigma\right)e_\sigma \tag{3-5}$$

在中心原子 d 电子数目相同时，比较平面正方形和四面体配合物的能量，若 $\Delta E(D_{4h}/T_d)$ 为负值，则表示平面正方形的能量比四面体的低，两种构型的配合物中选取平面正方形构型更为有利。与晶体场模型相似，二者之差称为平面正方形对四面体的优选能。由式(3-5)计算，当 d 电子数目为 0、1、2、10 时，平面正方形的优选能为 0。当 d 电子为其他数目时计算的优选能能列于表 3.14。

表 3.14　不同 d 电子数的平面正方形-四面体配合物的结构优选能

电子数	0	1	2	3	4	5	6	7	8	9	10
高自旋	0	0	0	−1.3	−1.66	0	0	0	−1.3	−1.66	0
低自旋	0	0	0	−1.3	−1.66	−3	−3	−3	−3.3	−1.66	0

同样计算得到八面体-四面体的优选能，八面体-平面正方形等其他构型的优选能，将结果绘于图 3.29，比较图 3.29(a)、(b)、(c)三种构型的优选能可以得到如下结论：

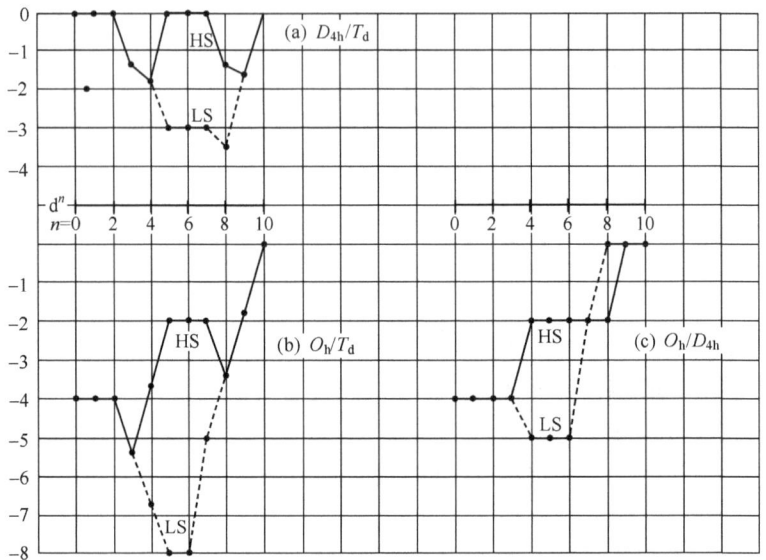

图 3.29　结构优选能
(a) $E(D_{4h})-E(T_d)$；(b) $E(O_h)-E(T_d)$；(c) $E(O_h)-E(D_{4h})$

高自旋配合物：①三种优选能的顺序是 $O_h>D_{4h}>T_d$，这与配合物以八面体构型存在最多的事实相符。例如，水合配离子几乎都以八面体构型存在。②d 电子数目为 0、1、2、10 时，$\Delta E(D_{4h}/T_d)=0$，这说明 d 电子构型稳定作用没有贡献，生成两种构型都有可能，但根据配体间的互斥作用，对 d 电子数为 0、1、2、10 的配合物，生成四面体构型对能量更为有利。③d 电子数为 5、6、7 的配合物的 $\Delta E(D_{4h}/T_d)$ 也为零。因此，只考虑配体间的互斥作用，同样应该生成四面体配合物。如表 2.2 中的 $[FeCl_4]^-$ (d^5)、$[CoCl_4]^{2-}$ (d^7)，它们以四面体存在的原因现在就很容易理解了。④d 电子数为 3、4、8、9 时，$\Delta E(D_{4h}/T_d)$ 为负值，说明 d 电子对 D_{4h} 构型的稳定作用有贡献，如果再加上配体间的互斥作用，则两种效应都发生影响，所以 $[NiCl_4]^{2-}$ (d^8)、$[CuCl_4]^{2-}$ (d^9) 采取介于 D_{4h} 和 T_d 之间的结构 D_{2d}（压缩四面体），有时 $[CuCl_4]^{2-}$ 会随阳离子的不同，选择 D_{4h} 和 D_{2d} 中的一个。

低自旋配合物：①三种构型优选顺序为 O_h 与 D_{4h} 都大于 T_d。②除 d 电子数为 8、9 外，$\Delta E(O_h/D_{4h})<0$，说明 d 电子对生成八面体配合物在能量上有贡献，如果不仅从电子考虑，从键能来看 O_h 较 T_d 多两个键，O_h 构型也应更为稳定。③d 电子数为 8、9 时 $\Delta E(O_h/D_{4h})=0$，对结构的稳定作用没有影响，但从配体间的互斥作用来看，生成平面正方形时，其配体间的互斥作用较八面体小，所以 $[Ni(CN)_4]^{2-}$、$[Cu(NH_3)_4]^{2+}$ 为稳定的平面正方形。同样从图 3.29(a) 也可以得到 d^8 构型的中心原子与强场配体容易生成平面正方形配合物的结论。

由此可见，d 电子数大于 2 的中心原子仅同弱场配体或对空间有特殊要求的配体才形成 T_d 或 D_{2d} 构型。这与 2.2.1 节中指出弱碱配体如卤素易形成 T_d 结构的事实相吻合。反之和强场配体及空间位阻较小的配体则易形成平面正方形配合物。

2. 水合能和配体场稳定化能

第三周期的二价金属离子（从 Ca^{2+} 至 Zn^{2+}），由于核电荷数的增加，3d 电子层逐渐缩小，因而带极性的水分子和离子间的距离越小，水合作用越大，因此，水合热 ΔH 应形成一条逐渐上升的直线。但实际上对下列反应以 ΔH 对金属离子的 d 电子数作图不是直线。

$$[MCl_4]^{2-}(g) + 6H_2O(g) \longrightarrow [M(H_2O)_6]^{2+}(g) + 4Cl^-(g) \quad \Delta H$$

如图 3.30 所示，纵坐标是以 Mn^{2+} 的水合焓变为标准得到其他离子的水合焓变值，虚线是理论情况下得到的直线。关于实测焓变偏离直线的原因，晶体场理论认为是由于 d 电子不均匀分布引起晶体场稳定化能的变化。对 d^0、d^5、d^{10} 高自旋配离子，晶体场稳定化能的贡献为零，所以其焓变值符合直线关系。

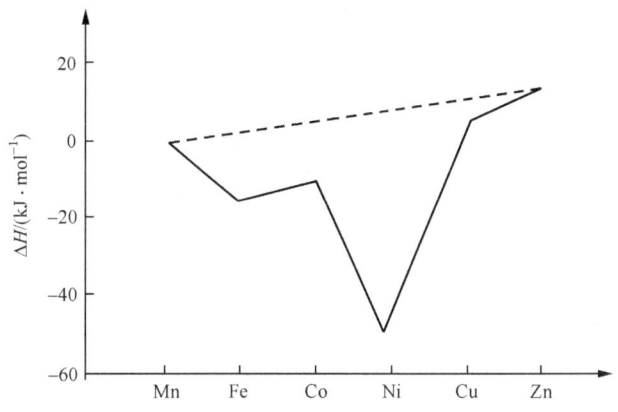

图 3.30　以 Mn^{2+} 为标准的一些二价金属离子的焓变

用角重叠模型也可得到相同结果。从角重叠模型的概念出发，认为 d^5 电子在

反键轨道上均匀分布,则每个d电子在反键上的平均能量 E_a 为

$$E_a = \frac{1}{5}(2 \times 3e_\sigma + 3 \times 4e_\pi) = \frac{6}{5}e_\sigma + \frac{12}{5}e_\pi$$

对构型为 $(t_{1g})^{n_\pi}(e_g)^{n_\sigma}$ 的配合物在 π 轨道和 σ 轨道分别有 n_π 和 n_σ 个电子,则金属离子在 σ 和 π 轨道均匀分布的能量为 $E_r = (\frac{6}{5}e_\sigma + \frac{12}{5}e_\pi)n_\sigma + (\frac{6}{5}e_\sigma + \frac{12}{5}e_\pi)n_\pi$ 由于配体的影响,电子的实际分布对能量的贡献为

$$E = n_\pi(4e_\pi) + n_\sigma(3e_\sigma) \tag{3-6}$$

如果以均匀分布作为参考态,则构型 $(t_{1g})^{n_\pi}(e_g)^{n_\sigma}$ 的能量 E 与参考态能量 E_r 之差为

$$E - E_r = n_\sigma(3e_\sigma - \frac{6}{5}e_\sigma - \frac{12}{5}e_\pi) + n_\pi(4e_\pi - \frac{6}{5}e_\sigma - \frac{12}{5}e_\pi) = (3n_\sigma - 2n_\pi)\Delta_o/5 \tag{3-7}$$

在3.2.3节中指出,电子真实分布的能量和均匀分布能之差即为稳定化能,如以 $\Delta_o/5$ 为单位,d电子按高自旋或低自旋分布所计算出的 $E-E_r$ 值(表3.15),也称之为配体场稳定化能,它是由配体与金属离子相互作用使得d电子在反键轨道的不同分布而引起的。表3.15中一并列出了晶体场模型的计算结果。

表 3.15 角重叠模型和晶体场模型计算的配体场稳定化能[a]

电子构型	d^0	d^1	d^2	d^3	d^4	d^5	d^6	d^7	d^8	d^9	d^{10}
低自旋(角重叠)	0	−2	−4	−6	−8	−10	−12	−9	−6	−3	0
(晶体场)	0	−0.4	−0.8	−1.2	−1.6	−2.0	−2.4	−1.8	−1.2	−0.6	0
高自旋(角重叠)	0	−2	−4	−6	−3	0	−2	−4	−6	−3	0
(晶体场)	0	−0.4	−0.8	−1.2	−0.6	0	−0.4	−0.8	−1.2	−0.6	0

a. 角重叠模型计算的单位为 $\Delta_o/5$,晶体场模型计算的单位为 Δ_o。

由表3.15可见,按角重叠模型计算出的配体场稳定化能与按晶体场模型计算出的结构是一致的。也就是说,从不同的概念出发,得到了同样的结果。

3.5 配合物的电子光谱[1,2]

3.5.1 电子光谱的类型和光谱的选律

配合物电子光谱有三种类型:①d-d跃迁光谱:例如,三(乙二酸)合铬(Ⅲ)的吸收光谱,在波长410~588nm处有两个较弱的吸收峰,分别位于橙色和蓝色区,所以配合物显红色,出现较弱的谱带是电子从中心原子能级较低的d轨道跃迁至能量较高的d轨道,称为d-d跃迁(d-d transition),其摩尔吸光系数 ε 为 0.1~100 L·mol^{-1}·cm^{-1}。②电荷转移光谱[charge-transfer (CT) spetra]:它的 ε 很

大,其数量级通常在 10^4 左右,一般出现在紫外区。但如果在配合物中电荷转移的能级差很小,也可出现在可见区,有时会掩盖 d-d 跃迁带。如 $[Fe(CN)_6]^{3-}$ 的红色就是由 CT 光谱引起的。③配体光谱:配体通常为有机分子,若配体为含 π 电子体系,则有强的 π-π^* 跃迁。在有机配体内也常出现电荷转移带,如镉黑 T、邻苯二酚等。这类谱带本身强度较大,所以生成配合物后,吸收曲线的波长、强度和形状变化不大,但当形成稳定的共价配合物时则吸收带略向紫移。配合物形成时对配体内的电荷转移带的影响不如 d-d 跃迁和 CT 带大。所以我们集中讨论 d-d 跃迁、中心原子和配体之间的电荷转移带。

电子跃迁是否发生,由光谱选律所决定。由量子力学理论得出,电子从一个状态跃迁到另外一个状态遵守的规则是:①电子在跃迁过程中自旋方向不能改变,即电子必须在自旋相同状态间跃迁,在不同多重性的状态之间跃迁是禁止的,这称为自旋禁阻或多重性禁止。例如,在 $^4A_2$ 和 $^4T_1$ 之间跃迁是允许的,在 $^4A_2$ 和 $^2A_2$ 之间跃迁是自旋禁阻的。②在一个量子层中电子重新分布的跃迁是禁止的,因而在有对称中心的分子相同宇称(即具有相同 g 或 u 对称性)之间的跃迁是禁止的,称为 Laplace 禁阻。例如,八面体配合物在 d 轨道(或 d^n 谱项)间跃迁应该是禁止的,因为 t_{2g} 和 e_g 轨道是中心对称的,所以它们之间的跃迁是禁止的。但由于配体的微扰作用等影响,下列情况也可不遵循选律:①过渡金属配合物中的化学键往往不完全是刚性的,可能分子受到振动时会偏离平衡位置,暂时改变其对称性。例如,八面体配合物会因振动暂时失去 g 对称性,称为振动偶合(vibronic coupling),不再遵循选律,产生 d-d 跃迁,因而 d-d 跃迁有低的摩尔吸光系数。②同一金属和同一氧化态的四面体配合物往往比相应的八面体配合物有更强的光吸收。例如,八面体的 $[Co(H_2O)_6]^{2+}$ 在水溶液中显浅粉红色,而在浓 HCl 中显深蓝色,颜色加深,ε 增大约 100 倍,是由于生成了四面体的 $[CoCl_4]^{2-}$。在无对称中心的分子(如四面体)中,当分子进行振动时,有时会离开平衡位置。由于中心原子不是处于对称中心,可引起 p 和 d 轨道相混合,在自由离子时电子只能在 d 轨道间跃迁,当形成配合物时,跃迁还包括了 p 轨道成分,所以四面体配合物的 d-d 跃迁峰比八面体配合物强。③有时多重度不同间的跃迁也可以发生,即从一个自旋多重度的基态到不同自旋多重度之间的跃迁带也能观察到。例如,第一过渡金属配合物的这种跃迁带非常弱($\varepsilon=1\mathrm{L}\cdot\mathrm{mol}^{-1}\cdot\mathrm{cm}^{-1}$)几乎观察不到,而第二、第三过渡系的配合物却能观察到,这是由于中心原子电子层增加,电子云加大,使电子自旋和轨道之间偶合加大,自旋-轨道偶合(spin-orbit coupling)破坏了自旋禁阻。

3.5.2 谱项

1. 自由离子谱项

具有一定电子构型的原子或自由离子,由于电子的轨道角动量之间、自旋角动量之间以及轨道角动量和自旋角动量的偶合作用,会产生各种不同能量的状态,或称为谱项(terms),以符号 ^{2S+1}L 表示。L 是电子的轨道角动量偶合产生的总轨道角动量量子数,$L=0,1,2,3\cdots\cdots$这些数值用 S、P、D、F……表示,当 $L=0$ 时称为 S 谱项,$L=1$ 称为 P 谱项,依此类推。L 的上标中的 S 为电子自旋角动量偶合产生的总自旋角动量量子数,$2S+1$ 的数值表示自旋多重度。$2S+1=1$ 或 2,3,表示原子有单重态或二重态、三重态。用 S 和 L 表征的原子或自由离子的状态称为自由离子谱项(free-ion terms)。谱项是具有一定能量的微观状态,不同谱项表示不同能量的微观状态,也称为谱项符号(terms symbols)。"态"和"谱项"的术语可视不同情况交替使用。对 d^1 电子构型的金属离子,在无外场作用下,电子占据 5 个 d 轨道中的任何一个 d 轨道,谱项为 ^2D,对应于 $L=2,S=1/2,2S+1=2$。对于 d^2 电子构型的金属离子,由于电子在 5 个轨道有不同的排列方式,产生 ^3F、^3P、^1G、^1D 和 ^1S,即 5 个离子谱项,对具有其他 d 电子数的金属离子,情况更为复杂,假定配体场作用小于自由离子电子排斥作用(即弱场模型)下,所得 d^n 构型的自由金属离子谱项汇总于表 3.16①。

表 3.16 d^n 电子构型的自由离子的谱项

构　　型	谱　　项
d^1,d^9	^2D
d^2,d^8	$^3F,^3P,^1G,^1D,^1S$
d^3,d^7	$^4F,^4P,^2H,^2G,^2F,2^2D,^2P$
d^4,d^6	$^5D,^3H,^3G,2^3F,^3D,2^3P,^1I,2^1G,^1F,2^1D,2^1S$
d^5	$^6S,^4G,^4F,^4D,^4P,^2I,^2H,2^2G,2^2F,3^2D,^2P,^2S$
d^{10}	^1S

在配合物的电子光谱中最重要的谱项是基态谱项和具有与基态多重度相同的谱项,因为这两者之间的跃迁才满足光谱选律。从能量次序的结果指出:①根据 Hund 规则,基态谱项是具有最高自旋多重度的谱项,也是最稳定的谱项。②如果有几个自旋多重度相同的谱项同时存在,则应选择最高 L 值的谱项作为基态谱项。例如,表 3.16 中 d^2 和 d^8 构型的 5 个自由离子谱项中,基态谱项为 ^3F。在表 3.16 中排序为第一的为基态谱项,其次为多重度相同的谱项,其余则不按能量顺序排列。

2. 谱项的分裂

由 L 衍生的谱项(S、P、D、F)等价于原子轨道(s、p、d、f),谱项与轨道一样在配体场中发生分裂。s 轨道是完全对称的,也是非简并的,在所有场作用下均不发生

---

① 配体场理论处理电子在配体场中的能量和状态采用强场和弱场两种方法,两者所得结果相似,对定性讨论不发生影响。

影响,以对称性符号 A_1 表示。p 轨道在八面体(O_h)场中所受的作用相等,不发生分裂,只有在低对称性场的作用下才发生分裂,它是一个三重轨道,记为 T_1。自由金属离子在 O_h 场中 d 轨道分裂为 t_{2g} 和 e_g 轨道,对电子构型为 d^1 的金属离子对应的谱项或能态 ^2D 就分裂成低能的 $^2T_{2g}$ 态和高能的 ^2E_g 态。对 d^2 构型的离子,在无外场作用下产生低能的 ^3F 态和高能的 ^3P 态。^3F 态在 O_h 场中的分裂类似于 f 轨道的分裂,^3F 态分裂成 3 个微态,即 $^3T_{1g}$、$^3T_{2g}$ 和 $^3A_{2g}$、^3P 态不分裂转变成 $^3T_{1g}(P)$。具有 $d^1(^2D)$ 和 $d^2(^3F)$ 在 O_h 场中分裂如图 3.31 所示。

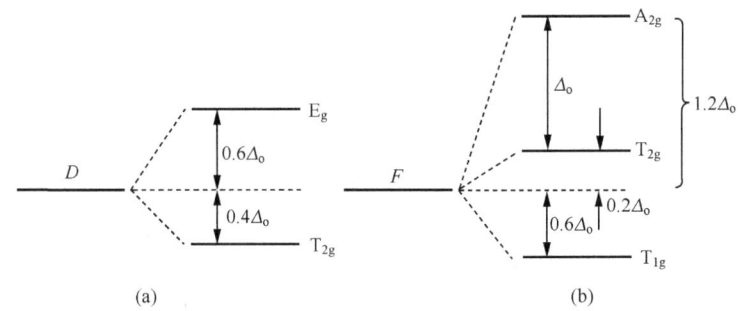

图 3.31 d^1(a)和 d^2(b)电子组态在八面体场中引起的谱项分裂

具有 d^3 构型(如 Cr^{3+})的基态谱项是 ^4F,在场作用下分裂情况与 d^2 离子正相反,它分裂成基态的 $^4A_{2g}$ 和两个激发态的 $^4T_{2g}$ 和 $^4T_{1g}$,因此产生两个电子跃迁即 $^4A_{2g}\rightarrow^4T_{2g}$ 和 $^4A_{2g}\rightarrow^4T_{1g}$。如图 3.32 所示第一个跃迁为 Δ_o,如果 ^4F 和 ^4P 不发生作用,则第二个跃迁应为 $1.8\Delta_o$。但由于 ^4F 和 ^4P 的波函数有相同的对称性,它们会发生混合,混合的比例为二者的能量差,这种混合类似于两个对称性相同的分子轨道混合(即线性组合)产生两个新的轨道。同样,^4F 和 ^4P 混合也产生比混合前能量更低的 $^4T_{1g}(F)$ 和能量更高的 $^4T_{1g}(P)$ 态。现将 d^n 构型的金属离子在 O_h 场作用下基态谱项的分裂总结于表 3.17。

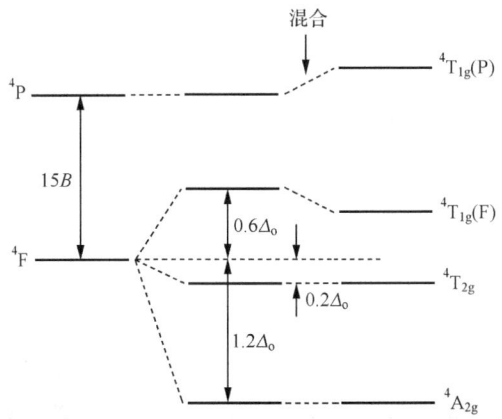

图 3.32 3d 离子的 ^4F 和 ^4P 谱项在 O_h 场中的分裂

表 3.17　d^n 电子组态的金属离子在 O_h 场中基态谱项的分裂

构型	自由离子基态谱项	八面体场(按能量大小次序)
d^0	^1S	$^2A_{1g}$
d^1	^2D	$^2T_{2g}+^2E_g$
d^2	^3F	$^3T_{1g}+^3T_{2g}+^3A_{2g}$
d^3	^4F	$^4A_{2g}+^4T_{2g}+^4T_{1g}$
d^4	^5D	$^5E_g+^5T_{2g}$
d^5	^6S	$^6A_{1g}$
d^6	^5D	$^5T_{2g}+^5E_g$
d^7	^4F	$^4T_{1g}+^4T_{2g}+^4A_{2g}$
d^8	^3F	$^3A_{2g}+^3T_{2g}+^3T_{1g}$
d^9	^2D	$^2E_g+^2T_{2g}$

以上 A、E、T 是用对称性符号分别表示轨道波函数状态为一重态、二重态、三重态。A 表示电子只能以一种方式占据轨道，E 和 T 表示以两种或三种方式占据 d 轨道，例如，d^1 以三种方式占据三个简并轨道，因为 d 轨道在 O_h 场中是中心对称的，所以下标以 g 表示记为 $^2T_{2g}$。从表 3.19 可见 d 电子数和谱项间有一定的关系：①具有 d^n 电子构型($n<5$)的谱项和 d^{n+5} 的谱项有相同的简并度，但多重度不同，如 d^1 和 d^6、d^3 和 d^8、d^4 和 d^9 的谱项都有相同的简并度。②具有 d^n($n<10$) 和 d^{10-n} 的离子，它们有相同的谱项，但基态和激发态的顺序发生颠倒。如 d^1 和 d^9，前者的基态谱项为 $^2T_{2g}$，激发态为 ^2E_g，在 d^9 中却恰相反。此外，d^2 和 d^8、d^3 和 d^7 二者间相互成倒置关系。以 d^1 和 d^9 为例，d^9 比球形对称的 d^{10} 少一个电子，即 d^9 离子的 5 个 d 轨道只留下一个空穴，这个空穴可以当作一个正电子来处理，一个正电子在电场中的作用，除符号和电子相反外，其作用完全相同，所以 d^1 和 d^9 离子除能量符号相反外，在晶体场中的引力完全相同，因此 d^9 离子的电子从充满的 t_{2g} 轨道跃迁到 e_g 轨道，相当于空穴从 $e_g \to t_{2g}$，以谱项表示为 $^2E_g \to ^2T_{2g}$，故 d^9 的基态谱项为 ^2E_g，激发态为 $^2T_{2g}$。其他情况也有类似。③自由金属离子在四面体(T_d)场作用下，谱项分裂和 d 轨道的分裂相同，也和 O_h 场作用下的谱项相同，但谱项与 O_h 场作用下的谱项呈倒置关系，谱项符号不含下标 g。④具有 d^5 构型的金属离子因 d^5 为半充满壳层，不产生相同多重度的激发态，它只有基态谱项。

3.5.3　谱项能级图

谱项能量随配体场大小的变化关系，化学家习惯用图形表示，称为谱项图。最简单的是 d^1 型的中心原子在八面体场中的谱项图，如图 3.33(a)表示 ^2D 谱项的能量随晶体场增加分裂成 $^2T_{2g}$ 谱项和 ^2E_g 谱项，其能量差为 Δ_o。$[Ti(H_2O)_6]^{3+}$ 的吸收峰就对应于谱项图中在给定 Δ_o 下的电子跃迁。d^9 构型的谱项图和 d^1 的类似，只需将 d^1 的谱项图倒过来就行了。一般来说，将 d^n 谱项图倒置，可得到 d^{10-n}

的谱项图,在忽略多重度的情况下,d^n 与 d^{10-n} 的谱项图相同,此外,将八面体 d^n 的谱项图倒置,可得到四面体的谱项,现用图 3.33(b)表示。Orgel 首先作出谱项能量随 Δ 的变化图,称为 Orgel 谱项图,又称为 Orgel 能级图。

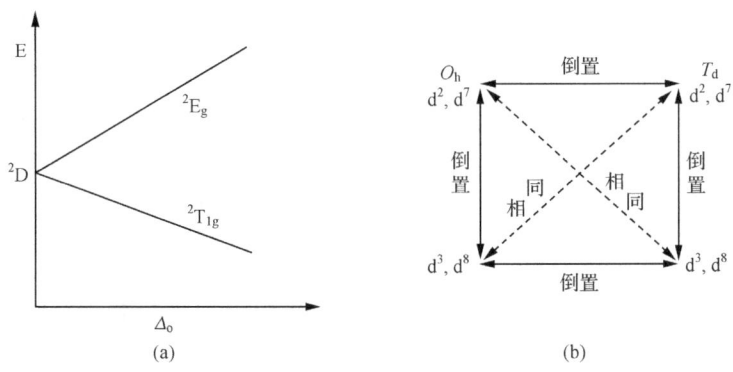

图 3.33 ^2D 谱项在晶体场中的分裂(a)和谱项倒置(b)图

1. Tanabe-Sugano 谱项图和对光谱的解释

除 Orgel 谱项图外,更重要的是 Tanabe-Sugano(T-S 或管野-田边)图,图 3.34 是 $d^1 \sim d^7$ 电子构型的金属离子在八面体场中的 T-S 图。它们具有以下特征:①以纵轴代表激发态能量 E/B,B 为 Racah 参数,又称金属离子的电子排斥参数,它表示基态谱项和自旋多重度相同的激发态谱项之间的能量差。例如,^3F 和 ^3P 之间的能量差为 $15B$。②以基态作为横轴,把基态谱项作为零。③同一图中包含了低自旋和高自旋两部分,见图 3.34 中 $d^4 \sim d^7$ 金属离子的 T-S 图。

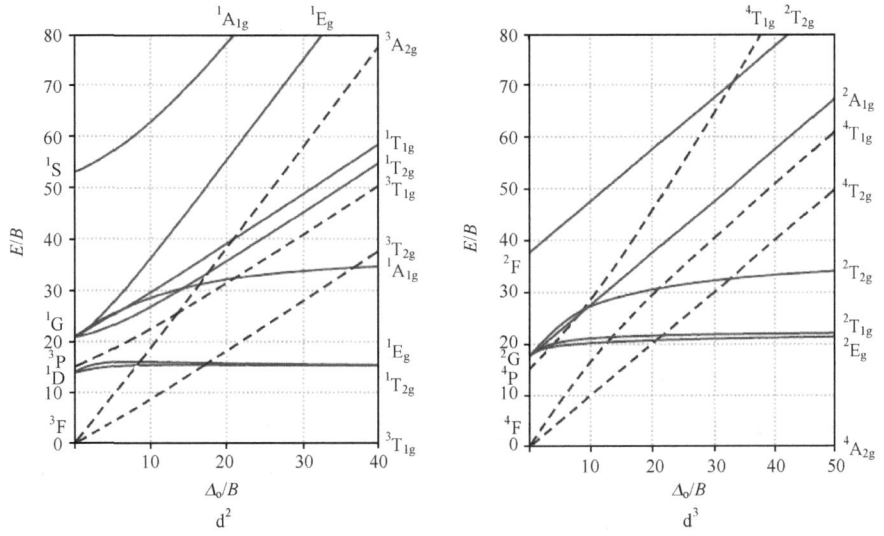

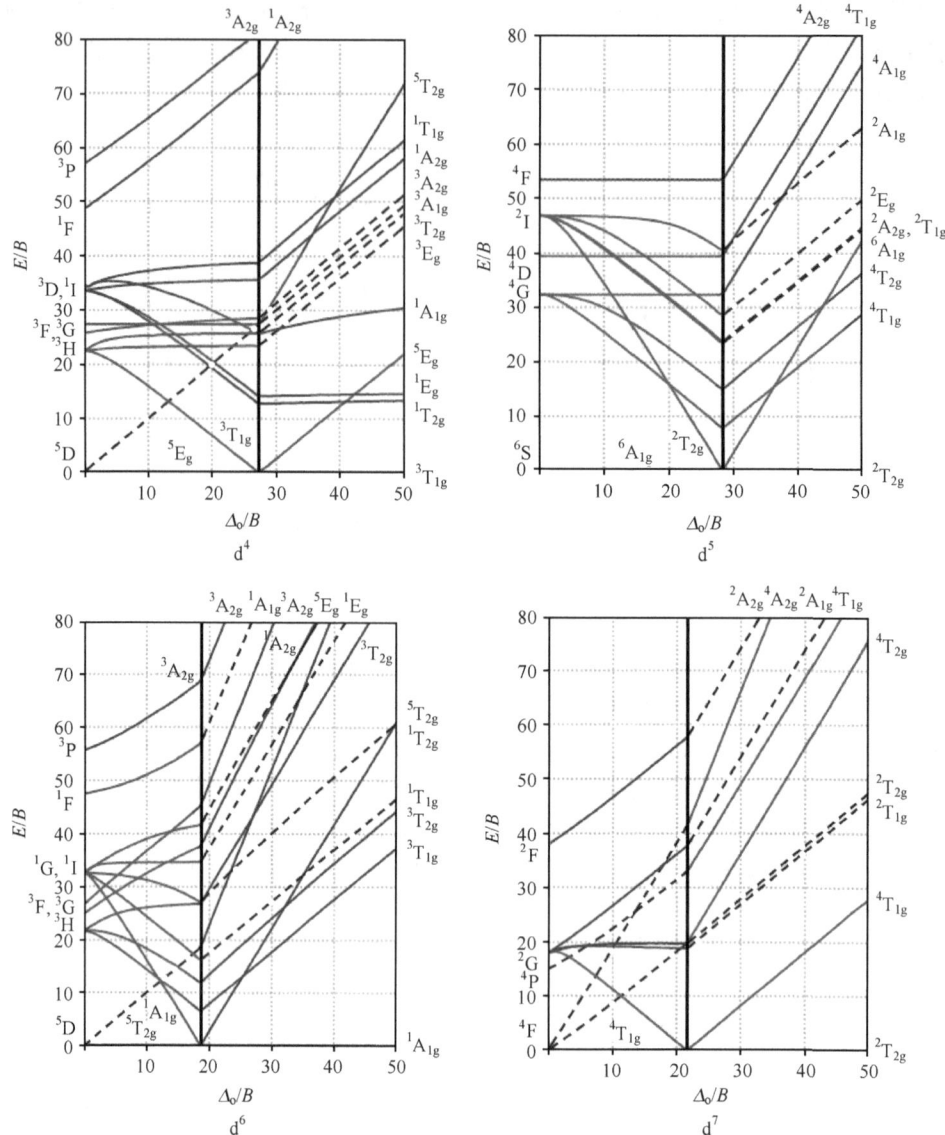

图 3.34 $d^2 \sim d^7$ 金属离子在八面体场中的 T-S 图

图 3.34 为 $d^2 \sim d^7$ 电子构型的金属离子在八面体场中的 T-S 谱项图(虚线用于解释光谱的重要谱项)。为比较起见,图 3.35 列出了 d^2 金属离子的详细 T-S 图,图中标明电子的允许跃迁,下面以 d^2 构型的 $[V(H_2O)_6]^{3+}$ 为例进行说明,图中基态是 $^3T_{1g}(F)$ 谱项,它来自 ^3F 自由离子基态谱项。与基态谱项自旋多重度相同的是激发态,它们是 $^3T_{2g}$、$^3T_{1g}(P)$ 和 $^3A_{2g}$,其中 $^3T_{1g}(P)$ 来自自由离子谱项 ^3P。另外

一些激发态谱项在解释吸收光谱时并不重要,以虚线表示。从图中可以预料[V(H₂O)₆]³⁺有 3 个允许跃迁。实际上从[V(H₂O)₆]³⁺的水溶液的光谱中可观察到两个吸收峰(图 3.37),它们分别位于波数为 17 800cm⁻¹和 25 700cm⁻¹处。估计第 3 个带应在约 3800cm⁻¹处,但在水溶液中被配合物的电荷转移带(3.5.4 节)掩盖,只能观察到两个带。只有在固态的光谱中 38 000cm⁻¹处的带才能观察到,它相应于 $^3T_{1g} \rightarrow {}^3A_{2g}$ 的跃迁。所以实际观察的结果和从谱项图中预料的结果相吻合。除 d^2 离子的 S-T 谱项图外,d^6 等离子的 S-T 图更为复杂,图 3.34 中 d^6(Co^{3+})离子的基态 ^5D 随八面体场的增加而分裂为基态 $^5T_{2g}$ 和激发态 ^5E_g。自由金属离子的单重态 ^1I 的能级较高,它在配体场中分裂成几个谱项,其中 $^1A_{1g}$ 是值得注意的,它随配体场的增加而降低能量。在 $\Delta_o/B=20$ 时 $^1A_{1g}$ 转变为基态,原有的基态 $^5T_{2g}$ 转变为激发态。图中垂线所指的场强 Δ_o/B(即 $\Delta_o/B=20$)表示临界场强,即电子自旋成对所需场强的临界值。垂线左边电子自旋为高自旋,垂线右边为低自旋。在垂线上谱项能量随场强变化出现转折。

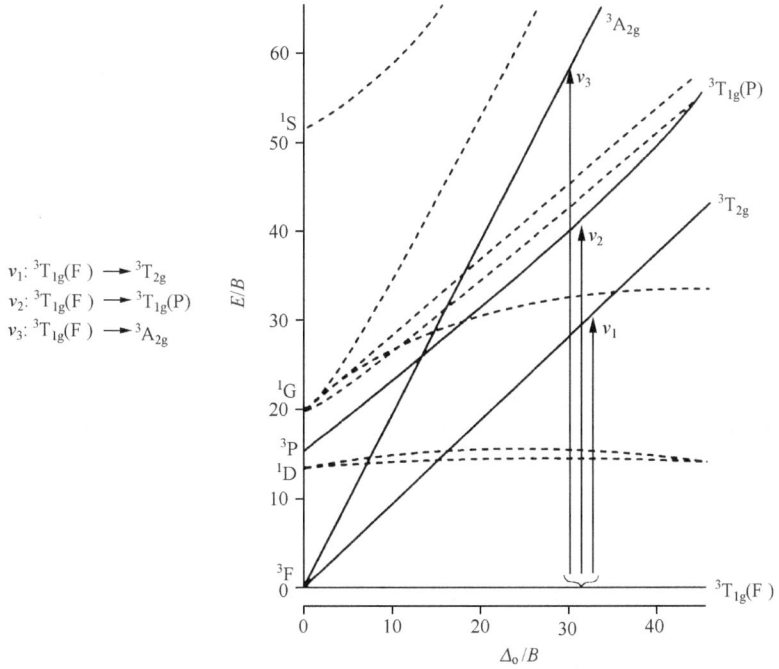

图 3.35 d^2 构型的 T-S 谱项图及电子允许跃迁

因为电子跃迁在相同自旋多重度之间进行,所以高自旋的[CoF₆]³⁻只有五重态,$^5T_{2g}$ 能级最低,电子将在 $^5T_{2g} \rightarrow {}^5E_g$ 之间跃迁,这与[CoF₆]³⁻在 13 000cm⁻¹有单峰及显蓝色的事实相符。对低自旋的 Co(Ⅲ)配合物,从谱项图中可见基态

为 $^1A_{1g}$，预料电子在 $^1A_{1g} \to {}^1T_{1g}$ 和 $^1A_{1g} \to {}^1T_{2g}$ 之间跃迁，因此低自旋的 Co(Ⅲ) 配合物应有双峰，这与 [Co(en)$_3$]$^{3+}$ 及 [Co(ox)$_3$]$^{3-}$ 的光谱有两个峰，[Co(en)$_3$]$^{3+}$ 显黄色，[Co(ox)$_3$]$^{3-}$ 显绿色的事实相符（图 3.36）。

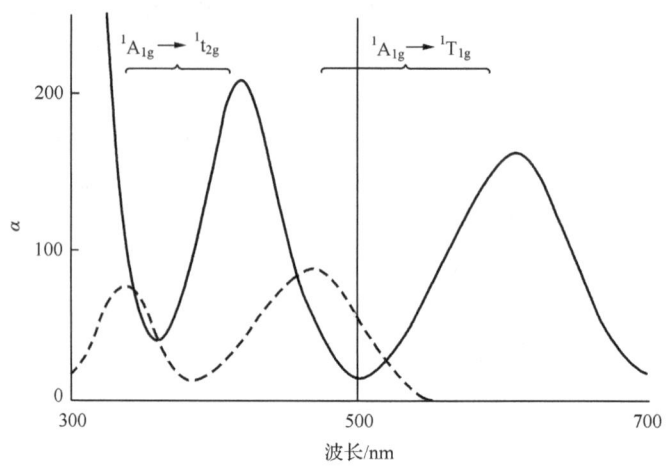

图 3.36 [Co(en)$_3$]$^{3+}$（虚线）和 [Co(ox)$_3$]$^{3-}$（实线）的光谱

图 3.37 列出了第一过渡系的水合金属离子 [M(H$_2$O)$_6$]$^{n+}$ 的吸收光谱，由于 H$_2$O 是弱场配体，所有的 [M(H$_2$O)$_6$]$^{n+}$ 均为高自旋，其光谱可用谱项图左边的能级进行说明。在图 3.37 中大多数的 [M(H$_2$O)$_6$]$^{n+}$ 的吸光系数 ε 在 1～20 L·mol^{-1}·cm^{-1}，唯独 [Mn(H$_2$O)$_6$]$^{2+}$ 呈现出极弱的带（$\varepsilon \approx$ 0.05 L·mol^{-1}·cm^{-1}），这和 Mn^{2+} 的水溶液呈现出极淡的粉红色相符。从 d^5 构型的谱项图可见，d^5 离子在弱场中的基态为 $^6A_{1g}$。图中没有相同自旋多重度的激发态，因而不产生自旋允许跃迁。弱的颜色的产生不是来自于自旋多重度为 6 的激发态之间的电子跃迁，而来自于许多激发态之间的禁阻跃迁，由于有众多的激发态之间的禁阻跃迁，因此产生非常复杂的光谱。

2. 谱项图和分裂能[8,9]

前文我们用谱项图讨论了 d-d 跃迁谱带，本节我们从谱带位置计算在八面体配体场中体系的分裂能 Δ_o。

1) d^1, d^4（高自旋）和 d^6（高自旋）

它们的吸收光谱相应于电子从 t_{2g} 激发到 e_g 能层，其基态的电子构型和激发态电子构型有相同的自旋多重度，是单电子自旋允许跃迁，这时电子吸收的光能等于 Δ_o，如 [Ti(H$_2$O)$_6$]$^{2+}$、[Fe(H$_2$O)$_6$]$^{2+}$ 和 [Cu(H$_2$O)$_6$]$^{2+}$。谱项图表明这些配合物仅有一个跃迁带（图 3.38）。在图 3.38 中它们的带略微发生分裂，这是由 John-Teller 畸变引起的。

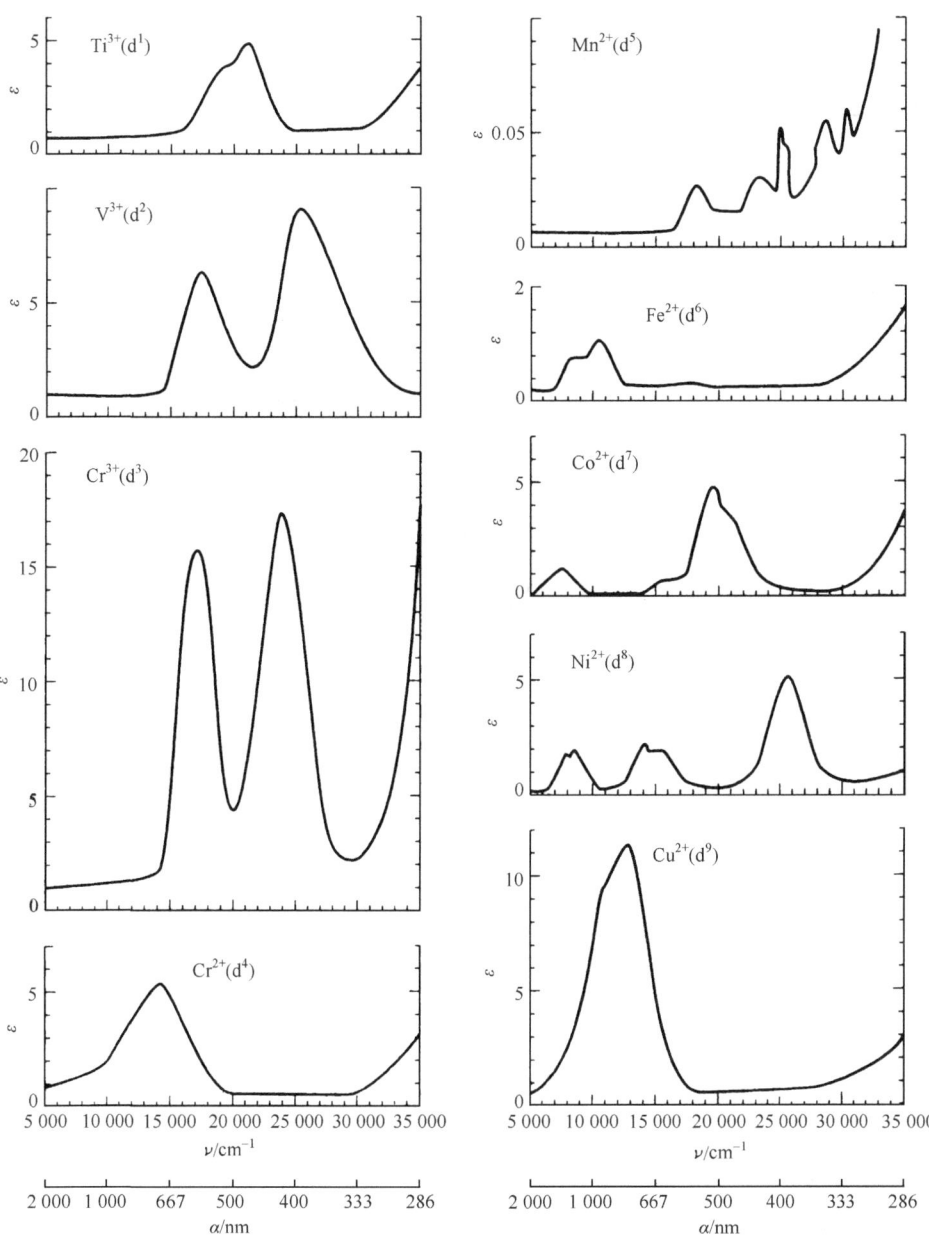

图 3.37 一些 $[M(H_2O)_6]^{n+}$ 的吸收光谱

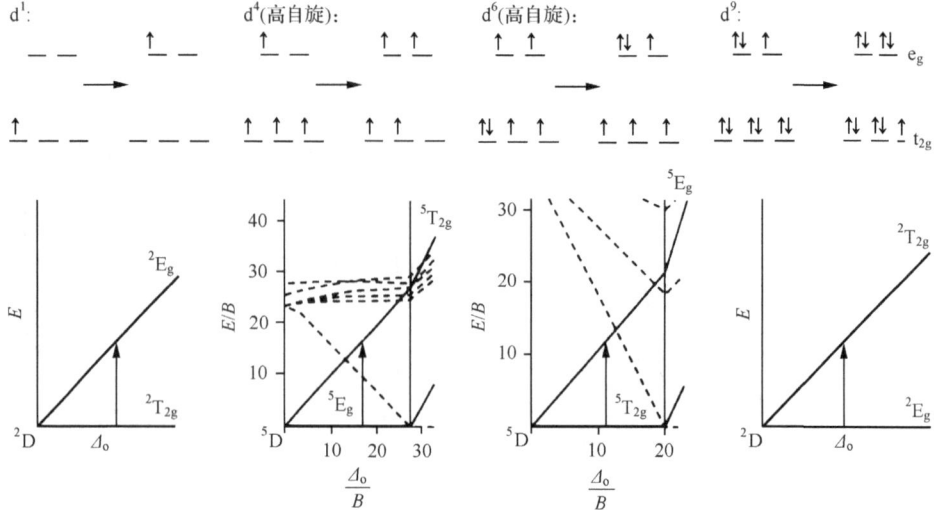

图 3.38 测定 d^1、d^9 和 d^4、d^6（高自旋）的 Δ_o

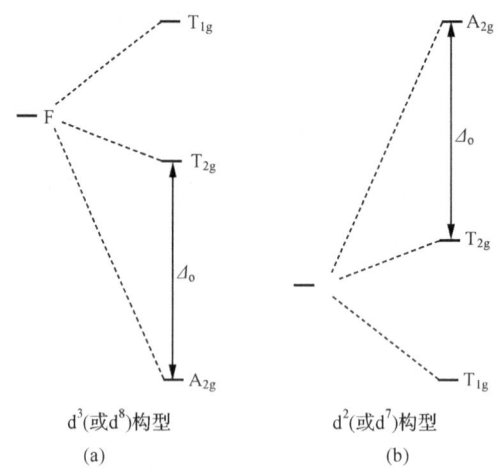

图 3.39 在八面体场中 F 谱项的分裂
(a) d^3（或 d^8）构型；(b) d^2（或 d^7）构型

2) d^3 和 d^8

电子构型为 d^3 和 d^8 的自由离子基态谱项 F 在八面体场中分裂为 A_{2g}、T_{2g} 和 $T_{1g}(F)$ 3 个谱项，其中 A_{2g} 能量最低。如图 3.39(a) 所示，最低两谱项 A_{2g} 和 T_{2g} 的能量差即为 Δ_o，因此，只要在吸收光谱中找到最低跃迁所需的能量，即为 Δ_o。如 $[Cr(H_2O)_6]^{2+}$ 和 $[Ni(H_2O)_6]^{2+}$ 的光谱中最低能带相应于从 $^4A_{2g}$ 基态到 $^4T_{2g}$ 激发态的跃迁，带的能量差分别对应为 17 500 cm^{-1} 和 8500 cm^{-1}，即分别相应于各自的 Δ_o。

3) d^2 和 d^7(高自旋)

比较 d^3 和 d^8 或 d^2 和 d^7(高自旋)的 T-S 谱项图,发现两两互为相似。在 d^3 谱项图中,基态是 $^4A_{2g}$ 态,激发态是 $^4T_{2g}$、$^4T_{1g}(F)$ 和 $^4T_{1g}(P)$。其中 $^4T_{1g}(F)$ 和 $^4T_{1g}(P)$ 有相同的对称性,可以发生混合,其结果是当配体场强度增加时,两个态间相互排斥作用增大,使得在 T-S 图中的直线发生弯曲。二者相互作用越强偏离直线越大。在 d^3 图中直线弯曲对测定 Δ_o 不发生影响,因为 Δ_o 是由 $^4A_{2g} \rightarrow {}^4T_{2g}$ 的跃迁所决定。d^2 的情况却有些不同,d^2 的自由离子谱项 ^3F 分裂为 $^3T_{1g} + {}^3T_{2g} + {}^3A_{2g}$,与 d^3 比较除多重度不同外,分裂谱项 d^2 与 d^3 完全相同,只是顺序发生颠倒,d^2 的基态谱项为 $^3T_{1g}$。如果如同 d^3 的情况简单选取 $^3T_{1g}(F) \rightarrow {}^3T_{2g}$ 的能量作为决定 Δ_o 的值,那也因 $^3T_{1g}(F)$ 和 $^3T_{1g}(P)$ 两谱项相互排斥,使 $^3T_{1g}(F)$ 偏离直线发生弯曲,其结果会给测定 Δ_o 带来误差。为此人们近似地选 $^3A_{2g}$ 和 $^3T_{2g}$ 之间的能量差作为 Δ_o 值,如图 3.39(b)所示,即 $\Delta_o = {}^3A_{2g}$ 和 $^3T_{2g}$ 之间的能量差 = 跃迁能 $^3T_{1g} \rightarrow {}^3A_{2g}$ — 跃迁能 $^3T_{1g} \rightarrow {}^3T_{2g}$。这样获得的 Δ_o 虽然很简单,但实际应用中也有困难。主要是因为在 T-S 谱项图中 $^3T_{1g}$ 和 $^3A_{2g}$ 的两直线发生交叉,致使光谱图中吸收带重叠,难于确定吸收带的精确位置,使从光谱图中直接获得 Δ_o 值比较困难。因此必须采取更为复杂的数学分析。现以 $[V(H_2O)_6]^{3+}$ 为例进行说明。

图 3.35 是 d^2 构型的 $[V(H_2O)_6]^{3+}$ 的 T-S 图,它有 3 个自旋允许跃迁,相应于

$^3T_{1g}(F) \rightarrow {}^3T_{2g}(F)$ ν_1(低能)

$^3T_{1g}(F) \rightarrow {}^3T_{1g}(P)$ ν_2

$^3T_{1g}(F) \rightarrow {}^3A_{2g}(F)$ ν_3

从 $[V(H_2O)_6]^{3+}$ 的吸收光谱得到在 17 800 cm^{-1} 和 25 700 cm^{-1} 处有两个吸收带,这两个带哪个属于 ν_2 或 ν_3 不能确定,但可以确定两个吸收带能量之比 $\dfrac{25\,700\,\text{cm}^{-1}}{17\,800\,\text{cm}^{-1}} = 1.44$。

由 d^2 的 T-S 谱项图可以看出,无论配体场强度如何,ν_3/ν_1 都近似等于 2,由此可以排除 ν_3 不可能是 25 700 cm^{-1},相应地 25 700 cm^{-1} 的跃迁应该是 ν_2,它相应于 $^3T_{1g}(F) \rightarrow {}^3T_{1g}(P)$,即 $\nu_2/\nu_1 = 1.44$。该比率是配体场强度 Δ_o/B 的函数。由 T-S 图得到在 ν_1 和 ν_2 时的 Δ_o 和 B 值,以 ν_2/ν_1 对 Δ_o/B 作图(图 3.40)。由图可见,当 $\nu_2/\nu_1 = 1.44$ 时,$\Delta_o/B = 31$。

在 $\Delta_o/B = 31$,从 T-S 图得相应于 ν_2 和 ν_1 的 E/B 分别为

ν_3 $E/B = 42$ $B \cdot \dfrac{E}{42} \cdot \dfrac{251\,700\,\text{cm}^{-1}}{42} = 610\,\text{cm}^{-1}$

ν_3 $E/B = 29$ $B \cdot \dfrac{E}{29} \cdot \dfrac{17\,800\,\text{cm}^{-1}}{29} = 610\,\text{cm}^{-1}$

$\Delta_o = 31 \times B = 31 \times 610\,\text{cm}^{-1} = 19\,000\,\text{cm}^{-1}$

以上的方法适用于八面体结构的 d^2、d^7 配合物的 Δ_o 和 B 的测定。

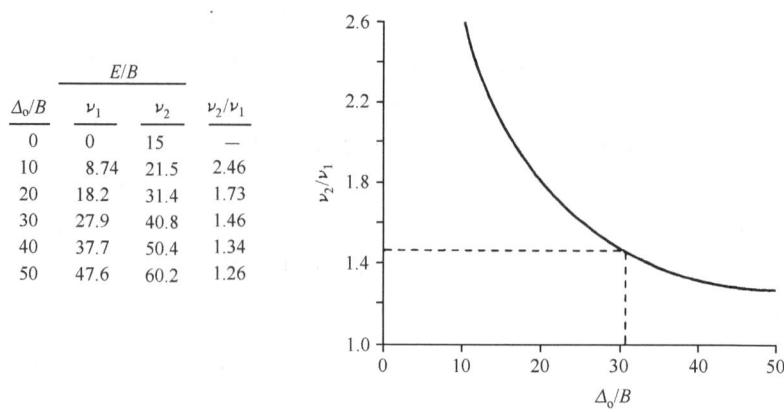

图 3.40 d^2 构型的 ν_2/ν_1 对 Δ_o/B 作图

对于其他电子构型的配合物,如 d^5(高自旋)的 $[Mn(H_2O)_6]^{2+}$,因没有和基态自旋多重度相同的激发态,自旋禁阻的跃迁非常弱,计算有困难。至于 $d^4 \sim d^7$ 构型的低自旋,因为有许多相同自旋多重度的激发态,对谱图的分析更加困难,读者有兴趣可参阅有关书籍[8]。

3.5.4 电荷转移光谱

3.5.3 节我们讨论了一些配合物在长波部分($\lambda > 350$ nm)的吸收光谱,本节讨论在较短波长($\lambda < 350 \sim 400$ nm)的电荷转移光谱(charge-transfer spectrum),它存在于紫外区或可见区,有非常强的吸收能力,其摩尔吸光系数 ε 为 $10^3 \sim 10^5 \mathrm{L \cdot mol^{-1} \cdot cm^{-1}}$,比 d-d 跃迁的强度大数千倍。它的产生是电荷在以配体为主要特征的分子轨道转移到以中心原子为主的分子轨道或者是相反的转移,即电荷由中心原子转移到配体。现以含 σ 给体的配体和 d^6 电子构型的金属形成的八面体配合物为例,当配合物的电子被光激发时不仅电子从金属的 t_{2g} 轨道跃迁到 e_g 轨道产生 d-d 跃迁,而且电子由来源于配体的 σ 轨道跃迁到来源于中心原子的 e_g 轨道,好似配合物被激发时引起电荷从配体到金属的转移,并伴随强谱带产生,这称为配体到金属的电荷转移带(ligand to metal charge-transfer band),简称 LMCT 带,这种情况类似于金属离子被还原。例如,Co(Ⅲ)配合物的 LMCT 的激发谱中会呈现 Co(Ⅱ)。LMCT 谱的例子如 $[IrBr_6]^{2-}$(d^5)和 $[IrBr_6]^{3-}$(d^6),都存在 CT 带,对于 $[IrBr_6]^{2-}$ 有两个带在 600 nm 和 270 nm 附近,前者归属于电荷到 t_{2g} 的跃迁,后者归属于电荷到 e_g 的跃迁。而 $[IrBr_6]^{3-}$ 由于 t_{2g} 轨道是被电子充满的,其 LMCT 带只可能是电荷从配体转移到金属的 e_g 轨道。因此,它在 600 nm 附近无

低能吸收带，而在 270nm 处有强的 LMCT 带，它相应于配体电荷到金属 e_g 轨道的转移。有些四面体的化合物如 MnO_4^-、CrO_4^{2-}、VO_4^{3-}，它们并没有 d-d 跃迁，从晶体场的观点看应该全是无色的，但 VO_4^{3-} 除外，CrO_4^{2-} 为橙色，MnO_4^- 为紫色。这是由氧上的 π 电子跃迁到金属离子上所引起。随着金属离子氧化态的增高，从配体至金属跃迁所需的能量减少，因此 MnO_4^- 吸收峰出现在波长最长的位置。

与 LMCT 带相似，如果配体是 π 受体，有空的 $π^*$ 轨道，当配合物吸收光时金属的电荷可转移到配体空的 $π^*$ 轨道，产生从金属到配体的电荷转移带（metal to ligend charge transfer band，MLCT）。MLCT 带多发生在具有空 $π^*$ 轨道的配体，如 CO、CN^-、SCN^-、bpy 等。电荷转移光谱有较大的摩尔吸光系数，这是因为电子在不同宇称状态（g 和 u）间跃迁，如八面体配离子 $[M(NH_3)_6]^{n+}$，其配体组成的群轨道为 a_{1g}、e_g、t_{1u}，因为金属离子 d 轨道是中心对称（即 g 对称）的，所以仅从配体的 t_{1u} 到金属离子的 t_{2g} 或 e_g 之间的跃迁才出现电荷转移带。

CT 谱的发生是电荷由配体跃迁至中心原子或由中心原子跃迁至配体引起的，类似于氧化还原过程。如果形成配合物时金属离子的最高充满轨道和配体最低空轨道的能级差小于 $10^4 cm^{-1}$，将在配体和中心原子间发生氧化还原过程，如果它们之间的能级差大到能够生成稳定配合物的程度，则能观察到电荷的跃迁，而无氧化还原产物生成。如 Fe^{3+}（d^5）无 d-d 跃迁，$[FeF_6]^{3-}$ 是无色的，在可见区无 CT 谱带，在 UV 区有吸收，而 $[FeCl_6]^{3-}$、$[FeBr_6]^{3-}$ 在长波可见区却出现 CT 谱带，分别显黄色和褐色，因为它们的跃迁能比 $[FeF_6]^{3-}$ 低。Fe^{3+} 和 I^- 不能生成配合物，但 Fe^{3+} 自发地被 I^- 还原，它们之间有较小的电荷跃迁能。在分析化学中用 SCN^- 测定 Fe^{3+}，用 H_2O_2 测定 Ti^{4+}，用 bpy 测定 Fe^{3+}，都因为在可见区它们有强的 CT 谱。易氧化的配体如 I^-、S^- 等电荷跃迁所需的能量比较小，CT 光谱出现在可见区或近可见区（如 TiI_4 呈紫色，AgI 呈黄色，HgI_2 呈红色）。$[CoX_4]^{2-}$（X=Cl^-、Br^-、I^-）的电荷转移峰，当从 Cl^- 依次变化到 I^- 时，电荷转移峰逐渐向长波移动。

除 LMCT 和 MLCT 带外，如配体中含有发色团，会出现配体内部因电荷跃迁出现配体内的带（interligend band）。还有在含不同价态的多核配合物中会出现不同价态间的电荷转移带（intervalence charge transfer band）等。

总之，单核配合物的电子跃迁可分为以下几种，现用八面体配合物分子轨道近似能级图（图 3.41）加以说明。图 3.41 中部是配合物的分子轨道能级，箭头表示电子在两个分子轨道之间的跃迁。①配体场（LF）跃迁，即第 3 章讨论的 d-d 跃迁，它是以金属为中心（metal-centred）的跃迁，有时以 MC 表示，这种跃迁所需的能量较低，吸收带常出现在可见光区。②配体到金属（L→M）的电荷转移（LMCT）带。③金属到配体（M→L）的电荷转移（MLCT）带。这两种情况已详加讨论。④配合物中金属和溶剂分子间的电荷转移（CTTS）带。⑤由配体内部受激发产生的配体内（interligand）的电荷转移（IL）带。在以上各类中最重要的是 MLCT 带，它涉及电荷转移引起的光氧化和还原作用。

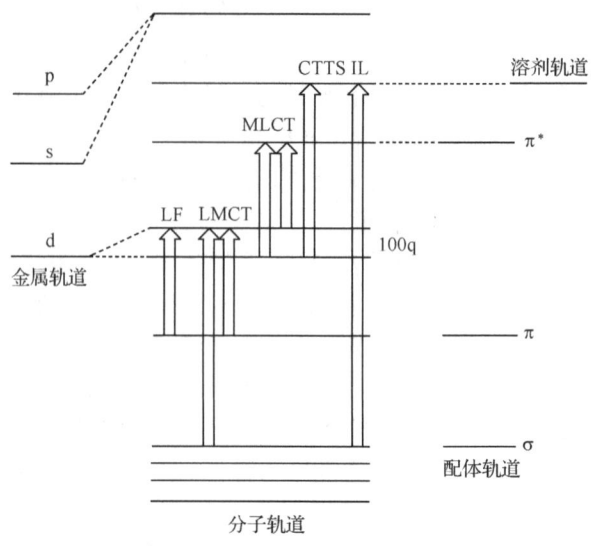

图 3.41　八面体配合物电子跃迁的分子轨道能级图

小　结

(1) 价键理论的重点放在中心原子接受电子的空轨道和配体的成键电子,它能较满意地说明配合物的结构、磁性等,但不能说明配合物的电子光谱。

(2) 晶体场理论的重点放在中心原子 d 轨道的分裂,它引入了 Δ、P 和 CFSE 等几个重要的能量。CFSE 是电子真实分布的能量和均匀分布在球形场的能量之差。比较 Δ 和 P 值可说明配合物的磁性。由不同结构的配合物的 CFSE 可获得 SPE,用以说明配合物的结构,由 Jahn-Teller 效应可解释配合物的畸变。晶体场模型不能说明 π 反馈键的形成和光谱化学序等。

(3) 考虑到中心原子轨道和配体轨道的重叠,在分子轨道模型的基础上引入晶体场的概念,发展为配体场理论,它根据前沿分子轨道的能层来描述成键,不仅包括了晶体场模型的内容,而且能说明 π 反馈键和光谱化学序。

(4) 用角重叠模型从前沿轨道的定向和轨道重叠来考虑,能简单计算轨道能量的相对值,能较为定量的对 σ 键配合物、π 受体、π 给体与金属成键进行说明。

(5) 角重叠模型中,配体和中心原子的重叠能量改变以 $F_\sigma^2 e_\sigma$ 和 $F_\pi^2 e_\pi$ 表示,其 $\Delta_\circ = 3e_\sigma - 4e_\pi$,配体 σ 轨道能量为 2 倍配体数乘以 e_σ,π 轨道能量为 4 倍配体数乘以 e_π。

(6) 配合物的电子光谱。① d-d 跃迁在相同宇称间跃迁,光谱出现在可见区,且较弱。(i) 中心原子为 d^1、d^4、d^6、d^9 的高自旋(O_h 或 T_d)有单峰,Δ_o 或 $\Delta_t = \nu$。(ii) 中心原子为 d^3、d^8(O_h)和 d^2、d^7(T_d)应有 3 个峰。Δ_o(或 Δ_t)由第一峰获得$\Delta = \nu_1$。(iii) d^2、d^7(O_h)或 d^3、d^8(T_d),$\Delta = \nu_3 - \nu_1$(近似),常由于第三个峰不清楚,更严格地需经过复杂的数学计算。② d^{10-n} 和 d^n 的中心原子生成的高自旋配合物有相同谱项,但互为倒置。O_h 和 T_d 的谱项也呈倒置关系。

(7) 电荷转移谱:高氧化态的中心原子和易氧化的配体,M←L 带多出现在可见区;低氧化态的中心原子和高负电性或不饱和配体易产生 L←M 带,当中心原子氧化态降低,配体负电性增加,L←M 带移向低能区。

习 题

1. 配合物 $[Ni(CN)_4]^{2-}$ 是反磁性的,而 $[NiCl_4]^{2-}$ 是顺磁性的,有两个不成对的电子,同样 $[Fe(CN)_6]^{4-}$ 也是反磁性的,而 $[Fe(H_2O)_6]^{3+}$ 有 5 个不成对的电子,试用价键理论和晶体场理论加以解释。

2. 说明下列构型的配合物的中心原子 d 轨道如何分裂? 并给出分裂后轨道能级的顺序。

ML_2 直线形,配体在 z 轴上。

ML_3 平面形,∠LML=120°,配体在 xy 平面。

ML_5 三角双锥,三角形在 xy 平面。

ML_5 四方锥,四方锥的底在 xy 平面。

3. 配体 diars 和 $NiCl_2$ 反应生成 $[Ni(diars)_2Cl_2]$,然后用 Cl_2 氧化成组成为 $Ni(diars)_2Cl_3$ 的化合物,磁性测量含有一个单电子,再进一步被 $HClO_4$ 氧化成带两个正电荷的配离子,试写出三种配合物的结构式,并指出最后一个化合物的磁性。

4. (1) 在水溶液中 $[Co(NH_3)_6]Cl_2$ 很容易按下式进行离解:

$$[Co(MH_3)_6]^{2+} + 6H_2O \rightleftharpoons [Co(H_2O)_6]^{2+} + 6NH_3$$

而 $[Co(NH_3)_6]Cl_3$ 在溶液中却很难检出 Co^{3+} 和 NH_3 的存在。$[Co(NH_3)_6]Cl_2$ 很容易被空气氧化,受热则按下式分解:

$$[Co(NH_3)_6]Cl_2 \xrightleftharpoons{200℃} CoCl_2 + 2NH_3$$

而三价钴氨配合物不易氧化、非常稳定,虽然加热后也可分解,但很缓慢。以上性质的不同请用价键理论予以说明。

(2) 给出以下配离子的不成对电子数及晶体场稳定化能:(a) $[Co(NH_3)_6]^{3+}$,(b) $[Cr(NH_3)_6]^{3+}$,(c) $[Ru(NH_3)_6]^{3+}$,(d) $[PtCl_6]^{2-}$,(e) $[CoCl_4]^{2-}$(T_d)。

5. 为什么电子构型为 d^7、d^8、d^9 的过渡金属离子和作为 π 受体的强场配体,易生成平面正方形配合物。

6. 用角重叠模型计算中心原子 d 电子数为 0~10 的下列构型配合物的结构优选能:八面体-平面正方形,八面体-四面体。

7. 解释下列问题：

(1) 配离子 [Co(NH₃)₅NO₂]²⁺ 的结构可以是 [Co(NH₃)₅ONO]²⁺ 和 [Co(NH₃)₅NO₂]²⁺，在不同条件下我们得出黄色或红色的异构体，试问哪一种结构是黄色，哪一种是红色，为什么？

(2) L₄Pt(Ⅱ) 和 L₄Au(Ⅲ) 都是中心原子的 d^8 的平面正方形配合物，为什么 L₄Au(Ⅲ) 中配体→金属的电荷迁移谱带比 L₄Pt(Ⅱ) 相应的电荷迁移谱带的频率低？

(3) 具有等电子数的 VO_4^{3-}、CrO_4^{2-}、MnO_4^- 都有强的电荷转移带，跃迁波长随以上序列顺序增加，MnO_4^- 的 CT 带位于最长波，为什么？

8. 从图 3.37 测出 $[Cr(H_2O)_6]^{3+}$ 的 Δ_o 值和 B 值。

9. 用角重叠模型确定在 MX₄（四面体）配合物中 d 轨道的相对能量，并绘出能级图（假定仅存在 σ 相互作用）。

10. 用角重叠模型确定在四面体配合物 MX₄ 中 X 作为 σ 给体和 π 受体时 d 轨道的相对能量，并绘出能级图。

11. 图 3.37 给出了 $[Fe(H_2O)_6]^{2+}$ 在 1000nm 附近有两个小丘似的吸收峰，用 Tanabe-Sugano 图说明此峰的来源和为什么会发生分裂。

12. $[Co(H_2O)_6]^{2+}$ 的光谱图（图 3.37）在 20 000cm⁻¹ 处呈现出宽峰，归属为 $^4T_{1g} \rightarrow {}^4A_{2g}$ 的跃迁，在 16 000cm⁻¹ 处有一个小的肩峰，被归属为 $^4T_{1g}(F) \rightarrow {}^4T_{1g}(P)$ 的跃迁，用 Tanabe-Sugano 计算 Δ_o 和 B 值。

参 考 文 献

[1] Gispert J R. Coordination Chemistry 2008. Wiley-VCH:Gmbh&Co. KGaA Weinheim,2008

[2] Miessler G L,Donald A T. Inorganic Chemistry（影印版）. 北京:高等教育出版社,2004:337

[3] 游效曾. 配位化合物的结构和性质. 北京:科学出版社,1992:50

[4] Tadela D A. A common inorganic chemistry texbook mistake: incorrect use of pairing energy in crystal field stabilization energy expressions. J. Chem. Educ. ,1999,76:134

[5] Earsen E,Mar G N L. The angular overlap model: how to use it and why. J. Chem. Education. ,1974,51:633

[6] Purcell K F,Kotz J C. Inorganic Chemistry. New York:Saunders Company, Philadephia. 1979:543-559

[7] Hoggard P E. Angular overlap model parameter. Struct,Bond,2004,106:37

[8] Dou Y-S. Equations for calculating Dq and B. J. Chem. Edu. ,1990,67:134

第 4 章 配位化合物的热力学性质

提要 介绍金属离子和配体性质对配体离解稳定性、氧化还原稳定性的影响,以及螯合效应、大环效应、预组织效应、尺寸识别和互补、诱导效应产生的原因及对稳定常数的影响。举例说明用 pH-电位法、吸收光谱和 NMR 法测定稳定常数的原理和处理方法。

配合物在溶液中的离解稳定性是配合物区别于简单化合物的重要热力学性质之一,在溶液中的离解稳定性是指配离子在溶液中离解成金属离子和配体,当离解达平衡时,离解程度的大小。例如,铝钒 $KAl(SO_4)_2 \cdot 12H_2O$ 和铑钒 $CsRh(SO_4)_2 \cdot 12H_2O$ 在溶液中分别离解为 K^+、Al^{3+}、SO_4^{2-} 和 Rh^{3+}、Cs^+、SO_4^{2-},没有金属离子和配体组成的配位实体的存在,对这类化合物不必讨论其在溶液中稳定性的存在,但铑钒经部分脱水转变成 $CsRh(SO_4)_2 \cdot 4H_2O$,经溶解后发现有 $[RhH_2O(SO_4)_2]^-$ 存在,该离子在溶液中仅部分解离,有一定的稳定性。

$$[Rh(H_2O)_4(SO_4)_2]^- \rightleftharpoons [Rh(H_2O)_4]^{3+} + 2SO_4^{2-}$$

所以溶液中的离解稳定性(以下简称为稳定性)为配合物特有的一个重要性质,它不同于配合物的其他稳定性,如氧化还原稳定性和热稳定性,前者是指配合物中金属离子得失电子的难易,后者是指固态配合物受热分解为其组分的难易。这些稳定性也为简单化合物所具有,而不是配合物特有的性质。再者配合物在固态的热稳定性和在溶液中稳定性之间没有必然的联系。例如,$BeCl_2$ 能吸收氨生成 $[Be(NH_3)_4]Cl_2$,在170℃时该配合物的氨蒸气压为175mm,而 $[Ni(NH_3)_6]Cl_2$ 在140℃时氨的蒸气压就达此值。从热稳定性来看 $[Be(NH_3)_4]Cl_2$ 比 $[Ni(NH_3)_6]Cl_2$ 稳定,但在水溶液中的稳定性却相反,Be^{2+} 和 NH_3 在水溶液中不生成铍氨配合物,只生成羟基配合物,而 $[Ni(NH_3)_6]^{2+}$ 形成反应的平衡常数却相当大($K=6.3\times10^7$),这说明在水溶液中 $[Ni(NH_3)_6]^{2+}$ 很稳定,而 $[Be(NH_3)_4]^{2+}$ 的稳定性却非常小。因为在溶液中稳定性不仅决定于中心原子与配体间键的强弱,金属离子和配体的水合作用也是一个重要因素。

4.1 配离子在溶液中的离解稳定性

4.1.1 稳定常数表示方法

配合物稳定常数被定义为配合物形成反应的平衡常数,它是衡量配合物在溶液中的稳定性大小的尺度。它有不同的表示方法,现分述于下。

1. 化学计量稳定常数和热力学稳定常数

当金属离子 M^{m+} 和配体 L^{n-} 形成配合物 $ML^{(m-n)+}$ 时,其平衡常数以 K 表示,

$$M^{m+} + L^{n-} \rightleftharpoons ML^{(m-n)+}$$

$$K = \frac{[ML^{(m-n)+}]}{[M^{m+}][L^{n-}]} \tag{4-1}$$

式(4-1)方括号表示物种的平衡浓度(mol/L),用物种的平衡浓度表示的稳定常数称为化学计量稳定常数(stoichiometric stability constant)或称浓度稳定常数(concentration stability constant)。化学计量稳定常数随溶液中离子强度改变发生变化,为了得到更精确的值,以活度 a 代替稳定常数表示式中的平衡浓度,则平衡常数称为热力学稳定常数(thermodynamic stability constant)以 ^TK 表示

$$^TK = \frac{a_{ML}}{a_M \cdot a_L} = \frac{[ML]}{[M][L]} \times \frac{\gamma_{ML}}{\gamma_M \gamma_L} \tag{4-2}$$

为简明起见,式中物种的电荷予以略去,带下标的 γ 表示相应物种的活度系数。近似认为活度系数与离子强度有关,在恒定离子强度下式(4-2)右端第一项即为化学计量稳定常数。由于热力学稳定常数难以直接测定,因此通常以浓度常数作为衡量配合物稳定性的尺度。

2. 逐级(stepwise)稳定常数和积累(accumulative)稳定常数

在水溶液中金属离子都进行水合,配合物的生成反应实际上是水合金属离子的配位水分子被配体取代的反应,取代反应是分步进行的,在溶液中有各级配离子存在。例如,在 Cu^{2+} 的水溶液中加入氨水,生成的 $[Cu(NH_3)_4]^{2+}$ 按 4 个反应分步形成。

$$[Cu(H_2O)_4]^{2+} + NH_3 \rightleftharpoons [Cu(H_2O)_3(NH_3)]^{2+} + H_2O$$

$$K_1 = \frac{[Cu(H_2O)_3(NH_3)]}{[Cu(H_2O)_4][NH_3]} = 1.66 \times 10^4$$

$$[Cu(H_2O)_3(NH_3)]^{2+} + NH_3 \rightleftharpoons [Cu(H_2O)_2(NH_3)_2]^{2+} + H_2O$$

$$K_2 = \frac{[Cu(H_2O)_2(NH_3)_2]}{[Cu(H_2O)_3(NH_3)][NH_3]} = 3.16 \times 10^3$$

$$[Cu(H_2O)_2(NH_3)_2]^{2+} + NH_3 \rightleftharpoons [Cu(H_2O)(NH_3)_3]^{2+} + H_2O$$

$$K_3 = \frac{[Cu(H_2O)(NH_3)_3]}{[Cu(H_2O)_2(NH_3)_2][NH_3]} = 8.31 \times 10^2$$

$$[CuH_2O(NH_3)_3]^{2+} + NH_3 \rightleftharpoons [Cu(NH_3)_4]^{2+} + H_2O$$

$$K_4 = \frac{[Cu(NH_3)_4]}{[Cu(H_2O)(NH_3)_3][NH_3]} = 1.51 \times 10^2$$

K_1, K_2, K_3, K_4 称为逐级稳定常数。

此外，在有的情况下配位反应不是逐级形成的，而是直接形成的，因此还可以用积累稳定常数 β_n 来表示配合物的平衡。

$$[Cu(H_2O)_4]^{2+} + NH_3 \rightleftharpoons [Cu(H_2O)_3(NH_3)]^{2+} + H_2O$$

$$\beta_1 = \frac{[Cu(H_2O)_3(NH_3)]}{[Cu(H_2O)_4][NH_3]} = 1.66 \times 10^4 \tag{4-3a}$$

$$[Cu(H_2O_4)]^{2+} + 2NH_3 \rightleftharpoons [Cu(H_2O)_2(NH_3)_2]^{2+} + 2H_2O$$

$$\beta_2 = \frac{[Cu(H_2O)_2(NH_3)_2]}{[Cu(H_2O)_4][NH_3]^2} = 5.25 \times 10^7 \tag{4-3b}$$

$$[Cu(H_2O)_4]^{2+} + 3NH_3 \rightleftharpoons [Cu(H_2O)_3(NH_3)_3]^{2+} + 3H_2O$$

$$\beta_3 = \frac{[Cu(H_2O)_3(NH_3)_3]}{[Cu(H_2O)_4][NH_3]^3} = 4.36 \times 10^{10} \tag{4-3c}$$

$$[Cu(H_2O)_4]^{2+} + 4NH_3 \rightleftharpoons [Cu(NH_3)_4]^{2+} + 4H_2O$$

$$\beta_4 = \frac{[Cu(NH_3)_4]}{[Cu(H_2O)_4][NH_3]^4} = 6.58 \times 10^{10} \tag{4-3d}$$

即 $M + nL \rightleftharpoons ML_n$

$$\beta_n = \frac{[ML_n]}{[M][L]^n} \tag{4-3}$$

式中，β_n 称为积累稳定常数，又称总稳定常数（overall stability constant），显然 β_n 和 K_n 有以下关系，

$$K_n = \beta_n/\beta_{n-1} \tag{4-4}$$

$$\beta_n = K_1 \cdot K_2 \cdot K_3 \cdots K_n = \prod_1^n K_n \tag{4-5}$$

可见 β_n 或 K_n 越大配离子越难离解。在配合物的书籍中也有用形成常数（formation constant），键合常数（binding constant）来描述配位反应的平衡，他们互为同义语。此外，配离子离解反应的平衡常数是稳定常数的倒数，称为不稳定常数（instability constant）K_{in}，即 $K = 1/K_{in}$。

4.1.2 各级配离子在溶液中的分布

在溶液中各级离子是分步形成的，每一配离子形成的多少和配体浓度及稳定常数有关，配体浓度越高，形成高配位数的配离子也越多，配离子稳定性大小和各级配离子形成的关系可用各种图形来表示，其中最常用的是用各级配离子（也包括自由金属离子）的摩尔分数对配体平衡浓度作图称为配离子的分布图，图 4.1 是氨合铜（Ⅱ）离子的分布图它可以从式（4-3a）～式（4-3d）的数据得到。例如，以 c_{Cu} 表示溶液中 Cu^{2+} 的总浓度，它等于各级配离子之和

$$c_{Cu} = [Cu] + [Cu(NH_3)] + [Cu(NH_3)_2] + [Cu(NH_3)_3] + [Cu(NH_3)_4]$$

$$= [Cu](1+\beta_1[NH_3]+\beta_2[NH_3]^2+\beta_3[NH_3]^3+\beta_4[NH_3]^4) \quad (4\text{-}6)$$

由式(4-6)可计算 Cu^{2+} 的物质的量 α_0

$$\alpha_0 = \frac{[Cu]}{c_{Cu}} = \frac{1}{1+\beta_1[NH_3]+\beta_2[NH_3]^2+\beta_3[NH_3]^3+\beta_4[NH_3]^4} \quad (4\text{-}7)$$

同理第 i 级配离子 $[Cu(NH_3)_i]$ 的摩尔分数 α_i ($i=1\sim4$)

$$\alpha_i = \frac{[Cu(NH_3)_i]}{c_{Cu}} = \frac{\beta_i[NH_3]^i}{1+\beta_1[NH_3]+\beta_2[NH_3]^2+\beta_3[NH_3]^3+\beta_4[NH_3]^4}$$

$$= \frac{\beta_i[NH_3]^i}{1+\sum_1^4 \beta_i[NH_3]^i} \quad (4\text{-}8)$$

如果知道各级配离子的稳定常数和配体的平衡浓度，就可以从式(4-7)和式(4-8)计算 α_i，并作出分布图。当配体大大过量时，配体平衡浓度可用配体的总浓度代替，或者由其他方式获得。例如，在已知 pH 的溶液中，NH_3 在溶液中存在如下平衡，其平衡常数 K^H 称为 NH_3 的质子化常数(protonation constant)。

$$NH_3 + H^+ \rightleftharpoons NH_4^+ \quad K^H = \frac{[NH_4^+]}{[NH_3][H^+]} = 10^{9.3} \quad (4\text{-}9)$$

如果 K^H 为已知，当加入的 NH_4Cl 为大过量时($4\text{mol}\cdot L^{-1}$)，在已知 H^+ 浓度下 (pH=6)，则 NH_3 的平衡浓度可近似获得，即 $[NH_3]=10^{-9.3}\times10^6\times4=2.01\times10^{-3}\text{mol}\cdot L^{-1}$。由图 4.1 可见每一条曲线的最高点表示离子存在的最大摩尔分数。

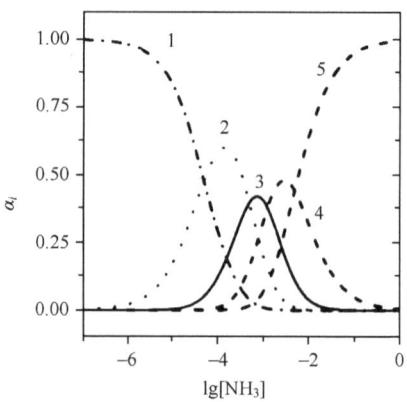

图 4.1 Cu-NH_3 体系中各级配离子的分布曲线

1. Cu^{2+}; 2. $[Cu(NH_3)]^{2+}$; 3. $[Cu(NH_3)_2]^{2+}$; 4. $[Cu(NH_3)_3]^{2+}$; 5. $[Cu(NH_3)_4]^{2+}$

4.1.3 配位反应热力学函数和稳定常数的关系

配位反应 $M+nL \rightleftharpoons ML_n$ 的热力学函数和稳定常数有以下关系：

$$\Delta G_n^\ominus = -RT\ln{}^T\!\beta_n = \Delta H - T\Delta S_n^\ominus \qquad (4\text{-}10)$$

式中，$\Delta G_n^\ominus$ 为标准态的自由能变；$\Delta H_n^\ominus$ 和 $\Delta S_n^\ominus$ 分别为标准态时的焓变和熵变，即单位活度时的热力学函数，但该条件难以实现，所以以化学计量稳定常数 β 和指定条件下反应焓变 ΔH 和熵变 ΔS 表示。

配合物的稳定性受焓变和熵变所控制，配合物形成时对焓变和熵变主要有如下影响：

焓变：①配位反应引起化学键强度的改变；②配体场的影响；③在配位实体中配体间空间推斥或静电排斥作用；④水合金属离子及配体在形成配合物时的去溶剂作用而引起的焓变；⑤配体在配位前和后发生构型改变；⑥正负离子电荷中和引起的焓变。

熵变：熵变取决于反应前后溶液中分子(或离子)数目的改变而导致混乱度的改变。例如，溶液中金属离子和配体的溶剂化和去溶剂作用及螯合环的大小和配合物构型的改变等。

由配合物的稳定常数可求得 ΔH 和 ΔS 的近似值，由式(4-10)可得

$$\ln\beta_n = \Delta H_n/RT + \Delta S_n/R \qquad (4\text{-}11)$$

在温度变化不大时 ΔH_n 可近似认为是常数，因此在改变温度下获得的 β_n 值，以 $\lg\beta_n$ 对 $1/T$ 作图可求出 ΔH_n 和 ΔS_n。

4.2　中心原子性质对配合物稳定性的影响

4.2.1　中心原子在周期表中的位置

在正常氧化态下，如果没有空间位阻等因素干扰，可以发现某些金属容易同特定的配位原子生成稳定的配合物。因而 Ahrland 等按照配位原子的种类和中心原子的配位能力把中心原子在周期表中位置分为三类。

第一类，中心原子是在表 4.1 中虚线以外，点线以内的元素，都是周期表中的主族元素，即 A 族，又称 a 类元素，其离子半径一般较大，电荷较低且外层又是惰性气体电子构型，它们和配体主要靠静电结合，易与高负电性的氧、氟原子成键，和氮、硫、磷等配位原子形成配合物能力较差。如碱金属的氨合物，在液氨中可得到 $[Na(NH_3)_5]Cl$ 和 $[Ni(NH_3)_4]Cl$，但在水溶液或升高温度下就分解。但它们的螯合物还是相当稳定的，如氨羧配体和钙生成很稳定的螯合物。多胺膦酸(如 N,N,N',N'-乙二胺四亚甲基膦酸、氨三甲基膦酸等)几乎和碱金属、碱土金属形成较稳定的配合物。特别值得注意的是，含氧冠醚和穴醚能和碱金属、碱土金属生成十分稳定的配合物。它们之间除静电引力外，金属离子尺寸和大环空腔半径匹配也是生成配合物稳定性增加的主要因素。中心原子与配位原子(或配体)生成配合物稳

定性顺序见表 4.2。

表 4.1　中心原子在周期表中的分布

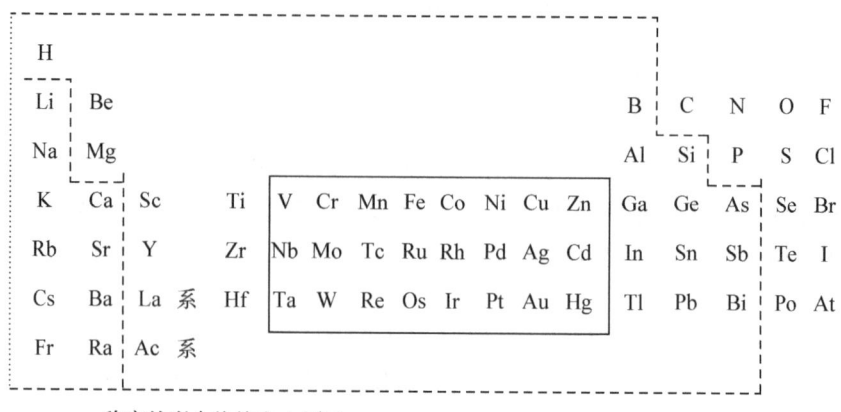

—— 稳定的配合物的中心原子
---- 稳定的螯合物的中心原子
…… 能生冠醚、穴醚配合物和少数螯合物

表 4.2　中心原子与配位原子形成配合物的稳定性顺序

族数	a 类	b 类
V	N≫P>As>Sb>Bi	N≪P>As>Sb>Bi
VI	O≫S>Se>Te	O≪S∼Se∼Te
VII	F≫Cl>Bl>I	F≪Cl<Bl<I

第二类是位于周期表中部黑线范围的 B 族元素,共 22 种,也称为 b 类元素,它们能形成稳定的配合物,这些元素具有如下特点:①它们是过渡元素,在同一周期随着原子序数的增加,电子填充到次外层,其按电荷增加,半径变化不大,在形成配合物时,由于核电荷较高,半径相对较小,对配体吸引力较强,容易生成稳定配合物,是典型的中心原子。②大部分离子有空的 d 轨道,配体占据空的 d 轨道,由于配体场作用能级发生分裂,因此金属离子的 d 电子有序排列,导致体系能量降低,获得稳定化能,CFSE 对稳定性有所贡献。③最外层有自由的 d 电子,生成配合物时,外层 d 电子可与配体形成反馈 π 键,从而增强配合物的稳定性,b 类中心原子和配体主要靠共价结合,并生成反馈 π 键,所以和能形成反馈 π 键的 π-酸配体有强的结合力,如 R_3As、R_3P、R_3S(R 为烷基或芳基)。但它们与不形成反馈键的配体稳定性就较低,如 NH_3、H_2O 等。第三类(c 类元素)位于 a 类和 b 类中间的元素,因性质介于 a 类和 b 类之间,又称交界中心原子,包括部分碱土金属,镧、锕二系离子和具 s^2p^6 型电子构型的 B^{3+}、Al^{3+} 等,Sn^{2+}、Sb^{3+}、Pb^{2+}、Bi^{3+} 等虽有 d 电子,但处于次外层,被最外层的 s 电子所屏蔽,不能生成反馈 π 键,所以形成配合物

的能力比过渡元素差。这类中心原子有时与 P、S、Cl 等配位原子成键能力强,有时又与 N、O、F 成键能力强。

形成配合物时并不完全生成单一配体的配合物,往往生成混合配体配合物,周期表下边具有高配位数的金属离子易形成,如 UO_2^{2+} 配位数为 8,Th^{4+} 的配位数最多可达 10,当他们和多齿配体生成配合物后,配位数不易饱和,配位数未达饱和时,其他配体就可乘虚而入,目前除第一族碱金属外,其他元素均有混合配体配合物,当中心原子配位数大于 4 时,更带有普遍性。

以上的分类方法显然是非常粗糙的,因为没有考虑到中心原子的氧化态,如 Cu^+ 和 I^- 生成稳定的配合物应属于 b 类,而 Cu^{2+} 却不能,归纳 Cu^{2+} 的性质应属于交界中心原子,因此以上分类法存在一些问题。

4.2.2 软-硬酸碱原则[1,2]

1. 中心原子和配体的软-硬性质

1963 年,Pearson 把配体看成碱,中心原子看成酸把配位反应看成酸碱反应,并建议用"硬"、"软"一词来代替 a 类和 b 类。在此基础上提出硬-软酸碱(hard and soft acid and base, HSAB)概念,并对广义"酸"、"碱"进行分类,所得结果列于表 4.3 和表 4.4。

表 4.3 硬碱和软碱

硬碱	交界碱	软碱
		H^-
F^-, Cl^-	Br^-	I^-
H_2O, OH^-, O^{2-}		H_2S, HS^-, S^{2-}
ROH, RO^-, R_2O, CH_3COO^-		RSH, RS^-, R_2S
NO_3^-, ClO_4^-	NO_2^-, N_3^-	SCN^-, CN^-, RNC, CO
CO_3^{2-}, SO_4^{2-}, PO_4^{3-}	SO_3^{2-}	$S_2O_3^{2-}$
NH_3, RNH_2, N_2H_4	$C_6H_5NH_2$, C_5H_5N, N_2	R_3P, $(RO)_3P$, R_3As, C_2H_4, C_6H_6

表 4.4 硬酸和软酸

硬酸	交界酸	软酸
H^+, Li^+, Na^+, K^+		
Be^{2+}, Mg^{2+}, Ca^{2+}, Sr^{2+}		
BF_3, BCl_3, $B(OR)_3$	$B(CH_3)_3$	BH_3, Tl^+, $Tl(CH_3)_3$
Al^{3+}, $Al(CH_3)_3$, $AlCl_3$, AlH_3		
Cr^{3+}, Mn^{2+}, Fe^{3+}, Co^{3+}	Fe^{2+}, Co^{2+}, Ni^{2+}, Cu^{2+}, Zn^{2+}	Cu^+, Ag^+, Au^+, Cd^{2+}, Hg^{2+}

续表

硬酸	交界酸	软酸
	Rh^{3+}, Ir^{3+}, Ru^{3+}, Os^{2+}	Hg_2^{2+}, CH_3Hg^+, $[Co(CN)_5]^{3-}$
		Pb^{2+}, Pd^{2+}, Pt^{4+}
		Br_2, I_2
+4 级及高氧化态的离子		零氧化态的金属
HX(成氢键的分子)		π 受体,三硝基苯醌类,
		四氰基乙烯等

由表 4.3 和表 4.4 可见,硬酸的特点是体积小、正电荷高、极化性低,也就是外层电子抓得紧。软酸的特点是体积大,正电荷低或为零,极化性高并有易于激发的 d 电子,也就是外层电子抓得松。交界酸的性质介于硬酸与软酸之间。硬碱的特点是体积小、负电荷高、极化难,也就是外层电子抓得紧,软碱的特点则与之相反。交界碱的性质介于硬碱与软碱之间。

以上分类与阿尔兰德的分类一致。第一类中心原子为硬酸,第二类中心原子为软酸。这种分类显然比阿尔兰德的分类完善,因为还考虑到氧化态的变化及配体电荷向中心原子的转移。如 Ga^{3+}、In^{3+} 属硬酸,$GaCl_3$、GaI_3、$InCl_3$ 属软酸。在分类基础上总结出软硬酸碱原理,即"硬亲硬、软亲软、软硬交界就不管"。硬酸与硬碱,软酸与软碱形成配合物最为稳定,交界酸碱形成的配合物差别不大。目前对酸碱硬度分类还不够完善,现根据酸碱性质大体分类总结于表 4.5。

表 4.5 分类总结

性质	酸		性质	碱	
	硬	软		硬	软
极化性	极化性低	极化性高	极化性	极化性低	极化性高
电 性	电正性高	电正性低	电 性	电负性高	电负性低
电荷量	正电荷高	正电荷低	电荷量	负电荷高	负电荷低
氧化态	氧化态高	氧化态低	氧化态	难氧化	易氧化
体 积	体积小	体积大	体 积	体积小	体积大
键 型	离子键	共价键	键 型	离子键	共价键
	静电型	共价型或 π 型		静电型	共价型或 π 型
价电子情况	空轨道能阶高而难易(不易接受电子)	空轨道能阶低而易登(易接受电子)	价电子情况	电子少难激发	电子多易激发

2. 类聚(symbiosis)效应

在混合配合物中某些不同的配体容易聚在一起同中心原子形成稳定的配合

物,如在$[Co(NH_3)_5X]^{2+}$及$[Co(CN)_5X]^{3-}$（X=卤素）中,对前一配离子中稳定顺序是$F^->Cl^->Br^->I^-$,而在后一配离子中稳定性顺序却相反,这因为在前者中NH_3属硬碱,在后者中CN^-属软碱,同类配体容易聚在一起和中心原子形成稳定的配合物,所以前者与F^-的配位能量最强,后者和I^-的配位能力最强,一般来说,软配体容易极化,配位后电子对偏向于中心原子,使中心原子软度增加,因而更倾向于和软配体配位。硬碱配体则使中心原子硬度增加,因而更倾向于与硬碱配体配位,这种硬-硬或软-软相聚的现象称为类聚反应。这种现象也出现在两可配体SCN^-对金属离子的键合中,如$[Co(NH_3)_5(NCS)]^{2+}$中以SCN^-的氮原子和Co(Ⅲ)相连,而在$[Co(CN)_5(SCN)]^{2+}$中以硫相连。

以上仅对软-硬酸碱原则作了定性的描述,目前对酸、碱的软-硬度还没有严格的区分标准,也缺少定量的标度来予测量软-硬酸碱相亲的程度。虽然已有不少人从电负性、电离势、电子亲和势等参数作为酸碱硬-软度的标度,各有优缺点,但仍不够完善。

4.2.3 Irving-William 序列

已熟知中心原子的电荷、半径、电离势、电负性等因素都影响配合物的稳定性,即中心原子电荷越高,半径越小,电离势越高,生成配合物越稳定。此外,中心原子的电子结构改变引起晶体场稳定化能改变,对配合物的稳定性也有贡献。

Irving 和 William 发现第一过渡系的金属离子与某些含氧、含氮等配体生成高自旋配合物的稳定性有如下顺序:

$$Mn^{2+} < Fe^{2+} < Co^{2+} < Ni^{2+} < Cu^{2+} > Zn^{2+}$$

稳定常数随中心原子的 d 电子数逐渐增加,到铜达最大值。许多配体同两价金属离子生成的配合物大都有此规律,不仅如此,当比较金属离子第二电离势,水合热等也发现有同样顺序。这个顺序称为 Irving-William(欧文-威廉)顺序。乙二胺配合物的稳定常数与稳定化能见表4.6。

表 4.6 乙二胺配合物的稳定常数与稳定化能（$1mol \cdot L^{-1} KCl, 30℃$）

稳定常数	Mn^{2+}	Fe^{2+}	Co^{2+}	Ni^{2+}	Cu^{2+}	Zn^{2+}
lgK_1	2.73	4.08	5.89	7.52	10.55	5.71
lgK_2	2.06	3.25	4.83	6.28	9.05	4.60
lgK_3	0.88	1.99	3.10	4.26	−1.0	1.72
$lg\beta_3$	5.67	9.52	13.82	18.06	18.60	12.09
按虚线计算的 $lg\beta_3$	5.67	6.95	8.24	9.62	10.80	12.09
$\Delta lg\beta$	0	2.57	5.58	8.54	7.80	0
CFSE(Δ)	0	0.4	0.8	1.2	0.6	0

欧文-威廉顺序产生的原因乃是中心原子 d 电子数目改变引起晶体场稳定化能贡献不一的结果。

如果水合金属离子和配体形成高自旋配合物,金属离子在 t_{2g} 及 e_g 轨道上的 d 电子数分别为 $n_1(t_{2g})$ 及 $n_2(e_g)$,水合离子的分裂能为 Δ_h,配离子的分裂能为 Δ_c (图 4.2),所以生成高自旋配合物时,有

$$\text{CFSE 的贡献} = [0.4n_1(t_{2g}) - 0.6n_2(e_g)][\Delta_c - \Delta_h] \quad (4-12)$$

假定式(4-12)中的 Δ_h 很小可以忽略,则用配合物的 CFSE 作为对稳定的贡献,即

$$\text{CFSE 的贡献} = [0.4n_1(t_{2g}) - 0.6n_2(e_g)]\Delta_c \quad (4-13)$$

对 $d^5(Mn^{2+})$,$d^{10}(Zn^{2+})$ 没有稳定化能的贡献,所以生成配合物的稳定常数最小。表 4.6 列出了乙二胺和二价金属离子形成配合物的稳定常数和金属离子的 CFSE 值。由表 4.7 中晶体场稳定化能的值来看,$Ni^{2+}(d^8)$ 贡献应为最大,所以稳定性最高应 Ni^{2+} 在不应在 Cu^{2+}。但由于姜-泰勒效应,Cu^{2+} 的八面体配合物产生畸变,引起能级进一步分裂,提供了额外的稳定化能,使 Cu(Ⅱ) 的配合物有更高的稳定性。

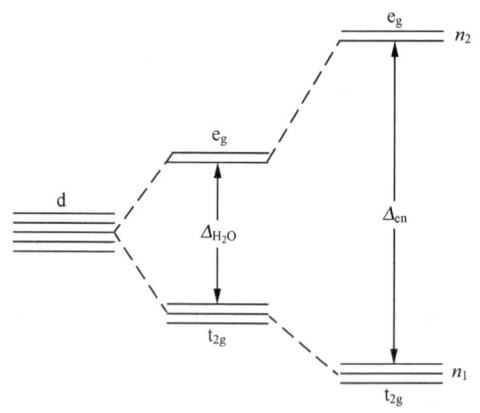

图 4.2 水和金属离子和配合物的轨道在晶体场中的分裂

图 4.3 表示一些配体的 $\lg\beta_3$ 随金属离子改变的 Irving-William 序列,由此我们可以计算 CFSE 对稳定性的贡献,CFSE 可由光谱数据得到。今以 $[Ni(en)_3]^{2+}$ 生成反应为例。

$$[Ni(H_2O)_6]^{2+} + 3en \rightleftharpoons [Ni(en)_3]^{2+} + 6H_2O$$

分裂能 Δ_o $8500 cm^{-1}$ $11\,600 cm^{-1}$

由式(4-12),$[Ni(en)_3]^{2+}$ 的 CFSE$= 0.4 \times 6 \times 11\,600 - 0.6 \times 2 \times 11\,600 = 1.2 \times 11\,600 cm^{-1}$

$Ni(H_2O)_6^{2+}$ 的 CFSE$=1.2 \times 8500 cm^{-1}$

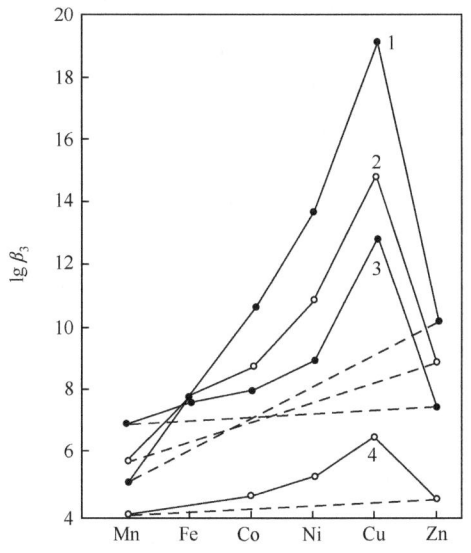

图 4.3 两价金属离子的 d 电子数对 $\lg\beta_3$ 作图
1. 乙二胺；2. 水杨醛；3. 氨乙酸；4. 乙二酸

此反应 CFSE 的贡献 $=1.2/(11\,600-8500)=3720\text{cm}^{-1}=3720/83.6\text{cm}^{-1}$
$=44.5\text{kJ}$

如果不考虑空间位阻，Jahn-Teller 效应等因素对稳定性贡献，对同一配体而言，稳定常数应随中心原子核电荷从 Mn^{2+} 到 Zn^{2+} 直线性地增加，因而从图 4.3 中找出偏离直线稳定常数差值 $\Delta\ln\beta$ 就可估计 d 电子对稳定性的贡献。

$$\Delta G_{en}^{\ominus}-\Delta G_{H_2O}^{\ominus}=RT\Delta(\ln\beta)=8.314\times298\times2.303\times8.54\approx48.6\text{kJ}$$

以上计算指出，由光谱和热力学得到的结果基本相符。欧文-威廉顺序对高自旋配合物较为有效，对低自旋配合物则发生偏差。

4.3 螯合物的稳定性

4.3.1 成环作用对配合物稳定性的影响

螯合物的稳定性和环的生成有密切关系，总结如下：①成环作用使螯合物的稳定性增加。在空间位阻不存在下环的数目越多，生成螯合物也越稳定。②从许多事实发现，大多数稳定的螯合物都是五元环或六元环。四元环在螯合物中很少见，因为两个配位原子相隔太近，生成螯合物时张力太大，所以不容易生成，四元环往往出现在多核配合物中，关于在什么情况下生成五元环或六元环，现在还缺乏资料。一般来说，环上有双键的六元环比环上没有双键的五元环更稳定。当环上没有双键时，五元环就比六元环稳定一些，比六元环大的环一般不稳定，所以只能用金属离子的高氯酸盐同相应的螯合剂在有机溶剂中制备。③无论五元环或六元环，环上有芳香性也增加配合物稳定性，如联吡啶(bpy)和菲啰啉(phen)作为配体，虽形成有双键的五元环如$[Fe(phen)_3]^{2+}$和$[Fe(bpy)_3]^{2+}$仍有高稳定性。④乙酰丙酮以醇式和金属离子形成六元环，由于共振效应(resonanee effect)[(**4.1**)和(**4.2**)]使配合物稳定性增加，因此乙酰丙酮能和三价金属离子形成稳定配合物，如$[Ti(acac)_3]$、$[Cr(acac)_3]$和$[Co(acac)_3]$。在这些配合物中，两个C—O、M—O和C—C分别有相同的键长(图4.4)，这说明电子离域在螯合环上，形成类似苯环结构，有一定芳香性，当形成配合物时，电子离域程度比自由醇式结构离域大，因而由于共振效应增强了配合物的稳定性。

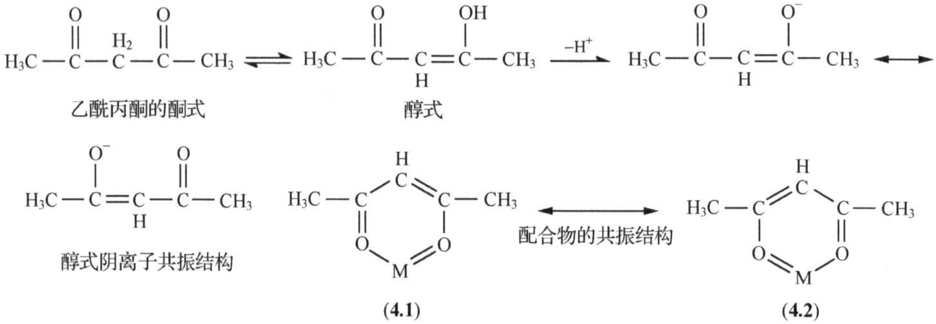

图 4.4 乙酰丙酮及其配合物的共振结构

4.3.2 螯合效应

成环作用增加配合物的稳定性，如以下反应：

$$[Ni(H_2O)_6]^{2+} + 6NH_3 \rightleftharpoons [Ni(NH_3)_6]^{2+} + 6H_2O \quad \lg\beta_6 = 8.61 \tag{4-14}$$

$$[Ni(H_2O)_6]^{2+} + 3en \rightleftharpoons [Ni(en)_3]^{2+} + 6H_2O \quad \lg\beta_3 = 18.28 \tag{4-15}$$

由于环的生成稳定常数增加约10^{10}倍，这种现象称为螯合效应(chelete effect)。由式(4-14)和式(4-15)得如下取代反应：

$$[Ni(NH_3)_6]^{2+} + 3en \xrightarrow{\lg K} [Ni(en)_3]^{2+} + 6NH_3 \quad \lg K = \lg\beta_3 - \lg\beta_6 \tag{4-16}$$

可见取代反应式(4-16)的平衡常数的大小即反映螯合效应的量度。$\lg K$与取代反应自由能变$\Delta G^{\ominus}$有如下关系：

$$\Delta G^{\ominus} = \Delta H^{\ominus} - T\Delta S^{\ominus} = -RT\lg K$$

螯合效应来自于自由能变,也决定于焓变和熵变,在以上反应中,配体结构相似,配位原子相同,在两个配合物中,Ni—N 键的键能相近,ΔH 很小,所以反应的动力主要来自于熵变,也就是说在这种情况下,产生螯合效应的原因主要是由于熵增加。

熵增的主要原因目前大多数人认为来源于两种途径:①体系中物种数目的增加:比较式(4-14)和式(4-15)可见,生成螯合物$[Ni(en)_3]^{2+}$的反应前后物种的数目增多,这样使体系的紊乱度增加,从有序排列到无序引起体系熵增加。②配位概率的增加:在$[Ni(NH_3)_6]^{2+}$的离解平衡中,当NH_3离解后,它迅速从配合物的溶剂中迅速扩散到更远的位置,它不可能和原来的配合物再重新结合。在$[Ni(en)_3]^{2+}$中 en 的配位氮原子在溶液中虽然也发生离解,但NH_2基团固定在碳-氢键上,只能从配位位置移动几个 Å,对同一配合物再配位的可能性比前一种情况大得多。故当螯合配体和单齿配体比较时螯合配体的概率更大,稳定性也更高,导致体系的熵增,配位概率 P 与熵变的关系为 $\Delta S=k\ln P$(k 为玻耳兹曼常量),在某些情况如果 $\Delta H^{\ominus}$ 不能忽略,则螯合效应还受 $\Delta H^{\ominus}$ 所影响。由表 4.7 的数据可以得到说明。

表 4.7　螯合效应($MA_n+L\rightarrow ML+nA$)的热力学常数(25℃)

	MA_n	ML	$\Delta G^{\ominus}/(kJ/mol)$	$\Delta H^{\ominus}/(kJ/mol)$	$T\Delta S^{\ominus}/(kJ/mol)$
(1)	$[Cd(NH_2CH_3)_2]^{2+}\rightarrow$	$[Cd(en)]^{2+}$	-5.86	0.0	5.86
(2)	$[Cd(NH_3)_2]^{2+}\rightarrow$	$[Cd(en)]^{2+}$	-5.02	0.42	5.44
(3)	$[Zn(NH_3)_2]^{2+}\rightarrow$	$[Zn(en)]^{2+}$	-6.49	0.42	6.91
(4)	$[Cu(NH_3)_2]^{2+}\rightarrow$	$[Cu(en)]^{2+}$	-17.99	-10.88	7.11
(5)	$[Ni(trien)]^{2+}\rightarrow$	$[Ni(en)_2]^{2+}$	-2.30	17.78	20.08
(6)	$[Ni(penten)]^{2+}\rightarrow$	$[Ni(dien)_2]^{2+}$	-2.93	21.13	24.06

由表 4.7(1)~(3)项可以看出螯合效应主要是熵增引起的,焓变的贡献不大。表 4.7 中(4)项指出$[Cu(en)]^{2+}$的螯合效应比$[Cd(en)]^{2+}$与$[Zn(en)]^{2+}$大,除熵增外焓变也起了重要的作用。Cd(Ⅱ)、Zn(Ⅱ)不具有 d 电子,Cu(Ⅱ)为 d^9 电子构型,有大的稳定化能,其焓变的改变是由稳定化能提供的,这点已由光谱的数据得到证明。表 4.7 中(5)、(6)项的焓变为正值,因为$[Ni(trien)]^{2+}$(**4.3**)比$[Ni(en)_2]^{2+}$多一个环,当第三环闭合时所受到的张力较大,使第四个氮原子成键困难。其他多胺型螯合物如化合物(**4.4**)和(**4.5**)比较也有类似情况。

这类螯合物虽然生成稠环引起熵增加很多,但被焓变所抵消,所以其螯合效应仍然很小。Ag(Ⅰ)与 Hg(Ⅱ)等的螯合物,因成环时受到的张力较大,它们的螯合效应是负值。螯合效应的存在早期曾一度引起学者争议,现已公认螯合效应是客观存在的现象。这些概念在超分子化学中发展为大环效应、穴合效应等[3]。

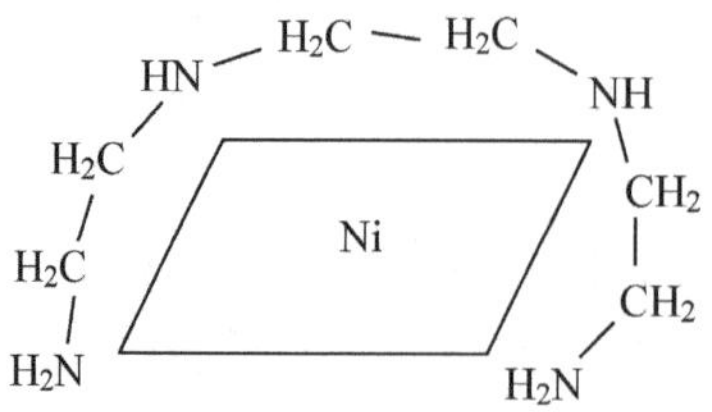

[Ni(trien)]²⁺ 结构图

[Ni(trien)]$^{2+}$
(三乙基四胺)合镍(Ⅱ)离子
(4.3)

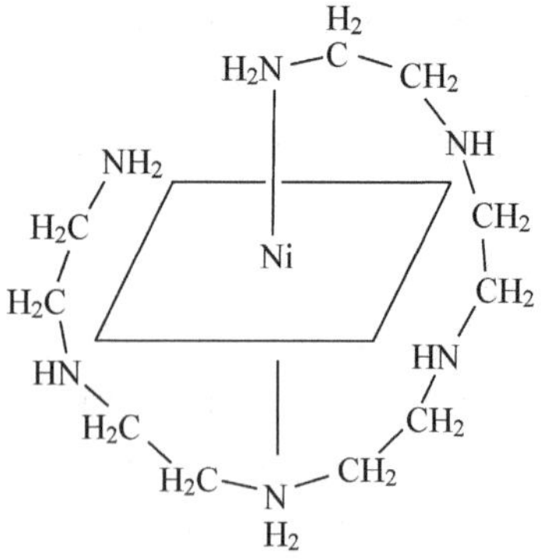

[Ni(penten)]$^{2+}$
(五乙基六胺)合镍(Ⅱ)离子
(4.4)

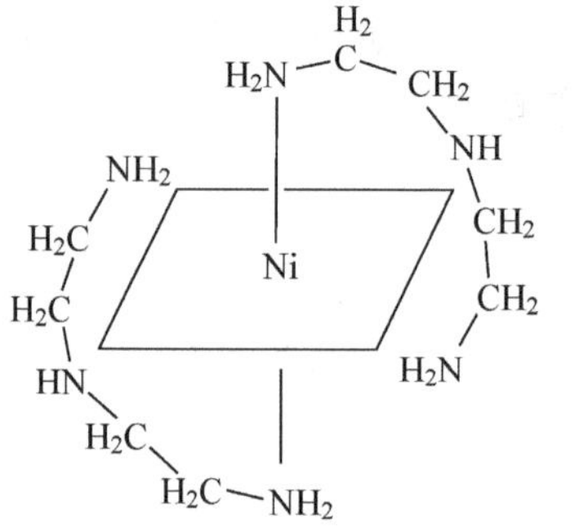

[Ni(dien)]$^{2+}$
二(二乙基三胺)合镍(Ⅱ)离子
(4.5)

4.3.3 配体的其他性质对稳定性的影响

1. 配体的碱性和取代基亲电性

许多配体都可以接受质子生成弱酸，如

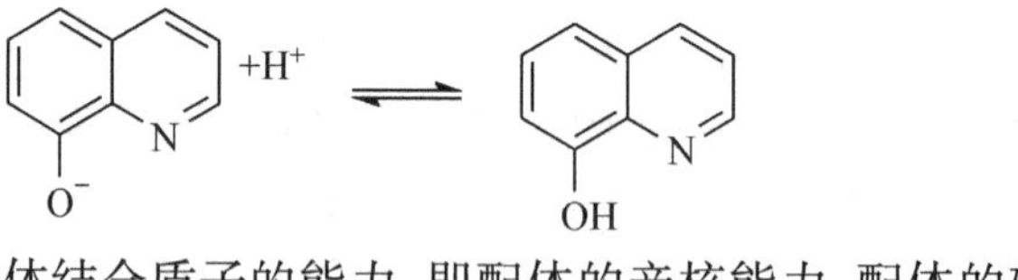

$$\text{8-羟基喹啉阴离子} + H^+ \rightleftharpoons \text{8-羟基喹啉} \tag{4-17}$$

配体的碱性表示配体结合质子的能力，即配体的亲核能力，配体的碱性越强，表示它的亲核能力也越强，它同金属离子的配位能力也越强。用 pK_a 表示配体亲质子能力的强弱。许多实验证明，配体的碱性与它们生成配合物的稳定性之间确有一致的关系，即配体的碱性越强和同一金属离子形成的配合物稳定性也越大。

以 pK_a 对 $\lg\beta_2$ 作图(图 4.5)得一直线

$$\lg\beta = spK_a + a \tag{4-18}$$

直线斜率为 s,截距为 a。由此可见,配体进行配位反应和配体进行酸式离解,这两个反应是相关联的。如配体结构改变,使其酸式解离常数发生变化,也必然引起配位反应平衡常数发生变化。归根结底是由于二者自由能变成比例的发生变化,两反应的 ΔG 和 $\lg\beta$ 也呈直线关系。式(4-18)表示 $\lg\beta$ 和 pK_a 之间的关系称为线性自由能关系(linear free energy relalionship,LFER)。由于稳定性还要受其他因素(如空间位阻、反馈键生成等)影响,会偏离线性关系。

图 4.5 螯合物稳定常数和碱度

1. 水杨醛;2. 3-正丙基水杨醛;3. 5-甲基水杨醛;4. 4,6-二甲基水杨醛;5. 3-乙氧基水杨醛;
6. 3-甲基水杨醛;7. 4-甲基水杨醛;8. 3-硝基水杨醛;9. 4-硝基水杨醛

配体上取代基的亲电性对配合物物的稳定性有很大影响。水杨醛的苯环有甲基取代后,如化合物(**4.6**),由于其甲基有斥电子功能,在酚基邻位或对位的电子云密度最大,使对位或邻位酚基的氢不容易解离,所以 4,6-二甲基水杨醛的碱度最高,稳定性也最高。甲氧基斥电子能力仅次于甲基。硝基或氯吸电子能力增强,故稳定性依次下降。

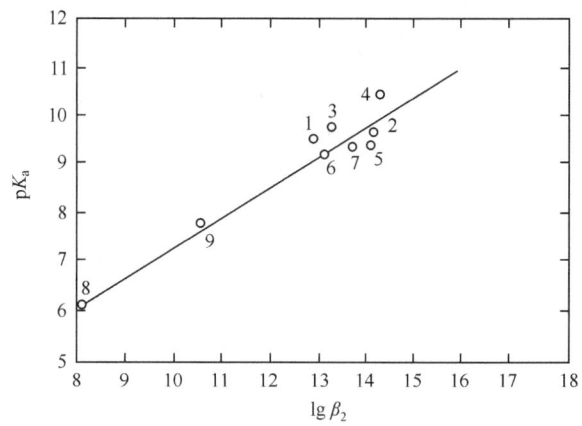

冠醚环上取代基的亲电性同样也影响冠醚配合物的稳定性。例如,对于并-15-冠-5 的 Na^+ 配合物,当苯环上的氢 NH_2 取代时,它的稳定常数比被硝基取代要大 25 倍。

2. 空间位阻

如前所述,一方面,变换配体上取代基性质可增加配合物的稳定性;另一方面,取代基的引入由于空间位阻的影响,也可以使配合物的稳定性降低。

例如,1,10-菲绕啉(**4.8**)是灵敏试剂,同 Fe^{2+} 与成鲜红色配合物,若溶液中含有 $0.1\sim0.06$ ppm 的 Fe^{2+} 都能检测出,这说明它和 Fe^{2+} 结合得很牢,菲绕啉和 Fe^{2+} 的稳定常数 $\lg\beta_3=21.5$。但在 2,9 位置上引入甲基或苯基就不和 Fe^{2+} 发生反应,因为甲基或苯基在配位原子 N 的邻位,对配合物的生成起了阻碍作用,这就是空间位阻的影响(空间位阻效应)。由于甲基的引入,螯合剂碱性增加,配位能力也增强。但另一方面,甲基位于配位原子的邻位,造成了空间位阻,矛盾的主要方面是空间位阻,所以 2,9-二甲基-1,10-菲绕啉不同 Fe^{2+} 生成配合物。

在分析化学中还常利用空间位阻效应来改变配体对某一特定离子的选择性,如 8-羟基喹啉可同许多金属离子生成配合物,是一个重要的分析试剂,它的缺点是选择性差,它既可同 Al^{3+} 又可同 Be^{2+} 生成不溶解的配合物[(**4.9**)和(**4.10**)]。但在 2 位上引入甲基、苯基时都不同 Al^{3+} 生成沉淀,这是由于 Al^{3+} 半径小,要生成八面体配合物时在空间位置上有困难。而 2-甲基喹啉却同离子半径小的 Be^{2+} 生成沉淀,这是由于 Be^{2+} 同 2-甲基喹啉的螯合物是四面体构型,受空间位阻影响较小,因此 2-甲基喹啉用来在 Al^{3+} 与 Be^{2+} 共存下的定量分析。

(**4.8**)	(**4.9**)	(**4.10**)

4.4 大环配合物的热力学性质[4]

4.4.1 互补性和选择性

在形成配合物时,中心原子-配体或主-客体之间的结合是有选择性的,正如 Werner 在他的专著中指出(第 1 章)"是和他钟爱的对象(化合物)结合"。选择钟爱对象的条件是二者的互补(complementarity),所谓互补是中心原子和配体,主体和客体之间的电性、形状、大小、能量相互匹配,相互包容,造成和谐的配位环境,使伴侣间有强烈的亲和力。显然异性相吸表示电性的匹配,即主体键合位置的电性(如极性、氢键、路易酸碱)和客体键合位置的电性相互匹配和补充。互补的例子可以喻为"锁和钥匙"的关系(图4.6)。有时,主体和客体在反应前虽不呈现"锁和钥匙"的关系,但在反应过程中,主体能调整自己,改变构型来适合客体的需要,这称为"诱导拟合"(induced fitting)。例如,图4.7中Na^+和K^+分别诱导拟合和[24]冠-8及[30]冠-10形成配合物。

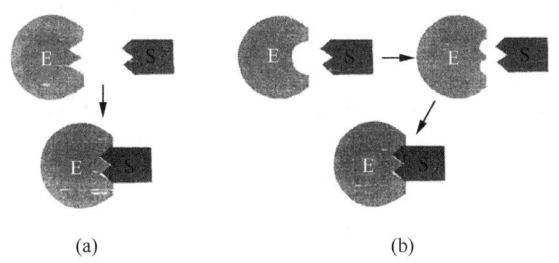

图4.6 主体(E)和客体(S)"锁和钥匙"的图像(a)和诱导拟合模型(b)

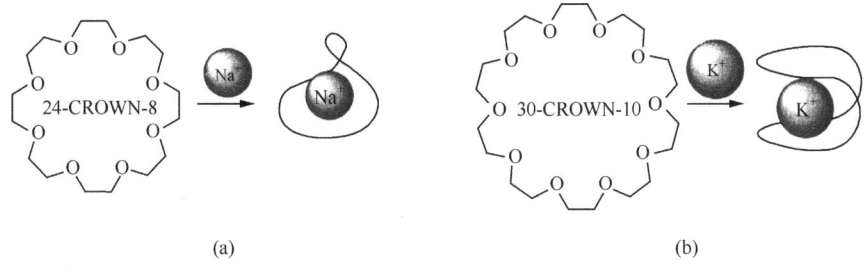

图4.7 [24]冠-8被Na^+诱导拟合(a)以及[30]冠-10(b)被K^+诱导拟合

互补现象是主-客体化合物或超分子(第11章)的特征,非环配合物生成虽存在正负电荷的互补和金属离子要求配体与之结合是有一定的构型,也存在互补性,但不具有特征。主-客体化合物和超分子互补和选择性的概念,发展成"分子识别"的概念,成为"分子识别"的基础。

大环选择性(selectivity)是指大环主体对客体(金属离子或小分子)的识别能力,如血红蛋白中的血红素,是大环卟啉铁(Ⅱ)的配合物,它能在有N_2和CO_2的大气中选择性地结合氧,对氧有很高的选择性。特定主体对两种客体G_1和G_2的选择性S,用主体对两种客体的稳定常数K_{G_1}和K_{G_2}之比表示:

$$S = K_{G_1}/K_{G_2} \quad \lg S = \lg K_{G_1}/K_{G_2} \tag{4-19}$$

由此可见选择性与稳定常数有关。

4.4.2 大环配合物的稳定性

大环配合物的稳定性和大环空腔大小和金属离子直径有关。图4.8是穴醚的碱金属配合物的 lgK 对阳离子半径作图,图中穴醚[2.2.2](简写为[2.2.2])在甲醇中和 K^+ 的结合力最强,其稳定常数处于最大值($lgK = 10.5$),而较小[2.1.1]穴醚选择性地识别 Li^+ ($lgK = 8.05$)。[2.2.2]对 K^+、Na^+ 的 S 大约为 10^3。由表 4.8 中穴醚内径和阳离子直径的数据可见,[2.1.1]的腔径约为 1.6Å,不足以使直径大的 K^+ 和 Na^+(1.90,2.66Å)坠入其空腔中,图中显示低的结合力和选择性。[3.2.2]的空腔直径(3.6Å)和 Cs^+(3.38Å)恰匹配,故选择和直径大的 Cs^+(3.38Å)结合,这种依赖于主体和客体尺寸的选择性称为尺寸选择性(size selectivity)。尺寸选择性对刚性主体符合得很好,对柔性主体会发生偏差。如图 4.9 所示,[18]冠-6 对 K^+ 有很高的选择性,从图 4.10 可以看出 K^+ 恰位于 18C6 中心这归结于醚环腔径和 K^+ 匹配得很好,而和 Li^+ 匹配得很差,不具有选择性。奇怪的是 Li^+ 和 12C4 的尺寸能很好地匹配,但配合物稳定性极差,这可能因 Li^+ 去溶剂困难,且和大环键合的原子数太少有关,因为 Li^+ 和冠醚配位必先去溶剂,而键合的原子数太少,不足以形成稳定的配合物。

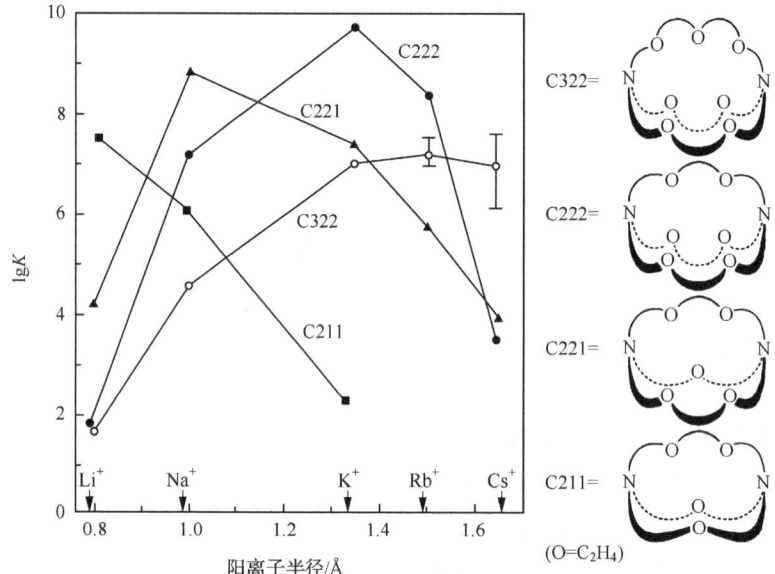

图 4.8 一些穴醚配合物的稳定常数对碱金属离子半径作图

第 4 章 配位化合物的热力学性质

表 4.8 大环内腔直径和金属离子直径 （单位：Å）

穴醚	内腔直径	冠醚	内腔直径	阳离子	直径
[1.1.1]	1.0	12-冠-4	1.20~1.50	Li^+	1.36
[2.1.1]	1.6	15-冠-5	1.20~2.20	Na^+	1.90
[2.2.1]	2.2	18-冠-6	2.60~3.20	K^+	2.66
[2.2.2]	2.8	21-冠-7	3.40~4.30	Rb^+	2.96
[3.2.2]	3.6	24-冠-8	>4.0	Cs^+	3.38

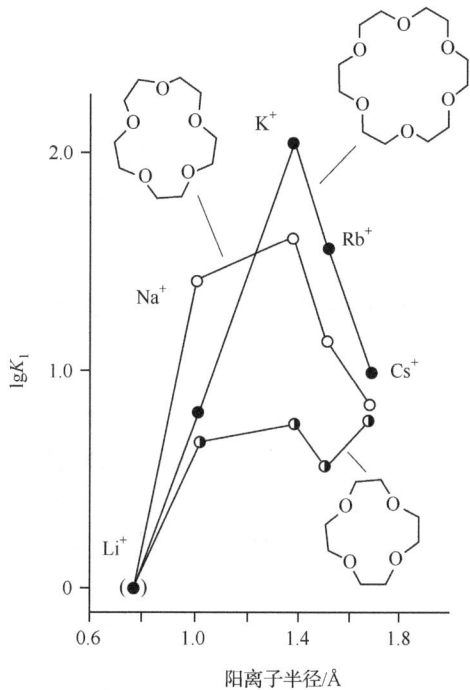

图 4.9 一些冠醚配合物的 lgK_1 对金属离子半径作图

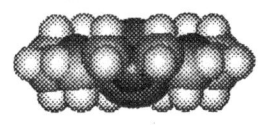

图 4.10 K^+ 和 [12]冠-4、[15]冠-5 和 [18]冠-6 的结构模型

4.4.3 大环效应

大环配合物比结构类似的开链配体的配合物有更高的稳定性。例如,配合物[$K^+ \subset$(**4.11**)]和[$K^+ \subset$18C6]有相同的键合原子,但不形成大环,这类配体称为开链冠醚或荚醚(podand),荚醚(**4.11**)和冠醚18C6的螯合效应相同,但大环配合物比非环的荚醚配合物的稳定性高10^4倍,这种额外稳定性称为大环效应(macrocyclic effect)。在这3个化合物中,穴醚[2.2.2]有最高的稳定性,这种现象称为穴合效应(cryptand effect)或大二环效应(macrobicyclic effect),二者也总称为大环效应。

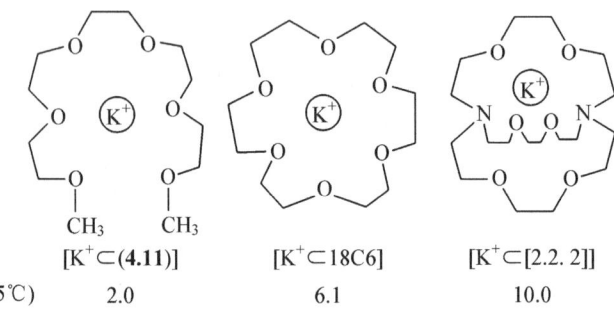

	[$K^+ \subset$(**4.11**)]	[$K^+ \subset$18C6]	[$K^+ \subset$[2.2.2]]
lg$K$(MeOH, 25℃)	2.0	6.1	10.0

大环效应来自焓变和熵变的贡献。表4.9列出非环的荚醚和冠醚与K^+形成配合物的热力学函数。从表数据清楚可见,大环配合物[$K^+ \subset$18C6]的高稳定性既来自焓变也来自于熵变。在两者中以焓变的贡献占优势,熵变的贡献很小。现将螯合效应、大环效应和穴合效应间近似的定量关系列于表4.10。

表4.9　荚醚和冠醚的K^+配合物的热力学函数

配合物	$\Delta G^\ominus$/(kJ·mol^{-1})	$\Delta H^\ominus$/(kJ·mol^{-1})	$\Delta S^\ominus$/(J·K^{-1}·mol^{-1})
[$K^+ \subset$(**4.11**)]	−11.37	−36.4	−84
[$K^+ \subset$18C6]	−34.8	−56.0	−71

表4.10　各类主-客体配合物的稳定性和稳定化效应

配合物类型	K_{11}(MeOH)	效应
荚醚	$10^2 \sim 10^4$	螯合
冠醚	$10^4 \sim 10^6$	大环
穴醚	$10^6 \sim 10^{10}$	穴合

大环效应不仅表现在热力学稳定性和选择性上,也表现在动力学上,它对配合物的形成和解离(解配速度)也有影响。刚性穴醚形成配合物的速度很慢,柔性荚

醚却很快,冠醚居中。

4.4.4 预组织效应[5,6]

预组织(preorganization)概念被诺贝尔奖获得者 Cram 所提出[5],他认为"经过越加精心组织的主体和客体,在配位前它有越低的溶剂化作用,当形成主-客体配合物时会有更高的稳定性"。例如,18C6 和荚醚(**4.11**),有相同的配位原子,18C6 在配位前已组织成环,它的配合物比链状结构的荚醚稳定性高。当不考虑溶剂效应对主-客体生成的影响时,主-客体的形成可不严格的分为两个阶段,首先在配位前主体需要调整构型,使其与客体的电性和结构互补,并减小主体中键合位置的不利因素,这过程相当于主体活化阶段,必须消耗能量,对体系能量来说是不利的。在构型调整以后,主-客体互补,二者相互吸引成键,放出能量,焓变稳定了键合,在能量上是有利的。因此主客体生成的总自由能变($\Delta G^{\ominus}$)决定于重排和键合能量($\Delta G_r, \Delta G_b$)之差。

$$\Delta G^{\ominus} = \Delta G_r - \Delta G_b, \quad 如 \Delta G_r > \Delta G_b, \Delta G^{\ominus} = (+) \quad 去稳定作用$$
$$\Delta G_r < \Delta G_b, \Delta G^{\ominus} = (-) \quad 稳定性增加$$

即重排作用所需的能量很大,体系总自由能增加,对配合物生成是不利的,它起了去稳定作用。如果在合成大环时考虑主体键合客体的不利因素,预先对主体进行预组织使主体和客体在键合时重排很小,没有大的构型变化,则预组织后大大增强二者之间键合能力和匹配程度,由此增强了主-客体的稳定性。

(4-20)

(4-21)

例如,式(4-20)和式(4-21)是哌嗪的衍生物和大环多胺分别与 Cu^{2+} 形成结构相近的类似物,(**4.12**)和(**4.13**)。两种配合物稳定常数之差 $\Delta \lg K = 9.6$。一般增加一个环 $\Delta \lg K$ 在 3~4 变化。显然 $\Delta \lg K$ 大的增加不是环数的增加引起,而是预组织的原因。在式(4-20)自由哌嗪以椅式结构占优势,在形成配合物时必须转变成船形或扭曲的船形,由于配位过程中的诱导拟合,使哌嗪衍生物构型发生变化,大大降低了 lg K 值,而预组织的(**4.14**)在配位前后结构都不发生改变,故有高的 lg K 值。

主体和客体在溶液中键合还必须去掉它们的溶剂化层,去溶剂化作用引起体系自由质点数增加,对体系的熵变是有利的,但对焓变是不利的,只有在低的焓变损失下,焓变和熵变相互补偿,主体和客体才有键合的可能。如果主体通过预组织,在预组织过程中主体已进行了去溶剂作用,并重排成现有主体和客体互补的构型,这样预组织后的自由主体和配体主体构型差别小,当主-客体键合时,能量消耗小。由此可见在反应中,意味着合成化合物所需的能量是早赋予给体系抑或是晚赋予给体系的问题。配体实现预组织意味着成环不利的能量在反应前已经付出,形成配合物所需能量小,稳定性高。因此预组织程度对大环效应至关重要。例如,自由的荚醚,在溶液中以链状线型结构存在。如图 4.11 荚醚链上的氧的孤电子对间的相互排斥力,比起环状冠醚要小得多,由此减少了焓变的不利贡献,一旦与金属离子配位,即引起结构的重排,由于在配合物中氧排列得更靠近,必须克服氧上的孤电子对间的斥力,对反应焓变贡献是不利的。但对环状冠醚配合物而言,在反应前,配体已实现预组织,成环的不利能量贡献在反应前已付出。

比较自由的荚醚和 18C6 的溶剂化作用,18C6 已形成环状的空腔,使溶剂化受到限制,比起荚醚有更弱的溶剂化作用。而采取线形结构的荚醚,有更大的表面曝露在溶剂中,引起大的溶剂作用。当金属离子与之键合时,荚醚需要更大的去溶剂化,也引起不利的焓变贡献。再者荚醚在配位时形成有序的构型,产生不利的熵变,但由于去溶剂过程使溶剂分子无序引起的熵增,这两种情况决定了配位反应的熵变。

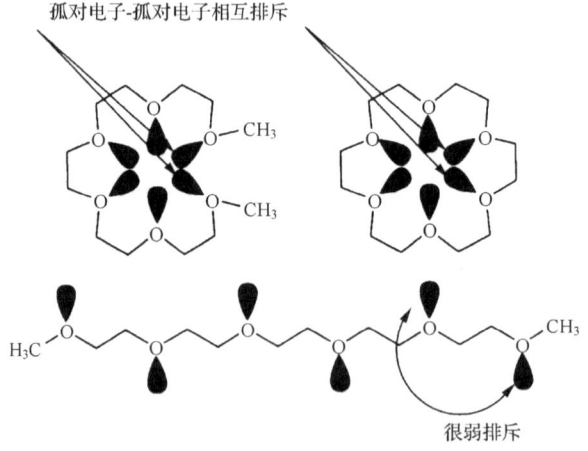

图 4.11　大环效应的焓变贡献图示

4.5 配合物在溶液中的氧化还原稳定性

4.5.1 简单离子和配离子氧化还原作用的不同

高价铁离子或铜离子能将碘化钾氧化成碘,如果在低价铁或铜盐中加入EDTA,则反应按相反方向进行,可将碘还原成碘化钾

$$2Fe^{3+} + 2I^- \underset{edta}{\rightleftharpoons} 2Fe^{2+} + I_2$$

同样,三价钴盐除 CoF_3 外,其余都不稳定,在水溶液中只能以二价水合钴离子存在,但在 NH_3、bpy、phen 等配体存在时,Co^{2+} 却能为 Fe^{3+} 所氧化,这说明配离子的形成增强了高价中心原子的稳定性。另外一些情况也可增强低价中心原子的稳定性,例如,$[Fe(phen)_3]^{2+}$ 的 $lg\beta_3 = 21.3$,$[Fe(phen)_3]^{3+}$ 的 $lg\beta_3 = 14.1$。可见配合物的生成常影响到中心离子的氧化还原能力。表 4.11 列举了某些金属离子的还原电位。表中还原电位值越大表示高价金属离子氧化能力越强,越容易获得电子变成低价。相比之下,低价金属离子更为稳定,反之则还原电位值越小,高价金属离子氧化能力越弱越不容易得到电子,即高价金属离子更为稳定。例如,一般钴盐都是以 Co^{2+} 存在,因为还原电位 $E^\ominus(Co^{3+}/Co^{2+}) = 1.842V$,表示 Co^{3+} 不稳定,容

4.11 某些金属离子的标准还原电位及一些配离子的稳定常数

电极反应	还原电位/V	稳定常数 $lg\beta$
$[Zn(CN)_4]^{2-} + 2e^- \rightleftharpoons Zn + 4CN^-$	-1.26	16.72
$Zn^{2+} + 2e^- \rightleftharpoons Zn$	-0.763	
$Fe^{2+} + 2e^- \rightleftharpoons Fe$	-0.43	
$[Hg(CN)_4]^{2-} + 2e^- \rightleftharpoons Hg + 4CN^-$	-0.37	41.5
$[HgI_4]^{2-} + 2e^- \rightleftharpoons Hg + 4I^-$	-0.04	30.3
$[Co(NH_3)_6]^{3+} + e^- \rightleftharpoons [Co(NH_3)_6]^{2+}$	0.10	
$[HgBr_4]^{2-} + 2e^- \rightleftharpoons Hg + 4Br^-$	0.21	21.6
$[Fe(CN)_6]^{3-} + e^- \rightleftharpoons [Fe(CN)_6]^{4-}$	0.36	
$[HgCl_4]^{2-} + 2e^- \rightleftharpoons Hg + 4Cl^-$	0.38	16.0
$Fe^{3+} + e^- \rightleftharpoons Fe^{2+}$	0.770	
$Hg^{2+} + 2e^- \rightleftharpoons Hg$	0.851	
$[Fe(bpy)_3]^{3+} + e^- \rightleftharpoons [Fe(bpy)_3]^{2+}$	1.1	
$[Fe(phen)_3]^{3+} + e^- \rightleftharpoons [Fe(phen)_3]^{2+}$	1.14	
$Co^{3+} + e^- \rightleftharpoons Co^{2+}$	1.842	

易得到电子变成 Co^{2+},但生成$[Co(NH_3)_6]^{3+}$后 $E^{\ominus}$ 减小,$E^{\ominus}([Co(NH_3)_6]^{3+}/[Co(NH_3)_6]^{2+})=0.10V$,这说明$[Co(NH_3)_6]^{3+}$的氧化能力比起配位前大大减弱了,未配位的 Co^{2+} 比 Co^{3+} 稳定,而配离子$[Co(NH_3)_6]^{3+}$比$[Co(NH_3)_6]^{2+}$更为稳定,所以三价钴盐为强氧化剂,Co^{3+} 能迅速氧化 Fe^{2+}、SO_3^{2-}、Cl^-,自身还原成 Co^{2+},而$[Co(NH_3)_6]^{2+}$却能还原 Fe^{3+}、H_2O_2 及其他氧化剂。由此可见,若配体与高价金属离子生成较稳定的配合物,则还原电位值向减少方向移动,反之若配体与低价金属离子生成更稳定的配合物,则电位值向增加的方向移动。

配离子中的金属离子在水溶液中氧化还原稳定性是相对于水合金属离子而言,配离子电偶的电位 $E_c^{\ominus}$ 与配合物稳定成常数间的关系可以由反应自由能的变化 $\Delta G^{\ominus}$ 及和水与金属离子的电偶的标准电位 $E^{\ominus}$ 推导而得,

$$Mn(H_2O)_6^{3+} + e^- \rightleftharpoons Mn(H_2O)_6^{2+} \quad \Delta G_{aq}^{\ominus} = -nFE^{\ominus} \quad (4\text{-}22)$$

$$Mn(H_2O)_6^{2+} + 6CN^- \longrightarrow [Mn(CN)_6]^{4-} + 6H_2O \quad \Delta G_{II}^{\ominus} = -RT\ln\beta_{II} \quad (4\text{-}23)$$

$$[Mn(CN)_6]^{3-} + 6H_2O \longrightarrow Mn(H_2O)_6^{3+} + 6CN^- \quad \Delta G_{III}^{\ominus} = RT\ln\beta_{III} \quad (4\text{-}24)$$

β_{II} 及 β_{III} 分别为$[Mn(CN)_3]^{4-}$及$[Mn(CN)_3]^{3-}$的累积常数,将式(4-22)至式(4-24)相加得

$$[Mn(CN)_6]^{3-} + e^- \longrightarrow [Mn(CN)_6]^{4} \quad \Delta G_c^{\ominus} = -nFE_c^{\ominus} \quad (4\text{-}25)$$

即无论反应经过何种途径,反应自由能变化应该相等,故得

$$-nFE_c^{\ominus} = -nFE^{\ominus} + RT\ln\beta_{III} - RT\ln\beta_{II}$$

$$E_c^{\ominus} = E^{\ominus} - \frac{RT}{nF}\ln(\beta_{III}/\beta_{II}) \quad (4\text{-}26)$$

如果 m 为高氧化态的金属离子的电荷数,$(m-n)$ 为低氧化态金属离子的电荷数,则配离子的标准电位和高价及低价配离子的稳定常数可用通式表示:

$$E_c^{\ominus} = E^{\ominus} - \frac{RT}{nF}\ln(\beta_m/\beta_{m-n}) \quad (4\text{-}27)$$

如果当配合物形成使低价稳定,$E^{\ominus}$增加,相反,配合物形成使高价稳定,则 $E^{\ominus}$ 降低。

由式(4-25),如果知道水合金属离子电偶和配离子电偶的电位,则可算出不同价态配离子的相对稳定度。

$$Mn^{3+} + e^- \rightleftharpoons Mn^{2+} \quad E^{\ominus} = +1.51V$$
$$[Mn(CN)_6]^{3-} + e^- \rightleftharpoons [Mn(CN)_6]^{4-} \quad E_c^{\ominus} = -0.22V$$
$$\lg(\beta_{III}/\beta_{II}) = [1.51-(-0.22)]/0.059 = 29.32$$
$$\beta_{III}/\beta_{II} = 2.1\times10^{29}$$

故 Mn^{3+} 在有 CN^- 的溶液中氧化能力减弱,氰合锰离子比水合锰离子更能稳定 Mn^{3+},利用配合物形成对金属离子氧化还原电偶的影响可用于分析化学中。

$$Fe^{3+} + e \rightleftharpoons Fe^{2+} \quad E_c^{\ominus} = +0.770V$$

$$[Fe(bpy)_3]^{3+} + e \rightleftharpoons [Fe(bpy)_3]^{2+} \quad E_c^{\ominus} = +1.10V$$
$$\lg(\beta_{\text{III}}/\beta_{\text{II}}) = [0.770 - 1.10]/0.059 = -5.59$$
$$\beta_{\text{III}}/\beta_{\text{II}} = 2.57 \times 10^{-6}$$

Co^{3+}/Co^{2+} 的标准电位为 $E^{\ominus} = +1.842V$,形成三(联吡啶)合钴(Ⅲ)离子,$E_c^{\ominus} = 0.31V$。如前法计算出 $\beta_{\text{III}}/\beta_{\text{II}} = 9.25 \times 10^{25}$,比较 2.57×10^{-6} 和 9.25×10^{25} 这两个值可以看出,在联吡啶存在下能稳定+2价铁和+3价钴离子,所以三价铁离子在联吡啶介质中能用以滴定+2价的钴离子。

4.5.2 影响配离子氧化还原稳定性的因素

影响配离子氧化还原稳定性的因素较为复杂,目前还难以做出完善的说明,现仅就下列几点进行讨论。

1. 配离子电荷改变引起熵值的变化

在水溶液中金属离子以水合离子形式存在,可以想象为,在高电荷的离子的溶液中,溶剂分子在离子附近的活动受到限制,做有规则的定向排列。而在低电荷离子的溶液中,溶剂分子在它周围定向程度较小,故带正电荷的金属离子和负电荷的配体形成配离子时,配离子电荷较金属离子低,熵变有利于反应的进行。反之配离子电荷越高,熵值越小。如果没有其他因素的影响,溶剂化的金属离子 M^{n+} 氧化为 $M^{(m+n)+}$ 的过程中熵值应该是降低的。但当 M^{n+} 和 $M^{(m+n)+}$ 与 L^- 形成配阴离子后,高价中心离子如 Co^{3+} 生成低电荷的配阴离子 $[Co(CN)_6]^{3-}$,在未配位前熵值对稳定低价的钴有利,而 CN^- 配位后 $[Co(CN)_6]^{3-}$ 比 $[Co(CN)_6]^{4-}$ 熵值大,熵值对稳定 $[Co(CN)_6]^{3-}$ 中的 Co^{3+} 起了作用。

$$[Co(H_2O)_6]^{3+} + e^- \rightleftharpoons [Co(H_2O)_6]^{2+}$$
$$[Co(CN)_6]^{4-} \rightleftharpoons [Co(CN)_6]^{3-} + e^-$$

所以 $[Co(CN)_6]^{4-}$ 和 $[Co(CN)_6]^{3-}$ 的 $\lg\beta_6$ 分别为 19.1 和 64.0。熵效应不能解释中性配体如 phen、bpy、NH_3 等所形成的配离子的稳定性,因为在配位前后离子电荷没有改变,熵变对中心原子氧化还原稳定性影响不大。

2. 配体场的效应

已经提到过+3价钴离子在水溶液中很不稳定,它分解水,自生还原成+2价钴离子,但在适度强场配体存在下+3价钴离子就能在溶液中稳定地存在。+3价钴离子不稳定和它的第三级电离势较大等因素有关。在配体存在下,配体场效应对能量的贡献对稳定+3价钴离子有利,从下面 Co(Ⅲ)/Co(Ⅱ)体系的还原电位值可以看出。以下配离子的还原电位从上而下的顺序与配体场稳定化能增加的顺序(或光谱化学序的顺序)近似一致。

$$[Co(H_2O)_6]^{3+} + e^- \rightleftharpoons [Co(H_2O)_6]^{2+} \qquad E_c^\ominus = +1.84V$$

$$[Co(edta)]^- + e^- \rightleftharpoons [Co(edta)]^{2-} \qquad E_c^\ominus = +1.60V$$

$$[Co(ox)_3]^{3-} + e^- \rightleftharpoons [Co(ox)_3]^{4-} \qquad E_c^\ominus = +0.57V$$

$$[Co(phen)_2]^{3+} + e^- \rightleftharpoons [Co(phen)_2]^{2+} \qquad E_c^\ominus = +0.42V$$

$$[Co(NH_3)_6]^{3+} + e^- \rightleftharpoons [Co(NH_3)_6]^{2+} \qquad E_c^\ominus = +0.10V$$

$$[Co(en)_3]^{3+} + e^- \rightleftharpoons [Co(en)_3]^{2+} \qquad E_c^\ominus = -0.26V$$

$$[Co(CN)_6]^{3-} + e^- \rightleftharpoons [Co(CN)_5]^{3-} + CN^- \qquad E_c^\ominus = -0.83V$$

在以上配合物中 Co(Ⅱ)氧化成 Co(Ⅲ),并伴随着电子构型从高自旋变成低自旋的改变。假定氧化反应按如下两步进行:

$$Co^{2+}(t_{2g}^5 e_g^2) \rightarrow Co^{2+}(t_{2g}^6 e_g^1) \xrightarrow{-e} Co^{3+}(t_{2g}^6 e_g^0)$$

第一步电子重排为低自旋,配体场稳定化能 $0.8\Delta_o$ 增加到 $1.8\Delta_o$,将一部分用于补偿电子成对所消耗的能量,因此强场配体有利于反应的进行。第二步是从反键 e_g 轨道移去 1 个电子,由于 Co(Ⅱ)——Co(Ⅲ)需要较大的电离势,因此这一步需要吸收较高的能量,配体场效应提供的能量从 $1.8\Delta_o$ 增加到 $2.4\Delta_o$,配体场越强越有利电子的移去,故强场配体能稳定+3 价钴离子。当然以上的步骤是一种假想,真实反应并不一定按照上述步骤进行,但从热力学上考虑可以认为真实反应是以上两反应的总和。

上面列出的还原电位顺序与光谱化学序尚有差别,这是可以理解的,因为除配体场的作用外,还必须考虑其他因素,特别是熵的影响。关于配体场效应对氧化还原反应能量的贡献,可以从不同氧化态的离子的分裂能和电子成对能进行计算。现将 Fe(Ⅲ)/Fe(Ⅱ)的配离子的有关数据列于表 4.12,然后利用表中数据计算配体场效应的贡献。

表 4.12 Fe(Ⅲ)-Fe(Ⅱ)体系的热力学数据与光谱数据

Fe^{3+}	$t_{2g}^3 e_g^2(h) \rightarrow t_{2g}^5(l)^a$		Fe^{2+}	$t_{2g}^4 e_g^2(h) \rightarrow t_{2g}^6(l)$	
LFSE	0	$-2.00\Delta_o + 2P$	LFSE	$-0.4\Delta_o$	$-2.4\Delta_o + 2P^c$
反应	Δ/kK^b	$E_c^\ominus/V$	自旋类型	$\Delta H_{LF}/kJ^d$	$\Delta S^\ominus (J \cdot K^{-1})$
$[Fe(C_2O_4)_3]^{3-} \longrightarrow [Fe(C_2O_4)_3]^{4-}$	13.7→10.0	-0.01	h, h	-47.70	-163.18
$[Fe(edta)^-] \longrightarrow [Fe(edta)^{2-}]$	12.8→9.7	+0.12	h, h	-46.44	-4.18
$[Fe(H_2O)_6]^{3+} \longrightarrow [Fe(H_2O)_6]^{2+}$	14.3→10.4	+0.77	h, h	-49.80	+179.91
$[Fe(phen_3)]^{3+} \longrightarrow [Fe(phen_3)]^{2+}$	27.4→19.6	+1.12	l, l	-143.93	-20.92

a. h 代表高自旋,l 代表低自旋。b. $1kK = 10^3 cm^{-1} = 11.97 kJ$。c. P 为 Fe^{2+} 和 Fe^{3+} 的平均电子成对能,Fe^{2+} 为 168.6kJ,Fe^{3+} 为 287kJ。d. ΔH_{LF} 为配体场贡献。

以下列电偶为例,计算配体场效应对配离子氧化还原反应能量的贡献。

$$[Fe(phen)_3]^{3+} + e^- \rightleftharpoons [Fe(phen)_3]^{2+} \quad \Delta H_1^\ominus \quad (4\text{-}28)$$

从 $[Fe(phen)_3]^{3+}$ 的低自旋 t_{2g}^5 态至 Fe^{2+} 的低自旋 t_{2g}^6 态，配体场效应对能量的贡献为 $\Delta H_1^\ominus$,

$$\begin{aligned}\Delta H_1^\ominus &= (-2.4\Delta_o + 2P) - (-2.00\Delta_o + 2P)\\&= [(-2.4 \times 19.6 \times 11.97) + 2 \times 168.6]\text{kJ}\\&\quad - [(-2 \times 27.4 \times 11.97) + 2 \times 287]\text{kJ}\\&= -143.91\text{kJ}\end{aligned}$$

同理

$$[Fe(H_2O)_6]^{3+} + e^- \rightleftharpoons [Fe(H_2O)_3]^{2+} \quad \Delta H_2^\ominus \quad (4\text{-}29)$$

$[Fe(H_2O)_6]^{3+}$ 从高自旋 t_{2g}^5 态至 $[Fe(H_2O)_6]^{2+}$ 的高自旋态 $t_{2g}^5 e_g^1$，配体场的贡献

$$\Delta H_2^\ominus = -0.4\Delta_o = -0.4 \times 10.4 \times 11.97\text{kJ} = -49.80\text{kJ}$$

由式(4-28)减去式(4-29)得

$$[Fe(H_2O)_6]^{2+} + [Fe(phen)_3]^{3+} \rightleftharpoons [Fe(H_2O)_6]^{3+} + [Fe(phen)_3]^{2+}$$

以上氧化还原反应的配体场贡献 $\Delta H^\ominus = \Delta H_1^\ominus - \Delta H_2^\ominus$

假定反应焓变完全为配体场所提供，则从表 4.12 中熵变值可得到反应自由能变的计算值 $\Delta G_{cal}^\ominus$。

$$\begin{aligned}\Delta G_{cal}^\ominus &= (\Delta H_1^\ominus - \Delta H_2^\ominus) - T(\Delta S_1^\ominus - \Delta S_2^\ominus)\\&= (-143.91 + 49.80)\text{kJ} - 298/1000 - (20.92 - 179.91)\text{kJ}\\&= 34.26\text{kJ}\end{aligned}$$

反应的自由能变

$$\Delta G^\ominus = \Delta G_1^\ominus - \Delta G_2^\ominus = nF(E_{aq}^\ominus - E_c^\ominus) \quad (4\text{-}30)$$

$E_{aq}^\ominus$ 和 $E_c^\ominus$ 分别为 $[Fe(H_2O)_6]^{3+}/[Fe(H_2O)_6]^{2+}$ 和 $[Fe(phen)_3]^{3+}/[Fe(phen)_3]^{2+}$ 的还原电位。

由表中所列的电位值得到自由能变的实验值 $\Delta G_{exp}^\ominus$，由式(4-30)，得到

$$\Delta G_{exp}^\ominus = nF(E_{aq}^\ominus - E_c^\ominus) = 96.5 \times (0.77 - 1.12)\text{kJ} = -33.78\text{kJ}$$

对其他配体作同样计算，并将数据列于表 4.13。

表 4.13 由配体场效应计算的 $\Delta G_{cal}^\ominus$ 与实测值 $\Delta G_{obs}^\ominus$ 的比较

配体 L	$\Delta H_{LH}^\ominus$ /kJ	$-T\Delta S$ /kJ	ΔG/kJ	
			计算	实测
$C_2O_4^{2-}$	2.09	102.1	104.19	75.31
edta	3.35	54.81	58.16	62.76
phen	-94.14	59.83	-34.26	-33.78

从表 4.13 数据可见，如配体为 phen，$\Delta G^\ominus$ 的计算值和实测值极为吻合，故以 phen 为配体时对 $[Fe(phen)_3]^{2+}$ 的稳定作用主要是由配体场效应所贡献。而对

$C_2O_4^{2-}$ 等其他配体实测值和计算值相差较大。因为除配体场效应外,其他因素也起作用。从表 4.12 Fe(Ⅲ)-Fe(Ⅱ)体系的 $E^{\ominus}$ 值,我们可以看出,如果以 $[Fe(H_2O)_6]^{3+}/[Fe(H_2O)_6]^{2+}$ 的电位为标准,阴离子配体稳定高氧化态,中性配体稳定低氧化态。从配体和中心原子的排斥作用来说,因阴离子比中性配体对中心原子的电子有更大的斥力,使电子易失去,所以高价稳定。在 Fe(Ⅲ)的配离子中,其中心原子的电子结构为 d^5,如配体场效应较弱,则中心原子的电子结构是半满壳层,有较大的稳定性,因此还原成 Fe(Ⅱ)配离子需要较大的电子成对能,因而 $C_2O_4^{2-}$、F^- 等弱场配体能稳定 Fe(Ⅲ)配离子。例如,配体为强场配体和具有 d^6 电子构型的 Fe(Ⅱ)离子,对同一配体而言,其稳定化能(2.4Δ)大于 Fe(Ⅲ)离子(2.0Δ),从稳定化能考虑对 Fe(Ⅱ)更为有利。此外,如果配体与中心原子能形成反馈键,则低氧化态的金属离子比高氧化态有更大的反馈作用。phen、byp 等为强场配体,且环上电子有一定的离域性,易接受金属的反馈电子。无论从配体场效应或熵变均对稳定低价铁离子有利。

3. 配体的性质

在多原子配体或螯合配体中,若配位原子是弱的 σ-给予体,在形成配合物时,成键电子偏向于配体,金属离子周围电子云密度减小,容易从外界接受电子,因而有稳定低氧化态的趋势。相反,强的 σ-给予体使金属离子电子云密度增加,不易接受外来电子,有利于稳定高氧化态。给予电子的能力可用配体的碱度 pK_a 值来衡量,pK_a 值越大,配体给电子能力越强,有利于稳定金属离子的高氧化态,电偶给出低的还原电位。同样在有反馈 π 键的配合物中,好的 π-接受体对稳定金属离子的低氧化态有利,电偶给出高的还原电位。

当配体中有不同亲电能力的取代基,显然对氧化还原电位也有影响。当基本结构相同仅取代基不同的配体生成不同氧化态的配合物,其稳定常数 β_m 和 β_{m-n} 与配体碱度 pK_a 有如下关系:

$$\lg\beta_m = s(pK_a) + a$$
$$\lg\beta_{m-n} = s'(pK_a) + a'$$

式中,s,s' 和 a,a' 为常数,由式(4-27)可得

$$E_c^{\ominus} = E^{\ominus} - \frac{2.303RT}{nF}[pK_a(s-s') - (a-a')] \tag{4-31}$$

故 $E_c^{\ominus}$ 与 pK_a 呈直线关系。影响氧化还原作用的因素是很复杂的,上面只是其中几种外因素,实际上还不止如此。例如,气相金属离子的电离势、金属离子的水合作用、两种氧化态金属离子与配离子的水合焓变之差、配合物的立体构型、配体的电负性等都对氧化还原有影响,但由于热力学数据不足,目前尚难作全面的解释。

4.6 配位作用稳定中心原子的不常见氧化态

4.6.1 稳定不常见氧化态的配体

前面已经讨论了由于配合的形成稳定了中性原子某一常见的氧化态,另外还有一些不常见的氧化态(less-common oxidation states)也因配体的作用而得到稳定。所谓不常见氧化态是以金属离子在水溶液中的氧化态为标准,如铜常见氧化态为+1、+2,镍为+2,但在 $K_3[CuF_6]$ 中铜的氧化态为+3,而在 $K_4[Ni(CN)_4]$ 中镍的氧化态为零。这两种情况都因中心原子的配位环境不同,由于配位作用存在稳定了不常见的高氧化态,后者稳定了不常见的低氧化态,现将一些不常见的高氧化态和低氧化态配合物列于表 4.14 和表 4.15。

表 4.14 一些不常见的高氧化态配合物

$CsRuF_6$	$CsOsF_6$	Li_2FeO_3	$NaFeO_4$	$[Ag(bpy)_2]S_2O_8$
$CsIrF_6$	K_2CrF_6	Ba_3FeO_6	K_2FeO_4	$[Ag(phen)_2]S_2O_8$
K_2MnF_6	Cs_2CoF_6	Na_2CoO_4	K_2NiO_3	$[(Et_3P)_2NiBr_3]$
Rb_2NiF_6	K_2RnF_6	$KCuO_2$	$CsCuO_2$	$[Ni(diars)_2Cl_2]^+$
K_3NiF_6	K_3CuF_6	$KBiO_3$	Ba_2TeO_5	$[Ni(diars)_2Cl_2]^{2+}$
K_2PdF_6	$KAgF_4$	$Ba_5(ReO_6)_2$		$[FeCl_2(diars)_2](FeCl_4)_2$

注:Et_3P 代表三乙基膦,diars 代表邻苯双(二甲胂)。

由表 4.14 可见,稳定不常见氧化态的配体大致可分为两类:一类为 F^-、O^{2-};另外一类为具有不定域 π 轨道或易极化的配体。过渡金属离子常和非常硬的配体 O^{2-}、F^- 结合稳定了不常见高氧化态,如 MnO_4^-、FeO_4^{2-}、AgF_2、RuF_5、PtF_6、OsF_6,这类配合物的稳定性还与外层阳离子性质有关,若外层为大的阳离子,如 Ba^{2+}、Cs^+ 等,则配合物的稳定性较高,更容易制备。例如,$CsFeO_4$ 在 350℃稳定而 K_2FeO_4 在 100℃就分解,相应的锂盐就不易制得。

表 4.15 一些低氧化态的配合物

$K_2[Ni(CN)_4]$	$[Cr(byp)_3]$	$[Cr(CNR)_6]$	$[Pt(PPh_3)_4]$
$[Fe(CN)_6(CO)]^{3-}$	$[V(byp)_3]^-$	$[Ni(CNR)_4]$	$[Pt(PF_3)_4]$
$MnH_3(CO)_4$	$[V(phen)_3]^+$	$[Pd(CNR)_2]$	$[Pd(PF_3)_4]$
$CrH_2(CO)_4$	$[Mo(CO)_5I]^-$	$[Co(CO)_3(NO)]$	$HCo(PF_3)_4$

一般来说,软酸配体和过渡金属离子结合常稳定不常见低氧化态,如 $V(CO)_6$、$Cr(CO)_6$、$Fe(CO)_5$ 等,中心原子氧化态为零。稳定低氧化态的配体可以分为三类:第一类为中性分子如 CO,RNC,NO,PF_3 等;第二类为具有不定域 π 轨道的分

子或离子,如 byp、phen、diars 等;第三类为含有以碳为键合原子的有机配体,如烯、炔等。这将在第 8 章中介绍。

4.6.2 稳定作用的原因

在第 3 章中已指出,如果配位原子有适当的 π 轨道(p 或 d 轨道,芳环的 π 轨道)与金属离子对称性相同的 d 轨道重叠成成键轨道和反键轨道。

第一种情况是配位原子的 π 轨道是空的,形成的分子轨道比初始金属离子的轨道能量低,形成的反键轨道又比金属离子原有的 e_g 轨道(八面体配合物)能量高[图 4.12(a)]。

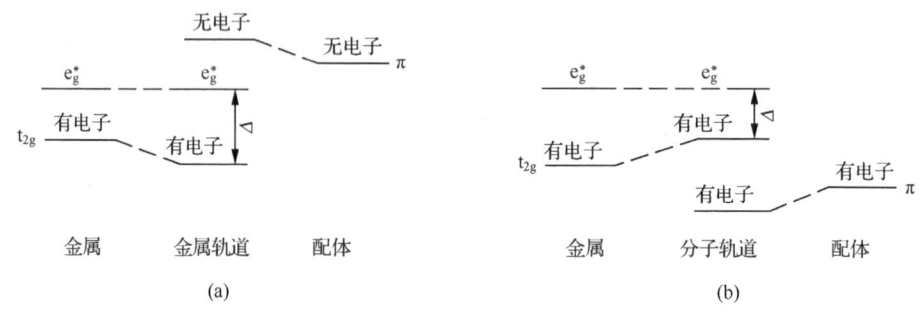

图 4.12 在八面体配合物中两种 π 键的形成
(a) 配体有空的 π 轨道;(b) 配体有充满的 π 轨道

配体的 π 轨道没有电子,成键轨道(t_{2g})就由金属离子的电子进占。如果外来电子进入在能量上对配体与金属离子都有利,则外来的电子将进入低能轨道,一直到低能轨道全被充满为止。金属离子的电子占据了低能成键轨道,相当于反馈电子给予配体,配体中其他原子如有较大的电负性,如 CO、PF_3 的碳原子和磷原子的电负性,因高电负性的氧和氟而大大加强,它们会从金属移去负电荷,因而有利于稳定低氧化态。

第二种情况是配体有充满电子的 π 轨道,如图 4.12(b)所示,图中配体的 π 轨道比金属离子的 t_{2g} 轨道能量低,又有电子占领,则金属离子的电子必须占据能量高的反键分子轨道,因而电子经氧化容易失去,也就是说稳定中心原子的高氧化态。稳定高氧化态的配体要求有较高的电负性及有可能形成 σ 键的孤电子对,且在其价电子层中没有空轨道,如 H_2O、OH^-、F^- 等配体能满足以上要求,是有效的稳定高价配体。当金属离子被氧化时,电子从反键的分子轨道上失去。金属失去电子而带较高的正电荷时,配体的电子有转移到金属的倾向,而高负电性的配体会阻止孤电子对的转移吸引住电子对,使金属仍能维持高价,反之若配体的电负性低,孤电子对有转移至金属的可能,使金属被还原成低价。例如,Fe^{3+} 与 F^-、Cl^-、

Br^- 能形成稳定的配合物,但 Fe^{3+} 与 I^- 形成配合物时,碘的电子转移到 Fe^{3+},其结果 Fe^{3+} 还原成 Fe^{2+},而 I^- 被氧化 I_2,所以在 I^- 为配体时铁的最高价态为+2。

稳定高价的原因还来自孤电子对的排斥作用,配体的孤电子对推斥金属 t_{2g} 轨道上的电子,从而使得电子更容易失去。配体原子与金属间的距离越短,配体就会越有效地推斥金属在 t_{2g} 轨道上的电子,也就是说体积小、电负性高,具有孤电子对的配位原子将最有效地稳定中心原子的高氧化态。

第三种情况是配体既有空的 d 轨道又有充满电子的 p 轨道,如配位原子为 S、Se、F、Cl^-、Br^-、I^- 的配体,这类配位原子不能有效地稳定不常见氧化态,但总的倾向是它们稳定中心原子的低氧化态较为有效。

第四种情况是既能稳定高氧化态又能稳定低氧化态的配体,这类配体往往配位能力较强,通常是螯合配体,如邻苯双(二甲胂)能稳定低氧化态的中心原子,生成如 $[Pt(diars)(PPh_3)_2]$ 一类的配合物,diars 也能稳定高氧化态,如 $[Ni(diars)_2Cl_2]^{2+}$ 是由正常氧化态的 $[Ni(diars)_2]^{2+}$,经氧化生成配位数为 6 具有单电子的 $[Ni(diars)_2Cl_2]^+$(其中镍为+3 价)。由于位于反键上的单电子不稳定,容易失去,使镍达到稳定的惰性气体结构。

	3d	4s	4p	5s
$[Ni(diars)_2]^{2+}$	↑↓ ↑↓ ↑↓	↑↓	↑↓ ↑↓	
$[Ni(diars)_2Cl_2]^+$	↑↓ ↑↓ ↑↓	↑↓ ↑↓	↑↓ ↑↓ ↑↓	↑
$[Ni(diars)_2Cl_2]^{2+}$	↑↓ ↑↓ ↑↓	↑↓ ↑↓	↑↓ ↑↓ ↑↓	

杂环配体既能稳定高氧化态又能稳定低氧化态,这是由于配体有不定域易极化的 π 电子体系,它既能从中心原子接受电子,又能向中心原子给电子,这样调整了中心原子上的电子密度。例如,在 $[V(bpy)_3]^-$ 中稳定了 V(1−),而在 $[Ag(bpy)_2]^{2+}$ 中稳定了 Ag(Ⅱ)。

4.6.3 大环稳定不常见的氧化态[6]

大环配合物的氧化还原稳定性与大环空腔和金属离子尺寸有关,如果大环空腔与还原型金属离子的尺寸匹配,则稳定低氧化态,还原电位移向高端。相反大环空腔如果与氧化型金属离子的尺寸相近,则电偶还原电位减小,具有低电位值。所以改变大环空腔可调控其配合物的氧化还原稳定性。目前 $E^\ominus$ 值和环大小之间尚缺乏明确的关系。

大环稳定金属离子高氧化态多见于含有高价金属氧键(M=O,金属为 Fe、Mn、Cr、Ru 等)的卟啉配合物中,卟啉作为配体有储存电子的能力,是许多金属配合物的合成或催化氧化反应的中间体。例如,在碱性溶液中 Mn(Ⅲ)卟啉 $[M^{Ⅲ}(por)]^+$ 能被氧化成 Mn(Ⅳ)卟啉,用次氯酸作氧化剂能得到含 $Mn^V=O$ 键的卟啉。

另外一个重要的大环是以二氧环胺(dioxotetraamines)为基础的大环 L,它和 Cu^{2+}、Ni^{2+}、Co^{2+} 等二价金属离子形成配合物 $[M^{II}(H_{-2}L)]$ 时环上的两个氢离解[式(4-32)],由于配位氮原子上有高的负电荷,对金属的电子产生排斥作用,因此稳定 Cu(III)、Ni(III) 等高氧化态。

$$\text{配体 L} \quad \text{配合物}[M(H_{-2}L)]^0 \qquad\qquad [M(H_{-2}L)]^+ \tag{4-32}$$

4.7 稳定常数的测定举例

4.7.1 基本概念

配合物稳定常数是配合物研究和应用方面最重要的基本数据之一,由它可得到配位反应的热力学函数、溶液中各级配离子的组成,推断金属和配体间键的强度和溶液结构。它是分析化学、环境化学的基础,在生命科学(如膜的传输)、分子器件(如传感元件)中有独特的应用。

1. 测定稳定常数的实验方法[7]

前面我们曾经指出过,当金属离子形成配合物时,溶液的酸度、化合物的溶解度、金属离子的光谱、氧化还原电位等性质常发生明显的变化。稳定常数的测定就是根据其中某一物理化学性质的变化作为基础来建立各种不同的实验方法。例如,根据形成配合物时溶液 pH 的变化建立 pH 电位法,根据金属离子形成配合物时氧化还原电位的变化建立了循环伏安法和极谱法,根据吸光度的变化建立了吸收光谱法等。实验方法可大致分为以下两类。

第一类:直接测定某物种的活度或浓度,如 pH 电位法(简称 pH 法),通过测定溶液 H^+ 的电位得到金属或配体的活度(或浓度)。属第一类的还有电位法、极谱法、溶剂萃取法、离子交换法和溶解度法等。

第二类:不能直接测定参加配位反应某一种质点的活度(或浓度),而是测出与物种总数有关的物理量。例如,用吸收光谱法测得的吸光度是溶液中各物种吸光度的总和。其他还有量热法、电导法、核磁共振(NMR)等法。

在以上方法中运用最为广泛的是 pH 电位法、分光光度法、NMR 法、萃取法、循环伏安法,此外量热法也有其独特之点,适合于含氧冠醚和穴醚配合物。

稳定常数的数据处理对只生成一个配离子的简单体系只需根据反应达平衡时各物种的平衡浓度加以计算。对多种配离子的复杂体系,需要知道多个物种的平衡浓度更为困难,在 20 世纪早期学者们归纳出若干函数(如 Bjerram 函数等),将函数和稳定常数中的一种浓度相关联,然后通过作图法或作图外推法可获得稳定常数的近似值。从 20 世纪 80 年代以来已有许多计算稳定常数的计算机程序,可获复杂物种 K 的精确值。但对简单体系,作图法也不失为一种有效方法,尤其是金属穴醚、冠醚等,在溶液中状态较一般金属配合物简单,所以目前也多采用。由于测定稳定常数方法众多,数据处理也因体系不同而不同,本节仅以 pH 电位法、NMR 法和吸收光谱法作为例子加以介绍。

2. 热力学稳定常数和化学计量稳定常数

前面已经提到,稳定常数有两种表示方法,即热力学稳定常数 $^T\beta_n$ 和化学计量稳定常数 β_n。

$$^T\beta_n = \frac{[ML_n]}{[M][L]^n} \times \frac{\gamma_{ML}}{\gamma_M \cdot \gamma_L} = \beta_n \times \frac{\gamma_{ML}}{\gamma_M \cdot \gamma_L^n} \tag{4-33}$$

由热力学稳定常数可以得到热力学函数,特别是配合物形成的熵变和焓变。计算热力学稳定常数除了要知道各物种的平衡浓度外,还要知道各物种的活度系数,这是非常困难的,在实际测定稳定常数时,是在被测定的溶液中加入高浓度的惰性盐,如常用 $NaNO_3$、$NaClO_4$ 等,它们不参加反应,只起维持离子强度不变的作用。在反应过程中,离子强度不改变的条件下,式(4-33)中的 $\gamma_{ML_n}/\gamma_M\gamma_L^n$ 可大致认为恒定,这样得到的化学计量稳定常数又称浓度常数或条件常数。因为活度系数的大小不仅同离子强度有关,即和惰性盐的浓度有关,而且和惰性盐的性质有关,因此在 $2mol \cdot L^{-1}$ 的 $NaClO_4$ 和在 $2mol \cdot L^{-1}$ 的 KNO_3 浓液中测出的稳定常数有时会有差别。

惰性盐必须满足以下条件:①惰性盐必须为强电解质,其阳离子或阴离子不与金属离子和配体形成配合物,所以除在含氧大环体系外常采用 $NaClO_4$ 在水溶液中作为惰性电解质。②对待侧配合物的特定物理性质不应发生干扰或干扰极小。例如,用吸收光谱研究配合物时,在测定波长下应不发生干扰。③在溶剂中要有足够溶解度。故在有机溶剂中常采用四丁基铵高氯酸盐作为惰性盐。④不应与配体或金属离子发生氧化还原作用,例如,高氯酸盐不能用于三价钒体系,因为三价钒为强还原剂。⑤使用高浓度的 $NaClO_4$ 时应考虑其中所含的不纯物。$NaClO_4$ 中一般含 Cl^- 量不超过 0.002%,如果用 $3mol \cdot L^{-1}$ 的 $NaClO_4$ 的溶液,Cl^- 浓度可达 $2.4 \times 10^{-4} mol \cdot L^{-1}$,故必须进行提纯。在使用高浓度惰性盐时,要考虑是否参与在待测体系中形成混合金属离子或混合配体的配合物。⑥对于冠醚、穴醚等大环配体,它们和 K^+、Na^+、NH_4^+ 等形成十分稳定的配合物,因此最佳的惰性盐应该是季铵盐,如四丁基铵高氯酸盐。

4.7.2 吸收光谱法

吸收光谱法是根据配合物形成时溶液吸收光谱发生变化,因配合物的吸收光谱与配体及金属离子的吸收光谱有所不同,由配合物的紫外或可见光谱,求出配合物的组成及稳定常数。溶液在某一波长的吸光度与溶液组成间的关系在理想情况下符合吸收定律:

$$A = l \sum_{i=0}^{N} \varepsilon_i c_i \tag{4-34}$$

式中,l 为比色槽的厚度;ε_i 为第 i 个物种在浓度为 c_i 时的摩尔吸光系数,它与温度及介质有关。体系中生成每个配合物的摩尔吸光系数未知,因此从溶液中吸光度不能直接求出配合物的平衡浓度,若配合物足够稳定或配体浓度较高时,可以测定饱和配合物的摩尔吸光系数。光度法的应用仅次于 pH 电位法,其优点是迅速而较可靠,适合于低浓度的溶液(浓度可达 $10^{-4} \sim 10^{-5}\,\text{mol} \cdot \text{L}^{-1}$),溶液选择的范围也比较广,但数据处理时,未知数的数目比电位法多,所以对复杂体系的研究带来一定困难,其准确性也比电位法差。

1. 连续递变法和物质的量比法

1) 连续递变法(Job 法)

在一定体积的溶液中,金属离子和配体总物质的量不变只改变两者的比例。以吸光度 A 对配体的物质的量分数 x 作图[图 4.13(a)],若生成配合物很稳定,则曲线有明显极大点。反之,则极大点不明显。如果在此测定波长下,仅一种配合物 ML_n 生成,且配体和金属均无吸收,则 n 值可从曲线吸光度的极大值的横坐标 $x_{\max}$ 获得。

$$n = \frac{x_{\max}}{1 - x_{\max}}$$

以上求组成的方法不仅适用于吸收光谱法,只要配合物的浓度比例与其一物理性质都可适用,如电导、核磁共振等。利用吸收光谱数据连续递变法不但可以求配合物的稳定常数,只要在曲线上找出吸光度相等的两点,相应金属离子和配体总浓度分别为 c_{M_1}、c_{M_2} 和 c_{L_1}、c_{L_2},因为在曲线上具有相等的吸光度,即表明两溶液中配合物的浓度相同,则

$$\beta_n = \frac{[ML_n]}{(c_{M_1} - [ML_n])(c_{L_1} - n[ML_n])^n} = \frac{[ML_n]}{(c_{M_2} - [ML_n])(c_{L_2} - n[ML_n])^n}$$

$$\tag{4-35}$$

解式(4-35),可以求得配合物的稳定常数。

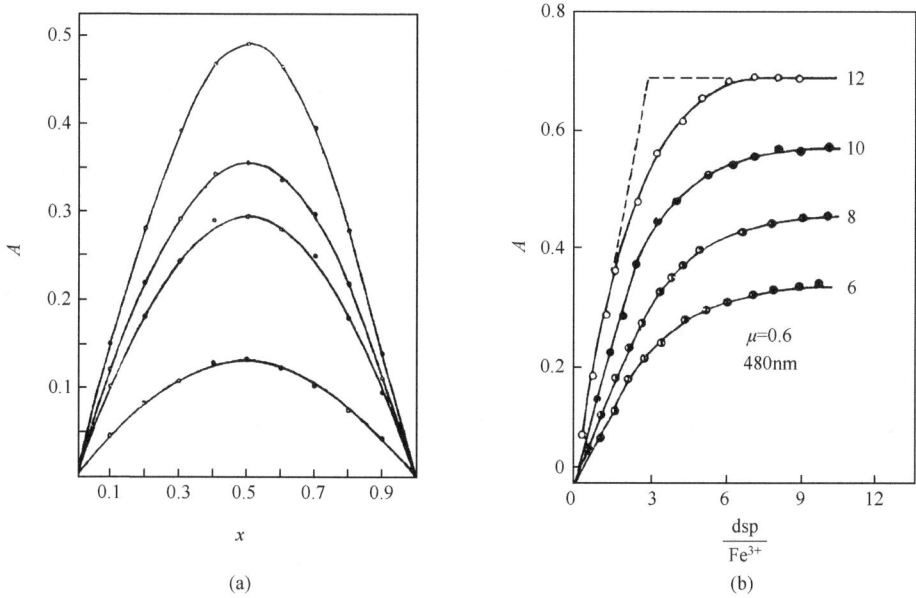

图 4.13　典型的连续变化曲线(1∶1 配合物)(a)和 Fe^{3+} －dsp 体系(b)

2) 摩尔比法

使一组分浓度固定不变,而改变另一组分的浓度,并测定溶液吸光度的改变,以吸光度对金属与配体的摩尔比作图。图 4.13(b)是 Fe^{3+} 和邻苯二酚 3,5-磺酸根(dsp)体系的吸光度 A 和摩尔比作图,从图中可见,由原点到等当点吸光度逐渐增高,可得一条上升的直线,过等当点以后,由于其中一种成分已反应完全,因此在等当点以后的直线呈水平状。如果过量成分本身有吸收,则过等当点以后直线上升,从等当点可以求出配合物的组成。如果生成的配合物不稳定,所得曲线就没有明显的转折点,此时可以伸延曲线的上下两部分,由交接点求出配合物的组成,如图 4.13(b)中的虚线。用摩尔比法也可以计算配合物的稳定常数,其计算方法很简单,故不再赘述。

以上两种方法的优点是简单迅速,但要求在一定波长下,配体和金属离子在溶液中无光吸收,仅配合物有吸收。配合物的稳定性太大或太小,配体的数目太高($n > 3$)均不能得到正确结果,且用作图法进行逐点计算,误差较大,只能得到稳定常数的近似值。

2. 双倒数作图法

以上两种方法是假定只有配合物有吸收,现在假定配合物 ML 和金属离子 M

及配体 L 都有吸收，其吸光系数分别为 ε_{11}、ε_M 和 ε_L。在无配体存在时溶液中金属离子浓度为 c_M，吸光度为 A_0。

$$A_o = \varepsilon_M l c_M$$

当溶液中 c_M 保持不变，加入配体使其总浓度为 c_L，则溶液中吸光度 A_L 为各物种吸光度之和，按式(4-34)，

$$A_L = \varepsilon_M l[M] + \varepsilon_L l[L] + \varepsilon_{11} l[ML] \tag{4-36}$$

由

$$c_M = [M] + [ML] \tag{4-37}$$

$$c_L = [L] + [ML] \tag{4-38}$$

将式(4-37)和式(4-38)代入式(4-36)中得

$$A_L = \varepsilon_M l c_M + \varepsilon_L l c_L + \Delta\varepsilon_{11} l[ML] \quad \Delta\varepsilon_{11} = \varepsilon_{11} - \varepsilon_M - \varepsilon_L$$

如果在测量时以含有浓度 c_L 的另外一种溶液为参比液，则被测溶液的吸光度

$$A = \varepsilon_M l c_M + \Delta\varepsilon_{11} l[ML] \tag{4-39}$$

令

$$\Delta A = A - A_o \quad \Delta A = K_{11} \Delta\varepsilon_{11} l[M][L] \quad K_{11} = \frac{[ML]}{[M][L]} \tag{4-40}$$

由式(4-38)

$$[L] = c_M/(1 + K_{11}[L]) \tag{4-41}$$

$$\frac{\Delta A}{l} = \frac{c_M K_{11} \Delta\varepsilon_{11}[L]}{1 + K_{11}[L]} \tag{4-42}$$

式(4-42)在几何学上是双曲线形 $\left(y = \dfrac{x}{m+nx}\right)$，为了作图必须转变成线形，现转变成双倒数形 $\left(\text{即} \dfrac{1}{y} = \dfrac{m}{x} + n\right)$、$y-$倒数形 $\left(\dfrac{x}{y} = nx + m\right)$ 和 $x-$倒数形 $\left(\dfrac{x}{y} = -\dfrac{n}{m}y + \dfrac{1}{m}\right)$ 三种。

如果当 $c_L \gg c_M$，可近似认为配体总浓度等于平衡浓度即 $c_L = [L]$，由式(4-42)得

$$\frac{l}{\Delta A} = \frac{1}{c_M K_{11} \Delta\varepsilon_{11}[L]} + \frac{1}{c_M \Delta\varepsilon_{11}} \tag{4-43}$$

上式称为双倒数(double-reciprocal)或 Benesi-Hildebrand 方程，以 $1/\Delta A$ 对 $1/[L]$ 作图，可得一条直线，由在纵轴上的截距可得到 $\Delta\varepsilon_{11}$，已知 $\Delta\varepsilon_{11}$ 后，由斜率可以获得 K_{11} 值。这种作图法又称双倒数法。将式(4-42)转型可得到 $y-$倒数(y-reciprocal)和 $x-$倒数(x-reciprocal)方程。

$$\frac{l[L]}{\Delta A} = \frac{[L]}{c_M \Delta\varepsilon_{11}} + \frac{1}{c_M K_{11} \Delta\varepsilon_{11}} \tag{4-44}$$

$$\frac{\Delta A}{l[\text{L}]} = K_{11}\Delta A + c_M K_{11}\Delta\varepsilon_{11} \tag{4-45}$$

同理按式(4-44)，以$[\text{L}]/\Delta A$对$[\text{L}]$作图可从截距得到K_{11}。从式(4-45)以$\Delta A/[\text{L}]$对ΔA作图，从斜率也可得K_{11}。式(4-44)被称为Scott方程，式(4-45)又被称为Scatchard方程，可根据不同情况选用。该法广泛用于超分子化学和生物化学中。图4.14是α-环糊精作为主体和甲基橙(客体)形成的配合物(或超分子)的吸收光谱。

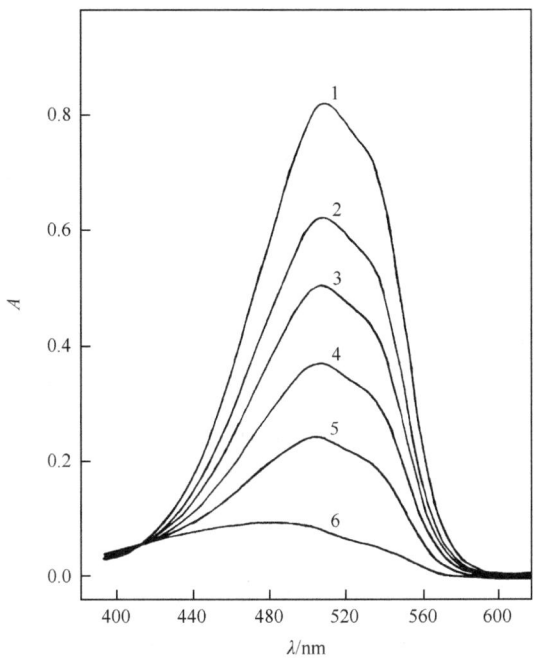

图4.14　α-环糊精-甲基橙体系的吸收光谱

选择$\lambda=508\text{nm}$作为测定波长，以$1/\Delta A$为纵轴$1/[\text{L}]$为横轴作图，得图4.15。由此得到$K_{11}=673\text{mol}\cdot\text{L}^{-1}$和$\Delta\varepsilon_{11}=-4.72\times10^4\text{mol}\cdot\text{L}^{-1}\cdot\text{cm}^{-1}$。以上是假定$c_L=[\text{L}]$，如果$[\text{L}]$不能用$c_L$代替可以进一步校正或通过非线性回归法处理，读者有兴趣可参考文献[7]。

4.7.3　核磁共振光谱

用核磁共振光谱(nuclear magnetic resonance spectroscopy, NMR)测定稳定常数是借助于磁性核在配位前后的核磁共振信号的改变[7]。在NMR上观察到的信号性质与磁性核在两个磁性不等价位置的交换速率有关，如果磁性核为金属离子(或其他底物)M和配合物ML，即与在M和ML之间的交换速率有关。当交换

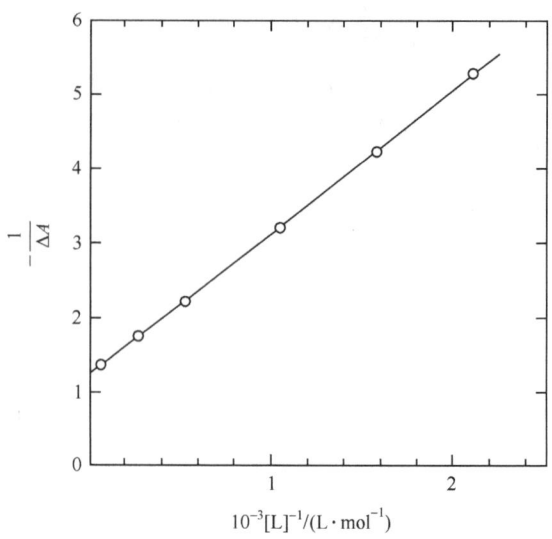

图 4.15 用双倒数法作图

很慢,在 NMR 谱图上每一物种给出分开的峰(图 4.16),其信号强度与物种浓度有关,以峰面积表示。从每个峰的面积(或强度)可以得到各组分的平衡浓度,由此可直接计算稳定常数。如果自由的 M 和 ML 中成键的 M 交换很快,则分开的共振信号融合成化学位移为 δ 的单峰,这时观察的化学位移为磁性核 M 在自由态 M 和 ML 间化学位移的平均值。该值可被相应物种的物质的量分数 α 所权重的化学位移来表示,即

$$\delta = \alpha_{10}\delta_M + \alpha_{11}\delta_{ML} \tag{4-46}$$

δ_M 和 δ_{ML} 分别代表在溶液中自由态 M 和纯态 ML 中特定核(M)的化学位移。

$$\alpha_{10} = [M]/c_M, \quad \alpha_{11} = [M]/c_M \tag{4-47}$$

$$\alpha_{10} + \alpha_{11} = 1 \tag{4-48}$$

式(4-46)是由 NMR 谱测定稳定常数的基础,通过它可由作图法和计算机计算两种途径计算稳定常数。

由式(4-46)

$$\delta = \alpha_{11}(\delta_{ML} - \delta_M) + \delta_M \tag{4-49}$$

令 Δ 为相对于金属离子(或底物)的化学位移,$\Delta = \delta - \delta_M$,$\Delta_{11} = \delta_{ML} - \delta_M$。

由式(4-38)和式(4-47),

$$\alpha_{11} = \frac{K_{11}[L]}{1 + K_{11}[L]} \tag{4-50}$$

由式(4-49) $\Delta = \alpha_{11}\Delta_{11}$

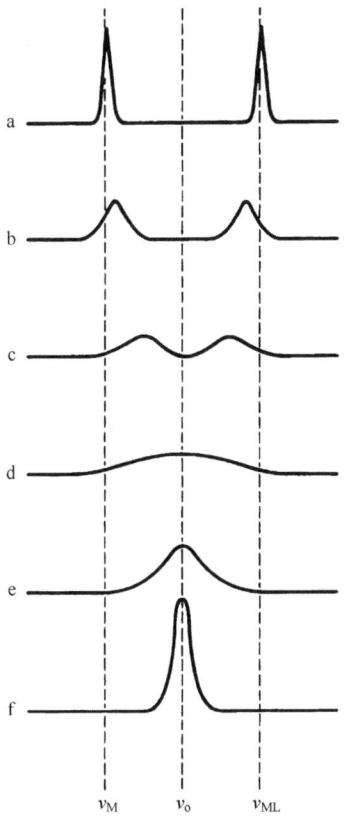

图 4.16 假定磁性核在两个位置交换的 NMR 谱

(a) 慢的交换极限；(b)~(c) 慢的交换；(d) 两峰融合；(e) 快交换；(f) 快交换极限。v 为交换速率

则

$$\Delta = \frac{\Delta_{11} K_{11}[L]}{1 + K_{11}[L]} \qquad (4\text{-}51)$$

将式(4-51)和式(4-42)比较，说明由吸收光谱法和 NMR 法有相似的表达式，这是因为表达式中测定的物理量仅为配体浓度的函数。在式(4-51)中，以物理量 Δ 对[L]作图，为双曲线形，因此必须如吸收光谱法一样，转变成线形，通过作图法求解，现将式(4-51)转变成倒数形式。

$$\frac{1}{\Delta} = \frac{1}{\Delta_{11} K_{11}[L]} + \frac{1}{\Delta_{11}} \qquad (4\text{-}52)$$

$$\frac{[L]}{\Delta} = \frac{[L]}{\Delta_{11}} + \frac{1}{\Delta_{11} K_{11}} \qquad (4\text{-}53)$$

$$\frac{\Delta}{[L]} = K_{11}\Delta + \Delta_{11} K_{11} \qquad (4\text{-}54)$$

以上三个方程分别对应于吸收光谱法中的双倒数、y—倒数和 x—倒数方程。如果 $[L]\approx c_L$，c_L 为已知，Δ 可从实验中得到，则 Δ_{11} 和 Δ_{11} 可以选择以上三式中的任一式通过作图得到。

利用 NMR 法一般用 ^{1}H NMR 进行测定，对含氧冠醚和穴醚的金属配合物如 NaL，采用 NaNMR 更为方便。对含有 M_mL_n 的多物种体系可按照以上思路将 δ 和各物种的浓度的平衡浓度相关联，从而计算 K_{mn} 值[8]。

4.7.4 pH-电位法

1. 简述

pH-电位法是研究多重平衡极好的方法，它不仅适合于单核的各级配离子的稳定常数测定，还适合于多核配离子，其结果远比吸收光谱、NMR 等方法精确，使用范围广，仪器设备要求简单[9]。吸收光谱和 NMR 法对研究多重平衡的复杂体系却显得无力。pH 法虽是一个经典方法，但近年来有许多发展，由于计算机的使用，对数据处理、实验改进、使用方法变得更加完善。pH 法是以滴定过程为基础，实验是在原电池中进行的。

参比电极‖被测溶液‖指示电极
（甘汞电极）　　　（玻璃电极）

玻璃电极浸在半电池的样品液中，从相连的 pH 计，可读出溶液中 H^+ 浓度的近似值①。弱酸或弱碱配体在配位过程中常引起溶液 pH 的改变，例如，大环多胺(CBT)是一个弱碱配体，其中 8 个氮原子在溶液中均可结合质子。CBT 在 HCl 溶液中大约以 CBT·8HCl 形式存在，在配体 L 单独存在或和金属离子共存时，分别用碱进行滴定，以测定的 pH 对 a(a=加入碱的物质的量/配体的物质的量)作图，得滴定曲线（图 4.17）。从图中 L 的滴定曲线可计算大环多胺 CBT 的质子化常数 K_H，从 Cu^{2+}：L=1：1 和 1：2 时的滴定曲线可得到单核各级配离子和多核配离子的稳定常数。

2. 作图法处理数据

在前面的例子中，用吸收光谱和 NMR 法的数据计算稳定常数，处理的体系十分简单，只需将由模型建立的方程转变为线性方程，通过作图法得到。对存在多级配离子 $ML, ML_2, ML_3, \cdots, ML_n$ 的体系计算就非常困难，除知道金属离子和配体平衡浓度外，还要知道各级配离子的平衡浓度。但要由实验同时测定各物种的平

---

① 用缓冲溶液校正 pH 后，pH 计上的读数只代表 H^+ 浓度的近似值，要得到其精确值可通过加入酸和碱进行逐点校正。流行的 BEST 和 PKAS 程序均有校正功能。

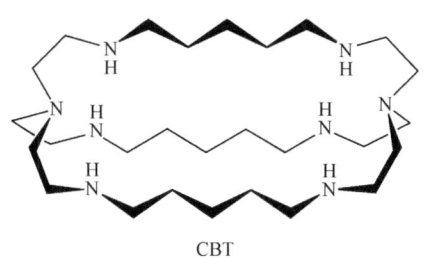

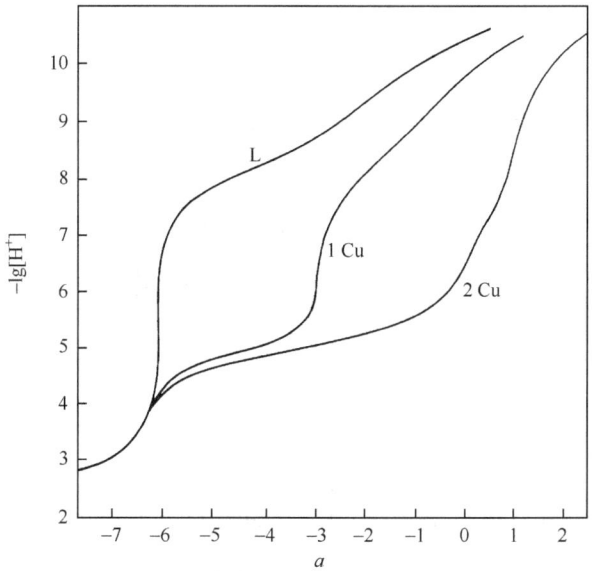

图 4.17　CBT 在水溶液中 Cu^{2+}：CBT＝0∶1(L)，1∶1(1Cu)和 2∶1(2Cu)的滴定曲线
$T_L=1.00\times10^{-3}$ mol·L^{-1}，$I=0.100$(NaClO$_4$)，25℃

衡浓度是不可能的。通过实验方法只能测出某一物种的平衡浓度，如用电位法或极谱法只能测定金属离子的平衡浓度。在 20 世纪中叶人们提出若干基本函数，通过函数把稳定常数和实验所测出的物理量联系起来，这样可大大减少变量的数目，通过作图法就可得到各级稳定常数。最常见的函数是形成函数(Bjerrum 函数)。

（1）形成函数(formation function)的定义。形成函数可定义为

$$\bar{n}=\frac{c_L-[L]}{c_M} \tag{4-55}$$

式中，c_L 代表配体的总浓度；c_M 代表金属离子的总浓度；[L]代表配体的平衡浓度。

从式(4-55)可以看出，形成函数 $\bar{n}$ 表示为每个金属离子结合配体的平均数，故也称为平均配位数。

金属离子的总浓度和配体的总浓度为

$$c_M = [M] + [ML] + [ML_2] + \cdots + [ML_N] \quad (4\text{-}56)$$

$$= [M] + \sum_{n=1}^{N}[ML_n] = [M](1 + \sum_{n=1}^{N}\beta_n[L]^n)$$

$$= [M]\sum_{n=0}^{N}\beta_n[L]^n (\diamondsuit \beta_0 = 1) \quad (4\text{-}57)$$

$$c_L = [L] + [ML] + 2[ML_2] + \cdots + N[ML]$$

$$= [L] + \sum_{n=1}^{N}n[ML_n] = [L] + [M]\sum_{n=1}^{N}n\beta_n[L]^n \quad (4\text{-}58)$$

式中,β_n 为各级配离子的积累稳定常数;[M]为金属离子的平衡浓度;[ML_n]($n=$1$\cdots$N)为相应各配离子(或配合物)的平衡浓度;N 为金属离子的最高配位数。

由式(4-55)、式(4-56)和式(4-58)可以得到

$$\bar{n} = \frac{[M]\sum_{n=1}^{N}n\beta_n[L]^n}{[M]\sum_{n=0}^{N}\beta_n[L]^n} = \frac{\sum_{n=0}^{N}n\beta_n[L]^n}{\sum_{n=0}^{N}\beta_n[L]^n} \quad (4\text{-}59)$$

或

$$\sum_{n=0}^{N}(\bar{n}-n)\beta_n[L]^n = 0 \quad (4\text{-}60)$$

$$\bar{n} + (\bar{n}-1)\beta_1[L] + (\bar{n}-2)\beta_2[L]^2 + \cdots + (\bar{n}-N)\beta_n[L]^N = 0$$

若在实验中已知金属离子的总浓度 c_M 和配体的总浓度 c_L,然后测出配体的平衡浓度[L],即可由式(4-60)计算出 $\bar{n}$。从 n 组实验数据建立 n 组联立方程式,就可以解出 N 个 β,但这种计算非常不精确。在实验次数 $m > N$ 时,必须采用最小平方法。目前已用计算机进行计算。但对比较简单的体系仍可采用简化法处理。

(2) 简化法求解。逐级配合物的生成受许多因素的影响,如空间因素和静电因素等。如果忽略这些影响,则配合物的逐级形成只是为统计因素所决定,即 ML_n 离解成 ML_{n-1} 的倾向与金属离子现有配体的数目 n 成正比。同理 ML_{n-1} 再加上一个 L 生成 ML_n 的倾向与金属离子的配位空位[$N-(n-1)$]成正比。

$$ML_{n-1} + L \rightleftharpoons ML_n \quad (4\text{-}61)$$

因此反应的稳定常数 $K_n = k\dfrac{N-(n-1)}{n}$($k$ 为比例常数)

$$ML_n + L \rightleftharpoons ML_{n+1} \quad K_{n+1} = k'\frac{N-n}{n+1} \quad (4\text{-}62)$$

若 k 和 k' 两个比例常数相等,则

$$\frac{K_n}{K_{n+1}} = \frac{[N-(n-1)]}{n} \cdot \frac{(n+1)}{N-n} \quad (4\text{-}63)$$

从式(4-63)可见,如果只考虑统计效应,在一定 N 值下任何配合物的 K_n/K_{n+1} 都是有一定值。例如,最高配位数为 2 时,第一级稳定常数比第二级稳定常数应该大 4 倍,实际上很难符合以上假定。所以还必须考虑其他因素。

如果考虑到其他因素对配合物逐级生成的影响,引入校正因子或称为扩展因子 x,即

$$\frac{K_n}{K_{n+1}} = \frac{[N-(n-1)]}{n} \cdot \frac{(n+1)}{N-n} x^2 \quad (0 < x < \infty) \tag{4-64}$$

若 $x=1$ 时,则与统计效应相符,假定在以下配位反应中

$$M + L \rightleftharpoons ML \quad K_1 = \frac{[ML]}{[M][L]}$$

$$ML + L \rightleftharpoons ML_2 \quad K_2 = \frac{[ML_2]}{[M][L]^2}$$

以 $N=2, n=1$ 代入式(4-64),则 $K_1/K_2 = 4x^2$

将 $\beta_1 = K_1, \beta_2 = K_1 K_2$ 代入式(4-60)得

$$\bar{n} = \frac{K_1[L] + 2K_1 K_2 [L]^2}{1 + K_1[L] + K_1 K_2 [L]^2} \tag{4-65}$$

当 $\bar{n}=1/2$ 时(25%配位)时,由式(4-65)得

$$K_1[L]_{1/2} + 3K_1 K_2 [L]^2_{1/2} = 1$$

$$K_1[L]_{1/2} + \frac{3K_1^2 [L]^2_{1/2}}{4x^2} = 1$$

式中,[L]的右下标表示 $\bar{n}=1/2$ 时配体的平衡浓度。当 $\bar{n}=3/2$ 时(75%配位),同理得

$$K_2[L]_{3/2} - \frac{3}{K_1[L]_{3/2}} = 1$$

$$K_2[L]_{3/2} - \frac{3}{4x^2 K_2 [L]_{3/2}} = 1$$

当 x 较[L]大得多时,

$$K_1 = \frac{1}{[L]_{1/2}} \quad \lg K_1 = p[L]_{1/2} \tag{4-66}$$

$$K_2 = \frac{1}{[L]_{3/2}} \quad \lg K_2 = p[L]_{3/2} \tag{4-67}$$

由式(4-66)和式(4-67)表明,当 $\bar{n}=1/2$ 和 $3/2$ 时,配体平衡浓度的负对数 $p[L]_{1/2}$ 和 $p[L]_{3/2}$ 的值分别等于第一级和第二级逐级常数值 $\lg K_1$、$\lg K_2$。故此法又称半对数法。

由此类推

$$K_n = \frac{1}{[L]_{\bar{n}=n-1/2}} \quad 或 \quad \lg K_n = p[L]_{\bar{n}=n-1/2} \tag{4-68}$$

若测出配体平衡浓度,则可通过式(4-60)算出 $\bar{n}$ 之值。用 $\bar{n}$ 对 p[L] 作图,所得的曲线称为形成曲线(图 4.18)。从形成曲线图可求出 $K_1, K_2, \cdots, K_n$。

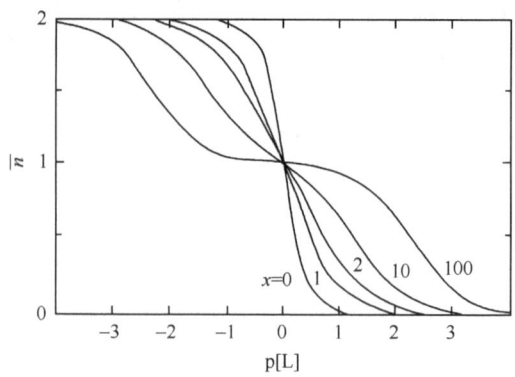

图 4.18 $N = 2$ 时在不同 x 值的形成曲线

从图 4.18 可见,x 越大,则 K_1 和 K_2 相差越大,由图所得稳定常数的准确性也越大。如 $x \geqslant 100$,则两个配合物是分开形成的,当 $x \leqslant 2$ 时就不能区分配合物形成的阶段,所以当 x 很小时,则 K_1 和 K_2 相差不大,这时不能从形成曲线求得 K_1 和 K_2,但可以形成曲线求出与 x 无关的平均常数 K。

如形成 ML、ML_2,它们的平均常数 $K = \sqrt{K_1 K_2}$

由式(4-64) $K_1 = 2xK$ $K_2 = K/2x$

得
$$\bar{n} = \frac{2xK[L] + 2K^2[L]^2}{1 + 2xK[L] + K^2[L]^2}$$

当 $\bar{n} = 1$(50%配位)时有 $K^2[L]_1^2 = 1$,则
$$K = \frac{1}{[L]_1}$$

即平均常数与 x 无关,当推广到最高配位数为 N 时,$K = (K_1 K_2 K_3 \cdots K_i)^{1/N}$ 同样可以求得 K 值。

$$\lg K = p[L]_{\bar{n}/N} = 0.5$$

无论 N 值为多少,平均常数等于配位 50%($\bar{n}/N = 0.5$)时的配体平衡浓度的倒数。如形成 ML_3 配位 50%,即 $\bar{n} = 3/2$。从 $\bar{n} = 3/2$ 处配体的平衡浓度就可得到 K 值。

这种方法用来计算逐级稳定常数比较简单。当 $K_1/K_2 > 10^3$ 时,可以得到较准确的结果;当 $K_1/K_2 < 10^3$ 时,可求出平均常数 K。

过去人们提出若干函数来解决多重平衡下稳定常数的处理问题,如今对在多重平衡下计算稳定常数已采用计算机运算,可以得到十分精确的结果。现函数已少使用,不过对配位数较低的简单体系引入函数进行作图,简洁方便,获得的 β_1、

$\beta_2\cdots$值,可作为程序运算的初值,与使用计算机运算相互补充,仍不失为有效方法。

3. 用 pH 电位法测定质子化常数

pH 电位滴定最重要的应用是测定分子或离子在溶液中的质子化常数 K_H。质子化常数是离解常数 K_a 的倒数($pK_a=-\lg K_H$)。使用 K_H 是为了更方便地处理电位滴定的数据,从它可以得到溶液中配体平衡浓度[L],对多元酸配体 LH_n 的质子化常数表示为

$$K_i^H = \frac{[LH_i]}{[LH_{i-1}][H]}, i=1-n \tag{4-69}$$

$$\beta_i^H = \frac{[LH_i]}{[L][H]^i} \quad \text{L 为完全去质子的酸根} \tag{4-70}$$

在 pH 滴定中每一点均遵从以下质量平衡方程:

$$\begin{aligned}T_L &= [H]-[OH]+[B]+[HL]+2[HL]+\cdots+n[LH_n]\\ &= [H]-K_w/[H]+[B]+[L](K_1^H[H]+2K_1^H K_2^H[H]^2+\cdots\\ &\quad +nK_1^H K_2^H\cdots K_n^H[H]^n)\end{aligned} \tag{4-71}$$

式中,T_L 和 T_H 分别代表酸(配体)的总浓度和可离解 H^+ 的总浓度 $T_H=nT_L$;[B]为加入滴定剂的浓度;K_w 为水的离子积(在 25℃,离子强度为 0.1mol·dm^{-3} 中 $pK_w=13.891$)。

计算质子化常数和稳定常数(pH 法)常引入 Bjerrum 函数 $\bar{n}_H$ 来计算更为方便。$\bar{n}_H$ 指键合到配体分子上 H^+(或金属离子)的平均数。即

$$\begin{aligned}\bar{n}_H &= \frac{T_H-[H]+K_w/[H]-[B]}{T_L}\\ &= \frac{K_1^H[H]+2K_1^H K_2^H[H]^2+\cdots+nK_1^H K_2^H\cdots K_n^H[H]^n}{1+K_1^H[H]+K_1^H K_2^H[H]^2+\cdots+K_1^H K_2^H\cdots K_n^H[H]^n}\end{aligned} \tag{4-72}$$

$\bar{n}_H$ 可由实验数据计算得到,[B]为溶液中加入滴定剂(KOH)的浓度。因为式中[H]可由 pH 计读出。T_H、T_L 和[B]可从已知初始浓度和滴定曲线上每点的稀释因子获得。利用 Bjerrum 函数,对级数较低的多元酸的离解常数可由作图法得到,如经典的 Schwarjenbach 作图法,使用广泛,但计算烦琐,读者可参考相关书籍[7]。目前多采用计算机用实验结果对 Bjerrum 函数[式(4-72)]进行拟合,只要采用任何非线性最小平方回归程序计算就能获得满意结果。

4.7.5 用计算机计算稳定常数

计算稳定常数时将实验数据通过近似或作图处理,精确度受到限制,20 世纪 60 年代以来开始使用计算机来进行运算。主要通过迭代法对非线性方程求解,首要问题是需要估计 β_{mn} 的初值,一般可通过作图法获得,再经计算机修正,或从稳定

常数数据库中[10,11]找出结构相近的化合物的值作为初值。目前已有许多计算稳定常数的程序发表。其中如 Gans 等的 HYPERQUAD[12]程序适用范围最广,是用来计算 pH 电位法数据。HypNMR[13]和 pHab[14]分别用于核磁共振和吸收光谱的数据中。作者在作图拟合的基础上写成 LIMIT 程序,它不仅适合于金属离子水解的单核和多核共存的体系[15],也适合于大环配合物的体系[16]。

1. 以 pH 法为例

在由 pH 电位数据计算金属配合物(或阴离子-质子化配合物)的程序中 BEST 是一个非常有用的迭代程序,其基本算法如下:

$$T_i = \sum_{j=1}^{NS} e_{ij}\beta_j \sum_{k=1}^{i} [c_k]^{e_{ij}} \tag{4-73}$$

上式指在已知滴定点体系中第 i 组分(初始总浓度 T_i)和第 j 个物种间的质量平衡,j 从 1 到 NS,$\sum$ 表示对所有存在物种求和。每一物种的化学计量数为 e_{ij},$[c_k]$ 为各物种的浓度。例如,EDTA-Ca 体系由 3 个组分组成即 EDTA^{4-}(L)、Ca^{2+}(M)和 H$^+$。可能存在的物种是 EDTA^{4-}、EDTA^{3-}(HL)、EDTA^{2-}(H$_2$L)、EDTA$^-$(H$_3$L)、EDTA(H$_4$L)、CaEDTA^{2-}(ML^{2-})、CaEDTA$^-$(MHL$^-$)、H$^+$ 和 OH$^-$。式(4-73)可改写成如下三个方程来计算稳定常数。计算稳定常数可按照如下步骤进行:①根据模型由配体,金属离子和氢离子的初始总浓度 T_L、T_M 和 T_H,可建立 3 个质量平衡方程,将稳定常数的关系引入:

$$T_L = [L] + \beta_{HL}[H][L] + \beta_{H_2L}[H]^2[L] + \beta_{H_3L}[H]^3[L] + \beta_{H_4L}[H]^4[L]$$
$$+ \beta_{ML}[M][L] + \beta_{MHL}[M][H][L] \tag{4-74}$$

$$T_M = [M] + \beta_{ML}[M][L] + \beta_{MHL}[M][H][L] \tag{4-75}$$

$$T_H = \beta_{HL}[H][L] + 2\beta_{H_2L}[H]^2[L] + 3\beta_{H_3L}[H]^3[L] + 4\beta_{H_4L}[H]^4[L] + [H]$$
$$\beta_{OH}[H]^1 + \beta_{MHL}[M][H][L] + [B] \tag{4-76}$$

式中,[B]为溶液中加入滴定剂(如 KOH)的平衡浓度。在被测定的每一平衡点下,得到一组联立方程[式(4-74)至式(4-76)]。②假定一组总稳定常数 β_{mn} 下,由联立方程可解出各组分平衡浓度 $[c_k]$(即[L]、[M]和[H]),重复此过程对所有平衡点进行计算,得到 H$^+$ 浓度的计算值,然后和测定的 H$^+$ 浓度比较,按式(4-77)计算加权 p[H]平方差之和 u。

$$u = \sum w(p[H]_{obs} - p[H]_{cal})^2 \tag{4-77}$$

$w = 1/(p[H]_{i+1} - p[H]_{i-1})^2$。引入权重因子 w 是为了在滴定曲线陡跃区对精确 pH 测定的影响。③调整未知 β_{mn} 值进行重复计算直到 u 值不再减小,β_{mn} 值即为最佳值。此时按式(4-78)计算的 σ 拟合值(σ_{fit})也为最小。

$$\sigma_{fit} = (u/w)^{1/2} \tag{4-78}$$

用 pH 电位法数据计算金属-配体(或阴离子-质子化配体)的稳定常数的程序已有不少[17,18]。其中 BEST 和 PKAS 是由美国学者 Martell 设计的,应用很广。PKAS 是专门为计算质子化常数而设计的,计算质子化常数更为方便,该程序已发表在专著中[9]。我们实验室使用的 LEMIT 程序则是根据 Newton-Raphson 和 Gauss-Netwrton 法逐步近似,已用于许多大环配合物稳定常数的计算。近年发表的 HYPERQUAD2000 文本,用于电位和光谱滴定的数据[12],该文本可从 http://www.chiml.unifi.it/group/vacsab/hg2000.htm 查到。

2. 举例——多胺型 Cu(Ⅱ)穴合物

用电位法测定稳定常数所用仪器价相对低廉,易为人们采用,现已成为测定稳定常数最重要方法之一。伴随着稳定常数数据增加,引起学者们的忧虑,正如 Martell 等指出,由于有的论文研究对象重复,研究目的不明确,实验条件控制不严格,样品未经适当表征和纯化,有些论文质量不高,致使此研究领域的威信日益下降[18]。为此本节就实验中常忽略之处以穴合物为例加以介绍。

1) 滴定过程

测定穴合物的稳定常数需要进行三次实验:①CBT 单独存在;②CBT 和 Cu^{2+} 以 1:1 的物质的量比加入;③以 CBT:Cu^{2+}=1:2 加入,滴定前必须做如下准备:

(1) CBT:CBT 从浓 HCl 溶液以 8mol 盐酸盐形式游离,通常具有化学式 $C_{27}H_{60}N_8 \cdot 8HCl$,但许多多胺盐含有 1 个或更多弱的碱基(如 CBT 中两个季胺氮的碱度弱于桥链上的碱基),常导致该基质子化不是化学计量的,如 CBT 的化学式经测定为 CBT·7.50HCl·$3H_2O$。

(2) 支持电解质:常用支持电解质如 KNO_3,KCl 的阴离子会和穴醚键合,所以选用 0.100mol·dm^{-3} 的 $NaClO_4$ 为支持电解质。

(3) 参考电极:参考甘汞电极中的 KCl 饱和溶液应以 NaCl 溶液代替,以减少液接电位,加入 NaCl 溶液后电极至少平衡 24h。

(4) 标准碱:以不含 CO_2 的 NaOH 作为标准碱,滴定过程中通入 N_2 以防止在碱区 CO_2 干扰。滴定过程中对恒温要求严格。

在校正 pH 计后,滴定实验分 3 轮进行。第一轮是 CBT 单独存在时加入碱,当 pH 增加到 12 时,此轮结束。从此轮可计算 CBT 盐酸盐中 HCl 真实含量。第二轮开始前加入足够的标准 $HClO_4$ 和 CBT 到以上溶液中,使溶液保持第一轮开始时的组成。在氮气下加入等物质的量浓度的 $Cu(ClO_4)_2$ 后,再滴入标准 NaOH 溶液进行电位滴定。在第三次加入与 CBT 等物质的量浓度的 $Cu(ClO_4)_2$ 溶液以前,加入 $HClO_4$ 重复以上过程,然后再加入 NaOH 进行第三轮电位滴定。必须注意的是,在三轮实验中离子强度必须保持恒定(0.100),详细实验过程可参考有关书籍[9]三轮滴定曲线示于图 4.17。

对于单核穴合物稳定常数计算，用1∶1溶液的滴定数据更为精确，对双核穴合物的计算用2∶1溶液的数据，在此计算中采用1∶1的β值，并在计算中保持恒定。

2) 实验结果处理

由图 4.17 中 Cu∶CBT＝1∶1 的曲线可见，它有 3 个缓冲区，最低 pH 区 Cu∶CBT＝1∶1 的曲线与穴醚 L 的曲线重合，说明此时无穴合物的形成。第二个缓冲区大约出现在 $a=-6$ 和 -3 之间，在大于-3以后发生转折，说明有 MH_3L^{5+} 形成并释放出 3 个 H^+，在 pH=6 时全部完成。

$$M^{2+} + HCl^{6+} \rightleftharpoons MH_3L^{5+} + 3H^+$$

在高 pH 部分，倾斜缓冲区是由于连续地逐步中和穴醚配体上的其他氢离子所引起。

$$MH_3L^{5+} \rightleftharpoons MH_2L^{4+} + H^+$$
$$MH_2L^{4+} \rightleftharpoons MHL^{3+} + H^+$$
$$MHL^{3+} \rightleftharpoons ML^{2+} + H^+$$

在 M∶L＝2∶1 的曲线，主要缓冲区出现在 $a=-6\sim 0$ 处，然后紧接着在高 pH 处出现另外的缓冲区。曲线指出，高缓冲区中和 H^+ 所需碱的物质的量已超出配体上 6 个质子的物质的量。因此，假定这长的缓冲区相应与溶液中和是在1∶1情况下先形成 MH_3L^{5+}，然后再有 $3H^+$ 被中和，这是由于伴随着 M_2L^{4+} 的形成，释放出 $3H^+$。

$$M^{2+} + MH_3L^{5+} \rightleftharpoons M_2L^{4+} + 3H^+$$

最后缓冲区接近 pH 等于 7，指出在穴醚内两金属离子间有 μ-羟桥生成。

$$ML^{4+} \rightleftharpoons M_2LOH^{3+} + H^+$$

羟桥的形成已从类似穴合物的晶体结构得到证实。将以上物种进行计算机计算，为了改进 σ_{fit}，对 2∶1 体系需要引入 $[Cu_2HL]^{5+}$、$[Cu_2(OH)L]^{3+}$、$[Cu_2(OH)_2L]^{2+}$ 现将计算结果列入表 4.16。

表 4.16 CBT 与 Cu^{2+} 形成配合物的稳定常数[25℃，$I=0.100 mol \cdot L^{-1}(NaClO_4)$]

	$\lg K$		$\lg K$
$\dfrac{[ML]}{[M][L]}$	15.39	$\dfrac{[M_2L]}{[ML][M]}$	13.36
$\dfrac{[MHL]}{[ML][H]}$	10.08	$\dfrac{[M_2HL]}{[M_2L][H]}$	5.40
$\dfrac{[MH_2L]}{[MHL][H]}$	8.70	$\dfrac{[M_2LOH][H]}{[M_2L]}$	-2.59
$\dfrac{[MH_3L]}{[MH_2L][H]}$	7.62	$\dfrac{[M_2L(OH)_2][H]}{[M_2LOH]}$	-10.81

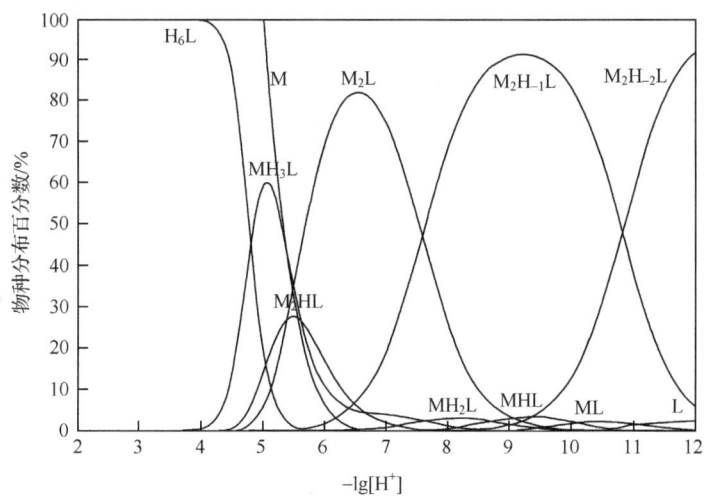

图 4.19　CBT∶Cu^{2+}＝1∶1 时各物种的分布曲线
25℃, I＝0.100mol·L^{-1}(NaClO$_4$)
H_{-1}, H_{-2}代表OH^-, $2OH^-$

由表 4.16 的结果可计算每一物种在不同 lg[H^+]的分布曲线,图 4.19 为 CBT∶Cu^{2+}＝1∶1 时各物种的分布曲线。从图可见 Cu∶L 虽为 1∶1,但羟联双核穴合物已形成。所以该类穴醚形成双核有强的倾向。分布曲线十分有用,它可以确定在特定 pH 下物种的组成。例如,第 12 章过渡金属的传感器研究中,由分布曲线和 pH 荧光强度曲线的重合情况可判定哪一物种是具传感性质的活性物种[19],分布曲线可由 SPE 程序绘出,它是 BEST 的补充程序(文献[9]附录)。

小　　结

(1) 根据中心原子在周期表的位置可粗略地将周期表上元素分为(a)类(硬酸)和(b)类(软酸)。中心原子对配合物稳定性的影响决定于其半径、电荷、电子构型、软硬度、d 电子数目(William Irving 顺序)等因素。

(2) 螯合物的稳定性与螯合环的数目、大小和共振效应有关,配体上引入取代基可改变配体的碱性(pK_a)和空间位阻。在特定条件下,配体的 pK_a 和 $\lg\beta$ 之间有线性自由能关系。

(3) 大环配合物的稳定性决定于大环的腔径和金属离子尺寸的匹配程度、互补和预组织效应。

(4) 配合物的稳定性在热力学上受焓变和熵变所控制,在溶液中溶剂化作用引起的焓变和熵变不可忽略,由此可解释螯合效应、穴合效应、预组织效应。

(5) 影响中心原子氧化还原稳定性的因素有熵效应、配体场效应、取代基的影响和大环效应等。

(6) 稳定不常见高氧化态的简单配体,一般是体积小、电负性高和具有孤电子对的配体,稳定低氧化态的配体多是能形成反馈 π-键的配体,包括以碳键合的有机配体。稳定作用的原因主要是反馈 π-键的作用。

(7) 计算稳定常数有两种方法:①作图法:将计算稳定常数的非线性方程转变为线性方程,如作图外推法或通过基本函数($\bar{n}$)进行简化求解。②计算机运算:将测定的物理量和物种的平衡浓度相关联,建立金属离子和配体的质量平衡方程,采用逐步逼近法循环对联立方程求解。

(8) 了解 pH 电位、NMR、吸收光谱法的适用范围、优缺点和如何得到精确的 β_n 值。

习 题

1. 写出下列金属螯合物的结构、几何构型、不成对电子数、有效磁矩和光学异构体。
   (1) CrL_3：$LH=NH_2CH_2COOH$
   (2) BeL_2：$LH=C_6H_5COCH_2COCOOC_2H_5$
   (3) CuL：$LH=$ 邻-HOC$_6$H$_4$-CH=NCH$_2$CH$_2$N=CH-邻-C$_6$H$_4$OH
   (4) NiL：$L=NH_2(CH_2)_2NH(CH_2)_2NH(CH_2)_2NH_2$

2. 3 个大环配体的 K^+ 配合物的 $\lg K_1$ 如下,试解释为何有此顺序。

   $\lg K_1$ 9.0   5.4   2.0

3. 在含有 0.01mol/L 的 Pb^{2+} 的溶液中加入 0.5mol/L 的乙二胺四乙酸钠及 0.001mol/L 的 S^{2-},问溶液中是否有 PbS 沉淀？$\beta[Pb(edta)]=2\times10^{18}$,$K_{sp}(PbS)=2.5\times10^{-27}$。

4. $[Cu(NH_3)_2]^+$ 和 $[Cu(en)]^+$ 的稳定常数 $\lg\beta_1(NH_3)=10.86$,$\lg\beta_1(en)=10.80$,显然 $[Cu(NH_3)_2]^+$ 的稳定常数稍大一点,但 NH_3 的配位能力仍不如 en,试解释以下问题以证明上述论点的正确性:在 0.001mol·L^{-1} $[Cu(NH_3)_2]^+$ 和 $[Cu(en)]^+$ 的溶液中各含自由离子为多少？离解度各为多少？氨和乙二胺哪个是更有效的配体？

5. 已知下列螯合剂的末级酸离解常数 pK_a,它和 Ca(Ⅱ)的配合物的稳定常数 $\lg\beta_1$,以 pK_a 对 $\lg\beta_1$ 作图得如下三条直线试简要说明为何有此规律性？

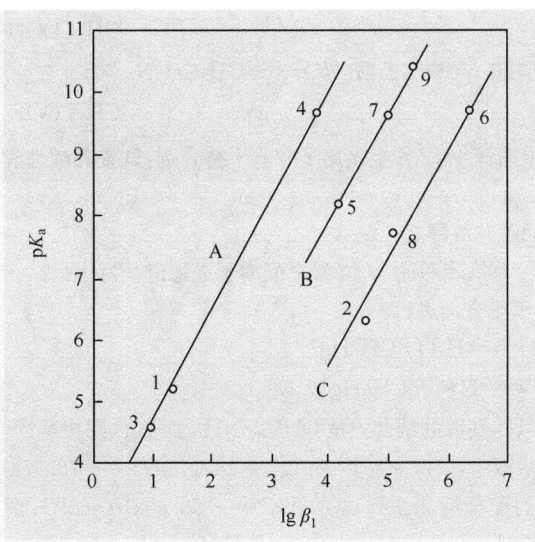

(1) 4-氨基苯甲酸-N,N-二乙酸 HOOC—C₆H₄—N(CH₂COOH)₂

(2) 2-磺基苯胺二乙酸 (2-SO₃H)C₆H₄—N(CH₂COOH)₂

(3) 4-磺基苯胺二乙酸 HO₃S—C₆H₄—N(CH₂COOH)(CH₂OOH)

(4) 甲胺二乙酸 H₃C—N(CH₂COOH)₂

(5) β-氨基乙基磺酸-N,N-二乙酸 HO—SO₂—CH₂CH₂N(CH₂COOH)₂

(6) 氨三乙酸 $N(CH_2COOH)_3$

(7) β-丙氨基-N,N-二乙酸 HOOCCH₂CH₂N(CH₂COOH)₂

(8) 2-氨基苯甲酸-N,N-二乙酸 (2-COOH)C₆H₄—N(CH₂COOH)₂

(9) β-氨基乙基膦酸-N,N-二乙酸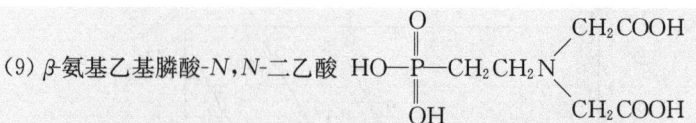

6. 从已知资料中选择 1~2 种金属离子和若干螯合剂,试查其酸性和配合物稳定常数的关系。

7. 回答下列各问题并解释之。

(1) $[Cd(CN)_4]^{2-}$ 和 $[Cd(NH_3)_4]^{2+}$ 哪个配离子更稳定?为什么?

(2) 下列反应往哪个方向进行?

$H^+ + CH_3HgOH \rightleftharpoons H_2O + CH_3Hg^+$

$H^+ + CH_3HgS^- \rightleftharpoons HS^- + CH_3Hg^+$

(3) 为何在水中 H^+ 和碱的结合力是 $OH^- > NH_3$,而 Ag^+ 则相反?

8. 在 25℃ 的水溶液中,$[Ni(en)_2]^{2+}$ 的 $\lg\beta_2 = 14.1$,$\Delta H^\ominus = -76.57 \text{kJ} \cdot \text{mol}^{-1}$,$Ni^{2+}$ 与三乙基四胺形成 1:1 的配合物,$\lg\beta_1 = 14.3$,$\Delta H^\ominus = -58.66 \text{kJ} \cdot \text{mol}^{-1}$,请分别计算两反应的 $\Delta S^\ominus$,并解释两值的差别。

9. 荚醚和球醚通过甲氧基上的氧原子和 Li^+ 配位,形成组成相同和结构相似的环状配合物,但球醚的 Li^+ 配合物稳定常数却比荚醚的 Li^+ 配合物大 10^{12} 倍,为什么?试从熵变和焓变,去溶剂化效应及预组织效应加以解说。

10. 对于 Co^{III}/Co^{II} 电偶水合离子的 $E^\ominus$ 值为 $+1.842V$,$[Co(NH_3)_6]^{3+}$ 的 $\lg\beta_6 = 33.7$,而 $[Co(NH_3)_6]^{2+}$ 的 $\lg\beta_6 = 4.9$,计算 $[Co(NH_3)_6]^{3+}/[Co(NH_3)_6]^{2+}$ 的 $E^\ominus$。

11. 已知 $Co^{3+} + e^- \rightleftharpoons Co^{2+}$ 的 $E^\ominus = 1.842V$,两种配离子 $[Co(CN)_6]^{4-}$ 的 $\lg\beta_6 = 19.09$,$[Co(CN)_6]^{3-}$ 的 $\lg\beta_6 = 64$。试问:

(1) 加入 CN^- 后对 Co^{3+}、Co^{2+} 的电位有何影响?电位应为多少?

(2) CN^- 的配位作用有利于高价或是有利于低价稳定?为什么?

12. 由表 4.12 中分裂能和如下反应的偏摩尔熵差的数据,计算反应

$$Fe(H_2O)_6^{3+} + e^- \rightleftharpoons Fe(H_2O)_6^{2+}$$

的 $\Delta G^\ominus$ 值(假定反应热完全由配体场效应所提供),并由此计算其标准还原电位 $E^\ominus$ 和实测比较,并加以说明。

13. 铬的分析方法之一是将铬氧化成 $Cr_2O_7^{2-}$,在酸性溶液中用 KI 还原,再用 $Na_2S_2O_3$ 来滴定释出的 I_2,其反应为:$Cr_2O_7^{2-} + 6I^- + 14H^+ \longrightarrow 3I_2 + 7H_2O + 2Cr^{3+}$ 如果铬中含有铁就会干扰滴定,请加入适当的配位剂进行掩蔽,并从氧化还原电位的变化加以说明。

14. 假定生成 ML 型配合物,今用摩尔比法测定测定其稳定常数,如图 4.13(b)所示,用外推法获得的吸光值为 A_{ex},在曲线上相同横坐标的吸光度为 E,请列出 K 值的计算式。

15. 已知 $[InBr]^{2+}$、$[InBr_2]^+$ 和 $InBr_3$ 的稳定常数分别为

$$\lg\beta_1 = 1.2, \lg\beta_2 = 1.8, \lg\beta_3 = 2.5$$

(1) 计算当 Br^- 浓度为 $0.1 \text{mol} \cdot L^{-1}$ 时,In^{3+} 和各级配离子存在的百分率,(假定 $c_{Br} \gg c_{In}$)。

(2) 假定 Br^- 和 In^{3+} 总浓度均为 $0.1 \text{mol} \cdot L^{-1}$,试近似计算 Br^- 的平衡浓度。

16. 用 pH 法来测定多元酸 H_nL 的质子稳定常数，如在研究的 a 值范围内，仅有 H_iL 和 $H_{i-1}L$ 存在，其 $\lg K_i^H$ 可表示为

$$\lg K_i^H = \lg \frac{(1-a+n-i)c_{H_nL} - [H] + [OH]}{(a-n+i)c_{H_nL} + [H] - [OH]} + pH$$

试推证之。

17. 含 7.811×10^{-3} mol/L 的乙二胺溶液 50mL，用 HCl 进行滴定，从滴定曲线得到 $a=1$ 时，消耗 HCl 3.6mL，当 $a=0.4$ 和 0.6 时，其对应的 pH 为 10.08 和 9.76，$a=1.3$ 和 1.7 时，其对应的 pH 为 7.50 和 6.78，试求 $\lg K_1^H$ 和 $\lg K_2^H$。

18. 用溶解度法测定 $[Ag(SCN)_4]^{3-}$ 的积累稳定常数为：$\beta_2=3.5\times 10^7$，$\beta_3=1.4\times 10^9$，$\beta_4=1.0\times 10^{10}$。

(1) 试求逐级稳定常数 K_3 和 K_4。

(2) 假定逐级稳定常数的不同，完全是由于统计因素，则 K_1 与 K_2 各为多少？

19. 形成函数 $\bar{n}$ 与生成度 α_n 有如下关系：

$$\bar{n} = n - \frac{d\lg \alpha_n}{d\lg [L]}$$

试推证之。

20. Cu^{2+} 与磺基水杨酸形成 1∶1 的配合物，在 630nm 测得其摩尔吸光系数，$\varepsilon=1.6\times 10^4$，当 Cu^{2+} 总浓度 $c_M=0.005$mol/L，配体总浓度 $c_L=0.0075$mol/L，在 1cm 长的吸收池中测得其吸光度 $A=5.6\times 10^{-2}$，试求配合物的稳定常数（Cu^{2+} 对吸光度没有影响）。

21. pH 法、NMR 和吸收光谱法测定稳定常数的依据是什么（列出测定物理量和 β_n 之间的表达式）？测定稳定常数要注意哪些问题？

参 考 文 献

[1] (a) Pearson R G. Chemical Hardness. New York：Wiley-VCH，1997

    (b) Pearson R G. Hard and soft acids and bases. J. Chem. Educ.，1968，45：581，643

[2] 戴安邦. 酸碱的软硬度的势标度及其相亲强度和络合物的稳定度. 化学通报，1978，(1)：26

[3] Chang C S. Entropy effects in chelation reaction. J. Chem. Educ.，1984，61：1062

[4] Hancock R D. Chelate ring size and metal selection. J. Chem. Educ.，1992，69：615

[5] Cram D J. Preorganization-from solutions to spherands. Angew. Chem.，Int. Ed. Engl.，1986，25：1039

[6] Sherman J C. Preorganization and complementarity. In：Atwood J W. Encyclopedia of Supramolecular Chemisrty. News York：Marcel Dekker，2004：1158-1160

[7] (a)Connors K A. Binding Constants. Chichester：John Willey & Sons，1987

    (b)罗勤慧. 大环化学——主-客体化合物和超分子. 北京：科学出版社，2009

[8] 罗勤慧，李重德，冯旭东，等. 冠醚配合物的热力学研究(Ⅷ)-若干苯-18-冠-6 的甲基衍生物与碱金属配位反应的 NMR 研究. 高等化学学报，1987，8：5

[9] Martell A E, Motekaitis R J. Determination and Use of Stability Constants. 2nd ed. New York：VCH Publishers. 1992

[10] Pettit L D, Powell K J. IUPAC Stability Constants Database-SC-Database. UK，Ottey：Academic Software，1999. http://www.acadsoft.co.uk.

[11] (a) Smith R M, Martell A E. NIST Critically Selected Stability Constants of Metal Complexes Database. Version 4.0. US. Department of Commerce, National Instifute of Standards and Technology: Githersburg. MD 20899USA, 1997

(b) Martell A E, Smith R M. Critical Stability Constants. Vol. 1-6. New York: Plenum Press: 1974-1989

[12] Gans P, Sabatini A, Vacca A. Investigation of equilibria in solution. Determination of equilibrium constants with the HYPERQUAD suit of programs. Talanta, 1996, 43:1739

[13] Frassineti C, Ghelli S, Gans P, et al. Nuclear magnetic resonance as a tool for determining protonation constants of natural polyprotic base in solution. Anal. Biochem. ,1995, 231:374

[14] Pans P, Sabatini A, Vacca A. Determination of eguilibriam constants from spectrophotometric obtained from solutions of known pH: the program pHab. Ann. Chim. (Rome),1999, 89:45

[15] Luo Q-H, Shen M-C, Ding Y, et al. , Studies on hydrolytic polymerization of rare earth metal ions (V). Talanta,1990, 37:357-360

[16] Luo Q H, Zhu S R, Shen M C, et al. A study on a dioxotetraamine macrocyclic ligand, its copper(II) and nickel(II) complexes and solution equilibria. J. Chem. Soc. Dalton. Trans. ,1994:1873

[17] Sabatini A, Vacca A, Gans P. Mathematical algorithms and computer programs for the determination of equilibrium constants from potentiometric and spectrophotometric measurements. Coord. Chem. Rev. , 1992, 120:389

[18] Martell A E, Motekaitis R J. Potentiometry revisited: the determination of thermodynamic equilibria in complex multicomponent systems. Coord. Chem. Rev. ,1990, 100:323

[19] (a) Li Q-X, Wang Y-N, Luo Q-H, et al. New fluorenyl-substituted ditopic dioxotetraamine ligands and their copper(II) complexes-systhesis, crystal structure, magnetic properties and solution behavior. J. Chem. Soc. Dalton. Trans. , 2008:2487

(b) Jiang L J, Luo Q-H, Li Q-X, et al. New fluorenye-substituted dioxotetraamine ligands and their copper complexes-crystal structure and fluorescent sensing properties in aqueous solution. Eur. J. Inorg. Chem. , 2002:664

第 5 章 配位化合物的反应动力学及反应机理[1,2]

提要 介绍影响取代反应和氧化还原反应速率的因素、机理、速率方程、实验验证方法以及反位效应、反位影响、线性自由能关系,并介绍 Marcus 理论在外层机理的应用及外层机理和内层机理的区别。

5.1 基本概念

5.1.1 配合物的反应及其研究方法[1,2]

配合物的反应是指配位实体的反应。配合物的反应动力学是研究配位实体的反应速率及其影响反应速率的因素,如温度、浓度、压力等,并用机理来解释反应速率。反应速率通常用反应物或生成物浓度随时间变化来表示。研究反应速率和机理的目的是希望了解配合物的电子结构在反应过程中相互作用的情况,从而控制反应,设计反应步骤,并用于指导合成。

配合物的反应种类很多,归结起来大约分如下五类。

1. 取代反应

例如,在硫酸铜溶液中加入过量的氨水,瞬间溶液呈深蓝色。或将紫色的 $CrCl_3 \cdot 6H_2O$ 的水溶液放置数日,溶液逐渐从紫色变为绿色。这两个反应是内层的水分子为配体所取代。

$$[Cu(H_2O)_4(H_2O)_2]^{2+} + 4NH_3 \longrightarrow [Cu(NH_3)_4(H_2O)_2]^{2+} + 4H_2O$$

$$[Cr(H_2O)_6]^{3+} \xrightarrow[-H_2O]{+Cl^-} [CrCl(H_2O)_5]^{2+} \xrightarrow[-H_2O]{+Cl^-} [CrCl_2(H_2O)_4]^+$$

在反应过程中,中心原子的氧化数及配位数都不发生改变。

2. 异构化反应

如在第 2 章已遇到过的:

顺反异构化 顺-$[CoCl_2(en)_2] \rightleftharpoons$ 反-$[CoCl_2(en)_2]$

键合异构化 $[Co(ONO)(NH_3)_5]^{2+} \rightleftharpoons [Co(NO_2)(NH_3)_5]^{2+}$

消旋异构化 $(+)-[Cr(C_2O_4)]^{3-} \rightleftharpoons$ 消旋-$[Cr(C_2O_4)]^{3-}$

3. 氧化还原反应(电子转移反应)

中心原子的氧化态在反应过程中发生变化。例如

$$[Os(bpy)_3]^{2+} + [Mo(CN)_8]^{3-} \rightleftharpoons [Os(bpy)_3]^{3+} + [Mo(CN)_8]^{4-}$$

$$[Cr(H_2O)_6]^{2+} + [CoCl(NH_3)_5]^{2+} + 5H_3O^+ \rightleftharpoons [CrCl(NH_3)_5]^{2+} + [Co(H_2O)_6]^{2+} + 5NH_4^+$$

4. 加成和离解反应

在反应过程中发生配位数的增减。

$$[IrCl(CO)(Pph_3)_2] + H_2 \rightleftharpoons [IrClH_2(CO)(Pph_3)_2]$$

$$[Ag(CNR)_4]^+ \rightleftharpoons [Ag(CNR)_2]^+ + 2RNC$$

5. 配体的反应

在反应过程中配位原子和金属的键合情况不发生改变。

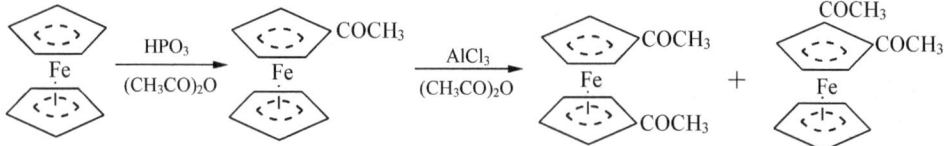

异构化反应在第 2 章中已经讨论过。加成和离解反应以及配体的反应将在第 8 章讨论。本章我们讨论另外两类重要的反应,即取代反应和氧化还原反应。

动力学方法研究反应机理是根据不同因素对反应速率的影响来推测反应机理,除温度、压力外,还包括过渡态结构、有无中间产物生成等。动力学研究的关键是测定在不同时间下反应物或生成物浓度等参数随时间变化的关系。表达这种关系的方程称为化学反应速率方程。如果实验测定的速率方程与根据假设的机理所推导的速率方程一致,则假设的机理是正确的,否则是错误的,必须根据新的实验提出新的机理。研究配合物动力学的方法主要根据反应进行的快慢,即反应所需时间范围来决定。对于慢反应(时间范围$\geqslant 10^2$ s),可采用常规法,如滴定法、光谱法、同位素示踪等。只要方法比研究反应快都可使用。对于较快反应,如果采用的是波谱法(NMR 等),则要求电磁波的时间范围短于被研究的化学反应的时间。现将一些有代表性的快速方法列于表 5.1。各项技术中最常用的是停留法(stop-flow),NMR 及用于生物体系自由基研究的脉冲幅解(pulse-radiolysis)等。读者如有兴趣可进一步阅读有关文献[3~5]。

表 5.1 有代表性的研究动力学的快速方法

方法	半衰期 $t_{1/2}/s$
停留法	10^{-3}
压力跳跃	10^{-6}
NMR	10^{-6}
温度跳跃	10^{-7}
声学法	10^{-9}
电化学法	10^{-8}
ESR	10^{-9}
荧光法	10^{-10}
脉冲幅解,闪光光解	10^{-12}

5.1.2 势能曲线

已知反应的能量变化用图形表示,称为势能曲线(potential curve)(图 5.1),它反映反应物、产物、中间体(intermediate)和过渡态(transition state)的相对能量的坐标函数。中间体是指相对稳定的过渡化合物,在慢反应过程中能检测其存在。过渡态是指瞬间存在的不稳定物种。一般来说,化学反应都是从代表反应物能量最低点,通过具有较高能量的过渡态到另一能量最低点(产物)。如果反应从反应物通过能量最高点不停顿地直接转变成产物,则势能曲线如图 5.1(a)所示。反应物的能量和过渡态能量差称为活化能 E_a 或以活化自由能 $\Delta G^{\neq}$(活化能垒 activation barrier)表示。在图中产物和反应物之间的能量差以自由能变 $\Delta G^{\ominus}$ 表示,$\Delta G^{\ominus}$ 为负,表示反应能自发地进行,说明产物比反应物更稳定。可是为了获得产物必须通过高能垒(过渡态),反应速率一般由能垒高度所决定。如果一个物种作为中间

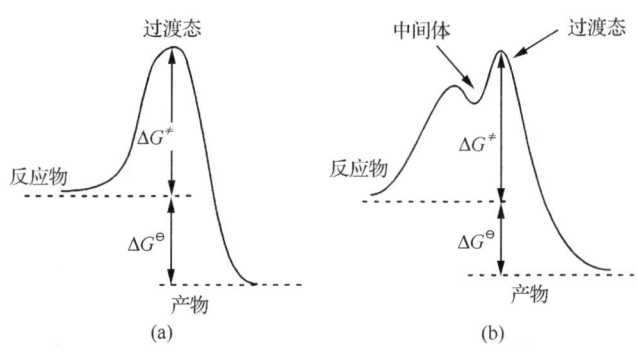

图 5.1 反应位能曲线
(a)无中间体存在;(b)有中间体存在

体在反应过程中短暂停留,或者用实验方法可以检测证实它的存在,其势能曲线如图 5.1(b)所示。通常在动力学速率方程中常引入中间体,即使中间体不被实验证实。因为中间体出现在方程中有利于人们用稳态近似法(steady-state approximation)处理速率方程。所谓稳态近似法,即假定在反应过程中,中间体的浓度很小,且在反应中基本保持不变,这种方法将在5.1.3节中介绍。

5.1.3 活化参数

通常反应机理不能够完全由速率方程确定,往往还需要从实验获得的活化参数予以证实。例如,反应速率参数 k 对热力学温度 T 的依赖关系可由活化配合物理论(eyring theory)描述。

$$k = k_B/h \exp(-\Delta H^{\neq}/RT)\exp(\Delta S^{\neq}/R)$$

或

$$\ln(k/T) = -\Delta H^{\neq}/RT + \Delta S^{\neq}/R + 常数 \qquad (5-1)$$

式中,k_B 为玻耳兹曼常量,$k_B = 1.38 \times 10^{-23}$ J·K^{-1};h 为普朗克常量,$h = 6.626 \times 10^{-23}$ J·s;$\Delta H^{\neq}$ 和 $\Delta S^{\neq}$ 分别称为活化焓变(activation enthalpy)和活化熵变(entropy),即过渡态和反应物之间的焓变和熵变之差。它们和反应的活化自由能变 $\Delta G^{\neq}$ 有如下关系:$\Delta G^{\neq} = \Delta H^{\neq} - T\Delta S^{\neq}$。

在不同温度下测定出反应速率常数,以 $\ln(k/T)$ 对 $1/T$ 作图,从直线斜率得到 $\Delta H^{\neq}$,从截距得到 $\Delta S^{\neq}$。$\Delta S^{\neq}$ 对决定反应机理十分有用。$\Delta S^{\neq}$ 为正值,可以预料反应可能为离解机理,因为在反应过程中配合物发生离解使体系中物种数目增加。相反,对缔合机理,在活化配合物中,配体和金属间有新键生成,体系中物种数目减少,$\Delta S^{\neq}$ 理应为负。

另外,与活化熵相关的活化参数是活化体积 $\Delta V^{\neq}$,可由测得活化体积 $\Delta V^{\neq}$ 与反应速率常数的依赖关系得到,$\Delta V^{\neq}$ 是过渡态和反应物之间的偏摩尔体积差。在恒温下,压力 P 对反应的速率常数的影响可表示为

$$\left(\frac{\partial \ln k}{\partial P}\right)_T = -\frac{\Delta V^{\neq}}{RT} \qquad (5-2)$$

当 $\Delta V^{\neq} > 0$,k 随压力增加而降低。$\Delta V^{\neq} < 0$,k 随压力增加而增加。如果 $\ln k$ 对 P 作图得到一条直线则可直接从直线斜率得到 $\Delta V^{\neq}$。实验得到的 $\Delta V^{\neq}$ 值由两部分组成,即 $\Delta V^{\neq}_{exp} = \Delta V^{\neq}_{intr} + \Delta V^{\neq}_{sol}$,$\Delta V^{\neq}_{intr}$ 称为固有活化体积(intrisic activation volum),$\Delta V^{\neq}_{sol}$ 称为溶剂化活化体积(solvation activation volum)。$\Delta V^{\neq}_{intr}$ 反映从反应物到活化配合物尺寸的变化,来源于键长和键角的变化。它提供过渡态体积比反应物体积大或小的信息,是了解新键形成与否,具有关键作用的参数。用它来区别反应是离解或缔合机理。

$\Delta V^{\neq}_{sol}$ 反映溶剂重组引起的体积改变。至于 $\Delta V^{\neq}_{exp}$ 是来源于哪一部分贡献尚难

于决定。但可预料当由反应物到过渡态时配位实体没有形式氧化态改变，$\Delta V_{sol}^{\neq}$变化较小，可认为 $\Delta V_{exp}^{\neq} \approx \Delta V_{intr}^{\neq}$。当形式氧化态有改变时，$\Delta V_{sol}^{\neq}$ 不能忽略。

5.2 配体的取代反应

5.2.1 活性配合物和惰性配合物

活性和惰性是表示配合物取代反应的难易程度，也就是表示反应速率的快慢。如果把配合物和配位剂按浓度各 $0.1\text{mol} \cdot \text{L}^{-1}$ 混合起来，在温度 25℃ 时发生反应，反应在 1min 之内可以完成，这种配合物称为活性配合物。而惰性配合物表示它们同配位剂的反应进行得很慢，用普通的方法可以测量出反应速率。例如，$[\text{Co}(\text{NH}_3)_6]^{3+}$ 在酸性介质中的反应：

$$[\text{Co}(\text{NH}_3)_6]^{3+} + 6\text{H}_3\text{O} \longrightarrow [\text{Co}(\text{H}_2\text{O})_6]^{3+} + 6\text{NH}_4^+ \quad (\Delta G^{\ominus} < 0)$$

就进行得很慢，在室温经过几天还觉察不出这个配合物有明显的变化，但随着反应时间的增长，$[\text{Co}(\text{NH}_3)_6]^{3+}$ 几乎完全可以转变成 $[\text{Co}(\text{H}_2\text{O})_6]^{3+}$ 及 NH_4^+；这个反应的平衡常数（$K \sim 10^{25}$）很大。也就是说，从反应速率（动力学性质）来看，$[\text{Co}(\text{NH}_3)_6]^{3+}$ 是惰性的，但在酸性溶液中它几乎完全发生转变，是非常不稳定的（热力学性质），因此活性和惰性是指配合物的动力学性质，同配合物的稳定和不稳定是两回事。虽然有时稳定的配合物在反应中表现出惰性，不稳定的配合物在反应中表现活性，但并不完全是这样，例如，Ni^{2+} 同 CN^- 生成稳定的配合物 $\lg\beta_4 = 22$。如果在溶液中加入含有碳的放射性同位素 ^{14}C 的 $^{14}\text{CN}^-$，它就很快地进行交换。

$$[\text{Ni}(\text{CN}_4)]^{2-} + 4^{14}\text{CN}^- \rightleftharpoons [\text{Ni}(^{14}\text{CN})_4]^{2-} + 4\text{CN}^-$$

交换反应进行得很快，说明从动力学性质来看，配合物是活性的，但从热力学性质来看，它是很稳定的。所以稳定的配合物不一定是惰性的，因为配合物的稳定性决定于反应物与产物能量之差 $\Delta G^{\ominus}$，而配合物的活性决定于反应物与活性配合物能量之差，即决定于活化能 $\Delta G^{\neq}$（图 5.1）。

5.2.2 取代反应机理的分类

在水溶液中许多水合金属离子的配位 H_2O 可被 SO_4^{2-}、$\text{S}_2\text{O}_3^{2-}$、$\text{edta}^{4-}$ 等取代：

$$[\text{M}(\text{H}_2\text{O})_x]^{n+} + \text{L}^{2-} \longrightarrow [\text{M}(\text{H}_2\text{O})_{x-1}\text{L}]^{(n-2)+} + \text{H}_2\text{O}$$

其中 $\text{M}=\text{Al}^{3+}$，Sc^{3+}，Be^{2+}，$\text{L}=\text{SO}_4^{2-}$、$\text{S}_2\text{O}_3^{2-}$、$\text{edta}^{4-}$ 等。实验证明，其反应速率只与水合金属离子浓度有关，而与外来配体 L 浓度无关。即反应速率 $= k[\text{M}(\text{H}_2\text{O})_x]$。式中，$k$ 为反应速率常数，$[\text{M}(\text{H}_2\text{O})_x]$ 为水合金属离子浓度，因此反应最慢一步是水分子同金属离子间键的断裂，生成配位数较低的中间配合物，其反应

机理认为是

$$[M(H_2O)_x]^{n+} \xrightarrow{\text{慢}} [M(H_2O)_{x-1}]^{n+} + H_2O$$

$$[M(H_2O)_{x-1}]^{n+} + L^{2-} \xrightarrow{\text{快}} [M(H_2O)_{x-1}L]^{(n-2)+}$$

以上反应的特点是中心原子和配体之间的键断裂,生成配位数减少的中间体(中间体能为实验所证实),是整个反应最慢的过程,是决定速率的过程。按照 Hughes 和 Ingold 的分类方法,称这类反应为 S_N1 反应,或单分子亲核取代反应。此外,某些二价铂的配合物在惰性溶剂中 Cl^- 被 Br^- 取代。

$$[Pt(NH_3)_3Cl]^+ + Br^- \xrightarrow{\text{苯或}CHCl_3} [Pt(NH_3)_3Br]^+ + Cl^-$$

经实验测定,反应速率 $=k[Pt(NH_3)_3Cl][Br]$,反应速率和 $[Pt(NH_3)_3Cl]^+$ 及 $[Br]^-$ 两者的浓度均有关系。因此可推测在此反应中 $[Br]^-$ 同 $[Pt(NH_3)_3Cl]^+$ 生成配位数为 5 的中间配合物,这是决定整个反应的过程,然后中间配合物很快离解,其反应机理为

$$\begin{array}{c}NH_3\\|\\H_3N-Pt-Cl\\|\\NH_3\end{array} \xrightarrow[\text{慢}]{+Br^-} \begin{array}{c}NH_3\\|\quad Br\\H_3N-Pt\\|\quad Cl\\NH_3\end{array} \xrightarrow[\text{快}]{-Cl^-} \begin{array}{c}NH_3\\|\\H_3N-Pt-Br\\|\\NH_3\end{array}$$

反应特点是先生成配位数增加的中间体,是反应最慢的一步,称为 S_N2 反应,或双分子亲核取代反应。对以上情况加以普遍化,对取代反应 $L_5MX+Y \longrightarrow L_5MY+X$ 有两种类型,即决定反应速率的活化能是控制离去基团 X 和金属之间键的断裂,或反应活化能是控制进入基团 Y 的新键的生成。前者称为离解机理(dissociative mechanism),简称 D 机理,后者称为缔合机理(associative mechanism),简称 A 机理。D 机理和 A 机理能检查出配位数减少或增加的中间体的存在。以上提法是理想的极端情况,实际上许多反应是介于两种类型之间,即键的生成和断裂是交替发生的。例如,在配位水的取代反应中,配位水的键还未断裂时,进入配体和金属离子之间就有微弱作用,在溶液中检查不到配位数降低或配位数增加的中间体存在。这种机理是介于 D 和 A 机理之间称为交换机理(interchange mechanism),简称 I 机理。D 机理和 A 机理是 S_N1 和 S_N2 反应的两种极端情况,又常分别称为极限 $S_N1(\lim S_N1)$ 和极限 $S_N2(\lim S_N2)$ 机理。在 I 机理中离去基团和进入基团都存在于过渡态中,如果离去基团和金属离子间键的断裂先于进入基团和金属离子间键的生成,$\Delta G^{\neq}$ 或 E_a 主要用于键的断裂,则称离解交换(dissociative interchange)机理,简称 I_d 机理。反之,进入配体新键的生成先于离去配体键的断裂,E_a 主要用于新键生成,则称为缔合交换(associative interchange)机理,也称 I_a 机理。I_d 机理和 S_N1 相当,I_a 机理相当于 S_N2 机理。

5.2.3 影响取代反应速率的因素

1. 中心原子的电子结构

配合物进行 A 机理反应的难易程度同中心原子的电子结构有一定关系,如 $[Ti(H_2O)_6]^{3+}$、$[V(phen)_3]^{3+}$、$[Cr(edta)]^{2-}$。

它们分别具有 d^1、d^2、d^3 的电子构型,在生成八面体后还留下能量较低的空 d 轨道。

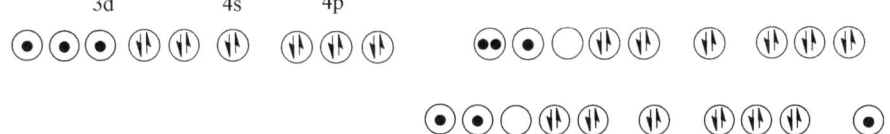

在进行取代反应时,空轨道就容易接受外来配体的电子,生成配位数为 7 的活化配合物,因此中心原子具有两个或两个以下的 d 电子,配合物的取代反应就容易按照 A 反应进行,反应进行得也较快。但是中心离子具有 3 个或 3 个以上的 d 电子时就和不够 3 个电子的情况有所不同。例如,Cr^{3+} 有 3 个 3d 电子,形成 d^2sp^3 构型的配合物。它要空出 d 轨道容纳进入的配体的电子对,就必须使它原有的电子成对,或使一个电子激发到 4d 或 5s 轨道。

这样都需要有较高的活化能。如果进行 A 反应,即使外来配位剂具有较强的亲核能力,反应进行也比较慢。因此中心原子具有 3 个或 3 个以上的 d 电子时,它的低自旋配合物是惰性的,d 电子在 3 个以下时,它的低自旋配合物是比较活性的。

2. 晶体场的影响

由价键理论可以推断,八面体配合物的取代反应速率与中心原子的电子结构有关。中心原子电子结构为 d^0、d^1、d^2 的配合物是活性的。中心原子具有 d^3 电子的配合物是惰性的。可以想象,如果中心原子有低能的空轨道,进入的配体将占据它,从晶体场效应来看,就会获得稳定化能,这能量可提供为分子活化的能量,使得分子活化所需的总能量减小。若中心原子结构为 d^3,其低能量 d 轨道已被占据,配体进入高能轨道,反应所需的活化能较大,因而中心原子为 d^3 的八面体配合物是惰性的。现在将此概念推广到中心原子具有各种 d 电子数的情况,将中心原子的 d 轨道能量与动力学惰性和活性联系起来,并比较参加反应的配合物与活化配合物的稳定化能。假定 D 机理是八面体先离解为四方锥的活化配合物。活化配合物与反应物的稳定化能之差称为晶体场活化能(crystal feild activation energy, CFAE)。如果反应配合物的稳定化能小于活化配合物的稳定化能, CFAE 为正值, 说明空间构型改变损失了晶体场能量, 在反应过程中需要额外补充这部分能量, 所以当晶体场活化能 CFAE 为正值时反应进行得很慢, 反应配合物表现为惰性。如果反应物的稳定化能大于活化配合物或两者接近, 即 CFAE 为负值或零, 反应就容易进行。现对不同的 d 电子数目计算出八面体离解为四方锥及八面体转化为五角双锥时, 在弱场及强场下的 CFAE 值, 用 Dq 为单位($10Dq=\Delta_0$), 列于表 5.2 及表 5.3。

表 5.2 离解机理的晶体场活化能八面体→四方锥 (单位: Dq)

体系	强场			弱场		
	八面体	四方锥	CFAE	八面体	四方锥	CFAE
d^0	0	0	0	0	0	0
d^1	−4	−4.57	−0.57	−4	−4.57	−0.57
d^2	−8	−9.14	−1.14	−8	−9.14	−1.14
d^3	−12	−10.00	2.00	−12	−10.00	2.00
d^4	−16	−14.57	1.43	−6	−9.14	−3.14
d^5	−20	−19.14	0.86	0	0	0
d^6	−24	−20.00	4.00	−4	−4.57	−0.57
d^7	−18	−19.14	−1.14	−8	−9.14	−1.14
d^8	−12	−10.00	2.00	−12	−10.00	2.00
d^9	−6	−9.14	−3.14	−6	−9.14	−3.14
d^{10}	0	0	0	0	0	0

表 5.3 缔合机理的晶体场活化能八面体→五角双锥 (单位: Dq)

体系	强场			弱场		
	八面体	五角双锥	CFAE	八面体	五角双锥	CFAE
d^0	0	0	0	0	0	0
d^1	−4	−5.28	−1.28	−4	−5.28	−1.28
d^2	−8	−10.56	−2.56	−8	−10.56	−2.56
d^3	−12	−7.74	4.26	−12	−7.74	4.26
d^4	−16	−13.02	2.98	−6	−4.93	1.07
d^5	−20	−18.30	1.70	0	0	0
d^6	−24	−15.48	8.52	−4	−5.28	−1.28
d^7	−18	−12.66	5.34	−8	−10.56	−2.56
d^8	−12	−7.74	4.26	−12	−7.74	4.26
d^9	−6	−4.93	1.07	−6	−4.93	1.07
d^{10}	0	0	0	0	0	0

从表 5.2 及表 5.3 所列的结果可见：①具有 d^0、d^1、d^2、d^{10} 电子组态的配合物，无论经过 D 或 A 哪一种机理，无论中心原子是高自旋还是低自旋，CFAE 均为负值或零，其取代反应均容易发生，这点同价键理论所得的结果一致。②具有 d^4、d^5、d^6、d^7、d^9 电子构型的高自旋配合物的 D 机理和 d^5、d^6、d^7 的 A 机理都进行得较快，其中尤以 d^4 及 d^9 的电子配合物的 D 机理进行更为容易。③具有 d^3、d^4、d^5、d^6 电子构型的低自旋配合物，无论经 D 机理还是 A 机理，它们的取代反应进行得较慢，其反应速率顺序为 $d^5 > d^4 > d^3 > d^6$。④具有 d^7 低自旋构型的配合物如按 A 机理，CFAE 为正值；按 D 机理，CFAE 为负值。因而按 D 机理进行更为容易。实验证明，大多数有 d^7 电子组态的配合物的取代反应机理是 D，其配合物表现为活性。⑤具有 d^8 电子构型的配合物无论经过哪一种机理，无论配体场为弱场或是强场，取代反应都进行得很慢。

从价键理论出发来讨论反应速率的快慢是根据配合物中有没有空轨道，而晶体场理论仅考虑稳定化能的变化。d^0、d^1、d^2、d^{10} 的配合物取代反应速率快，从两种理论都得到同一结果。中心原子为低自旋 d^3、d^4、d^5、d^6 的取代反应进行得较慢，高自旋 d^4、d^5、d^6、d^7、d^9 的进行得较快，两种理论也基本一致。d^8 构型的配合物反应进行得很慢，这是价键理论不能得到的结果，因为从价键理论认为高自旋 d^8 是活性的。

以上是由理论推出的结果。现将以 phen、bpy、terpy 作为配体的两价金属配离子离解反应，实测的动力学数据比较，列于表 5.4。

表 5.4 数据指出，晶体场活化能（CFAE）为零的配合物都有很快的反应速率。d^3 的 $[V(phen)_3]^{2+}$、$[V(bpy)_3]^{2+}$ 与 d^8 的 $Ni(\text{Ⅱ})$ 的配合物的离解进行得很慢，它们有较大的活化能，对照表中 CFAE 的数据也符合得很好。对 $[M(terpy)_2]^{2+}$，$[M=Co(\text{Ⅱ})、Ni(\text{Ⅱ})、Fe(\text{Ⅱ})]$ 的 CFAE 依次为 0Dq、2Dq、4Dq，对照实验的活化能数据，依次为 61.9kJ、87.0kJ 和 120.1kJ，两者的顺序很一致。将 E_a 和 CFAE 比较得到每个 Dq 相当于 13～17kJ，从光谱数据得到这类配合物的每个 Dq 值为 17～21kJ，两种结果也符合得很好。

表 5.4　一些两价金属离子配合物离解反应的动力学数据

d^n	配合物	E_a/kJ	$\Delta S^{\neq}(\text{J}\cdot\text{K}^{-1})$	CFAE①/Dq
d^3	$[V(phen)_3]^{2+}$	89.1	-33.5	2
d^4	$[Cr(bpy)_3]^{2+}$	94.6	$+54.4$	1.4(l)②
d^5	$[Mn(phen)_3]^{2+}$	快	—	0
d^8	$[Ni(terpy)_2]^{2+}$	87.0	-37.7	2
d^9	$[Cu(bpy)]^{2+}$	59.0	-66.9	0

注：① 表中的 CFAE 的数据是近似值，当反应进行得快，CFAE 为零而不用负值。② 括号内的符号 l 表示低自旋。

5.2.4 八面体配合物取代反应的速率方程[6,7]

1. 离解(D)机理

以八面体配合物 L_5MX 为例,对取代反应

$$L_5MX + Y \longrightarrow L_5MY + X \tag{5-3}$$

假定离去配体 X 和惰性配体 L 处于金属离子的内配位层,其外层被溶剂分子疏松地围绕着,进入配体 Y,处于外层的溶液中。建议 D 机理分为两个基元反应进行。

即配合物开始断裂 M—X 键,形成五配位中间体 ML_5,然后中间体和 Y(可以是溶剂)进入第二配位层和 ML_5 反应。

$$L_5MX \underset{k_{-1}}{\overset{k_1}{\rightleftharpoons}} L_5M + X$$

$$L_5M + Y \xrightarrow{k_2} L_5MY \tag{5-4}$$

机理的速率方程

$$\frac{d}{dt}[L_5MY] = k_2[L_5M][Y]$$

对 $[L_5M]$ 利用稳定近似处理,假定在反应过程中生成 ML_5 的速率和消耗的速率相等。

$$\frac{d}{dt}[L_5M] = k_1[L_5MX] - k_{-1}[L_5M][X] - k_2[L_5M][Y] = 0$$

$$[L_5M] = \frac{k_1[L_5MX]}{k_{-1}[X] + k_2[Y]} \tag{5-5}$$

$$\frac{d}{dt}[L_5MY] = \frac{k_1 k_2 [L_5MX][Y]}{k_{-1}[X] + k_2[Y]} \tag{5-6}$$

若 $k_2[Y]$ 很大,则 $\frac{d[L_5MY]}{dt} = k_1[L_5MX]$,反应速率与 Y 的浓度无关,控制反应速率是 X 的离解;

若 $k_2[Y]$ 很小,则 $\frac{d[L_5MY]}{dt} = \frac{k_1 k_2[Y]}{k_{-1}[X]}[L_5MX]$ 随 X 增加,速率减小。

2. 缔合(A)机理

在 A 机理中,形成配位数增加的中间体 ML_5XY 是决定速率的步骤,然后离去配体 X 从中间体中迅速离去。

$$ML_5X + Y \underset{k_{-1}}{\overset{k_1}{\rightleftharpoons}} L_5MXY$$

$$ML_5XY \xrightarrow{k_2} ML_5Y + X$$

同样对中间体采用稳态近似法处理得

$$\frac{d[ML_5Y]}{dt} = \frac{k_1k_2[ML_5X][Y]}{k_{-1}+k_2} = k[ML_5X][Y] \tag{5-7}$$

式(5-7)表明在 A 机理中反应速率决定于反应物和进入配体的浓度。在动力学上属二级反应。

A 机理的论据之一是能否检测出配位数增加的中间体,但在实际情况中 A 机理很少。在大多数反应中存在着 A 机理和 D 机理的中间情况,即交换机理。

3. 交换(I_d 和 I_a)机理

I_d 机理是 L_5MX 中的 M—X 键未完全破裂前就已经开始和进入基团 Y 发生作用,形成离子对中间体 $ML_5X \cdot Y$,因 Y 处于 ML_5X 的外层,又称外层配合物,其寿命很短不能用实验检测。离子对形成反应迅速达到平衡,然后 Y 进入内层发生反应,使 X 迅速离去生成产物 L_5MY。

$$L_5MX + Y \xrightleftharpoons{K} L_5MX \cdot Y$$

$$L_5MX \cdot Y \xrightarrow{k} L_5MY \cdot X$$

$$L_5MY \cdot X \xrightarrow{快} L_5MY + X$$

若 L_5MX 在 Y 的溶液中的初始浓度为$[L_5MX]_0$。它以外层配合物和非外层配合物存在,其浓度分别为$[L_5MX \cdot Y]$和$[LMX]$,且溶液中进入配体 Y 的浓度 $Y \approx [Y]$。所以

$$[L_5MX]_0 = [L_5MX] + [L_5MX \cdot Y]$$
$$= [L_5MX] + K[L_5MX][Y]$$
$$[L_5MX] = \frac{[L_5MX]_0}{1+K[Y]}$$

式中,K 为外层配合物的平衡常数 $K = \dfrac{[L_5MX \cdot Y]}{[L_5MX][Y]}$

生成产物速率

$$\frac{d[L_5MY]}{dt} = k[L_5MX \cdot Y] = kK[L_5MX][Y] \tag{5-8}$$

$$= \frac{kK[L_5MX]_0[Y]}{1+K[Y]} \tag{5-9}$$

由动力学实验 Y 过量时,如果测得的速率 v 对反应物浓度是一级的,$v = k_{obs}[L_5MX]$,则 $k_{obs} = k$,k_{obs} 称为拟一级表观速率常数,当$[Y]$不过量时,与式(5-9)

比较，$k_{obs} = \dfrac{kK[Y]}{1+K[Y]}$，在实验中进入的配体 Y 远过量于 L_5MX 时，改变不同的 [Y] 值获得对应的 k_{obs} 值，以 $1/k_{obs}$ 对 $1/[Y]$ 用双倒数法作图，从截距可得到 $1/k$，斜率可得到 $1/kK$。

另外与 I_d 对应的是 I_a 机理，对 I_a 机理，在反应初始的外层配合物中金属和进入配体之间形成新键，在离去配体键断裂之前，其过渡态含有进入配体和离去配体，但新键形成的程度大于旧键断裂程度，因此 I_a 的速率方程和 I_d 的速率方程[式(5-9)]完全类似。

将 D 机理的速率方程[式(5-6)]的分子、分母各除以 k_{-1}，则式(5-6)转变成

$$v = \dfrac{k[L_5MX][Y]}{[X] + k'[Y]} \tag{5-9a}$$

式中，$k = k_2 K$，$k' = k_2/k_{-1}$，当 X 很大，[X] 可视为不变，将式(5-6a)和式(5-9)比较，对 D，I_a 和 I_d 机理有相似的速率方程，

$$v = \dfrac{a[L_5MX][Y]}{1 + b[Y]} \tag{5-10}$$

只是在各种速率方程中，速率常数不同而已。所以不可能仅用速率方程来解释机理，必须借助于其他方法。现将各种情况下所得的速率方程和速率常数的意义列于表 5.5，从表可见在大多数情况下，在低的进入配体浓度 [Y] 下，可获得二级反应动力学，在高的 [Y] 下，多为一级。如以下反应

$$[Co^{III}(血卟啉\ IX)(H_2O)] + Y \rightleftharpoons [Co^{III}(血卟啉\ IX)Y] + H_2O$$
$$Y = CN^-, NCS^-$$

以 k_{obs} 对进入配体的浓度作图(图 5.2)，图中对 CN^- 为一直线，表示为拟一级反应。对 NCS^- 为从低浓度的二级动力学过渡到高浓度下的一级。

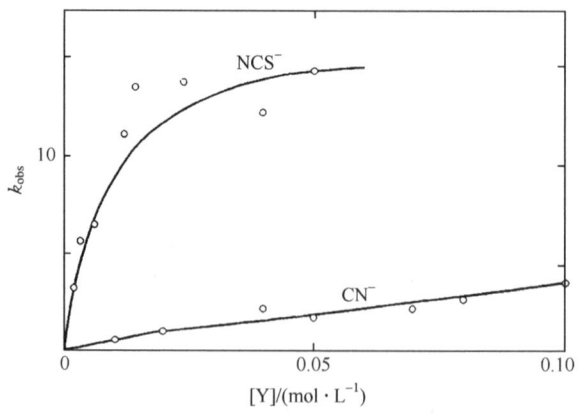

图 5.2　进入配体浓度 [Y] 对 k_{obs} 作图

表 5.5　在受限制情况下的速率方程和速率常数的意义

机理	条件	速率方程	k_{obs}	说明
D	$k_2[Y]$非常大	$k_1[L_5MX]$	k_1	k_{obs}代表 M—X 的离解速率
D	$k_2[Y]$非常小	$\dfrac{k_1k_2[L_5MX][Y]}{k_{-1}[X]}$	$\dfrac{k_1k_2[Y]}{k_{-1}[X]}$	如果[X]=溶剂,[X]=常数,否则随[X]增加速率减小。
I_d	$K[Y]$非常大	$k[L_5MX]$	k	k_{obs}代表交换速率
I_d	$K[Y]$非常小	$kK[L_5MX][Y]$	$kK[Y]$	k_{obs}是含有 Y 的复合型
I_a	$K[Y]$非常大	$k[L_5MX]$	k	k_{obs}代表配体交换速率
I_a	$K[Y]$非常小	$kK[L_5MX][Y]$	kK	k_{obs}是复合型
A	[Y]非常大	$\dfrac{k_1[L_5MX][Y]}{k_{-1}+k_2}$	$\dfrac{k_1[Y]}{k_{-1}+k_2}$	常为二级反应动力学
A	[Y]非常小			

5.2.5　机理的实验验证

对 A 和 D 机理研究得较完善的是惰性金属离子的配合物,如 Co^{III}、Cr^{III}、Ir^{III}、Pt^{II} 和 Ni^{II}。研究得最多的反应是水合(aquation)反应(5-11)和阴离子取代(anation)反应(5-12)[水合反应有时称为酸水解(acid hydrolysis),如 X=H_2O,又称水交换反应]。

$$L_5MX + H_2O \longrightarrow L_5M(H_2O) + X \tag{5-11}$$

$$L_5M(H_2O) + Y \longrightarrow L_5MY + H_2O \tag{5-12}$$

1. $D(I_d)$ 或 $A(I_a)$ 机理的实验依据

D 或 A 机理的一个重要的判据是在反应过程中,中间体的寿命是否足够长,能否检测出配位数降低或增加的中间配合物。但在低浓度下,检测也是非常困难的。对八面体配合物,D 和 A 机理很少,大部分反应为 I_d 或 I_a 机理。至于如何判断 $D(I_d)$ 或 $A(I_a)$ 可根据以下前人实验结果考虑。

(1) 进入或离去基团的灵敏性。如表 5.6 列出$[Co(NH_3)_5X]^{n+}$的水合速率常数,其速率随 X 性质不同在 6 个数量级左右变化,但随 Y 不同不发生变化,这说明 X 离解是决定速率的步骤,实验证实为 D 机理。表 5.7 中$[Ti(H_2O)_6]^{3+}$被 Y 的取代反应却随 Y 的性质,速率改变很大,所以为 A 机理。

(2) 立体拥挤(steric crowing)效应。在配合物内层,非离去配体(惰性配体)排列得拥挤,在 D(或 I_d)机理中有利于离去配体键的断裂,使反应速率增加。在 $A(I_a)$ 机理中因内层拥挤,将干扰进入配体接近金属,从而减慢反应速率。

(3) 配离子的电荷。配离子电荷增加,会使离去配体键断裂更困难,对于 D(I_d)机理将降低反应速率,反之,配离子电荷增加,有利于进入配体发生反应,会增大 A(I_a) 的速率。若 [Fe(H_2O)$_6$]$^{3+}$ 被阴离子 Y 的取代速率比类似物 [Fe(H_2O)$_5$(OH)]$^{2+}$ 被 Y 的取代速率大两个数量级。

(4) 活化参数。活化参数对判断反应机理提供有用的信息(5.1.3节)。例如，表5.8中[Co(NH$_3$)$_5$Cl]$^{2+}$ 比 [Co(NH$_2$Me)$_5$Cl]$^{2+}$ 有更低的水合速率，速率的降低并不是来源于形成过渡态时，[Co(NH$_3$)$_5$Cl]$^{2+}$ 中的 Co—Cl 键断裂更困难，因为两个配离子的 $\Delta H^{\neq}$ 值很相近。两者差别是由于含甲胺配合物有更低的溶剂化作用，致使 $\Delta S^{\neq}$ 有较小的负值。表中[Cr(NH$_3$)$_5$Cl]$^{2+}$ 和 [Cr(NH$_2$Me)$_5$Cl]$^{2+}$ 的反应速率却相反，这可能后者有大的 $\Delta H^{\neq}$ 值，表明有更强的 Cr—Cl 键，要减弱这个键使生成过渡态，需要更大的活化能。5.1.3节已指出，由活化体积 $\Delta V^{\neq}$ 可判断反应机理。测定可由式(5-2)，在不同压力(p)下测定反应的表观速率常数 k_{obs}，以 $\ln k_{obs}$ 对 p 作图，从直线斜率($-\Delta V^{\neq}/RT$)获得 $\Delta V^{\neq}$。在不考虑溶剂化作用下，如果 $\Delta V^{\neq}>0$，建议为 D 机理；相反，$\Delta V^{\neq}<0$，说明溶剂层物种发生键合，建议为 A 机理。表5.9列出具有中性离去基团的 Co(Ⅲ) 和 Cr(Ⅲ) 配合物的 $\Delta V^{\neq}$ 值，由于离去配体为中性，在反应前后配离子电荷不变，可忽略溶剂化作用，以 $\Delta V^{\neq}$ 作为机理的判据，表中 Cr(Ⅲ) 配合物的 $\Delta S^{\neq}$ 和 $\Delta V^{\neq}$ 全为负值，所以判断为 A 机理；而 Co(Ⅲ) 配合物正相反，故判断为 D 机理。

现将以上因素总结于表5.10。当然这种考虑过于简单，也是非常不完全的。例如，含反馈 π 键的作用就没有考虑进去，因而单纯从静电模型来考虑是很不真实的。

表 5.6 一些 Co(Ⅲ) 的八面体配合物 [Co(NH$_3$)$_5$X] 的水合速率常数(25℃)

配合物[Co(NH$_3$)$_5$X]^a	k/s^{-1}	配合物	k/s^{-1}
[Co(NH$_3$)$_5$(OP(OMe)$_3$)]$^{3+}$	2.5×10^{-4}	[Co(NH$_3$)$_5$Cl]$^{2+}$	1.8×10^{-6}
[Co(NH$_3$)$_5$(NO$_3$)]$^{2+}$	2.5×10^{-5}	[Co(NH$_3$)$_5$(SO$_4$)]$^+$	8.9×10^{-7}
[Co(NH$_3$)$_5$I]	8.3×10^{-6}	[Co(NH$_3$)$_5$F]$^{2+}$	8.6×10^{-8}
[Co(NH$_3$)$_5$(H$_2$O)]$^{3+}$	5.8×10^{-6}	[Co(NH$_3$)$_5$NO$_3$]$^{2+}$	2.1×10^{-9}

a. 方括号中最后为离去配体 X。

表 5.7 [Ti(H$_2$O)$_6$]$^{3+}$ 被 Y^{n-} 取代的阴离子取代的速率常数(13℃)

Y^{n-} ($n=0$)	$k/(L \cdot mol^{-1} \cdot s^{-1})$	Y^{n-} ($n=1$)	$k/(L \cdot mol^{-1} \cdot s^{-1})$
ClCH$_2$CO$_2$H	6.7×10^2	NCS$^-$ (8~9℃)	8.0×10^3
CH$_3$CO$_2$H	9.7×10^2	ClCH$_2$CO$_2^-$	2.1×10^5
H$_2$O	8.6×10^3	CH$_3$CO$_2^-$	1.8×10^6

表 5.8 Co(Ⅲ)和 Cr(Ⅲ)氨配合物在 25℃时的速率常数和活化参数

配合物	k/s^{-1}	$\Delta H^{\neq}/(\text{kJ}\cdot\text{mol}^{-1})$	$\Delta S^{\neq}/(\text{J}\cdot\text{mol}^{-1})$
$[\text{Co}(\text{NH}_3)_5\text{Cl}]^{2+}$	1.72	93	−44
$[\text{Co}(\text{NH}_2\text{Me})_5\text{Cl}]^{2+}$	39.6	95	−10
$[\text{Cr}(\text{NH}_3)_5\text{Cl}]^{2+}$	8.70	93	−29
$[\text{Cr}(\text{NH}_2\text{Me})_5\text{Cl}]^{2+}$	0.26	110	−2

表 5.9 $[\text{M}(\text{NH}_3)_5\text{X}]^{3+}$,M=Cr,Co 的水合反应的反应速率和活化参数(25℃)

X	$k\times 10^5/\text{s}^{-1}$	$\Delta H^{\neq}/(\text{kJ}\cdot\text{mol}^{-1})$	$\Delta S^{\neq}/(\text{J}\cdot\text{mol}^{-1})$	$\Delta V^{\neq}/(\text{cm}^3\cdot\text{mol}^{-1})$
M=Cr				
H_2O	5.2	97.0	0.0	−5.8
OSMe_2	1.95	95.3	−15	−3.2
$\text{OCH}(\text{NH}_2)$	5.1	94.0	−12	−4.8
$\text{OC}(\text{NH}_2)_2$	2.0	93.5	−22	−8.2
$\text{OP}(\text{OMe})_3$	6.0	89.7	−23	−8.7
M=Co				
H_2O	0.59	111	+28	+1.2
OSMe_2	1.8	103	+10	+2.0
$\text{OCH}(\text{NH}_2)$	0.58	107	+12	+1.1
$\text{OC}(\text{NH}_2)_2$	5.5	94	−10	+1.3
CH_3OH	6.5	98	+5	+2.2

表 5.10 中心原子的电荷及体积对 D 及 A 机理的速率的影响

体积和电荷	D 机理	A 机理
中心原子正电荷增加	减小	增加
中心原子体积增大	增加	增加
进入配体负电荷增加	不影响	增加
进入配体体积增大	不影响	减小
离去配体负电荷增加	减小	减小
离去配体体积增大	增加	减小
其他配体负电荷增加	增加	减小
其他配体体积增大	增加	减小

2. D 和 I_d 或 A 和 I_a 的区别

严格区分 A 和 I_a 或 D 和 I_d 机理有一定困难,因为要确定 A 或 D 机理,其中间体必须有较长的寿命,能够用谱学方法加以检查,否则只能配合多种实验进行预测:①从速率方程式(5-9)表示 I 机理的速率方程,在进入配体 Y 大过量时,$kK=k_{obs}$,式中 K 为生成外层配合物的平衡常数,可由谱学方法跟踪测定或由理论计算得到(表 5.11 注),在 K 值已知和实验得到 k_{obs} 时,因 $k=k_{obs}/K$,即可获得反应速率常数。表 5.12 列出 $[Ni(H_2O)_6]^{2+}$ 被 Y 取代的速率常数,从 k 值可见,它随进入配体改变数值变化不大,接近定值。与进入配体无关,这为 I_d 机理提供了进一步证据。②由参数的极端值如表 5.7 $[Ti(H_2O)_6]^{3+}$ 的阴离子取代反应的数据可见,当改变进入配体时速率变化非常大($\sim 10^4 L \cdot mol^{-1} \cdot s^{-1}$)。又如 $[Ru(NH_3)_5(H_2O)]^{3+}$ 被 Cl^- 的取代反应和的水合反应,其 $\Delta V^{\neq}$ 分别为 $-30 cm^3 \cdot mol^{-1}$ 和 $-20 cm^3 \cdot mol^{-1}$,有很大的负值,这为 A 机理提供有力的证据。如果对反应一时难以确定是否为 A 或 D,可暂用 I_a 或 I_d 表示。

表 5.11 由表观速率常数 (k_{obs}) 和外层配合物平衡常数 (K) 计算 $[Ni(H_2O)_6]^{2+}$ 被 Y^{n-1} 取代的反应速率常数 (k)(25℃)

Y^{n-1}	$k_{obs}/(L \cdot mol^{-1} \cdot s^{-1})$	$K/(L \cdot mol^{-1})$	$\left(k=\dfrac{k_{obs}}{K}\right)/s^{-1}$
CH_3COO^-	1×10^5	3	3×10^4
SCN^-	6×10^3	1	6×10^3
F^-	8×10^3	1	8×10^3
HF	3×10^3	0.15	2×10^4
H_2O			3×10^3
NH_3	5×10^3	0.15	30×10^3
$NH_2(CH_2)_2N(CH_3)_3^+$	4×10^2	0.02	20×10^3

注:K 由下式计算:$K=\dfrac{4\pi Nr^3}{3000}e^{-U(r)/kT}$,上式中,$U(r)=\dfrac{Z_1 Z_2 e^2}{rD}-\dfrac{Z_1 Z_2 e^2 \kappa}{D(1+\kappa r)}$。
$\kappa^2=\dfrac{8\pi^2 Ne\mu}{1000 Dkr}$,$\mu$ 为离子强度,$r=500 pm$
表示在介电常数 D 的介质中,电荷 $Z_1 e$ 和 $Z_2 e$ 的两离子距离 r 时,吸引和排斥电位的总和。

5.3 八面体配合物的配体取代反应[8]

5.3.1 水的交换动力学

1. 配位水的取代速率

最简的取代反应是在无其他配体存在下配位水被溶剂水分子取代的反应,或称交换反应。在通常情况下配位水的取代速率与进入配体性质没有多大关系,而与外层水分子与内层配位水分子的交换速率一致。图 5.3 表示水的交换反应速率常数 k_{exch} 和金属离子性质的关系,可分为四类。

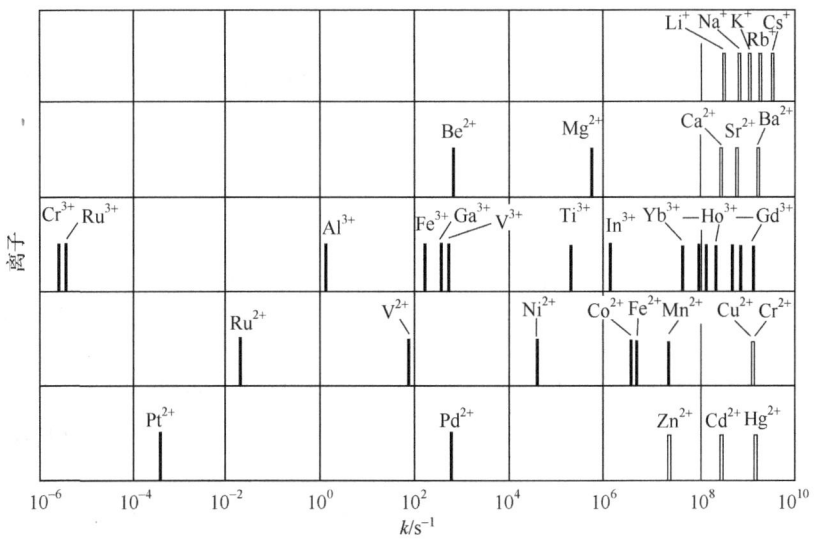

图 5.3　金属离子的配位水的交换速率(双线为估计范围)

第一类:对水的交换反应速率非常快,一级速率常数 $k \geqslant 10^8\,\text{s}^{-1}$。它包括碱金属及大部分碱土金属(除去 Be^{2+} 和 Mg^{2+})和 Cu^{2+}、Cr^{2+}、Cd^{2+}、Hg^{2+} 和几个三价镧系离子。它们与水分子间纯为静电引力成键。

第二类:对水的交换速率较快,k 值为 $10^5 \sim 10^8\,\text{s}^{-1}$,该反应可用快速动力学技术及弛豫技术来研究。这类金属离子有二价第一过渡金属(除 V^{2+},Cr^{2+},Cu^{2+})及 Mg^{2+} 和其他三价镧系离子。其水分子间的键的强度大于第一类。

第三类:对水分子的交换速率比第一类、第二类更慢一些,其 k 值为 $1 \sim 10^4\,\text{s}^{-1}$。大多数的三价第一过渡金属离子及半径小的 Be^{2+}、Al^{3+}、V^+、Ga^{3+} 属此类。

第四类:对水分子的交换速率非常慢,属于惰性配合物之列,一级反应速率常数为 $10^{-2} \sim 10^{-6}\,\text{s}^{-1}$。$Cr^{3+}(d^3)$、$Co^{3+}$、$Rh^{3+}$、$Ru^{3+}$、$Ir^{3+}$(低自旋 d^6)、Pt(低自旋 d^8)属此类。

从以上可见,决定交换速率的因素对贵气体构型或拟贵气体构型的金属离子,决定交换速率的因素是电荷密度 q/r(q 为金属离子电荷,r 为半径),具有高的 q/r 值有慢的交换速率,其活化能主要用于离去配体键的断裂,具有 D 机理的特征。对于过渡金属离子,除 q/r 影响外(三价离子交换速率低于二价离子),d 电子构型也是重要因素。在第一类金属中 Cu^{2+} 和 Cr^{2+} 与 Ni^{2+} 有相近的离子半径,但 Ni^{2+} 的反应速率却较 Cr^{2+}、Cu^{2+} 慢几个数量级,因它们的 d 电子数目不同。$Cu^{2+}(d^9)$、

Cr^{2+}(d^4)生成畸变的拉长八面体,水分子位于长轴两端,自然容易交换,所以Cu^{2+}、Cr^{2+}属第一类而Ni^{2+}属第二类。

2. 配位水取代反应的速率方程

如果配位水的取代反应 $ML_5(H_2O)+Y \longrightarrow ML_5Y+H_2O$ 按 D 机理进行:

$$ML_5(H_2O) \underset{k_{-1}}{\overset{k_1}{\rightleftharpoons}} H_2O + ML_5$$

$$ML_5 + Y \overset{k_2}{\longrightarrow} ML_5Y$$

按式(5-6)

$$\frac{d[ML_5Y]}{dt}=\frac{k_1k_2[ML_5(H_2O)][Y]}{k_{-1}[H_2O]+k_2[Y]}=\frac{k_1k_2[ML_5(H_2O)][Y]}{k'_{-1}+k_2[Y]} \quad (5\text{-}13)$$

$k'_{-1}=k_{-1}[H_2O]$,式(5-13)中 $k_2[Y]\gg k'_{-1}$,$\dfrac{d[ML_5Y]}{dt}=k_1[L_5M(H_2O)]$。

反应速率只与$[ML_5(H_2O)]$有关,与Y^-无关,控制反应速率因素为配位水离解。

因为在实验中水的浓度$[H_2O]=55.5 mol L^{-1}$保持不变,测定 $v=k_{obs}[L_5M(H_2O)]$,即 $k_{obs}=k_1$。如取代反应为 I_a 机理,由式(5-9),$k_{obs}=kK[Y]/(1+K[Y])$,当 Y 过量时,$k_{obs}=k$,为配体 Y 在外层和内层之间的交换速率常数。同理,对 I_a 机理,k_{obs}即为缔合交换速率常数。如果配位水的取代反应中,Y 的浓度很小,或 $k'_{-1}\gg k_2$ 则式(5-13)转变成

$$\frac{d[ML_5Y]}{dt}=\frac{k_1k_2}{k'_{-1}}[ML_5(H_2O)][Y]$$

在此条件下观察到二级反应,如图 5.2 所示。

5.3.2 线性自由能关系

许多动力学效应和热力学效应能用自由能将它们关联起来,并呈现线性关系称为线性自由能关系(linear free energy relationship,LFER)。例如,在取代反应中,金属离子和离去配体之间键的强度由热力学函数 ΔH 决定,但在决定配体离解速率时也起主要作用。即金属和配体间键越强,离解反应所需的活化能越高,反应速率越慢,前者受热力学控制,后者受动力学控制。在同一配合物的取代反应中改变离去配体的速率常数的对数值($\lg k$)对取代反应的平衡常数($\lg K$)作图应呈直线关系。图 5.4 表示$[Co(NH_3)_5X]^{2+}$的水合反应的 LFER。

$$[Co(NH_3)_5X]^{2+}+H_2O \longrightarrow [Co(NH_3)_5(H_2O)]^{3+}+X^-$$

LFER 来源于速率常数或平衡常数对温度的依赖关系。

$$\ln k = \ln A - \frac{E_a}{RT} \quad \text{和} \quad \ln K = \frac{-\Delta H^\ominus}{RT}+\frac{\Delta S^\ominus}{R}$$

假如频率因子 A 和 $\Delta S^{\ominus}$ 接近常数且活化能 E_a 依赖于焓变 ΔH,则 $\ln k$ 和 $\ln K$ 间有线性关系。以 $\lg k$ 对 $\lg K$ 作图的直线关系说明了 $\Delta H^{\ominus}$ 对 E_a 起了大的作用,即金属和离去配体间的强键导致 E_a 增加,这也间接地证明水合反应为 D 机理。

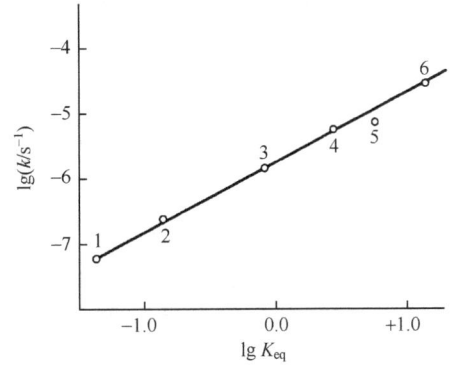

图 5.4　$[Co(NH_3)_5X]^{2+}$ 水解反应的线性自由能关系
X=1. F^-；2. $H_2PO_4^-$；3. Cl^-；4. Br^-；5. I^-；6. NO_3^-

5.3.3　碱式水解：共轭碱机理

碱水解是指配体被 OH^- 取代[即式(5-3)中 Y=OH]。如果将 Co(Ⅲ)配合物在碱性溶液中进行反应,则反应速率大大增加,比酸式水解(水合)大 10^6 倍,实验证明,$[Co(NH_3)_5Cl]^{2+}$ 的碱取代速率 v 与配合物和 OH^- 浓度有关。

$$v = k_{OH}[Co(NH_3)_5Cl][OH] \tag{5-14}$$

所以长期认为 OH^- 是强碱,亲核能力强,容易与中心原子反应,因此认为是 A 机理或 I_a 机理。

后来经过实验进一步证实为共轭碱离解机理(conjugate base dissociation mechanism)简称 D-CB 机理。

$$[Co(NH_3)_5Cl]^{2+} + OH^- \underset{}{\overset{k_h}{\rightleftharpoons}} [CoCl(NH_2)(NH_3)_4]^+ + H_2O$$

$$[Co(NH_2)(NH_3)_4Cl]^+ \xrightarrow[k]{慢} [Co(NH_2)(NH_3)_4]^{2+} + Cl^- \tag{5-15}$$

$$[Co(NH_2)(NH_3)_4]^{2+} + H_2O \xrightarrow{快} [Co(OH)(NH_3)_5]^{2+}$$

因为 $[Co(NH_3)_5Cl]^{2+}$ 是一个很弱的酸,在水溶液中能解离出与 OH^- 结合的氢离子,生成共轭碱的中间体 $[Co(NH_2)(NH_3)_4Cl]^+$ 和水,这是一个酸碱平衡的快速过程,比释放出 Cl^- 快 10^5 倍,中间体比反应物活泼,它离解为 $[Co(NH_2)(NH_3)_4]^{2+}$ 和 Cl^-,这是决定速率的过程,然后是 $[Co(NH_2)(NH_3)_4]^{2+}$ 与水反应得到产物,也是相对快的过程。按照以上机理,得下列速率方程。

$$\text{配合物} + OH^- \rightleftharpoons \text{共轭碱} + H_2O \quad K_h = \frac{K_a}{K_w} = \frac{[\text{共轭碱}]}{[\text{配合物}][OH]}$$

K_a 为配合物的酸式离解常数 $K_a = [\text{共轭碱}][H]/[\text{配合物}]$

K_w 为 H_2O 离子积 $K_w = [H^+][OH]$,则 $[\text{共轭碱}] = K_a[\text{配合物}][OH]/K_w$

$$v = k[\text{共轭碱}] = \frac{kK_a}{K_w}[\text{配合物}][OH] \tag{5-16}$$

由式(5-14)和(5-16) $k_{OH} = kK_a/K_w$

从速率方程式(5-16)看来 D-CB 机理能解释碱水解反应,又能与式(5-14)的实验结果吻合。但对中间体还必须用实验确证。

(1) 在 D_2O 中,用红外光谱和磁共振等方法,观察 $[Co(NH_3)_5Cl]^{2+}$ 中的氢与 D_2O 中的氘交换,发现交换进行得很快,比碱水解快 10^5 倍,证明 $[Co(NH_3)_5Cl]^{2+}$ 中存在着和 OH^- 结合的氢。又用吡啶、氰根代替 $[Co(NH_3)_5Cl]^{2+}$ 中的氨,由于 $[CoCl_2(py)_4]^+$ 及 $[CoCl(CN)_5]^{3-}$ 没有 N—H 键存在,也就没有可离解的氢,反应速率也与 OH^- 浓度无关,因此证明反应的中间配合物为 $[Co(NH_2)(NH_3)_4Cl]^+$, 它是由 $[Co(NH_3)_5Cl]^{2+}$ 失去质子而得,是它的共轭碱,所以该反应为共轭碱机理。

(2) 关于 $[Co(OH)(NH_3)_5]^{2+}$ 中的 OH 是由水而来的证据是用同位素交换实验得到。因在碱性溶液中的 OH^- 含 ^{18}O 的丰度比溶剂中水分子中的 ^{18}O 少,且在碱性溶液中有如下平衡:

$$H_2^{16}O + {}^{18}OH^- \rightleftharpoons H_2^{18}O + {}^{16}OH^-$$

$K = [H_2^{18}O][{}^{16}OH]/[H_2^{16}O][{}^{18}OH] = $ OH 的 $({}^{16}O/{}^{18}O)/H_2O$ 的 $({}^{16}O/{}^{18}O) = 1.040$

将 $[Co(NH_3)_5Cl]^{2+}$ 在碱液中水解,得到 $[Co(NH_3)_5(OH)]^{2+}$ 进行同位素测定,测得产物和水的两种同位素之比得 f 值,$f = $ 产物中的 $({}^{16}O/{}^{18}O)/$水中的 $({}^{16}O/{}^{18}O)$。

现将 $[Co(NH_3)_5Cl]^{2+}$ 等的 f 值列于表 5.12。

表 5.12 $[Co(NH_3)_5X]^{2+}$ 的碱水解反应的 f 值(25℃)

配体 X	[OH]/(mol·L^{-1})		
	0.012	0.016	0.020
Cl$^-$	1.0056	1.0057	1.0056
Br$^-$	1.0056	1.0055	1.0056
NO$_3^-$	1.0056	1.0056	
F$^-$	—	0.9975	0.9995
SO$_4^{2-}$	1.0033	1.0034	

从表可见,f 值并不因 X(X=Cl$^-$、Br$^-$、NO$_3^-$)而异,只是当 X=F$^-$、SO$_4^{2-}$ 时

稍有差别,但均接近1。当 X=Cl^-、Br^-、NO_3^- 时,$f=1.0056\pm0.0001$,如水解不是循 D-CB,而是由碱液中 OH^- 直接配位,则 f 值应接近于 1.040,只有循 D-CB 机理先生成5配位的中间体,再由溶液中的水分子配位,所得的 f 值才接近于 1。由此可见,同位素实验有力地证实了 $[Co(NH_3)_5(OH)]^{2+}$ 中的 OH^- 是由水分子而来。

(3) 此外人们还用体积较大的 RNH_2 代替 NH_3,在碱溶液中水解,发现当烷基 R 的体积增大时,速率常数 k_{OH} 也随之而增加(表5.13)。

表 5.13 $[Co(R—NH_2)_5Cl]^{2+}$ 的碱水解速率(25℃)

R	H	CH_3	n-C_3H_7	i-C_4H_9
$k_{OH}/(L \cdot mol^{-1} \cdot s^{-1})$	0.25	3400	1.1×10^4	1.5×10^5

这也只有用 D 机理才能得到说明。

综上所述,钴氨配合物的水解反应与溶液 pH 有关,其速率方程为

$$-d[Co(NH_3)_5X]/dt = k_A[Co(NH_3)_5X] + k_B[Co(NH_3)_5X][OH]$$

式中,k_A 和 k_B 分别表示在酸性和碱性介质中的水解速率常数。若 $k_A > k_B[OH]$,上式第一项占优势,钴氨配合物进行酸式水解。由于 k_B 约为 k_A 的 10^6 倍,当 pH <8 时,进行酸式水解,pH$=8$ 时,$[OH]=10^{-6}$,两种水解情况均可发生。

5.3.4 取代反应的立体化学[8]

八面体配合物在取代反应中,配体排列有时会发生改变,如反式转变成顺式,这种现象可以从立体化学角度加以阐明。如图 5.5(a)所示,在反式-$[M(LL)_2BX]$(LL=双齿配体,如 en)中,用 Y 取代 X。如果为离解机理,X 从反应配体中离去生成四方锥的中间体,则 Y 从位阻最小的平面上方进入,取代产物不发生转化,保持原有构型。如图 5.5(b)所示,中间体为含有配体 B 的三角双锥,B 位于三角平面上,进入配体 Y 从三角形三边进入,则生成 1 个反式和两个顺式的混合物。图 5.5(c)中,如果 X 离解形成 B 位于三角双锥轴向的中间体,由于三角形第三边被双齿配体屏蔽,Y 只能从其他两个位置上进入,形成两个顺式。但 B 位于轴向的中间体比 B 位于赤道平面似乎更难生成,因为 B 位于轴向时形成中间体,配体需要更大的重排,其中一个氮需要改变 90°,而另外两个需改变 30°,且双齿配体还需做更大伸张,相反 B 位于赤道平面,其他两个氨只需改变 30°,因此从统计效应考虑,如果反应物为反式,经过四方锥中间体,则产物全为反式。经过三角双锥中间体则产物为顺式和反式混合物,其中约 2/3 为顺式。

cis-$[M(LL)_2BX]$ 的取代离解反应的立体化学如同反式构型。如果中间体为四方锥,顺式构型在反应过程中保持不变,产物仍为顺式[图 5.6(a)]。如果中间体为 B 位于三角双锥的三角平面,Y 有三种可能在同一平面上进入,则得到两个

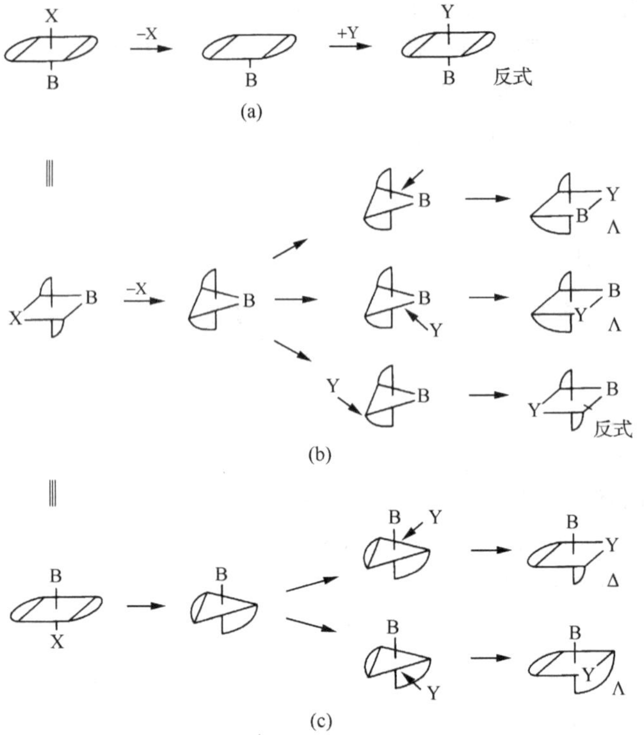

图 5.5　*trans*-[M(LL)$_2$BX]取代 D 机理的立体化学
(a) 四方锥中间体；(b) 三种可能的三角双锥中间体；(c) 难于形成的中间体

顺式和一个反式产物，顺式产物和反应物有相同的光学活性[图 5.6(b)]。如果中间体为 B 位于三角双锥的轴向，只能得到两个顺式，其中为 Δ 和 Λ 各占 1/2，所述各种可能性见图 5.6(c)。由此可见，具光学活性的顺式配合物经离解取代反应后产生 3 种情况，即：①构型不变；②生成反式和顺式混合物；③产生消旋的混合物。从统计效应出发，*cis*-[M(LL)$_2$BX]配合物，经 B 位于轴向和平面两种三角双锥中间体，假如生成两种中间体的可能性相等，则将有 1/6 的反式产生。如果对 B 位于轴向的中间体忽略不计，则有 1/3 反式产生。实际上，完全遵循统计分布的实验结果十分稀少。表 5.14 列出配合物[Co(en)$_2$LX]$^{n+}$酸水解的结果。所有 *cis*-配合物经酸水解后都得到 100% 的 *cis*-配合物，这指出离解反应经过四方锥的过渡态。但实验证实光学活性的 *cis*-[Co(en)$_2$LX]$^{n+}$ 经碱水解得到 30%～95% 的 *cis*-消旋混合物或有约 2∶1 保留原有的手性构型。因为影响光学活性和几何构型的因素很多。例如，离去配体 X 的性质对机理的影响很大，又如水的交换反应比除 OH$^-$ 的其他配体的取代反应快，且无配体重排反应发生。

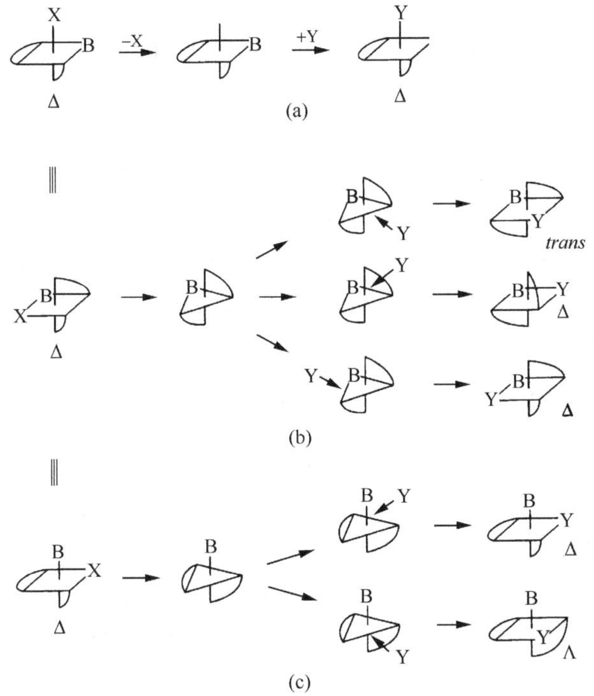

图 5.6　cis-[M(LL)$_2$BX] 取代 D 机理的立体化学

(a) 四方锥中间体；(b) 三种三角双锥中间体；(c) 不大可能形成的中间体

表 5.14　[Co(en)$_2$LX]$^{n+}$ 的水合反应

[Co(en)$_2$LX]$^{n+}$ + H$_2$O ⟶ [Co(en)$_2$L(H$_2$O)]$^{(1+n)+}$ + X$^-$

cis-L	X	cis 产物百分比	trans-L	X	cis 产物百分比
OH$^-$	Cl$^-$	100	OH$^-$	Cl$^-$	75
OH$^-$	Br$^-$	100	OH$^-$	Br$^-$	73
Br$^-$	Cl$^-$	100	Br$^-$	Cl$^-$	50
Cl$^-$	Cl$^-$	100	Br$^-$	Br$^-$	30
Cl$^-$	Br$^-$	100	Cl$^-$	Cl$^-$	35
N$_3^-$	Cl$^-$	100	Cl$^-$	Br$^-$	20
NCS$^-$	Cl$^-$	100	NCS$^-$	Cl$^-$	50～70
NCS$^-$	Br$^-$	100	NH$_3$	Cl$^-$	0
NO$_2^-$	Cl$^-$	100	NO$_2^-$	Cl$^-$	0

5.4 平面正方形配合物的取代反应

具有 d^8 电子组态的过渡金属,如 Rh^+、Ir^+、Ni^{2+}、Pd^{2+}、Pt^{2+}、Au^{3+} 等,易生成平面正方形的配合物,其中以 Pt(Ⅱ)的配合物研究得最多,因为其氧化态比 Rh(Ⅰ)或 Ir(Ⅰ)的配合物稳定。其反应速率适中,实验容易进行,例如,Ni(Ⅱ)比 Pt(Ⅱ)的配合物的速率约大 10^6 倍,用普通方法研究有困难,Pt(Ⅱ)配合物只有平面正方形,构型很稳定,所以 Pt(Ⅱ)配合物的取代反应与八面体的 Co(Ⅲ)配合物一样,研究得很多。

5.4.1 平面正方形配合物的取代反应机理

具有 d^8 电子组态的金属离子在形成平面正方形配合物时,其 p 轨道并未全用于成键,空轨道可接受外来配体,生成配位数为 5 的配合物,所以它们的取代反应容易按 A 机理进行。

许多实验表明,Pt(Ⅱ)配合物取代反应的确为 A 机理,但在溶剂参加配位的情况下,取代反应的速率表达式由两项组成,如以 $[Pt(NH_3)_3Cl]^+$ 被 Br^- 的取代为例:

$$[Pt(NH_3)_3Cl]^+ + Br^- \longrightarrow [Pt(NH_3)_3Br]^+ + Cl^-$$

反应速率

$$\frac{-d[Pt(NH_3)_3Cl]}{dt} = k_S[Pt(NH_3)_3Cl] + k_Y[Pt(NH_3)_3Cl][Br] \quad (5-17)$$

式中,k_S 为溶剂参加下的速率常数;k_Y 为配体 Br^- 参加的速率常数,式中第一项表现为单分子反应,式中第二项包含了进入配体的浓度,如不考虑溶剂分子作用,反应速率常数$=k_Y[Pt(NH_3)_3Cl][Br]$。但实验证明,在以上过程中有水分子参加反应,生成配合物为 5 的中间体。水分子首先取代 Cl^-,然后再被 Br^- 取代,其反应机理如下

在上面所示的反应中,取代反应沿哪一条路线进行取决于溶剂的性质和进入

配体的亲核性。如溶剂配位能力较弱(CCl_4、C_6H_6 等),配体的亲核性较强,则只有配体参加反应。若溶剂配位能力较强(H_2O,醇),则溶剂也参加取代过程。

对几乎所有平面正方形的取代反应 $ML_3X \longrightarrow ML_3Y + X$,其速率方程都表示为

$$\frac{-d[ML_3X]}{dt} = (k_S + k_Y[Y])[ML_3X] \tag{5-18a}$$

溶液中进入配体大过量时,引入拟一级表观速率常数 k_{obs}:

$$k_{obs} = k_S + k_Y[Y] \tag{5-18b}$$

式(5-18)是否正确必须通过实验证实。

(1) 例如,$[PtCl_2(bpy)]$ 在甲醇溶液中被 py 取代,在拟一级条件下对产物跟踪,从实验可获得 k_{obs}。

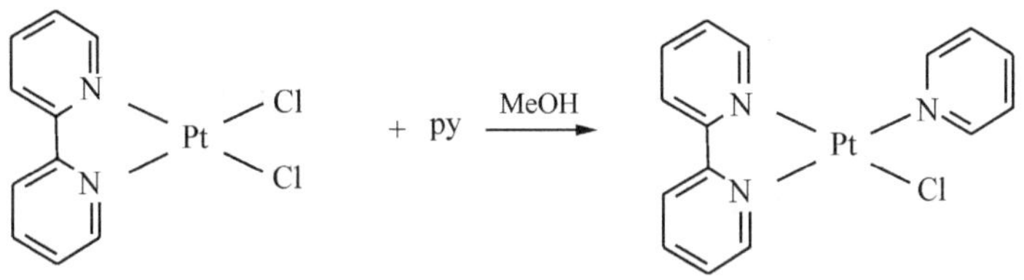

$$\text{[结构式]} + \text{py} \xrightarrow{\text{MeOH}} \text{[结构式]} \tag{5-19}$$

在反应式(5-19)中,当控制参加反应的配合物浓度在 $10^{-5} \text{mol} \cdot L^{-1}$ 左右,吡啶的浓度在 $0.122 \sim 0.03 \text{mol} \cdot L^{-1}$ 范围内变化,则 $k_{obs} = k_S + k_Y[\text{py}]$。

用实验求得的 k_{obs} 对 $[\text{py}]$ 对图,得到一直线,其斜率 $k_Y = 5.8 \times 10^{-3}$,截距 $k_S = 0$,说明甲醇不参加配位。

(2) 又如式(5-20),反应在己烷中进行(Et^* 表示含有 ^{14}C 的乙基,pr 为丙基)

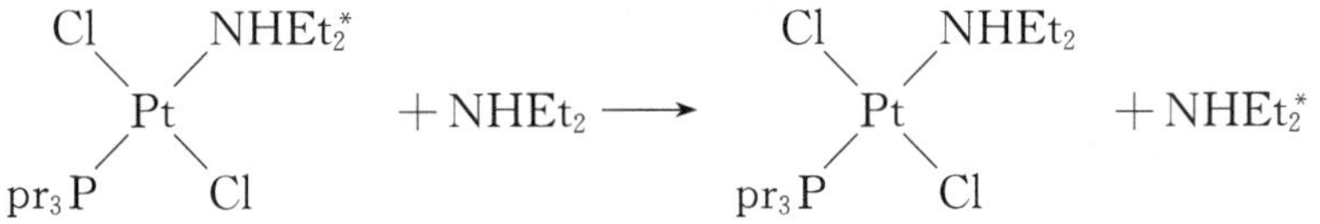

$$\text{[结构式]} + NHEt_2 \longrightarrow \text{[结构式]} + NHEt_2^* \tag{5-20}$$

由于己烷配位能力很弱,不参加反应,如图 5.7 中所得 k_S 为 0。如果反应在甲醇中进行,表观反应速率常数与配体浓度无关,得到平行于横轴的直线,反应按照溶剂参加的路径进行。反应式(5-21)中溶剂和配体两种因素都起作用,所以反应按两种路径进行,由此获得 k_Y 和 k_S。

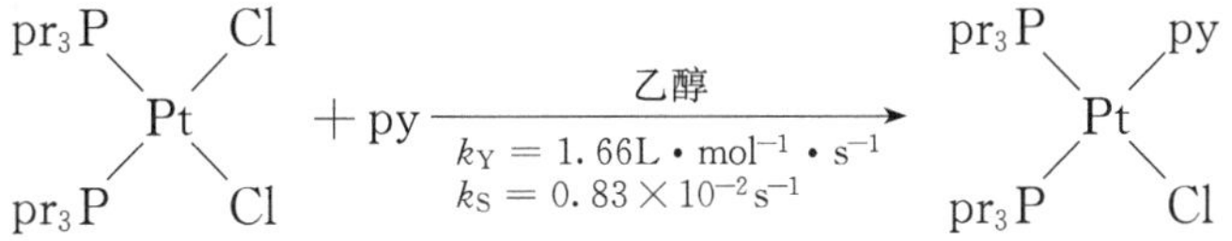

$$\text{[结构式]} + \text{py} \xrightarrow[k_S = 0.83 \times 10^{-2} s^{-1}]{\substack{\text{乙醇} \\ k_Y = 1.66 L \cdot mol^{-1} \cdot s^{-1}}} \text{[结构式]} \tag{5-21}$$

以上的实验证明了假设的机理的正确性,结合许多实验说明该机理是 d^8 金属离子的低自旋平面正方形配合物的正常反应模式:

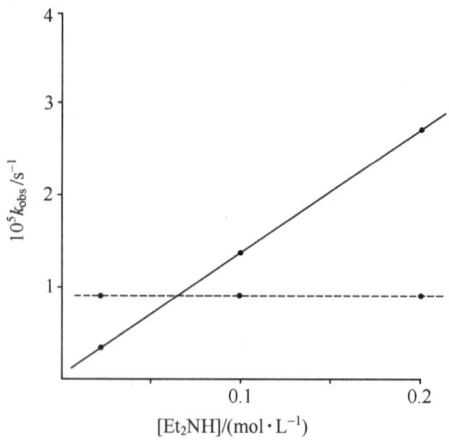

图 5.7　在己烷(实线)和甲醇(虚线)中 $trans$-$[Pt(pr_3P)(NHEt_2^*)Cl_2]$ 被 $NHEt_2$ 取代反应的 k_{obs} 对 $[NHEt_2]$ 作图

5.4.2　反位效应和反位影响

反位效应是平面正方形配合物进行取代反应的一个重要特征,它是由前苏联化学家 Chernyaev 在研究 Pt(Ⅱ)配合物基础上提出来的。

1. 反位效应的事实根据

当研究 Pt(Ⅱ)配合物的取代反应时,发现一些令人深思的现象,如用氨和氨的衍生物取代四氯合铂(Ⅱ)酸钾中的氯得到 cis-二氯二氨合铂(**5.2**)这个反应机理是

$$\begin{bmatrix} Cl & Cl \\ & Pt & \\ Cl & Cl \end{bmatrix}^{2-} \xrightarrow[-Cl^-]{+NH_3} \begin{bmatrix} Cl & Cl \\ & Pt & \\ Cl & NH_3 \end{bmatrix}^{-} \xrightarrow[-Cl^-]{+NH_3} \begin{bmatrix} Cl & NH_3 \\ & Pt & \\ Cl & NH_3 \end{bmatrix}$$

$$\qquad\qquad\qquad\qquad\qquad\qquad (\textbf{5.1}) \qquad\qquad\qquad\qquad (\textbf{5.2})$$

$$\tag{5-22}$$

如将 cis-$[Pt(NH_3)_2Cl_2]$ 溶于过量氨水,即生成二氯化四氨合铂 $[Pt(NH_3)_4]Cl_2$,当用 $[Pt(NH_3)_4]Cl_2$ 和浓 HCl 共热除去氨,结果并不能恢复原来的顺式,而生成了 $trans$-$[Pt(NH_3)_2Cl_2]$。

$$\begin{bmatrix} Cl & Cl \\ & Pt & \\ Cl & Cl \end{bmatrix} \xrightarrow[-2Cl^-]{NH_3(过量)} \begin{bmatrix} H_3N & NH_3 \\ & Pt & \\ H_3N & NH_3 \end{bmatrix}^{2+} \xrightarrow{HCl}$$

$$\begin{bmatrix} H_3N & NH_3 \\ & Pt & \\ H_3N & Cl \end{bmatrix}^+ \xrightarrow{HCl} \begin{bmatrix} Cl & NH_3 \\ & Pt & \\ H_3N & Cl \end{bmatrix} \quad (5\text{-}23)$$

$$(5.3) \qquad\qquad (5.4)$$

上面两个反应中如用乙胺、吡啶、羟氨、苯胺等氨的衍生物来代替氨,也得到同样的结果。

前人在总结了许多实验事实之后提出了反位效应(trans-effect)的原理,即在配合物 $trans\text{-}[ML_2TX]$ 中配体 T 对其处于相反位置的配体 X 的取代速率发生影响,即对其反位配体 X 有活化作用,使 X 容易被取代,有较高的取代速率。在反应式(5-22)中,从配合物 (5.1) 转变到 (5.2) 的过程中,由于 Cl^- 的影响使位于其反位的 Cl^- 比位于 NH_3 反位的 Cl^- 有更高的速率,因此 (5.1) 被 NH_3 取代时,位于 NH_3 邻位的 Cl^- 被取代。因此反应式(5-23)中,由 (5.3) 转变到 (5.4) 的过程中,由于处于 Cl^- 反位的 NH_3 所受的影响比较大,因此反位的 NH_3 有更高的被取代速率,得到了 $trans\text{-}[Pt(NH_3)_2Cl_2]$。从以上事实可以得到 Cl^- 和 NH_3 的反位效应的大小,即 $Cl^- > NH_3$。定量地研究反位配体对取代反应速率影响的例子是 $[PtT(NH_3)Cl_2]$ 中处于 T 的反位的 Cl^- 被 py 取代的反应,经测定反应的活化能和相对速率,与反位的配体 T 的性质有很大关系。

$$\begin{array}{c} NH_3 \\ | \\ T\!-\!M\!-\!Cl \\ | \\ X \end{array} + py \longrightarrow \begin{array}{c} NH_3 \\ | \\ T\!-\!M\!-\!py \\ | \\ X \end{array} + Cl^-$$

T	C_2H_4	≫	NO_2^-	>	Br^-	>	Cl^-
相对速率	>100		9		3		1
E_a/kJ	—		46.0		71.1		79.5

当 $T=C_2H_4$ 时反应极快,以至活化能 E_a 不能测定。$T=Cl^-$ 时反应速率最慢,其 E_a 也最高,其他反位配体对某些 Pt(Ⅱ) 配合物的反应速率的影响列于表 5.15。

表 5.15 配体 T 对 Pt(Ⅱ) 配合物取代反应速率的影响(甲醇,25℃)

配体 T	k_S/s^{-1}	$k_Y/(L \cdot mol^{-1} \cdot s^{-1})$
$P(C_2H_5)_3$	1.7×10^{-2}	3.8
H^-	1.8×10^{-2}	4.2
CH_3	1.7×10^{-4}	6.7×10^{-2}
Cl^-	1.0×10^{-6}	4.0×10^{-4}

表 5.15 中 H^- 和 $P(C_2H_5)_3$ 有较大反位效应,而 Cl^- 的反位效应最小。由表

可见,反位效应是指配体对处于其反位基团的取代速率的影响。一个配体对处于其反应离去基团的反应速率的影响可高达 $10^5 \sim 10^6$ 数量级,这个现象用于指导合成。

根据大量实验事实,二价铂配合物中配体的反位效应的大小,大致有如下序列,$CO,NO>CN^->$烯烃$>H^->$膦$\sim$胂$>CH_3\sim SC(NH_2)_2>C_6H_5^-\sim NO_2^-\sim I^->SCN^->Br^->Cl^->Py>$胺$>NH_3>OH^-,F^-$。在这顺序中,首先是好的 π 受体(CN^-,CO,NO,C_2H_4 等),其次是强的 σ 给体(H^-,CH_3^-),最后是弱的 σ 给体(NH_3,OH^-,H_2O)。

2. 反位影响

在配体实体中,配体对于其反位配体的键的强度也会发生影响,对于反位配体键减弱的程度可用许多方法观察出来。例如,用 X 射线可观察到在基态配体和金属间的键长,因反位配体的作用而加长(表 5.16),说明键减弱了,这种对键减弱的效应,称为反位影响(trans-influence)。配体对反位基团的影响还可以通过测量配合物的偶极距、振动频率、核磁共振偶合常数等观察出来。反位效应是动力学性质,而反位影响是配体对处于其反位配体的键强度的影响,是热力学性质。二者并不相同,但也有一定的关系,例如,在[T—Pt—X]中,反位配体 T 对 Pt—X 键的强度的减弱或增强也对取代反应的速率有影响,反位键强的减弱可能是反位配体取代速率增加的因素之一。表 5.16 列出了反位配体 T 对 Pt—X 键长的影响。

表 5.16 反位配体 T 对 Pt—X 键长的影响

配合物	T	Pt—X	键长/pm
$K[Pt(NH_3)Cl_3]$	Cl^-	Pt—Cl	235
	NH_3		232
$K[Pt(NH_3)Br_3]$	Br^-	Pt—Br	270
	NH_3		242
$K[Pt(C_2H_4)Cl_3]\cdot H_2O$	Cl^-	Pt—Cl	232
	C_2H_4		242
$K[Pt(C_2H_4)Br_3]\cdot H_2O$	Br^-	Pt—Br	242
	C_2H_4		250
trans-$[PtClH(Pph_2Et)_2]$	H^-	Pt—Cl	242

以下将对两种效应产生的原因予以解说。

3. 两种效应产生的原因

1) σ 键效应

在只有 4 个配体的平面正方形配体中(如$[PtX_4]^{2-}$),中心原子对每个配体的作用力相同,4个配体和中心原子间具有相同的键长。如果其中1个配体X被强的σ配体T(如H⁻)所取代形成[PtTX₃]²⁻,Pt(Ⅱ)和T之间形成强键,有较高的电荷密度,而在和反位配体X之间电荷密度相对降低,导致Pt—X键的减弱。如图5.8所示,强的σ给体T使在基态的Pt—X键减弱,键长增加。在基态Pt—X键减弱有利于X的离解。此外,也使配合物在基态稳定性减小,即由于T的加入使配合物去稳定作用,使反应速率增加,这是反位影响对速率的贡献。所以反位影响是配合物在基态时,配体对其反位基团的影响。反位影响大小的顺序近似的认为应是σ给体强弱的顺序,现列于下:

H⁻>PR₃>SCN⁻>I⁻>CN⁻>Br⁻>Cl⁻>py>R—NH₂>NH₃>OH⁻>H₂O

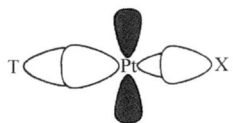

图5.8 σ键效应:Pt—T键的加强和Pt—X的减弱

2) π-键效应

反位效应序列中能生成反馈π键的配体(π酸受体)显示出较大的反位效应。图5.9是T的空π轨道和金属d_π(d_{xy},d_{xz})轨道形成反馈π键引起电荷移动的情况。由于配体T接受金属部分电子形成π反馈键,金属的电荷转移到配体T,使金属上有更少的负电荷,这样配体Y更容易接近金属,使生成配位数为5的活化配合物或中间体更为稳定[图5.9(b)]。π键效应的结果是稳定了过渡态,使过渡态能量降低,也就是降低了活化能,加快了反应速率。

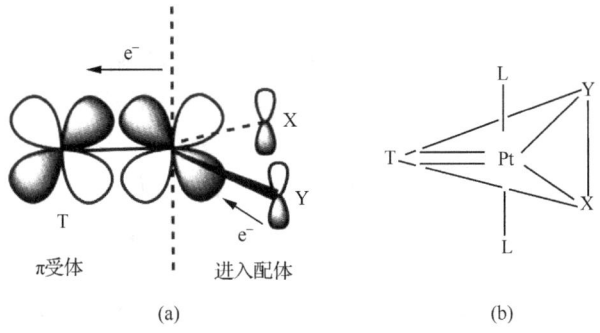

图5.9 反馈π键形成对反位配体的影响(a)和
三角双锥过渡态配合物 trans-[PtL₂TX](b)

反位影响和反位效应可以用图5.10从能量上予以说明,图5.10(a)表示在无反位效应时,配合物具有能量较低的基态和能量较高的过渡态,从基态到过渡态的活化能为E_a。图5.10(b)表示由于反位影响,σ给体的成键去稳定作用升高的基态能量相对来说减低了活化能 E_a,对反应速率也有贡献,所以反位影响是在基态的配体对反位基团的影响,是热力学性质。图 5.10(c)表示由于反馈 π 键形成,降低了过渡态能量,E_a 减小,反应速率加快。因此反位效应是配体对过渡态(活性配合物或中间体)的影响,降低过渡态能量,稳定了中间体,是动力学性质。结合以上结果能够说明反位效应的顺序,即形成反馈 π 键强的配体(如 CO,C_2H_4)位于顺序的前面,最强的 σ 给体(如 H^-、CH_3^-)位于顺序之中,NH_3、H_2O 等配体是硬碱配体,因与软金属 Pt(Ⅱ)成键,二者作用力不强位于顺序之末。

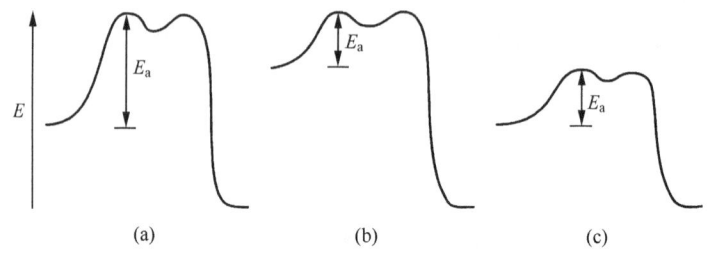

图 5.10　反位影响和反位效应的能量曲线
(a) 无反位效应;(b) 反位影响,改变基态能量;(c) 反位效应,降低过渡态能量

反位效应的概念是处在不断丰富和发展的过程,从过去的"极化理论"发展成现在的概念。后来用软-硬碱法则也可以进行说明,即在处于反位效应序列的都为软碱,与软酸 Pt(Ⅱ)有很大的反位效应。近来从角重叠模型也可得到说明,读者有兴趣可参阅有关文献。

5.4.3　进入配体的亲核性

前面我们从进入配体的体积、电荷对反应速率的影响做了说明,但这是很粗糙的。下面我们从配体对配合物的亲核能力和配合物受不同亲核配体进攻时的敏感程度两方面来考虑,这样更为全面。因为按 A 机理或 I_a 机理进行的反应速率与进入基团的亲核性强弱和配合物的敏感度有关。在有机化学中用 Swain-Scott 方程来预测亲核能力的强弱,建议以 CH_3Br 为标准来比较其他亲核试剂的相对亲核能力。

将以上思路推广到平面正方形配合物的取代反应,如以 trans-$[PtCl_2(py)_2]$ 为标准,在溶剂中进行取代反应,其二级速率常数 k_Y(单位为 L·mol^{-1}·s^{-1})为

$$trans\text{-}[PtCl_2(py)_2] + Y^- \xrightarrow{k_Y} trans\text{-}[PtCl(py)_2Y] + Cl^-$$

配合物除受亲核试剂 Y^- 进攻外,还受到溶剂作用,它与溶剂的取代反应的速率常数为 k_S(拟一级速率常数,单位为 s^{-1}),有如下关系:

$$\lg(k_Y/k_S) = sn_{pt} \tag{5-24}$$

式中,s 为分辨常数,用以衡量配合物对外来配体的敏感程度;n_{pt} 为衡量外来配体对被取代配合物亲核能力的常数,用以表示其亲核能力的大小,规定 trans-$[PtCl_2(py)_2]$ 为标准亲电剂,其 $s=1$,还规定甲醇为标准亲核剂,所以不同配体在甲醇中与 trans-$[PtCl_2(py)_2]$ 反应可得到不同的 n_{pt} 值。

$$\lg(k_Y/k_S) = n_{pt} \tag{5-25}$$

因 k_Y 和 k_S 具有不同纲量,为了使 n_{pt} 是无量纲常数,故以 k_S 除以溶剂浓度

$$k_S^\ominus = k_S/[CH_3OH]$$

$$n_{pt}^\ominus = \lg[k_Y/(k_S/[CH_3OH])] = \lg(k_Y/k_S^\ominus) \tag{5-26}$$

表 5.17 为 30℃ 时在甲醇中测定各种亲核剂对 trans-$[PtCl_2(py)_2]$ 的亲核常数 $n_{pt}^\ominus$,以上反应若在丙酮、二甲亚砜等其他溶剂中,其顺序会有颠倒。从表 5.17 可见:①卤离子亲核能力随下列顺序而减小,即 $I^->Br^->Cl^-\gg F^-$。②第五族的配体除 NH_3 外,均有较大的亲核能力,且亲核能力按如下顺序减小,即磷>砷>锑≫胺。③含硫配体有较强的亲核力。这因为 Pt^{2+} 是软酸,与软碱有较强的作用。④表 5.17 中的 $n_{pt}^\ominus$ 与亲核剂的共轭酸的 pK_a 间没有平行关系,因为前者为热力学性质后者为动力学性质。

表 5.17　各种亲核剂对 trans-$[PtCl_2(py)_2]$ 的亲核常数和亲核剂的 pK_a 值

亲核剂	$n_{pt}^\ominus$	pK_a
CH_3OH	0.0	-1.7
F^-	<2.2	3.45
Cl^-	3.04	-5.7
NH_3	3.07	9.25
吡啶	3.19	5.23
NO_2^-	3.22	3.37
N_3^-	3.58	4.74
Br^-	4.18	-7.7
$(CH_2)_4S$	5.14	-4.8
I^-	5.46	-10.7
ph_3Sb	6.79	—
ph_3As	6.89	—
Ph_3P	8.93	2.73

注:对于 trans-$[PtCl_2(py)_2]$,$s=1$,式中 $[H_3C-OH]=24.9 mol/L(30℃)$。

反应速率除与进入配体的亲核能力大小有关外，还与配合物本身对亲核剂的敏感程度有关，如测出某一配合物被同一系列亲核试剂取代的 $\lg k_Y$ 值，和以 trans-$[PtCl_2(py)_2]$ 为标准的 $n_{pt}^\ominus$ 值，可得

$$\lg k_Y = s n_{pt}^\ominus + \lg k_s^\ominus \tag{5-27}$$

以 $\lg k_Y$ 对 $s n_{pt}^\ominus$ 作图，其斜率为分辨因子 s。图 5.11 表示以 trans-$[PtCl_2(py)_2]$ 为标准，当 trans-$[PtCl_2(PEt_3)_2]$ 和 $[PtCl_2(en)]$ 受到亲核剂进攻时，其 $s n_{pt}^\ominus$ 对 $\lg k_Y$ 的线形关系，又称亲核性的线性自由能关系。图中斜率所示的 s 值表示当改变亲核剂时其反应速率变化的大小。表 5.18 列出 Pt(Ⅱ) 的一些配合物 s 的值，s 值越大，表示配合物对进入配体越敏感。

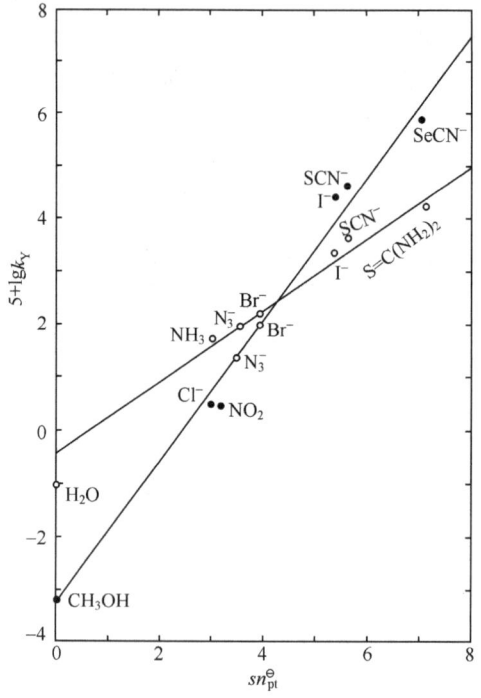

图 5.11　Pt(Ⅱ) 配合物的 $\lg k_Y$ 与 $s n_{pt}^\ominus$ 的关系，以 trans-$[PtCl_2(py)_2]$ 为标准
● trans-$[PtCl_2(PEt_3)_2]$（甲醇中，30℃），○ $[PtCl_2(en)]$（水中，35℃）

表 5.18　一些 Pt(Ⅱ) 配合物的 s 值

配合物	s
trans-$[PtCl_2(PEt_3)_2]$	1.43
trans-$[PtCl_2(AsEt_3)_2]$	1.25
trans-$[PtCl_2(SeEt_3)_2]$	1.05

续表

配合物	s
$[PtCl_2(en)]$	0.64
$[PtCl(dien)]^+$	0.65
$[Pt(H_2O)(dien)]^{2+}$	0.44

5.5 氧化还原反应[6]

氧化还原反应在化学中十分重要,过渡金属离子常作为金属酶和金属蛋白活性中心传递电子,或进行氧化还原反应,是生物能量的源泉。尤其是近年来分子器件(分子导线、开关、传感器等)的蓬勃发展,也刺激了电子转移反应和机理的研究。此外,在经典分析化学、有机合成和催化化学也与配合物氧化还原反应息息相关,因此了解其反应机理十分重要。Nobel 奖获得者 R. A. Marcus 和 H. Taube 分别在氧化还原反应的外层机理和内层机理方面做了开拓性工作。现简要说明什么称为外层机理和内层机理。

氧化还原反应的两种机理:

内层机理 内层(inner-sphere, IS)机理是在反应过程中,氧化剂和还原剂通过桥基联结传递电子进行氧化还原作用,所以 IS 机理又称桥联(brindging)机理,如式(5-28)所示。

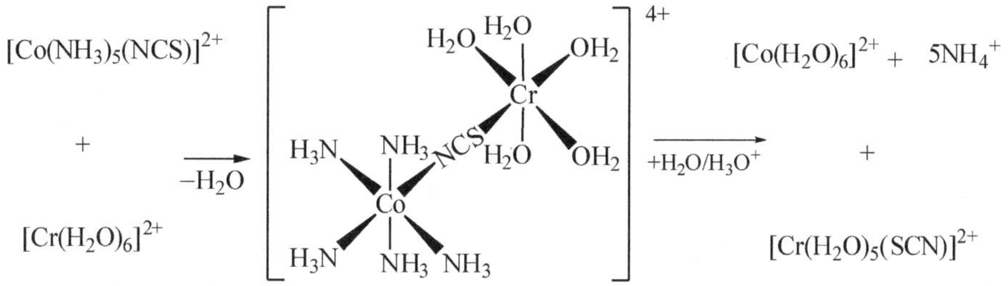

$$[Co(NH_3)_5(NCS)]^{2+} + [Cr(H_2O)_6]^{2+} \xrightarrow{-H_2O} [\text{桥联中间体}]^{4+} \xrightarrow{+H_2O/H_3O^+} [Co(H_2O)_6]^{2+} + 5NH_4^+ + [Cr(H_2O)_5(SCN)]^{2+}$$

(5-28)

外层机理 外层(outer-sphere, OS)机理是氧化剂和还原剂通过配合物的内层直接接触传递电子。反应中没有键的断裂和生成,内层保持无损。

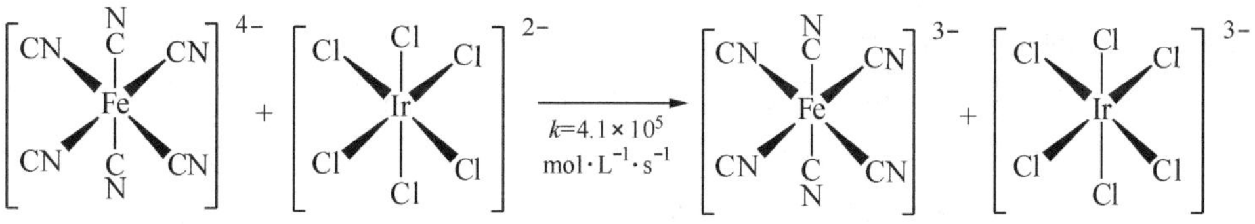

$$[Fe(CN)_6]^{4-} + [IrCl_6]^{2-} \xrightarrow{k=4.1\times10^5 \text{ mol·L}^{-1}\cdot\text{s}^{-1}} [Fe(CN)_6]^{3-} + [IrCl_6]^{3-}$$

(5-29)

式(5-29)是电子转移在含两个不同金属离子的氧化剂和还原剂中进行,另外一种是电子转移在不同氧化态的相同配离子间进行。例如,将亚铁氰化钾的溶液加到有标记同位素铁的铁氰化钾溶液中,有如下反应发生,

$$[Fe(CN)_6]^{4-} + [^*Fe(CN)_6]^{3-} \longrightarrow [^*Fe(CN)_6]^{4-} + [Fe(CN)_6]^{3-}$$

用质谱研究可知,$[Fe(CN)_6]^{4-}$ 失去电子,而 $[Fe(CN)_6]^{3-}$ 获得电子,尽管混合物组成没有变化,但有氧化还原作用发生。以上反应的电子转移速度非常快,在 25℃时,其二级反应速率常数约为 $10^5 L \cdot mol^{-1} \cdot s^{-1}$。远远大于它们的配体交换速率。因为 $[Fe(CN)_6]^{4-}$ 及 $[Fe(CN)_6]^{3-}$ 在溶液中与 CN^- 的交换反应速率非常慢,是惰性的,因而在氧化还原反应中,不可能是配离子的 CN^- 离解,其位置被另外一个配体取代再进行电子传递。

以上外层机理中,电子转移与中心原子直接相连的内层结构没有变化,两种金属的内层配体间不发生交换。其氧化还原反应的速率常数大于氧化剂或还原剂中任一金属离子的取代速率常数。例如,$[RuBr(NH_3)_5]^{2+}$ 被 V^{2+} 还原,其二级速率常数 $= 5.1 \times 10^3 L \cdot mol^{-1} \cdot s^{-1}$。而在化合物中 Ru^{III} 和 V^{II} 的水合速率常数分别为 $2s^{-1}$ 和 $40s^{-1}$。

反应式(5-30)中电子转移在两个不同氧化态的同一配合物之间发生,反应结果体系中没有键的断裂和生成,不发生化学变化,也没有热量发生,其反应自由能变 $\Delta G^{\ominus} = 0$,这类反应又称为自交换反应(self-exchange reaction),在反应式(5-29)中在电子转移过程中同时发生了化学变化,产生了新物种,这类反应又称之为交叉反应(cross reaction),在交叉反应中产物比反应物更稳定其 $\Delta G^{\ominus} < 0$。

5.5.1 外层机理

1. 外层机理的历程

外层机理可分如下三个基本步骤:
首先氧化剂 Ox 和还原剂 Red 形成前体配合物(precursor complex),然后前体配合物的化学活化,通过电子转移和键的松弛生成活化配合物,最后离解

$$Ox + Red \rightleftharpoons Ox \parallel Red \rightleftharpoons [Ox^- + Red^+]^* \rightleftharpoons Ox^- + Red^+$$

1) 前体配合物的形成

在溶液中,参加电子转移的两个配离子通过扩散穿过溶剂分子而接近,二者处在溶剂分子的包围中,好像位于溶剂分子所组成的"笼"(cage)内,如图 5.12(a)所示。位于笼中的配合物其行动受到限制,形成所谓的前体配合物。前体配合物在溶剂笼中两反应离子间的距离已足进行电子传递,但反应离子间尚无一定取向,所以不能进行电子转移,必须进行化学活化。

2) 前体配合物的化学活化

在这一步中,前体配合物和溶剂笼子结构的发生改变,以适合电子的迁移。因此反应配离子必须重新取向,溶剂分子的排布也要做相应的调整,氧化剂和还原剂还必须有适当的电子构型,氧化剂接受电子的分子轨道和还原剂给出电子的分子轨道之间必须匹配,在活化过程中还原剂体积缩小,氧化剂体积增大,以适合电子的迁移,因为氧化剂为了从还原剂得到电子,它的金属和配体间的键必须伸长,反之,还原剂中金属和配体间的键必须缩短。以上过程见图 5.12,此外,溶剂重排为前体配合物的结构改变提供活化自由能。

3) 分裂为产物

前体配合物中的氧化剂和还原剂进行电子转移后,它们间联系松弛,距离增长,见图 5.12(c)。

以上三个步骤中,第一步和第三步反应进行得非常快,第二步进行得较慢,整个反应速率由化学活化决定,下面集中讨论这关键一步。

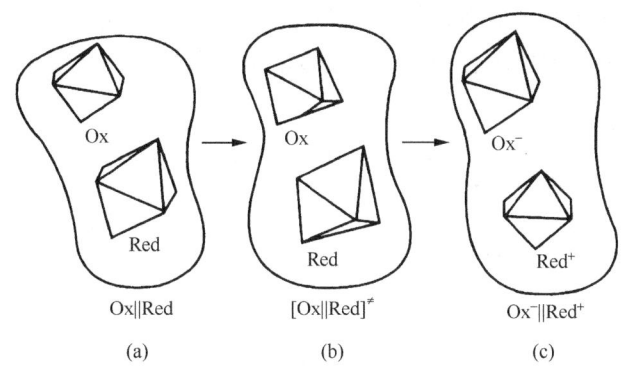

图 5.12 电子迁移的外层机理示意图

(a) 前体配合物 $Ox \parallel Red$;(b) 化学活化过程 $[Ox \parallel Red]^{\neq}$;(c) $Ox^- \parallel Red^+$

2. 化学活化与影响电子转移的因素

化学活化是 OS 和 IS 机理的最关键的步骤,早 OS 机理中,化学活化包括氧化剂和还原剂键长的调整,外层溶剂的重组和电子的转移,因此在活化过程中二者力图使其分子轨道的电子构型和自旋性等达到最佳状态,使二者匹配更好,有利于电子的转移。

(1) 分子轨道对称性的匹配。氧化剂和还原剂之间要进行电子转移,要求二者接受电子的分子轨道必须匹配,即属于相同的对称类别。对八面体来说,氧化剂和还原剂的金属离子的 t_{2g} 轨道伸延伸于八面体之外(见图 5.13)受到配体屏蔽作用较 e_g 轨道小,两个 t_{2g} 又属于 π 型轨道,有相同的对称性,容易重叠。显然重叠性越高,越有利于电子的迁移,故 t_{2g} 轨道间的电子迁移($t_{2g} \rightarrow t_{2g}$)比同属于 σ 型的 e_g 轨道间的电子转移容易。

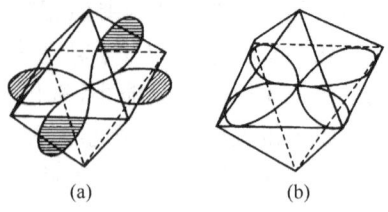

图 5.13 八面体的(a)t_{2g} 和(b)e_g 轨道的取向

关于不同轨道间的电子转移难易程度还可以从表 5.19 的数据得到说明。表中前 4 个反应纯属相同类型轨道间的电子转移,所需活化能很小,反应速率较快,表中的速率常数有较大的值。如表 5.19 中反应(3)和(4)Ru(Ⅲ)-Ru(Ⅱ)的电子转移反应,反应前后金属-配体间的键长只改变 4pm[图 5.14(a)]。

表 5.19 中前 4 个反应中以[$Fe(H_2O)_6$]$^{2+}$ 和[$Fe(H_2O)_6$]$^{3+}$ 之间的电子转移速度较慢,这可能是前体配合物生成较慢或溶剂的重排自由能较大,或者配合物活化熵较大的缘故。

表 5.19 一些 OS 机理的二级反应速率常数

反应	$K/(L \cdot mol^{-1} \cdot s^{-1})$
(1)[$Fe(H_2O)_6$]$^{2+}$ + [$Fe(H_2O)_6$]$^{3+}$ 　　($t_{2g})^4(e_g)^2$　　　　($t_{2g})^3(e_g)^2$	4.0
(2)[$Fe(phen)_3$]$^{2+}$ + [$Fe(phen)_3$]$^{3+}$ 　　($t_{2g})^6$　　　　　　($t_{2g})^5$	$\geqslant 3 \times 10^7$
(3)[$Ru(NH_3)_6$]$^{2+}$ + [$Ru(ND_3)_6$]$^{3+}$ 　　($t_{2g})^6$　　　　　　($t_{2g})^5$	8.2×10^2
(4)[$Ru(phen)_3$]$^{2+}$ + [$Ru(phen)_3$]$^{3+}$ 　　($t_{2g})^6$　　　　　　($t_{2g})^5$	$\geqslant 10^7$
(5)[$Co(H_2O)_6$]$^{2+}$ + [$Co(H_2O)_6$]$^{3+}$ 　　($t_{2g})^5(e_g)^2$　　　　($t_{2g})^6$	~5
(6)[$Co(NH_3)_6$]$^{2+}$ + [$Co(NH_3)_6$]$^{3+}$ 　　($t_{2g})^5(e_g)^2$　　　　($t_{2g})^6$	$\leqslant 10^{-9}$
(7)[$Co(en)_3$]$^{2+}$ + [$Co(en)_3$]$^{3+}$ 　　($t_{2g})^5(e_g)^2$　　　　($t_{2g})^6$	1.4×10^{-4}
(8)[$Co(phen)_3$]$^{2+}$ + [$Co(phen)_3$]$^{3+}$ 　　($t_{2g})^5(e_g)^2$　　　　($t_{2g})^6$	1.1

(2) 电子构型和自旋性。表 5.19 中不同氧化态的钴氨(胺)配合物电子转移很慢，反应(6)～反应(8)[Co(NH$_3$)$_6$]$^{2+}$ 为高自旋的 $(t_{2g})^5(e_g)^2$ 的电子构型，[Co(NH$_3$)$_6$]$^{3+}$ 为低自旋的 $(t_{2g})^6$ 构型，两者电子构型不同，自旋态不一样，进行氧化还原的同时必须调整构型。此外，Co(Ⅲ)-N 键长是 211.4pm，在反应时除电子需要重新排布外，键长也需要重新调整，这样需要较大的活化能[图 5.14(b)]。

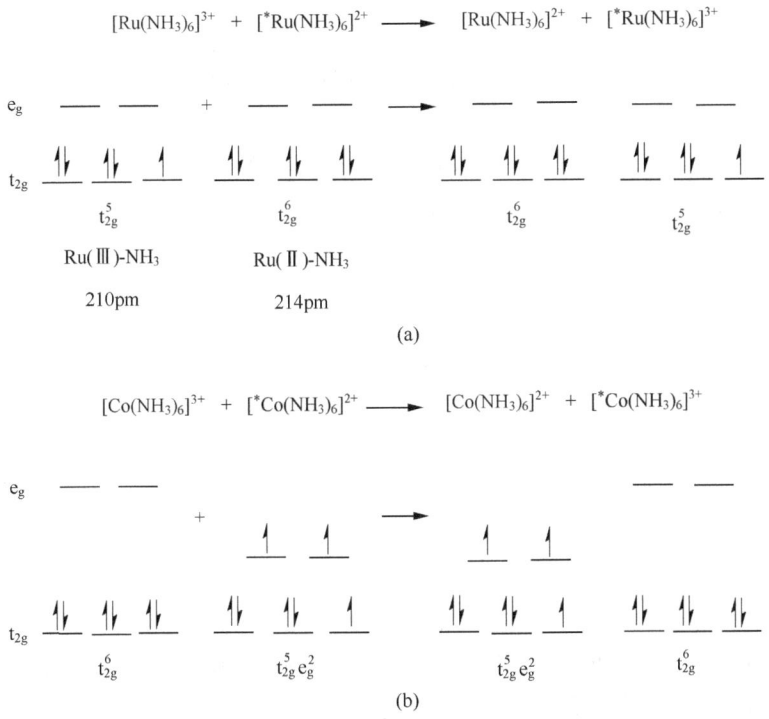

图 5.14　Ru(Ⅲ)-Ru(Ⅱ)(a)、Co(Ⅲ)-Co(Ⅱ)(b)电子转移时自旋态的变化

在[Ru(NH$_3$)$_6$]$^{3+}$ 和[*Ru(NH$_3$)$_6$]$^{2+}$ 间的电子转移时，中心原子的自旋态均为低自旋。[Co(NH$_3$)$_6$]$^{3+}$ 和[*Co(NH$_3$)$_6$]$^{2+}$ 间的电子转移时，中心原子的自旋态分别为低自旋和高自旋。一般来说，在相同自旋态间进行的电子转移反应容易进行，所以电子转移速率因自旋态不同有如下顺序：高自旋-高自旋(或低自旋-低自旋)＞高自旋-低自旋(或低自旋-高自旋)。

例如，[*Fe(CN)$_6$]$^{3-}$ 和[Fe(CN)$_6$]$^{4-}$，其电子构型分别为 $(t_{2g})^5$ 和 $(t_{2g})^6$，二者构型相近，自旋态相同，轨道匹配。*Fe(Ⅲ)—C 与 Fe(Ⅱ)—C 间键长差别不大，所以电子转移所需活化能较小，可通过热运动获得，因而他们之间电子转移容易进行。

表 5.19 中反应(5)中，[Co(H$_2$O)$_6$]$^{2+}$ 和[Co(H$_2$O)$_6$]$^{3+}$ 的中心原子的电子构型虽然不同，但配体是水分子，水分子的配位场较小，分裂能不大，故电子可以从

$(t_{2g})^6$ 激发到 $(t_{2g})^5(e_g)^1$ 所需的能量较小,所以反应也较迅速。以上从氧化剂和还原剂的匹配程度讨论了对电子转移速率的影响。

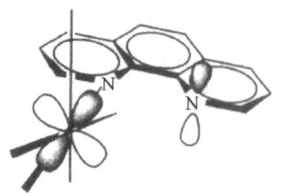

图 5.15 不饱和配体与中心原子轨道的重叠

(3) 配体的授受体性质。如表 5.19 中反应 (8),$[Co(phen)_3]^{2+}$ 和 $[Co(phen)_3]^{3+}$ 之间也有较大的反应速率(一般 phen 作为配体时反应速度增加 5~7 倍)。因 phen 有不定域的 π 轨道,是强的 π 接受体,形成配合物的分子轨道有高度的不定域性,进行反应时给体与受体间轨道易于重叠(图 5.15)。所以含有不饱和的配体(CN^-、py 等)或极化作用较强的配体,它们的两种氧化态的配合物之间都有大的电子转移速度。如

$$[Os(bpy)_3]^{2+} + [Mo(CN)_8]^{3-} \rightleftharpoons [Os(bpy)_3]^{3+} + [Mo(CN)_8]^{4-}$$
(5-30)

$$[Ru(phen)_3]^{2+} + [RuCl_6]^{2-} \rightleftharpoons [Ru(phen)_3]^{3+} + [RuCl_6]^{3-} \quad (5-31)$$

式(5-30)的速率常数 $k = 2.0 \times 10^9 (L \cdot mol^{-1} \cdot s^{-1})$,式(5-31)的 $k = 4.0 \times 10^9 (L \cdot mol^{-1} \cdot s^{-1})$,以上两反应由于电子转移在带异号电荷的配离子间进行,配体又具有不定域离子,因而转移时电子通过的位垒较小,所以电子转移的速度也很大。

3. Marcus 理论[10]

1) 从 Franck-Condon 原理到 Marcus 理论

Marcus 理论是在 Franck-Condon 原理的基础上发展起来的。原理认为,①电子重排时,核位置不发生改变,这是因为电子运动的时间标度为 10^{-15} s,而核的运动却在 10^{-3} s,它比电子运动慢 100 倍,所以认为电子从配合物的一个核转移到另一个核的瞬间,核来不及改变其位置,即核被冻结在某一特定的位置上。②只有当两个配合物处于某一特殊位置上,电子才能从一个配合物转移到另一个。在电子转移之前,参与反应的氧化剂和还原剂轨道能量是相同的。例如

$$[Fe(H_2O)_6]^{3+} + [^*Fe(H_2O)_6]^{2+} \rightleftharpoons [^*Fe(H_2O)_6]^{3+} + [Fe(H_2O)_6]^{2+}$$
(5-32)

在电子转移过程中 $[Fe(H_2O)_6]^{3+}$ 的 Fe(Ⅲ)—OH_2 键必须伸长,Fe(Ⅱ)—OH_2 键必须缩短,但在某一中间态二者键长相等,配离子有同样尺寸,这时参与氧化和还原的分子轨道能量相同,电子转移将会发生,这种具有电子给体轨道和受体轨道能量相等的状态的配合物即为活化配合物。伴随着 $[Fe(H_2O)_6]^{3+}$ 体积增加和 $[Fe(H_2O)_6]^{2+}$ 的缩小,围绕在其周围的溶剂发生重组。因此对外层机理,Marcus 提出电子转移时总活化自由能变 $\Delta G^{\neq}$ 可表示为

$$\Delta G^{\neq} = \Delta G_t^{\neq} + \Delta G_i^{\neq} + \Delta G_o^{\neq} \tag{5-33}$$

$\Delta G^{\neq}$代表两个反应物结合在活化配合物位置时的自由能变(如两个反应物接近时的静电作用等产生的),$\Delta G_t^{\neq}$(内层重组能)为涉及键长改变引起的自由能变。$\Delta G_o^{\neq}$(外层重组能)为伴随电子转移的溶剂重组引起的自由能变。由 $\Delta G^{\neq}$ 可计算自交换反应的速率常数 k。

2) 反应势能曲线

Marcus 首先用势能曲线来描述外层电子转移反应的过程。图 5.16 表示通常同核和异核的反应的势能曲线。纵轴代表两反应离子成对结成外层配合物(如前体配合物、活化配合物)的总能量。横轴-反应坐标表示反应成对离子键角键长的总变化。金属-配体的伸缩振动类似于简谐振动,所以位能曲线为抛物线形。图 5.16(a)和(b)均为代表反应物 E_R 和产物 E_P 的两条重叠势能曲线组成。其最低处 A 和 B 分别代表反应物和产物的基态能量。图 5.16(a)为常见的氧化还原反应,其反应自由能不为零,因而表示反应物的抛物线和表示产物的抛物线处在不同高度上,反应物曲线位置较高导致交叉点上移表示反应具有较高活化能。图 5.16(b)所示的反应因为是对称同核反应[如(5-32)],产物和反应物是等同的,因此两条曲线是对称的,如果反应物不发生反应,则反应物曲线仍为抛物线。如果发生反应,则反应物曲线发生形变,与之相关的能量曲线也发生改变,则反应物通过 S 点,循最低能量途径转变为产物。

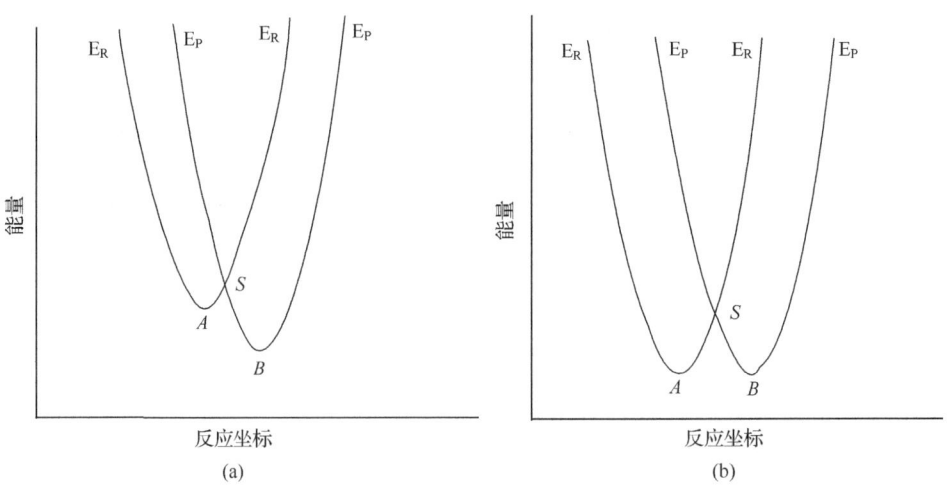

图 5.16 通常势能曲线

(a) 异核;(b) 对称的同核

如果在活化配合物中发生电子转移,使电子在分子中不定域化,图 5.17(a)和(b)分别表示自交换和交叉反应的势能曲线,图中曲线表明电子转移速率决定了势能曲线的形状,曲线急剧上升表明能量随键的伸展程度增加而增加,其交点升高,活化能也升高,平衡核间距离变大,意味着平衡点远离交叉点,没有大的形变不能到达交叉点。当反应坐标趋近于过渡态时,反应物和产物的波函数(轨道)发生了混合,产生了两个分开能态,图中两条曲线代替了图 5.16 中的交叉抛物线,两条分开曲线的距离为 $2H_{AB}$,它是测量混合的程度称为能隙,能隙的大小表示反应物和产物波函数相互作用的强弱。

相互作用很强的体系有大的能隙,$2H_{AB}$ 很大,在低能曲线上的体系将顺利地从反应物转变成产物,即电子转移容易发生,这类反应称为绝热(adiabatic)反应。如果相互作用很弱,$2H_{AB}$ 很小,反应物体系可以达到反应物与产物能量曲线的交点,即过渡态,但有的分子会沿反应物的抛物线能量途径,而不转变成产物,电子转移将会很小,这类反应称为非绝热(non-adiabatic)反应。

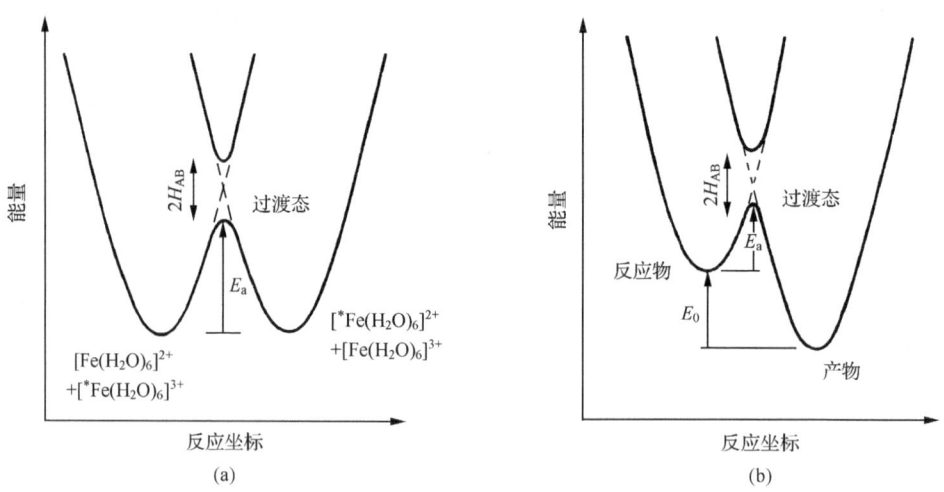

图 5.17 外层氧化还原反应的势能曲线
(a) 自交换;(b) 交叉反应

Marcus 阐明了电子转移的外层机理并足量地表达了以上各因素与反应速率的关系,得到了满意的结果。

3) Marcus 方程

大多数氧化还原反应均是异核的交叉反应,由图 5.17(b)所示的交叉反应的势能曲线可见,产物的曲线位置较低说明反应从热力学来看是有利的,其活化位置的高度与反应物和产物能曲线的位置有关,也就是说反应速率的大小与总反应的自由能变 $\Delta G^\ominus$ 有关,即与反应平衡常数 K 有关。Marcus 以氧化过程的平衡常数和外层交叉反应的速率 k_{12},通过每个电子对的自交换反应速率 k_{11} 和 k_{22} 联系起来提出 Marcus 方程,即

$$k_{12} = \sqrt{k_{11}k_{22}Kf} \tag{5-34}$$

$$\lg f = \frac{(\lg K)^2}{4\lg \dfrac{k_{11}k_{22}}{z^2}} \tag{5-35}$$

式中,z 为质点在溶液中每秒的碰撞次数(在 25℃ 时约为 10^{11} L·mol^{-1}·s^{-1});f 是由速率常数和扩散速率组成的复合参数,在粗略计算时可作为 1。

Marcus 方程的重要之处是将热力学和动力学关系直接关联起来,即在正常情况下 K 增加速率常数 k 也加大,故许多对热力学有利的电子转移外层反应也是快反应。Marcus 方程的用处是用于预测不容易直接测定的交叉反应的速率,如在金属配离子中的电子转移反应。式(5-34)中 K 可直接测定,例如,通过 UV-vis 光谱或从氧化还原电位($\ln K = \Delta E^{\ominus}/0.059$)得到。$k_{11}$ 和 k_{22} 的值可通过同位素示踪法或 NMR、EPR 等方法测定。图 5.18 绘出一些配离子对的氧化还原反应速率的观察值和计算值,得到一条通过原点的直线,说明理论值和实测值符合得较好。现举例说明计算如下的速率常数

$$[\text{Co(bpy)}_3]^{3+} + [\text{Co(terpy)}_2]^{2+} \xrightleftharpoons[K]{k_{12}} [\text{Co(terpy)}_2]^{3+} + [\text{Co(bpy)}_3]^{2+} \tag{5-36}$$

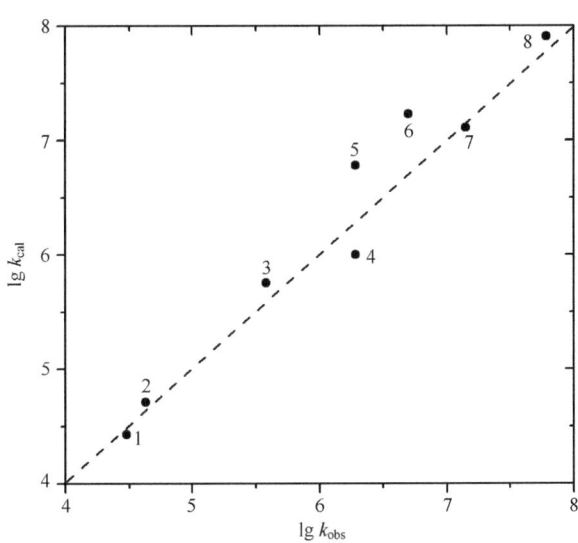

图 5.18　外层机理的速率常数计算值对观察值作图

1. Mo(CN)$_8^{3-}$-Fe(CN)$_6^{4-}$;2. Fe(CN)$_6^{3-}$-W(CN)$_8^{4-}$;3. IrCl$_6^{2-}$-Fe(CN)$_6^{4-}$;4. IrCl$_6^{2-}$-Mo(CN)$_8^{4-}$;
5. Ce^{IV}-Fe(CN)$_6^{4-}$;6. Mo(CN)$_8^{3-}$-W(CN)$_8^{4-}$;7. Ce^{IV}-Mo(CN)$_8^{4-}$;8. IrCl$_6^{2-}$-W(CN)$_8^{4-}$

自交换反应

$$[\text{Co(bpy)}_3]^{2+} + [^*\text{Co(bpy)}_3]^{3+} \xrightarrow{k_{11}} [^*\text{Co(bpy)}_3]^{2+} + [\text{Co(bpy)}_3]^{3+}$$

$$k_{11} = 9.0 \text{L} \cdot \text{mol}^{-1} \cdot \text{s}^{-1} (0℃)$$

$$[\text{Co(terpy)}_2]^{2+} + [^*\text{Co(terpy)}_2]^{3+} \xrightarrow{k_{22}} [\text{Co(terpy)}_2]^{3+} + [^*\text{Co(terpy)}_2]^{2+}$$

$$k_{22} = 48 \text{L} \cdot \text{mol}^{-1} \cdot \text{s}^{-1} (0℃)$$

式中,$[\text{Co(terpy)}_3]^{3+}$ 和 $[\text{Co(bpy)}_3]^{3+}$ 的还原电位分别是 $+0.31$ 和 $+0.34$V。

式(5-36)的还原电位 $E_{12}^{\ominus} = 0.34 - 0.31 = 0.03$V

平衡常数　　$\lg K_{12} = 0.553$　　$K = 3.57$

$$\lg f_{12} = \frac{(0.553)^2}{4\lg \dfrac{9.0 \times 48.6}{10^{22}}} = -3.95 \times 10^{-3}, f_{12} = 0.99$$

$$k_{12} = \sqrt{(9.0 \text{mol}^{-1}\text{Ls}^{-1})(48.0 \text{mol}^{-1}\text{Ls}^{-1})(3.57)(0.99)} = 39.0 \text{L} \cdot \text{mol}^{-1} \cdot \text{s}^{-1}$$

与实验得到的 $k_{12} = 64 \text{L} \cdot \text{mol}^{-1} \cdot \text{s}^{-1}$ 符合得较好。一般来说,在 $K \leqslant 10^6$; $f \geqslant 0.2$,用 marcus 方程来计算外层反应的电子转移速率,能与实验结果符合得较好。

5.5.2 电子转移的内层机理

1. 内层机理的实验依据

六氨合钴(Ⅲ)离子被六水合铬(Ⅱ)离子还原,反应按外层机理进行,电子从 t_{2g} 转移到 e_g,反应进行得较慢,其速率常数 $k = 10^{-3} \text{L} \cdot \text{mol}^{-1} \cdot \text{s}^{-1}$

$$[\text{Co(NH}_3)_6]^{3+} + [\text{Cr(H}_2\text{O})_6]^{2+} \xrightarrow{\text{H}^+} [\text{Co(H}_2\text{O})_6]^{2+} + [\text{Cr(H}_2\text{O})_6]^{3+} + 6\text{NH}_4^+$$

$$(t_{2g})^6 \qquad (t_{2g})^3(e_g)^1 \qquad (t_{2g})^5(e_g)^2 \qquad (t_{2g})^3 \qquad (5\text{-}37)$$

如果 Co(Ⅲ) 一个氨被氯代替,反应速率大大增加,其速率常数 $k = 6 \times 10^5 \text{L} \cdot \text{mol}^{-1} \cdot \text{s}^{-1}$

$$[\text{Co(NH}_3)_5\text{Cl}]^{2+} + [\text{Cr(H}_2\text{O})_6]^{2+} \xrightarrow{\text{H}^+} [\text{Co(H}_2\text{O})_6]^{2+} + [\text{Cr(H}_2\text{O})_6\text{Cl}]^{2+} + 5\text{NH}_4$$

$$(t_{2g})^6 \qquad (t_{2g})^3(e_g)^1 \qquad (t_{2g})^5(e_g)^2 \qquad (t_{2g})^3 \qquad (5\text{-}38)$$

以上反应电子从 Cr(Ⅱ) 转移到 Co(Ⅲ) 究竟以怎样的路线进行呢？$[\text{Co(NH}_3)_5\text{Cl}]^{2+}$ 在酸性溶液中的动力学性质很稳定,其水化速率非常慢。

$$[\text{Co(NH}_3)_5\text{Cl}]^{2+} \xrightarrow{\text{H}_2\text{O}} [\text{Co(NH}_3)_5(\text{H}_2\text{O})]^{3+} + \text{Cl}^-$$

在 25℃时的速率常数为 $1.7 \times 10^{-6} \text{s}^{-1}$,配合物放出 NH_3 的速度也很慢,它能在溶液中长期保存。而式(5-38)的氧化还原反应却进行得非常快。因此不应假定反应机理是 $[\text{Co(NH}_3)_5\text{Cl}]^{2+}$ 中的 Cl^- 和 NH_3 被 H_2O 取代,然后按 OS 机理在 $[\text{Co(NH}_3)_6]^{3+}$ 和 $[\text{Co(H}_2\text{O})_6]^{2+}$ 之间进行电子传递,最后 $[\text{Co(H}_2\text{O})_6]^{3+}$ 中的

H_2O 再被 Cl^- 取代。这种假定是违反实验事实的,是不可能的。而且除 $[Co(NH_3)_5Cl]^{2+}$ 中的 Cl^- 很难被释放外,$[Co(H_2O)_6]^{3+}$ 被 Cl^- 取代速率也很慢 ($k=3\times10^{-8}L\cdot mol^{-1}\cdot s^{-1}$)。

将大量标记 $^{36}Cl^-$ 加入体系中,待反应完全后对产物 $[Co(NH_3)_5Cl]^{2+}$ 进行测定,发现其中不含 $^{36}Cl^-$,这证明两配离子在反应时通过氯联结起来,生成如(5.5)结构的活化配合物。

氯离子作为桥基,保证了电子从 Cr(Ⅱ) 传递至 Co(Ⅲ),由于 Cr(Ⅱ) 吸引 Cl^- 的能力比 Co(Ⅱ) 强,引起键的断裂,因此 $[Co(NH_3)_5Cl]^{2+}$ 的 Cl^- 是桥基的 Cl^-,而不是从溶液中来,因而没有放射性。以上电子转移是通过桥基进行的。

$$(5.5)$$

研究一系列的 $[Co(NH_3)_5X]^{2+}$ 型配离子($X=SCN^-$、N_3^-、PO_4^{3-}、CH_3COO^-、Cl^-、Br^-、SO_4^{2-} 等)与 $[Cr(H_2O)_6]^{2+}$ 的氧化还原反应,都证实反应是按照内层机理进行。上例表明按内层机理进行必须满足以下条件:①在反应物有桥联基存在,它能联结两个中心原子形成前体配合物。如前所述 $[Co(NH_3)_6]^{3+}$ 和 $[Cr(H_2O)_6]^{2+}$ 的氧化还原反应,氧化剂中的 NH_3 没有桥联的电子对,反应只按外层机理进行。由于 $[Co(NH_3)_6]^{3+}$ 和 $[Cr(H_2O)_6]^{2+}$ 的电子构型有差别,因此电子转移速率常数也不大,但在 $[Co(NH_3)_5Cl]^{2+}$ 中有桥联原子 Cl^- 起电子传递作用,所以反应速率大大增加。②要求其中一个反应物的取代反应是活性的,即配体能为含有桥基的配离子所取代,例如式(5-28)中 $[Cr(H_2O)_6]^{2+}$ 是活性的。③要求氧化剂如 $[Co(NH_3)_5Cl]^{2+}$ 和被氧化物 $[Cr(H_2O)_5Cl]^{2+}$ 均为惰性,反应才容易进行。

2. 内层机理步骤

$[Co(NH_3)_5Cl]^{2+}$ 和 $[Cr(H_2O)_6]^{2+}$ 之间电子转移步骤同外层机理相似,也分成如下三个步骤。

1) 形成前体配合物

反应物之间进行取代反应,配体桥联成双核配合物:

$$[(NH_3)_5Co^{Ⅲ}Cl]^{2+} + [Cr^{Ⅱ}(H_2O)_6]^{2+} \underset{k_2}{\overset{k_1}{\rightleftharpoons}}$$

$$[(NH_3)_5Co^{Ⅲ}—Cl\cdots Cr^{Ⅱ}(H_2O)_5]^{4+} + H_2O$$

2) 前体配合物的活化及电子转移

前体配合物构型改变,以有利于电子转移:

$$[(NH_3)_5Co^{III}—Cl\cdots Cr^{II}(H_2O)_5]^{4+} \rightleftharpoons [(NH_3)_5Co^{II}—Cl\cdots Cr^{III}(H_2O)_5]^{4+}$$

3) 双核配合物分解成单核配合物

$$[(NH_3)_5Co^{II}—Cl\cdots Cr^{III}(H_2O)_5]^{4+} \xrightleftharpoons{k_3} [(NH_3)_5Co(H_2O)]^{2+} + [Cr(H_2O)_5Cl]^{2+}$$

$$[(NH_3)_5Co(H_2O)]^{2+} \xrightarrow{H^+, H_2O} Co(H_2O)_6^{2+} + 5NH_4^+$$

如第二步和第三步的总速率常数为 k_3,则根据净反应过程可建立速率方程。净反应过程:

$$[(NH_3)_5Co^{III}Cl]^{2+} + [Cr^{II}(H_2O)_6]^{2+} \underset{k_2}{\overset{k_1}{\rightleftharpoons}} [(NH_3)_5Co^{III}—Cl\cdots Cr^{II}(H_2O)_5]^{4+}$$

$$\xrightarrow{k_3} [(NH_3)_5Co(H_2O)]^{2+} + Cr(H_2O)_5Cl]^{2+}$$

生成产物最终产物的速率 $v = \{k_1k_3/(k_2+k_3)\}[Co(NH_3)_5Cl][Cr(H_2O)_6]$

(5-39)

(1) 如果 $k_3 \gg k_2$,则 $v = k_1[Co(NH_3)_5Cl][Cr(H_2O)_6]$,决定反应速率的是桥基氯取代水分子生成前体配合物。例如,$[V(H_2O)_6]^{2+}$ 被 $[Co(NH_3)_6L]^{2+}$ 氧化的速率与水的取代反应速率有大致相同的数量级,可以认为氧化速率受配位水离解所控制。表 5.20 列出具有不同成桥配体 L 的一组 Co(III)氧化剂氧化 $[V(H_2O)_6]^{2+}$ 显示出相近的反应速率和动力学参数,这是由于从 $[V(H_2O)_6]^{2+}$ 中取代 1 分子 H_2O 的步骤为控速步骤,对八面体配合物来说,即受 H_2O 的离解速率所控制。但用 $[Cr(H_2O)_6]^{2+}$ 和 $[Fe(H_2O)_6]^{2+}$ 作为还原剂时,其配位水的取代速率较大,但氧化速率却较小,说明这两个水合离子被 Co(III)配离子氧化时,其氧化还原速率受电子转移速率所控制。

表 5.20　一些氧化剂被 V^{2+} 还原的速率参数(25℃)

氧化剂	$k/(L \cdot mol^{-1} \cdot s^{-1})$	$\Delta H^{\neq}/(kJ \cdot mol^{-1})$	$\Delta S^{\neq}/(J \cdot mol^{-1} \cdot K^{-1})$
$[Co(NH_3)_5C_2O_4H]^{2+}$	12.5	50.1	−54
cis-$[Co(NH_3)(en)_2(N_3)]^{2+}$	10.3	52.7	−50
cis-$[Co(H_2O)(en)_2(N_3)]^{2+}$	16.6	50.6	−50
trans-$[Co(en)_2(N_3)_2]^+$	26.6	51.0	−46
trans-$[Co(H_2O)(en)_2(N_3)]^{2+}$	18.1	46.0	−67

(2) 如果在式(5-39)中 $k_2 \gg k_3$,则

$$v = Kk_3[Co(NH_3)_5Cl][Cr(H_2O)_6] \quad (5-40)$$

$K = k_1/k_2$ 为生成前体配合物的平衡常数,决定反应速率常数是前体配合物的

活化和电子转移或双核配合物的分解,也决定于前体配合物的稳定性,因前体配合物有适当的稳定性,才有利于电子的转移。在电子转移过程中,氧化剂和还原剂也如同 OS 机理需要键伸长和缩短及形体变化,因而 Marcus 理论部分也在 IS 机理中得到应用。

3. 影响电子转移的因素

1) 轨道对称性对电子转移的影响

氧化还原的电子转移速率与氧化还原剂参加反应所用轨道的类型和桥基对称性有关。内层机理和外层机理一样,要求还原剂的最高占有轨道(HOMO)和氧化剂的最低空轨道(LUMO)之间必须匹配,如果都是 σ 轨道,通过桥基连接时,反应速率较大,如表 5.21 所示。表中 Cr^{2+}/Co^{3+} 的离子参加反应的轨道均为 e_g 轨道,通过桥联后,它们的速度增加约 10^{10} 倍,而 Cr^{2+}/Ru^{3+} 的电子构型分别为 $(t_{2g})^3 e_g$ 和 $(t_{2g})^5$,电子从 Cr(Ⅱ) 的 e_g 轨道转移至 Ru(Ⅲ) 的 t_{2g} 轨道,即在 σ→π 轨道的跃迁,其反应速率就要小一些。如果氧化剂接受电子与还原剂授予电子的轨道均为 π 轨道,它们就可以通过外层机理直接接受电子,而不必通过桥联就得到大的反应速率。

$$(H_3N)_5Ru^{Ⅲ}N\text{—}C(=O)NH_2 \quad {}^{2+}$$

(5.6)

表 5.21 同一反应按内层机理和外层机理进行的反应速率的近似值

HOMO	LUMO	体系	增加倍数
e_g	e_g	Cr^{2+}/Co^{3+}	10^{10}
e_g	t_{2g}	Cr^{2+}/Ru^{3+}	10^2
t_{2g}	e_g	V^{2+}/Co^{3+}	10^4
t_{2g}	t_{2g}	V^{2+}/Ru^{3+}	按 OS 机理进行

电子转移速度除与氧化剂接受电子的轨道的对称性有关外,还同桥基的轨道对称性有关,若金属离子给电子的轨道和接受电子的轨道有相同的对称性,而桥基又具有能与之匹配的轨道,这样会对电子的转移提供一条低能的途径。若还原剂给出 e_g 轨道上的电子,氧化剂也以低能的 e_g 轨道接受电子,它们之间又以氯为桥基,氯以 σ 轨道(e_g 轨道)重叠,就有较大的电子转移速度。对于在两个金属的 e_g 轨道间的电子迁移速度,桥基的顺序为 $Cl^- > N_3^- \gg CH_3^- > CO_2^{2-}$。如果在两个金属 t_{2g} 轨道间传递电子,则 N_3^- 和 $CH_3CO_2^-$ 的 π 轨道更有利于同 t_{2g} 重叠。例如,五

氨·异烟碱酰胺合钌(Ⅲ)离子(**5.6**)和 $Cr(H_2O)_6^{2+}$ 的氧化还原速度比相应的五氨·异烟酰碱胺合钴(Ⅲ)大，因为 Ru(Ⅲ) 具有 $(t_{2g})^3(e_g)^2$ 的电子构型，它以 π 型的 t_{2g} 轨道接受外来的电子。而桥基的轨道也具有 π 对称型，当电子从还原剂放出到桥基后立即顺利地传给 Ru(Ⅲ)。在相应的 Co(Ⅲ)-Cr(Ⅱ) 体系中，氧化剂接受电子的轨道和还原剂给出电子的轨道，虽然都是 σ 对称性轨道，但桥基传递电子的轨道都是 π 型轨道，桥基不能顺利地传递电子，其还原速率比相应的 Ru(Ⅲ) 配合物低 30 000 倍。

2) 桥基的结构和性质

桥基的作用从热力学上看来是将两个金属离子联结起来，并维持一定的牢固程度，从动力学上看是调整氧化剂和还原剂的结构，以利于电子的传递。显然随着桥基结构和性质的不同，反应速率也因之而异。例如，$[Cr(H_2O)_6]^{2+}$ 与五氨·羧酸根合钴(Ⅲ)离子 $[(NH_3)_5CoL]^{2+}$ 的还原速率随羧酸根 L 的空间位阻增大而减小。桥基中含有共轭双键，其反应速率可大大加快，例如

$$[NH_3]_5Co-O-\overset{O}{\overset{\|}{C}}-CH=CH-\overset{O}{\overset{\|}{C}}-OH]^{2+} \quad 和 \quad [NH_3]_5Co-O-\overset{O}{\overset{\|}{C}}-CH_2-CH_2-\overset{O}{\overset{\|}{C}}-OH]^{2+}$$

比较，前者在骨架上含有双键，它被 $[Cr(H_2O)_6]^{2+}$ 还原的速率比后者要大很多。

N_3^- 是一个优秀的电子转移体，有很强的电子转移能力，相比之下，以氮端配位到氧化剂上的 NCS^-，如 $[Co(NH_3)_5(NCS)]^{2+}$，在内层机理中作为桥基，其电子转移速率却比 N_3^- 作为桥基时的速率要小，人们建议用实测的两种反应的速率常数的比值 $k_{N_3^-}/k_{NCS^-}$ 来诊断反应是否循 IS 机理进行，因为如果循 OS 机理进行，$k_{N_3^-}^{OS}/k_{NCS^-}^{OS} \approx 1$，即二者的速率常数与桥基无关。如为 IS 机理 $k_{N_3^-}^{IS}/k_{NCS^-}^{IS} \gg 1$。表 5.22 列出若干反应的比值，以此确定反应机理的类型。

表 5.22 含 N_3^- 和 NCS^- 的氧化剂在 25℃ 时的相对速率

氧化剂	还原剂	$k_{N_3^-}/k_{NCS^-}$	反应类型
$[Co(NH_3)_5X]^{2+}$	Cr^{2+}	10^4	内层
$[Co(NH_3)_5X]^{2+}$	V^{2+}	27	不能确定
$[Co(NH_3)_5X]^{2+}$	Fe^{2+}	$\geqslant 3\times 10^3$	内层
$[Co(NH_3)_5X]^{2+}$	$[Cr(bpy)_3]^{2+}$	4	外层
$[Co(H_2O)_5X]^{2+}$	Cr^{2+}	4×10^4	内层

同样地，在表中的氧化剂中，若 $X=H_2O$ 或 OH^- 时，其 k 值也有显著差别，因 H_2O 的 Lewis 碱性小于 OH^-，所以 H_2O 的成桥能力低于 OH^-，以 H_2O 为桥，k_{H_2O} 值低，而 OH^- 成桥时 k_{OH^-} 较大，见表 5.23。

表 5.23　某些氧化还原反应的速率常数(25℃)

氧化剂	还原剂	$k/(\text{L}\cdot\text{mol}^{-1}\cdot\text{s}^{-1})$	机理
$[\text{Co}(\text{NH}_3)_5(\text{H}_2\text{O})]^{3+}$	Cr^{2+}	$\leqslant 0.1$	可能是 OS
$[\text{Co}(\text{NH}_3)_5(\text{OH})]^{2+}$	Cr^{2+}	1.5×10^6	IS
$[\text{Co}(\text{NH}_3)_5(\text{H}_2\text{O})]^{3+}$	$[\text{Ru}(\text{NH}_3)_6]^{2+}$	3.0	OS
$[\text{Co}(\text{NH}_3)_5(\text{OH})]^{2+}$	$[\text{Ru}(\text{NH}_3)_6]^{2+}$	0.04	OS

电子在内层中转移桥基好似作为导线,电子转移有两种方式,一种方式如式(5-38),当电子从 Cr(Ⅱ)移向 Cl^- 的同时,也有电子从 Cl^- 移向 Co(Ⅲ),即氧化还原反应同时发生,这种方式称为共振机理(resonance mechanism)。如果从 Cr(Ⅱ)放出电子到配体后,不是同时有电子向 Co(Ⅲ)转移,则 Co(Ⅲ)的还原就不能立即发生,这时桥联配体成为瞬时的自由基,这称为自由基机理(radical mechanism)或化学机理。含有 π 电子的有机基团作为桥基,易形成自由基机理,如在含卟啉的金属大环的生物体系,当电子转移时电子位于环上常采取自由基机理。

5.5.3　外层机理和内层机理的区别

区别外层机理和内层机理是十分困难的,因为这两种机理在动力学上氧化剂和还原剂都是一级的,$v=k[\text{氧化剂}][\text{还原剂}]$,因此从速率定律上很难区分,Taube 用实验曾创造性的证明了 IS 机理。现将以上各节所述区别两种机理的方法大致总结于表 5.24。

表 5.24　区别外层机理和内层机理的方法

方法	IS 机理	OS 机理
反应速率	氧化反应速率被取代速率控制	氧化还原反应速率>取代反应速率
配体检查	有成桥的孤电子对,例如配位的 NH_3 不能成桥。有时 H_2O、NH_2 也不成桥	无成桥的孤对电子对
改变桥联配体	$k^{\text{IS}}_{\text{N}_3^-}/k^{\text{IS}}_{\text{NCS}^-}\gg 1$ 或 $k^{\text{IS}}_{\text{OH}^-}/k^{\text{IS}}_{\text{H}_2\text{O}}\gg 1$	$k^{\text{OS}}_{\text{N}_3^-}/k^{\text{OS}}_{\text{NCS}^-}\approx 1$ 或 $k^{\text{IS}}_{\text{OH}^-}/k^{\text{IS}}_{\text{H}_2\text{O}}\approx 1$
Marcus 方程预测	一般不符合	符合
分析方法	用动力学方法检测中间体	无双核或自由基配合物存在
配离子的取代活性	氧化剂配离子中有取代活性配体	不必要

以上仅是大概区分,其他如比较轨道对称性、相似反应的活化参数等信息,可作参考。

小　　结

(1) 本章讨论了取代反应和氧化还原反应的动力学,关于取代反应的机理可粗略归纳如下:

	D	I_d	I_a	A
	$S_N1(lim)$	S_N1	S_N2	$S_N2(lim)$
决定速度步骤中键断裂程度	很大	大	可观察到	没有
键生成程度	没有	很小	明显	很大
配位数减少的中间体	确定	不确定	无	无
配位数增加的中间体	无	无	不确定	确定

(2) 根据配合物反应的快慢,可分为活性和惰性配合物。中心原子和配体的电荷和体积大小,中心原子的电子结构和晶体场活化能的大小,反馈 π 键等均影响反应速率。

(3) 假定机理模型得到的速率方程,在某些条件下不可能严格区分反应循哪种机理进行,必须通过实验验证,对 A 机理和 D 机理最有力的证据是分离出中间体,此外各组分的电荷、体积影响外,活化参数($\Delta V^{\neq}$、$\Delta S^{\neq}$、$\Delta H^{\neq}$)、线性自由能关系、同位素方法也能提供有用信息。

(4) 通常情况下水合金属离子的配位水的取代速率与取代配体的性质无关。进入配体的浓度过高或很低对反应机理有影响。$[Co(NH_3)_5X]^{2+}$ 的水解反应与溶液 pH 有关,在 pH<3 时循 D 机理进行酸式水解,在 pH>8 时循 S_N1CB 机理进行碱式水解。

(5) 平面正方形配合物的取代反应按 S_N2 机理进行,如溶剂配位能力较强,则反应速率 $d[ML_3X]/dt=(k_s+k_Y[Y])[ML_3X]$。

(6) 对平面正方形配合物,影响反应速率的一个重要因素是反位效应,它是配体对其反位配体取代速率的影响,是动力学性质,它与反位影响不同,后者是热力学性质。反位效应的机理可从 σ 键效应和 π 键效应加以解释。

(7) 氧化还原反应循两种机理进行,即电子转移的外层机理和内层机理电子转移的关键是前沿轨道对称性匹配。机理用 Marcus 理论解说。在 IS 机理中影响电子转移速率的因素有:活性配合物的取代速度,桥联基的性质;反应物与桥联基相互轨道匹配程度;有时也与后继配合物的分解速度有关。

(8) 区别 IS 和 OS 机理(表 5.24)。

习　题

1. 以 Y 取代顺式-[MA$_4$BX]中的 X,按照 D 和 A 机理推算,顺式和反式产物各为若干?

2. 下列配合物哪些是活性?哪些是惰性?试由晶体场理论加以说明。
   (1) V(H$_2$O)$_6^{2+}$　(2) V(H$_2$O)$_6^{3+}$　(3) [FeF$_6$]$^{3-}$　(4) [Co(CN)$_6$]$^{3-}$　(5) [CoF$_6$]$^{3-}$
   (6) [Ni(en)$_2$]$^{2+}$

3. 由[PtCl$_3$(NO$_2$)]$^{2-}$ 为原料合成[PtCl(NO$_2$)(NH$_3$)(CH$_3$NH$_2$)]的各种几何异构体,试写出其合成步骤。

4. 以下氧化还原反应中,哪些反应是循外层机理进行,并说明其理由。
   (1) Cr^{2+}—Cr(OH)$^{2+}$　　　(2) [Fe(CN)$_6$]$^{4-}$—[Fe(CN)$_6$]$^{3-}$
   (3) [IrCl$_6$]$^{3-}$—[IrCl$_6$]$^{2-}$　　(4) [Co(bpy)$_3$]$^{2+}$—[Co(bpy)$_3$]$^{3+}$
   (5) Cr^{2+}—[Co(H$_2$O)(NH$_3$)]$^{3+}$

5. 电子转移反应的活化能(kJ·mol^{-1})如下,试问为什么有此差别?
   (1) [Fe(CN)$_6$]$^{4-}$—[Fe(CN)$_6$]$^{3-}$　19.58
   (2) [Fe(NH$_3$)$_6$]$^{2+}$—[Fe(NH$_3$)$_6$]$^{3+}$　56.48

6. 预测下列反应的产物:
   (1) [Pt(CO)Cl$_3$]$^-$ + NH$_3$　(2) [PtBr$_3$(NH$_3$)]$^-$ + NH$_3$
   (3) [PtCl$_3$(C$_2$H$_4$)]$^-$ + NH$_3$

7. 用稳态近似法推导出 A 机理的速率表达式(5-7)

8. 用如下电偶的还原电位和自交换反应速率常数计算反应(1)的速率常数($Z = 2.5 \times 10^{11}$ s^{-1})

$$Ce^{4+} + [Mo(CN)_6]^{4-} \xrightarrow{k_{12}} Ce^{3+} + [Mo(CN)_6]^{3-}$$

电偶	还原电位/V	k/(L·mol^{-1}·s^{-1})
Ce^{3+}/Ce^{4+}	1.44	4.4
Mo(CN)$_6^{3-}$/Mo(CN)$_6^{4-}$	0.80	3×10^4

9. 从以下事实确定是内层机理还是外层机理?
   (1) [Cr(NCS)F]$^+$ 和 Cr^{2+} 反应,主要产物是 CrF^{2+};
   (2) [Vo(edta)]$^{2-}$ 和[V(edta)]$^{2-}$ 反应,可观察到瞬时红色;
   (3) [Co(NH$_3$)$_5$(py)]$^{3+}$ 被[Fe(CN)$_6$]$^{4-}$ 还原的速率与 py 被其他配体取代的种类无关;
   (4) [Co(NH$_3$)$_5$(NCS)]$^{2+}$ 被 Ti^{3+} 还原的速率比对[Co(NH$_3$)$_5$(N$_3$)]$^{2+}$ 还原的速率小 36 000 倍;
   (5) Cr^{2+} 还原 [(NH$_3$)$_5$Co—O—C(O)—(吡嗪)]$^{2+}$ 时能观测到瞬时 EPR 信号,$g = 2.003$,请指出是哪种机理,电子如何转移。

10. [Co(en)$_2$F$_2$]NO$_3$ 的水解速率随溶液中酸碱度增加而增加,当 pH 低于 2 或 pH 高于 6 时均呈线性增加,请用速率方程对速率改变予以解说。

11. $[Co(edta)Cl]^{2-}$ 和 $[Co(edta)(H_2O)]^-$ 被各还原剂在 25℃时还原的速率常数之比如下,试说明各反应是外层机理或是内层机理?

还原剂	k_{Cl}/k_{aq}
$[Fe(CN)_6]^{4-}$	33
Ti^{3+}	31
Cr^{2+}	2×10^3
Fe^{3+}	73×10^2

参 考 文 献

[1] Tobe M L, Burgess J. Inorganic Reaction Mechanisms. New York: Addison Wesleg Longman, 1999: 271-307

[2] Wilikin R G. The Study of Kinetics and Mechanisms of Reactions of Transition Metal Complexes. 2nd ed. Weinheim: VCH, 1991: 131-136

[3] (a) Perrin C L, Dowyer T J. Application of two-dimensional NMR to kinetics of chemical exchange. Chem. Rev. , 1990, 90: 935
(b) 罗勤慧,冯旭东,李重德,等. 用 ^{23}Na NMR 研究冠醚与 Na^+ 配位反应动力学. 化学学报,1988, 46: 577

[4] Luo Q-H, Feng C-J, Zhu S-R, et al. A study on dismutation mechanism of superoxide ion by a macrocyclic complex of dioxotetroamine. Radiat. phys. Chem. , 1998, 53: 397

[5] 罗勤慧,朱守荣,沈孟长,等. 用脉冲辐射法研究(1,4,7,10-四氮杂环十三烷-11,13-二酮)合铜(Ⅱ)歧化超氧离子的动力学. 科学通报,1992, 14: 1288

[6] Dauglas B E, McDaniel D H, Alexander J J. Concepts and Model of Inorganic Chemistry, 3rd Edition. New York: John Wiley & Sons, Inc. , 1994: 487-542

[7] Miessler G L, Donald A T. Inorganic Chemistry(影印版). 北京:高等教育出版社, 2004

[8] Lewis N A. Potential energy diagrams, a conceptual tool in the study of electron transfer reaction. J. Chem. Educ. , 1980, 57: 478

第6章 配合物的光化学

提要 讨论配合物在激发态的光化学和光物理过程、光化学反应类型、重要的发光配合物、光化学的实际应用(光能的转换和存储,如非线性光学材料和光解水等)。

6.1 光化学基本原理[1,2]

6.1.1 光的吸收和发射

在第4章中我们介绍了配合物的吸收光谱,但没有讨论配合物吸收光后,被激发产生的光化学和光物理过程。

当配合物的发光基团吸收光子后,产生激发态,假定 A 和 A* 分别代表基态和激发态分子,则光学过程表示为:$A + h\nu \longrightarrow A^*$,激发态分子和原有基态分子在键角、键长、振动和转动能等方面是不相同的,有时甚至氧化态也有差异。分子受激后,通过非辐射衰变(radiationless decay)和辐射衰变(radiative decay)两种途径来释放能量。

当具有发色团分子吸收特定波长的光(如紫外光),在极短时间($10^{-12} \sim 10^{-16}$ s)发射出较入射光波长更长的光,这种光称为荧光(fluorescence);如果在较长时间($10^{-16} \sim 1s$)内发射出比荧光波长更长的光,则为磷光(phosphorescence)。发射荧光和磷光的差异取决于在发射跃迁过程中自旋多重性(spin multiplicity)变化与否。现以图 6.1 Jablonski 能级图进行说明。当处于基态 S_0 的分子受光激发后,电子跃迁到能量较高的单重电子激发态 S_1 或 S_2,吸收光量子能量恰好等于两个能级差。跃迁以后能量较大的激发态分子通过"内转换"(internal conversion)的非辐射过程,把部分能量转移给周围分子(如溶剂),本身失活回到基态。所谓内转换是在同一自旋多重度之间,电子从高能态到低能态之间的转移。如果通过发射光量子来释放能量回到基态就发射荧光。体系发射前后的自旋是守恒的,这是一个"允许"(allowed)过程,因此它的寿命较短。由于电子在确定自旋多重度下从最低能量的激发态跃迁,因此在发射荧光前,因内转换已有部分能量损失,发射荧光能量要比吸收的特征波长更长。相反,磷光体系的发射前后自旋并不守恒,因为电子在不同自选多重度之间的转移,这称为系间跨越(inter system crossing, ISC)。

图中涉及电子从单重态到三重态 T_1 的系间跨越这是一个"禁阻"(forbidden)过程,但由于第一电子三重态能级比第一电子单重态的能级低,因此处于 S_1 态的电子可通过非辐射的系间跨越到亚稳定能级再回到基态发射到磷光,三重态能级 T_1 较 S_1 低,返回基态放出的能量小,因此磷光波长较荧光稍长。对许多金属配合物的发射往往统称之发光(luminescence)而不强调属于哪一种发射。例如,$[Ru(bpy)_3]^{2+}$ 的寿命和发光强度与荧光强度相近,但属磷光发射。

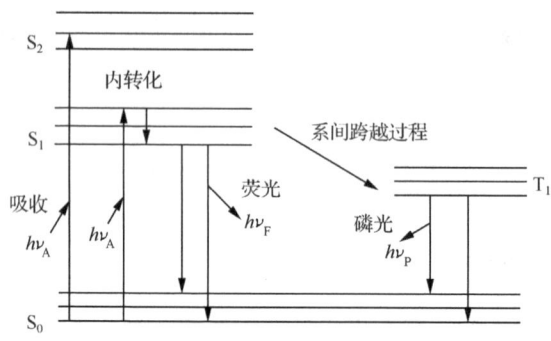

图 6.1 Jablonski 能级图

图 6.2 总结出激发态分子衰变的途径,这些过程有时是同时发生而且相互竞

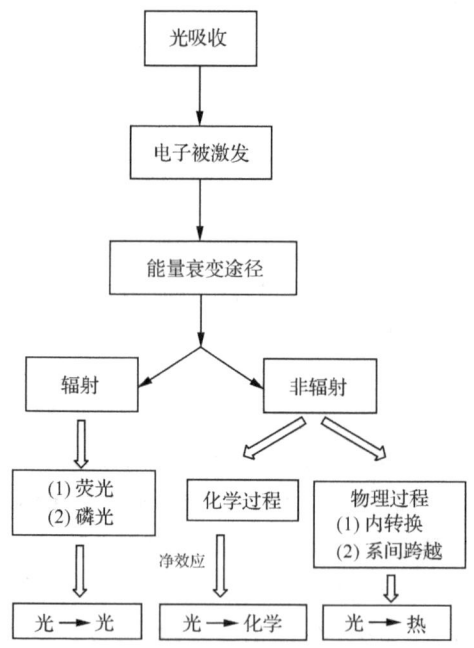

图 6.2 化合物吸收能量后通过激发态释放能量的各种途径

争的。图 6.2 指出光化学和光物理过程首先是分子吸收光子,形成高能量的激发态,产生不稳定的物种,不稳定的物种必须采取某些途径去活化。通常激发态经过以下几种方式发生衰变达到去活化:①通过光发射成荧光或磷光;②原始物种消失发生光化学反应;③过量能量降解成热能,产生非辐射的去活化过程。此外,还可和其他在溶液中的物种作用产生猝灭过程。

6.1.2　Stock 位移

Stock 位移说明配合物吸收曲线和发射曲线之间的关系,即发射曲线相对于吸收曲线向长波方向发生移动(红移),如图 6.3 所示。Stock 指出在同一多重度跃迁下,分子发射光的频率常低于吸收光的频率,也可以说发射光的最大能量小于吸收光的最大能量,使二者能量曲线发生位移,称为 Stock 位移。图 6.3 左是八面体配合物 $[Cr(urea)_6]^{3+}$ (urea=尿素)的荧光和磷光发射曲线,它们与吸收曲线互为镜像,但位于频率较吸收曲线更低的位置。从 d^3 离子的 Tanabe-Sugano 能级图(图 6.4)可见,吸收光谱在自旋允许跃迁 $^4A_{2g} \to {}^4T_{2g}$ 之间产生,是由于 1 个电子从非键的 $t_{2g}^3(\pi$ 型)轨道跃迁到反键的 $e_g^*(\sigma$ 型)轨道,跃迁结果使发射态和吸收态的电子构型不同,电子构型发生改变,引起吸收和荧光发射有较大的 Stock 位移。对磷光发射,由于在自旋禁阻 $^2E_g(t_g^3) \to {}^4A_g(t_g^3)$ 之间跃迁,是同一电子构型之间跃迁,加之磷光是自旋禁阻跃迁,本身跃迁也较弱,这两种影响使磷光的 Stock 位移比荧光小。以上情况是指激发态几何构型和基态构型相同时才有效,也就是二者对称性相同,这多见于 Co^{3+} 或 Cr^{3+} 的 Werner 型配合物。如果构型发生畸变也会导致大的 Stock 位移。

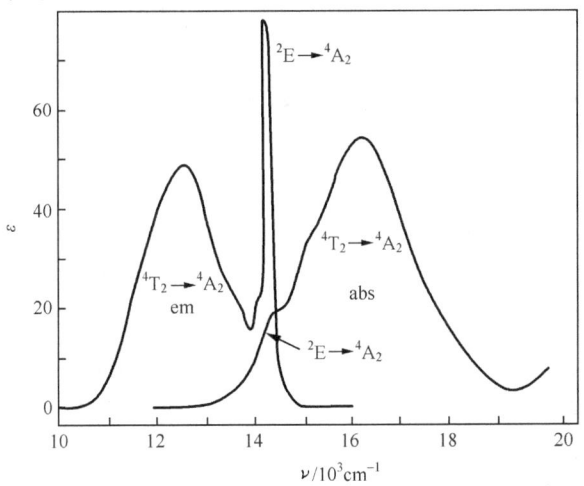

图 6.3　$[Cr(urea)_6]^{3+}$ 的荧光光谱 $^4T_2 \to {}^4A_2$ 和磷光光谱 $^2E \to {}^4A_2$(abs:吸收,em:发射)

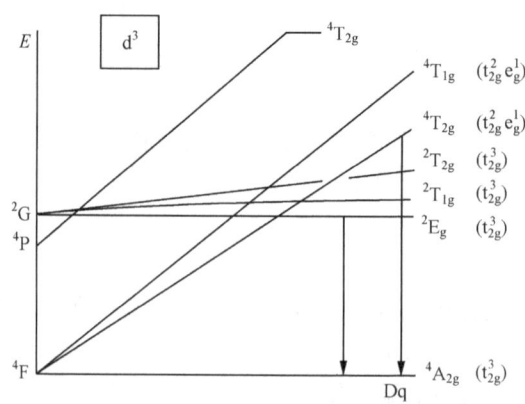

图 6.4 详细的 d^3 粒子的 T-S 图

6.1.3 光谱敏化、能量转移和电子转移

当一种荧光体和一种以上的其他物种在体系中共存时，荧光体的发色团作为荧光给体可将能量传递给其他物种（受体），这个受体可发射其自身的特征荧光，称为敏化荧光（senstitized fluorescence）。如果受体荧光很弱，在吸收能量后荧光会增强，称为敏化增强。如果和其他物种碰撞，通过电子转移、能量转移以及其他非辐射的光物理过程，导致荧光寿命的缩短或强度减弱称为荧光猝灭（quenching），导致荧光猝灭的物种称为猝灭剂（quenching agents）。例如，A^* 为发光物种，S^* 为敏化剂，则

$$A^* + Q \longrightarrow A + Q^* \quad A^* 被猝灭剂 Q 猝灭$$
$$A + S^* \longrightarrow A^* + S \quad A 被 S^* 敏化$$

在荧光敏化或其他双分子反应中，通过两种方式传递激发能量，即能量转移（energy transfer，ET）和电子转移（electron transfer，et）。能量转移时通过激发态分子（能量给体）和另外邻近的不同分子（能量受体）接触传递被激发的能量，传递能量过程是一个物理过程。而电子转移是电子从激发态分子转移到另外分子或受体同时伴随着氧化还原作用和电荷分离。图 6.5 是由 A～B 组成的超分子化合物（如光敏剂连接在冠醚上），能量转移是 A～B 被激发产生 A^*～B，然后在同一分子中传递能量产生新物种 A～B^*。如果被激发的 A^* 将电子转移给 B，则产生电荷分离的物种 A^+～B^-。超分子 A～B 在受激发时和普通化合物不同之处在于受激发的超分子物种中，仅一个活性组分（A 或 B）被激发，而另一个则处于基态。在普通化合物中，整个分子被激发。超分子这种特殊的光学性质是构成超分子光化学器件的基础。

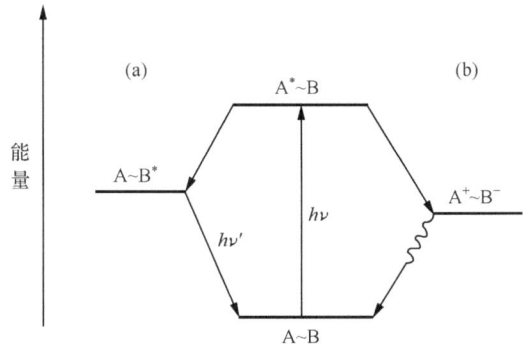

图 6.5　超分子 A～B 中受激发后的能量转移(a)和电子转移(b)

6.2　荧光光谱[3]

6.2.1　激发光谱和荧光发射光谱

6.1.1 节已经指出,当紫外线或可见光照射某一物质时,该物质会在非常短时间内($<10^{-7}$ s)发射出较入射波长更长的荧光。任何荧光分子均有两个特征光谱,即激发光谱和荧光发射光谱(简称荧光光谱),根据光谱的位置、形状、宽度以及激发带和发射带的波长和光波整体来对化合物进行荧光研究。对简单结构的分子,激发光谱和荧光发射光谱遵循如下规律:①荧光光谱形状和受激发时所选波长无关。由图 6.1 可见,荧光的产生是由第一电子的单重激发态的最低振动能级(S_1)开始,然后回到基态,与荧光分子被激发到哪个能级无关。②荧光光谱形状和吸收光谱第一吸收带相似,并呈镜像关系,如图 6.3 表示[Cr(urea)]$^{3+}$ 的荧光发射光谱和磷光光谱都和吸收光谱互为镜像关系,吸收光谱移至更长的波(Stock 位移)。这是因为吸收光谱第一带的产生,是分子由基态被激发到第一电子激发态中各个不同能级所致。其形状决定于第一电子在激发态中的各个能级的分布情况。荧光光谱的产生是由于激发态分子从第一电子激发态的最低能级(S_1)降落到基态中各个不同能级所致,光谱形状决定于基态中能级的分布,因为基态中能级分布和第一电子在激发态中能级分布情况类似,因此荧光光谱的形状和吸收光谱极为相似,且呈镜像关系。③激发光谱和吸收光谱也极为相似。这是因为分子吸收能量的过程是对应于它的激发过程。由光谱变化可推测分子微环境变化,如金属离子的配位、主-客体键合。一般由实验直接得到的激发和发射光谱由于受光源、单色器等部件的光谱特性影响,往往发生畸变,为了获得真实的光谱必须对表现光谱进行更正。化合物分子是否发射荧光,其原因尚不完全清楚,一般认为荧光通常发生于有刚性共轭的双键体系,但也有例外。例如,荧光黄(**6.1**)和结构与之相似的酚酞(**6.2**),

二者都强烈吸收光,但只有前者发荧光。

(6.1)　　　　　(6.2)

6.2.2　荧光参数

1. 荧光强度

荧光强度是最主要的荧光参数之一,它和许多因素相关,依赖于使用仪器、测量条件、荧光发色团特征、样品性质等。荧光强度 I_f 可用式(6-1)表示

$$I_f = KI_0\Phi(1-e^{-\varepsilon lc}) \tag{6-1}$$

式中,K 为仪器因子;I_0 为激发光强度;Φ 为量子产率;ε 为摩尔吸光系数;c 为溶质浓度;l 为样品厚度。当溶液浓度很稀仅少部分光被吸收,$e^{-\varepsilon lc}=1-\varepsilon lc$,则

$$I_f = KI_0\Phi\varepsilon lc \tag{6-2}$$

从式(6-2)可见,在仪器确定后荧光强度与激发光强度和样品量子产率正比,激发光源越强,检测灵敏度越高,但过强光源可能会引起样品分解,在实验测定中,通常采用激发光谱中最高峰值的波长来激发样品。量子产率是发射量子数与吸收量子数之比,它标志荧光发射的能力。ε 代表样品的吸光特性,ε 越大,吸光越强,荧光也强。假如在样品和仪器确定下,激发光强度和频率恒定下,监测器的响应直接比例于荧光样品浓度。式(6-2)只适合于非常稀的溶液,在高浓度时 I_f 趋向于饱和,过高浓度会增加分子碰撞机会和激发光不能完全到达样品池中心,产生内滤光效应,使荧光强度减弱,即浓度猝灭现象,所以荧光测定有利于在稀溶液中进行。因此,方法灵敏度非常高。选用好的荧光发色团,如奈、蒽、吡、吲哚等的衍生物,能使被检测浓度达纳摩尔到微摩尔的范围。荧光强度对溶质微环境变化比吸光度灵敏,但荧光测量的精确度却比吸光度测量低,这是由于各种不纯物引起的猝灭效应,尘埃微粒引起的光散射和信号对仪器参数强的依赖性等。因此对样品、溶液和测定条件要求比用于 UV-vis 测定的要高。例如,荧光测量对温度保持恒定的要求远高于 UV-vis 测量。

2. 量子产率

量子产率表示化合物发射荧光的能力,定义为发射量子数与吸收量子数之比($0<\Phi<1$),目前用相对法进行测定。其原理如下:当使用同一仪器,用同一激发

光强度 I_0 在相同条件下对两个稀溶液进行激发,由式(6-2)令

$$\varepsilon l c = A \tag{6-3}$$

$$\frac{I_{f1}}{I_{f2}} = \frac{A_1 \Phi_1}{A_2 \Phi_2} \quad \text{即} \quad \frac{\Phi_1}{\Phi_2} = \frac{I_{f1}}{I_{f2}} \frac{A_2}{A_1} \tag{6-4}$$

因为荧光发射光谱的强度比例于其光谱覆盖的面积,对未知样品量子产率的测定,只要选择已知量子产率的化合物作标准,再分别测定标准物及样品在真实发射光谱曲线下的面积和对应激发波长下的吸光度。按式(6-4)即可计算样品的量子产率。

测定量子产率重要的是选择标准物质,标准物质和样品最好有相近的激发和吸收光谱,并选择相近的吸光度,吸光度值一般在 0.05 左右,所用样品浓度应低于 $10^{-5} \mathrm{mol}^{-1} \cdot \mathrm{dm}^{-3}$。要尽量避免氧猝灭、光分解、内滤光效应等。

3. 荧光寿命和衰变速率常数

荧光寿命(fluoresecence lifetime)是指荧光分子受到一个极短光脉冲后,电子从激发态衰变到基态所需的时间,以 τ 表示,荧光分子从激发态到基态的变化可用指数衰变定律来描述。

$$I_t = I_0 \exp(-t/\tau) \tag{6-5}$$

式中,I_t 和 I_0 分别为激发脉冲后的时间 t 和激发时的荧光强度。

$$\ln\left(\frac{I_0}{I_t}\right) = \frac{t}{\tau} \tag{6-6}$$

如果用 $\ln(I_0/I_t)$ 对 t 作图从直线可获得 τ

式(6-5)也可用衰变速率常数 k 表示,它是测定寿命的倒数。

$$I_t = I_0 \exp(-kt) \tag{6-7}$$

在 6.1.1 节中已指出,发射态衰变是通过辐射和非辐射两条途径,则总衰变速率常数 k 可表示为

$$k = \frac{1}{\tau} = k_r + k_{nr} + k_{nr}(T) \tag{6-8}$$

式中,k_r 为辐射衰变速率常数;k_{nr} 为非辐射衰变速率常数;$k_{nr}(T)$ 为与温度有关的非辐射衰变速率常数。如果溶液中含有带 O—H 基的物种,则非辐射衰变很大程度来自 O—H 的高能振动,它和激发态的振动偶合而达到去活化,则

$$k = \frac{1}{\tau} = k_r + k_{nr}(T) + k_{nr}(\mathrm{OH}) + k_{nr}(\text{其他振动}) \tag{6-9}$$

辐射和非辐射衰变速率常数 k_r 和 $k_{nr}(T),k_{nr}(\mathrm{OH})$ 可在以下条件下分别获得。假定:①当溶剂中含有的 O—H 基被氘化,高频率的振子被低频的 O—D 代替,则 O—D 振子偶合不能发生,即 $k_{nr}(\mathrm{OH})$ 可不予考虑。②在 77K 低温时受热活化引起的衰变过程可以不考虑。③在其他因素引起的衰变过程被忽略下,由式(6-10)

可得衰变速率常数 k_r 为

$$k_r = \frac{1}{\tau_D^{77K}} \tag{6-10}$$

6.3 主要的光化学反应[4]

光化学反应和热化学反应明显不同,热化学反应来源于分子的碰撞,光化学反应来源于光子的能量,前者受温度影响很大,后者影响小。用可见光或紫外光照射反应体系,光子能量为 170～590 kJ/mol,相当于 3.5 倍在室温可利用的热能。例如,$[Co(NH_3)_6]^{3+}$ 生成 $[Co(NH_3)_5(H_2O)]^{3+}$ 的水化反应,在常温进行得非常慢,即使在酸性溶液中煮沸几天也不见反应发生,但体系用相当于六氨配合物 d-d 跃迁带的低波长的光照射后立即发生反应。因为光化学反应是在激发态进行,其反应速率比基态约大 10^{13} 数量级。光化学反应要求被激发分子有长的寿命和高的量子产率。

6.3.1 非氧化还原反应

非氧化还原反应所需的能量较小,相应于吸收光谱 d-d 跃迁区域的光能,主要例子如下:

1. 光异构化

键合异构化是最常见的一类异构化,发生在含有两可配体 NO_2^-、NCS^-、SO_2 和二甲基亚砜(DMSO)等的配合物中。

$$[Co(SCN)(NH_3)_5]^{2+} \xrightarrow{h\nu} [Co(NCS)(NH_3)_5]^{2+}$$

$$[Co(NO_2)(NH_3)_5]^{2+} \xrightarrow{h\nu} [Co(ONO)(NH_3)_5]^{2+}$$

应注意的是当用光激发和热激发配合物产生的异构现象并不完全相同。例如,DMSO 对 Ru^{2+} 有 Ru—S 和 Ru—O 两种键合方式,对 $[Ru(dmso)(bpy)(terpy)]^{2+}$ [terpy=三联吡啶(6.3)],用光激发,配合物中 Ru—S ⟶ Ru—O,用热激发时 Ru—O ⟶ Ru—S。

terpy

(6.3)

另外一个例子是光致色变异构(photochromic isomerization),配合物 $[M_2$-

$(S_2C_2R_2)_2(\mu\text{-}S_2)(\mu\text{-}S_2C_2R_2)_2]$ (M＝Mo,W;R＝Me,Ph)(图 6.6)。当 M＝Mo 时,在 CH_2Cl_2 溶液中显浅灰色,用可见光照时,立即转变成红色的异构体,在黑暗的室温下经 6h 又回复到浅灰色。

2. 光离解

光离解反应研究得最多的是钴(Ⅲ)氨配合物,例如

$$[Co(NH_3)_6]^{3+} \xrightarrow{h\nu} [Co(NH_3)_5]^{3+} + NH_3$$

在这类配合物中光释放氨是非常容易进行,这可理解为 Co(Ⅲ)配合物从基态 $^1A_{1g}$→激发态 $^1T_{1g}$ 谱项相应于电子从 $(t_{2g})^6$ 跃迁到 $(t_{2g})^5(e_g)^1$。电子跃迁到高能的反键 e_g 轨道使 Co—NH_3 键减弱,容易破裂。其他的光离解反应发生在金属羰基化物中,如

$$2Fe(CO)_5 \xrightarrow{h\nu} Fe_2(CO)_9 + CO$$

$$Cr(CO)_6 \xrightarrow{h\nu} Cr(CO)_5 + CO$$

配合物的 CO 很容易离解形成价电子层小于 18 电子的活性物种,然后进行各种反应。对氢根配合物也有此性质。

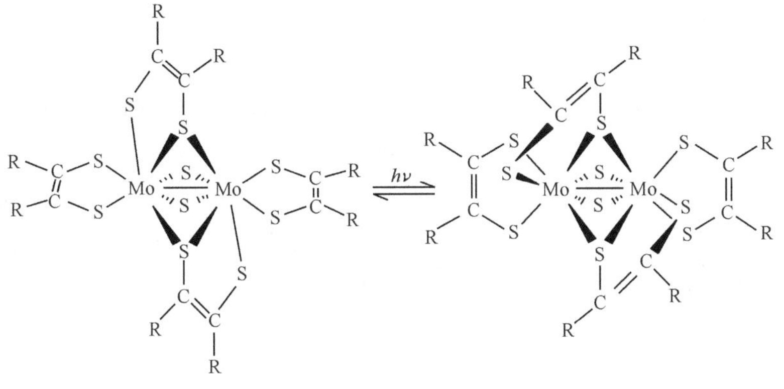

图 6.6 光诱导光致色变异构

3. 光取代反应

光取代反应常发生在 d^3 和 d^6 离子(Cr^{3+},Co^{3+},Rh^{3+},Ir^{3+},Ru^{2+})的配合物中,其中 Cr^{3+} 配合物是最适合于进行光取代反应。因为铬的两个氧化态 Cr^{2+} 和 Cr^{4+} 都不稳定,它们很难参加到氧化还原中去,Cr^{3+} 的配合物的氧化还原性质很稳定,只能进行离解和后续的取代反应。光取代反应中最典型的是 $[CrX(NH_3)_5]^{2+}$ (X＝卤素或拟卤素)同水的取代,产生 1 个 NH_3 或卤素分子。用光照射时放出氨有高产量,而加热时放出卤离子又有高产量。

$$[CrX(NH_3)_5]^{2+} + H_2O \xrightarrow{h\nu} [CrX(NH_3)_4(H_2O)]^{2+} + NH_3$$

$$[CrX(NH_3)_5]^{2+} + H_2O \xrightarrow{\triangle} [Cr(NH_3)_5(H_2O)]^{3+} + X^-$$

由于 Rh^{3+} 和 Ir^{3+} 的配合物有较高的热稳定性,因此它们的水合反应很难进行,只有采用光反应才能获得成功。

6.3.2 光氧化还原反应

光氧化还原反应需要较高的能量,所以用相应于 MLCT 或 LMCT 高能能量照射,被物种吸收后才能产生氧化还原反应。例如,$[Ru(N_3)(NH_3)_5]^{2+}$ 在水溶液中用 d-d 跃迁区的最大吸收波长的光照射则配合物被水分子取代,如按式(6-11)进行,有高的量子产率。

$$[Rh(N_3)(NH_3)_5]^{2+} \xrightarrow[H_2O]{h\nu} [Rh(H_2O)(NH_3)_5]^{3+} + N_3^- \qquad (6-11)$$

$$[Rh(N_3)(NH_3)_5]^{2+} \xrightarrow{h\nu} [Rh(NH)(NH_3)_5]^+ + N_2 \qquad (6-12)$$

而式(6-12)却完全相反,必须用相应于电荷转移区波长照射,氧化还原反应才能进行。因为激发态分子比基态分子具有更高的能量,该能量大大超过基态分子进行反应所需的活化能,所以配合物吸收光后会增大反应速率。以式(6-13)为例

$$[Ru(bpy)_3]^{2+} + S_2O_8^{2-} \longrightarrow [Ru(bpy)_3]^{3+} + 2SO_4^- \qquad (6-13)$$

如果在基态进行反应,从热力学上看生成产物能量降低,有利于产物生成(图 6.7)。但从图可见反应具有高的活化能,所以从动力学上看反应速率 $k = 10^{-3} L \cdot mol^{-1} \cdot s^{-1}$,反应以慢的速率进行。当生成激发态分子 $[Ru^*(bpy)_3]^{2+}$ 后,具有约超过基态约 $200 kJ \cdot mol^{-1}$ 的能量,大大超过在基态反应的活化能,因此激发态分子有高的反应速率($k = 10^8 L \cdot mol^{-1} \cdot s^{-1}$)。

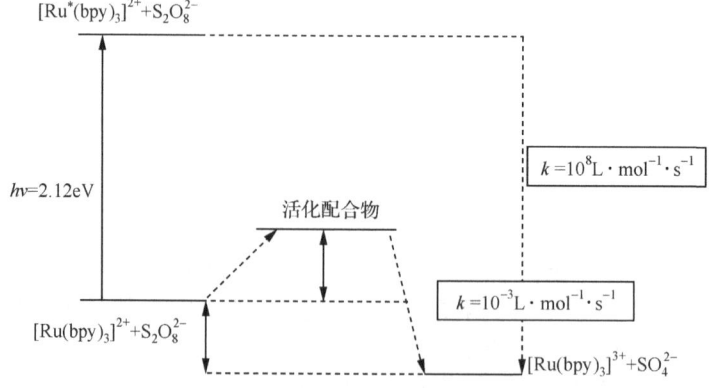

图 6.7 氧化还原反应和光氧化还原反应的机理示意图

6.4 光学活性配合物

6.4.1 以多吡啶为基础的配合物

最常见的具光化学活性的配合物,其中心原子多为 $4d^6$ 或 $5d^6$ 的金属,如 Ru(Ⅱ)、Re(Ⅱ)、Os(Ⅱ),配体多是多吡啶及其类似物,如 2,2′-联吡啶(bpy)、1,4-菲咯啉(phen)、2,2′:6′,2″-三吡啶(terpy)(**6.3**)和 2,2′:6′,2″:6″,2‴:6‴,2⁗:6⁗,2″″′-六联吡啶(螺旋形六吡啶)(**6.4**)等。多吡啶系成员都具有 π 体系能吸收光产生 π-π* 跃迁,因此它们作为光吸收给体能敏化配合物的金属离子。

(**6.4**)

如以 bpy 为代表,它既是 σ 键给体又是 π 键受体,氮上的孤电子对能与金属空轨道形成 σ 键,bpy 的空 π* 轨道又能和适当的几何形状的金属离子的占有轨道(如 d 轨道)形成反馈键,配合物 $[Ru(bpy)_3]^{2+}$ 的 Ru—N 键长 2.056Å 稍短于在 $[Ru(NH_3)_6]^{3+}$ 中 Ru—N 的键长 2.104Å,这足以说明 Ru(Ⅱ) 和 bpy 的 π* 轨道间形成反馈键的证据。bpy 在水中 1 个氮原子被质子化,在 280nm 和 235nm 有吸收(π-π* 跃迁),与金属离子配位后,吸收向长波移动。$[Ru(bpy)_3]^{2+}$ 有很高的化学稳定性,被储存在水溶液中可达数月而不发生变化,甚至在浓 HCl 或 50% 的 NaOH 溶液中煮沸而不受影响,这为作为光敏剂提供了有利条件。$[Ru(bpy)_3]^{2+}$ 的最低激发态 $[Ru^*(bpy)_3]^{2+}$ 来自于电荷从金属离子的 t_{2g} 轨道(π_M)转移到配体反键 π_L^* 轨道,即 MLCT 的跃迁(图 6.1),相应于波长为 452nm($\varepsilon = 14\ 450\text{cm}^{-1}$)。bpy 和 phen 的配合物如 $[Ru(bpy)_3]^{2+}$ 和 $[Ru(phen)_3]^{2+}$ 展现出长寿命的磷光激发态,这归属于以配体为中心的三重电荷转移带(^{3}MLCT),即电荷从以配体为中心的单重态经过系间跨越到三重态,然后发射出磷光(图 6.2)。在溶液中室温下寿命约为 $10^2 \sim 10^3$ ns 数量级。$[Ru(bpy)_3]^{2+}$ 的磷光光谱示于图 6.8。

$[Ru(bpy)_3]^{2+}$ 是光氧化还原反应中最重要的化合物,它在室温下的水溶液中,光取代反应是惰性的。$[Ru(bpy)_3]^{2+}$ 的激发态在水溶液中有较长的寿命(0.6μs,25℃)。$[Ru^*(bpy)_3]^{2+}$ 能还原猝灭成 $[Ru(bpy)_3]^+$ 和氧化猝灭成

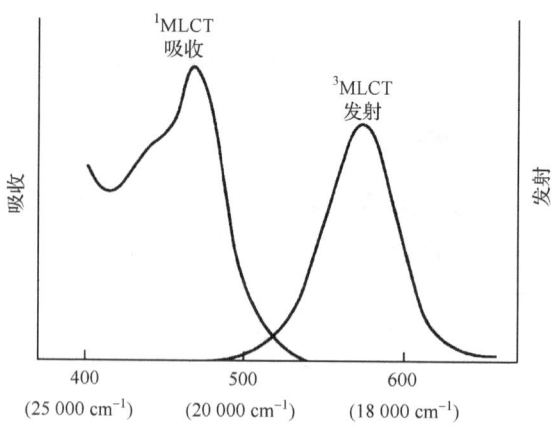

图 6.8 $[Ru(bpy)_3]^{2+}$ 的吸收光谱和磷光光谱

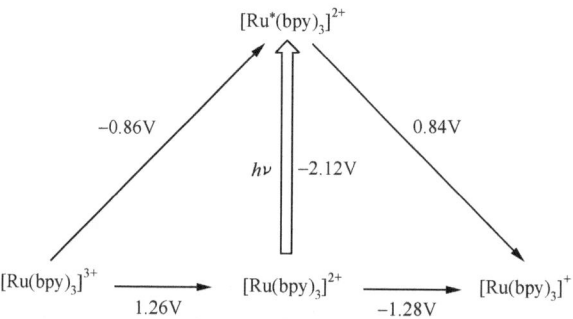

图 6.9 $[Ru(bpy)_3]^{2+}$ 在基态和激发态的还原电位(SHE)(25℃,水中)

$[Ru(bpy)_3]^{3+}$,在溶液中甚至在低浓度猝灭剂存在下,也具有能量给体和电子受授体的性质[式(6-14)～式(6-16)]。

$[Ru^*(bpy)_3]^{2+}+Q \longrightarrow [Ru(bpy)_3]^{2+}+Q^*$ (6-14) 能量转移

$[Ru^*(bpy)_3]^{2+}+Q \longrightarrow [Ru(bpy)_3]^{3+}+Q^-$ (6-15) 氧化猝灭,电子给体

$[Ru^*(bpy)_3]^{2+}+Q \longrightarrow [Ru(bpy)_3]^{+}+Q^+$ (6-16) 还原猝灭,电子受体

图 6.9 为 $[Ru(bpy)_3]^{2+}$ 在基态和激发态在水中的还原电位,从图可见 $[Ru^*(bpy)_3]^{2+}$ 比基态高 2.12V,激发态分子比基态分子具有如此高的能量,因而 $[Ru^*(bpy)_3]^{2+}$ 具有高的反应性。再者 $[Ru^*(bpy)_3]^{2+}$ 通过还原猝灭产生强有力的还原剂 $[Ru(bpy)_3]^{+}$,而通过氧化猝灭产生有力的氧化剂 $[Ru(bpy)_3]^{3+}$,这些性质将在 $[Ru(bpy)_3]^{2+}$ 敏化光解水中得到应用。此外,以多吡啶为基础的配体及其衍生物的过渡金属配合物也具有和 $[Ru(bpy)_3]^{2+}$ 相类似的光学性质。在作为光化学器件中得到发展。

6.4.2 镧系配合物[5]

1. 镧系离子的发光

从分子发光现象,人们希望能设计出吸收一种波长的光,而发射另一波长的光化学器件,虽然普通荧光物种就能完成这项工作,但要对波长的强度和位置进行调控却显得无力,而发光超分子却提供了这种调控的可能性。

在已知发光的金属离子中镧系离子(Ln^{3+})具有独特的光化学性质,它具有长寿命的激发态和线形尖锐的发射带,这和其电子结构有关,镧系离子的基态与激发态都属于 f_n 电子结构,f 轨道被外层 s 和 p 轨道($5s^25p^6$)有效屏蔽,Ln^{3+} 的光谱很少受到外界所干扰,比起过渡金属离子宽的 d-d 吸收带,它产生了非常狭窄的 f-f 带。此外,在 f_n^0 态间的跃迁是 Laporte 禁阻的,使得 Ln^{3+} 的光吸收和发射都很弱,在 UV-Vis 的摩尔吸光系数很小,约 1 个数量级,辐射寿命在 0.1~1.0ms。这导致其吸收和发射性质与有机发色团有极大的不同,后者的摩尔吸光系数大于 $10^4 L \cdot mol^{-1} \cdot cm^{-6}$,辐射寿命一般在纳秒级。镧系长寿命激发态有利于设计有实际应用的荧光材料。在可见或近红外尖锐的线形发射带,如 Nd(Ⅲ)、Eu(Ⅲ)、Tb(Ⅲ)、Yb(Ⅲ)已被应用于生物材料的标化。

已知无水镧系化合物在固态能显示出荧光,这种性质已被用于激光材料和彩色电视屏幕。但遗憾的是,镧系水合物晶体(如 Sm、Eu、Gd、Tb、Dy)或在水溶液只发射低强度荧光,而轻稀土、重稀土却不产生荧光。实验指出,镧系离子在溶液的衰变比辐射寿命低 1~2 个数量级,这说明发射态的衰变主要受非辐射跃迁所控制。如溶剂中含有 O—H 基和 Ln^{3+} 配位后,高能量的 O—H 振动,将成为 Ln^{3+} 发射时非辐射失活的有效途径,发射态能量与高能的 O—H 拉伸频率(约 $3400cm^{-1}$)振动偶合,能量从金属激发态到配位或邻近的自由水分子的 O—H,使振动造成能量损失,产生非辐射去活化作用,其总衰败速率常数 k 以式(6-9)表示,如 k_{nr}(OH) 很大可导致荧光猝灭。如果 O—H 振子被 O—D 取代,则减小非辐射作用。例如,由 2,6-二甲酰基吡啶-4-氯酚和三(2-氨乙基)胺缩合的穴醚 H_3L (**6.5**),可用 3 个酚氧基中的氧原子、3 个亚氨基中的氮原子、1 个桥头季胺氮原子和 Eu(Ⅲ)配位,Eu(Ⅲ)位于穴醚的一端,形成 Eu(Ⅲ)配位数为 7~9 的配合物。例如,迄今合成的[EuL(H_2O)]和[Eu(HL)(NCS)](L 和 HL 分别表示穴醚 H_3L 酚基上不含有质子和含有一个质子)等在溶液中都不显示荧光,这是因为在这两个配合物中 Eu(Ⅲ)的配位数都是 8,没有达到稳定的 9 配位,在溶液中后者的中单齿配体 NCS 还发生离解,其配位空位被水分子占据引起荧光衰变。奇怪的是[Eu(H_3L)(NO_3)(H_2O)]$^{2+}$ 却显强的荧光(Φ=0.001 42,τ=0.29ms)。晶体结构(图 6.10)

证明 Eu(Ⅲ)除和穴醚配位外,还有 1 个难离解的双齿 NO_3^-,恰满足单帽反棱柱的 9 配位结构。值得注意的是 H_2O 却居于穴醚空腔另一端相距较远(3.070Å)不与 Eu(Ⅲ)成键,水分子不参加荧光猝灭,这是显示出高荧光的主要原因[6]。

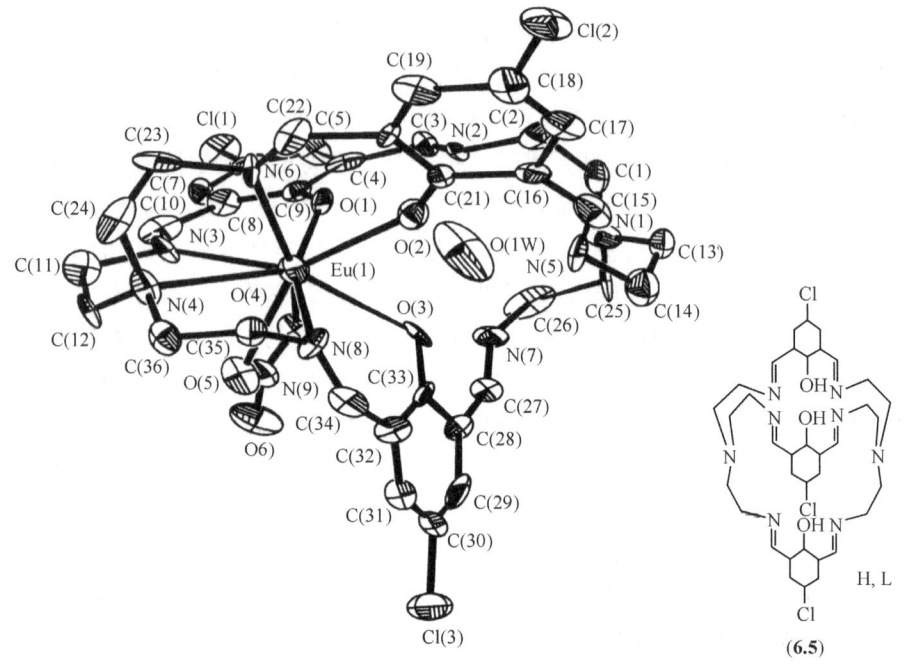

图 6.10 [En(H_3L)(NO_3)(H_2O)]$^{2+}$ 的晶体结构

2. 天线效应

由于镧系离子在 UV-vis 区吸光系数很小,因而发光效率很低,如果形成配合物,利用以配体为中心的跃迁(LC)或电荷转移带可加强吸光能力。再者,Ln^{3+} 的惰性气体电子构型,不具有强的配位能力,在溶液中溶剂分子和配体竞争,占据配位位置,致使荧光猝灭,在水溶液中猝灭现象尤为显著。镧系大环配合物可弥补这一缺陷,例如,以联吡啶为基础的 Ln(Ⅲ)的穴合物(6.6)和(6.7)。穴醚具有球形空腔,含氧或氮的配位原子可和 Ln(Ⅲ)的硬度匹配,形成稳定性高的配合物,足以屏蔽 Ln(Ⅲ)和环境的相互作用。在高效发光 Ln(Ⅲ)配合物中,多吡啶等有机配体在 UV-vis 区有较强的吸收,并能把激发态能量有效的转移给 Ln(Ⅲ)的发射态,从而敏化 Ln(Ⅲ)的发光,这种配体敏化中心金属离子的发光效应称为天线(antenna)效应。图 6.11 是含芳香发色团 Eu(Ⅲ)配合物天线效应和 Eu(Ⅲ)能级图。由图 6.11(a)可见,天线效应即配体吸收能量通过能量转移给金属,再发射出能量,即光能通过吸收-能量转移-发射过程(A-ET-E)。在图 6.11(b)中 Eu(Ⅲ)以

$^5D_0 \longrightarrow {}^7F_J$ ($J=0\sim5$ 或 $0\sim6$)发射。在此过程中配合物的发光强度由以下三部分所贡献:①配体吸收的强度;②配体到金属的能量转移效率;③金属离子的发光效率。例如,光活性的 Eu(Ⅲ)穴合物(**6.6**)含有 2,2′-联吡啶基作为光吸收体(光敏剂),穴醚具有包容,保护和能量转移功能。由于 UV 光被 bpy 吸收,能量通过

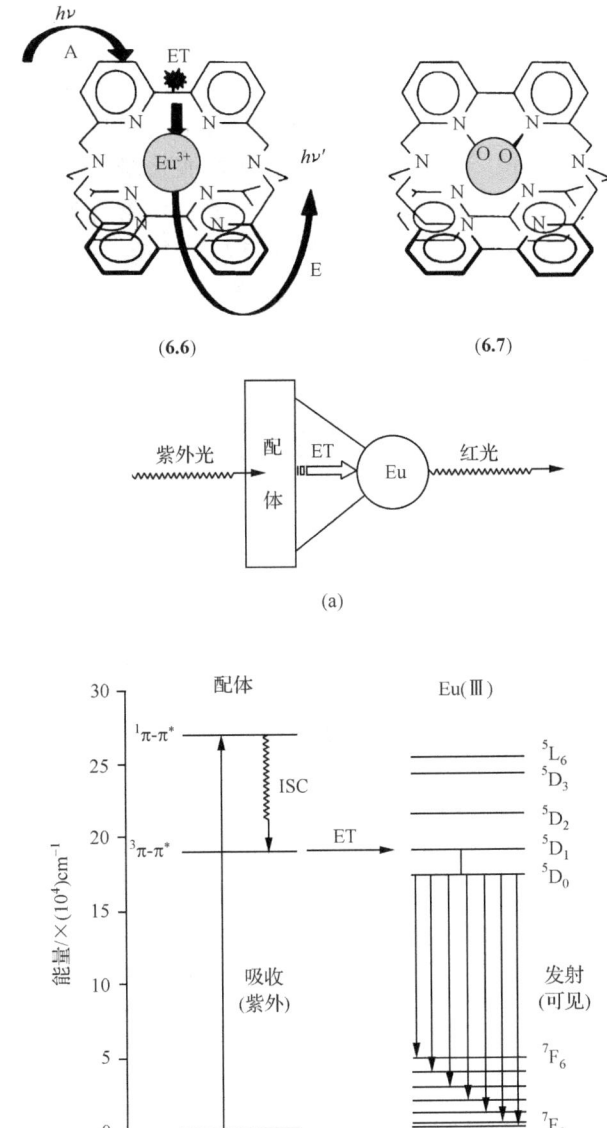

图 6.11 含芳香发色团 Eu(Ⅲ)配合物的天线效应(a)和能级图(b)
ISC:系间跨越,ET:能量转移

配体的$3\pi\pi^*$能级到Eu(Ⅲ)激发态由$^5D_0$能级以红光发射($^5D_0 \longrightarrow {}^7F_0$)。在非常稀得水溶液能转换大约1%的入射UV光成为可见光发射。如果对结构进行修饰,能进一步提高转换率,例如,穴合物(**6.7**),它展现出很高的能量转换率(60%),这是由于氮-氧化物增加了配体的硬度,提高了配合物的稳定性,它在H_2O和D_2O中有比(**6.6**)更长的发光寿命,说明有更好的屏蔽能力,这也增加了能量转移的偶合。Eu(Ⅲ)和Tb(Ⅲ)穴合物的有趣的能量转换功能,为在水溶液中发展具强发射和长寿命的分子器件开辟了道路。图 6.12 是一些有代表性的配体,它们包含:①穴醚;②具侧链的大环;③功能化的杯[n]芳烃;④螺旋和双金属组装体。这些配体都能有效地包容Ln^{3+}和进行能量转换。近年来大量令人鼓舞的研究和应用得到发展,它包括:①新的磷光体的开发;②与发光二极管有关的光电器件和发光探针;③蛋白质和氨基酸的标记;④时间分辨荧光显微镜的标记;⑤以分子为基础的信息储存;⑥在荧光免疫分析中的光敏元件等。

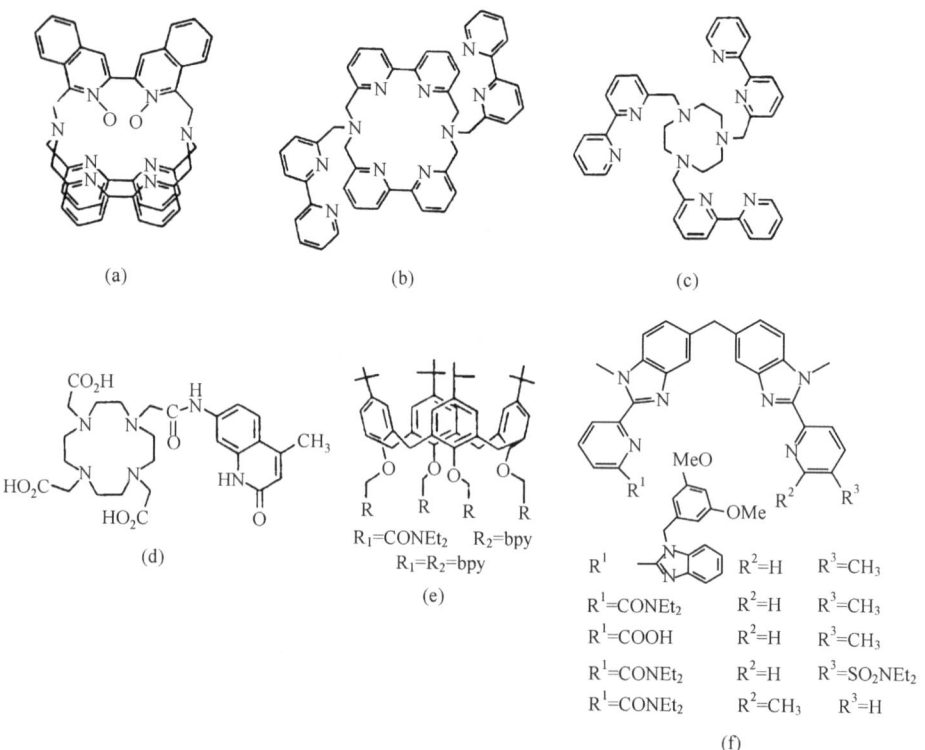

图 6.12 有代表性的配体
(a)穴醚;(b)、(c)和(d)含侧基的大环;(e)功能化杯芳烃;(f)螺旋配体

6.4.3 卟啉及其相关配合物

卟啉的骨架是由 4 个吡咯环以次甲基相连组成的大环共轭体系,环上有不定域的 π 电子。含 Mg^{2+} 的卟啉配合物在光合作用中起关键作用。自由卟啉在可见区有强的 $π\text{-}π^*$ 吸收带,这是由卟啉的 HOMO 轨道和 LUMO 轨道之间的电子跃迁产生的。当金属离子配位后,金属离子的 d 轨道介入卟啉环的 π 和 $π^*$ 轨道,使得 $d→d, π→d, d→π^*, π→π^*$ 之间的带发生重叠,所以卟啉分子及其配合物是很好一类人造天线。用苯基联结 4 个四苯基卟啉大环的五聚卟啉(图 6.13)有极高的电子转移效率,电子从周围含 Zn^{2+} 的卟啉到无 Zn^{2+} 的卟啉中心的电子转移率可达 95%~99%。将卟啉组装成各式各样卟啉多聚体可得到新奇的光采集系统模型,如多个卟啉排列成轮形的光采集体系等。

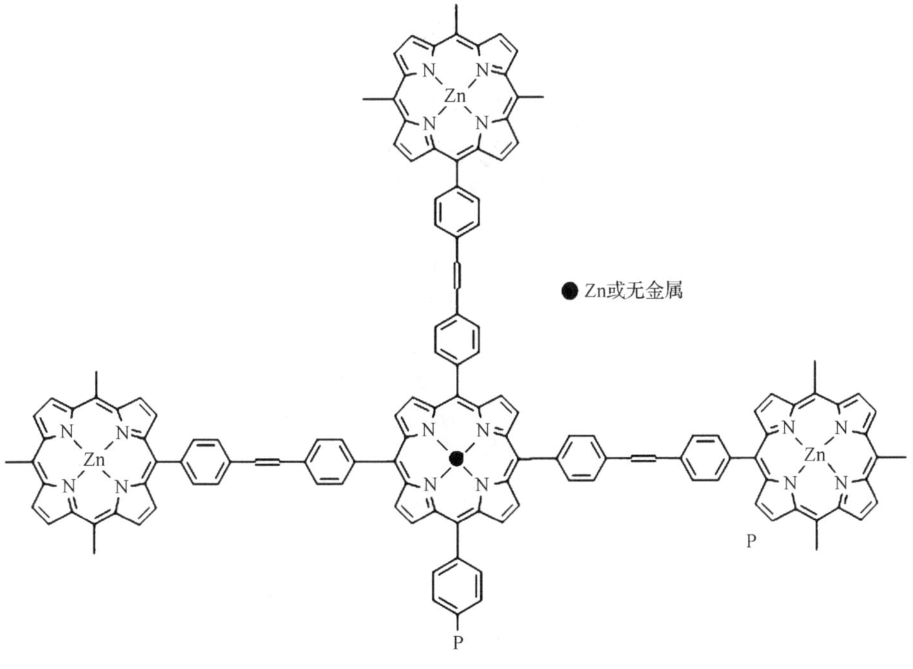

图 6.13 五聚体卟啉用作天线

6.4.4 树枝状聚合物-收集光的天线系统[5]

本节讨论了光的收集系统是更复杂的收集光的天线,是一种组装的多组分系统,在这个系统中一些发色团分子吸收光并将激发能量传递给通常作为受体的组分。天线系统被绿色植物用于将光转化为化学能的光合作用的过程中。

在光收集天线系统中,每个组分必须吸收入射光线并被激发,所获得的激发态在其辐射时失活和非辐射时失活之前,必须将能量传递到附近的受体。传递给受体使其达到激发态的能量必须低于或者最多等于给体的激发态能量,这样能量传递才能进行。最后经一系列有序地从给体到受体的能量传递步骤必须形成一个总的能量过程,使激发能量最终都能到某一选择组分。图 6.14 是光收集天线系统示意图。

卟啉是天然光合作用的主要发色团,是设计人工天线很好的选择对象。含卟啉分子的组装体系理应构成人工天线系统,已在 6.4.3 节已进行介绍。随着超分子化学的发展,树枝状分子已成为构筑人工天线收集体系的最佳候选者。

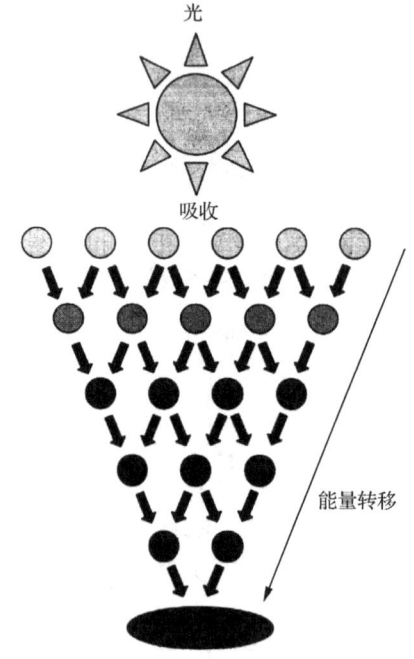

图 6.14　光收集系统示意图

小圆圈表示吸收光的分子,大黑圈表示激发能传递的目标分子,激发能传递的目标分子,激发态能随圆圈黑度增加而减少

树枝状聚合物(dendrimer)是指具有树形结构的大分子,可看成由一个中心核引发出像树一样生长的许多重复结构单元,在新生的核官能团一代代增长重复进行,最终形成结构明确的三维聚合物。现将树状聚合物的形成示意于图 6.15。树状聚合物可以含有金属配合物作为核,也可以不含金属,纯为有机键构成。

图 6.16 中是以 $[Ru(bpy)_3]^{2+}$ 作为核,1,3-二甲氧基苯和 2-萘基作为枝干,核和枝干间以脂肪链相连,三种发色团即 $[Ru(bpy)_3]^{2+}$、二甲氧基苯和萘基,三者之间相互作用很弱,所以聚合物的吸收光谱基本上等于三种发色团吸收光谱的总和,

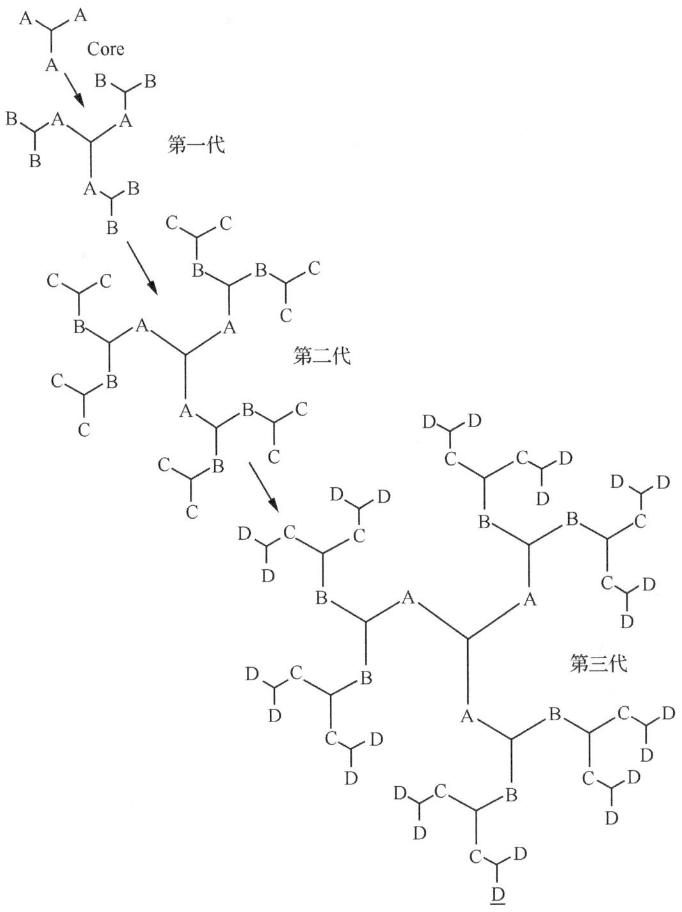

图 6.15 树状聚合物的形成示意图

因此该树枝状分子被明确定义为一种超分子。三种发色基团是可发荧光的物种,但在乙腈溶液中,作为枝干的二甲氧基和萘基的荧光几乎均发生猝灭,而[Ru(bpy)$_3$]$^{2+}$的荧光却被敏化而加强。这说明外围的芳香基团吸收光能后,通过从枝到核的能量传递过程,将其短寿命的荧光转变成以金属为基础的荧光发射。由于树状聚合物具有密集的外部壁(侧基)在某种程度上屏蔽了外部介质,并使有功能作用的核与外界隔离,在有氧溶液中[Ru(bpy)$_3$]$^{2+}$的聚合物中荧光强度大于母体化合物荧光强度的 2 倍,这由于聚合物的枝干阻止了氧对[Ru(bpy)$_3$]$^{2+}$荧光的猝灭。再者,萘基在 UV 区有很强的吸收和高的能量转移效率,及[Ru(bpy)$_3$]$^{2+}$型的核有强的发射,因此甚至在非常稀的溶液中(10mol·L^{-1})中,树状聚合物在 UV 光激发下,也展现出强的可见光发射。

在树状分子中,邻近侧基间仅有很小的电子相互作用,所以其吸收光谱几乎是

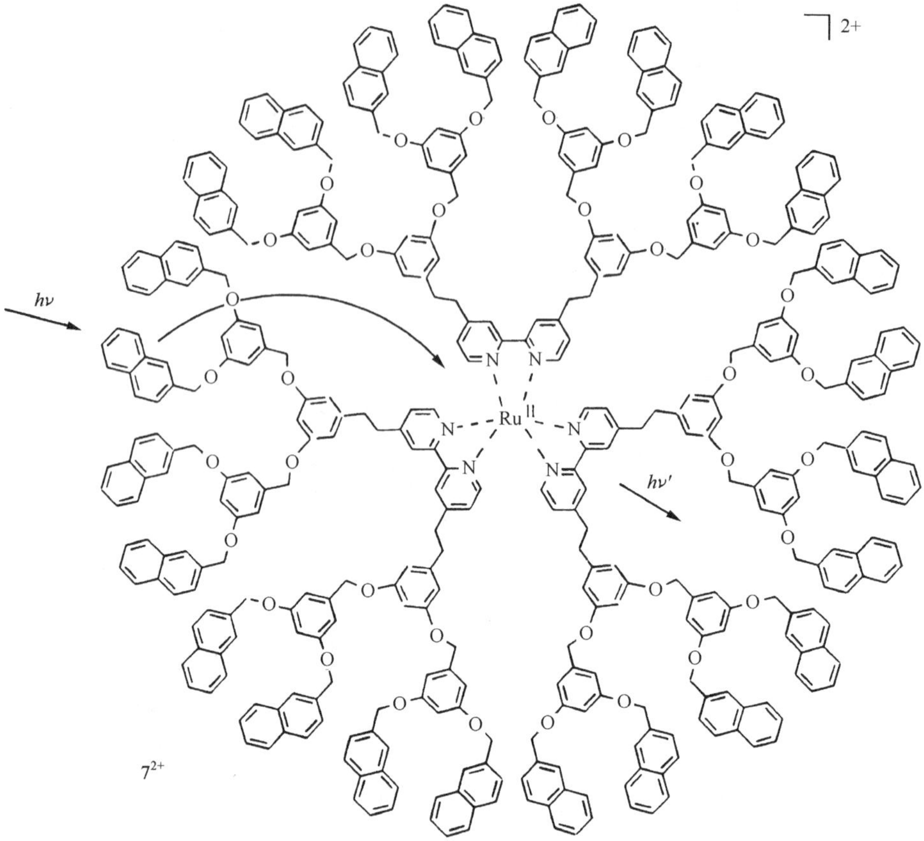

图6.16 树枝状聚合物的天线效应

所有组成单元光谱之和。因此,更大的树枝状分子其摩尔吸光系数在整个紫外-可见光区都很大,如含 Ru(Ⅱ)的多核树状分子,在 542nm 处 $\varepsilon = 202\,000 \text{L} \cdot \text{mol}^{-1} \cdot \text{cm}^{-1}$,因此能吸收大部分太阳光。

树枝形聚合物有多孔空腔,能展现出有趣的主-客体化学性质,在树枝核区域显示出独特的催化作用,从核中心生长无数悬臂,足以屏蔽周围介质,为酶的模型提供疏水环境,对作为药物载体起到保护作用。大量端基功能团在其外层聚集,随功能团性质不同,使其具有多功能性,这为分子器件构筑,提供了广阔的前景。由于高度枝化的拓扑结构,树枝分子呈近似球形,其尺寸在几纳米至十几纳米之间,是典型的纳米材料。此外,树枝聚合物层与层间有明确的结构关系,和它们有狭窄的相对分子质量范围,即具有较高的相对分子质量时,也较一般的聚合物容易表征。因此在较短时期内树枝聚合物已成为材料领域中一颗耀眼的新星,它的许多内容已超出书本的范围,有兴趣的读者可参考有关资料。

6.5 光能的转化和储存

6.5.1 基本原理

光化学研究目的之一是利用太阳能实现化学反应,然后将化学能转变成电能或热能加以储存和利用。人们已意识到自然界的绿色植物的光合作用是以叶绿素作为天线,吸收光能,受光激发后产生激发态分子作为电子给体,它与多种不同受体发生多步电子转移反应,实现光催化分解水和还原 CO_2 合成有机分子。因此人们从中得到启发,企图模拟生物循环,利用太阳能,从廉价的原料中获得能量。其循环简要表示如下:

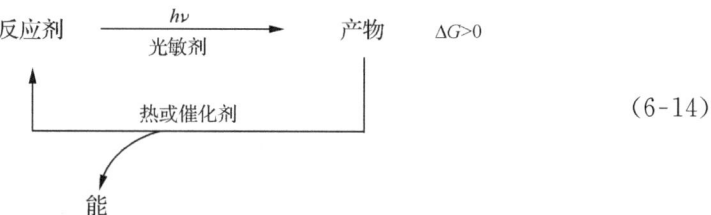

(6-14)

反应剂通过光敏剂吸收光,在太阳能驱动光化学反应中只有部分入射光的能量被用于转换成产物,光反应结果引起反应体系自由能增加,$\Delta G>0$,增加能量储存于产物中。当体系以热或电的形式释放储存的能量后,体系回复到始态。如果需要进行能量储存,在理想情况下,产物→反应物的逆反应应该进行得很慢,甚至可以忽略。但在加热或催化剂存在下释能反应则加速,这点保证了能量能够长期储存,并且在需要时能够释放。

因此光化学反应应该是吸能反应($\Delta G>0$),即光驱动分子或原子的过程是朝热力学不利的方向进行,而消耗产物、试剂、光敏剂、催化剂的副反应应该是最小的,以保证催化循环的重复进行。

光化学转换和能量储存循环中的热力学和动力学关系可以图 6.17 表示。

由图可见,反应剂 R 吸收光子能量 E^*,转变成激发态 R^*,再转变成产物 P,能量储存在 P 中,相应于其自由能变 ΔG。当光子能量大于 E^*,引起 R^* 的振动,通过内转换,以皮秒级速率迅速回到 R^*,多余能量以热的形式转移到环境。

如以上所述,吸能的光化学反应为了能量能在产物中长期储存,必须使能量释放的逆反应受到阻碍,因此逆反应应该有高的活化能。在图中以 $\Delta G^{\neq}$ 表示,即在无催化剂或室温下 P→R 必须通过过渡态 T,越过 $\Delta G^{\neq}$,提高能量才能逆转从 P 到 R。这样长期储存能量才能够实现。在实际上抑制逆反应的一个方法是迅速清除溶液中一个产物。另外,也可使反应在胶束、囊泡、乳胶等体系中进行,因为它们

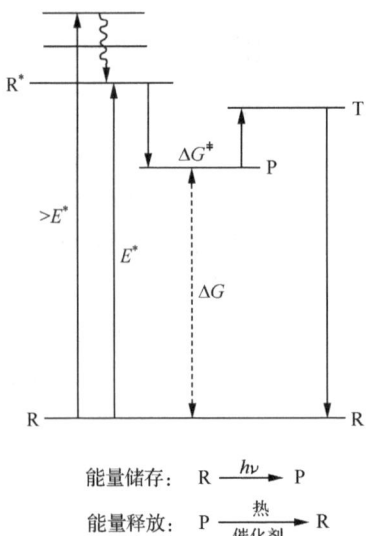

图 6.17 光化学的能-储存循环

R：反应剂，E^*：光子能量，R^*：激发态，P：产物，T：从 P 到 R 的过渡态，
$\Delta G^{\neq}$：从 P→R 活化自由能，ΔG：自由能变

存在着亲脂和亲水的界面，形成电双层能控制电子转移过程，延迟逆反应速率。

6.5.2 通过光异构化反应储能

光离解反应、光异构化反应和光氧化还原反应都可考虑作为光储能的反应，其中降冰片二烯(NBD)转变成四环烯(Q)的光异构反应式(6-18)可以作为光异构化的典型反应。

$$\text{NBD} \xrightarrow{h\nu} \text{Q} \quad \Delta H_{(298k)} \approx 96.2 \text{kJ} \cdot \text{mol}^{-1} \quad (6\text{-}15)$$

NBD 是透明的，在太阳光照射下不发生变化，但在和 $CuCl_2$ 生成配合物后，其吸收光谱扩展到 350nm，因而用太阳光谱的高能端照射有高的量子产率，这有利于异构化转变成四环烯(Q)。其反应机理如图 6.18 所示。

如图 6.18 所示，可见光被配合物 NBD-CuCl 吸收后产生高反应活性的物种，该物种可部分保持 NBD 结构，也可部分异构化成环四烯。因为 Q 对 Cu(Ⅰ)有小的亲和力，活性配合物在反应过程中离解成 Q，高度扭曲的 Q 在室温下是动力学稳定的，当加入适当的催化剂，则 Q 迅速转变为 NBD，并释放出储存的热能。该体

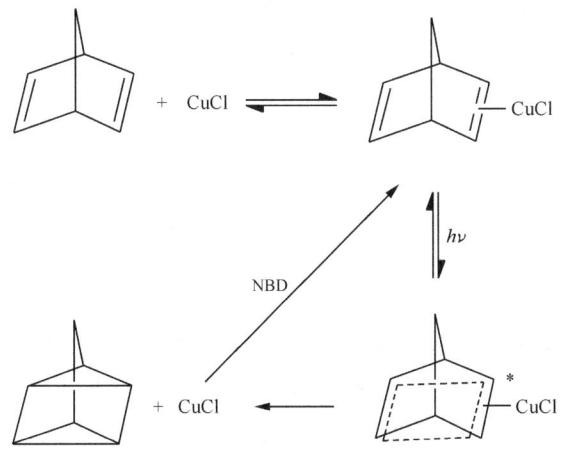

图 6.18 光异构化 NBD 成 Q 的机理

系有高的量子产率、大的储存容量,热能能够长期储存,逆反应容易控制,所以 NBD-Q 之间的转换,作为光能储存模型而受到人们的注意,但另一方面有效地驱动光反应的波长在大于 450nm 的区域,在长波处太阳能的能量较小,体系储存的能量仅一小部分太阳能。此外,体系的重复循环尚待解决,因而其他类似体系,如双键配位的 1,2-二苯乙烯或偶氮型作为配体的体系也在研究中。

6.5.3 氧化还原反应光解水

光解水成 H_2 和 O_2 已广泛研究用于能量的利用和储存[6]

$$H_2O(i) \xrightarrow[\text{光敏剂}]{h\nu} H_2(g) + \frac{1}{2}O_2(g) \qquad \Delta G_{298}^{\ominus} = 238.4 \text{kJ} \cdot \text{mol}^{-1}$$

光解水需要的能量约相当于 420nm 波长的光,只有紫外光才能满足这要求,但水在 200nm 以上对太阳光的辐射不吸收,所以太阳能不能直接用于光解水,必须通过光催化反应,在此反应的关键一步是采用光敏剂以增强对光吸收,光被吸收后产生激发态 D^*,作为电子给体,它转移电荷给邻近的受体 A,得到电荷分离态 D^+、A^-(图 6.19),由此光能转变 A^- 和 D^+ 的自由能。A^- 应具有强的还原能力,在催化剂存在下,A^- 还原水中的氢,D^+ 氧化 H_2O 中的 O^{2-} 成 O_2。研究得最多的是用 $[Ru(bpy)_3]^{2+}$ 作为光敏剂,它吸收 450nm 附近的光,生成激发态 $[Ru^*(bpy)_3]^{2+}$ 是良好的电子给体。用甲基紫精(MV^{2+})作为电子受体,在光还原 H_2O 成 H_2 的反应中,作为中介体起作氧化还原的作用。

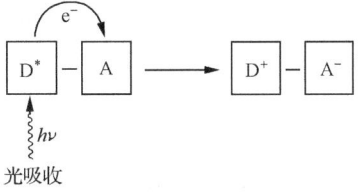

图 6.19 光吸收和电荷分离示意图

H_2O 的半电池在 pH=7 的还原电位 $E^\ominus$(SHE)如下：

$2H_2O + 2e^- \rightleftharpoons 2OH^- + H_2 - 0.41V$

$2H_2O \rightleftharpoons 4H^+ + O_2 + 4e^- + 0.82V$

从图 6.9 可知 $[Ru(bpy)_3]^{3+} + e^- \rightleftharpoons [Ru^*(bpy)_3]^{2+}$ 的还原电位 $E^\ominus$ 为 $-0.86V$，比 $-0.41V$ 低，从还原电位看 $[Ru^*(bpy)_3]^{2+}$ 能还原氢离子产生氢气，但遗憾的是用光照射 $[Ru(bpy)_3]^{2+}$ 的水溶液并不产生 H_2。这是由于过渡金属配合物作为光敏剂的光氧化还原反应是单电子反应，即是吸收 1 个光子引起 1 个电子转移，而水的氧化还原反应却是多电子反应，产生 H_2 和 O_2 分别需要 2 和 4 个电子来驱动，且进行多电子转移的能垒太大。因此有效地分解水需要有电荷储存催化剂，它积累适当数目的电子分发到反应剂上，此外还引入另一氧化还原体系作为中介体如甲基紫精 MV^{2+} 来调节激发态与水之间电子转移。

$$[Ru(bpy)_3]^{2+} + MV^{2+} \xrightleftharpoons{h\nu} MV^+ + [Ru(bpy)_3]^{3+}$$

在催化剂 Pt 存在下

$$MV^+ + H_2O \xrightarrow{Pt} MV^{2+} + OH^- + 0.5H_2$$

为了阻止 $[Ru(bpy)_3]^{3+}$ 的逆反应还原成 $[Ru(bpy)_3]^{2+}$，在体系中还必须加入三乙醇胺(TEOA)来阻止逆反应的发生。现将典型的 H_2 发生体系列于图 6.20。

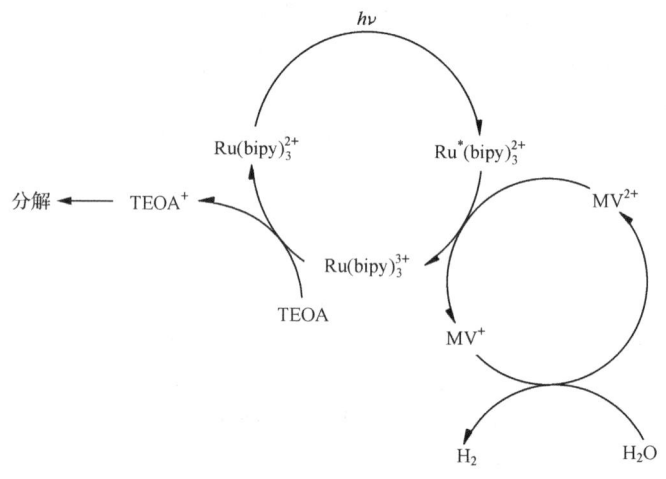

图 6.20 光化学还原 H_2O 产生 H_2 的体系

从图 6.20 可见，光被 $[Ru(bpy)_3]^{2+}$ 吸收产生 $[Ru^*(bpy)_3]^{2+}$，它被 MV^{2+} 进行氧化猝灭，光产物 $[Ru(bpy)_3]^{3+}$ 返回到 $[Ru(bpy)_3]^{2+}$ 的逆反应用三乙醇胺所阻碍，在催化剂胶体 Pt 存在下，MV^+ 还原 H_2O 成 H_2。TEOA 还原 $[Ru(bpy)_3]^{3+}$ 成

原始产物,而 TEOA 自身在过程中分解。O_2 的产生以图 6.21 表示,$[Ru^*(bpy)_3]^{2+}$ 被 $[Co(NH_3)_5Cl]^{2+}$ 氧化猝灭,产生 $[Ru(bpy)_3]^{3+}$ 和 $[Co(NH_3)_5Cl]^+$,后者迅速分解成弱的还原剂 $Co^{2+}(aq)$。$[Ru(bpy)_3]^{3+}$ 是强的氧化剂,在悬浮的 RuO_2 存在下氧化 H_2O 成 O_2,实现了光催化裂解水的反应。由此可知,所谓光催化是发生在光激发态下的催化,光敏剂吸收光能,通过从光敏剂基态到激发态的电子跃迁,在激发态分子和现场邻近分子(电子受体和给体)之间的诱导一系列化学过程,导致产物出现。然后,光敏剂立刻再次被激发,同样化学过程发生,在此过程中光敏剂的作用如同像催化剂。

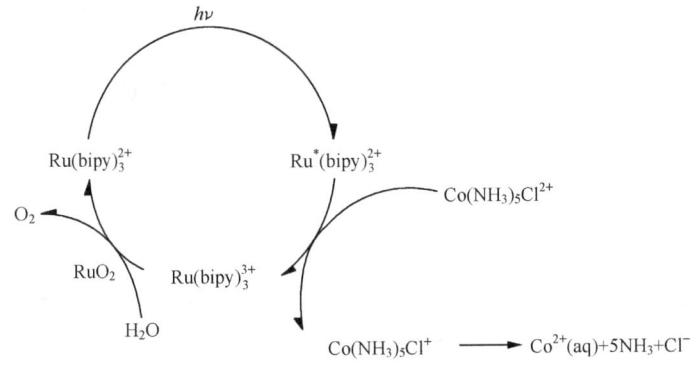

图 6.21　光化学氧化 H_2O 成 O_2 的体系

在以上基础上人们对太阳能的利用和储存进行了许多的工作,设计了不少的体系,如染料-太阳能光敏电池中,将配合物连接到半导体 TiO_2 上(图 6.22),该体

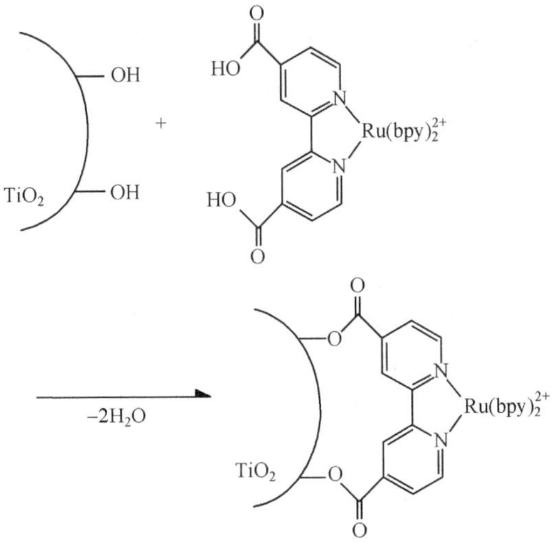

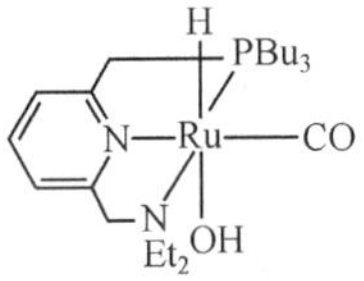

图 6.22　光敏剂连接在 TiO_2 上

系有大的光转换效率[7]。又如,近年来报道一个十分有趣的配合物(**6.8**),它能在加热回流下放出 H_2,在光照下放出 O_2[8]。诸多引人入胜的研究,读者如有兴趣可进一步阅读有关文献[9]。

6.6 非线性光学材料

光波是一种电磁波,当强度不是很强的光通过物质时,产生吸收、反射、折射等现象,其入射波和发射波的振荡频率不发生改变,但当外加高强度的电磁辐射,如激光照射物质时会发射与入射波不同频率的电磁波,这一现象称为非线性光学(non-linear optical,NLO)效应,具有该效应的物质称为非线性光学材料。非线性光学材料在激光倍频、激光印刷等现代激光技术和光学数据处理和存储等领域有重要地位。

目前已使用的无机 NLO 材料有 $LiNbO_3$、$NH_4H_2PO_4$(ADP)、KH_2PO_4(KDP)和中国科学院福建物质结构研究所研制的 β-硼酸铝以及半导体材料 GeAs 等,但这类无机材料的非线性能还不够理想(β 值不够高),有易损耗等缺点,使其应用受到限制。过渡金属配合物具有与 NLO 性质相关联的强的电荷转移跃迁和可控的多样结构,通过氧化还原等性质使其具有多功能性,因而以配合物为基础的 NLO 材料的研究受到人们的极大关注。

6.6.1 非线性光学效应的起源[10]

当光线通过物质时和物质发生作用,电磁场振荡会产生振荡诱导偶极,偶极矩 μ 是入射光频率 ω 的函数,正比于其电场强度 E。如图 6.23(a)和(b)是分子在时间 t_0-t_2 振荡下的极化。在给定电场强度 E 作用下,特定原子或分子诱导偶极大小由其电子云形变难易程度决定,可用分子总极化度 P(每单位体积的偶极矩)大小来衡量,因为不同方向的形变性可能不同,所以极化度是一个张量,P 以式(6-19)表示。

$$P = \mu(\omega) = \alpha_{ij}(\omega)E(\omega) \qquad (6\text{-}16)$$

式中,$\alpha_{ij}(\omega)$ 是频率为 ω 的线性极化度,该式表示诱导偶极或总极化度随电场 E 线性变化[图 6.23(c)]这时得到的振荡偶极是一个移动的电荷,因而发射出与振荡频率相同的辐射,这就产生了线性光学效应。当一个分子放置在很强的场(如激光)中,使得诱导极化随场强成非线性变化[图 6.23(b)和(c)]。例如,丙酮中的极性键 C=O,由于氢原子的负电性较碳大,电荷密度高,其电子云密度更易被极化,从而产生不对称极化响应,该不对称极化响应,可分解成傅里叶函数系列,它包含有一个极化组分(αE)和一次、二次谐波频率组分。

$$P = \alpha E + \beta E^2 + \gamma E^3 + \cdots \qquad (6\text{-}17)$$

若在式(6-20)中二次项和三次项被忽略,则得到如式(6-19),即 P 与 E 呈线性关系,产生线性光学性质。当外施电场很 E 很大,则在式(6-20)中 βE^2 和 γE^3 不可忽略。二次、三次谐波项及后面各谐波项与 E 的关系是非线性的,产生非线性效应。β 和 γ 分别称为第一阶和第二阶分子超极化率(first and second molecular hyper-polarizabilities)。对于线性成分的贡献,振荡电荷以与入射光相同的频率发射光。对于 NLO 部分极化振荡是非谐振的,二次谐波产生(SHG)或三次谐波产生(THG)(second-or third-harmonic generation)是由于电磁辐射产生的诱导偶极以两倍或三倍于入射光频率振荡。SHG 简单来说就是使入射光的频率成倍增加。例如,它通常被用来从绿光(波长约为 600nm)产生蓝光(波长约为 300nm)。SHG 材料如磷酸二氢钾(KDP)。

当考虑到分子材料,式(6-20)转变成宏观形式(6-21)

$$P = X^{(1)} + X^{(2)}E^2 + X^{(3)}E^3 + \cdots \tag{6-18}$$

式中,$X^{(2)}$ 和 $X^{(3)}$ 分别指宏观物质的二阶和三阶极化率,它对应于分子的二价和三价超极化率 β 和 γ,是衡量物质的 NLO 敏感度。

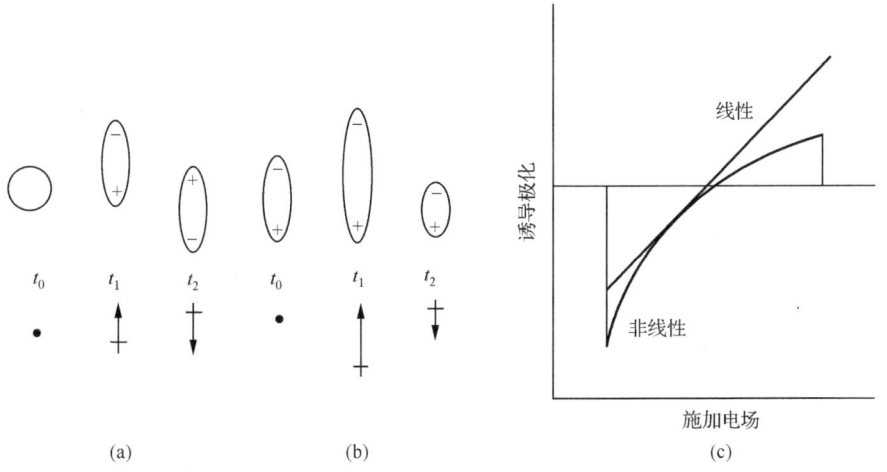

图 6.23 诱导极化作为时间函数

(a) 线性;(b) 非线性;(c) 诱导极化与所施加电场之间的关系

6.6.2 非线性光学材料的设计

一般认为分子极化率与电子离域程度有关,电子离域程度取决于电子体系轨道数目、轨道相互偶合程度等诸多因素。理论和实践指出,具有非线性光学性质的分子可能具有以下特征。

(1) 具有 D-π-A 体系的分子:大多数有大的 β 值的分子含有电子给予基团(D)和电子授予基团(A),其间用以一可极化的 π 共轭体系的桥基联结,组成 D-π-A 结构。例如,对-硝基苯胺(**6.9**)中硝基为电子受体,氨基为电子给体,硝基有较大的吸电子能力,通过巨大 π 键的苯传递电子,其二价超极化率 β 与不具有 D-π-A 的硝基苯(**6.11**)和苯胺(**6.10**)比较,要大数十倍。

β 值(esu) 35×10^{-30} 1×10^{-30} 2×10^{-30}

(**6.9**)   (**6.10**)   (**6.11**)

许多金属配合物都含有 π 体系,具有 D-π-A 结构,如配合物(**6.12**)和(**6.13**)含有被 2-甲基丁氧基取代的 4-苯乙烯基吡啶作为配体组成一非对称的分子,用波长 1907nm 的激光研究具有较高的 β 值。比自由的取代 4-苯乙烯吡啶的 β 值高 1.5~3 倍,这是由金属对电子大的吸引能力所引起。

(**6.12**) M=Rh $\beta_{1907}^{①}=24\times 10^{-30}$esu(CHCl$_3$)

(**6.13**) M=Ir $\beta_{1907}=56\times 10^{-30}$esu(丙酮)

具有 D-π-A 结构的配合物,D 和 A 之间具有低能量,当分子受激发时会出现分子内部的电荷跃迁(IT),如 MLCT、LMCT 或金属和金属的价间电荷跃迁。LMCT 或其他跃迁与 NLO 响应性质之间的关系目前尚不完全清楚,但有机化合物中分子内的 IT 跃迁常与大的 NLO 响应相关联,配合物由于金属离子的引入常产生更大的 β 值和新的性质,因而对配合物的 NLO 性质的研究尤为引人关注。

(2) 非中心对称的分子:非中心对称的分子(**6.3**)可能成一类为优良的二阶非线性光学材料,由此可知,一个中心对称分子由于在电场中产生对称极化,其 β 值为零。但对有效的 NLO 材料不仅需要有大的 β 值,还必须观察到总的非对称性的特征指标 $X^{(2)}$,因为 NLO 材料的高活性不仅依赖于分子结构,还依赖于组织分子的宏观排列,即晶体的填充或分子在膜中有序排列等。因此制备优良的二阶非线性光学材料必须通过分子设计合成出大的 β 值的非中心对称的分子,然后通过分子工程(第 12 章)的方法将分子组装。堆积成 $X^{(2)}$ 尽可能大的宏观晶体。对三阶 NLO 材料则无此空间要求,γ 和 $X^{(3)}$ 无对称的限制。

---

① β 下标为激光的波长。

6.6.3 有 NOL 效应的配合物举例

目前,发现具有 NOL 性质的配合物种类十分广泛,其中以吡啶基为配体的最常见,(**6.14**)是以吡啶基为配体的 Ru(Ⅱ)配合物,除 5 个 NH_3 外,另一带正电荷的 4,4-联吡啶衍生物是很强的电子受体,而具有低电荷大半径的 Ru(Ⅱ)是强的电子给体,所以该配合物有很强的 MLCT 跃迁,从而呈现出优良的非线性光学性质,有大的 β 值,$\beta=1112\times10^{-30}$ esu。并且还可以通过改变联吡啶上的部分取代基以及氨配体的取代来调整 β 值。

(6-19)

Ru(Ⅱ)和 Ru(Ⅲ)之间能进行可逆的氧化还原,如用 H_2O_2 使分子氧化成 Ru(Ⅲ),则给予电子的能力大大减弱,体系的 NLO 效应减小约 10~20 倍。经用肼还原,则 NLO 效应得以恢复,显示出二阶非线性光学性质的光开关效应(第 12 章)。根据该配合物已由英国曼彻斯特大学 Coe B J 制造出第一台真正可转接的 NLO 器件。

除(**6.18**)一类经典配合物有 NLO 性质外,许多有机金属配合物也有 NLO 性质,如(**6.19**)~(**6.21**)的铁茂双核配合物,以富电子的铁茂基作为电子给体,在 $CHCl_3$ 中测定有较大的 NLO 性质。

No.	M	λ_{max}/nm	β_{1064}/(10^{-30} esu)
(**6.15**)	Cr	401	63
(**6.16**)	Mo	489	95
(**6.17**)	W	491	101

卟啉配合物具有不定域的 π 体系,其二阶和三阶 NLO 性质已被研究,如(**6.18**)和(**6.19**),其 Zn(Ⅱ)、Cu(Ⅱ)配合物有较大的 β 值。1,2-二取代乙烯-1,2-

二硫醇根的配合物因在近红外有较强的 π-π* 吸收。例如,(**6.20**)是其取代基为苯的 Ni(Ⅱ)配合物,有较大的三阶 NLO 性质,这类配合物已引起人们的关注。此外,还有 Schiff 碱配合物、簇状物配位聚合物等也在研究中。

(**6.18**) M=Cu, $\beta_{830}=4374\times10^{-30}$ esu(CHCl$_3$)

(**6.19**) M=Zn, $\beta_{830}=5142\times10^{-30}$ esu(CHCl$_3$)

(**6.20**) $X^{(3)}=7.59\times10^{-11}$ esu(CHCl$_2$)

小　　结

(1) 讨论配合物在激发态的光化学和光物理过程(能量衰减、内转换、系间跨越、荧光和磷光、电子转移和能量转移以及光的敏化)。

(2) 讨论了光化学反应的主要类型,其中最重要的是氧化还原反应。光化学反应和热化学反应不同,激发态分子比基态分子有更高的反应性,导致反应产物的不同。

(3) 介绍了多吡啶、镧系及卟啉配合物发光特点,影响镧系配合物发光的因素、天线效应和能量转换

(4) 分子在激光照射下,产生不对称极化响应,总极化度 P 随电场呈非线性变化,导致二次、三次频率产生,使分子具有 NLO 性质,用 β、γ 来衡量 NLO 的灵敏度,具有 D-π-A 结构和非中心对称分子有 NOL 性质。

(5) 光化学反应中最具有实际意义的是光催化反应,所谓光催化是发生在光激发态的催化,以光催化分解水为例,说明了光敏剂在太阳能储存和转换中好似催化剂的作用。

习　　题

1. 下图是图 6.12 中的配体(d)和 Eu^{3+} 形成配合物在水溶液的激发光谱(点线)、UV 吸收光谱(实线)及荧光发射光谱($^5D_0 \rightarrow \, ^7F_J$)。
   (1) 请说明以上光谱的特点,并进行解释。
   (2) 说明荧光光谱的发生和发射过程。

2. 设计一个具有高荧光性的镧系配合物,配体和配合物应具备哪些条件?

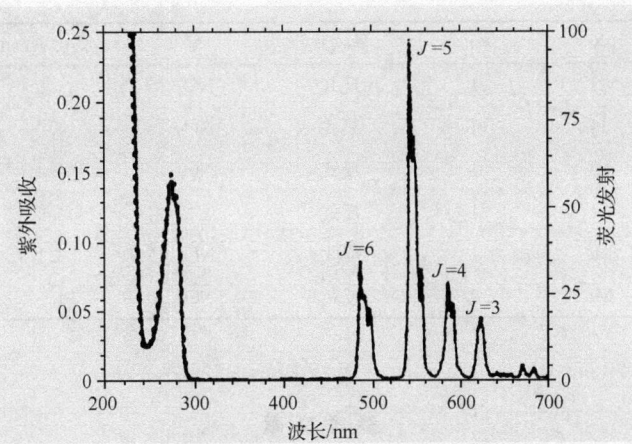

3. 下图是光敏化催化分解水的示意图，请结合实例说明该图中各步的意义。

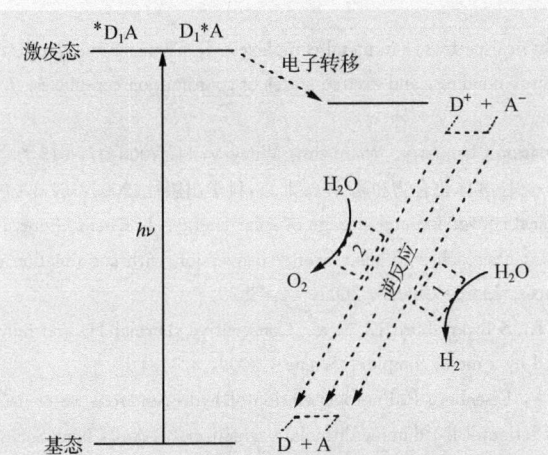

4. 下表是一些金属茂衍生物的 NOL 数据，从表中数据你能得到哪些启示？

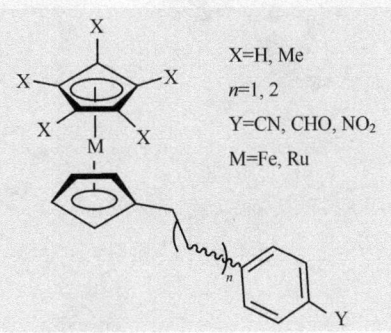

X=H, Me
n=1, 2
Y=CN, CHO, NO_2
M=Fe, Ru

M	X	n	异构式	Y	$\mu/10^{-18}$ esu	$\beta/10^{-30}$ esu
Fe	H	1	反式	NO_2	4.5	31.0
Fe	H	1	顺式	NO_2	4.0	13.0
Fe	Me	1	反式	NO_2	4.4	40.0
Fe	H	1	反式	CN	4.6	10.0
Ru	Me	1	反式	NO_2	5.1	24.0
Fe	Me	2	反式	NO_2	4.5	66.0

参考文献

[1] Porter G B. Introduction to inorganic photochemistry: principles and methods. J. Chem. Educ., 1983, 60:785

[2] Demas J N. Photophysical pathways in metal complexes. J. Chem. Educ., 1983, 60:803

[3] Crosby G A. Structure, bonding, and excited states of coordination complexes. J. Chem. Educ., 1983, 60:791

[4] Gispert J R. Coordination Chemistry. Weinheim: Wiley-VCH, 2008:477-515

[5] 罗勤慧. 大环化学——主-客体化合物和超分子. 北京:科学出版社,2009:367-390

[6] Kutal C. Photochemical conversion and storage of solar energy. J. Chem. Educ., 1983, 60:882

[7] Meyer G J. Molecular approaches to solar energy conversion with coordination compound anchored to semiconductor surfaces. Inorg. Chem., 2005, 44:6852

[8] Kohl S W, Weiner L, Schwartsburd L, et al. Consecutive thermal H_2 and light-induced O_2 evolution from water promoted by a metal complex. Science, 2009, 324:74

[9] Schneider J, Jarosz P, Eisenberg R. Photogeneration of hydrogen from water using an interated system based on TiO_2 and Platinum(II) diimine dithiolate sensitizers. J. Am. Chem. Soc., 2007, 129:7726

[10] Marder S R. Metal Containing Materials for Nonlinear Optical. In: Bruce D W, O'Hare D. Inorganic Materials. 2nd ed. Chichester: Wiley, 1996:121-169

第 7 章 配合物的磁性

> **提要** 介绍了配合物各类磁性的基本特征和顺磁粒子分类,以及磁相互作用类型、判据及其影响因素。此外,还介绍了自旋交叉配合物和分子磁体在信息储存、转换等方面潜在的应用。

7.1 基本概念[1,2]

原子中电子的轨道运动同无限小尺寸的电流闭合回路一样可以产生磁偶极子,磁偶极子的大小和方向可以用磁矩(μ_i)来表示。单位体积 ΔV 内被磁场诱导的总磁矩称为体积磁化强度 M_V。

$$M_V = \sum_{i=1}^{n} \mu_i / \Delta V \tag{7-1}$$

每摩尔分子化合物的总磁矩称为摩尔磁化强度,表示为

$$M_m(\text{mol}) = \sum_{i=1}^{n} \mu_i \tag{7-2}$$

磁化率也是描述磁性强弱的物理量,它在配合物的结构解释中具有重要意义,在磁场强度为 H 的较弱磁场中,体积磁化率 χ_V 和体积磁化强度 M_V 之间的关系为

$$\chi_V = M_V / H (\text{无量纲}) \tag{7-3}$$

在磁学中国际上常采用国际单位制(SI)和电磁单位制(CGS-emu)表示,SI 制和 CGS 制之间的关系见表 7.1。由表 7.1 可见,按 CGS 和 SI 制,χ_V 是无量纲的物理量,但二者可通过 4π 转换,即 $\chi_V = 4\pi \chi_V^{ir}$($\chi_V^{ir}$ 为按 CGS 单位获得的值)。

在化学中还用到另外两种磁化率,即得到单位质量磁化率 χ_g(或称克磁化率)和摩尔磁化率 χ_m。

用 χ_V 除以物质密度 ρ 得到质量磁化率 χ_g

$$\chi_g = \chi_V / \rho \tag{7-4}$$

用相对分子质量 M_w 乘以 χ_g 得到摩尔磁化率 χ_m

$$\chi_m = \chi_g \times M_w \tag{7-5}$$

对抗磁性(diamagnetism)物质 χ_m 是负值,对于顺磁性(paramagnetism)物质

则为正值。在晶体中磁化率可以是各向异性的,即用具有多个分量的张量来表示。根据物质磁化率的大小和对外磁场的依赖关系可将物质的磁性分成如表 7.2 的四种基本类型。

表 7.1　SI 和 CGS-emu 制的单位及换算因子[4]

物理量	定义	SI 单位		CGS 电磁单位	换算因子[a]
真空磁导率	$\mu_0 = 4\pi \times 10^{-7}$	$(H \cdot m^{-1})$[b]		/	/
磁感应强度	$B = \mu_0(H+M)$	T	$B = H^{ir} + 4\pi M$	G	$10^{-4}\ T \cdot G$
磁场强度	H	$A \cdot m^{-1}$		Oe	$10^3\ Oe/4\pi\ A \cdot m^{-1}$
磁化强度	M	$A \cdot m^{-1}$		G	$10^3\ A \cdot m^{-1} \cdot G^{-1}$
体积磁化率	$\chi_V = M_V/H$	1	$\chi_V^{ir} = M_V/H^{ir}$	1	4π
质量磁化率	$\chi_g = \chi_V/\rho$	$m^3 \cdot kg^{-1}$	$\chi_g^{ir} = \chi_V^{ir}/\rho$	$cm^3 \cdot g^{-1}$	$4\pi/10^3\ (m^3/kg) \cdot (cm^3/g)^{-1}$
摩尔磁化率	$\chi_m = \chi_V M_w/\rho$	$m^3 \cdot mol^{-1}$	$\chi_m^{ir} = \chi_V^{ir} M_w/\rho$	$cm^3 \cdot mol^{-1}$	$4\pi/10^6\ m^3 \cdot cm^{-3}$
玻尔磁子	$\mu_B = e\hbar/2m_e$	$A \cdot m^2$	$\mu_B = e\hbar/2m_e$	$G \cdot cm^3$	$10^{-3}(A \cdot m^2) \cdot (G \cdot cm^3)^{-1}$
有效玻尔磁子数	$\mu_{eff} = (3k_B/\mu_0 N_A \mu_B^2)^{1/2}$ $(\chi_m T)^{1/2}$	/	$\mu_{eff} = (3k_B/\mu_0 N_A \mu_B^2)^{1/2}$ $(\chi_m T)^{1/2}$	/	/

a. CGS 值乘以换算因子得 SI 单位的值;b. H = Herry(亨利);ir 表示按 CGS 获得的值。

表 7.2　物质磁性的基本类型

类型	χ_m 符号	χ_m 的值 (CGS,室温)	对外磁场的关系	来源	例子
抗磁性	−	10^{-6}	无关	成对电子的环流作用	H_2, NH_3, Cl^-
顺磁性	+	$0 \sim 10^{-4}$	无关	电子自旋和轨道运动	O_2, NO,某些过渡金属、稀土金属配合物
铁磁性	+	$0 \sim 10^{-4}$	有关	相邻原子磁矩偶极间相互作用使自旋平行	$\gamma\text{-}Fe_3O_4$
反铁磁性	+	$10^{-2} \sim 10^{-4}$	有关	相邻原子磁矩偶极间相互作用使自旋反平行	MnO $[Cu(OAc)_2(H_2O)]_2$

以上四种类型物质的磁化率和温度的关系是非常特殊的,如图 7.1 所示。由图可见,抗磁性物质的磁化率不随温度的改变而变化,而顺磁磁化率随温度升高而减小,即服从 Curie 定律。在反铁磁性(antiferromagnetism)曲线中出现极大值的温度称为 Néel 温度,在铁磁性(ferromagnetism)曲线中发生突变的温度称为 Curie 温度。以下我们将对物质的四种磁行为进行讨论。

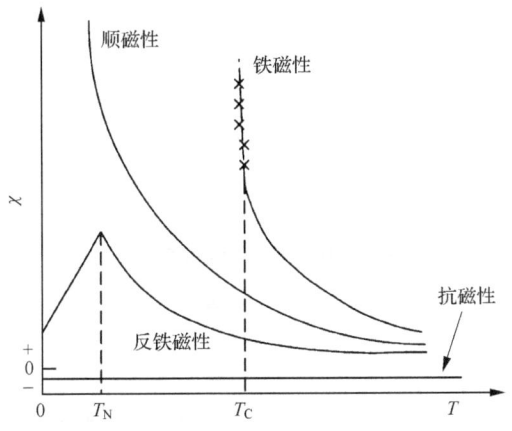

图 7.1 四种类型的磁化率与温度的关系

7.2 物质的顺磁性

一些原子与分子具有未成对电子,这些电子可以被看成是沿着圆形的轨道运动,因此每个原子或分子就相当于一个带电流的线圈,从而产生一个永久磁矩 μ_i。没有外加磁场时,μ_i 杂乱无章,$\sum \boldsymbol{\mu}_i = 0$;在外加磁场的作用下,这些永磁矩倾向于沿外磁场方向排列,从而产生一个净的总磁矩。物质的这种性质称为"顺磁性"。如果不存在未成对电子,即电子是彼此成对的,并且正好反平行排列。于是在一个电子产生磁矩 $\boldsymbol{\mu}_i$ 的同时,另一个电子同时在反方向产生 μ_i,两者相互抵消,净磁矩为零。在外加磁场的作用下,电子的轨道运动发生微小的变化,从而诱导产生一个净磁矩,它的方向与外磁场相反,因而为负值,这种性质称为"抗磁性"。

7.2.1 唯自旋型体系的顺磁性[1]

磁化强度是物质的宏观性质,而磁矩则是微观性质。由于原子核的质量大(核磁子只有玻尔磁子的 1/1836),产生的运动速度远比电子小,因此不考虑原子核运动所产生的磁矩,而电子运动所产生的磁矩则不能忽略,但实际上一个电子的磁矩很小,无法测定,因此只能测定化合物的磁化率,再根据公式计算。

磁化率的顺磁贡献来自于磁场对电子自旋角动量和电子轨道角动量的相互作用。为了简明起见,首先考虑只有 1 个未成对电子的球形体系,它具有自旋角动量($S=1/2$),而没有轨道角动量贡献($L=0$),因而是唯自旋(spin-only)分子。假定分子间无相互作用,则每个唯自旋分子相关联的磁矩

$$\mu = -g\beta S \tag{7-6}$$

式中，S 为自旋角动量；β 称为玻尔磁子（简记为 B. M.），$\beta = 0.93 \times 10^{-20}$ erg/G；g 为 Lande 因子（或称 g 因子），对于自由电子 $g = 2.0023$。磁矩和外磁场相互作用的能量为

$$E = -\boldsymbol{\mu} \cdot \boldsymbol{H} \tag{7-7}$$

$S=1/2$ 的分子在不加外磁场时其能级是简并的，当磁场被引入，$S=1/2$ 的分子基态分裂为磁量子数 $m_s = 1/2$ 的 α 态和 $m_s = -1/2$ 的 β 态，如图 7.2 所示，分裂的能量差 $\Delta E = g\beta H$。β 态能量较 α 态低，更为稳定，因此处于 β 态的分子，其磁矩取向平行于外磁场方向，而处于 α 态的分子，其磁矩取向反平行于外磁场。

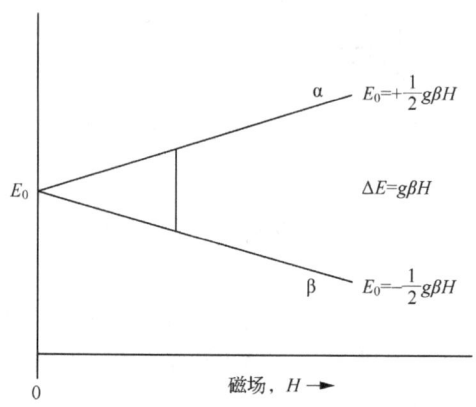

图 7.2　$S=1/2$ 分子的二重简并基态在磁场中的分裂

根据玻耳兹曼（Boltzmann）分布定律，在温度为 T 时，高能态（α 态）的布居数 N_α 和低能态（β 态）的布居数 N_β 之比为

$$N_\alpha/N_\beta = \exp(-g\beta H/kT) \tag{7-8}$$

式中，k 为玻耳兹曼常量，$k = 0.695$ cm$^{-1} \cdot$ K^{-1} 或 1.38×10^{-16} erg $\cdot$ K^{-1}；T 为热力学温度。

如果每摩尔物质中含有 N 个 $S=1/2$ 的分子[N 为阿伏伽德罗（Avogadro）常量]，则

$$N = N_\alpha + N_\beta \tag{7-9}$$

将式(7-9)代入式(7-8)，则

$$\frac{N - N_\beta}{N_\beta} = \exp(-g\beta H/kT) \tag{7-10}$$

重排式(7-10)

$$N_\beta = \frac{N}{1 + \exp(-g\beta H/kT)} \tag{7-11}$$

由式(7-8)

$$N_\alpha = \frac{N\exp(-g\beta H/kT)}{1+\exp(-g\beta H/kT)} \qquad (7\text{-}12)$$

1mol 物质的磁化强度 M_m 应等于低能态和高能态布居数之差乘以 $S=1/2$ 的分子磁矩 $\mu(\mu=1/2g\beta)$，则

$$M_m = \frac{1}{2}g\beta(N_\beta - N_\alpha) \qquad (7\text{-}13)$$

在室温时，$kT \approx 205\text{cm}^{-1}$，$S=1/2$ 的分子处于磁场为 10kG 中，如果 $g=2.0$，则 $g\beta H$ 约为 0.3cm^{-1}。由此可见，$g\beta H \ll kT$，因此可近似认为 $\exp(-g\beta H/kT) \approx 1 - g\beta H/kT$

由式(7-12) $\qquad N_\beta - N_\alpha = \dfrac{1}{2}\dfrac{Ng\beta H}{kT}$

得摩尔磁化强度 $\qquad M_m = \left(\dfrac{Ng^2\beta^2}{4kT}\right)H$

由此得摩尔顺磁磁化率

$$\chi_m^p = \frac{Ng^2\beta^2}{4kT} = C/T \qquad (7\text{-}14)$$

式(7-14)是 Curie 定律表达式，即物质的顺磁磁化率与温度的倒数呈直线关系，且截距为零，$C=Ng^2\beta^2/4k$，Curie 定律不仅适合于气体，也适合于固体，但顺磁性分子或离子间必须没有磁相互作用，这种体系称为磁稀释(magnetic dilution)体系。

对于许多体系虽能得到直线图形，但截距不等于零，对式(7-14)进行修正，得

$$\chi_m^p = C/(T-\theta) \qquad (7\text{-}15)$$

式中，θ 为对截距不等于零的修正温度，称为 Weiss 常数，式(7-15)称为 Curie-Weiss 定律。在非稀释的磁性体系中(即纯固态顺磁物质)，通常截距不等于零，这是由于体系中离子或分子间相互作用，引起相邻磁矩取向一致，从而对截距有所贡献。当 χ_m^p 对 $1/T$ 作图，与横坐标交点不在原点上。θ 为正时称为铁磁性相互作用，为负时称为反铁磁性相互作用(图 7.3)，以下还将进行讨论。

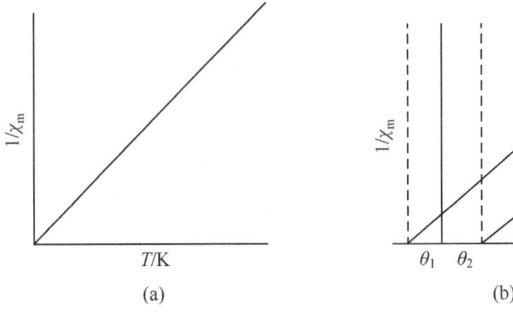

图 7.3　不同 θ 值的 $1/\chi_m$ 对 T 作图

(a) $1/\chi_m$ 对 T 作图，$\theta=0$；(b) $1/\chi_m$ 对 T 作图，1：$\theta<0$，2：$\theta>0$

对在唯自旋型 $S=1/2$ 的分子的磁化率推导的基础上可以导出总自旋角动量为 S、总轨道角动量 $L=0$ 的唯自旋型的分子的居里定律的普通形式

$$\chi_m^p = \frac{Ng^2\beta^2 S(S+1)}{3kT} \tag{7-16}$$

当 $S=1/2$ 时,式(7-16)就还原成式(7-14),并可用于解释含有任何未成对电子对磁化率的贡献。为了简明起见,引入有效磁矩 μ_{eff},它定义为

$$\mu_{eff} = g[S(S+1)]^{1/2}\mu_B \tag{7-17}$$

其单位为玻尔磁子的磁矩 μ_B,因此 $\chi_m^p = N\beta^2\mu_{eff}^2/3kT$

$$\mu_{eff} = (3k/N\beta^2)^{1/2}(\chi_m^p T)^{1/2} = 2.828 \times (\chi_m^p T)^{1/2}\mu_B \tag{7-18}$$

如体系存在着 n 个未成对电子,则 $S=n/2$,将它代入式(7-17),则

$$\mu_{eff} = \sqrt{n(n+2)}\mu_B \tag{7-19}$$

所以从实验得到 χ_m^p,可由式(7-18)计算 μ_{eff}。然后由式(7-19)得到未成对电子数 n,反之从未成对电子数也可算出 μ_{eff}[第3章式(3-1)和表3.2]。

过渡金属离子的 d 电子大多处于最外层,没有其他电子屏蔽,符合唯自旋型的要求。在过渡金属配合物或晶体中,金属离子受到周围配体产生电场的强烈微扰(配体场作用),使轨道对磁矩的贡献完全消失,也就是被猝灭(quenching)。在价键理论中 Pauling 曾利用磁矩数据半经验地作为确定配合物的价态、键型和立体化学的依据,但式(7-19)对第二、第三族过渡元素和稀土元素并不严格遵守。

7.2.2 van Vleck 方程

样品在外磁场 H 作用下,van Vleck(范弗列克)由磁化强度 M 和能量 E_n 的关系推导出计算磁化率的普通表达式,称为 van Vleck 方程,由 $\chi = M/H$,

$$\chi = \frac{N\sum_n (E_n^{(1)^2}/kT - 2E_n^{(2)})\exp(-E_n^{(0)}/kT)}{\sum_n \exp(-E_n^{(0)}/kT)} \tag{7-20}$$

式中,k 为 Boltzmann 常量;$E_n^{(0)}$ 为无外磁场时能级 n 的能量,即 $E_n = E_n^{(0)}$,$E_n^{(1)}$ 和 $E_n^{(2)}$ 分别称为一级和二级 Zeemann 系数,与磁场引入时 n 级态能量随磁场改变有关,与总能量 E_n 的关系为

$$E_n = E_n^{(0)} + E_n^{(1)}H + E_n^{(2)}H^2 + \cdots$$

van Vleck 方程常被用来在不同情况下计算磁化率。下面根据磁化率得到的磁矩按以下几种类型来讨论。

1. 稀土型(多重谱线分裂值很大)

原子、离子或分子的磁性与电子的轨道运动和自旋运动有关,轨道运动产生轨

道角动量和轨道磁矩,当轨道磁矩和自旋磁矩发生作用(耦合)时,由式(7-20)得到摩尔磁化率和总角动量有如下关系

$$\chi_m^p = \frac{N_0 \beta^2 g^2 J(J+1)}{3kT} \tag{7-21}$$

式中,J = 总角动量量子数,$J = L + S$;L 和 S 为所有不成对电子总轨道角动量和自旋角动量量子数。

$$\mu_{eff} = g[J(J+1)]^{1/2} \mu_B \tag{7-22}$$

$$g = 1 + \frac{S(S+1) - L(L+1) + J(J+1)}{2J(J+1)} \tag{7-23}$$

式(7-22)表示在自由金属离子中,对 μ_{eff} 的贡献来自于自旋和轨道角动量,当 $L = 0$ 时,则 $J = S$,当 $g = 2.0$ 时就还原到只有自旋的公式。

稀土离子的 4f 电子受到外层 5s 和 5p 电子的屏蔽作用,使其不受化合物中其他原子的影响,f 电子状态与在自由离子的情况相近,晶体场不能有效地猝灭在 4f 轨道中电子的角动量,自旋-轨道耦合不能忽略。且磁分裂能级基态 J_0 和激发态 J_1 间能量相差大于动能(kT),即 $h\nu$($J_0 \rightarrow J_1$ 约为 10^4 cm^{-1})$\gg kT$(约为 200 cm^{-1}),因此分子都处于基态,除 Sm^{3+} 和 Eu^{3+} 外,它们严格遵守 Curie 定律,室温下磁矩的实验值与按式(7-21)的计算值符合得很好,见表 7.3。

表 7.3 对某些三价稀土离子磁矩[按式(7-21)]的计算值和实验值

元素	组态	谱项	μ_{eff}(计算)	μ_{eff}(实验)
Ce^{3+}	$4f^1 5s^2 5p^6$	$^2F_{5/2}$	2.54	2.4
Pr^{3+}	$4f^2$	$^3H_4$	3.58	3.5
Nd^{3+}	$4f^3$	$^4I_{9/2}$	3.62	3.5
Pm^{3+}	$4f^4$	$^5I_4$	2.68	
Sm^{3+}	$4f^5$	$^6H_{5/2}$	0.84	1.5
Eu^{3+}	$4f^6$	$^7F_0$	0	3.4
Gd^{3+}	$4f^7$	$^8S_{7/2}$	7.94	8.0
Tb^{3+}	$4f^8$	$^7F_6$	9.72	9.5
Dy^{3+}	$4f^9$	$^5H_{15/2}$	10.63	
Ho^{3+}	$4f^{10}$	$^5I_8$	10.60	10.4
Er^{3+}	$4f^{11}$	$^4I_{15/2}$	9.59	9.5
Tm^{3+}	$4f^{12}$	$^2H_5$	7.57	7.3
Yb^{3+}	$4f^{13}$	$^2F_{7/2}$	4.54	4.5

例如,Pr^{3+} 其基态光谱项 $^{2S+1}L_J = {}^3H_4$(即 $L = 5, S = 1, J = 4$)

$$g = 1 + \frac{(1\times2)-(5\times6)+(4\times5)}{2\times4\times5} = 0.8$$

$\mu_{\text{eff}} = 0.8\times(4\times5)^{1/2}\mu_B = 3.58\mu_B$（实验值为 $3.5\mu_B$）

2. 中间大小的谱线分裂值

Sm^{3+} 和 Eu^{3+}，由于磁分裂能级的大小和 kT 相近，分子在不同能级（J 值）上，按 Boltzmann 方程分布，因此式(7-21)不适用。

比较 Eu^{3+} 和 Tb^{3+} 的多重谱项能级图(图 7.4)可以看出，Eu^{3+} 基态谱项能级与激发态谱项能级距离（$\Delta E = 400 \text{cm}^{-1}$）比 Tb^{3+}（$\Delta E = 2000 \text{cm}^{-1}$）小，因此含 Tb^{3+} 的分子处于基态，而含 Eu^{3+} 的分子则部分处于激发态，即在基态的布居数减少。

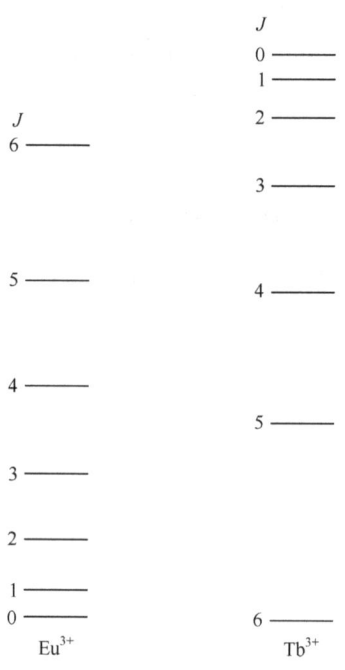

图 7.4 $Eu^{3+}(4f^6)$ 和 $Tb^{3+}(4f^8)$ 的 ^7F 谱项能级

3. 多重谱线分裂值很小

对 Co^{2+} 和 Fe^{2+} 之类的离子，磁分裂能级小于动能 kT，电子处于激发态，轨道贡献未全部冻结，如果忽略自旋-轨道耦合，这种离子磁矩可表示为

$$\mu_{\text{eff}} = \sqrt{4S(S+1)+L(L+1)}\mu_B \tag{7-24}$$

此类离子服从 Curie 定律。例如，高自旋的 d^6、d^7 和低自旋的 d^4、d^5 八面体配合物

的有效磁矩常大于唯自旋型的理论值。以八面体 d^7 的高自旋 Co(Ⅱ)单核配合物 [Co(py)$_6$](NCO)$_2$ 为例,其谱项基态为 $^4F_{9/2}$,$L=3$,$S=3/2$,$J=9/2$,按纯自旋型计算 $\mu_{eff}=3.87\mu_B$。实测值为 $5.1\mu_B$(290K),与按式(7-24)计算(5.20μ_B)符合得很好,可见在这种情况下的轨道贡献不能忽略。

7.2.3 轨道磁矩的猝灭

配合物的中心原子在配体的电场(配体场)中,电子的自旋磁矩不受配体场的影响,而电子的轨道磁矩则受配体场的影响。轨道磁矩的产生取决于在外磁场改变时电子能平行地在不同的轨道能级之间的分配,而这种再分配必须在对称性相同的能级之间进行。以 Co(Ⅱ)配合物为例,Co(Ⅱ)的电子组态为 $3d^7$,其高自旋八面体配合物在基态时的电子构型为 $t_{2g}^5e_g^2$,因为 3 个 t_{2g} 轨道的对称性相同而 2 个 e_g 轨道的对称性不同,因此只需考虑 t_{2g} 轨道,3 个 t_{2g} 轨道的能量原来是一样的,但在外磁场中,它们变得不等,于是在 t_{2g} 轨道中电子云密度发生变化,因而表现出轨道磁矩。但当 3 个轨道各有一个电子占据时,这种再分配不能进行,因此半满的 t_{2g}^3 轨道电子磁矩也被冻结(freezing)或猝灭(quenching)。又如 t_{2g}^2,因为对同一自旋方向的电子来说还有两个空轨道,所以能对轨道磁矩作出贡献。在正四面体 Co(Ⅱ)配合物中,电子构型为 $e_g^4 t_{2g}^3$,每个 t_{2g} 轨道各有一个电子,外磁场不能改变 t_{2g} 轨道上的电子分配,因此它没有轨道磁矩,即轨道磁矩被配体场冻结。因此正四面体 Co(Ⅱ)配合物的磁矩比高自旋正八面体 Co(Ⅱ)配合物的磁矩小。

根据同样的理由可以说明 t_{2g} 轨道全满或半满的八面体配合物没有轨道磁矩,如 t_{2g}^3(Cr^{3+})、$t_{2g}^3 e_g^1$(Cr^{2+})、$t_{2g}^3 e_g^2$(Fe^{3+})、$t_{2g}^6 e_g^2$(Ni^{2+})、$t_{2g}^6 e_g^3$(Cu^{2+}),而 t_{2g} 不是全满或半满的八面体配合物则具有轨道磁矩,如 t_{2g}^1(Ti^{3+})、t_{2g}^2(V^{3+})、$t_{2g}^4 e_g^2$(Fe^{2+})、t_{2g}^5(Fe^{3+})、$t_{2g}^5 e_g^2$(Co^{2+})。

由此可见,在配合物中数目不同的 d 电子所占的轨道不同,即表征 d 电子组态的谱项不同(表 3.17),对轨道磁矩贡献不尽相同,现将轨道的基态谱项对八面体和四面体轨道磁矩的贡献列于表 7.4。

表 7.4 轨道对八面体和四面体配合物磁矩的贡献

组态	八面体		四面体	
	基态	轨道贡献	基态	轨道贡献
d^1	$^2T_{2g}$	有	^2E	无
d^2	$^3T_{1g}$	有	$^3A_2$	无
d^3	$^4A_{2g}$	无	$^4T_1$	有
d^4(HS)	^5E_g	无	$^5T_2$	有
d^4(LS)	$^3T_{1g}$	有		

组态	八面体		四面体	
	基态	轨道贡献	基态	轨道贡献
d^5(HS)	$^6A_{1g}$	无	$^6A_1$	无
d^6(HS)	$^2T_{2g}$	有		
d^6(LS)	$^5T_{2g}$	有	^5E	无
d^7(HS)	$^1A_{1g}$	无		
d^7(HS)	$^4T_{4g}$	有	$^4A_2$	无
d^7(LS)	^2E_g	无		
d^8	$^3A_{2g}$	无	$^3T_1$	有
d^9	^2E_g	无	$^2T_2$	有

从表 7.4 可见,凡是基态谱项为 T 的八面体或四面体配合物就有轨道磁矩的贡献,若为 A 或 E 谱项则轨道角动量被冻结。例如,d^3 组态的 Cr^{3+} 八面体配合物其基态谱项为 $^4A_{2g}$,t_{2g}^3 轨道半满,因此没有轨道磁矩的贡献,实测值 $\mu_{eff} = 3.7 \sim 3.8\mu_B$ 与按唯自旋型磁矩公式计算能符合得很好($\mu_{eff} = 3.87\mu_B$)。

7.2.4 自旋-轨道耦合

在以上的讨论中忽略了电子的自旋-轨道耦合对化合物磁性的贡献。例如,Co^{2+}(d^7)的四面体配合物的基态谱项为 $^4A_2$,应没有轨道磁矩的贡献,但实测值 $\mu_{eff} = 4.4 \sim 4.8\mu_B$ 比按唯自旋型计算的值($3.87\mu_B$)高得多,其偏差归因于自旋磁矩和轨道磁矩的耦合作用。从谱学角度上来说,在四面体配合物中激发磁能级的能量比较低,因而能和基态混合,第一激发态谱项 $^4T_2$ 以某种程度混进基态谱项 $^4A_2$,从而产生自旋-轨道耦合的贡献。对于基态谱项为 A 或 E 对称性的配合物,由自旋-轨道耦合作用产生的分子磁矩可引入自旋-轨道耦合常数 λ 分别表示为

$$\mu_{eff}(A_2) = \mu_S\left(1 - \frac{4\lambda}{10Dq}\right) \tag{7-25}$$

$$\mu_{eff}(E) = \mu_S\left(1 - \frac{2\lambda}{10Dq}\right) \tag{7-26}$$

式中,μ_S 为唯自旋型磁矩。以四面体配合物 VCl_4 为例,V(Ⅳ)有 1 个 d 电子,基态谱项为 E 谱项。$\lambda = 250 cm^{-1}$,λ 与金属离子的电荷和 d 电子数有关,可从有关资料查出。由 VCl_4 的电子光谱知 $10Dq = 8000 cm^{-1}$。因此 VCl_4 的有效磁矩为

$$\mu_{eff} = 1.73\left(1 - \frac{2 \times 250}{8000}\right) = 1.62$$

由实验测得在 300K 时为 1.69 与计算值符合得很好。其他配合物的实测值和计

算值一并列于表 7.5。

表 7.5　一些过渡金属配合物的磁矩

电子组态	配合物	谱项	μ_{eff} (B.M.) 实测值 (T/K)	$\sqrt{4S(S+1)}$	$\mu_{\text{eff}} = \mu_S \left(1 - \alpha \dfrac{\lambda}{10\text{Dq}}\right)$	10Dq 值 /cm^{-1}
d^1	VCl$_4$	^2E	1.62(315)	1.73	1.62	8 000
	[Cr(en)$_3$]Cl$_3$·3H$_2$O	$^4A_{2g}$	3.83(303)	3.87	3.81	22 000
d^3	K$_3$[Mo(SCN)$_6$]·4H$_2$O	$^4A_{2g}$	3.79(298)	3.87	3.70	25 000
	[(C$_2$H$_5$)$_4$N]$_2$·ReCl$_6$	$^4A_{2g}$	3.62(305)	3.87	3.26	28 000
d^4	K$_3$[Mn(ox)$_3$]·3H$_2$O	^5E_g	4.79(295)	4.90	4.86	21 000
d^5	[(C$_2$H$_5$)$_4$N]$_2$[MnCl$_4$]	$^6A_1$	5.94(293)	5.92		
	K$_3$[Fe(ox)$_3$]	$^6A_{1g}$	5.95(295)	5.92		
	[(C$_6$H$_5$)$_3$CH$_3$P][FeCl$_4$]	$^6A_1$	5.93(295)	5.92		
d^6	[Fe{[(CH$_3$)$_2$N]$_3$PO}$_4$](ClO$_4$)$_2$	^5E	5.19(303)	4.90	5.15	4 000
d^7	[(CH$_3$)$_4$N]$_2$[CoCl$_4$]	$^4A_2$	4.74(298)	3.87	4.70	3 200
	K$_2$Pb[Co(NO$_2$)$_6$]	^2E_g	1.81(300)	1.73	1.86	14 000
d^8	[Ni(dmso)$_6$](ClO$_4$)$_2$	$^3A_{2g}$	3.36(301)	2.83	3.23	9 000
d^9	K$_2$Cu(SO$_4$)$_2$·6H$_2$O	^2E_g	1.91(300)	1.73	1.95	13 000

除以上的影响外,还有重原子效应和温度无关顺磁性 N_α 项。重原子效应常见于第三系列过渡元素(有时第二系列过渡元素也有这种情况),配合物的磁矩比唯自旋型磁矩还低,这是由于核电荷很大,核的强电场作用于 d 轨道,使 L 和 S 向量反向排列,抵消了一部分自旋磁矩,如 Os^{4+} 有 5d^4,K$_2$[OsCl$_6$] 若为 d^{2}sp^3 构型,应有两个不成对电子,算出 $\mu = 2.83\mu_B$,但实际测出只有 $1.4\mu_B$,具有温度无关顺磁性 N_α 是由于基态中混入了激发态,如 Co(Ⅱ)-胺配合物及 Cu(Ⅱ)配合物都存在这种顺磁性。

如前所述,如果配合物具有不成对电子,则有顺磁性,顺磁性由不成对电子的自旋磁矩和轨道磁矩的大小及其相互作用的状态决定,因此,由顺磁性的大小可以探讨配合物中心原子的不成对电子数、配位键的性质和立体结构,尤其对含有 d 电子的过渡元素配合物的研究特别重要,因为 d 轨道受的屏蔽效应小,在配合物中,中心原子 d 电子受配体场的影响最容易反映出来。在配合物中,顺磁性的中心原子被抗磁性的配体所包围(即处于"磁稀释"环境),中心原子间彼此没有相互作用或相互作用较弱,因此便于研究。

7.3 物质的抗磁性

7.3.1 抗磁性产生的原因和 Pascal 常数

抗磁性来源于物质受外磁场作用时其中原子的成对电子产生一个感应电流,此感应电流产生一个反抗外磁场的场,因此所有分子都有抗磁性贡献。一个原子的抗磁磁化率 χ^d 与原子数目 N_e 和第 i 个电子的平均轨道半径 r_i 的平方和成正比。

$$\chi^d = -\frac{N_e^2}{6mc^2}\sum_i^n r_i^2 = -2.83\times 10^{10}\sum_i^n r_i^2 \tag{7-27}$$

由式(7-27)可见,抗磁性磁化率不受温度影响,且抗磁性与 r_i^2 成正比。例如,K^+ 与 Ar 的电子构型均为 2,8,8,但 K^+ 的核电荷比 Ar 大,因此 K^+ 的 χ^d 比 Ar 小,K^+ 与 Ar 的 χ^d 分别为 -13×10^{-6} cm$^3\cdot$mol^{-1} 和 -24×10^{-6} cm$^3\cdot$mol^{-1};此外,任何原子及离子(除 H^+ 外)均有抗磁性,实际上各种原子的抗磁磁化率难以用公式计算,只能采用经验值,称为帕斯卡(Pascal)常数[3]。Pascal 根据大量的有机化合物摩尔磁化率的数据发现分子的摩尔抗磁磁化率具有加和性,即有机物的摩尔抗磁磁化率 χ_m^d 等于该分子的所有原子和结构单元(如双键、苯环)的摩尔抗磁磁化率之和。

$$\chi_m^d = \sum \chi_{原子} + \sum \chi_{结构}$$

这是因为在化合物中将原子结合起来的键必然对原子中电子的键发生影响,因此分子的抗磁磁化率除加上原子的抗磁磁化率外,还必须加上结构单元的修正值。表 7.6 列出了常用的 Pascal 常数。

表 7.6 Pascal 常数

原子, χ^d		原子, χ^d		键, χ^d	
原子	χ^d/($\times 10^{-6}$ cm$^3\cdot$mol^{-1})	原子	χ^d/($\times 10^{-6}$ cm$^3\cdot$mol^{-1})	键	χ^d/($\times 10^{-6}$ cm$^3\cdot$mol^{-1})
H	−2.93	F	−6.3	C=C	+5.5
C	−6.00	Cl	−20.1		
C(芳烃的)	−6.24	Br	−30.6	C≡C	+0.8
N	−5.57	I	−44.6	C=N	+8.2
N(芳烃的)	−4.61	Mg^{2+}	−5	C≡N	+0.8
		Zn^{2+}	−15		
N(一酰胺)	−1.54	Pb$^+$	−32.0	N=N	+1.8
N(二酰胺,亚胺)	−2.11	Ca^{2+}	−10.4		

原子, χ^d		原子, χ^d		键, χ^d	
原子	$\chi^d/(\times 10^{-6} cm^3 \cdot mol^{-1})$	原子	$\chi^d/(\times 10^{-6} cm^3 \cdot mol^{-1})$	键	$\chi^d/(\times 10^{-6} cm^3 \cdot mol^{-1})$
O	−4.61	Fe^{2+}	−12.8	N=O	+1.7
O(羧酸酯)	−7.95	Cu^{2+}	−12.8		
S	−15.0	Co^{2+}	−12.8	C=O	+6.3
P	−26.3	Ni^{2+}	−12.8		

对于过渡金属配合物,我们从实验测量的磁化率 χ_m^{exp} 是顺磁性 χ_m^p 和抗磁性磁化率 χ_m^d 贡献之和,为了得到顺磁磁化率,必须从实验磁化率中减去抗磁磁化率,$\chi_m^p = \chi_m^{exp} - \chi_m^d$,即用 Pascal 常数校正配合物中所有组成部分的抗磁磁化率以省去分别测定的手续。

7.3.2 磁化率的测定

当样品放在磁场中,由于磁感应样品与磁场作用而受到力,用天平称出力的大小来计算磁化率,经典的 Gouy(古埃)和 Faraday(法拉第)法都是按照这种原理的测定方法。但这种方法存在着使用样品量大、精确度不高等缺点。目前已广泛采用超导量子干涉仪 SQUID(superconducting quantum interference device)磁力计来进行测定。该方法主要是使样品在磁场下沿探测线圈轴线移动产生感应电流,最后记录样品磁化强度,由此计算质量磁化率和摩尔磁化率。SQUID 磁测量系统具有高的精确度,能进行变温、直流、交流磁化率等的测定[4,5]。

举例:在 295K 得配合物 $Mn(CH_3COCHCOCH_3)_3$ 的 $\chi_V = 216.1 \times 10^{-5}$,$M_w = 351.9 g \cdot mol^{-1}$,$\rho = 0.564 \times 10^{-3} kg \cdot m^{-3}$,所查得抗磁磁化率的量纲为 SI 制($m^3 \cdot mol^{-1}$),请问按 CGS 制计算 χ_m 和 μ_{eff} 为多少?

解 $\chi_m = M_w \chi_V / \rho = 216.1 \times 10^{-5} \times 351.9 \times 10^{-3}/(0.564 \times 10^{-3}) = 1.348 \times 10^{-7}$ ($m^3 \cdot mol^{-1}$)

配位原子和 Mn^{3+} 的抗磁磁化率($m^3 \cdot mol^{-1}$)为

Mn^{3+}	$1 \times (-126 \times 10^{-12}) = -126 \times 10^{-12}$
C	$15 \times (-75.4 \times 10^{-12}) = -1131 \times 10^{-12}$
H	$21 \times (-36.8 \times 10^{-12}) = -773 \times 10^{-12}$
O	$6 \times (21.6 \times 10^{-12}) = +130 \times 10^{-12}$
共计	$-1900 \times 10^{-12} m^3 \cdot mol^{-1}$

因此配合物中 Mn^{3+} 的 χ_m $[1.348-(-0.019)] \times 10^{-7} = 1.367 \times 10^{-7} m^3 \cdot mol^{-1}$。以上是按 SI 制计算,将它转化成 CGS 单位,除以表 7.1 中末行转换因子

$$\chi_m = \frac{1.367 \times 10^{-7} \mathrm{m^3 \cdot mol^{-1}}}{4\pi \times 10^{-6} \mathrm{m^3 \cdot cm^{-3}}} = 0.010\ 872\ \mathrm{cm^3 \cdot mol^{-1}}$$

由式(7-18)

$$\mu_{\mathrm{eff}} = 2.828 \times (295 \times 0.010\ 872)^{\frac{1}{2}} = 5.05 \mu_B$$

7.4 磁性离子之间的相互作用

7.4.1 反铁磁性相互作用和铁磁相互作用

前文我们主要讲了单核离子的磁性行为,在这些讨论中其实一直包含了一个假设,即磁性离子之间被有效地隔离,因而不存在磁相互作用,这种理想的情形是极少有的。磁性离子之间的相互作用包括铁磁相互作用和反铁磁相互作用[6,8]。磁相互作用的类型与大小可以根据 Weiss 常量(θ)的符号与大小初步判断,当 $\theta > 0$ 时,磁性离子之间存在铁磁相互作用,当 $\theta < 0$ 时,磁性离子之间存在反铁磁相互作用,当 $\theta = 0$ 时,磁性离子之间不存在磁相互作用。然而,采用这种判断必须非常小心,因为自旋-轨道耦合等其他因素也会导致 θ 值出现负值。如果磁性离子通过某个桥联配体联结起来,形成多核配合物,那么在多核配合物中,分子内的磁相互作用就会变得十分明显。

当分别含有 1 个电子的两个顺磁性过渡金属离子相互接近时,两个不成对电子就会发生相互作用。假定有两种极端情况,一种是两个电子之间的作用力很强,作用结果它们之间形成了化学键。例如,两个 $\mathrm{Mn(CO)_5}$ 相互接近时,每个 Mn 原子的 1 个不成对电子相互作用形成了 Mn—Mn 化学键,这时得到抗磁性的双核配合物。

$$(CO)_5Mn + Mn(CO)_5 \longrightarrow \mathrm{OC-Mn-Mn-CO} \quad \left[\mathrm{N \cdots Cu \cdots O(H) \cdots Cu \cdots N} \right]^{2+} \tag{7.1}$$

另一种是两个顺磁性金属离子的不成对电子的相互作用相对弱,这时就可以认为两金属间存在着磁交换相互作用(magnetic exchange interaction),简称为磁相互作用,如果顺磁性离子之间的相互作用不是直接的,而是通过抗磁性桥基进行,则称为超交换(superexchange)作用。以二羟基桥联的乙二胺双核铜(Ⅱ)配合物为例,其中 Cu(Ⅱ)为 d^9 电子构型,Cu⋯Cu 间距离约为 3.0 Å,两个不成对电子相互作用能为 $100 \sim 1000\mathrm{cm}^{-1}$,比化学键能量小得多。

在有不成对电子的分子或离子中,反铁磁性相互作用和铁磁性相互作用都可能发生,如[$Cu_2(Et_5dien)_2(C_2O_4)$](PF_6)$_2$(**7.2**),$C_2O_4^{2-}$作为桥基,Et_5dien=1,1,4,7,7-五乙基二乙基三胺,以 χ_m 对温度 T 作图(图 7.5),曲线在约 50 K 以下出现最大,这是化合物中存在反铁磁相互作用呈现的特征。它与呈现铁磁相互作用的化合物不同,后者磁化率随温度变化在低温增加比简单的顺磁性化合物增加更为迅速(图 7.1)。

在配合物(**7.2**)中,每个铜离子含有 1 个不成对的 d 电子,Cu(Ⅱ)离子以 d 轨道和 $C_2O_4^{2-}$ 的 p 轨道重叠产生两个不同的电子组态,一个是两个原来不成对电子的磁矩反平行,给出一个单重抗磁态($S=0$)。另一个是两个磁矩互相平行,给出一个三重顺磁态($S=1$),在反铁磁相互作用下,产生的低能态是单重态。在以上乙二酸根为桥的配合物中,两个不成对电子的相互作用是反铁磁相互作用。以下我们将用分子轨道作进一步诠释。

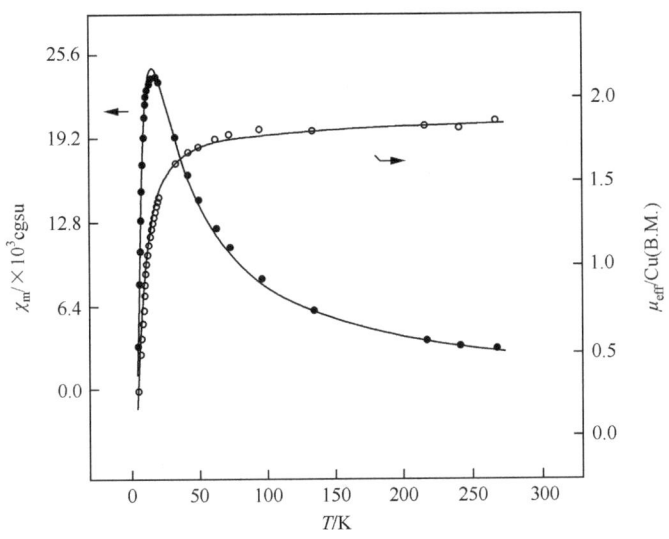

图 7.5 [$Cu_2(Et_5dien)_2(C_2O_4)$](PF_6)$_2$ 的 χ_m 对 T 作图
●:每个二聚体的摩尔顺磁化率;○:每个铜原子的有效磁矩

7.4.2 分子轨道的诠释

交换机理的一个最简单情况是以抗磁性单原子为桥的双核铜(Ⅱ)配合物 Cu—X—Cu(X=OH^-,O^{2-},Cl^-),桥基用 p_z 轨道和 Cu(Ⅱ)参与成键,3 个对称性相同原子轨道沿键轴 z 方向组成的分子轨道如图 7.6(a)所示。分子群轨道 MOs 共有 4 个电子,其中两个来自配体,它占据成键轨道,该电子用于分子成键,稳定了分子,但对磁性无贡献,其余两个分别来自于 Cu(Ⅱ)的电子,它们既可成对地占据非键轨道,又可成对地占据成键和非键轨道,如果两个电子占据同一 MO,

则最终基态为自旋单重态($S = 0$)。如果两个电子分别占据不同的轨道,则最终基态为自旋三重态($S = 1$),当基态为单重态的电子的相互作用称为反铁磁相互作用(AF),而基态为三重态时,则称为铁磁相互作用(F)。

两电子如何在分子轨道中放置,除决定于磁轨道不成对电子占据的非键或反键的分子轨道的能量差外,温度也起着重要作用,因为过渡金属配合物其能隙通常很小,近似为 $0\sim500\text{cm}^{-1}$,因此温度对电子的分布,即热布居上起着重要作用。在极端情况下能量差很大[图 7.6(b)左],电子分布不受温度影响,所有分子中电子均呈反平行,分子呈现抗磁性的单重态。在能量差不大时分子在两个态间有一个 Boltzmann 分布。如图 7.5 所示,χ_m-T 曲线出现极大值温度。温度低于 50 K 时三重态的布居数减小,单重态增加。温度在足够低时配合物呈抗磁性。

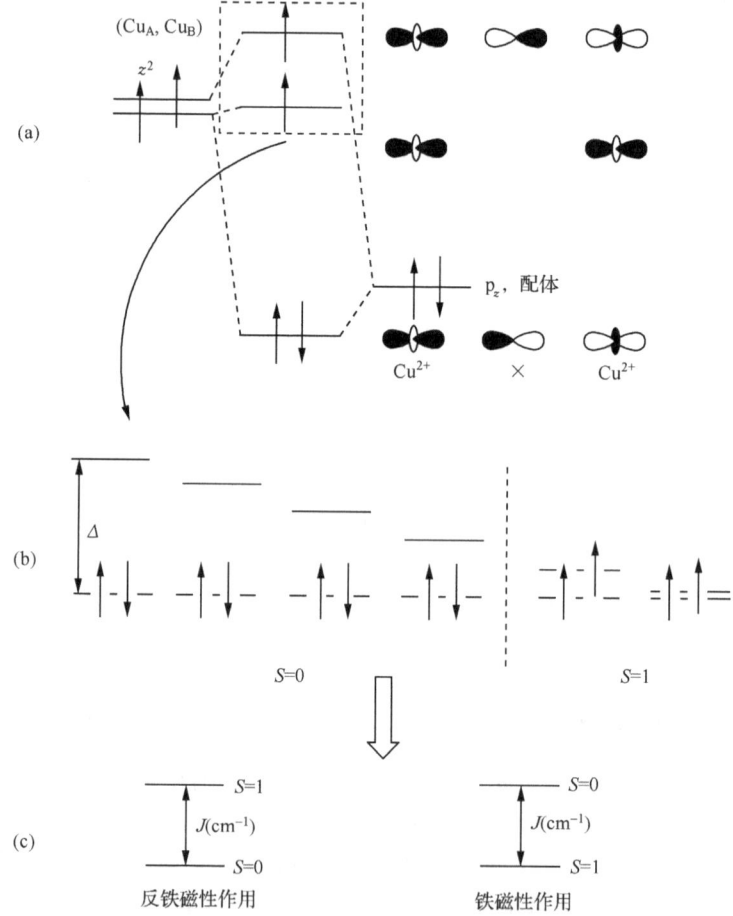

图 7.6 Cu—X—Cu 体系分子轨道和反铁磁性及铁磁性相互作用间的关系

前文讨论的是两个磁性离子 M 和抗磁性阴离子 X 沿 M—X—M 的键轴组成分子轨道(180°),另一种极端情况是两个电子所占的轨道是正交的。图 7.7 表示两个金属离子的 $d_{x^2-y^2}$ 和桥基的 p_y 轨道组成的两个磁轨道是正交的,其重叠积分为零,在此电子将分别处于每一个轨道,因而基态是三重态更为稳定。

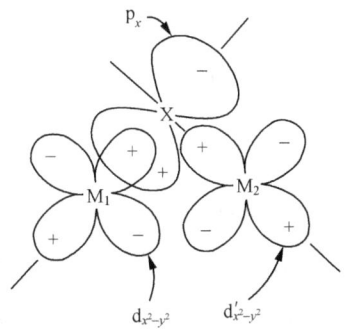

图 7.7　金属离子的两个正交轨道

抗磁性桥基的前沿轨道和含有不成对电子的金属的原子轨道重叠,重叠的结果使不成对的电子所在的轨道不再是金属的 d 轨道而是包含金属原子和桥基原子的非键轨道或反键轨道,这个新轨道常称为磁轨道(magnetic orbitals)。

7.4.3　交换作用的磁参数

磁交换参数是决定磁相互作用的大小和类型的关键因子[7],对桥联顺磁性金属离子的双核配合物而言,相互作用的大小可通过哈密尔顿(Hamiltonian)算符 $\boldsymbol{H}$ 来描述

$$\boldsymbol{H} = -2J\,\boldsymbol{S}_1\boldsymbol{S}_2 \text{①} \tag{7-28}$$

式中,$\boldsymbol{S}_1$ 和 $\boldsymbol{S}_2$ 为顺磁金属离子的自旋算符;$2J$ 称为耦合常数(coupling constant)或磁交换常数,它的符号和大小表示相互作用的类型和大小。$J>0$ 表示顺磁离子间为铁磁相互作用,$J<0$ 表示为反铁磁相互作用。对于二聚体中的 d^1 或 d^9 金属离子的 J 值可表示为

$$J = (P-\Delta)/2$$

式中,Δ 为成键和反键轨道之间能量差;P 为电子成对能,当 $\Delta < P$ 时,$J>0$,表示为铁磁相互作用。

交换常数 J 不能由实验直接得到,用理论计算又很困难,目前主要通过在改变温度所获得的实验磁化率数据 χ_m^{exp} 和通过哈密尔顿算符推导出含有 J 的计算磁

---

① 文献上对式(7-28)的表示并不一致,有用 J 或 $-J$,$-2J$ 代替式中的 $2J$。

化率 χ_m^{cal} 进行拟合,从而求得 J 值。

为了获得计算摩尔磁化率 χ_m 的理论式,通过式(7-28)得到磁相互作用的各级能量,并代入 van Vleck 方程(7-20),得到计算同双核配合物摩尔磁化率的普通表达式(7-29)

$$\chi_m = \frac{Ng^2\beta^2}{3kT} \frac{\sum S(S+1)(2S+1)\exp[JS(S+1)/kT]}{\sum (2S+1)\exp[JS(S+1)/kT]} \quad (7-29)$$

式中,S 为总量子数 $S = S_1 + S_2, S_1 + S_2 - 1, \cdots, |S_1 - S_2|$,$\beta = 9.273 \times 10^{-21}$ erg·G^{-1},$N = 6.02 \times 10^{23}$ 个·mol^{-1},$k = 0.695 (K·cm)^{-1}$(在幂数项中)或 1.38×10^{-16} erg·K^{-1}(在幂数项前),$g = 2.00$。

对双核体系,$S_1 = S_2 = \frac{1}{2}$,$S = 1, 0$,则每摩尔双核铜(Ⅱ)配合物的磁化率为

$$\chi_m = \frac{Ng^2\beta^2}{3kT} \times \frac{0(0+1)(2\times 0+1)\exp(0/kT) + 1(1+1)(2\times 1+1)\exp(2J/kT)}{(2\times 0+1)\exp(0/kT) + (2\times 1+1)\exp(2J/kT)}$$

$$= \frac{Ng^2\beta^2}{3kT} \times \frac{6\exp(2J/kT)}{3\exp(2J/kT) + 1} = \frac{Ng^2\beta^2}{kT} \times \frac{2\exp(2J/kT)}{1 + 3\exp(2J/kT)} \quad (7-30)$$

后来在不同情况对式(7-30)进行的修正,如考虑到不依赖于温度的顺磁性 N_α〔在式(7-30)项末加上 N_α〕和晶体中可能存在少量单核顺磁性杂质,但修正项毕竟很小。

式(7-30)又称 Bleaney-Bower 公式,1952 年 Bleaney 等用该式研究水合乙酸铜(Ⅱ)二聚体$[Cu(OAc)_2(H_2O)]_2$的磁性,在晶体结构未知的情况下,建议该配合物具有两分子乙酸根桥联的四方锥结构(**7.2**),两个水分子分别占据每个四方锥的顶点,桥基的 4 个羧氧占据四方锥的底,桥基 OAc^- 提供了磁交换路径。

用计算机程序在假定 g 值和 J 值下对式(7-30)进行运算,求得摩尔磁化率的计算值 χ_m^{cal},然后与在不同温度下的实测的 χ_m^{exp} 值进行最小二乘拟合,得到最佳值 $g = 2.16$,$2J = -142$ cm^{-1}。同时以 χ_m^{exp} 对 T 作图得到的曲线见图 7.8,曲线出现最大,也说明配合物(**7.2**)中 Cu⋯Cu 之间的相互作用为反铁磁性的。稍后由 X 射线结构分析得到该配合物的结构与磁性测定所假定的结构模型相符。由 X 射线得到 Cu⋯Cu 间距离为 2.64 Å,如此短的距离与金属铜中距离 2.556 Å 十分接近,后来发现 Cu⋯Cu 间存在着极弱的金属键,金属键的出现可能使化合物呈现反铁磁性特征。

对异双核 Cu(Ⅱ)-V(Ⅳ)配合物(**7.3**)进行研究,虽然它的量子数与(**7.2**)相同,但 Cu(Ⅱ)与 V(Ⅳ)之间却是铁磁性相互作用,这是由于两个金属离子的磁轨道正交的缘故(7.4.4 节)。

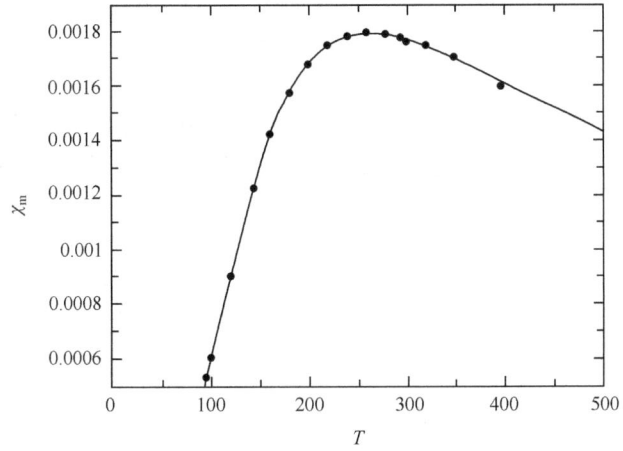

图 7.8 $[Cu(OAc)_2(H_2O)]_2$ 的 χ_m 对 T 作图

黑点:实验点;线:拟合线

(7.2)　　　　　　　　(7.3)

7.4.4 磁相互作用模型及影响作用的因素[6][8]

Kahn 等就顺磁离子间相互作用的本性提出了非正交磁轨道模型[6][8],Kahn 的理论模型把双核的金属配合物 M_A—M_B 看成单核片段 M_A—和 M_B—组成。M_A—或 M_B—可以看成分别被端连和桥联配体围绕着,在 M_A 和 M_B 上各有 1 个不成对电子,在无干扰下,两电子分别居于磁轨道 ϕ_A 和 ϕ_B,并部分向端连和桥联配体离域,见图 7.9(a)。M_A 和 M_B 相互作用产生两种分子状态,即基态 $S=0$ 的反铁磁性自旋单重态和基态 $S=1$ 的铁磁性自旋三重态,铁磁和反铁磁的贡献均来自于基态,自旋单重态和三重态能量之差为 J,可描述为两部分之和,即负的反铁磁贡献项 J_{AF} 和正的铁磁贡献项 J_F。在模型中单重态和三重态之间的能级差 J 表征交换作用的性质和大小,它受两种驱动力竞争所支配:一种有利于单重态作为基态,由 J_{AF} 所表征;另一种有利于三重态,由 J_F 所表征。

$$J = J_{AF} + J_F$$

由量子化学方法推导得

$$J_{AF} = -2S(\Delta^2 - \delta^2)^{1/2} \tag{7-31}$$

$$J_F = 2k \tag{7-32}$$

式中,S 为两个磁轨道的重叠积分;k 为两个磁轨道的双电子交换积分;Δ 为由磁轨道 ϕ_A 和 ϕ_B 组成的成键和反键的分子轨道的能量差;δ 为磁轨道的能量差,见图 7.9(b)。

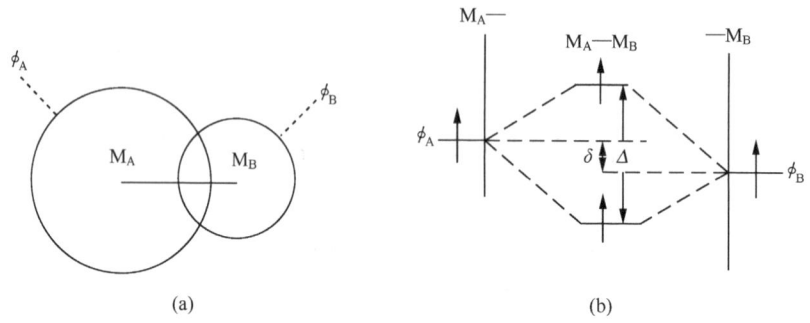

图 7.9 模型示意图

(a)M_A 和 M_B 各有 1 个电子围绕着,其状态用 ϕ_A 和 ϕ_B 描述;(b)Δ 和 δ 示意图

从式(7-31)和式(7-32)可见,如果在双核中 M_A—M_B 是对称的,M_A 和 M_B 碎片是等同的,即 $M_A = M_B$,则 $\delta = 0$,$J_{AF} = -2S\Delta$。磁交换常数 J 值主要来自反铁磁贡献项 J_{AF},它的绝对值随重叠积分 S 和 $(\Delta^2 - \delta^2)^{1/2}$ 的增大而增大;铁磁贡献项 J_F 与两个电子的交换积分有关,即与电子的排斥作用大小有关,电子之间的排斥作用越大,不成对的概率越大,对 J_F 的贡献越大;当双核之间存在磁相互作用但磁轨道的重叠积分 $S=0$,此时 $J = J_F$,结果就表现出铁磁相互作用,因为 S 值的大小与磁轨道取向和磁轨道的单电子往桥基离域程度有关,这种情况相当于磁轨道是相互正交的。与分子的对称性有关;当双核磁轨道的取向不利于相互作用时,$J_{AF} = J_F = 0$,这种情况下双核配合物的磁性与单核配合物相同。因此根据上述 Δ^2 和 J_{AF} 之间的关系,人们通过修饰 Δ 值(即磁轨道重叠)来调控 J 值。

影响磁相互作用的因素很多,包括几何结构、金属离子和配体等,其中桥联和端基配体是重要因素。

(1) 与桥联原子的电负性有关,桥联原子的电负性越小,越有利于磁轨道的重叠,使金属的 3d 轨道与桥基最高被占有轨道能级更加接近,从而使反铁磁性作用增强。例如,改变桥基为 X 的铜(Ⅱ)配合物 $[LCu(X)CuL]^{2+}$ 的桥联原子,其 J 值随桥联原子电负性增加,桥联反铁磁作用减弱,$-J$ 值减小(L=二胺,电负性顺序为 O>N>S)。

桥基 X^{2-}	乙二酸根	乙二酰胺酸根	乙二酰胺根	二硫乙二酸根	四硫乙二酸根
$2J$	$-384.4\ \text{cm}^{-1}$	$-425.5\ \text{cm}^{-1}$	$-581\ \text{cm}^{-1}$	$-730\ \text{cm}^{-1}$	$<-1000\ \text{cm}^{-1}$

因此合成强反铁磁化合物多选择四硫乙二酸根作为桥基。另外，近年来众多配合物的晶体结构已被测定，人们力图寻求结构和磁性的关系，例如，前人研究了一系列 μ_2-二羟基桥联的双核铜配合物体系，磁交换参数 J 与 Cu—O—Cu 键角 α 在 $95.6°\sim104.1°$ 存在下列线性关系：

$$2J(\text{cm}^{-1}) = -74.53\alpha + 7270$$

(2) 端基配体：端基配体能修饰金属离子周围的几何构型，如 Cu^{2+} 因端基配体不同有不同的几何构型，磁轨道的性质也发生变化，从而改变 J 值。图 7.10 中端基配体 L=bpy 或 tmen(四甲基二胺)的 Cu(Ⅱ)配合物的磁轨道($d_{x^2-y^2}$)和乙二酸根氧原子的(p_x)轨道均处于同一平面，在桥的两个方向均可有效重叠，相互作用最大，导致一个强的反铁磁性耦合($2J = -400\ \text{cm}^{-1}$)。当一个端基配体 tmen 被二乙基三胺(dien)取代时，则一个 Cu(Ⅱ)倾向于形成垂直于乙二酸根桥的四方锥几何构型。其磁轨道不能与乙二酸根桥基有效重叠，因此该偶合作用减小。当两个端基配体 tmen 均被 dien 取代时，二方磁轨道均垂直于乙二酸根平面，不发生重叠，相互作用近于零。

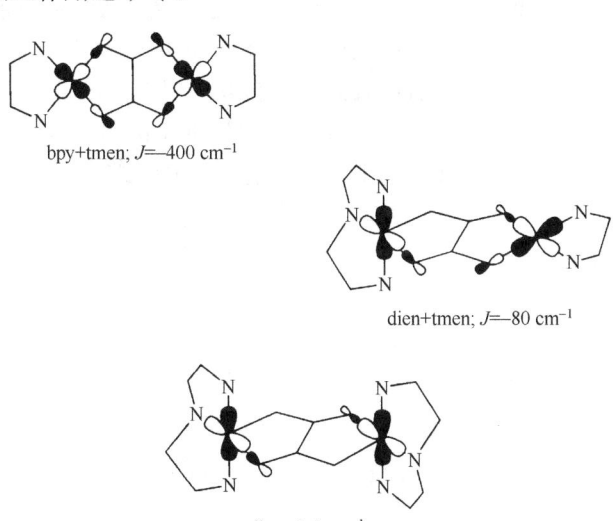

图 7.10 变化端基配体以改变 Cu(Ⅱ)几何构型来调控 J 值

7.5 自旋交叉配合物

7.5.1 自旋交叉配合物的产生

对于 d^4-d^7 的过渡金属离子,它在八面体场中,可以是低自旋(LS)或高自旋(HS),当分裂能 Δ 大于电子成对能 P 时为低自旋,当 Δ 小于 P 时为高自旋,当 Δ 与 P 接近时在外界温度、压力、光辐射等的微扰下,配合物可发生高自旋与低自旋的相互转换,这种现象称为自旋交叉(spin-crossover)或自旋转换[9](spin-transition)。例如,配合物 cis-([Fe(NCS)$_2$(bpy)$_2$])的中心离子为 d^6 组态,在温度低于 212K 时,配合物处于低自旋态(t_{2g}^6),当温度高于 212K 时中心离子 t_{2g} 轨道上的两个电子跃迁到 e_g 轨道,转变成具有高自旋态($t_{2g}^4 e_g^2$)的分子(图 7.11)。在高自旋态时 2 个 d 电子处于反键 e_g 轨道,而低自旋时所有 6 个 d 电子都处于非键的 t_{2g} 轨道,因此在高自旋时金属和配体间的距离比低自旋分子更长。加大压力有利于稳定低自旋态。例如,配合物[Fe(NCS)$_2$(phen)$_2$]在室温压力大于 13.5×10^3 kPa 时为低自旋,小于此值为高自旋。又如,在温度为 10 K 下用绿光(540 nm)照射配合物[Fe(ptz)$_6$](BF$_4$)$_2$(ptz=1-丙基四唑),配合物由低自旋态(t_{2g}^6)变为高自旋态($t_{2g}^4 e_g^2$),在低温时高自旋有很长寿命,这现象称为光致激发态的俘获(light induced excited spin state trapping, LIESST)。当升温到 50 K,用红光(>750nm)照射俘获到的高自旋间稳态,也可使之回到低自旋态。这种光和磁之间的转换效应,可望在光电信息技术中得到应用。目前过渡金属离子 Mn^{3+}(d^4)、Mn^{2+}(d^5)、Co^{2+}(d^7)、Fe^{2+}(d^6)和 Fe^{3+}(d^5)的配合物已被研究,其中以 Fe(Ⅱ)配合物研究得最多。高自旋态、低自旋态转化时常伴有颜色的变化,如 Fe(Ⅱ)的高自旋配合物多为黄色或白色,低自旋多为紫色,这有利于自旋转换过程的跟踪。配合物能否发生自旋转换与配体场强度和配体性质有关,一般由位于光谱化学序中部的配体配位的化合物易发生自旋转换。

(7.4)

图 7.11 过渡金属离子的高自旋到低自旋的转换

目前许多具有基态 $^2T_{2g}$ 和最低激发态 $^6A_{1g}$ 的 Fe(Ⅲ)配合物已制备成功,当升高温度时,自旋交叉配合物在激发态 $^6A_{1g}$ 的分子布居数增加,相应的基态 $^2T_{2g}$ 的分子布居数则减少,因而进一步说明温度致使自旋态的改变,使每个 Fe(Ⅲ)离子的

μ_{eff} 值依赖于温度而变化。例如,席夫碱 salEen(**7.4**)和 Fe(Ⅲ)形成四种配合物,以每个 Fe(Ⅲ)离子的 μ_{eff} 值对温度作图(图 7.12),所得曲线有不同形状,配合物 [Fe(3-OCH$_3$-salEen)$_2$]PF$_6$ 在席夫碱配体的苯环上有 3-甲基取代,当温度改变 2~4 K 时,突然从高自旋态改变为低自旋态。而配合物 [Fe(salEen)$_2$]PF$_6$,高低自旋态的改变却是渐进的,从 286 K 的 5.3μ_B 到 42 K 的 2.1μ_B。另外,[Fe(salEen)$_2$]NO$_3$ 的自旋交叉变化却是不完全的,[Fe(3-OCH$_3$-salEen)$_2$]BPh$_4$ 则不发生温致自旋态的改变。

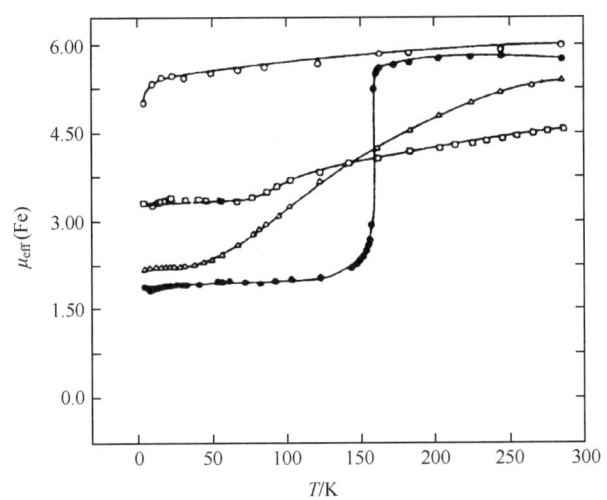

图 7.12 每个 Fe(Ⅱ)离子的有效磁矩对温度作图
●:[Fe(3-OCH$_3$-salEen)$_2$]PF$_6$;△:[Fe(salEen)$_2$]PF$_6$;□:[Fe(salEen)$_2$]NO$_3$;
○:[Fe(3-OCH$_3$-salEen)$_2$]BPh$_4$

7.5.2 自旋转换曲线

根据高自旋分子所占的摩尔分数(χ_{HS})对温度作图可得自旋转换曲线[9],如图 7.13 所示,图中 $\chi_{HS}=0.5$ 时称为转变温度 $T_{1/2}$,$T_{1/2}$ 附近的斜率称为突变度。配合物的自旋转换曲线可粗分为非滞回曲线和滞回曲线两类,前者是指升温和降温时曲线完全一致,即只有一个 $T_{1/2}$,如图 7.13(a)和 7.13(b)所示。后者是指体系以升温或降温方式变温时,χ_{HS} 沿不同曲线变化出现两个转换温度,一个是降温 $T_{1/2}$,另一个是升温 $T_{1/2}$,即滞后现象产生一个滞回线[图 7.13(b)]。决定自旋转换曲线类型的因素很多,除分子本身性质外,其中重要的是分子间的相互作用,即与分子间的协同性有关。协同效应可能来源于自旋转换中心之间通过氢键、π-π 堆积作用等,当协同效应较弱时,一般观察到缓慢转换,只有当协同效应较强并达到一定临界标准时,自旋转换才为突跃式和发生滞回。当配合物如[Fe(NCS)$_2$(bpy)$_2$]

和[Fe(3-OCH₃-salEen)₂]PF₆ 等在很窄温度范围内,从一个稳态突变到另一稳态,说明具有开关性质(12.5.4 节)。而配合物[Fe(NCS)₂(dpp)][dpp 化学式见(**7.5**)]出现滞后现象,说明配合物具有记忆效应和信息储存的功能,在自旋交叉配合物中两个稳态之间的转换来自于配合物中心原子附近的电子跃迁,如在 Fe(Ⅱ)的八面体配合物中,电子从 t_{2g} 的低自旋跃迁到 e_g 的高自旋,但电子仍位于 Fe(Ⅱ)的周围,不像在第 12 章中将要提到的开关效应来自于异构现象或化学键的转移,因此自旋交叉配合物的开关效应不会出现疲劳效应,转变重复性好。

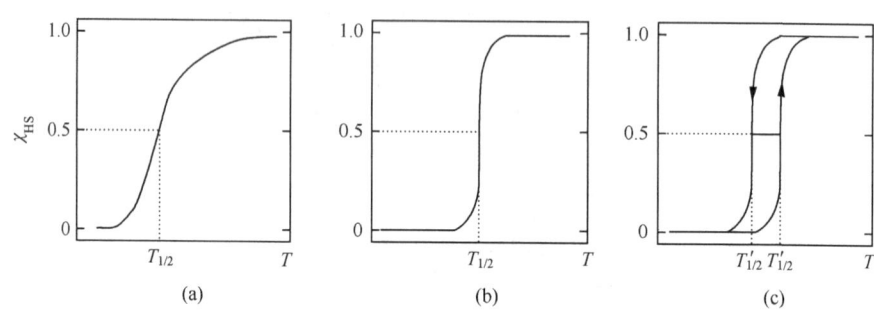

图 7.13　自旋转换曲线(χ_{HS} 对 T 的作图)
(a) 渐变型;(b) 突变型;(c) 滞回曲线

(**7.5**)

7.6　分 子 磁 体

7.6.1　概述

分子磁体(molecular magnets)又称分子基磁体(molecule-based magnets)[10],是指能够用合成的方法得到一类像磁铁一样的分子或分子聚集体,这类分子在临界温度 T_c 以下能够进行自发磁化。例如,类普鲁士蓝 $Fe[Fe(CN)_6] \cdot 4H_2O$ 是分子磁体,在高温分子为无序时,显顺磁性,在 22.6K 以下自发磁化呈有序排列。分子磁体不同于传统的合金磁体和氧化物磁体,后者一般在冶金过程才能得到,如 $SmCo_5$、CrO_2。而分子磁体通常可以通过溶液反应获得,且易于纯化和重结晶,与合金磁体相比,它密度小,透明度高,性质多样,在信息处理、储存及电子技术等方面有潜在的应用前景,因而近年来得到人们极大的关注。配合物作为分子磁体有其独特的优越性,如自旋交叉配合物、电荷转移型配合物、多核配合物等。因其组分或键和结构的多样性,变化金属离子、桥联配体、端基配体和配对离子,在不同溶剂及不同合成路径中可得到零维的孤立分子团簇、1D 链状、2D 层状和 3D 网状的磁性分子,这为构筑分子磁体提供了优越性。

分子磁体在性质上可看成超分子,因为它是由含有自由电子自旋的组分,按自旋要求排列并聚集成的组装体。因此构筑分子磁体(分子磁工程)需要通过有机配体将顺磁物种连接起来排列成适当的超分子结构,以便使自旋耦合。设计结晶的磁性固体(晶体磁工程)最好是用经预组织的分子,如过渡金属配合物,因为高度预组织的结构才能保证过渡金属离子的多重键合,才能扩展成各种 1D、2D 和 3D 的结构。

7.6.2 铁磁体和反铁磁体

简单顺磁性物质不加外磁场时,因热运动而破坏电子自旋的有序性,因而不显示自发磁化。但铁磁体中,其内部不成对电子自旋产生的磁矩,和邻近原子的磁矩发生磁耦合,在一定区域内平行排列起来产生自发磁化,使宏观铁磁体中存在着若干自发磁化区,即所谓磁畴(magnetic domain),在同一磁畴内,自旋取向一致,见图 7.14(b)。在无外磁场作用时各磁畴区电子自旋方向不同,因此总磁化强度为零。在外磁场存在下,促使不同磁畴的磁化取得一致方向,使铁磁性物质显现出宏观的磁化强度[图 7.14(c)]。顺磁性物质在相同的外加磁场下其磁化强度低于铁磁性物质,因为各自旋磁子之间不形成磁畴。

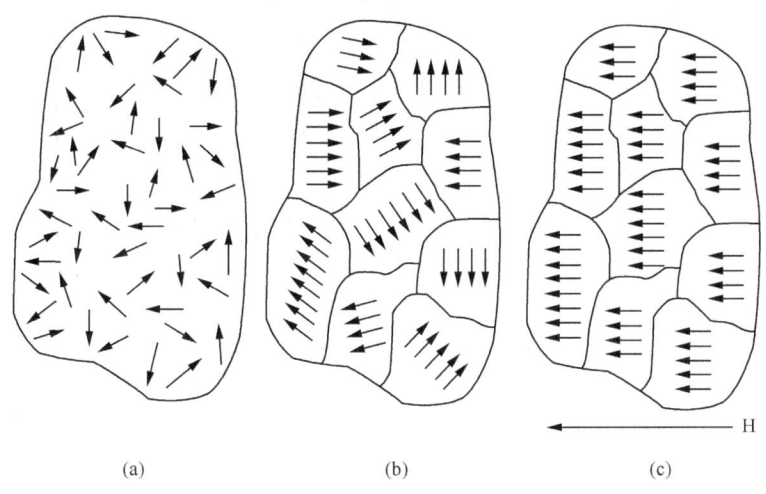

图 7.14

在不加磁场时顺磁物质的电子自旋产生的磁矩无序排列(a),在铁磁性物质的磁畴区自旋磁矩自发排列(b)以及在磁场作用下磁畴区自旋磁矩沿磁场排列(c)

铁磁性物质的摩尔磁化率随温度的关系也与顺磁体不同,存在着一个临界温度 T_c(居里温度)(图 7.1)。当高于 T_c 时,热能破坏了磁畴内自旋的排列,其自旋取向完全是随机的,自发磁化消失展现出简单的顺磁性,当低于 T_c 时,相邻原子磁矩相互平行物质自发磁化,甚至在无外磁场时也形成磁有序,称为长程有序。在温度升到 T_c 时,自发磁化为零,铁磁性消失。

在反铁磁性物质中磁化率随温度变化的关系是在曲线上出现一峰值,对应温度即为 Néel 温度 T_N。在 T_N 以下,磁矩基本上保持反平行,即存在长程反铁磁有序,随着温度的升高,反平行的磁矩减少,磁化率不断增加,达到一峰值,所以 T_N 表示长程反铁磁有序消失的温度,在 T_N 以上显示顺磁性磁化机理,即磁化率随温度的升高而下降(图 7.14)。

当反向平行的磁矩恰好相互抵消时为反铁磁性。部分抵消为亚铁磁性(ferrimagnetism),亚铁磁性物质的宏观性质与铁磁性相似,都具有自发磁化。

7.6.3 有代表性的分子磁体[10]

1. 以过渡金属配合物为基础的分子磁体

1) 普鲁士蓝及其类似物

普鲁士蓝 $Fe_4^{III}[Fe^{II}(CN)_6]_3 \cdot 15H_2O$ 具有面心立方结构(图 7.15),图 7.15 中六配位的低自旋 Fe(Ⅱ)通过两可配体 CN^- 的碳原子键合,高自旋 Fe(Ⅲ)通过氮原子键合,构成一个 3D 网络,使普鲁士蓝成为混合价态配合物,Fe(Ⅲ)处于 $N_{4.5}O_{1.5}$ 的配位环境,低自旋 Fe(Ⅱ)呈抗磁性,水分子位于晶格空隙中,桥基 CN^- 是一个稳定过渡金属高氧化态和低氧化态的有效配体,其高的电子云密度和配位的多面性,促使它和所有的过渡金属离子进行端连或桥联,形成除强酸外在许多试剂作用下十分稳定的配合物。普鲁士蓝展现出长程磁有序性质 $T_c=5.6$ K,临界温度较低是由于低自旋 d^5 的位置上仅携带一个自旋,以及 Fe^{II} 的抗磁性所致。CN^- 的基态电子结构为 $2\sigma^2 2\sigma^{*2} 1\pi^4 3\sigma^2 1\pi^*$,其 HOMO 3σ 能给出电子,其 LUMO $1\pi^*$ 能从金属获得电子,因此 CN^- 配位多面性来源于具有 σ 给体和 π 受体的性质,其电荷离域遍及碳和氮两原子(:CN^-)间,普鲁士蓝的磁相互作用是通过 10.6 Å 长度的键 Fe^{III}—NC—Fe^{II}—CN—Fe^{III} 在最邻近的顺磁离子间进行。电子(自旋)的离域作用通过桥基组成的网络而得以传播。

普鲁士蓝中 Fe(Ⅱ)和 Fe(Ⅲ)能被其他顺磁离子 M 和 M′取代得到类似普鲁士蓝的面心立方结构,它可看作以惰性的六氰合金属盐 $[M(CN)_6]^{3-}$(M=Cr,Mn,Fe,Co)作为前体(路易斯碱)与顺磁性的二价路易斯酸 M′(Ⅱ)结合得到的普鲁士蓝家族。作为磁性材料,它们有如下优越性:①在立方晶格内改变 M 和顺磁离子为设计磁性材料提供了灵活性;②立方体系具有高度的对称性,通过线形的

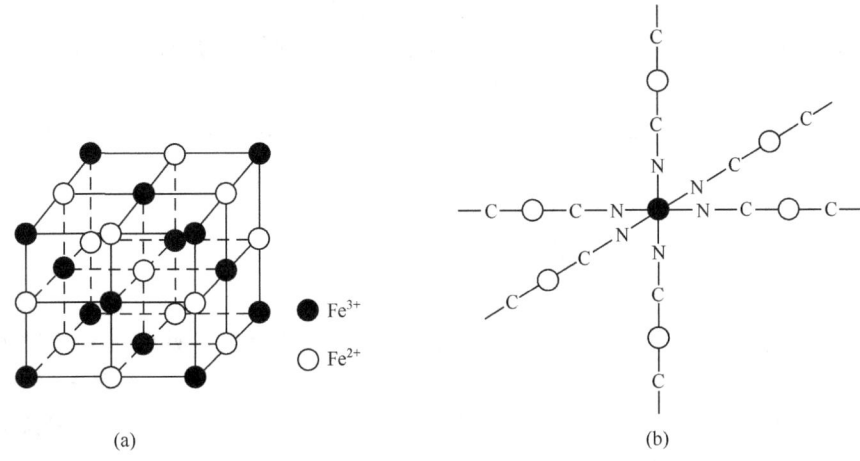

图 7.15 普鲁士蓝的立方体 3D 结构
(b)代表(a)的一部分

M—CN—M'排列能够有效地控制磁性和加强两个顺磁离子间的磁交换作用；③改变合成时的化学计量就有可能改变围绕金属中心 M 和 M' 周围磁邻居的数目，从而改变 Curie 温度。多年以来人们为了提高 T_c，寻找类似物的结构和磁性关系做了大量工作，1995 年一个混合价态的化合物 $V^{II}_{0.42}V^{III}_{0.58}[Cr(CN)_6]_{0.86} \cdot 2.8H_2O$ ($T_c = 315$ K) 被合成，这是 T_c 温度在室温以上且空气中稳定的第一个化合物，它标志着分子磁体发展的里程碑。随后在改变组分的化学计量下得到 T_c 温度高于水沸点，且空气中稳定(376 K)的亚铁磁性化合物 $V[Cr(CN)_6]$（表 7.7），但美中不足的是表 7.7 中具有较高 T_c 温度的化合物均为无定形粉末，这不利于磁构关系的研究。因此制备既具有高 T_c 又有明确结构的分子磁体仍然是个挑战。

表 7.7 普鲁士蓝及其类似物的磁性

化合物	磁性	T_c/K
$V[Cr(CN)_6]$	Ferri[a]	376
$K_{0.58}[V(CN)_6]_{0.79}(SO_4)_{0.058} \cdot 0.93H_2O$	Ferri	372
$V[Cr(CN)_6]_{0.86} \cdot 2.8H_2O$	Ferri	315
$[Cr_5(CN)_{12}] \cdot 10H_2O$	Ferri	240
$Cs_2Mn[V(CN)_6]$	Ferri	125
$CsNi[Cr(CN)_6] \cdot 2H_2O$	Ferro[b]	90
$Mn_3[Cr(CN)_6]_2 \cdot 12H_2O$	Ferri	63
$Mn[Mn(CN)_6]$	Ferri	48.7
$Ni_3[Fe(CN)_6]_2$	Ferri	23.6
$Fe^{III}_4[Fe^{II}(CN)_6]_3 \cdot 15H_2O$	Ferro	5.6

a. Ferri 亚铁磁性；b. Ferro 铁磁性。

普鲁士蓝类似物除有高的 T_c 外,另一个有用的性质是它的光学透明性,这可能有望作为磁光材料潜在的候选者。普鲁士蓝及其类似物合成简单又具有引人关注的磁性,但其规整的面心立方结构使得它们不具有磁的各向异性,因而人们合成含低对称性的七氰或八氰的金属盐 $[M(CN)_7]^{(7-n)-}$、$[M(CN)_8]^{(8-n)-}$ 来构筑分子磁体。例如,$[Mn(H_2O)_5][Mo(CN)_7]\cdot 4H_2O$ 中的 Mo^V 离子具有五角双锥的配位构型。

2) 其他配合物的分子磁体

除以 CN^- 为桥和金属离子构筑的分子磁体外,N_3^-、乙二酸根及其衍生物以及席夫碱都是十分有用的桥基。依赖于键合模式,N_3^- 能够传递铁磁性和反铁磁性两种相互作用。N_3^- 主要以两种模式成桥,图 7.16(a)是 N 以 1,1-端基配位(端联,end-on,EO),图 7.16(b)为 1,3-端基配位(端-端,end-to-end,EE),一般认为对 Ni(Ⅱ)和 Mn(Ⅱ)的配合物,EE 模式产生反铁磁性偶合,EO 模式产生铁磁性耦合。

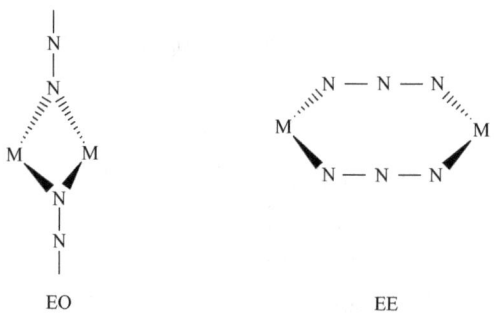

图 7.16 N_3^- 的两种桥联模式(EO 和 EE)

乙二酸根离子是一类桥联模式多样的桥联配体,最少通过 3 个原子连接金属离子(图 7.17),它能有效地传递反铁磁性相互作用。图 7.17 是乙酸根桥联两个 Cu(Ⅱ)的磁轨道的示意图,图中金属离子和配体的磁轨道匹配得很好,虽然两个 Cu(Ⅱ)相距大于 5 Å,但两个离子间仍呈现反铁磁性偶合。多核乙二酸根的衍生物可由 $M(ox)_3^{n-}$ 作为前体建筑模块组装而成。图 7.18 是 $M(ox)_3^{n-}$ 的骨架。通过 3 个连接点进行组装可得到 1D、2D、3D 的结构,再者 $M(ox)_3^{n-}$ 的手性(图 7.19)更丰富了结构的多样性。如果外消旋混合物被用作前体将展现出 2D 蜂窝层状结构(图 7.20),如果纯的对映体被采用将得到 3D 网状结构。

乙二酸根衍生物的配合物也进行许多研究,近年来为寻求高 T_c 的分子铁磁体进行了大量工作,现简要介绍乙二胺酸配合物(**7.6**)和(**7.7**)及草酰胺配合物(**7.8**)和(**7.9**)。

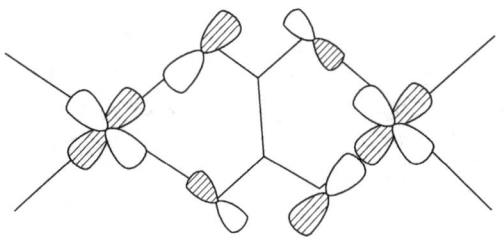

图 7.17　Cu(Ⅱ)-$C_2O_4^{2-}$—Cu(Ⅱ)体系磁轨道示意图

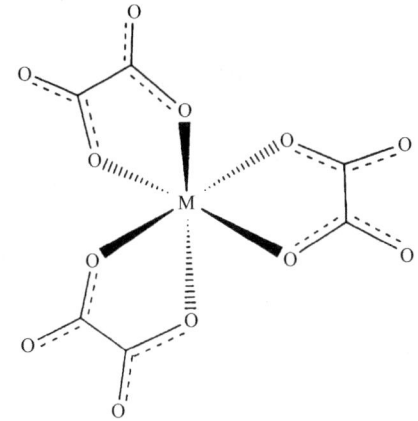

图 7.18　M(ox)$_3^{n-}$ 作为建筑模块的骨架（Λ 构型）

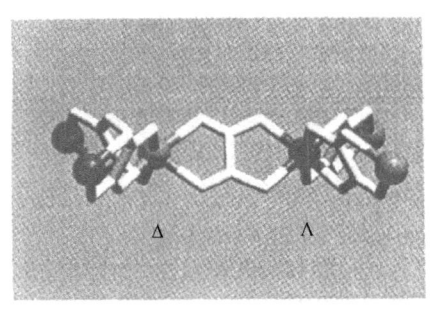
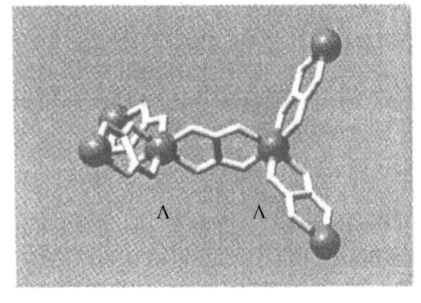

(a)　　　　　　　　　　　　(b)

图 7.19　M(ox)$_3^{n-}$ 组装的手性结构

(a) 外消旋；(b) 相同手性

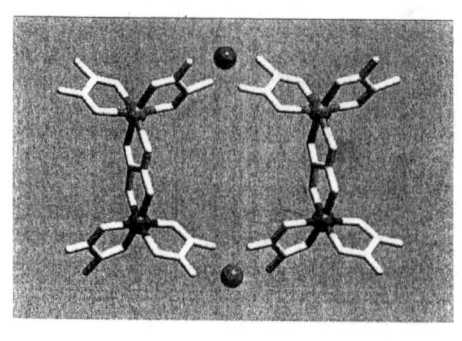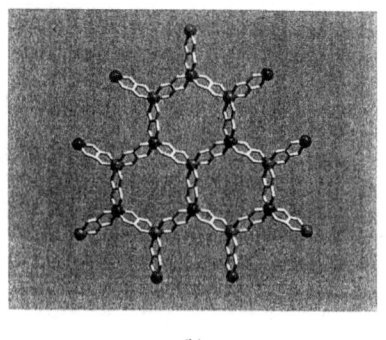

图 7.20　不同手性组成的二聚体(a)和产生的层状蜂窝结构(b)

图 7.21　Mn(H$_2$O)$_2$[Cu(pba)(H$_2$O)]的链状结构

(a) X=H
(b) X=OH

(7.6)　　　(7.7)　　　(7.8)

(7.9)

以[Co(pba)]$^{2-}$(pba=1,3-丙烯-二乙二胺酸根)作为前体[**7.6(a)**,M＝Cu],

得到亚铁磁性的一维链 $Mn(H_2O)_2[Cu(pba)(H_2O)] \cdot 2H_2O$（图 7.21）。如果修饰配体成 **7.7(b)**，经磁性测量表明其铁磁性转变温度 $T_c = 4.6\ K$，这是由于 pbaOH 上的—OH 基与邻近键上原子生成氢键，从而改变了链间相互作用。后来又得到类似配合物 $Mn(H_2O)_2[Cu(pbaOH)]$，$T_c = 30K$。由于水分子控制着链间排列方式和链间距离，水分子失去导致链间相互作用改变。该化合物是迄今获得的同类化合物中高 T_c 的分子磁体之一。

以配体$[Cu(obbz)]^{2-}$ (**7.9**) 作为前体与 $Co(NO_3)_2 \cdot 6H_2O$ 反应得到双核配合物 $[Co(H_2O)_4Cu(obbz)] \cdot 2H_2O$，Co(Ⅱ)和 Cu(Ⅱ)之间为反铁磁性偶合，无长程有序。当进一步脱水后磁性发生如下改变。

$$[Co(H_2O)_4Cu(obbz)] \cdot 2H_2O \underset{}{\overset{120℃}{\rightleftharpoons}} [Co(H_2O)_3Cu(obbz)] \underset{}{\overset{190℃}{\rightleftharpoons}} [Co(H_2O)Cu(obbz)]$$

双核反铁磁性偶合	铁磁链	三维铁磁体
无长程有序	无长程有序	长程有序 $T_c = 25K$

由于水分子失去而导致磁性改变，且这种改变完全是可逆的，因此称该化合物为"磁性海绵"。水分子的失去而导致磁性的改变是因为在 Co(Ⅱ)上的水分子失去后，留下的配位空位被相邻分子的羧氧原子所占据，以致双核生成一维链状和三维结构，配合物结构改变导致了磁性也发生变化。

2. 单分子磁体

单分子磁体(single-molecule magnets，SMM)是一个可磁化的孤立分子，一般具有高核数，具有较大的基态自旋 S_T 值和较大的磁各向异性(负的零场分裂常数 $D<0$)。磁各向异性是指外加磁场相对于平行或垂直于分子主轴旋转时磁化率不同，其强弱与分子基态的零场分裂(即在外磁场为零时发生的能级分裂)常数(D)的大小有关。当 D 为正值时，最小的自旋态能量最低；当 D 为负值时，最大的自旋态能量最低。因此要获得最大自旋态的稳定分子其 D 值必须为负值。此外，单分子磁体在分子磁矩(或自旋取向)发生翻转时需要克服一个较大的势垒，势垒大小 $\Delta E = |D|S^2$ (自旋量子数 S 为整数)或 $\Delta E = |D|(S^2 - 1/4)$ (S 为半整数) (图 7.22 表示单分子磁体在零场下发生翻转的能级图，从自旋态 $-S$ 翻转至 S，取决于 $\Delta E = |D|S^2$ 的势垒的大小)。在低温翻转速度减慢，如果在外磁场作用下，磁矩可以统一取向，当外磁场减小，温度又足够低，分子的磁矩重新取向的速度非常缓慢，出现了磁弛豫现象。1993 年报道的 $[Mn_{12}O_{12}(Ac)_{16}(H_2O)_4]$ 是第一个单分子磁体，其结构如图 7.23 所示。配合物中心含有 $[Mn_4^{IV}O_4]^{8+}$ 的立方烷结构，它位于以 8 个氧作为桥基 μ_3-O^{2-} 连接 8 个 Mn(Ⅲ)组成的非平面的中心。8 个 Mn(Ⅲ)周围被 16 个乙酸根 Ac^- 螯合，所有 Mn(Ⅲ)的自旋相互平行，并反平行于 Mn(Ⅳ)，二者之间存在着反铁磁相互作用，其基态 $S_T = 10$。该化合物在低温出现磁弛豫，当温度为 2K 时，弛豫时间为几个月，当温度为 1.5K 时，弛豫时间长达 50 年。

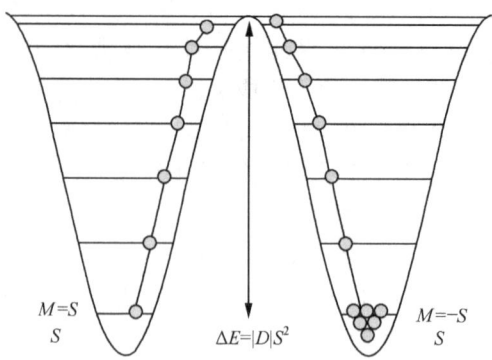

图 7.22 单分子磁体在零场下的能级示意图

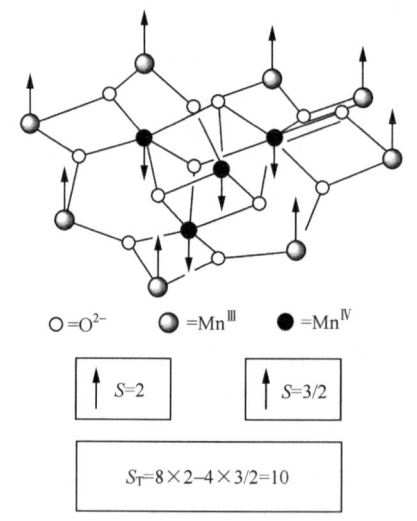

图 7.23 $[Mn_{12}O_{12}(Ac)_{16}(H_2O)_4]$ 的结构示意图

配合物分子的基态自旋值 S_T 值可能通过设计合成的方法进行调控。例如，用六氰合金属盐$[M(CN)_6]^{n-}$取代$[M'^{II}L_5(H_2O)_3]$（M'=Cu, Ni, Co, Cr；L_5 为五齿配体如五胺）中的水分子，可以得到多核簇（图 7.24）。由于五齿配体阻止了$[M(CN)_6]^{n-}$生成 3D 结构，因此该化合物以在基态具有高自旋和固定尺寸为特征，而不是在一定范围内的尺寸分布。

由此可见，从磁化强度观点，单分子磁体表现出像经典磁体的性质，但从磁体性质的来源又不像经典磁体，而是来源于单分子本身，而经典磁体则来源于晶体中大量自旋载体分子间的相互作用产生的长程有序。作为单分子磁体必须具备几个条件：①具有大的自旋基态，即增大分子的自旋，所以制备大的具有不成对电子的高核数分子，有可能得到大的自旋基态，并使其基态能级与第一激发态能级相差较

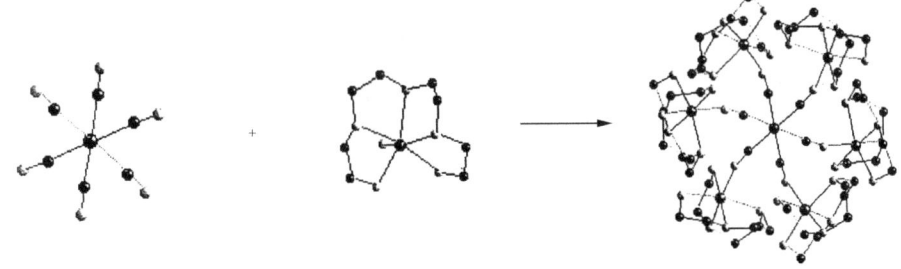

图 7.24 从六氰合金属盐制备多核簇

大,分子内的耦合常数 J 应尽可能高;②改进体系的各向异性,以保证最大自旋态的能量最低;③相邻的分子间磁作用要尽量小,以避免形成三维磁有序。

最近几年,人们发现双核甚至单核配合物也可以是很好的单分子磁体,如单核稀土配合物 $[LnPc_2]^-$ (Ln = Tb, Dy; Pc = 酞菁二价负离子)和多酸阴离子 $[Ln(W_5O_{18})_2]^{9-}$ (Ln^{III} = Ho, Er)的双核配合物以及一个三角锥的单核 Fe(II) 配合物都具有单分子磁体的性质。

单分子磁体是一种可磁化的高自旋分子,可被用于分子水平的信息储存,21世纪以来用单分子或纳米粒子作为磁信息储存材料是对化学家的挑战之一,目前在临界温度下具有慢的磁弛豫现象的纳米粒子,其尺寸在 10～100nm 范围内已被报道,其合成路线采用超分子"积小成大"的自组装方法(第12章)。但获得性能优良的纳米单分子磁体仍然十分困难。

3. 含金属自由基键的分子磁体

一些自由基配体也常用于构筑磁性材料,其中氮氧自由基(2-取代-4,4,5,5-四甲基咪唑啉-1-氧基-3-氧化物,NIT)和四菁乙烯 TCNE,因为具有相对稳定性,所以为人所采用。NIT 中含有 NO 基和一个不成对的电子,生成的自由基因 NO 基周围存在着大体积的取代基而得以稳定。氧原子能和过渡金属离子成键形成弱的配合物,NIT 的两个 NO 基是完全等价的,其不成对电子在 NO 基中等同分布,NIT 自由基像一个氮原子桥基能和不同的过渡金属离子产生强的耦合。图 7.25 是 NIT 联结成的 1D 链状结构,当 M=Cu(II) 时表现出中等的铁磁耦合,当 M= Mn(II)、Co(II)、Ni(II) 时,为强的反铁磁性耦合。

含取代基 R 时,NITR 是一个非常弱的配体,它需要非常强的路易斯酸与之结合才能形成稳定化合物,在实际中采用 $M(hfac)_2$ (hfac=六氟乙酰丙酮),由于 CF_3 有很强的吸电子能力,因此金属离子会产生很高的酸性,CF_3 又具有大的体积,能使形成的链相互分开,以减小它们的磁相互作用,因此金属-NITR 链是非常好的一维磁性材料,在链内的磁相互作用与链间磁相互作用之比很大,在金属离子与自

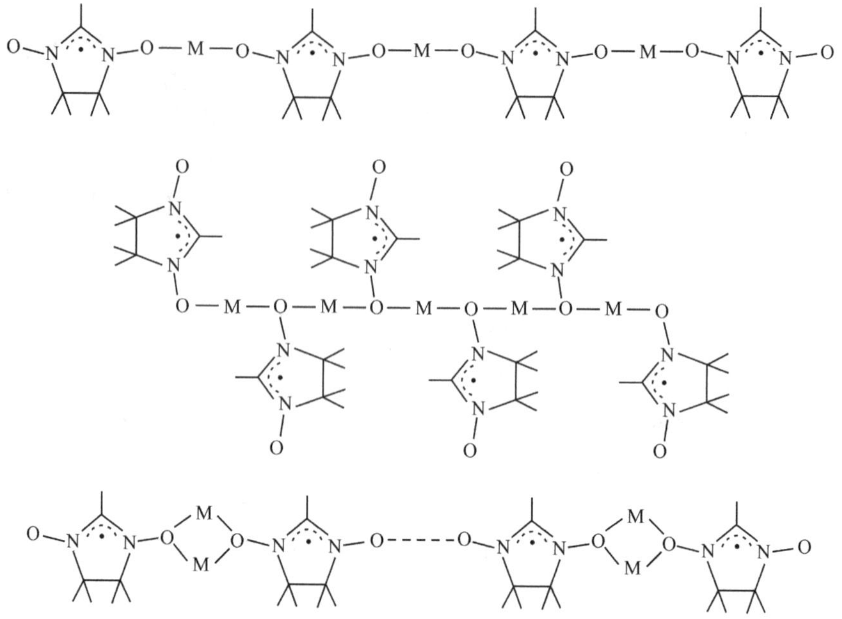

图 7.25 氮氧自由基和过渡金属离子形成 1D 骨架示意图

由基之间产生相对强的偶合。例如,其 Mn(Ⅱ)的衍生物在 4~8 K 可作为亚铁磁体。

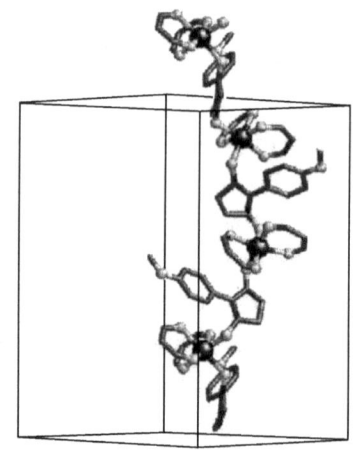

图 7.26 Co(hfac)$_2$ 和 NITR (R=PhOMe)形成的螺旋骨架

图 7.26 是典型的金属-NITR 骨架结构。以 Co(hfac)$_2$ 作为路易斯酸和 R＝PhOMe 的 NITR 衍生物(即取代氮氧自由基中 R 被 PhOMe 苯甲醚基取代)形成单链螺旋的配合物[Co(hfac)$_2$(NITPhOMe)],其中高自旋钴(Ⅱ)和自由基之间的偶合是反铁磁性的,导致了金属自由基链呈亚铁磁性。在原理上钴-自由基链可能被用来在单链上磁化储存信息,这称为单链磁体(single-chain magnets, SCM)。单链磁体与单分子磁铁相似,即具有磁各向异性,链与链之间不能有磁相互作用,是孤立的。与单分子磁体相比,SCM 储存信息可以在更高的温度下实现。

小 结

1. 化合物的磁性根据 χ_m 和 T 的关系可分为：

顺磁性　χ_m 随 T 的增加而减少，服从 Curie 定律（自由体系）或 Curie-Weiss 定律（非自由体系）

抗磁性　与 T 无关

铁磁性　χ_m 随 T 升高迅速下降，T_c 点后转变为顺磁性

反铁磁性　χ_m 随 T 升高而升高，出现最大值（T_N 点）以后为顺磁性

2. 按磁矩贡献对顺磁粒子分类

唯自旋型　配合物的轨道磁矩因配体场作用而猝灭

部分贡献型　不偶合下 L 提供部分贡献

自旋-轨道耦合型　L 和 S 发生相互作用

重原子型　核电场影响

根据以上情况由 van Vleck 公式分别推算出 χ_m 和 μ_{eff} 的表达式。

3. 磁性离子间存在着铁磁性和反铁磁性的相互作用，以 χ_m 对 T 作图可初步估计属于哪种相互作用？用偶合常数 J 表示其大小。$J>0$ 为铁磁性相互作用（J_F），$J<0$ 为反铁磁性相互作用（J_{AF}），J 的大小决定于两磁轨道重叠积分 S，分裂能 Δ 和 δ 以及电子成对能 P，此外还受桥联原子电负性、端基配体等影响。

4. 自旋交叉配合物的 HS 到 LS 的转换决定于 Δ 和 P，它还受温度、压力和光辐射等的影响。两自旋态之间的转换用滞回曲线和非滞回曲线来描述，前者的配合物有记忆功能可用于信息储存。后者有开关功能，可用于信息处理。

5. 配合物作为分子磁体，主要希望获得配合物分子像磁石一样具有自发磁化行为和高的 T_c 的磁体。近年来以高核的单分子磁体作为纳米信息储存材料尤其引人注目。

习　题

1. 配体为 H_2O 和 Cl^- 的两种 Co(Ⅱ)的配合物，前者显粉红色，$\mu_{\text{eff}}=4.8\sim5.2\mu_B$，后者为蓝色 $\mu_{\text{eff}}=4.3\sim4.7\mu_B$。若按唯自旋型计算其 μ_{eff} 分别为多少？由此讨论两种配合物的立体结构。

2. Pr^{3+} 和 Yb^{2+} 的基态分别为 $^3H_4$ 和 $^2F_{\frac{7}{2}}$，请计算 μ_{eff} 值。

3. 用唯自旋型的公式和式(7-24)分别计算 Ni^{2+}（基态 $^3F_4$）的 μ_{eff} 值。Ni^{2+} 配合物的实验值是在 $2.8\mu_B\sim4.0\mu_B$ 范围内，试解释之。

4. 高自旋八面体的 Co(Ⅱ)和四面体的 Ni(Ⅱ)配合物有轨道磁矩的贡献，而八面体的 Ni(Ⅱ)和四面体的 Co(Ⅱ)则没有轨道磁矩贡献，为什么？

5. 有一乙二酰胺桥联的双核 Ni(Ⅱ)和 Ni(Ⅱ)配合物,请推出计算磁化率的理论公式。

6. 对于下列固体样品测得其 300K 的摩尔磁化率 $=-186\times10^{-6}\,\mathrm{cm^3 \cdot mol^{-1}}$。请通过修正配合物的抗磁性来计算摩尔顺磁磁化率和 μ_{eff},并解释 μ_{eff} 值。

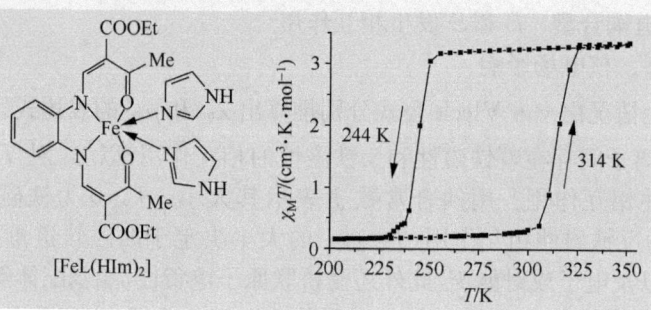

7. 下列配合物中哪些有轨道磁矩的贡献。

$[Mo(NCS)_6]^{2-}$,$[Fe(CN)_6]^{3-}$,$[Fe(CN)_6]^{4-}$,$[Co(H_2O)_6]^{2+}$,$[Cr(NH_3)_6]^{2+}$,$[Cr(CN)_6]^{4-}$,$[RhF_6]^{3-}$

8. 结合变温磁化率曲线,解释单核化合物 $[Fe^{II}L(Him)_2]$ 的磁性变化及产生这种变化的原因。

(Weber. B et al. Angew. Chem. Int. Ed. 2008,47,10098.)

参 考 文 献

[1] 游效曾. 配位化合物的结构和性质. 北京:科学出版社,1992:618-637.

[2] 金斗满,朱文祥. 配位化学研究法. 北京:科学出版社.

[3] (a) Carlin, R. L. Magnets Chemistry, Berlin:Heidelberg, 1986,万纯娣,臧焰等译. 南京:南京大学出版社.

(b) Kahn, O. Molecular Magnetism. Weinheim, Germany:VCH. 1993.

[4] Hatscher, S. Practical guide to measurement and interpretation of magnetic properties. Pure Appl. Chem. 2005,77:497.

[5] Malerich C, Ruff P K. Demonstrating and Measuring relative molar magnetic susceptibility using a neodymium magnet. J. Chem. Educ. , 2004, 81:1155.

[6] (a) 席振峰,金斗满. 多核过渡金属配合物的磁性研究. 化学通报,1992, 7(3):1.

(b) 程鹏,廖代正. 桥联多核配合物的合成及其磁交换作用的评估与预测. 化学通报,1994, 9:6.

[7] Brewer, G. Evaluating magnetic parameters of polynuclear complexes. J. Chem. Edu, 1992,69:1006.

[8] Kahn, O. Molecular engineering of coupled polynuclear systems:Orbital mechanism of the interaction between metallic centers. Inorg. Chim. Acta, 1988, 3:11.

[9] 王红梅,廖代正. 信息存储分子材料——自旋转换配合物. 化学通报,1997,12(4):10.

[10] Mocleverty J A, Megel T J ed. Comprehensive Coordination ChemistryⅡ. Boston Elsevier Pergamon, 2004,7:178-197.

第8章 有机金属配合物

提要 讨论了金属和碳键生成的配合物,包括羰基及其类似物、线形 π-体系、环状 π-体系和以烷基为基础的卡宾、卡拜配合物,此外还介绍了巨大多烯的富勒烯配合物。用 IR 和 NMR 研究有机金属配合物也做了讨论。

8.1 有机金属配合物简介

8.1.1 特点

有机金属配合物是指含有金属-碳键的配合物,如在第1章1.1节中介绍的 Zeise 盐 $K[pt(C_2H_4)Cl_3] \cdot H_2O$(**1.2**)、Mond 镍 $Ni(CO)_4$、Grignard 试剂 RMgX(卤化烷基镁)及夹心型结构的二茂铁 $[(C_5H_5)_2Fe]$(**1.3**)和生物体系中的 VB_{12} 等。此外,还包括含有金属-金属键的配合物,如图 8.1 中配合物 $Co_3(CH)(CO)_9$。金属不仅和 CO、CH 以碳键相连,金属和金属间还直接连接并聚集成簇,这种化合物称为簇状化合物(cluster compound),简称簇合物。簇合物不一定含有配体,金属也可以直接聚集成簇。簇合物将在第9章中讨论。

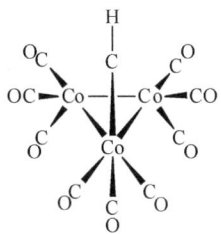

图 8.1 簇合物 $Co_3(CH)(CO)_9$

有机金属化合物和前几章讨论的 Werner 型配合物十分不同,后者属经典配合物的范畴,其中心原子的氧化态一般为 2+ 或高于 2+,配体为氨、卤素、酸根等简单配体,它们以 σ 配键和金属键合。而有机金属配合物的中心原子有较低的氧化态(1+,0,1-),配体为烯烃、CO、环戊二烯基等有机配体,它们不仅以 σ 键,还以反馈 π 键或不定域 π 键与金属形成低氧化态配合物。例如,图 8.2 是含有不定域 π-体系的环状有机配体的夹心型配合物。鉴于有机配体数目众多,将常见的配体列于表 8.1。

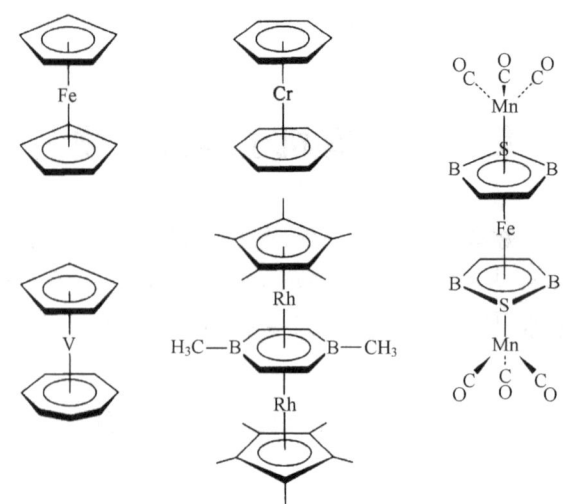

图 8.2 一些夹心型配合物

表 8.1 有机金属配合物中的常见配体

配体	名称	配体	名称
CO	羰基	⬡	苯
=C<	卡宾(亚烷基) carbine(alkylidene)	⬯	1,5-环辛二烯(1,5-COD) (也可形成1,3-环辛二烯配合物)
≡C—	卡拜(次烷基) carbyne(alkylidyne)	$H_2C=CH_2$	乙烯
△	环丙烯基(cyclo-C_3H_3)	$HC≡CH$	乙炔
◇	环丁二烯(cyclo-C_4H_4)	—CR_3	π-烯丙基(C_3H_5) 烷基
⬠	环戊二烯基(cyclo-C_5H_5) (缩写 Cp)	$\overset{O}{\underset{R}{C}}$	酰基

严格地说,仅含有金属-碳键的配合物才能归属于有机金属配合物,但有些配体如 NO、N_2 等和 CO 有相近的价电子结构及相似的成键性质,NO 虽不是有机配体,但它能离解成 NO^+,与 CO 有相等数目的价电子,NO 分子比 CO 多一个电子,所以参加配位是以三电子成键。同时它们都是强的 π-受体。常与 CO 共存在许多

有机金属配合物中,如[Mn(CO)(NO)$_3$]等。所以常将它们和有机金属配合物一起讨论。其他 π-受体(如 R$_3$P 等)也常存在于有机金属配合物中,此外,H$_2$ 也可作为配体参与在有机金属化合物和其合成反应中,本章也将一并讨论。

8.1.2 配合物和配体的命名

已知环戊二烯基—C$_5$H$_5$ 作为配体,可认为以环上不定域的 6 个 π 电子和金属键合形成配合物。环戊二烯基简称茂(以缩写 Cp 表示),茂环和金属离子形成的配合物总称金属茂。茂除与金属离子形成 π 键外,还可形成 σ 键。例如,[Fe(C$_5$H$_5$)$_2$(CO)$_2$]中的—C$_5$H$_5$ 以两种方式和 Fe(Ⅱ)键合,可认为其中一个茂以一对电子和 Fe(Ⅱ)生成 σ 键,另一个与 Fe(Ⅱ)生成 π 键,其结构式如(**8.1**)。

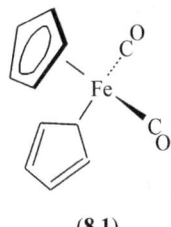

(8.1)

根据以上情况在命名中必须指出配体键合到金属的状态,即指出配体键合到金属的配位原子数。最常用的是在配体前冠以带上标(x)的希腊字母 η^x(eta),上标表示键合到金属上的配位原子数,如(η^5-C$_5$H$_5$)$_2$Fe 表示在铁茂中环戊二烯基以 5 个碳原子键合到 Fe(Ⅱ)。对化合物(**8.1**)可命名为二羰基·(η^1-茂)·(η^5-茂)合铁[①]。现将环戊二烯基的键合情况列于表 8.2。在有机金属配合物中常含有桥基,如 CO 有端联和桥联两种方式成键。用带下标的词头 μ_x 表示,x 表示 CO 桥联金属原子数目,如用 μ_2-CO 和 μ_3-CO 分别表示 CO 桥联 2 个和 3 个金属原子。不加 μ 表示桥基以端基连接。

表 8.2 环戊二烯基的键合情况

键合位置数目	化学式	名称	
1	η^1-C$_5$H$_5$	一配位点的环戊二烯基 (monohaptocyclopendienyl)	
3	η^3-C$_5$H$_5$	三配位点的环戊二烯基 (trihaptocyclopendienyl)	

---

① 在讲述或书写 η^5-C$_5$H$_5$ 时常称为 pentahaptocyclopendienyl,即称为五配位点的环戊二烯基。

键合位置数目	化学式	名称	
5	$\eta^5\text{-}C_5H_5$	五配位点的环戊二烯基 (pentahaptocyclopendienyl)	M─⬠

8.2 18电子规则

8.2.1 价电子数目的计算

在研究主族化合物稳定性时曾用八隅律（octet rule）进行讨论，即许多主族化合物形成时需要其原子的价电子层满足 8 个电子（如 s^2p^6 构型）而趋向于稳定。相似地，在研究许多有机金属配合物时同样发现存在着类似规律——18 电子规则[1]即贵氧体核外层的电子数。18 电子规则指出，中心原子外层和次外层的电子数目加上配体给予的电子数目简称为价电子数，其总和等于 18 时，则形成稳定的配合物。现以 $Cr(CO)_6$ 为例，1 个 Cr 的外层和次外层共 6 个电子，每个 CO 作为给体提供 2 个电子，则总电子数的计算为

Cr $6e^-$
6(CO) $\underline{6 \times 2e = 12e^-}$
              总电子数 = $18e^-$

$Cr(CO)_6$ 是具有 18 电子的配合物，有高的热稳定性，受热到升华也不发生分解。相反，$Cr(CO)_5$ 具有 18 电子，$Cr(CO)_7$ 有 20 电子却只能以瞬时物种存在。同样具有 17 电子的 $[Cr(CO)_6]^+$ 和 19 电子的 $[Cr(CO)_6]^-$ 比起中性的 $Cr(CO)_6$，稳定性却差得多。

对于更复杂的配合物[如 $(\eta^5\text{-}C_5H_5)Fe(CO)_2Cl_2$] 有两种计算电子数的方法[2]。

1. 方法 A

假定每一配体给出一对电子给金属，如果配体带有电荷，附加电荷也应该考虑在内。计算化合物的电子总数时应将配体给予的电子数加上金属在形式氧化态时外层和次外层（贵氧体核外）的电子数。

---

① 18电子规则是在 Sidgwick 的有效原子序数（effective atomic number, EAN）法则的基础上发展起来的，有效原子序数是指中心原子的电子数和配体给予中心原子电子数的总和。法则认为，中心原子形成稳定的化合物的 EAN 应等于紧跟它后面贵气体的原子序数。

对于$(\eta^5\text{-}C_5H_5)Fe(CO)_2Cl$，$C_5H_5$有3对给予电子，CO是2个电子给予体，$Cl^-$也是2个电子给予体。在配合物中铁具有形式氧化态Fe(Ⅱ)，则Fe(Ⅱ)的外层和次外层电子数为6。配合物总电子数的计算为

Fe(Ⅱ)	$6e^-$
$\eta^5\text{-}C_5H_5$	$6e^-$
2(CO)	$4e^-$
Cl^-	$2e^-$
总电子数 =	$18e^-$

2. 方法B(中性配体法)

计算配合物的电子数时，不必考虑金属的氧化态，假定给予电子的配体为中性。对于无机配体，给予电子的数目应等于它们在自由离子时所带的负电荷数。例如：

Cl	单电子给体	在自由离子时电荷 = -1
O	2-电子给体	在自由离子时电荷 = -2
N	3-电子给体	在自由离子时电荷 = -3

对于$(\eta^5\text{-}C_5H_5)Fe(CO)_2Cl$，铁原子有8个电子，$\eta^5\text{-}C_5H_5$因考虑$C_5H_5$是中性配体，它提供5个电子参加配位。CO是双电子给体，Cl作为中性配体考虑，应为单电子给体，则电子总数计算为

Fe 原子	$8e^-$
$\eta^5\text{-}C_5H_5$	$5e^-$
2(CO)	$4e^-$
Cl	$1e^-$
总电子数 =	$18e^-$

注意：(1) 对于带电荷的配离子，如$[Mn(CO)_6]^+$和$[(\eta^5\text{-}C_5H_5)Fe(CO)_2]^-$，无论采用哪种方法计算电子数，都必须将配离子所带的电荷计算入内。

(2) 对于含有金属-金属键的配合物，金属键必须考虑入内。对于金属-金属单键，计算时考虑每个金属提供1个电子，对于金属-金属双键，每个金属提供2个电子，以此类推。例如，对于$(CO)_5Mn\text{-}Mn(CO)_5$双核配合物的电子数计算为

Mn	$7e^-$
5(CO)	$10e^-$
Mn—Mn 键	$1e^-$
总电子数 =	$18e^-$

两种方法中方法A需考虑金属的形式氧化态，而方法B不需考虑。对于具有大π键的配体，用方法B计算似乎更简单，如对η^5-配体提供的电子数按5计算，

η^3-配体提供的电子数按 3 计算。但无论按哪一种方法,它都不是电子分配的实际情况,必须通过物理测定才能证明电子在分子中的分布。所以 18 电子规则纯属经验总结,但在研究有机金属配合物的合成、结构、催化性质等方面均有一定的指导意义,近年来已从理论上进一步阐述。现将一些普通配体在计算电子数时,按两种方法提供的电子数列于表 8.3。

表 8.3 对一些常见配体按 18 电子规则提供的电子数

配体	方法 A	方法 B
H	2(H$^-$)	1
Cl,Br,I	2(X$^-$)	1
OH,OR	2(OH$^-$,OR$^-$)	1
CN	2(CN$^-$)	1
CH$_3$,CR$_3$	2(CH$_3^-$,CR$_3^-$)	1
NO(弯曲的 M—N—O)	2(NO$^-$)	1
NO(直线的 M—N—O)	2(NO$^+$)	3
CO,PR$_3$	2	2
NH$_3$,H$_2$O	2	2
=CRR′(卡宾)	2	2
H$_2$C=CH$_2$(乙烯)	2	2
CNR	2	2
=O,=S	4(O^{2-},S^{2-})	2
η^3-C$_3$H$_5$(烯丙基)	2(C$_3$H$_5^+$)	3
≡CR (卡拜)	3	3
≡N	6(N^{3-})	3
乙二胺(en)	4(每个氮给予 2 个电子)	4
联吡啶(bipy)	4(每个氮给予 2 个电子)	4
丁二烯	4	4
η^5-C$_5$H$_5$(环戊二烯基)	6(C$_5$H$_5^-$)	5
η^6-C$_6$H$_6$(苯)	6	6
η^7-C$_7$H$_7$(环庚三烯基)	6(C$_7$H$_7^+$)	7

举例:用两种方法计算的结果如下

配合物	方法 A		方法 B	
ClMn(CO)$_5$	Mn(Ⅰ)	6e$^-$	Mn	7e$^-$
	Cl$^-$	2e$^-$	Cl	1e$^-$
	5CO	$\dfrac{10e^-}{18e^-}$	5CO	$\dfrac{10e^-}{18e^-}$

续表

配合物	方法 A		方法 B	
$(\eta^5\text{-}C_5H_5)_2Fe$ （二茂铁）	Fe(Ⅱ) $2\eta^5\text{-}C_5H_5^-$	$6e^-$ $\dfrac{12e^-}{18e^-}$	Fe $2\eta^5\text{-}C_5H_5$	$8e^-$ $\dfrac{10e^-}{18e^-}$
$[Re(CO)_5(PF_3)]^+$	Re(Ⅰ) 5CO PF_3 +电荷	$6e^-$ $10e^-$ $2e^-$ $\dfrac{*}{18e^-}$	Re 5CO PF_3 +电荷	$7e^-$ $10e^-$ $2e^-$ $\dfrac{-1e^-}{18e^-}$

* 配离子上电荷 e 被分派在 Re 的氧化态上。

8.2.2　价电子为 18 的配合物为什么稳定

18 电子规则能适合大多数有机金属配合物,但对 Werner 型经典配合物却不一定适用,此外,还发现价电子总和等于 16 时也常形成稳定的配合物。例如,位于周期表右下角的 Ir^+、Pt^{2+} 等都能形成价电子总数为 16 的配合物,如 $[IrCl(CO)(PPh_3)_2]$ 和 $[PtCl(PEt_3)_2(CH_3)]$ 都很稳定,这是为什么呢？下面将从分子轨道予以说明。在 3.3.3 节已对 CO 的成键情况进行了粗略介绍,现在在此基础上进一步讨论。

1. 八面体配合物

以 $Cr(CO)_6$ 为例,它是中心原子电子构型为 d^6 的八面体配合物,其分子轨道由 Cr 的 s、p、d 轨道和相同对称性的 6 个 CO 的群轨道组合而成(图 8.3)。图中最有用的是 Cr 的 d 轨道和 CO 最高占有 σ-给体轨道(HOMO)及 CO 的最低空的 π-接受体轨道(LUMO)分别组合的轨道。其中 6 个 CO 的 12 个电子占据最低能量的轨道,Cr 的 6 个 d 电子占据 t_{2g} 轨道,这种排列是 $Cr(CO)_6$ 达到最稳定的状态,如果 $Cr(CO)_6$ 有多余 18 的电子,将占据更高能量的 e_g^* 轨道,这种排列对分子的能量不利,使分子产生了去稳定化作用。如果从低能的 t_{2g} 轨道移去电子,将减低轨道的电子云密度,也使配合物的稳定性降低,因此具有 18 电子构型的八面体配合物是最稳定的分子。再者,对于 $Cr(CO)_6$ 来说,CO 既是强的 σ-给体又是强的 π-受体。强的 σ 给予能力使反键的 e_g^* 轨道能量升高,强的 π-受体使成键 t_{2g} 轨道能量降低,显然 t_{2g} 的能量越低,生成的配合物越稳定。强的 σ-效应和 π-效应使得含 CO 的配合物能很好地遵守 18 电子规则。

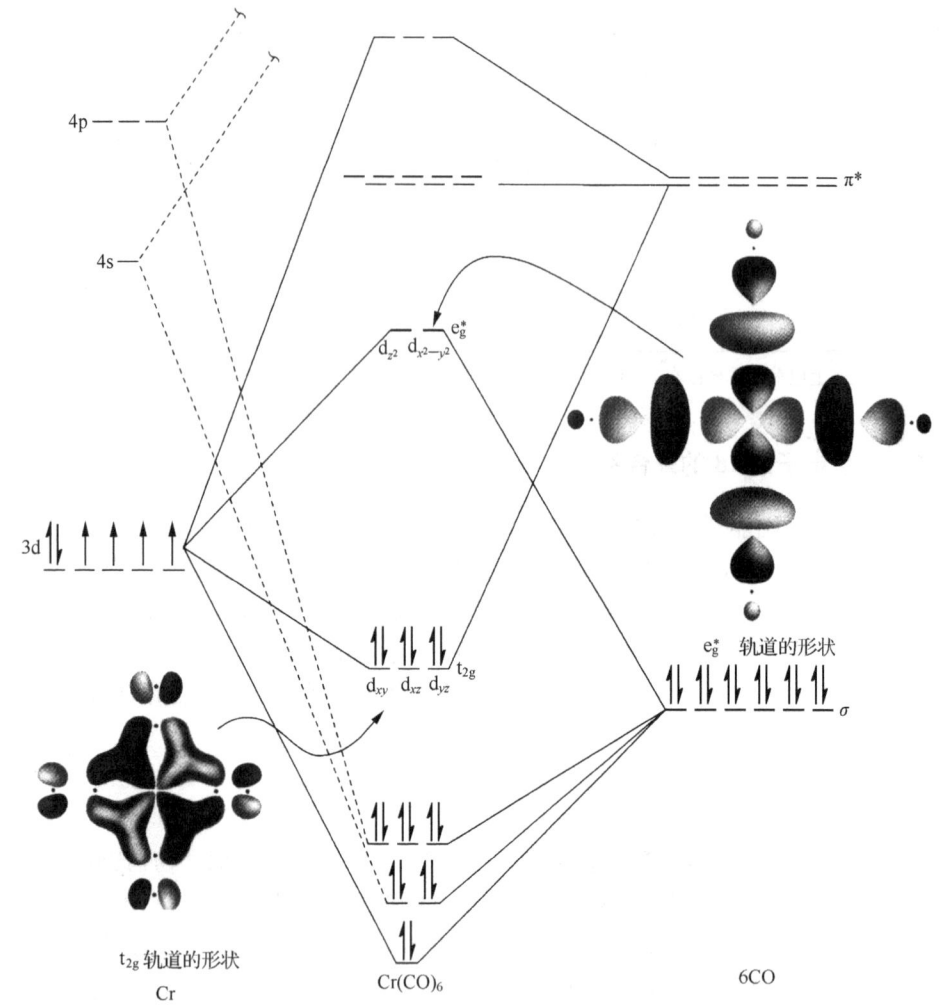

图 8.3 Cr[(CO)$_6$]的分子轨道能级图

对 Werner 型配合物如[Zn(en)$_3$]$^{2+}$，它共有 22 个价电子在贵氧体核外层，其中 12 个填满最低能量的成键 σ-轨道外，还有 10 个电子占据 t_{2g} 和 e_g 轨道，乙二胺虽然是一个好的 σ-给体，但不是强的 π-受体，因此生成的反键 e_g^* 轨道能级不高，电子占据 e_g^* 轨道不足以使分子去稳定性。虽然在 e_g^* 轨道填充了 4 个电子，分子仍然很稳定。

又如 TiF$_6^{2-}$，外层总共只有 12 个电子，它占据成键的 σ-分子轨道，t_{2g} 和 e_g 轨道没有电子占据，TiF$_6^{2-}$ 也是一个稳定的配合物。再如 F$^-$ 是一个弱的 π-给体（3.3.3 节），与金属离子成键时生成微弱的 t_{2g}^* 反键轨道，能量改变很少，基本上可认为是非键的。这时即使有少于 18 的 d 电子占据 t_{2g} 轨道，但对配合物的稳定性影响很小,生成低于 18 电子的配合物,还是有可能的。两种例子示于图 8.4。图中上部表示 e_g 是弱的反键轨道,多于 18 的电子可能占据该轨道。图中 t_{2g} 基本上是非键的,形成低于 18 电子配合物是有可能的。所以遵循 18 电子规则的配合物是含有较强的 π-受体的配合物,如具有三角双锥的 $Fe(CO)_5$、四面体的 $Ni(CO)_4$。但奇怪的是平面正方形配合物却具有总电子数为 16 时才最稳定,这是为什么呢?

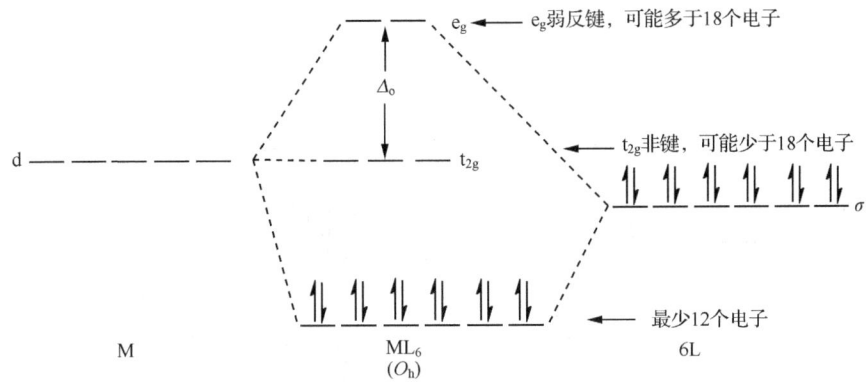

图 8.4 18 电子规则的例外情况

2. 平面正方形配合物

具有 16 电子的平面正方形配合物多出现于形式氧化态为 2+(Ni^{2+},Pd^{2+},Pt^{2+})和 1+(Rh^+,Ir^+)的金属离子中,它们大多是第一过渡系金属离子和第三过渡系金属离子。在金属有机化学中,一些平面正方形的 d^8 配合物有重要的催化性质。如图 8.5 所示的 Wilkinson 配合物和 Vaska 配合物。平面正方形 d^8 配合物 ML_4 的分子轨道能级图示于图 8.6(其中配体 L 既是 σ-给体又是 π-受体)。

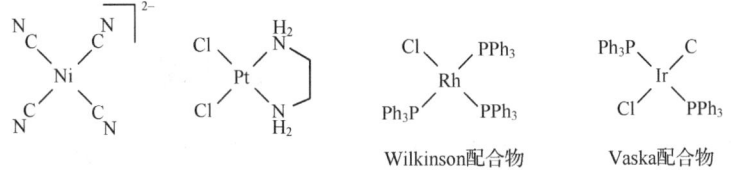

图 8.5 一些 d^8 的平面正方形配合物

图 8.6 中 4 个最低的分子轨道是由配体的 σ-给体的轨道和金属的 $d_{x^2-y^2}$、d_{z^2}、p_x 和 p_y 轨道组合而成,这些轨道由配体的 8 个 σ 电子占据。4 个较低的分子轨道是 1 个弱键的 b_{2g}、2 个非键的 e_g 和弱反键的 a_{1g}。它们由金属离子 d_{xz}、d_{yz}、d_{xy} 和 d_{z^2} 轨道和配体轨道组合而成。该轨道最多可容纳金属的 8 个电子。另一个较高

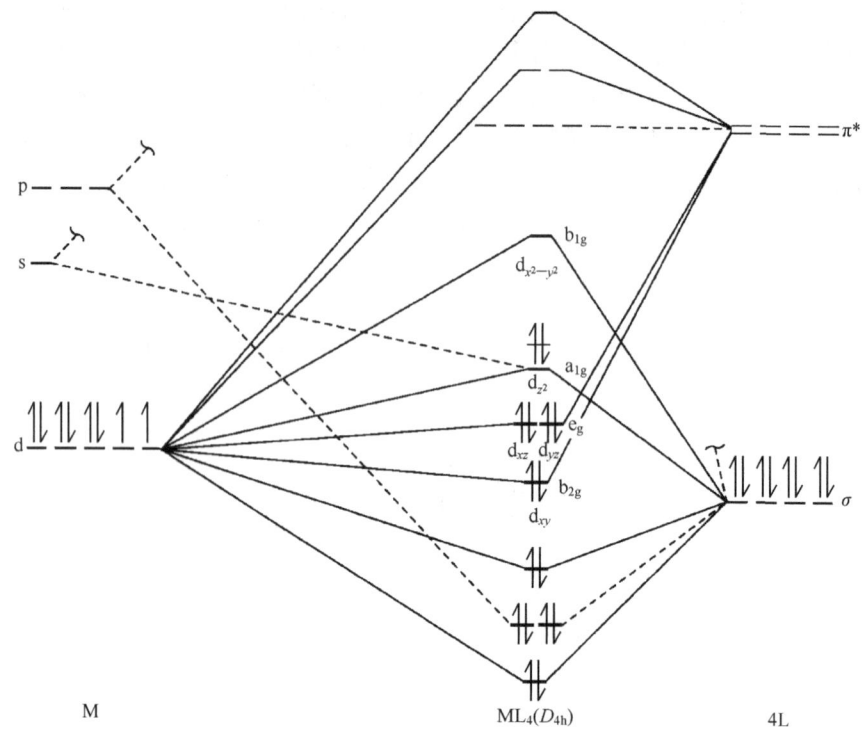

图 8.6 平面正方形配合物 ML_4 的分子轨道能级图

的轨道是由配体的 σ 轨道和金属的 $d_{x^2-y^2}$ 轨道组合成的 b_{1g} 轨道，由于 $d_{x^2-y^2}$ 轨道指向配体，因此形成最强的反键轨道。这样电子填充的结果含 16 电子构型的配合物最为稳定。从能级图来看，16 电子的配合物也能在其空的配位位置接受 1 个或 2 个配体形成 18 电子构型的配合物，此点将在含 16 电子的平面正方形配合物的反应中予以证实。

8.3 羰基配合物及其类似物

羰基配合物无论从结构还是实际应用方面都具有非常重要的意义，从 1890 年 $Ni(CO)_4$ 和 $Fe(CO)_5$ 问世以来，工业上利用 $Ni(CO)_4$ 的挥发性，经热分解得到高纯镍。继而羰基配合物用于催化，目前已发展成一类羰基催化剂。羰基配合物中羰基能为各种配体取代，所以许多有机金属配合物的合成中常以它为原料，羰基和难于生成稳定配合物的配体共存时 M—CO 键能增加配合物的稳定性。此外，羰基配位后引起 C—O 的伸缩振动频率在红外区发生变化，因而常借助 CO 配体的红外伸缩频率变化的信息来探查配合物的电子结构和分子结构。为此，长期以来化学家们对羰基配合物及其衍生物进行了广泛研究。

8.3.1 合成

简单羰基化合物制备的方法有直接合成、还原合成及光和热解三种方法。

1. 直接合成

直接合成是将一氧化碳通过高度分散的金属粉末直接作用得到,在温和条件下能得到毒性极高的 $Ni(CO)_4$ 和 $Fe(CO)_5$。

$$Ni+4CO \xrightarrow{100℃} Ni(CO)_4$$

$$Fe+5CO \xrightarrow[加压]{200℃} Fe(CO)_5$$

Mond 过程是将不纯的镍和 CO 反应得到 $Ni(CO)_4$,再经热分解得到纯镍和 CO(可再生)。

2. 还原合成

在加压下用金属卤化物在适当还原剂存在下和 CO 反应。当卤化物不存在时,CO 也可作还原剂。

$$CrCl_3+6CO+Al \longrightarrow Cr(CO)_6+AlCl_3$$

$$Re_2O_7+17CO \longrightarrow Re_2(CO)_{10}+7CO_2$$

3. 热解或光解

多核的羰基化物常由光或热反应激发饱和的 18 电子配合物产生不饱和 16 电子碎片,碎片再结合得到多核羰基化物。

$$3Os(CO)_5 \xrightarrow{\triangle} Os_3(CO)_{12}+3CO$$

$$2Fe(CO)_5 \xrightarrow{h\nu} Fe_2(CO)_9+CO$$

8.3.2 羰基配合物的结构

图 8.7 绘出一些有代表性的二元羰基配合物的结构。羰基配合物通常具有结构明确、对称性强的分子形状,如 VSEPR 理论所指出,CO 在金属周围占据相互间斥力最小的位置。因此 $M(CO)_6$(M=V,Cr,Mo,W)是正八面体,$M(CO)_5$(M=Fe,Ru,Os)是三角双锥,$Ni(CO)_4$ 是正四面体,大多数羰基配合物符合 18 电子规则。锰和钴的单核不稳定,通常生成二聚体。$Mn_2(CO)_{10}$ 由两个 $Mn(CO)_5$ 四方锥通过 M—M 键相连。仅含有金属和 CO 的二元羰基配合物种类就有许多,有单核、羰基桥联的多核、含金属-金属键的簇合物等。例如,$Co_2(CO)_8$ 在溶液中有两

种结构,一种是两个钴只通过金属键相连,另一种是两个钴之间既有金属键又有羰基桥联,与固态时的结构相同,两种结构在溶液中迅速转变,其中羰基迅速发生重排,如图 8.7(d)和(e)所示。两种异构体的稳定性与温度和溶剂有关。多核羰基配合物的结构十分有趣,CO 可以像在单核中一样,以端基配位(端配),也可以桥联 1 个或 2 个金属原子,其配位模式见表 8.4。除羰基碳原子桥联外,羰基氧也可作桥基见图 8.7(m)和(n)。

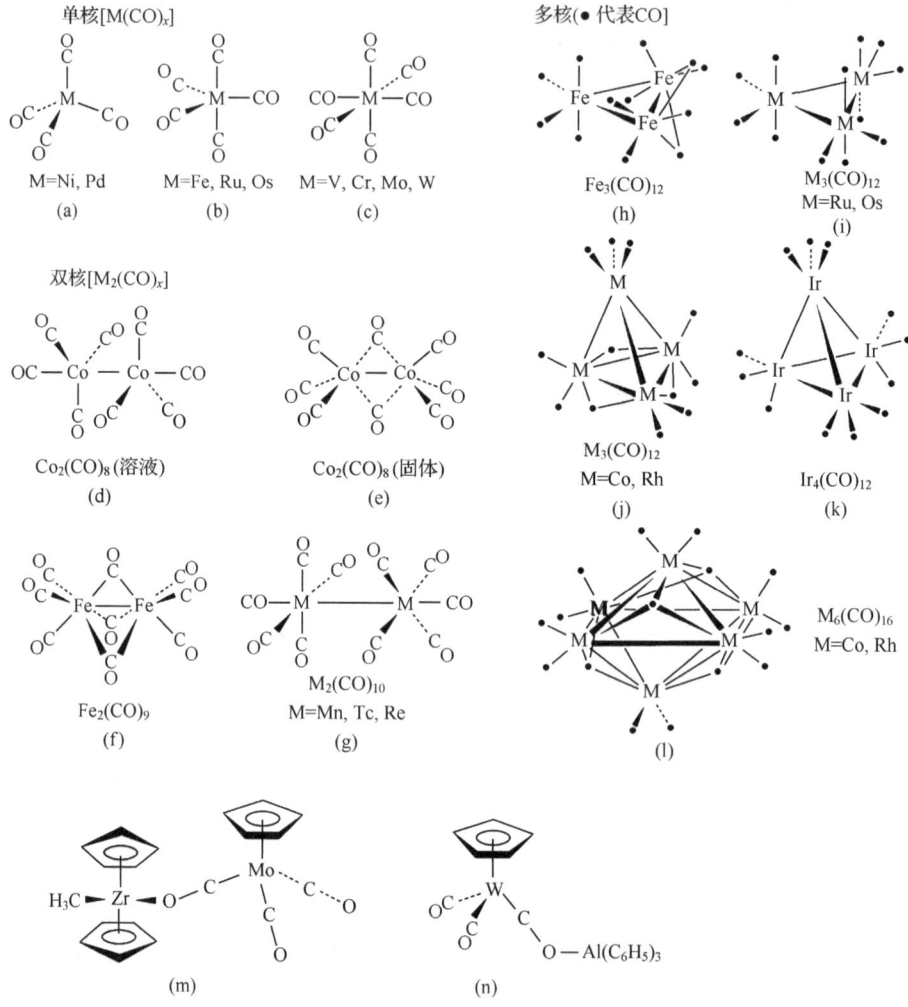

图 8.7 一些羰基配合物的结构

表 8.4　CO 的配位模式

CO 类型	中性配合物中 $\nu(CO)$ 的近似范围/cm^{-1}
自由 CO	2143
端配 M-CO	1850～2125
桥联 μ_2-CO $\begin{array}{c}O\\ \parallel\\ C\\ /\ \ \backslash\\ M\ \ \ \ M\end{array}$ 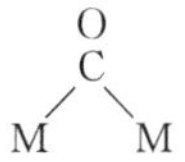	1750～1850
桥联 μ_3-CO $\begin{array}{c}O\\ \parallel\\ C\\ /\mid\backslash\\ M\ M\ M\end{array}$ 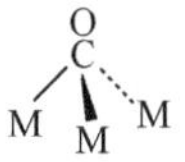	1600～1700

8.3.3　配位羰基的红外振动频率和键长

关于羰基配合物的成键问题已在第 3 章讨论得很清楚了,现在在此基础上讨论配位羰基的红外振动频率。在有机金属配合物中,其 C—O 伸缩振动在 IR 谱中呈现非常尖锐的吸收带,带的位置可从 IR 谱中得到。例如,自由 CO 的 C—O 伸缩振动频率 $\nu(CO)$ 为 2143cm^{-1},Cr(CO)$_6$ 的 $\nu(CO)$ 为 2000cm^{-1}。C—O 键伸缩振动能量与 $\sqrt{\dfrac{k}{\mu}}$ 成比例,$k=$力常数,$\mu=$还原质量,原子质量为 m_1 和 m_2 时 $\mu=m_1m_2/(m_1+m_2)$。当两原子间结合得越强,力常数越大,使伸缩振动的能量越高,在 IR 中的带应出现在高能区(有高波数)。自由 CO 的 $\nu(CO)$ 值高于 Cr(CO)$_6$ 的 $\nu(CO)$ 值,说明自由 CO 在形成配合物后 C—O 键减弱。即反馈 π 键的形成削弱了 C—O 键,这是由于金属电子填充在反键 π* 轨道(3.3 节)。

在 CO 反键 π* 轨道上填充电子(即相当于反馈 π 键生成)减小 CO 的键序,使 C—O 键减弱,这可以从红外光谱中观察出来。在配位实体中 CO 的 $\nu(CO)$ 受其他因素影响也反映在 IR 谱中。

1. 桥基的影响

如图 8.7(g)Mn$_2$(CO)$_{10}$ 的中心原子间只有金属键,没有桥基相连,而 Co$_2$(CO)$_8$ 在固态同时有金属键和桥键[图 8.7(e)],Fe$_2$(CO)$_9$ 有两种结构可满足 18 电子规则,其中一种是以三个羰基为桥和一个金属键[图 8.7(f)],另一种是一个羰基为桥和一个金属键。但实验证明是属于前者。羰基的配位情况常用红外光谱来判断,因羰基在红外光谱图上有强而尖锐的吸收带,该区通常不出现其他有机基团谱峰的干扰。如果羰基采取端配,端配的伸缩振动出现在 1850～2125 cm^{-1},

如羰基采取桥联,则在 1750～1850 cm^{-1},如由图 8.8(a)可见,Fe$_2$(CO)$_9$ 的红外光谱在两区间均有明显的吸收峰,说明其中的羰基有的以桥联,又有的以端配。但 Os$_3$(CO)$_{12}$ 的红外光谱却不相同,在 2000 cm^{-1} 以下没出现吸收带,说明 Os$_3$(CO)$_{12}$ 中的羰基都是以端配。

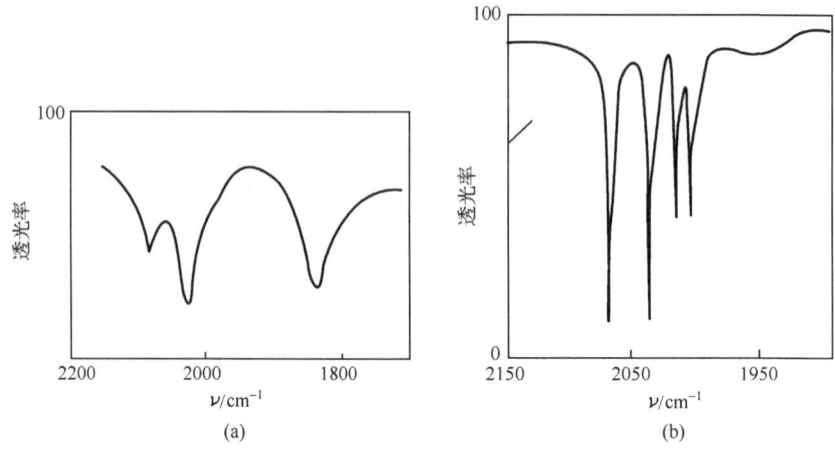

图 8.8　Fe$_2$(CO)$_9$ 固体(a)和 Os$_3$(CO)$_{12}$ 溶液(b)的红外光谱

此外,还依赖于金属原子半径的大小。在第一周期的过渡族元素的羰基配合物中,羰基为桥联基的较多,第二周期和第三周期的过渡元素的羰基配合物中羰基桥联的较少。例如,Ru$_3$(CO)$_{12}$、Os$_3$(CO)$_{12}$[图 8.7(i)]都没有羰基桥联。在 IR 光谱中羰基伸缩振动频率随桥联 CO 数的增加而减少。桥联的金属原子越多伸缩振动频率越低。

端基 CO＞双桥联 CO＞三桥联 CO

2. 取代基的影响

配位羰基被其他配体取代,其振动频率也随之而改变,从表 8.5 的数据可以看出,这种相互影响,以[Mo(CO)$_6$]为例示意于图 8.9(a),图 8.9(a)和(b)分别是[Mo(CO)$_6$]和[Mo(CO)L$_3$]的结构,图 8.9(a)位于八面体顶点的两个羰基所处的位置是等同的,若其中 3 个反位羰基被 L 取代,就生成了[Mo(CO)$_3$L$_3$]。如果 L 是弱的反馈 π 键配体,则它接受电子的能力较弱,不能和 CO 相竞争,金属和 CO 之间的键相对说来较强,CO 的振动频率因而下降,图 8.9(c)和图 8.9(d)是金属 d 轨道反馈生成 π 键时和两种配体相互竞争的示意图。

表 8.5 羰基钼中 CO 的红外光谱振动频率

配合物	频率/cm^{-1}	
Mo(CO)$_6$	2002.6	—
[(PCl$_3$)$_3$Mo(CO)$_3$]	1989	2041
[(PhPCl$_2$)$_3$Mo(CO)$_3$]	1943	2016
[(Ph$_2$PCl)$_3$Mo(CO)$_3$]	1885	1977
[(Ph$_3$P)$_3$Mo(CO)$_3$]	1835	1949
[(py)$_3$Mo(CO)$_3$]	1746	1888
[(dien)Mo(CO)$_3$]	1723	1883

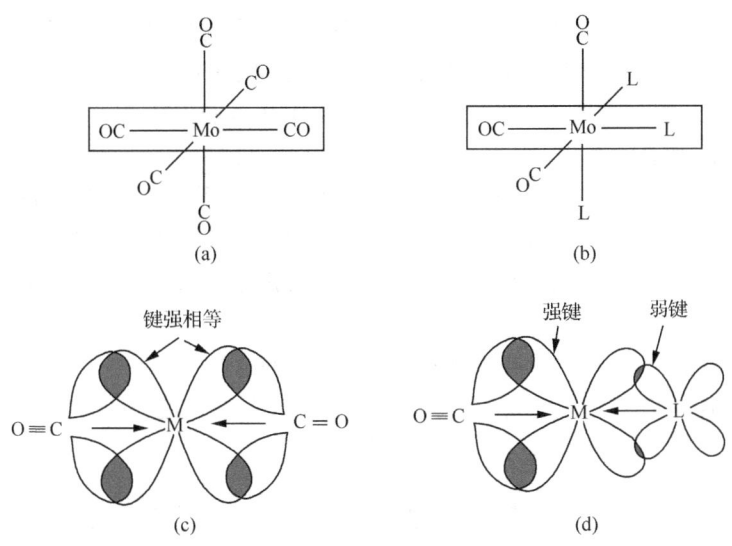

图 8.9

[Mo(CO)$_6$](a) 和 [Mo(CO)$_3$L$_3$](b) 的结构示意图；
(c), 相同的反位配体 π 键强度相等；(d), 不同的反位配体 π 键强度不等

表 8.5 中振动频率从上到下依次降低，当 PCl$_3$ 中的氯被苯基取代后频率进一步降低，说明苯基接受反馈电子的能力较氯弱，吡啶生成反馈键的能力最弱，而 dien 与 NH$_3$ 相似，即不形成反馈 π 键。从以上 CO 红外光谱频率说明了羰基与金属离子成键时生成 π 键的强弱，受其他配体影响，影响大小大致来说有如下顺序：

NO＞CO～RNC～PF$_3$＞PCl$_3$＞PCl$_2$(OR)＞PCl$_2$R＞PBr$_2$R＞PCl(OR)$_2$＞PClR$_2$＞P(OR)$_3$＞PR$_3$～SR$_2$＞RCN＞phen＞烷胺、醚、醇。

除 IR 外，X 射线结构分析对羰基配位情况也提供充足的证明，如自由 CO 的 C—O 键长为 1.128Å，在羰基配合物中 C—O 键长约为 1.15Å。键长的增加表示碳和氧结合力的减弱。键长的结论与红外光谱结论一致。即金属与羰基结合越

牢,则 M—C 键越短,C—O 键越长,C—O 键的伸缩振动频率也越低。

8.3.4 主族元素和二元羰基配合物间的平行关系[2]

前面简要地介绍了羰基配合物的结构,羰基配合物数目极多,种类复杂,反应复杂,难以掌握,但近年来在分类总结的基础上归纳出羰基配合物的某些性质及反应,与人们熟知的主族非金属元素加以比较,有类似之处,便于读者学习时掌握归纳,现将其与非金属元素进行比较。

1. 结构

主族非金属元素的性质与核外外层电子数目有关,如磷、硫、卤素,它们都有获得电子使外层电子数目达到 8 的倾向,它们获得电子的数目与其化学性质有密切联系。二元羰基配合物也有类似的情况,其中心原子的价电子数如果达到 18,则羰基配合物也趋于稳定,中心原子趋于稳定结构获得的电子数与其性质也有密切关系,现综合列于表 8.6。由表可见:① $Mn(CO)_5$ 外层为 17 个电子,只差一个即达稳定结构,所以它的电子结构、配合物的化学计量和反应性与第七族卤素有类似之处,如 $Mn(CO)_5$ 可聚合成二聚体 $Mn_2(CO)_{10}$,与卤素 Cl_2、I_2 的形态相似;② $Mn(CO)_5$、$Co(CO)_4$ 能获得一个电子生成负离子 $Mn(CO)_5^-$ 和 $Co(CO)_4^-$,它们能结合 H^+ 形成酸,$HX(X=Cl, Br, I)$ 和 $HCo(CO)_4$ 在水溶液中都是强酸;③ 其他羰基配合物如 $Os(CO)_4$ 或 $Ir(CO)_3$,它们分别获得 2 个或 3 个电子达到稳定结构,这与硫族和磷族元素类似。$Ir(CO)_3$ 能聚合成四聚体的 $[Ir(CO)_3]_4$,与磷族分子以四聚体(P_4, As_4, Sb_4)存在的情况类似(图 8.10)。

表 8.6 二元羰基配合物与主族元素相似性举例

主族元素	羰基配合物	所需电子数	阴离子		多聚体
Cl, Br, I	$Mn(CO)_5$, $Co(CO)_4$	1	I^-	$Mn(CO)_5^-$, $Co(CO)_4^-$	I_2 $Mn_2(CO)_{10}$
S	$Fe(CO)_4$, $Os(CO)_4$	2	S^{2-}	$Fe(CO_4)^{2-}$, $Os(CO)_4^{2-}$	S_2 $Fe_2(CO)_9$, $Os_2(CO)_8$
P	$Co(CO_3)$, $Ir(CO)_3$	3	P^{3-}	$Co(CO)_3^{3-}$, $Ir(CO)_3^{3-}$	$P_4[Ir(CO)_3]_4$

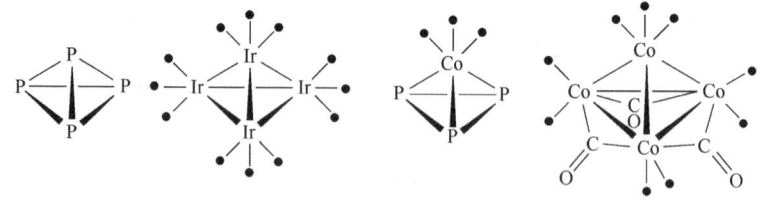

(●=端基CO)

图 8.10 P_4、$[Ir(CO)_3]_4$、$P_3[Co(CO)_3]$ 和 $Co_4(CO)_{12}$ 的结构

2. 反应

(1) 具有价电子数为 17 的二元羰基配合物与卤素的反应有类似之处。如加氢反应

$$I_2 + H_2 \longrightarrow 2HI$$

$$Co_2(CO)_8 + H_2 \xrightarrow[CO,H]{110℃} 2HCo(CO)_4$$

其他如双键加成和 Ag^+ 等重金属反应等与主族元素也有类似之处,现举例于表 8.7。

表 8.7 Cl 和 Co(CO)₄ 之间的平行关系

特点	例子	例子
1-电荷离子	Cl^-	$[Co(CO)_4]^-$
二聚体	Cl_2	$[Co(CO)_4]_2$
卤氢酸	HCl(在水中为强酸)	$HCo(CO)_4^a$(水中为强酸)
卤素互化物	$Br_2 + Cl_2 \rightleftharpoons 2BrCl$	$I_2 + [Co(CO)_4]_2 \longrightarrow 2ICo(CO)_4$
在水中低溶解度的重金属盐	AgCl	$AgCo(CO)_4$
对不饱和物种的加成	$Cl_2 + H_2C=CH_2 \longrightarrow$ H-C(Cl)(H)-C(Cl)(H)-H	$[Co(CO)_4]_2 + F_2C=CF_2 \longrightarrow$ $(CO)_4Co-C(F)(F)-C(F)(F)-Co(CO)_4$
被 Lewis 碱歧化	$Cl_2 + N(CH_3)_3 \longrightarrow$ $[ClN(CH_3)_3]Cl$	$[Co(CO)_4]_2 + C_5H_{10}NH \longrightarrow$ $[(CO)_4Co(C_5H_{10}NH)][Co(CO)_4]$

a. $HCo(CO)_4$ 微溶于水。

(2) 具有 6 个价电子的主族元素某些化学性质相似于价电子数为 16 的羰基配合物,现以 $Fe(CO)_4$ 和 S 之间的相似性举例于表 8.8。例如,$Fe(CO)_4$ 比电子数为 17 的羰基配合物更易还原成阴离子,其性质与硫非常相似,其氢化物 $H_2Fe(CO)_4$ 也与 H_2S 性质相似,有恶臭,二者离解常数相近,汞盐 HgS、$HgFe(CO)_4$ 均为有色不溶物[HgS 红色,$HgFe(CO)_4$ 黄色]。由上述可见,羰基配合物的金属与非主族元素具有等价的电子结构,因而在结构、化学计量和反应性间有平行关系。过渡金属的羰基配合物能归纳为似卤、似硫、似磷族化合物。

以上列出的非金属元素和羰基配合物的某些类似点,以便掌握和预测新的反应,其类似性远不止这些。但两类化合物性质之间比较还存在着很大的差别,如 $Mn(CO)_5^-$ 和 Cl^- 的共轭酸 $HMn(CO)_5$ 和 HCl 之间酸度差别很大。羰基配合物

能失去 CO 变成低配位数的产物,Co(CO)$_4$ 可放出 CO 生成 Co(CO)$_3$,而主族元素没有类似反应。此外,如 SCl$_4$、IF$_3$、SO$_3$ 等,在相应的羰基配合物中却并未发现。

表 8.8 硫和 Fe(CO)$_4$ 之间的平行关系

特点	硫的存在形式	例子
带 2-电荷离子	S^{2-}	[Fe(CO)$_4$]$^{2-}$
中性化合物	S$_8$	Fe$_2$(CO)$_9$[Fe(CO)$_4$]$_3$
氧化物	H$_2$S;pK_1=7.24(25℃,水中) pK_2=14.92	H$_2$Fe(CO)$_4$;pK_1=4.44^a pK_2=14
膦的加合物	Ph$_3$PS	Ph$_3$PFe(CO)$_4$
多聚汞化物	S-Hg-S-Hg-S-Hg-S	(CO)$_4$Fe-Hg-Fe(CO)$_4$-Hg-Fe(CO)$_4$
和乙烯生成的化合物	H$_2$C—CH$_2$ 带 S 桥(硫化乙烯)	(CO)$_4$Fe 与 H$_2$C=CH$_2$ 形成 π-配合物

a. pK_a 在 25℃水溶液中。

8.3.5 与羰基相关的配体

1. 概述

与羰基相关的配体并非都含有 C 原子,它包括和 CO 具有等电子结构或相近结构的双原子配体。按 π-受体酸性增加的顺序为 HC≡N$^-$<N≡N<C≡NR<C≡O<C≡S<NO$^+$,如表 8.9 所示。

表 8.9 一些与羰基相关的配体

配体	成键情况	结构	性质和用途
CS$_2$(硫羰基) CSe(硒羰基)	σ-给体(强)^a 和 π-受体	桥联和端联	CS$_2$、CSe 不稳定。配合物难制备,硫羰配合物在硫转移反应中作中间体及天然煤中 S 的去除
CN$^-$(氰根) :C≡NR (烷基异氰基)	σ-配体和弱 π-受体	桥联和端联	CN$^-$不能稳定金属离子低氧化态,不属有机金属化学讨论范围,CNR 稳定中间氧化态

配体	成键情况	结构	性质和用途
N_2(双氮)	弱 σ-配体 弱 π-配体	端联 侧基端联和桥联	双氮配合物用于模拟 N_2 的固定研究中
NO(亚硝酰) NS(硫代亚硝酰)		端联(直线形, 弯曲形)和桥联	NO 是血管扩张剂

a. 强弱是与 CO 比较。

在表 8.9 中 CN^- 是比 CO 更强的 σ-给体和稍弱的 π-受体,在光谱化学序中与 CO 邻近,它易与高氧化态金属离子键合,所以常在经典配位化学中研究。近来发现氢化酶活性中心含有 CO 和 CN^-,为了对活性中心进行模拟,因而一系列 $[Fe(CO)_4(CN)]^-$、$cis\text{-}[Fe(CO)_2(CN)_4]^{2-}$、$trans\text{-}[Fe(CO)_2(CN)_4]^{2-}$ 已被合成。

2. NO 配合物

NO(亚硝酰)不是有机配体,由于它与 CO 有许多类似性,因此在金属有机化学中加以讨论。它和 CO 一样既是 σ-给体又是 π-受体,和金属离子都以端联或桥联两种形式连接。NO 与 CO 不同的是 NO,以端基联结时呈现直线形和弯曲形两种配位模式,如图 8.11 所示。NO 与金属线形键合形成的 M—NO 键,其中 NO 可看作 NO^+,如 NO 采取 M—NO 弯键,则 NO 可视为以 NO^- 成键。

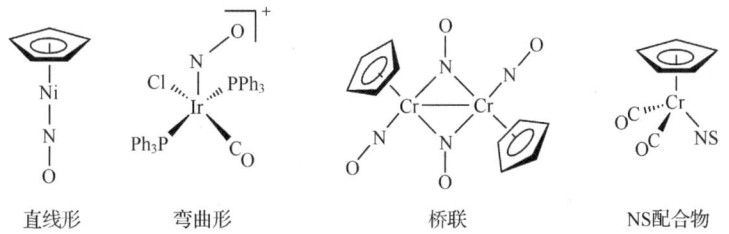

直线形　　弯曲形　　　　桥联　　　　NS配合物

图 8.11 NO 和 NS 配合物的例子

NO 比 CO 多一个电子,作为 3 电子给予体,如 $Cr(NO)_4$ 是 1 个四面体分子和 $Ni(CO)_4$ 互为等电子结构。此外,如 $[Fe(NO)_2(CO)_2]$ 和 $Fe(CO)_5$、$V(CO)_5NO$、$Cr(CO)_6$ 均为等电子结构。含 NO 的桥基配合物中,NO(中性)提供 3 电子成桥。含 NO 的 $[Fe(CN)_5(NO)]^{2-}$ 已广泛地用作血管扩张剂,用来治疗高血压,因为它能释放 NO,而 NO 本身有扩张血管的功能。NS 和 NO 极为类似,也具有直线形和弯曲形的端联结构及桥联模式。NO 线形和弯曲形模式见图 8.12。在计算电子结构时以 NO^+ 和金属成键形成如 CO 的直线形结构,所以在方法 A 计算时 NO 作为 2 电子给体。按方法 B 计算时,线形 NO 考虑成中性,按 3 电子计算。

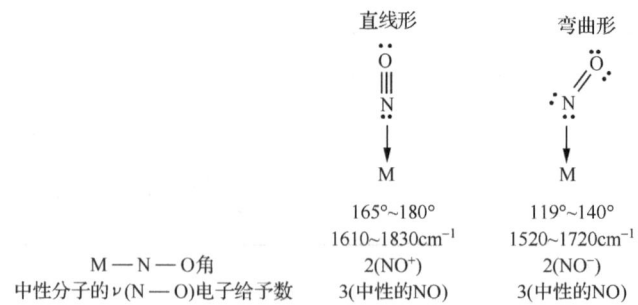

图 8.12　NO 直线形和弯曲形的键合模式

对 NO 呈弯曲形的配位模式,假定以 NO^- 与金属成键,氮以 sp^2 杂化轨道和金属形成弯曲形(图 8.12),在方法 A 中 NO^- 考虑为双电子给体。在方法 B 中考虑 NO 在弯曲结构中是单电子给体。以上用 NO^+、NO、NO^- 计算电子数,并不是真实的键合情况。现将 NO 的直线形和弯曲形配位的例子列于图 8.11。在同一配合物中两种模式可以共存,虽然与弯曲形相比直线形配位的 N—O 伸缩振动发生在高能区,但二者在 IR 谱中常发生重叠,难以区别。在晶体中紧密堆积常使直线形转变成弯曲形。

3. 氮分子

1) 氮分子的不活性

氮被称为不活泼气体,因为它不易起化学反应,在常温仅能生成 Li_3N。氮分子的电子构型是

$$(1\sigma_g)^2(1\sigma_u^*)^2(2\sigma_g)^2(2\sigma_u^*)^2(1\pi_u)^4(3\sigma_g)^2$$

近似地认为 $(1\sigma_g)^2$ 的成键能力和反键的 $(1\sigma_u^*)^2$ 相消,$(2\sigma_g)^2$ 和 $(2\sigma_u^*)^2$ 的成键能力相抵消,余下的成键轨道为 $(1\pi_u)^4$ 和 $(3\sigma_g)^2$,是 1 个 σ 键和 2 个 π 键,就是所谓三重键(N≡N)。N_2 的最高填满轨道 $(3\sigma_g)$ 和次高填满轨道 $(1\pi_u)$ 及最低空轨道 $(1\pi_g^*)$ 的轨道图像和能级示意于图 8.13。将氮分子的前沿分子轨道能级与等电子结构的分子或离子比较,由表 8.10 可见,氮分子的电子所处的最高能级 $(3\sigma_g)$ 的能量最低,只有 $-15.6eV$,几乎是所有等电子分子中能量最低者。其电离势 $+15.6eV$,与惰性气体氩相近($+15.75eV$)。氮分子的最低空轨道 $(1\pi_g^*)$ 的能量为 $7.42eV$,除低于 CN^- 外也比较高,因此氮分子既难氧化也难于还原,所以双氮配合物长时间未能制备,这是原因之一。

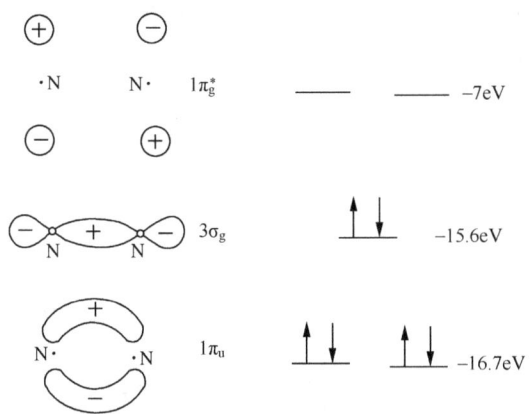

图 8.13 N₂ 的轨道图像及能级示意图

表 8.10 N₂ 与等电子分子(或离子)的前沿分子轨道能级

分子或离子	最低空轨道	能级/eV	最高占有轨道	能级/eV	次高占有轨道	能级/eV
C_2H_2	$1\pi_g$	— (6.83)	$1\pi_\sigma$	−11.4 (−12.01)	$3\sigma_g$	−16.44 (−18.57)
N_2	$1\pi_g^*$	−7.00 (7.42)	$3\sigma_g$	−15.59 (−14.28)	$1\pi_u$	−16.73 (−15.77)
CO	2π	— (6.03)	5σ	−14.40 (−13.80)	1π	−16.58 (16.66)
CN^-	2π	— (16.29)	5σ	−3.82 (−3.31)	1π	— (−4.62)
NO^+	2π	−9.23 (−9.14)	1π	−15.65 (−15.22)	5σ	−15.52 (−14.42)

注：有括号者为实验值，无括号者为计算值；"—"表示没有得到计算值。

2) 双氮配合物

双氮配合物是泛指以金属作为中心，含有氮作为配体的配合物，其中氮的状态（中性分子或带负电荷）并未明确指出，它和氮分子不同，后者是指氮处于自由的没有结合的状态。第一个双氮配合物是由加拿大 Allen 等于 1965 年用 $RuCl_3$ 和 N_2H_4 反应得到的 $[Ru(NH_3)_5(N_2)]Cl_2$，其中 N_2 和 CO、NO 相似，是以端基配位。后来用 Zn 在水溶液中还原 $[Ru(NH_3)_6Cl]^{2+}$，在 N_2 气氛下也能得到同样的产物。

$$[Ru(NH_3)_2Cl]^{2+} \xrightarrow{Zn(Hg)} [Ru(NH_3)_5(H_2O)]^{2+}$$

$$[Ru(NH_3)_5(H_2O)]^{2+} + N_2 \longrightarrow [Ru(NH_3)_5(N_2)]^{2+} + H_2O$$

双氮配合物合成成功,打破了长期认为 N_2 在化学上是不活泼气体的看法,通过配合物的途径,使惰性的 N_2 活化参加化学反应,为常温常压下合成氨开辟了新途径。

3) 双氮配合物的成键模型

迄今合成出来的双氮配合物中,氮分子的配位方式具有下面几种(图 8.14),其中绝大部分以端基配位,极少数部分以侧基配位。

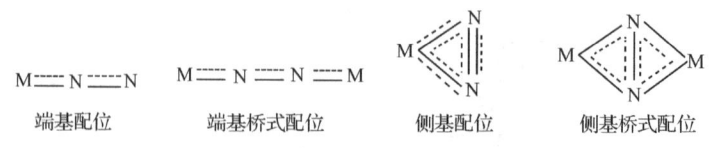

图 8.14 双氮成键模型

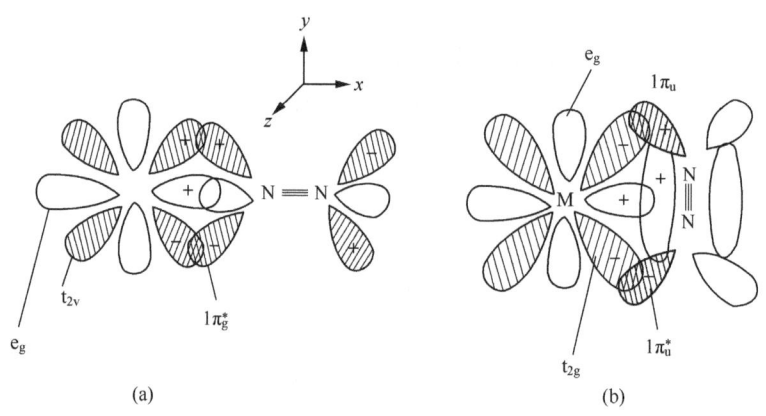

图 8.15 过渡金属双氮配合物模型
(a) 端基配位;(b) 侧基配位

端基配位的八面体双氮配合物的成键模型示于图 8.15(a)。氮分子最高被占轨道是 $3\sigma_g$,它和过渡金属 e_g 空轨道(或杂化轨道)有相同的对称性,两轨道重叠形成 σ 键。氮分子的最低空轨道是 $1\pi_g^*$ 轨道,和金属占有电子的 t_{2g} 轨道形成反馈 π 键。这样 σ 电子的给出降低了两个氮原子的结合强度。由表 8.10 可以看出,$3\sigma_g$ 轨道的能级很低,是弱成键轨道,它转移部分电子云,对削弱两氮原子间的结合作用不大。由于 $1\pi_g^*$ 能级很高,中心原子的电子转移到高能级的反键轨道,对削弱两个氮原子间的结合力起了主要作用。N_2 配位后 M—N 之间的键不是一般的单键,两个原子间也不是一般的叁键,图 8.14 中用虚线表示。

分子氮以 $1\pi_u$ 电子与过渡金属形成侧基配合物,如图 8.15(b)所示。由于 $1\pi_u$ 轨道比 $3\sigma_g$ 轨道能量低,难以给出 $1\pi_u$ 电子,因此侧基配合物较端基配合物不稳定,但在侧基配合物两个氮原子同时受到金属的作用,而端基配合物仅一个氮原子受到作用,因而前者更有利于活化,侧基配合物的红外振动频率也比较低。

8.3.6 氢根和双氢配合物

在过渡金属配合物中 H^- 和 H_2 是最简单的单原子和双原子配体,它在有机合成、金属有机化学以及催化过程至关重要。

1. 氢根配合物[3]

过渡金属配合物含有氢根(氢负离子)作为配体已知的如三冠三棱柱的 $[ReH_9]^{2-}$ [图 2.16]。更广泛的是 H^- 与其他配体共存的过渡金属配合物特别是与羰基共存形成一大类羰基氢化合物。最普通的合成方法是过渡金属配合物和 H_2 反应。

$$Co_2(CO)_8 + H_2 \longrightarrow 2HCo(CO)_4$$
$$trans\text{-}Ir(CO)Cl(PEt_3)_2 + H_2 \longrightarrow Ir(CO)Cl(H_2)(PEt_3)_2$$

羰基氰化物在红外区有尖锐的 M—H 伸缩带,质子核磁共振谱在高 τ 区有吸收,这说明羰基化合物中的氢直接和金属相连,形成 M—H 键,如 $HMn(CO)_5$ (**8.2**)的氢占据八面体的顶点,Mn—H 的键长为 142.5pm,和按共价键半径计算的单键键长(142pm)一致。双核羰基氢化物中的氢可作为桥基,与两个金属桥联,如(**8.3**)所示,$[HMn_2(CO)_{10}]^-$ 中氢和两个锰原子之间呈直线形结构。此外,氢键也可以与金属-金属键或其他桥联方式共存,如(**8.4**)所示。

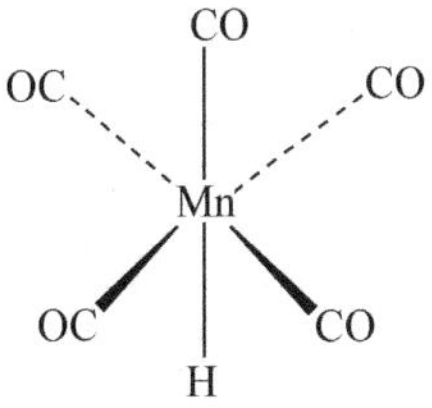

| (8.2) | (8.3) | (8.4) |

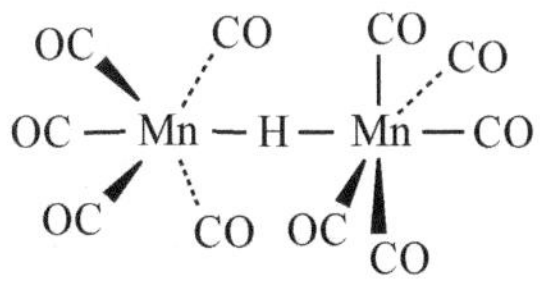

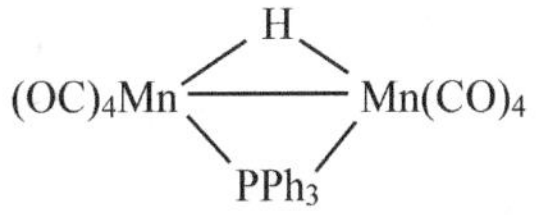

在氢根配合物中,氢原子仅有 1s 轨道用以成键,过渡金属的 s 轨道、p 轨道或 d 轨道(或杂化轨道)与 H 形成 σ 键。在计算电子数的方法 A 中,:H^- 作为 2 电子给予体。在方法 B 中氢视为中性,为 1 电子给体。

2. 双氢配合物[4]

第一个 H_2 分子配位到过渡金属上的双氢配合物 $M(CO_3)(PR_3)_2(H_2)$ (M=Mo,W;R=异丙基,环己基),在 1984 年才被合成。它们作为在各种氢化反应中氢配位到金属的中间体。此后双氢配合物的化学发展迅速。

氢分子和过渡金属间的键合如图 8.16 所示。图 8.16 中 H_2 以 σ-电子授予到金属空的 d 轨道或杂化轨道。同时配体的空的 σ^* 轨道能够接受金属 d 轨道的电荷，其结果削弱了两个氢原子之间的键，与自由 H_2 相比较增加了 H—H 键长，如自由的 H_2 的 H—H 键长为 0.7414Å，而在双氢配合物中的键长为 0.82~0.90Å。H_2 作为配体和其他配体(如 CO 等)不同，因为 H—H 不稳定而破裂，如果金属是富电荷离子和强的给体，对 H_2 的 σ^* 轨道有强的给电子能力，则在配合物中 H_2 发生断裂，成为氢原子。因此希望得到稳定的双氢配合物，其金属应该是弱的给体或其周围有另外强的受体，如 CO、NO 等好的 π-受体就能有效地稳定双氢配体。

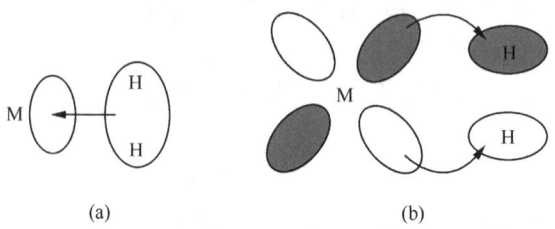

图 8.16 双氢配合物的键合
(a) σ-给予作用；(b) π-接受作用

8.4 有机的 π-体系的配合物

8.4.1 烯烃配合物

烯烃配合物与羰基配合物的相似之处就是烯烃和羰基都有空的 π^* 轨道，可接受中心原子的 d 电子，所以烯烃配体也称为 π 酸配体。烯烃和羰基形成配合物不同之处是羰基以碳上的 σ 电子作为给予体，而不饱和烃(包括烯烃)是以 π 电子为给予体(有时不饱和烃也可以 σ 电子作为给予体)，所以以 π 电子为给予体的配合物有人称之为 π 键配合物，以区别于 σ 电子作为给予体的配合物。π 键配合物往往在金属催化反应中起重要作用，如氢化、环化、聚合、氢甲酰化反应中，它以中间体的形式出现。本节先从单烯烃入手再推广到多烯，在讨论中对烯烃类似的炔烃也顺便提及。

1. 烯烃配合物的存在

1827 年第一个含乙烯的配合物 $K[Pt(\eta^2\text{-}C_2H_4)Cl_3] \cdot H_2O$(Zeise 盐)问世后，相继又制备出大量的烯烃配合物，现将能和烯烃成键的元素列于表 8.11。

由表 8.11 可见，与烯烃生成配合物的元素主要是具有一定 d 电子的过渡元素，其中以第Ⅷ族元素最为典型，如 Pt^{2+}、Pd^{2+} 的氯化物或者高氯酸盐可与烯烃直接反应生成稳定的烯烃配合物。第一副族的 Cu^{2+}、Ag^+ 和第二副族的 Hg^{2+} 与烯烃(炔烃)生成配合物的能力也较强,如 $CuCl_2$、$AgNO_3$ 的水溶液(或固体)均能吸收烯烃,超过其正常溶解度而形成金属与烯烃摩尔比为 1∶1 或 1∶2 的配合物。此外第Ⅵ副族及第Ⅴ副族元素在适当的条件下也能与烯烃生成配合物,如铬、钼、钨的羰基配合物可与环庚三烯反应生成多烯配合物(**8.5**)。

$$Mo(CO)_6 + C_7H_8 \longrightarrow [(C_7H_8)Mo(CO)_3] + 3CO$$
(8.5)

表 8.11　可生成烯烃配合物的元素

ⅤB	ⅥB	ⅦB	Ⅷ			ⅠB	ⅡB
V**	Cr**	Mn**	Fe**	Co**	Ni**	Cu*	Zn
Nb	Mo**	Tc	Ru*	Rh***	Pd***	Ag*	Cd
Ta	W**	Re***	Os*	Ir**	Pt*	Au	Hg*

* 烯烃和金属卤化物或硝酸盐直接反应生成;** 在其他 π 体系配体存在下生成;*** 两种可能性都存在。

以上金属同烯烃生成的配合物中以铂、钯、镍最为稳定,在元素周期表同族元素中自上而下稳定性递增。铂、钯、镍的配合物中尤以铂最稳定。因此铂的烯烃配合物研究得最广泛。

著名的 Zeise 盐可以用乙烯置换 $K_2[PtCl_4]$ 中的氯而得到,它是橙色化合物。

$$K_2[PtCl_4] + C_2H_4 \xrightarrow{H_2O} K[PtCl_3(C_2H_4)] \cdot H_2O \downarrow + KCl$$
(8.6)

2. 烯烃的成键模型

在 Zeise 盐阴离子中烯烃以侧基配位,烯烃的两个氢从背面远离金属,如(**8.6**),先用简化的分子轨道能级图(图 8.17)来说明。

乙烯具有平面结构。碳原子的三个 sp^2 杂化轨道中,两个用来和氢成键,其余一个和另一个碳原子相同类型的轨道相互作用形成 σ 键。两个碳原子还以 p_z 轨道相互作用形成 π 键。乙烯中的 σ 轨道中,成键轨道的能量很低,反键空轨道能量很高,不能用来和金属离子的 d 轨道组合,仅 C—C 的 π 和 π* 轨道(HOMO,LUMO)能和金属离子组合,所以组合成分子轨道时只考虑乙烯的 π 轨道。Pt(Ⅱ)以 $dp^2s(5d_{x^2-y^2}, 6s, 6p_x, 6p_y)$ 轨道和乙烯的 π 轨道组合成分子轨道 ψ_σ 和 ψ_σ^*。此外乙烯的 π* 轨道和 Pt(Ⅱ)的 d_{xz} 轨道具有对称性,组合分子轨道 ψ_π 和 ψ_π^*(严格地说,p_z 轨道也有部分参与成键),d_{z^2}、d_{xy}、d_{yz} 是 Pt(Ⅱ)的非键轨道。因为 Pt(Ⅱ)的 d_{xz} 轨道的能级接近于 ψ_π 轨道,所以 ψ_π 和非键轨道由 Pt(Ⅱ)的 8 个电子占据。乙烯

的 π 轨道能级和 ψ_σ 接近,由于乙烯的 π 电子占据,因此 ψ_σ^*、ψ_π^* 轨道是空的。ψ_σ、ψ_π 都被电子占据,形成乙烯和铂之间的键,其中 ψ_σ 的轨道的电子是由乙烯提供的,就是通常所说的 σ 配键,ψ_π 是 Pt(Ⅱ) 的 d 电子提供的,就是通常所说的反馈 π 键。因此 Pt(Ⅱ) 和 C_2H_4 可形成一个 σ 键与一个 π 键,其成键模型示意于图 8.18。烯烃以 π_{2p} 轨道和 Pt(Ⅱ) 空的 5d、6s $6p^2$ 轨道生成 σ 键,烯烃的 π_{2p}^* 反键轨道和 Pt(Ⅱ) 充满电子的 5d 6p 轨道生成反馈键。

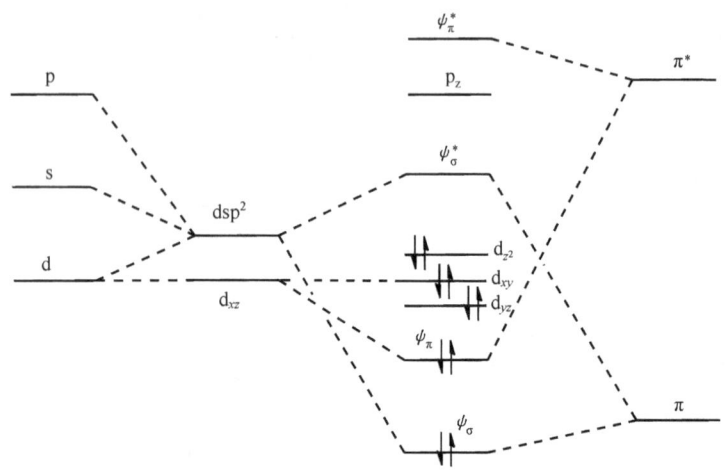

图 8.17 $[PtCl_3(C_2H_4)]^-$ 的分子轨道能级示意图

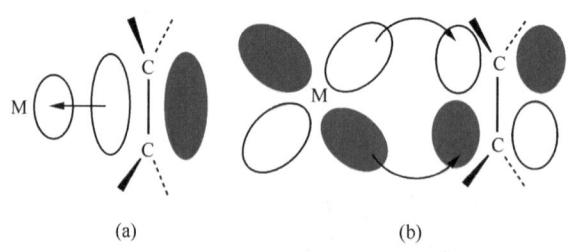

图 8.18 Pt(Ⅱ) 和烯烃的成键模式
(a) σ-给予作用；(b) π-接受作用

该模型也同样适用于类似的烯、炔与金属的成键,如图 8.18 所示。由于过渡金属与炔之间既有 σ 配键也有反馈 π 键存在,许多金属能和烯烃或炔烃形成稳定的配合物。反馈 π 键生成要求中心原子具有一定数目的 d 电子,ⅢB、ⅣB 族离子没有或仅具有少数的 d 电子,因而不能形成稳定的烯(炔)配合物。具有 d 电子数目较多的Ⅷ族元素,则能形成许多稳定的烯(炔)配合物。烯(炔)与金属间 σ 键的生成是烯(炔)的 π 电子给予金属,使烯(炔)重键间电子云密度减少,反馈 π 键是金属给电子与烯(炔),相当于在烯(炔)的反键 π 轨道上加电子,使烯烃的 π 键削弱,这两种作用都使烯烃配位后重键增长,伸缩频率也随之而降低。例如,Zeise盐阴离子的 C=C 伸缩振动频率为 $1516cm^{-1}$,而在自由烯烃中为 $1623cm^{-1}$。

8.4.2 烯丙基型配合物

1. 烯丙基的键型

烯丙基(C_2H=CH—CH_2—)与金属以两种形式成键,以 σ 键与金属形成配合物(**8.7**),或以三电子与金属形成不定域的 π 键(**8.8**),且两种键型能互变。一些烯丙基的配合物见图 8.19。

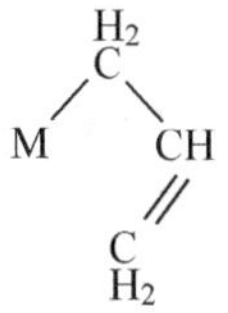

(8.7) 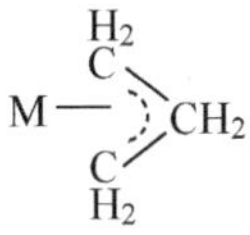　　　　　(8.8)

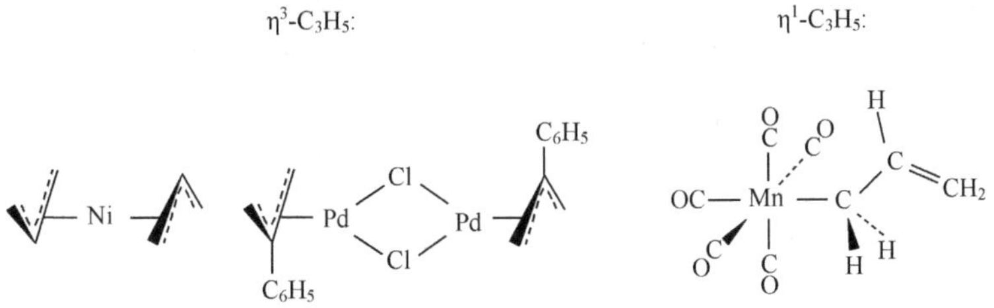

η^3-C_3H_5:　　　　　η^1-C_3H_5:

图 8.19　一些含有烯丙基的配合物的例子

2. 反应和性质

烯丙基配合物在许多反应中作为中间体,在反应中 η^3-C_3H_5 和 η^1-C_3H_5 之间相互转化。例如,下列反应在失去 CO 的过程中,配合物中的 η^1-丙基配体(**8.9**)转变成 η^3-丙烯基(**8.10**)。

$$[Mn(CO)_3]^- + C_3H_5Cl \longrightarrow \underset{(8.9)}{(\eta^1\text{-}C_3H_5)Mn(CO)_5} \xrightarrow{\triangle \text{或} h\nu} \underset{(8.10)}{(\eta^3\text{-}C_3H_5)Mn(CO)_4} + CO + Cl^-$$

在如上反应中 $[Mn(CO_5)]^-$ 取代氯化烯丙基中的氯,形成含有 η^1-C_3H_5 的 18 电子配合物。在该化合物中当 CO 失去后 η^1-C_3H_5 又能转变成仍为 18 电子的 η^3-C_3H_5 配合物。

η^3-C_3H_5 烯丙基配合物有挥发性,易于纯化,在低温可得晶体。η^1-烯丙基配合物通过碳键和金属相连。因为 M—C 键不稳定,所以烯丙基配合物性质非常活泼。

3. η^3-C_3H_5 的成键

在乙烯成键中曾指出,乙烯生成配合物时只利用 C—C 的 π 轨道成键,η^3-C_3H_5 成键也是如此[1]。烯丙基 C_3H_5 的碳原子共有 3 个 2p 轨道,用来组合成 π-体系,碳原子的 p 轨道相互作用(图 8.20),其中 3 个 p 轨道组合成 1 个成键的低能 π 轨道和稍高能量的非键轨道(π_n),及一个高能的反键轨道 π^* 轨道。在相邻的两两碳原子间反键轨道有两个垂直于核间轴的节平面,在节面上电荷密度为零(图中虚线所示),π_n 轨道有 1 个平分分子的节平面,它从中心碳原子切开,使中心碳原子的轨道不参加成键。成键轨道不含有节平面。在线形 π-体系的配体组合成分子轨道时发现垂直于碳键节平面的数目与碳原子数目相同,节平面数目从低至高增加代表 π 轨道的能量依次增加。例如,对 π-烯丙基体系有 3 个节平面,能级数目从 0 到 2 依次增加,相应于从低能轨道依次到高能轨道。对线形 π-体系的分子轨道均有此规律。因此在讨论其分子轨道时,只考虑其 π-轨道组成更为简单。对 η^3-C_3H_5 与金属离子成键时自由烯丙基从低能 π 轨道提供电子给金属的适当轨道,具有 σ 键的特征。对次低能级的非键轨道,自由烯丙基能提供提供电子或接受电子,视金属和配体性质和电子分布而定。其最高能级的 π 轨道作为电子受体,可以从金属获得电子。因而在烯丙基和金属间起着 σ 键和 π 键的协同作用,在烯丙基配体中 C—C—C 键角接近 120°,与碳原子的 sp^2 杂化一致。

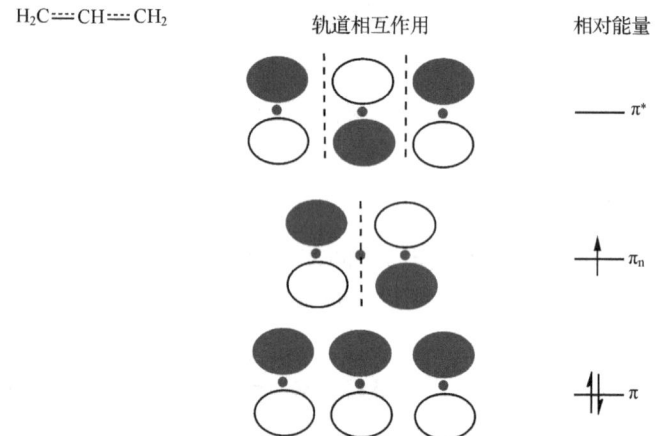

图 8.20 烯丙基 π 轨道的组成

8.4.3 金属茂配合物

1. 金属茂的结构

环戊二烯基($C_5H_5^-$)能以-η^1、-η^3 和-η^5 三种模式与金属离子键合,第一个环戊二烯的配合物是二茂铁[η^5-$(C_5H_5)_2$Fe]或称铁茂(Cp_2Fe),它的发现成为配位化学发展的里程碑。在工业上由 $FeCl_2$ 和 NaC_5H_5 制得。

$$FeCl_2 + 2NaC_5H_5 \longrightarrow (\eta^5\text{-}C_5H_5)_2Fe + 2NaCl$$

铁茂为黄色粉末,反磁性,可氧化成蓝色的[Cp_2Fe]$^+$的单电子化合物。其他金属的配合物也可由此类方法制备。周期表上的过渡金属均可形成金属茂。

铁茂的两个环平行配置,在晶体中两个环在铁离子的上下方呈交错的反棱柱(D_{5d})[图 8.21(a)]因为这种构型可减少两环之间的碳-碳(或氢-氢)的推斥力,使铁茂能稳定地存在。在气态时铁茂的结构和固态不同,实验发现,铁茂分子在气态或溶液中是重叠构型(D_{5h}),因为两环的旋转位垒很小($4.18kJ \pm 1.00kJ$),在溶液或蒸气中两环能自由旋转。近来 X 射线衍射分析发现在一些晶体中 1 个茂环稍微扭变成 D_5 构型。

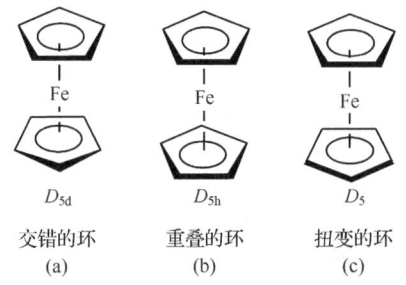

图 8.21 铁茂的构型

铁茂的两环距离很小(3.32Å),使得金属和碳间距缩短,与其他金属茂相比,约减小 0.2Å,这点和铁茂有较大的热稳定性和化学稳定性一致。

除环戊二烯和金属形成单环和双环的金属茂外还有其他有趣的结构,如环歪斜配置型金属茂[图 8.22(a)和(b)]和多层夹心型化合物,如[$Ni_2(Cp)_3$]$^+$的层状结构[图 8.22(c)]和多环歪斜配置的双核金属茂[图 8.22(d)]。单环和双环歪斜的金属茂的中心原子除和 1~2 个金属茂结合外,可以用 CO、NO、CH_3 等来补充,如[$Ta(\eta^5\text{-}Cp^*)_2(CH_3)(CH_2)$][图 8.22(e)]。它们除以单核形式存在以外,还可以聚合成多核,以满足有效原子序数法。此外,还有一些单环的金属茂,中心原子除同一个茂结合外,不再和其他配体结合,如 NaCp、TlCp(蒸气)及 InCp(蒸气)。一价的铟茂在气态为单环配置,如凝聚为固态则生成由无数茂环及铟离子组成的无限夹心型结构。

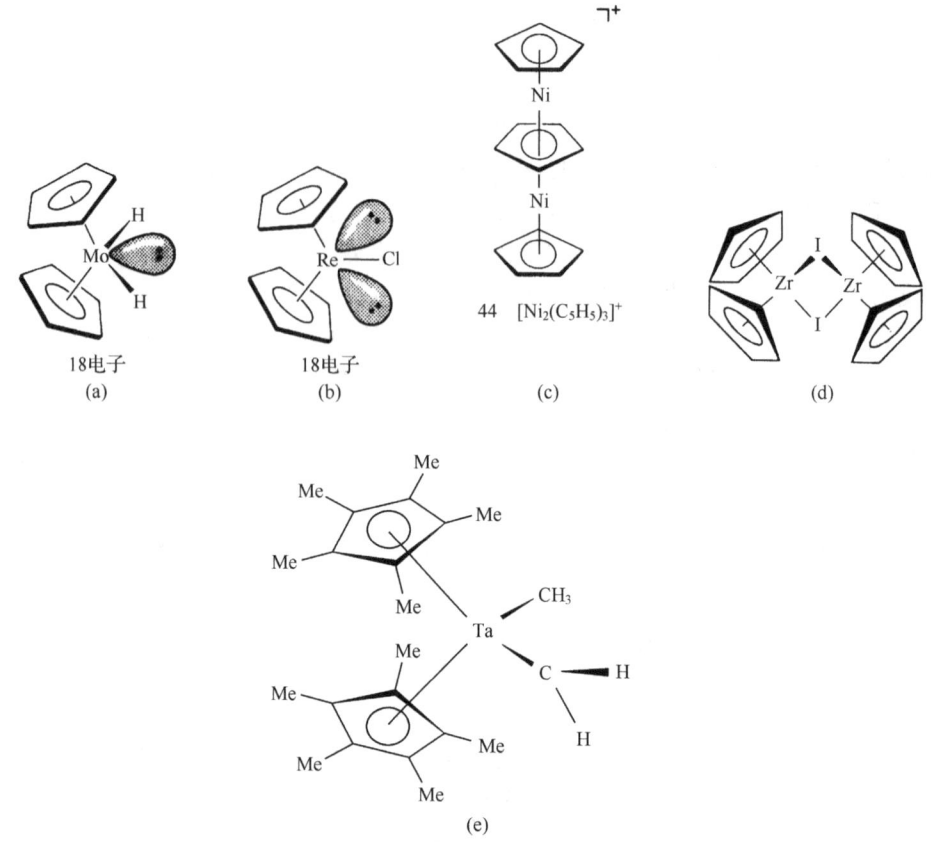

图 8.22 各种结构的金属茂
(a)和(b)为歪斜单核型；(c)层状结构；(d)歪斜双核结构；
(e)$[Ta(\eta^5\text{-Cp}^*)_2(CH_3)(CH_2)]$（Cp*为3个甲基取代的茂环）

对铁茂计算电子数有两种方法：一种是将铁茂看成是6个电子的Fe(Ⅱ)和12个电子的2个环戊二烯基阴离子($C_5H_5^-$)形成的配合物；另一种是Fe(0)被两个中性的C_5H_5配体配位。但铁茂真实的键合情况十分复杂，必须分析其成键情况。

2. 金属茂的成键

在考虑线形多烯成键时，为了简化起见，只考虑p轨道的组合。这种简化方法能给出节点性质和能量高低。其结果和按分子轨道计算结果一致，对环状π体系同样也可根据节点数目来预测π轨道数目和相对能量高低。对1个茂环可组合成5个π轨道，其节点数可从0~2（图8.23）。将两个能量和节点数相同的茂环组成2个茂环的10个群轨道见图8.24（右）。图8.24（中）为铁茂的分子轨道能级图。

由于 η^5-C_5H_5 被占领的轨道和 Fe(Ⅱ)的 d 轨道相互作用稳定了铁茂分子,故在图 8.24 中节点数为 0 和 1 的两个茂环和 Fe(Ⅱ)形成的分子轨道的能量比自由配体和金属离子原有能量都低。这些轨道按能量次序依次是 d_{z^2}、p_z、d_{yz}、d_{xz}、p_x 和 p_y 6 个轨道,因为这些轨道更接近于茂铁的轨道,更多具有配体的性质,所以被茂环 12 个电子所占领。在次高能量的轨道是茂环 π 轨道和 d 轨道组合,大多来源于金属 d 轨道,具有 d 轨道特征,为了引人注目将它们放在方框中。为了更清楚,茂环的 π 轨道和 Fe(Ⅱ)d 轨道的组合绘于图 8.25,其中具有 d_{xy} 和 $d_{x^2-y^2}$ 特征的是最弱成键轨道,它被两对电子所占领。另一个是具有金属离子 d_{z^2} 轨道特征的轨道,它和茂环轨道不发生作用是 1 个非键轨道,它被 1 对 Fe(Ⅱ)电子所占领。最低空轨道是具有 d_{xz} 和 d_{yz} 特征的反轨道,它不被电子占领。方框中的 3 个轨道(d_{z^2},d_{xy},$d_{x^2-y^2}$)可视为被 Fe(Ⅱ)6 个电子占领,使铁茂满足 18 电子规则,增强了它的稳定性。二茂钴和二茂镍各具有 19 个电子和 20 个电子,它们除进入以上的轨道外,多余的电子进入反键的 d_{xz} 和 d_{yz} 轨道,该电子易失去,所以二茂钴和二茂镍容易氧化。例如,二茂铁不和 I_2 反应而二茂钴却被 I_2 氧化成钴离子。二茂镍还能被其他配体取代生成稳定的 18 电子配合物。

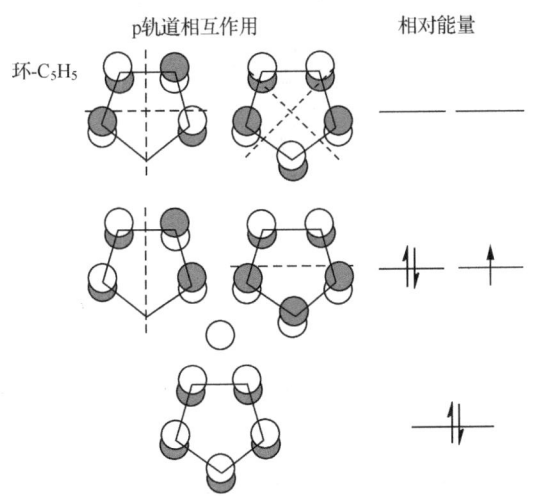

图 8.23 环戊二烯的分子轨道

钒茂(V^{2+},d^3)、铬茂(Cr^{2+},d^4)与钴茂、镍茂相反,是电子欠缺的化合物,它可与其他配体加成以满足 18 电子规律。例如,以 $ReCl_5$ 和 NaC_5H_5 在 THF 中反应企图得到顺磁性的$(C_5H_5)_2Re$,但得到的却是反磁性的$(\eta^5$-$C_5H_5)_2ReH$(**8.11**),每个 C_5H_5 提供 6 个电子,H^- 提供 2 个电子,其余 4 个电子由 Re^{3+} 提供,满足 18 电子规则。氢的配位使得茂环歪斜配置。等电子结构的分子如$(\eta^5$-$C_5H_5)_2MoH_2$(**8.12**)也有类似结构。

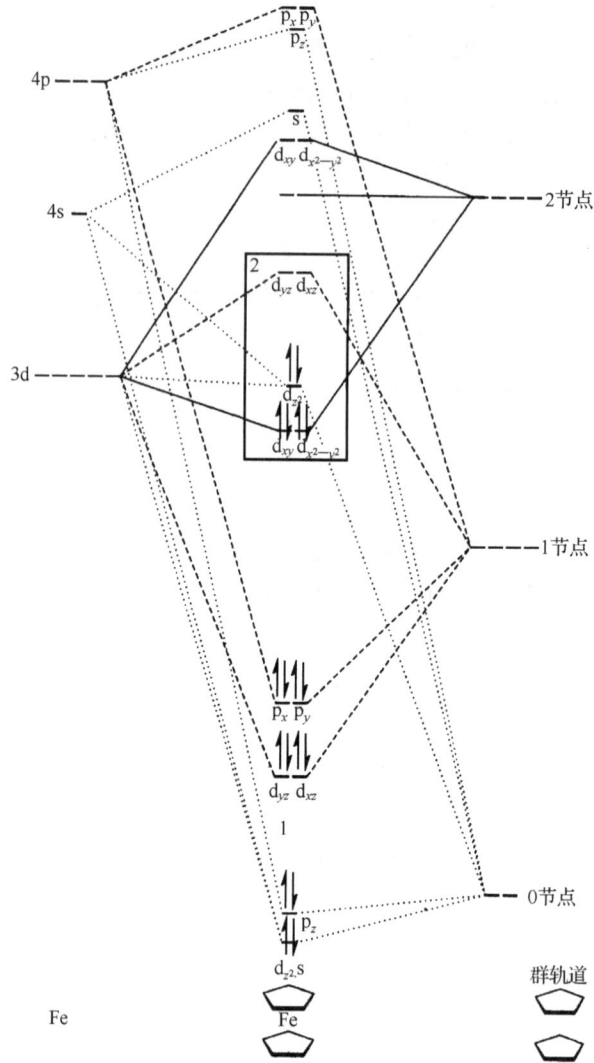

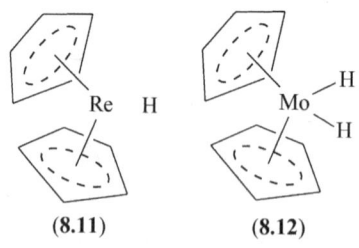

图 8.24　铁茂的分子轨道能级示意图

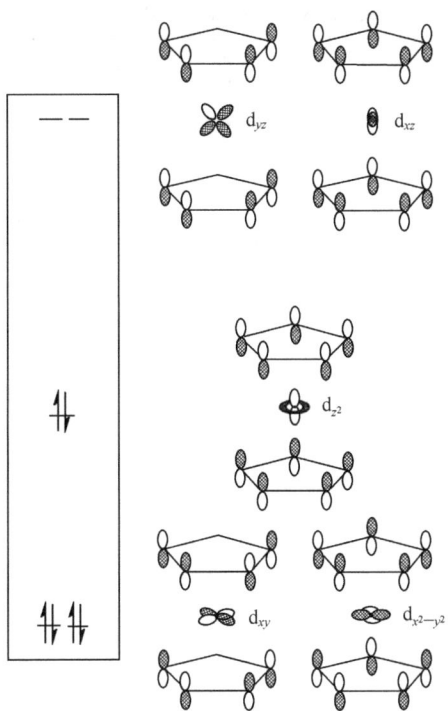

图 8.25 茂环 π 轨道和 Fe(Ⅱ) 的 d 轨道组合成具有 d 轨道特征的分子轨道

$$2(\eta^5\text{-}C_5H_5)_2Co + I_2 \longrightarrow 2[(\eta^5\text{-}C_5H_5)_2Co]^+ + 2I^-$$
$$\quad\quad 19e^- \quad\quad\quad\quad\quad\quad 18e^-$$

$$(\eta^5\text{-}C_5H_5)_2Ni + 4PF_3 \longrightarrow Ni(PF_3)_4 + 有机产物$$
$$\quad\quad 20e^- \quad\quad\quad\quad\quad\quad 18e^-$$

钴茂和镍茂多余 18 数目的电子加在反键（d_{xz}, d_{yz}）轨道，引起金属-配体键长增加，金属-配体的离解焓变 ΔH 降低（表 8.12）。所以钴茂和镍茂的化学稳定性均低于铁茂，前两者化学反应倾向于形成 18 电子配合物。

表 8.12 一些金属茂的 M—C 距离和 M^{2+}—$C_5H_5^-$ 的离解焓变 ΔH

配合物	电子数	M—C 距离/Å	$\Delta H/(kJ \cdot mol^{-1})$
$(\eta^5\text{-}C_5H_5)_2Fe$	18	2.064	1470
$(\eta^5\text{-}C_5H_5)_2Co$	19	2.119	1400
$(\eta^5\text{-}C_5H_5)_2Ni$	20	2.196	1320

除以上提到的烯烃外，还有众多的不饱和有机分子也能作为 π 给体和 π 受体，由配体提供 π 轨道电子给金属，金属反馈电子到配体空的 π* 轨道与金属离子键合，如表 8.13 列出它们的成键情况。

表 8.13　若干烯烃及其配合物

配体	结构	举例
η^2-C_2H_4 η^2-乙烯	$H_2C=CH_2$	$[PtCl_3(C_2H_4)^-]$
η^4-$C_3H_5^-$ η^3-丙烯基	(丙烯基结构)	(Pd-Br-Pd 双桥配合物)
η^4-C_4H_8 η^4-丁二烯	(丁二烯结构)	$Fe(CO)_3$ 配合物
η^4-C_5H_6 η^4-环戊二烯	(环戊二烯结构)	$Mo(CO_2)$ 配合物
η^4-C_8H_8 η^4-环辛四烯	(环辛四烯结构)	$Co(C_5H_5)$ 配合物
η^4-$C_4H_4^{2-}$ η^4-丁二烯基	(环丁二烯$^{2-}$)	$Fe(CO)_3$ 配合物
η^5-$C_5H_5^-$ η^5-环戊二烯基	(环戊二烯基$^-$)	$Mo(CO)_3Cl$ 配合物
η^5-$C_5H_6^-$ η^5-戊二烯基	(戊二烯基结构)	$[Fe]^+$ 配合物
η^5-C_6H_6 η^6-苯	(苯环)	Cr (双苯铬)
η^7-$C_7H_7^+$ η^6-草䓬离子	(草䓬离子$^+$)	$[Mo(CO)_3]^+$ 配合物

配体	结构	举例
$\eta^6\text{-}C_7H_8$ η^6-环庚三烯		Mo(CO)$_3$
$\eta^6\text{-}C_8H_8$ η^6-环辛四烯(cot)		Cr(CO)$_3$

8.5 富勒烯及其配合物

8.5.1 结构和性质

富勒烯(fullerene)含有巨大的π体系,能和过渡金属形成配合物[5~7]。1985年,发现富勒烯家族的第一个成员 C_{60}。它是一个三维结构封闭的碳分子。Kroto(英国 Sussex 大学)和 Smalley、Curl(美国 Rice 大学)用质谱法在电弧产生的石墨蒸气上进行研究,发现有无数碳原子的峰相应于 C_{60}、C_{70}。直至 1990 年,Krätshmer 用溶剂萃取从电弧-气化石墨的烟尘中得到克级重的 C_{60}、少量的 C_{70} 及微量的 C_{76}、C_{78}。自此人类对碳的认识进入了一个全新的阶段。Kroto、Smalley 和 Curl 三人由于在该领域中的杰出贡献,共同分享了 1996 年诺贝尔化学奖。

C_{60}(buckminsterfullerene)又称足球烯或球烯。C_{60}是含有 60 个同等的碳原子构成的碳分子。原子间以共价键相连,形成一个由 12 个五边形和 20 个六边形的组成的球面结构(图 8.26)。两个六边形的 C—C 键长([6,6]键长=1.39Å)比六边形和五边形的键长短([5,6]键键长=1.44Å),因此[6,6]键有类似烯烃双键的性质,纯的 C_{60} 以球形分子堆积成面心立方排列。分子间有大的间隙,约占晶胞体积的 27%,C_{60} 的密度(1.65g·cm^{-1})远低于金刚石(3.51g·cm^{-1})。

富勒烯不仅发现在矿石、煤和陨石中,而且在燃烧的蜡烛中也存在着 2~40 个不同的富勒烯,他们和具无限结构的石墨和金刚石不同,富勒烯是封闭的空心笼状纯碳分子,它由 12 个五边形和任意数目 $n(n\neq1)$ 的六边形构成,每个碳原子采取近似的 sp^2 杂化构型。首先发现的富勒烯是 $C_{60}(n=20)$,在富勒烯家族中最稳定的成员,其次发现的 C_{70} 是一个温和的反应分子。近年来含几个相邻五边形的 C_{36} 和仅有五边形的最小分子 C_{20} 也被合成。

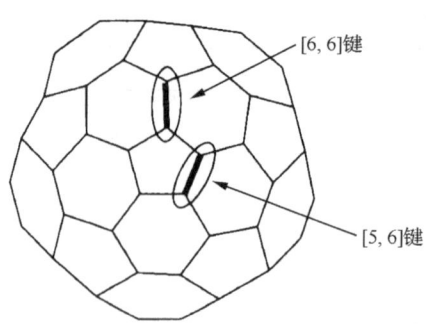

图 8.26 C_{60} 的结构及[6,6]键和[5,6]键

富勒烯能进行许多化学反应,如氢化、烷化、胺化、氧化、还原、卤化、环加成和环氧化等反应,虽然 C_{60} 是一个温和的反应分子,但其纯衍生物的制备,至今仍然是一个极大的挑战,因为 C_{60} 有 60 个碳原子、30 个双键,对形成 $C_{60}X_n$,除 $n=1$,59,60 几种特殊情况外会产生无数的异构体,如 $C_{60}X_2$ 就有 23 个不同异构体。目前,许多富勒烯的衍生物已被合成。

8.5.2 富勒烯配合物

富勒烯和各种金属的配合物已经得到,可分为几种结构类型。

1. 富勒烯作为配体

富勒烯(C_{60}、C_{70}、C_{82})作为配体能和过渡金属形成配合物,如 $[(C_6H_5)_3P]_2Pt(\eta^2-C_{60})$ 是以 C_{60} 作为配体,通过 C_{60} 表面的两个相邻的六元环([6,6]键)的一个 C=C 键的 π 电子键合到金属,金属的 d 电子云能够回授到富勒烯空的反键轨道,这使两个碳原子稍微离开 C_{60} 的表面,并使两碳原子间的距离略有增长,这类似于烯烃对金属离子的键合,其键合方式见图 8.27。以富勒烯作为配体的配合物的合成,通常是用富勒烯取代金属上的弱配体,如用 C_{60} 取代配合物在铂上的乙烯

$$((C_6H_5)_3P)_2Pt(\eta^2-C_2H_4)+C_{60}\longrightarrow ((C_6H_5)_3P)_2Pt(\eta^2-C_{60})$$

在某些情况富勒烯的表面能配位几个金属离子,如 $[(Et_3P)_2Pt]_6C_{60}$,其中 6 个 $(Et_3P)_2Pt$ 配体围绕在 C_{60} 上,呈八面体结构如图 8.28 所示。

富勒烯不仅以两点(dihapto)配位到金属离子也可以 5 点或 6 点形式键合,如富勒烯衍生物 $C_{70}(CH_3)_5$ 或 $(C_{60}(CH_3)_5$ 和铁茂形成的夹心型配合物 $Fe(\eta^5-C_5H_5)(\eta^5-C_{70}(CH_3)_3)$,图 8.29 中 Fe 位于 $\eta^5-C_5H_5$ 和 η^5-富勒烯之间,富勒烯以 5 点和 Fe 配位,甲基邻近配位的五元环,使配合物得以稳定。

2. 加成化合物

富勒烯含有双键,它像其他烯烃一样能够起加成反应。例如,OsO_4 是强的氧

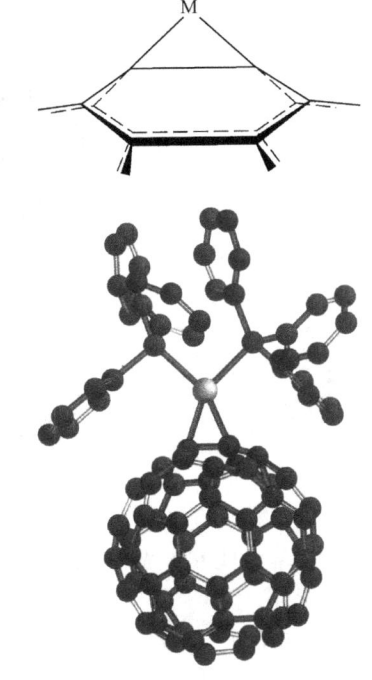

图 8.27 C$_{60}$键合到金属

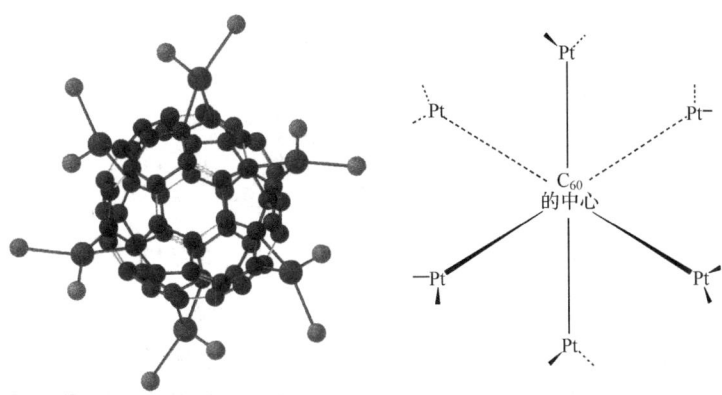

图 8.28 [(Et$_3$P)$_2$Pt]$_6$C$_{60}$的结构

化剂,能对多环的芳香碳氢化合物的双键进行加成。将 OsO$_4$ 和 C$_{60}$ 及 4-t-丁基吡啶进行反应,得到 1∶1 或 2∶1 的加成化合物,这是 OsO$_4$ 的氧化加成到富勒烯的双键上,形成了[C$_{60}$(OsO$_4$)(4-t-丁基吡啶)$_2$]或[C$_{60}$(OsO$_4$)$_2$(4-t-丁基吡啶)$_4$]。1∶1 的加成化合物的结构如图 8.30 所示。

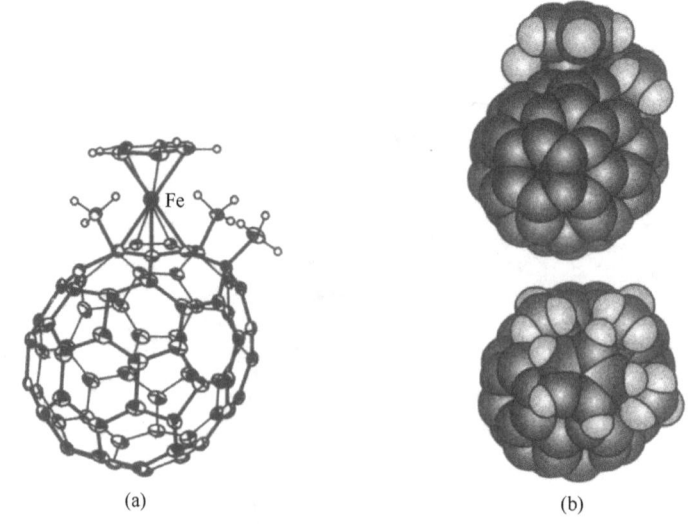

图 8.29　Fe(η^5-C_5H_5)(η^5-$C_{70}(CH_3)_3$)的晶体结构(a)和空间填充模型(b)

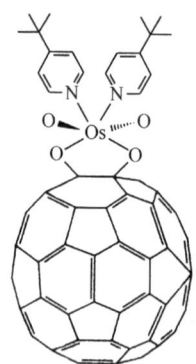

图 8.30　$C_{60}(OsO_4)$(4-t-丁基吡啶)$_2$ 的结构

C_{60} 最低空轨道是三重 t_{1u} 轨道,在溶液中可逆的俘获 6 个电子,它的第一激发单重态和三重态能层低于其他小分子接受体,且和大 π-体系(如卟啉)的相应能层相近。在基态和激发态 C_{60} 分子具有刚性骨架,所以富勒烯有异于其他接受体的电化学和光物理性质,在传感器方面有应用价值,一般是在 C_{60} 的[6,6]键上引入附加键,对其进行功能化,当受到了刺激时引起 C_{60} 电子接受能力的改变,如化合物(**8.13**),它是在 C_{60} 的两个[6,6]键上引入两个丙二酸根反式偶联到二苯并[18]冠-6 上,X 射线结构分析表明,二苯并[18]冠-6 空腔紧密地和 C_{60} 外表面接触,当 K^+ 和冠醚配位时,诱导 C_{60} 还原电位的改变,与自由 C_{60} 相比,第一个单电子还原电位($C_{60} \rightarrow C_{60}^-$)向阳极移动 90mV。这说明由于 K^+ 的配位,C_{60} 更容易被还原。

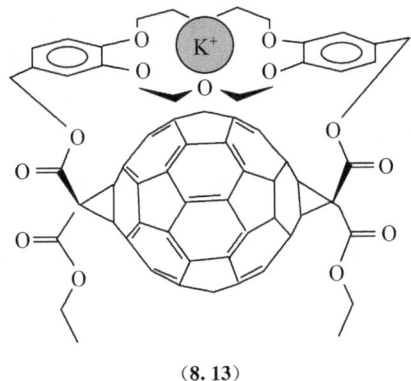

(8.13)

3. 包容和嵌入金属

C_{60}的空腔直径为7Å, 准许包容周期表中任何元素, 甚至双原子和小分子, 如镧系、碱金属、H_2、H_2O 以及惰性气体 He_2、Ne_2 等物种完全被富勒烯包裹, 位于富勒烯的笼中生成包容配合物。富勒烯化合物以 $M_m@C_x$ 表示(M 表示客体; 通常是金属 m 表示包容金属原子数; C_x 为富勒烯, $x=60,70,74,82$ 等; @表示包裹之意)。例如, $Y@C_{82}$ 已被 X 射线同步加速粉末衍射实验所证实, 该包合物具有大的永久偶极, 说明 Y 不是居于富勒烯笼子中心。富勒烯包容镧系金属如 $Sc_3N@C_{80}$ (图 8.31)和 $La@C_{82}$ 及 $M_2@C_{80}$(M=La、Y)等十分有趣, 如 $La@C_{82}$, 用 X 射线光电子能谱证实是一个被 La 还原的富勒烯负离子 C_{82}^{2-}, 包容有 La^{3+} 和占有空穴的自由电子。C_{82}^{2-} 有非常丰富的电化学性质和高的稳定性。此外, $M_2@C_{80}$(M=La、Y)具有超导性质。

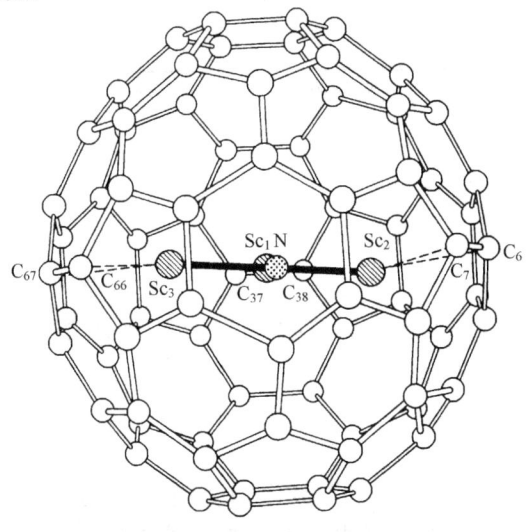

图 8.31 $Se_3N@C_{80}$

富勒烯分子间有大的空隙,有类似石墨的嵌入性质,无数碱金属富勒烯的嵌入化合物(intercalation compound),如NaC_{60}、RbC_{60}、KC_{70}、K_3C_{60},碱金属占据C_{60}分子的空隙位置,具有超导性质,因为碱金属嵌入C_{60}分子间的空隙后,分子间发生相互作用,使碱金属的最外层电子形成一个导电带,有降低能量损耗的性质,随着碱金属的掺入量的改变,C_{60}与碱金属的嵌合物从绝缘体变成半导体,直至超导体。例如,Cs_2RbC_{60}的超导温度(T_c)已达到33K,但与无机陶瓷型超导物质,如钇钡铜氧化物的超导温度(123K)相比还是相当低,近年来由孔穴掺杂(hole-doped)C_{60}组成的新材料,其T_c已超过100K,这使人们对富勒烯在超导实用性方面的研究又燃起了希望。

8.6 含 M—C、M=C、M≡C 键的配合物

含有金属-碳单键、双键和叁键的配合物已研究十分广泛,其中重要的类型见表 8.14。

表 8.14 含有 M—C、M=C 和 M≡C 的配合物

配体	化学式	举例
烷基	—CR_3	$W(CH_3)_6$
卡宾(亚烷基) carbene(alkylidene)	=CR_2	$(OC)_5Cr= C(OCH_3)(C_6H_5)$
卡拜(次烷基) carbyne(alkylidyne)	≡CR_3	$X—Cr≡C—C_6H_5$ (with 4 CO)

注:IUAPC 推荐用"alkyliden"(亚烷基)来称呼所有含金属-碳双键的配合物。

8.6.1 烷基及相关配合物

最早知道的含烷基键的有机金属配合物是主族元素和烷基连接的化合物,如 Grignard(格林)试剂 RMgX。在烷基金属配合物中,金属和烷基之间的键可看成配体以 σ 形式给予金属形成 σ 共价键,电子在金属-配体之间共享,但在电性高的金属中,如碱金属、碱土金属,配体和金属间的键会带有离子键。在计算烷基配体的电子数时,把烷基考虑成 1 个负电荷的双电子给予体:CR_3^-(方法 A)或 1 个电子给体·CR_3(方法 B)。

合成过渡金属烷基配合物的方法众多,其中最重要的如下:
过渡金属卤化物和有机锂、有机镁或有机铝等试剂反应

$ZrCl_4 + 4PhCH_2MgCl \longrightarrow Zr(CH_2Ph)_4 + MgCl$

金属羰基阴离子和烷基卤化物反应

$Na[Mn(CO)_5]^- + CH_3I \longrightarrow CH_3Mn(CO)_5 + NaI$

仅含有一种烷基配体的过渡金属配合物至今还是比较稀少,如 $Ti(CH_3)_4$、$W(CH_3)_6$ 和 $Cr[CH_2Si(CH_3)_3]_4$。烷基金属配合物具有动力学活性,所以难于游离。其稳定性随配体的数目及配位到金属的拥挤程度的增加而增加,因为配体的屏蔽效应保护了金属配位位置。例如,6-配位的 $W(CH_3)_6$ 直到 30℃ 融化也不发生分解,而 4-配位的 $Ti(CH_3)_4$ 在接近 $-40℃$ 就已分解。烷基金属化合物有不寻常的用途,如二(乙基)锌用来处理书籍和文件,其作用是中和纸张上的酸,使书籍和文献得以长期保存。此外,许多烷基金属配合物在催化过程中起着重要的作用,这将在第 9 章中讨论。

除烷基作为配体外,将与金属直接连接的 σ 键配体列于表 8.15。

表 8.15　和金属形成 σ 键的配体

配体	化学式	例子
芳基	⟨C₆H₅⟩	Cp₂Ta(H)(Ph)
乙烯基	C=C	Cl–C(PR₃)₂–CH=CH₂
乙炔基	—C≡C—	Cl–C(PR₃)₂–C≡CH

8.6.2　卡宾配合物

二价的碳配体称为卡宾(carbenes),即 C(X)(Y),X 和 Y 可以是 OR、NR、烷基、芳基、HX,它们能和过渡金属形成卡宾配合物。卡宾配合物是指金属和碳之间以双键连接的配合物(M=C),该类配合物在 1962 年首先由 E. O. Fischer 合成,现已发展成以卡宾母体及其衍生物为配体的一大类过渡金属配合物,如(**8.14**)。Fischer 合成的卡宾配合物的特点是卡宾碳除和金属成键外,还和 1~2 个电负性较高的杂原子(如 O、N 或 S)直接相连,这种类型的配合物称为 Fischer 型卡宾配合物,以区别于继 Fischer 之后出现的另一类配合物。后一类配合物在卡宾碳原子上直接相连的不是杂原子,而是碳(烷基)或氢,如化合物(**8.15**),这一类称为 Schrock 型卡宾配合物,两类的区别见表 8.16。本书着重介绍 Fischer 型卡宾配合物。

$(CO)_5W=C\begin{smallmatrix}OCH_3\\Ph_3\end{smallmatrix}$　　　　$(Me_3CCH_2)_3M=C\begin{smallmatrix}H\\CMe_3\end{smallmatrix}$　　M=Nb,Ta

　　　(8.14)　　　　　　　　　　　　(8.15)

　Fisher 型卡宾配合物　　　　　　Schrock 型卡宾配合物

表 8.16　Fisher 型和 Schrock 型卡宾配合物的区别

特点	Fischer 型	Schrock 型
金属类型	位于后过渡金属中部	前过渡金属
氧化态	Fe(0),Mo(0),Cr(0)	Ti(Ⅳ),Ta(Ⅴ)
连接到卡宾碳上的取代基	至少有一个高电负性的杂原子(O、N 或 S)	H 或烷基
其他配体的类型	好的 π-受体	好的 σ-给体或 π-给体
电子计数	18	10~18

在卡宾配合物中由碳原子的 sp^2 杂化轨道给予一对 σ 电子和相同对称性的空的金属轨道形成 σ 键,配体上卡宾碳原子的 p 轨道是空的,它可接受金属轨道的电子形成反馈 π 键(图 8.32)。

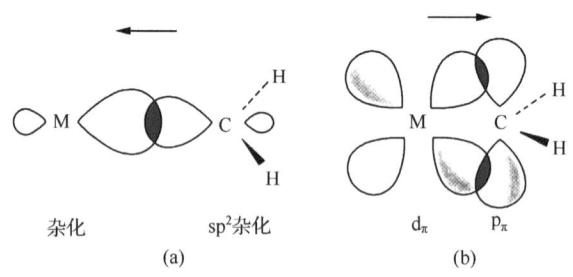

图 8.32　金属-卡宾的键合情况
(a) 配体授予电子给金属形成 σ 键;(b) 金属回授电子形成反馈 π 键

含有高电负性的原子(如 O、N 或 S)直接与卡宾碳原子相连的卡宾配合物往往比没有这种高电负性原子的配合物更稳定,例如,在卡宾碳原子上含有一个氧原子的配合物 $Cr(CO)_5(C(OCH_3)C_6H_5)$ 比 $Cr(CO)_5(C(H)C_6H_5)$ 更稳定。这是因为高电负性的原子也参加形成 π 键,这样构成了不定域的 3 个原子的 π 体系,这个 π 体系涉及金属离子的 d 轨道,碳原子和高电负性原子的 p 轨道。不定域的三原子体系比金属到碳的简单反馈 π 键提供了更多的电荷参与到成键中来,从而增加了键的稳定性。

现用甲氧基卡宾配合物 $Cr(CO)_5(C(OCH_3)C_6H_5)$[配合物(**8.16**)]的谱学实验说明以上论点。

(1) 配合物(**8.16**)中存在着 Cr═C 双键可由 X 射线晶体结构分析提供证据。由晶体结构得到在配合物中铬和碳之间的键长为 0.204Å,比 Cr—C 单键键长 0.220Å 短,说明 Cr 和 C 之间具有双键性质。

(2) 由 ^{1}H NMR(质子核磁共振)的变温实验对配合物(**8.16**)的成键情况进行研究。在室温配合物(**8.16**)的 ^{1}H NMR 谱上得到 1 个甲基的单峰,这说明甲基的质子处在相同的化学环境,只有假定在配合物中卡宾碳和甲氧基的氧之间的单键(C—O)发生旋转和 Cr═C 双键的存在才能得到单峰,这和预想的结构相符。但当降低温度时在 ^{1}H NMR 谱图上的单峰首先加宽然后随温度的降低分裂为两个峰。这说明质子处在两个不同的化学环境。这可能是由于在低温时 C—O 键的旋转被冻结,并显现出某些双键的性质,所以建议在低温时呈现出顺式和反式两种异构体,如(**8.17**)和(**8.18**)所示。

(3) 晶体结构数据也证实了 C—O 之间存在着双键性质,由晶体结构得到在配合物 C—O 键长为 0.133Å,它介于典型的单键键长(0.143Å)和 C═O 双键键长(0.116Å)之间,说明(**8.17**)和(**8.18**)中的碳和氧之间具有弱的双键性质。在室温时它可发生旋转具有单键特性,在降低温度时旋转停止。因此,在低温时 NMR 检查出顺式和反式两种异构体中甲基质子的信号,而在高温时有足够能量引起 C—O 键旋转,NMR 谱上显示平均信号,从而观察到 1 个峰,以上 X 射线晶体结构数据和 NMR 实验结果都证实了 Cr—C 和 C—O 键都存在着双键性质,这支持了在本节开始提出的,有高电负性原子与卡宾碳原子相连时 3 个原子之间存在着不定域 π 键的论点。

以上提法虽然不是绝对的,但是提供了这类配合物附加稳定性的参考依据。卡宾配合物在烯烃配位反应中是重要的中间体,具有大的工业意义,这将在第 9 章中讨论。

8.6.3 卡拜配合物

卡拜(carbyne 或者 alkylidyne)配合物中含有金属-碳的叁键,其形式上类似于炔烃、M≡C—R,其中 R=芳基、烷基、H、$SiMe_3$、NEt_2、PMe_3、SPh、Cl。第一个卡拜配合物于 1973 年用卡宾配合物和 BX_3(X=Cl,Br 或 I)反应得到。

$$(CO)_5Cr=C\begin{matrix}OCH_3\\C_6H_5\end{matrix} + BX_3 \longrightarrow [(CO)_5Cr\equiv C-C_6H_5]^+ X^- + X_2BOCH_3$$

卡拜配合物中的金属离子和配体通过一个 σ 键和两个 π 键发生键合。卡拜配体在碳的 sp 杂化轨道有一对孤电子,它能和金属的适当轨道形成 σ 键。另外,还有两个 p 轨道,它们能接受金属的 d 轨道上的电子形成 π 键。

因此,卡拜配体既是 σ-给体又是 π-受体,如图 8.33 所示。在计算电子数时将卡拜作为 $:CR^+$ 考虑。

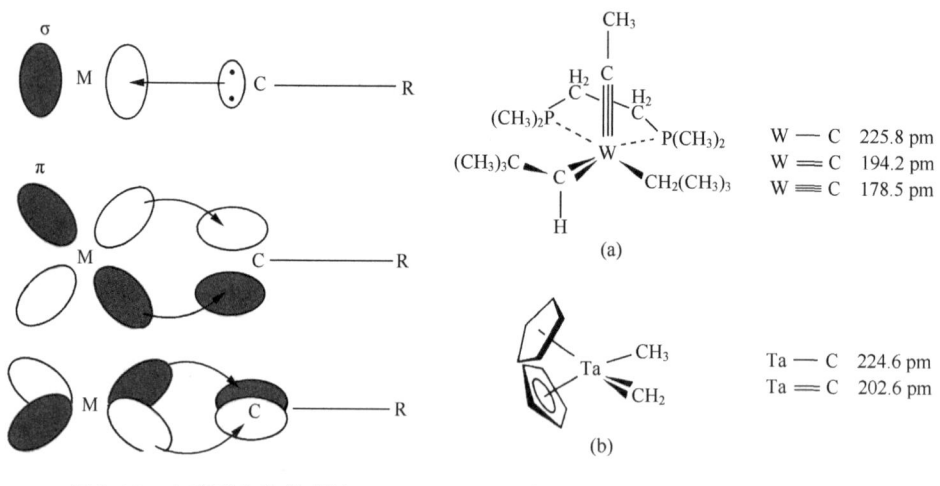

图 8.33　卡拜配合物的成键

图 8.34　烷基、卡宾、卡拜 3 种配体共存在 1 个配合物中

图 8.34 是一个金属有机配合物中含有烷基、卡宾、卡拜三种配体。可在 1 个配合物中直接比较金属碳形成单键、双键和叁键的长度,这也为 3 种键的存在提供直接证据。

8.7　有机金属配合物的谱学表征

研究有机金属配合物的最大的挑战是对新反应物的谱学表征。许多配合物能够采用 X 射线晶体结构分析确定其结构,但对有机金属配合物而言,并非都能得到完美的晶体。因而寻求快速方便廉价的技术是需要的,目前 IR 光谱、NMR 谱已常用于有机金属化合物的研究中,此外质谱、元素分析、电导等测定也配合使用。

8.7.1 红外光谱

从特定配体如 CO 的 IR 光谱带数目能够挑选配合物的几何构型或者减少可能存在的构型数目。此外,从 IR 谱带的位置可以确定配体的联结方式(如端联或桥联)、配体作为 π-受体的强弱以及金属周围的电子环境等。关于谱带位置已在 8.3.3 节进行讨论,下面将介绍谱带数目与几何构型的关系。

配合物每 1 个伸缩频率相应于配合物的对称性,用分子对称性来决定 IR 活性伸缩振动的数目,即谱带数目。该法的基础是如果分子是红外活性的,伸缩振动必须引起分子的偶极改变。例如,含有 1 个羰基的化合物只有 C—O 单一的伸缩模式,在 IR 谱中展现出 1 个带。对二羰基配合物应有直线形和弯曲形两种几何构型。

对直线形的 CO 结构,如 CO 是对称的伸缩,不会有偶极距的改变,不显示红外活性,见图 8.35,只有配体的反对称伸缩振动,才引起分子偶极距的改变,才显示出 IR 活性。可是当两个 CO 排列成弯曲形则无论配体采取对称伸缩振动还是反对称振动都引起偶极距的变化,两种情况都有红外活性。

对称伸缩

反对称伸缩

图 8.35 二羰基化合物偶极距改变情况

因此 IR 光谱是测定有机金属配合物的一个方便的方法,如上所述,对含有 2 个羰基的配合物的 IR 谱如果仅有 1 个峰则说明为线形结构,如有 2 个峰,则证实为非线形结构。

对含有 3 个或更多羰基化合物,预测谱带的方式就不那么简单,必须根据群论中对称性的方法进行讨论，它不属于本书范围。为了方便读者，将几种 CO 配合物谱带数目和结构列于表 8.17。从表中数据可见，在羰基配合物中，C—O 伸缩谱带的数目不会超过 CO 配体的数目。即 CO 配体的数目常高于谱带数目。因为如果配体没有反演中心，也没有三重或其他高次对称轴，分子中每个 CO 配体都能将显示自己的伸缩吸收带引起偶极距改变而显示红外活性。如果弯曲的 OC—M—CO 基团只有 1 个二重对称轴，将有两个 IR 吸收峰。高对称性分子谱带少于 CO 配体数目，这是由于对称伸缩振动导致总偶极距不变，如直线形 OC—M—CO 基团在伸缩振动区只能观察到 1 个谱带。同样具有八面体（O_h）和四面体（T_d）对称性的羰基配合物在 IR 光谱中仅有 1 个单峰。图 8.36 是 $(C_5H_5)_2Fe(CO)_4$ 的 IR 谱。图中有两个频率较高的端羰基峰和一个频率较低的桥联羰基峰，根据配合物的低对称性，理应出现 4 个羰基峰（即两个桥联峰）。实际上只观察到 1 个桥联峰是因为两个桥联羰基几乎在同一直线上，增加了对称性。以上从谱带数目来预测配合物的几何构型时，有时会遇到谱峰重叠，难以区分或有的峰强度太低，难以观察，以至于只观察到少数几个峰。有时异构体存在在同一样品中，难以判断哪一个 IR 谱带归属于哪种异构体。

例如，配合物 $[Cr(CO)_4(PPh_3)_2]$ 在 CO 伸缩振动区有 1 个很强的吸收带（1889 cm^{-1}）和另外两个很弱的 IR 吸收带，该化合物属于何种结构？

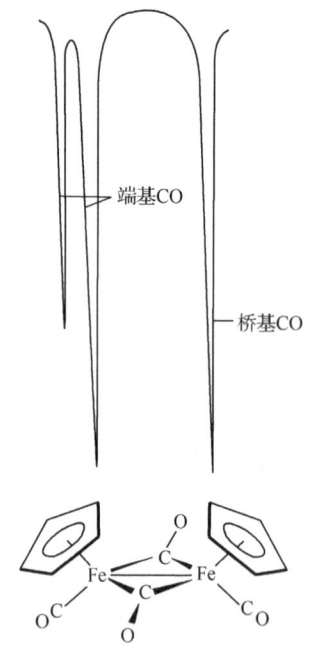

图 8.36　$(C_5H_5)_2Fe_2(CO)_4$ 的 IR 谱

表 8.17　IR 谱中 CO 伸缩带数与结构关系

	配位 CO 的数目		
	4	5	6
3IR 带	结构 2	结构 1	结构 2
IR 带		结构 3	结构 3
IR 带		结构 3	
4IR 带	结构 1	结构 4	结构 1
IR 带		结构 3	结构 4
5IR 带		结构 2	结构 3
6IR 带			结构 1

解 所给的二取代化合物可能具有顺式和反式结构,顺式异构中4个CO对称性低,如表8.17所示,应出现4个IR带。反式异构体中4个CO配体以平面四方形排布,图上应出现1个峰。本题给出的数据表明该配合物应具有反式结构。两个弱吸收带产生于PPh_3配体。由于PPh_3与CO相比是一个较强的σ-给体和较弱的π-受体,使化合物中CO的振动频率低于对的σ羰基化合物。

8.7.2 核磁共振谱

NMR是表征有机金属配合物有用的工具,NMR谱还能用于研究除^1H、^{13}C、^{31}P和^{19}F外许多化合物的金属核。从NMR得到的化学位移,偶合常数分裂花样都能用来表征有机金属化合物中特定原子的配位环境。

1. ^{13}C NMR

随着现代技术的发展,^{13}C NMR谱对研究有机金属配合物的用途也日益广泛。虽然同位素^{13}C在自然界有低的丰度(约为1.1%)和NMR实验的低灵敏度(灵敏度仅为^1H的1.6%),但从Fourier(傅里叶)转换技术的使用,对适当稳定性的有机金属化合物通过谱峰累加仍可得到有用的NMR谱。其不足之处是对小量的化合物或低溶解度的化合物的测定耗时多,对快速反应的研究也存在着困难。但^{13}C NMR在以下情况下使用,还是有其独到之处。

(1) 不含氢的有机配体如CO和$F_3C—C≡C—CF_3$。

(2) 直接观察有机配体中碳骨架。

(3) ^{13}C NMR谱的化学位移比^1H的位移更大,分布更广。这对在配合物中含有几个不同的有机配体时更容易对它们进行区分。

(4) ^{13}C NMR对研究分子内重排反应十分有利。

现将一些金属有机配合物的^{13}C NMR谱的化学位移的近似范围列于表8.18。由表可见:

(1) 联端羰基峰的δ值常位于195~225ppm,该范围足以使CO和其他配体分别开来。

(2) ^{13}C NMR的化学位移与C—O键的强度相关联,一般来说C—O键越强,其化学位移越低。

(3) 桥联羰基的化学位移略低于端联羰基。虽然用IR谱区别二者,比用NMR更优越,但从NMR谱上也足以对二者识别。

(4) 环戊二烯配体的化学位移在NMR谱上有广泛的范围,二茂铁位于该范围的低端。其他有机配体的化学位移也有广阔的范围。

表8.18 一些有机化合物的^{13}C化学位移[ppm,以$Si(CH_3)_4$为标准]

配体化学位移				
M—CH_3		−28.9～23.5		
M=C<		190～400		
M≡C—		235～401		
M—CO		177～275		
中性二配位 CO		183～223		
M—(η^5-C_5H_5)		−790～1430		
Fe(η^5-C_5H_5)$_2$		69.2		
M—(η^3-C_3H_5)	$\dfrac{C_2}{91-29}$		$\dfrac{C_1 和 C_3}{46-79}$	
M—C_6H_5	$\dfrac{M-C}{130-193}$	$\dfrac{邻位}{132-141}$	$\dfrac{间位}{127-130}$	$\dfrac{对位}{121-131}$

2. ^{1}H NMR

^{1}H NMR 谱能对含有氢的有机金属配合物提供有用的结构信息,如直接键合到金属的氢根(H^-)配合物,由于氢根受到很强的屏蔽,质子的化学位移在 5～20ppm[相对于 $Si(CH_3)_4$],是很少有其他配体的质子出现在这个区,因此氢根配合物很容易被检测。表8.19列出一些有代表性的有机金属配合物的化学位移。由表可见:

(1) 含甲基配合物(M—CH_3)中的质子有典型的化学位移,一般为1～4ppm。它与含甲基的普通有机分子中的质子的化学位移相近。

(2) 环状 π 配体(如 η^5-C_5H_5 和 η^6-C_6H_6)的质子化学位移通常为 4～7ppm。由于含有众多的质子,在谱图上出现强的峰,因此很容易被区别。

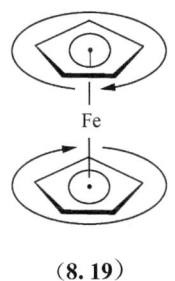

(8.19)

(3) 与有机化合物一样,由有机金属配合物中 NMR 峰面积的积分,可以确定不同环境中的质子的比例。例如,^{1}H NMR 中的 ^{1}H 峰的面积常比例于产生该峰核的数目。但是对于 ^{13}C NMR 谱,按峰面积计算却不十分可靠。因为在有机金属配合物中碳原子的弛豫时间很长,峰改变很大,这使得峰面积之比不能反映真实原子数之比。只有在迅速弛豫下二者关系才能成立。在实验中有时加入顺磁试剂以加快弛豫改进积分数据的有效性。通常采用 Cr(acac)$_3$ [acac = 乙酰丙酮根 = H$_3$CC(O)CHC(O)CH$_3^-$] 作为顺磁试剂。

表 8.19　一些有机金属配合物的 ^{1}H 化学位移 [ppm, 以 Si(CH$_3$)$_4$ 为标准]

配合物	^{1}H 化学位移
Mn(CO)$_5$H	−7.5
W(CH$_3$)$_6$	1.80
Ni(η^2-C$_2$H$_4$)$_3$	3.06
(η^5-C$_5$H$_5$)Fe	4.04
(η^6-C$_6$H$_6$)$_2$Cr	4.12
(η^5-C$_5$H$_5$)$_2$Ta(CH$_3$)(=CH$_2$)	10.22

3. 分子瞬变过程

环多烯配合物最突出的特点之一是立体化学上的非刚性。例如,在室温下二茂铁的两个环以相反的方向迅速旋转(**8.19**),与烯(炔)烃重键绕金属-烯配位键的旋转类似。更有趣的共轭分子往往通过部分碳原子而不是全部碳分子与金属原子键合。金属与配体成键部位可以通过绕环跳跃,这种性质称为瞬变性,有机金属化学家称之为环旋离(ring whigging)。已研究大多数瞬变共轭多烯配合物都要按 1,2-位移方式跳跃,如(η^1-C$_5$H$_5$)(CH$_3$)Ge,其中 Ge 原子与环戊二烯基环连接就是以一系列 1,2-位移方式跳跃(图 8.37)。NMR 技术为揭示分子瞬变过程和机理研究提供了主要证据,只要瞬变发生的时标在 $10^{-2} \sim 10^{-4}$ 范围内,用 ^{1}H NMR 或 ^{13}C NMR 光谱就能进行这种研究。

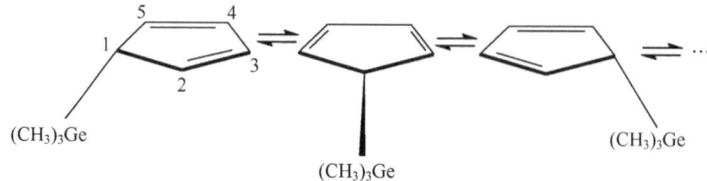

图 8.37　(η^1-C$_5$H$_5$)(CH$_3$)Ge 通过 1,2-位移方式跳跃而发生的瞬变过程

现以(C$_5$H$_5$)$_2$Fe(CO)$_2$(**8.1**)为例进行说明,(C$_5$H$_5$)$_2$Fe(CO)$_2$ 的 ^{1}H NMR 谱绘于图 8.38,由图可见,在室温谱图上展现出的两个单峰分别位于 4.5ppm 和 5.7ppm 的位置,其中 1 个可归属于 η^5-C$_5$H$_5$ 环上的质子。但奇怪的是另一个单峰的归属问题,因为 $^1\eta$-C$_5$H$_5$ 环上的质子不是等同的,为何在谱上出现 1 个单峰?当降低温度时在 4.5ppm 的峰保持不变,而在 5.7ppm 的峰伸延扩展成在 3.5ppm

处和在 5.9～6.4ppm 的新峰。由环旋离机理可知，对 η^1-C_5H_5 环式按 1,2-位移方式围绕金属跳跃（图 8.38 上部），在室温下绕金属环旋离速度太快（与 NMR 实验时标比较），因而只能观察到在 5.7ppm 位置上的位置上的平均信号，低温下环运动减慢，不同构象存在的时间长到足以被分辨出来，所以出现新峰。

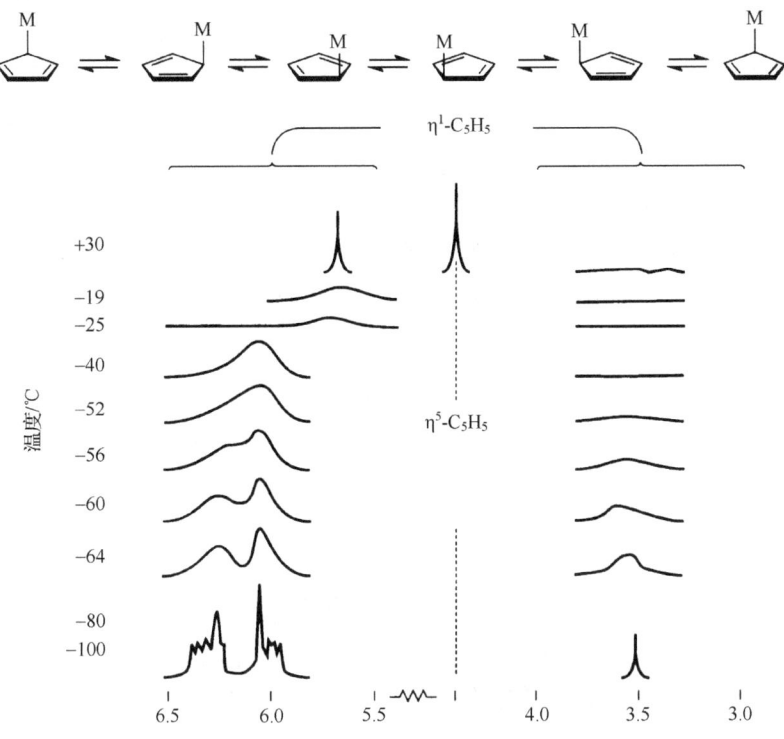

图 8.38 $(C_5H_5)_2Fe(CO)_2$ 的环旋离机理和变温 NMR 谱

8.7.3 配合物表征举例

本节将举例说明如何利用 IR 和 NMR 等谱线数据来表征配合物。

[例 8-1] $(C_5H_5)Mo(CO)_3$ 在甲苯中和化合物 tds 回流得到，得到有以下谱学特征的含钼(0)产物。

^1H NMR 在 $\delta=5.48$ppm（相对面积=5）和 $\delta=3.18$ppm（相对面积=6）处有单重峰。[$(C_5H_5)_2Mo(CO)_3$ 在 $\delta=5.30$ppm 处也有 ^1H NMR 单重峰]；IR 在

1950cm^{-1} 和 1860cm^{-1} 有强带；质谱(MS)在 $\frac{m}{e}=339$ 处有 ^{98}Mo 的最强的离子峰。

请问最可能的产物是什么？

解 ^{1}H NMR 在 $\delta=5.48$ppm 的单峰与原始反应物在 $\delta=5.30$ppm 处的单峰的 δ 值相近，推测是 C_5H_5 的峰，$\delta=3.18$ppm 的峰可能是 CH_3 的峰，它来源于 tds 中的 CH_3 的质子，它和 C_5H_5 质子显示出 6∶5 的比例，说明 1/2 个 tds 配体和 1 个 C_5H_5 存在产物分子中，即 C_5H_5∶tds=2∶1。

IR 有两个带说明在产物中至少有两个 CO 基，从质谱数据可推测出分子式，现从产物总质量中扣除碎片质量，得到

余下配体质量=339(总质量)−98(钼数量)−65(C_5H_5)−65(2CO)=120

所余配体质量 120，恰是 tds 质量的 1/2，所以除 CO 和 C_5H_5 外，另一配体应为 $S_2CN(CH_3)_2$。产物最可能的化学式为 $(C_5H_5)Mo(CO)_2[S_2CN(CH_3)_2]$。

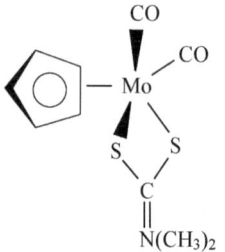

[**例 8-2**]　将化合物Ⅰ和过量的三苯基膦在甲苯溶液中加热并回流，首先有化合物Ⅱ形成，然后转变成化合物Ⅲ。化合物Ⅱ在 2038cm^{-1}，1958cm^{-1} 和 1905cm^{-1} 处有 IR 带，化合物Ⅲ在 1944cm^{-1} 和 1860cm^{-1} 处有 IR 带。^{1}H NMR 和 ^{13}C NMR 化学位移值(相对面积)如下：

	Ⅰ	Ⅱ	Ⅲ
^{1}H	4.83(单峰)	7.62,7.41 多重峰(15)	7.70,7.32 多重峰(15)
		4.19 多重峰(4)	3.39 单峰(2)
^{13}C	224.31	231.02	237.19
	187.21	194.98	201.85
	185.39	189.92	193.83
	184.01	188.98	127.75~134.08(几个峰)
	73.33	129.03~134.71(几个峰)	68.80
		72.26	

请写出产物的化学式。

提示：化合物 I 在 $\delta = 224.31$ ppm 的 ^{13}C 峰相应于在类似化合物中卡宾碳原子的峰。在 $\delta = 184$ ppm 和 $\delta = 202$ ppm 的峰相应于 CO 峰。在 $\delta = 73.33$ ppm 的峰是二氧卡宾配合物桥基 CH_2CH_2 的峰。

解 化合物 II 和 III 在 ^{13}C NMR 谱中有峰在 $\delta = 231.02$ ppm 和 $\delta = 237.19$ ppm，化学位移与化合物 I 的 $\delta = 224.31$ ppm 相近，且二者在 $\delta = 73.3$ ppm 附近均有桥基峰，说明卡宾配体在反应中保持不变。在 $\delta = 184 \sim 202$ ppm 处的峰归属于羰基峰。在化合物 II 和 III 中除羰基峰外，还在 $\delta = 129 \sim 135$ ppm 范围内出现新峰，新峰出现最大可能是在反应中羰基被三苯基膦取代，在 $\delta = 219 \sim 135$ ppm 范围的峰可归属于膦的苯基碳的峰。

在 ^{1}H NMR 谱中，化合物 II 和 III 在 $\delta = 4.19$ ppm 和 $\delta = 3.39$ ppm 处的峰分别是 —CH_2—CH_2— 的峰。在 7.62 ppm 和 7.70 ppm 附近的峰分别归属于化合物 II 和 III 的苯基上质子的峰。从峰面积之比可知，在化合物 I 和 II 中分别是 1 个和 2 个 CO 被 (PPh$_3$) 取代。这和 ^{13}C NMR 的结论一致。

从 IR 数据化合物 II 在羰基区有 3 个带，这和化合物 II 中有 3 个羰基一致，CO 可作为面式或经式排列，在 III 中有两个带根据带的数目推测 CO 只能作为顺式排列。产物的化学式可写为

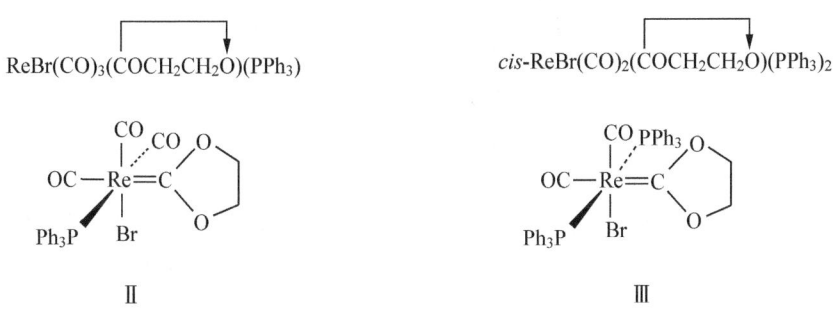

小 结

(1) 本章研究金属-碳键配合物或其类似物，金属多为低氧化态的过渡金属，配体为 π-酸配体或 π-键配体，金属和配体形成 σ-给予键（如 CO 等）或 π-给予键

（烯烃）和反馈 π 键。

（2）18 电子规则对有机过渡金属配合物的形成和可能的反应有指导作用。

（3）羰基、烯烃等和过渡金属配位后，重键增长，红外频率降低，降低程度与金属离子的氧化态、电荷和反位配体接受电子的程度有关。

（4）金属茂结构有单环、夹心（交错和重叠）、环歪斜配置结构，除铁茂外多不稳定。茂环上电子云密度比苯高，易进行配体的亲核反应。

（5）富勒烯是巨大的多烯分子，它可通过双键加成、配位、包容和被嵌入形成 4 种配合物，在超分子化学中，它既可作为主体又可作为客体。

（6）CO 在 IR 区谱带数目和位置决定含 CO 配合物的几何构型和配位模式，从而可借助它的 IR 谱进行研究。

习 题

1. 计算以下过渡金属配合物的价电子数
   (1) $[Fe(CO)_4]^{2-}$ (2) $[(\eta^5\text{-}C_5H_5)_2Co]_4$ (3) $(\eta^5\text{-}C_5H_5)(\eta^5\text{-}C_5H_5)Fe(CO)$
   (4) $Co_2(CO)_8$（含有 Co-Co 键）   (5) $(Ph_3P)_2Ir(CO)_2$ (6) $(\eta^3\text{-}C_3H_5)Cr(CO)_3$

2. 以下为第一过渡系的金属配合物，试问其中什么金属满足 18 电子规则？
   (1) $[M(CO)_3(PPh_3)]^-$ (2) $HM(CO)_5$ (3) $(\eta^4\text{-}C_8H_8)M(CO)_3$
   (4) $[(\eta^5\text{-}C_5H_5)M(CO)_3]_2$（有 M—M 键）   (5) $(OC)_5M=C\begin{smallmatrix}OCH_3\\C_6H_5\end{smallmatrix}$

3. 预测 $[V(CO)_6]^-$、$Cr(CO)_6$ 和 $[Mn(CO)_6]^+$ 中哪一个 C—O 键最短，为什么？

4. 试说明下列配合物的羰基伸缩振动频率变化的规律性。

配合物	振动频率/cm^{-1}	
$(py)_3Mo(CO)_3$	1888	1746
$(Ph_3P)Mo(CO)_3$	1949	1835
$(Ph_3As)_3Mo(CO)_3$	1957	1847
$(Cl_3As)_3Mo(CO)_3$	2013	1992

5. $MnRe(CO)_{10}$ 是反磁性的配合物，它在 2000 cm^{-1} 以下没有吸收峰，试画出它的结构。

6. 据理说明下列各组配合物中的 CO 伸缩振动频率（cm^{-1}）变化的倾向。

(1) $(\eta^6\text{-}C_6H_6)Cr(CO)_3$ 1980 cm^{-1}, 1908 cm^{-1} $CpMn(CO)_3$ 2027 cm^{-1}, 1942 cm^{-1}

(2) $CpV(CO)_4$ 2030 cm^{-1}, 1930 cm^{-1}
    $[CpFe(CO)_3]^+$ 2120 cm^{-1}, 2070 cm^{-1} $CpMn(CO)_3$ 2727 cm^{-1}, 1942 cm^{-1}

(3) $W(CO)_5(P(n\text{-}Bu)_3)$ $2068cm^{-1}$, $1936cm^{-1}$, $1943cm^{-1}$ $W[(CO)_5(PPh_3)$ $2075cm^{-1}$, $1944cm^{-1}$,

$W(CO)_5(P(OBu)_3)$ $2079cm^{-1}$, $1947cm^{-1}$, $1957cm^{-1}$ $W(CO)_6$ $1944cm^{-1}$ 约 $2000cm^{-1}$

(4) $Ni(CO)_4$ $2046cm^{-1}$ $[Co(CO)4]^-$ $1883cm^{-1}$

$[Fe(CO)_4]^{2-}$ $1788cm^{-1}$

7. N_2 的分子轨道与 CO 相似,你能否从前沿分子轨道能级预测 N_2 和 CO 哪个是更强或更弱的 π-受体?

8. 用图 8.25 写出 $(Cp_2)Ti^+$、$(Cp_2)Cr^+$ 和 $(Cp)_2Cr$ 的电子排布。

9. 参考图 8.24 讨论 $[Co(\eta^5\text{-}C_5H_5)_2]^+$ 的 HOMO 的占有情况和性质,相对于中性钴茂而言,$[Co(\eta^5\text{-}C_5H_5)_2]$ 中 M—L 的成键作用有何变化?

10. 图 8.38 中的配合物满足 18 电子规则吗? 请计算。

11. 在下列 18 电子配合物中确定是什么过渡金属?

(1) $(\eta^5\text{-}C_5H_5)(cis\text{-}\eta^4\text{-}C_4H_6)M(PMe_3)_2(H)$ M=第二过渡系

(2) $(\eta^5\text{-}C_5H_5)M(C_2H_4)_2$ M=第一过渡系

12. 为什么 $Mo(PMe_3)_5H_2$ 中 H_2 是氢根配体,而 $Mo(CO)_3(PR_3)_2(H_2)$ 中的 (H_2) 是双氢配体? (Me=甲基,R=异丙基)

13. $(\eta^5\text{-}C_5H_5)Mn$ 与 CO 在加压下反应生成挥发性固体 A,其中含有 C47%、H2.5%、Mn26.9%,它在 $2000cm^{-1}$ 左右有较强的红外吸收峰、A 和浓 H_2SO_4 在无水乙酸酐存在下反应生成固体 B,其化学式为 $C_8H_5MnO_5S$,B 为强酸。称取 B 0.171g 需要 6.03mL 的 10^{-4} mol·L^{-1} 的 NaOH 中和,试推出 A 和 B 的结构。

14. 化学式为 $(CO)_5CrC_5H_7N$ 的配合物在 IR 谱的羰基区有 C—O 伸缩振动频率为 $2057cm^{-1}$,$1980cm^{-1}$ 和 $1908cm^{-1}$,NMR 数据如下:

^1H NMR δ(相对强度):3.65ppm(3H),3.89ppm(3H),5.91ppm(1H)

^{13}C NMR δ(分裂):47.97ppm(4 重峰),49.71ppm(4 重),84.16ppm(双重),116.1ppm(双重),216.98ppm,223.82ppm,248.85ppm(单重)。

该化合物的结构是什么?(参阅 A. Rahm,W. D. Wuff. Organometallics,1993.12.597.)

参 考 文 献

[1] Miessler G L,Tarr D A. Inorganic Chemistry(影印版). (3rd ed). 北京:高等教育出版社,2004
[2] Ellis J. The teaching of organometallic chemistry to undergraduates. J. Chem. Educ. ,1976,53:2
[3] Crabtree R H. Dihydrogen complexes:some structural and chemical studie's. Acc. Chem. Res. ,1990, 23:95.
[4] Kubas G J. Molecular hydrogen coordination to transition metals. Comments Inorg. Chem ,1988,7:17.
[5] Diederich F,Gomey-Lopez M. Superamolecular fullerene chemistry. Chem. Soc. Rev. ,1999,28:263.
[6] Martin N. New challenges in fullerene chemistry. Chem. Commun. ,2006:2093
[7] 罗勤慧. 大环化学-主客体化合物和超分子. 北京:科学出版社,2009:187-196

第9章 等瓣类似性、簇状配合物和配位催化

提要 从等瓣类似性原理说明有机烷烃、无机硼烷和有机金属碎片三者之间的类似关系。金属改变了配体的反应性,使配体得到活化,能进行各种基元反应,使催化过程得以进行。

9.1 等瓣类似性原理

在 8.3.5 节中介绍了无机化学和有机金属化学中的平行关系,本节我们将讨论有机化学和有机金属化学之间的平行关系。在这方面,一个重要贡献是 R. Hoffmann 的等瓣类似(isolobel analogy)原理[1]。1982 年他在诺贝尔化学奖授奖仪式上以"在无机化学和有机化学之间建立桥梁"为题发表演讲。现将主要内容介绍如下。

9.1.1 等瓣类似性

在有机化学中任何一个碳氢化合物都可设想由甲基(CH_3)、亚甲基(CH_2)、次甲基(CH)和碳原子(C)组合而成,经过取代和引入杂原子可以得到所有骨架和含有官能团的各式各样的有机化合物,因此认为甲基等碎片是构成有机化合物的基石。同样也可以设想有机过渡金属配合物是以金属和配体组成的碎片作为基石。例如,$M(CO)_5$、$M(CO)_4$、$M(CO)_3$、CpM 等是由八面体配合物移去 1~3 个配体组成的碎片,由它们在一定条件下可组成众多的有机金属配合物。

现将甲烷 CH_4 的碎片和八面体有机金属配合物 ML_6 的碎片加以比较,从四面体甲烷开始移去甲烷中 1~3 个氢得到甲烷碎片 CH_3、CH_2、CH,从八面体 ML_6 开始移去 1~3 个配体,得到八面体碎片 ML_5、ML_4、ML_3,然后用价键理论的方法分别形成相应的杂化轨道。甲烷的碳是以 sp^3 杂化轨道和 H 的 1s 轨道成键,8 个电子成对的占满成键轨道。同样地,在 ML_6 中金属是以 d^2sp^3(d_{z^2} 和 $d_{x^2-y^2}$)杂化轨道来键合配体。另外,金属的 d_{xy}、d_{xz}、d_{yz} 没有进行杂化,基本上是非键的(类似配体场理论的 t_{2g} 轨道),配体的 12 个电子占据成键轨道,金属的 6 个电子占据非键轨道,与 CH_4 相似形成 18 电子稳定价电子壳层。以 $Cr(CO)_6$ 为例,将其分子轨道和 CH_4 比较绘于图 9.1(a)。

对含有母体多面体的分子碎片,假定其配体数虽然减少,但还保留着母体的几

何构型。例如,在 7 电子碎片的 CH_3 中碳仍保持 3 个 sp^3 轨道和氢形成 σ 键,第四个杂化轨道没有和 H 成键,被单电子占据[图 9.1(b)],因为不和配体成键,其能量比生成 σ 键的成键轨道能量高。具有 17 电子的碎片 $Mn(CO)_5$ 的前沿轨道与 CH_3 类似,在该碎片中,Mn 以 d^2sp^3 杂化轨道成键,第六个杂化轨道由于没有受到配体的作用,能级比反键能级低,也比 5 个 σ 轨道能量高,它被 1 个电子占据着。

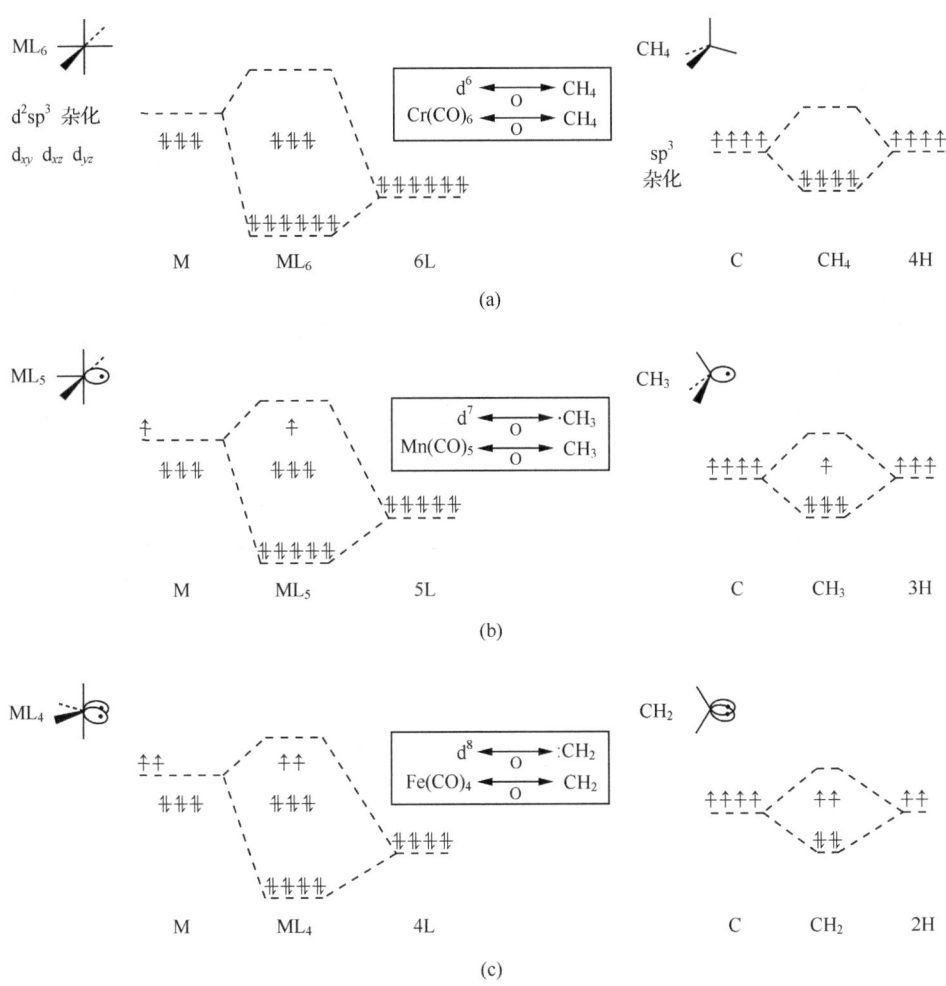

图 9.1 四面体和八面体碎片轨道

Hoffmann 指出,**假如两分子碎片中前沿分子轨道的数目、对称性、近似能量和轨道形状以及电子数目都是类似的,但不是相等的,则称二者具有等瓣性**。相似地,6 电子 CH_2 和 16 电子的 ML_4 是等瓣的,因为两个碎片分别代表母体多面体的几何构型,且具有两个单电子分别占据空的杂化轨道,每一个碎片分别比 8 电子和

18电子的价电子壳层少2个电子。因此 CH_3 和 d^7-ML_5 碎片的等瓣性如同 CH_2 和 d^8-ML_4（或 CH 和 d^9-ML_3）的等瓣性。

值得注意的是 Hoffmann 所谓的等瓣类似性,是指它们的前沿轨道数目、对称性、近似能量和形状以及电子数目都是**类似的,但不是相等**。例如,CH_3 和 ML_5 肯定不是等结构的,也不是等电子的,但这两个碎片具有性质相似的前沿轨道。在图 9.1 中,CH_3 和 $Mn(CO)_5$ 碎片的 HOMO 都来自母体多面体空位留下的杂化轨道,而杂化轨道上都有1个单电子,轨道能级排列也极为相似。Hoffmann 用符号 ⟷○⟶ 来表示等瓣相似性。

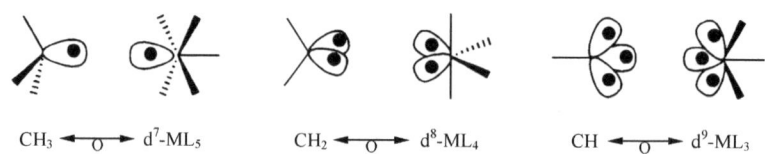

相似地,6 电子的 CH_2 和 16 电子的 ML_4(d^8)也是等瓣的,因为它们分别缺少 2 个电子达到完美的 8 电子和 18 电子结构。每一个都有 2 个杂化轨道遗留着,且有单电子占据 2 个空的杂化轨道。同理,缺少 3 个配体的 ML_3,则有 3 个杂化轨道遗留着,这种情况和碎片 CH 类似,且杂化轨道都是朝着空的八面体或四面体的顶点。现将以上所述总结于图 9.2 和表 9.1。

图 9.2　四面体和八面体之间的等瓣关系

表 9.1　等瓣类似的碎片

	有机	无机	从母体中所缺顶点数	达稳定壳层所缺电子数	有机金属举例
母体碎片	CH_4	ML_6	0	0	$Cr(CO)_6$
	CH_3	ML_5	1	1	$Mn(CO)_5$
	CH_2	ML_4	2	2	$Fe(CO)_4$
	CH	ML_3	3	3	$Co(CO)_3$

Hoffmann 还指出等瓣碎片如 CH_3 和 $Mn(CO)_5$ 能够在形式上结合成分子,碳碎片趋向于反应中获得总数为 8 个价电子,金属碎片趋向于获得总数为 18 个价电子。例如,两个 CH_3 碎片连接形成乙烷,两个 $Mn(CO)_5$ 碎片形成二聚体 $(OC)_5Mn$-$Mn(CO)_5$,并且等瓣类似的有机和无机碎片也能混合成 H_3C-$Mn(CO)_5$,它们都是已知物[式(9-1)～式(9-3)]。

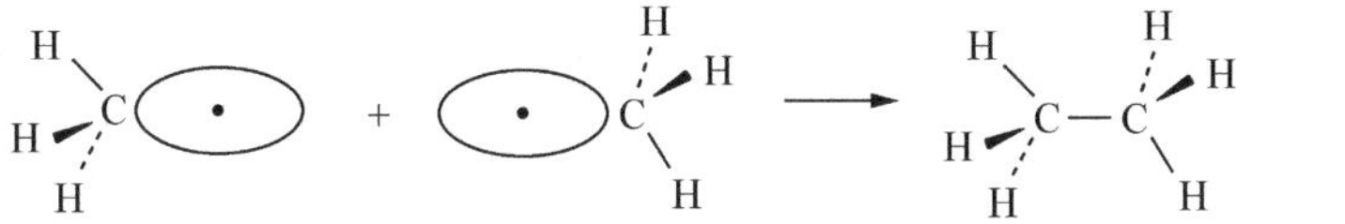

[图: 方程 (9-1) CH₃· + ·CH₃ → CH₃—CH₃]

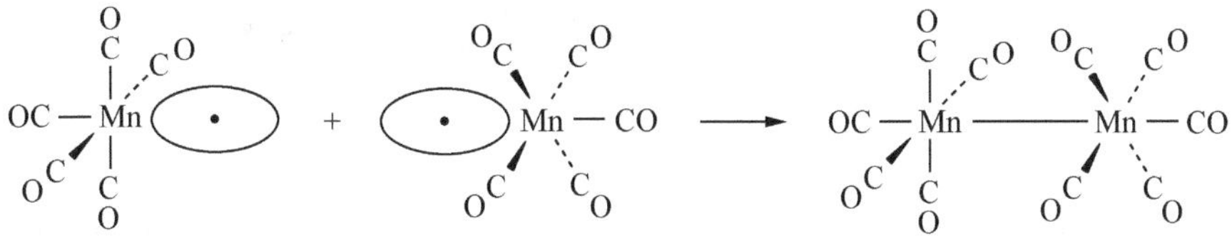

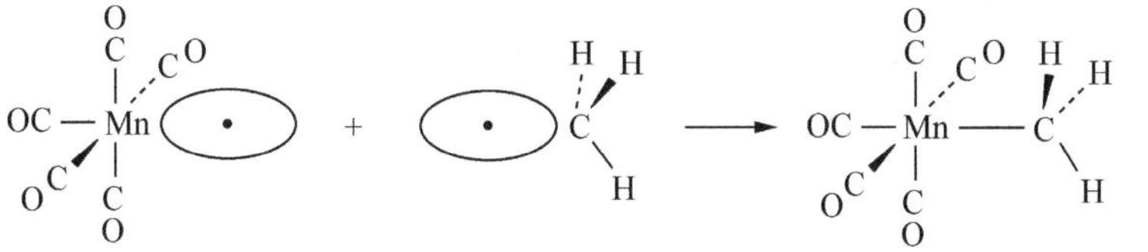

[图: 方程 (9-2) Mn(CO)₅· + ·Mn(CO)₅ → (CO)₅Mn—Mn(CO)₅]

[图: 方程 (9-3) Mn(CO)₅· + ·CH₃ → (CO)₅Mn—CH₃]

以上的有机和金属有机之间的平行关系并不是十分完善的,有其局限性,并不意味着通过等瓣性的原理就能得到动力学极端稳定的分子。例如,两个 6 电子的 CH_2 碎片形成乙烯 $CH_2=CH_2$,其等瓣的 $Fe(CO)_4$ 和乙烯形成的四羰基·卡宾合铁(**9.1**)也已制备,而 $Fe(CO)_4$ 和 $Fe_2(CO)_8$ 都不是稳定的分子,前者只有通过一定的方法才能观察到。虽然 CH_2 和 $Fe(CO)_4$ 均可形成以各自为顶点的三元环状化合物,CH_2 形成三聚体环丙烷(**9.2**),而 $Fe_3(CO)_{12}$ 却不是完全的三聚体,它还含有两个桥基(**9.3**)。只有等瓣的 $Os(CO)_4$ 才能形成三聚体 $[Os(CO)_4]_3$(**9.4**)。

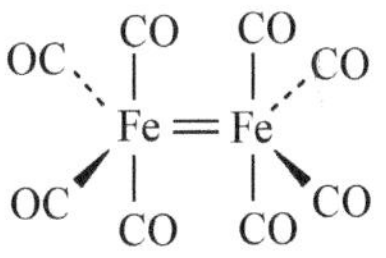

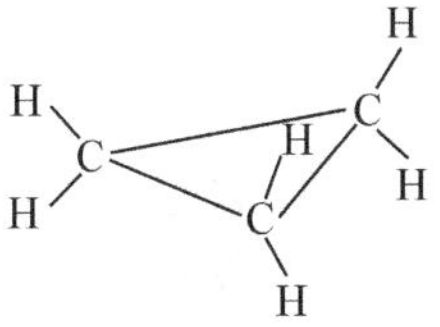

$Fe_2(CO)_8$	C_3H_6	$Fe_3(CO)_{12}$ (*=末端羰基)	$Os_3(CO)_{12}$
(9.1)	(9.2)	(9.3)	(9.4)

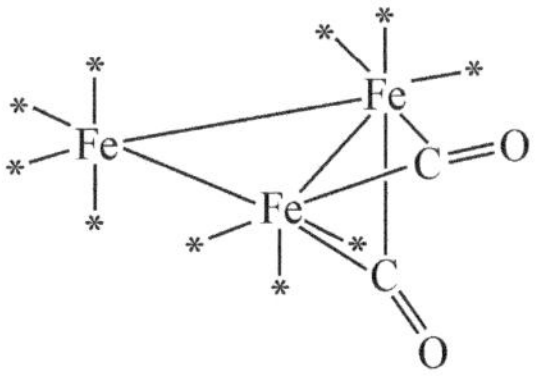

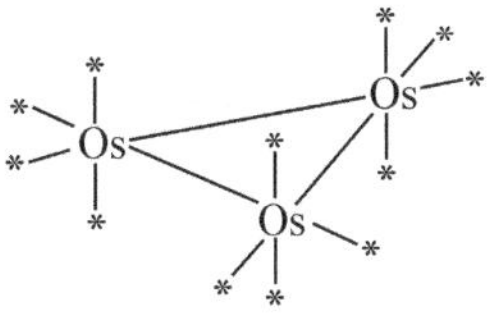

此外,有 9 个 d 电子的金属羰基化合物 $Ir(CO)_3$ 和 $Co(CO)_3$,P 和 CR 是互为等瓣的。$Ir(CO)_3$ 是 15 电子的碎片,它可形成 $[Ir(CO)_3]_4$,具有 T_d 对称性,等电子的 $Co_4(CO)_{12}$ 也有近似四面体的排列[图 9.3(a)],但含有 3 个桥基羰基,图 9.3(b)~(c)中混合型四面体配合物可看成是 1 个或多个 $Co(CO)_3$ 碎片被 CR 碎片等瓣性取代的结果。

因为 P 与 CR 互为等瓣性,所以 P_4 也具有四面体结构。以上系列结构也可看

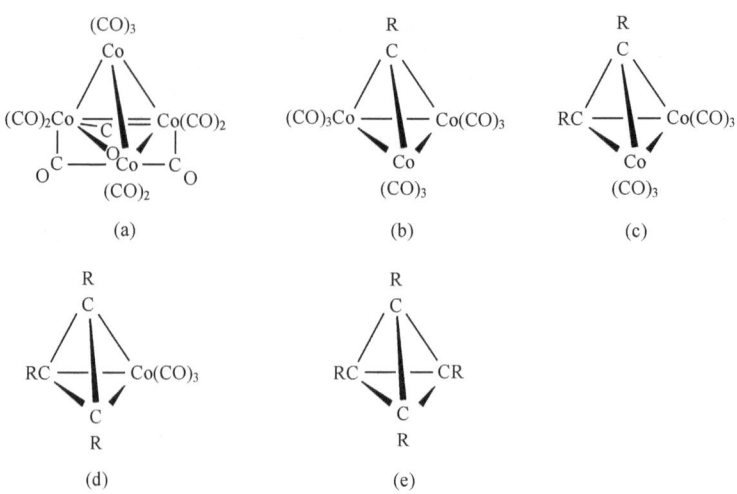

图 9.3 等瓣 Co(CO)$_3$ 和 CR 结合产生的一系列结构

作 P$_4$ 的四面体结构逐步被 Co(CO)$_3$ 或 CR 碎片取代的结果。

9.1.2 等瓣类似性的推广

等瓣类似性的概念能够推广到带电荷的物种，除 CO 外的各种配体及不仅限于八面体的结构，不同结构的碎片也有等瓣性，现将这种等瓣性的平行关系总结如下。

(1) 将等瓣性的定义推广到具有相同配位数的等电子碎片，例如

因为 Mn(CO)$_5$ ⟷ CH$_3$ Re(CO)$_5$

 (17 电子碎片) (7 电子碎片) [Fe(CO)$_5$]$^+$ ⟷ CH$_3$

            [Cr(CO)$_5$]$^-$

            (17 电子碎片) (7 电子碎片)

(2) 通过两碎片电子得或失产生新的等瓣碎片，例如

因为 Mn(CO)$_5$ ⟷ CH$_3$ Cr(CO)$_5$

 (17 电子碎片) (7 电子碎片) Mo(CO)$_5$ ⟷ CH$_3^+$

            W(CO)$_5$

            (16 电子碎片) (6 电子碎片)

            Fe(CO)$_5$

            Ru(CO)$_5$ ⟷ CH$_3^-$

            Os(CO)$_5$

            (18 电子碎片) (8 电子碎片)

以上所有碎片都是具有完整稳定结构的母体缺少一个配体产生的，如 Fe(CO)$_5$ 等瓣于 CH$_3^-$，两者都有充满的价电子层，两者都是母体的多面体结构缺

少一个顶点。相反，$Fe(CO)_5$ 和 CH_4 虽有充满的电子层（18 和 8），但 CH_4 具有完整的四面体结构，4 个顶角均被 H 占据，而 $Fe(CO)_5$ 在八面体结构中有空的顶角，二者不具有等瓣性。

（3）其他两电子给体（如 PR_3、NCR、X^-）在考虑等瓣性时也与 CO 相似作为 2 电子处理，对带 1 个负电荷的 Cl^-，按方法 A 计算也作为 2 电子给予体。

$Mn(CO)_5 \xleftrightarrow{o} Mn(PR_3)_5 \xleftrightarrow{o} [MnCl_5]^{5-} \xleftrightarrow{o} Mn(NCR)_5 \xleftrightarrow{o} CH_3$

（4）$\eta^5\text{-}C_5H_5$ 和 $\eta^6\text{-}C_6H_6$ 分别作为 5 电子和 6 电子给体。

$(\eta^5\text{-}C_5H_5)Fe(CO)_2$
$(\eta^6\text{-}C_6H_6)Mn(CO)_2$ $\xleftrightarrow{o} [Fe(CO)_5]^+ \xleftrightarrow{o} Mn(CO)_5$（17 电子碎片）

$(\eta^5\text{-}C_5H_5)Mn(CO)_2$
$(\eta^6\text{-}C_6H_6)Cr(CO)_2$ $\xleftrightarrow{o} [Mn(CO)_5]^+ \xleftrightarrow{o} Cr(CO)_5$（16 电子碎片）

关于含有 CO 和 $\eta^5\text{-}C_5H_5$ 配体的各种碎片之间的等瓣性现综合列于表 9.2。

表 9.2 等瓣碎片举例

中性碳氢碎片	CH_4	CH_3	CH_2	CH	C
等瓣的有机金属碎片	$Cr(CO)_6$	$Mn(CO)_5$	$Fe(CO)_4$	$Co(CO)_3$	$Ni(CO)_2$
($Cp=\eta^5\text{-}C_5H_5$)	$[Mn(CO)_6]^+$	$[Fe(CO)_5]^+$	$[Co(CO)_4]^+$	$[Ni(CO)_3]^+$	$[Cu(CO)_2]^+$
	$CpMn(CO)_3$	$CpFe(CO)_2$	$CpCo(CO)$	$CpNi$	
失去 H^+ 的阴离子碳氢碎片	CH_3^-	CH_2^-	CH^-		
等瓣的金属有机碎片	$Fe(CO)_5$	$Co(CO)_4$	$Ni(CO)_3$		
得到 H^+ 的碳氢碎片	CH_4^+	CH_3^+	CH_2^+	CH^+	
等瓣的金属有机碎片		$V(CO)_6$	$Cr(CO)_5$	$Mn(CO)_4$	$Fe(CO)_3$

（5）对不同构型的多面体之间也有等瓣性。例如，金属 M 具有 d^x 电子构型的八面体碎片 ML_n 等瓣于 M 具有 d^{x+2} 构型的平面正方形碎片 ML_{n-2}。即

八面体碎片   平面正方形碎片
ML_n ML_{n-2}
$Cr(CO)_5 \xleftrightarrow{o} [PtCl_3]^-$
d^6 d^8
$Fe(CO)_4 \xleftrightarrow{o} Pt(PR_3)_2$
d^8 d^{10}

这种不同几何构型之间的关系用图 9.4 说明。

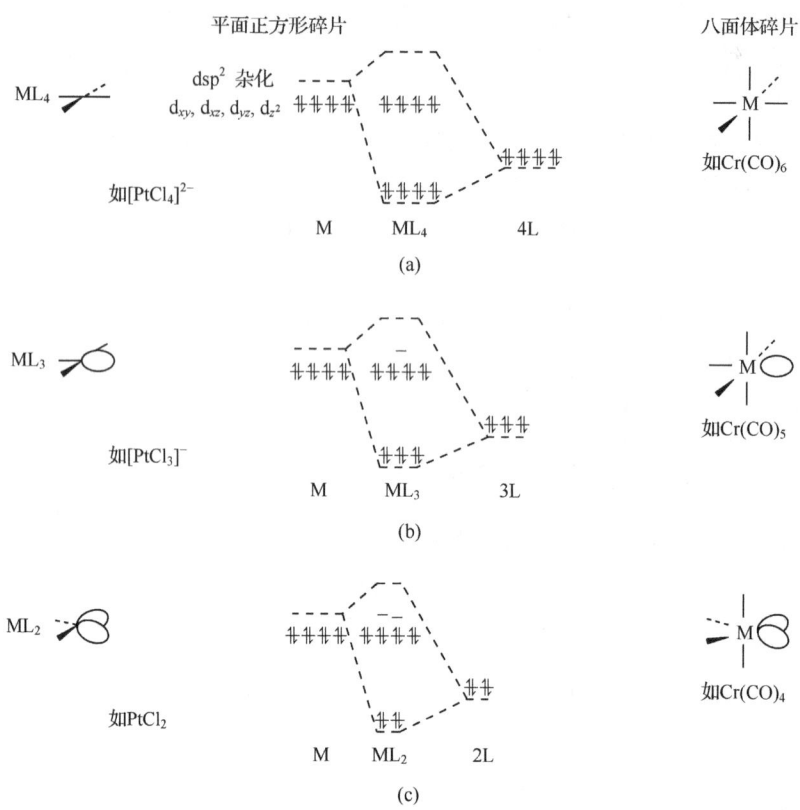

图 9.4 平面正方形碎片和八面体碎片的等瓣性

图 9.4 左部是平面正方形配合物的分子轨道图,以 $[PtCl_4]^{2-}$ 为例,由于形成 D_{4h} 构型,金属的 d_{z^2} 轨道不形成杂化键(dsp^2),它和 d_{xy}、d_{yz}、d_{xz} 共组成非键轨道,配合物的 16 个电子分别占据成键和非键轨道形成完整的稳定电子层,这和具 O_h 构型的 $Cr(CO)_6$ 类似,它是 D_{4h} 构型的母体结构。

当碎片为 d^8-ML_3 碎片(如 $[PtCl_3]^-$),由于只有 3 个配体参加成键,因此有 1 个空的杂化轨道是非键的 LUMO,这和 d^6-ML_5 八面体碎片[如 $Cr(CO)_5$]类似,虽然二者的构型不同,但都有一个空的叶片,位于所有空叶片的最低能级。

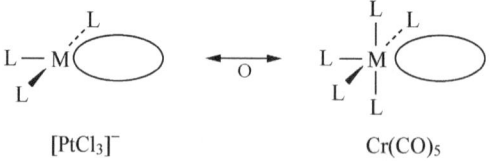

对于 d^8-ML_2 碎片,如 $PtCl_2$,有两个空叶片,与 O_h 的 $Cr(CO)_4$ 类似[图 9.4(c)]。至于 d^{10} 的 ML_2,如 $Pt(PR_3)_2$,它比 $PtCl_2$ 多 2 个价电子。这 2 个电子占据

空的非键杂化轨道和图 9.1 中 $Fe(CO)_4$ 碎片类似,在这两个配合物中都有两个电子占据 2 个叶片。

$Pt(PR_3)_2$ $Fe(CO)_4$

不同几何构型之间的类似性并不限于八面体和平面正方形,也可推广到不同多面体,例如,$Co(CO)_4$ 是 17 电子的碎片,母体具三角双锥结构,它等瓣于 17 电子的八面体碎片 $Mn(CO)_5$。

将以上概念推广到母体结构的配位数为 4～9 的多面体的碎片,它们之间的等瓣关系列于表 9.3。

表 9.3   多面体碎片之间的等瓣关系

有机碎片	在母体多面体中过渡金属的配位数						碎片的价电子数
	4	5	6	7	8	9	
CH_4	d^{10}-ML_4	d^8-ML_5	d^6-ML_6	d^4-ML_7	d^2-ML_8	d^0-ML_9	18
CH_3	d^{11}-ML_3	d^9-ML_4	d^7-ML_5	d^5-ML_6	d^3-ML_7	d^1-ML_8	17
CH_2	d^{12}-ML_2	d^{10}-ML_3	d^8-ML_4	d^6-ML_5	d^4-ML_6	d^2-ML_7	16
CH			d^9-ML_3	d^7-ML_4	d^5-ML_5	d^3-ML_6	15

注:关于用等瓣类似性原理如何推广到其他配体和其他构型,读者如有兴趣可参看有关文献。

9.1.3 等瓣类似性的应用举例

等瓣类似性能够扩展到具有适当尺寸、形状、对称性和能量的任何分子碎片的前沿分子轨道。对主族元素的碎片也具有类似性,在主族元素中,只考虑其 s 轨道、p 轨道,具有 8 个价电子是其最稳定结构,从 8 电子构型除去 1～2 个配体后可获得与过渡金属类似的杂化轨道。CH_3^+ 有一个定向的空轨道,CH_2^{2+} 则有 2 个这样的轨道。5 个电子的 CH 有 3 个被单电子占据的轨道,等瓣于 $P(3s^2 2p^3)$。因此,应用这个关系可寻找含磷的有环状 π-配体(如 C_5H_5、C_6H_6)的类似有机金属配合物。目前不仅类似于 $C_5H_5^-$ 的 P_5^- 在溶液中已经获得,而且含 P_5 环的夹心型化合物(η^5-C_5Me_5)Fe(η^5-P_5)(C_5Me_5 表示茂环上的氢被甲基取代)已经被制备,见图9.5。

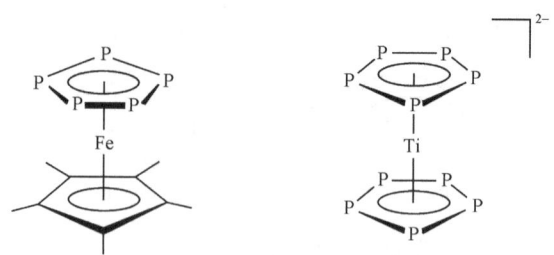

图9.5 含 P_5 环的金属茂

更有趣的是得到第一个无碳的金属茂[(η^5-P_5)$_2$Ti]$^{2-}$,图9.5中 P_5 环呈重叠构型,其中 P_5 配体显示弱的给予体性质,但比环戊二烯基有更强的受体特性。

即使对 H 原子,也可认为它有 1 个单电子在 1s 轨道,在某些情况下和 CH_3、$Mn(CO)_5$ 和 $Au(PPh_3)$ 等瓣,因此 H 和这些碎片有惊人的相似性。例如,H 和 $Au(PPh_3)$ 在三锇的簇合物中作为桥基见(**9.5**)和(**9.6**)。

(9.5)   (9.6)

从以上可见,应用等瓣类似性可以将复杂的无机分子和已知的简单分子关联起来,从而透过复杂的无机结构看到简单本质,使有机金属配合物系统化。

等瓣类似性另一应用是指导新化合物的合成。例如,CH_2 是等瓣于 16 电子的 $Cu(\eta^5$-$C_5Me_5)$ 和 14 电子的 PtL_2(L=PR_3,CO),所以 CH_2 和 $Cu(\eta^5$-$C_5Me_5)$ 能分别结合 2 电子给体 $P(C_6H_5)_3$ 形成 18 电子的稳定结构如图 9.6(a)和图 9.6(b)所示。PtL_2 和 $Cu(\eta^5$-$C_5Me_5)$ 能分别形成结构类似的配合物如图 9.6(c)和图 9.6(d)所示,另外,图 9.6(e)和图 9.6(f)也同它们类似。

利用碎片的等瓣性和已知的化合物比较可开拓出新的有机金属配合物,如图 9.6 中具有等瓣碎片的类似化合物均已合成。

例 9-1 举出等瓣于 CH_2^+ 的第一过渡系金属羰基化合物的碎片。

解 与母体化合物 CH_4 相比,CH_2^+ 缺少两个配体和 3 个电子。将有机金属碎片和有机金属的母体配合物 $M(CO)_6$ 相比,应比 $M(CO)_6$ 少两个配体和 3 个电子,那待解的碎片应是具有 15 电子的 $M(CO)_4$ 的物种。如果 CO 共将提供 8

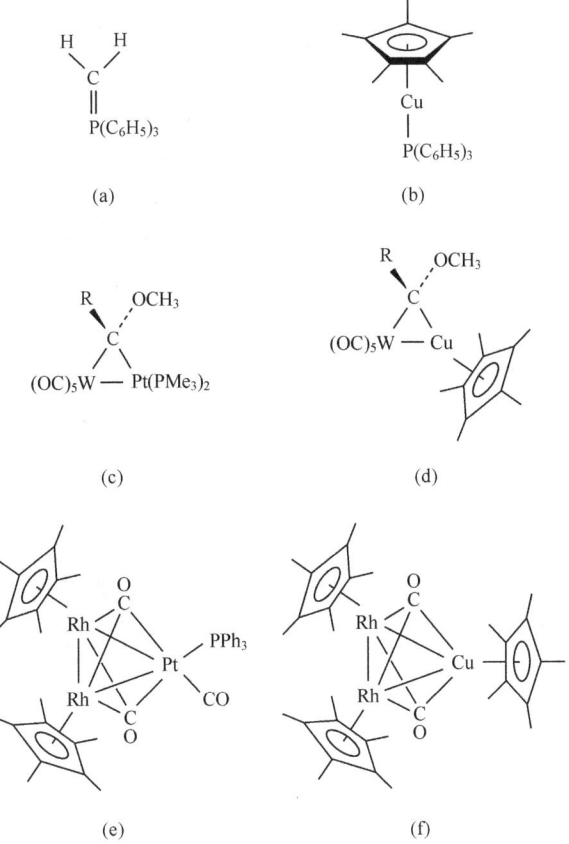

图 9.6 由等瓣类似的碎片组合成的有机金属配合物

个电子,那金属必须提供 7 个电子。第一过渡系 d^7 金属应为 Mn,所以 $CH_2^+ \longleftrightarrow Mn(CO)_4$

其他八面体的等瓣碎片能够变化金属和在配合物的电荷得到。配合物上的 1 个正电荷相当于金属减少 1 个电子,1 个负电荷相当于金属多 1 个电子。CH_2^+ 的第一过渡金属有机碎片是:$d^7 Mn(CO)_4$、$d^8[Fe(CO)_4]^+$、$d^6[Cr(CO)_4]^-$。

9.2 簇状配合物

9.2.1 分类和形成条件

1. 分类

9.1 节曾经提到过的 $Mn_2(CO)_{10}$、$Ru_3(CO)_{12}$、$Fe_3(CO)_{12}$ 等,其中金属除和配

体结合外,金属原子间还以金属共价键连接成簇,称为金属簇配合物或簇状配合物。生成金属簇配合物的金属多为过渡金属。金属簇配合物大致可归纳为以下几类:①烯、炔、氰、异氰、羰基、亚硝酰、膦以及其他能够接受金属反馈键的配体和金属生成的多核配合物(图 9.7)。②低氧化态的金属卤化物,如$[Re_3Cl_{12}]^{3-}$(**9.7**)、$[Re_2Cl_8]^{2-}$(**9.8**)以及双核羧酸盐 $M_2(CH_3COO)_4$($M=Mo, Rh, Ru$)。近年来以硫作配体的一类也引起人们的注意,如$[Fe_4S_4(NO)_4]$、$[Fe_4S_2(NR)_2(NO)_4]$、$[Fe_4S_4(CN)_{12}]^{2-}$ 和 $[Fe_4S_4(S\text{-}cys)_4]$,(S-cys 为以硫连的半胱氨酸根),其中最后一个配合物是铁氧还蛋白的活性中心,起着传递电子和活化氮的作用。③有少数金属簇没有配体而是裸露的金属簇离子,如 Tl_7^{10-}、Sc_4^{2+}、Pb_5^{2-}、Tc_6^{2+} 等(图 9.8)。金属簇配合物中金属原子的数目从两个到几十个,金属和金属之间以 1~4 重键相连,现将这些配合物列于图 9.9,并与类似的有机化合物和无机化合物比较。

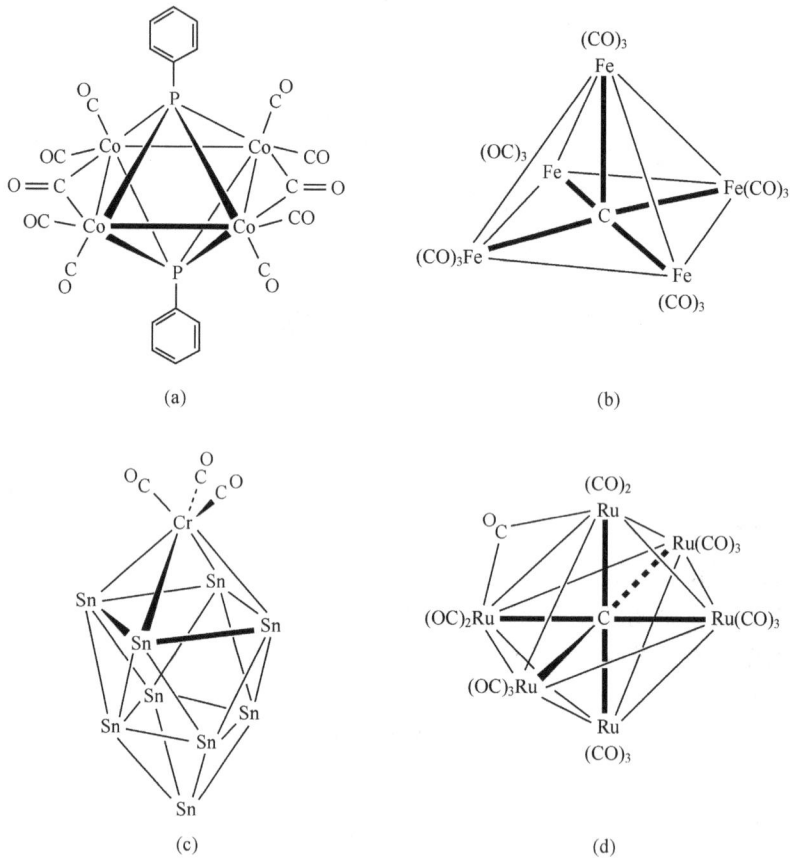

图 9.7 金属簇配合物举例

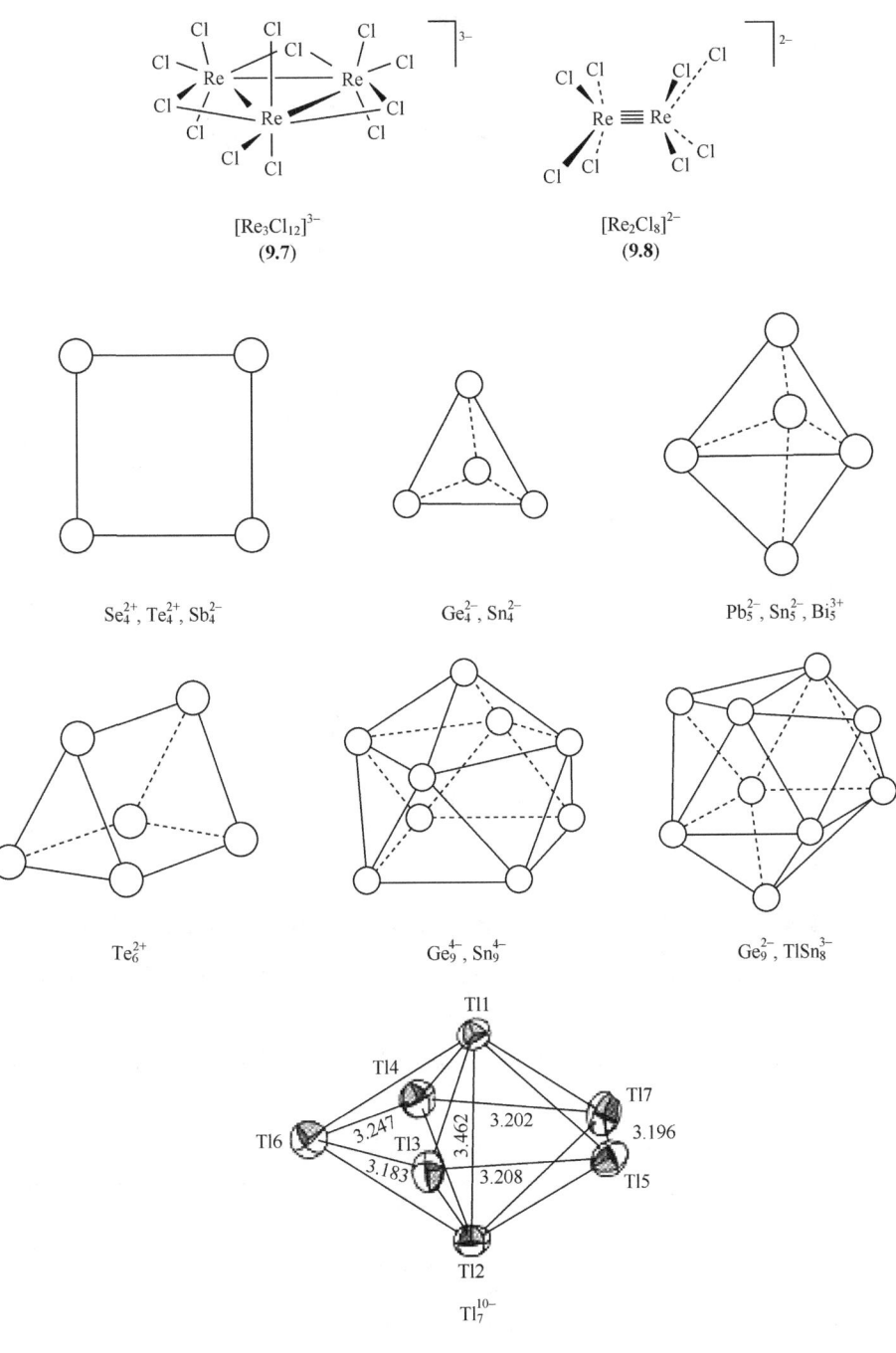

图 9.8 裸露金属簇

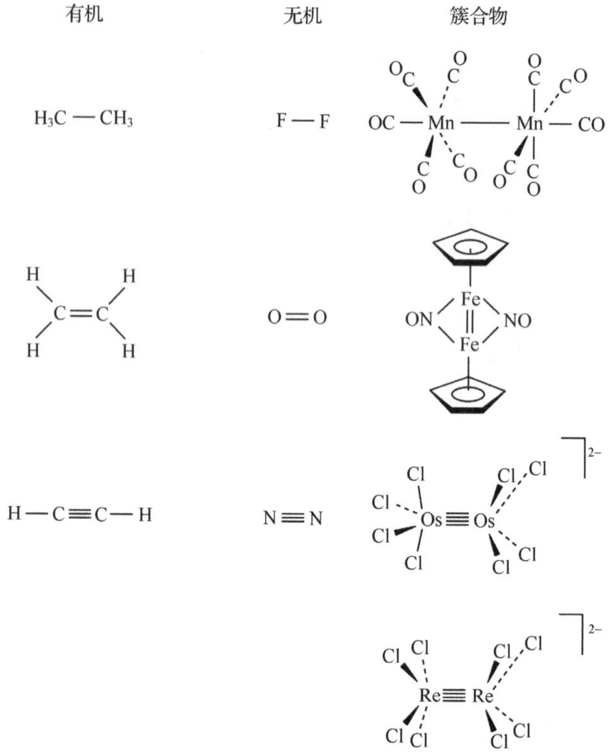

| 有机 | 无机 | 簇合物 |

（图示：H₃C—CH₃；F—F；(OC)₅Mn—Mn(CO)₅）

（图示：H₂C=CH₂；O=O；Cp(ON)Fe—Fe(NO)Cp）

（图示：H—C≡C—H；N≡N；[Cl₄Os≡OsCl₄]²⁻）

（图示：[Cl₄Re≣ReCl₄]²⁻）

图 9.9 金属簇中多重键（单重、二重、三重、四重）

2. 金属簇的形成条件

（1）联结簇的金属原子有较大的原子化热，即金属从固态转变为气态[M(固)⟶M(气)]所需的能量较大。一般可认为，原子化热近似地与金属原子间的键能成正比，具有 $d^3 \sim d^8$ 电子构型的过渡元素有较大的原子化热，在同一族中自上而下依次增加。如表 9.4 所示，黑线以内的金属有较大的原子化热，它们容易形成金属簇。

表 9.4　某些金属的原子化热 [kJ/(g·atm), 298K]

元素	Sc	Ti	V	Cr	Mn	Fe	Co	Ni	Cu
原子化热	344.3	428.8	515.5	397.1	279.1	416.7	424.7	429.6	336.8
元素	Y	Zr	Nb	Mo	Tc	Ru	Rh	Pd	Ag
原子化热	358.6	608.4	721.7	664	648.5	648.1	556.9	380.7	284.9
元素	La	Hf	Ta	W	Re	Os	Ir	Pt	Au
原子化热	435.1	669.4	782.0	844.3	778.6	784.1	669.0	565.7	368.2

(2) 金属必须具有低的氧化态,因为高氧化态(或高核电荷)的金属引起轨道收缩,从而减少原子轨道间的相互重叠。原子轨道重叠减小,将会使金属-金属的键长增加,使生成金属键的能力减弱。研究同核中心原子 d 轨道重叠积分 S 和电荷的关系时发现,电荷越高,重叠积分越小。相同氧化态的金属的 d 轨道重叠程度,随金属在周期表中的周期数而改变,第一过渡系的金属 d 电子云较小,重叠程度差。所以重叠程度 3d＜4d＜5d。例如,比较铁和钌的三核金属簇时,发现 $Fe_3(CO)_{12}$ 和 PPh_3 等试剂起反应时,金属簇容易遭受破坏,而 $Ru_3(CO)_{12}$ 却比 $Fe_3(CO)_{12}$ 稳定。

9.2.2 骨架成键理论

1. 18 电子规则的局限性

核数较低的簇状配合物基本符合 18 电子规则。18 电子规则认为稳定簇状配合物的每个金属原子的价电子数应为 18,若不足此数,则由生成金属键来补充,因而每个原子需要金属键的数目＝18－(金属价电子总数＋配体成键电子总数)/金属原子数。例如,$Ir_4(CO)_{12}$[图 9.10(c)]金属键的数目＝18－(36＋24)/4＝18－15＝3,由于每两个原子共用一个金属键,在 $Ir_4(CO)_{12}$ 中 6 个金属键相连,这与 $Ir_4(CO)_{12}$ 的四面体结构相符。表 9.5 的计算结果表明,三核和四核的配合物能满足 18 电子规则,核数为 5 和 6 的大多数不能满足 18 电子规则。

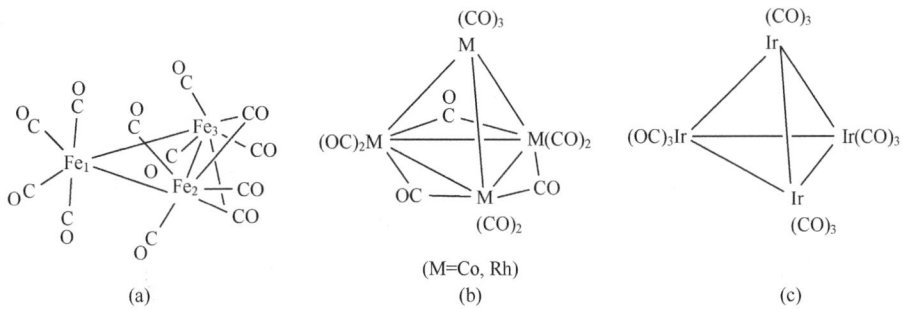

图 9.10 符合 18 电子规则的配合物
(a) $Fe_3(CO)_{12}$ 和 $M_4(CO)_{12}$;(b) M＝Co,Rh;(c) M＝Ir

2. 硼烷成键规律

硼烷成键规律和金属簇十分类似,为了讨论金属簇成键规律,先从硼烷入手。迄今合成的硼烷就其组成来说可分为三类,即 $B_nH_n^{2-}$(B_nH_{n+2})、$B_nH_n^{4-}$(B_nH_{n+4})和 $B_nH_n^{6-}$(B_nH_{n+6}),n＝3～12。硼烷的几何构型是以三角形组成的多

表 9.5 计算金属簇中的价电子数

金属簇	结构	总价电子数 M+CO	每个金属原子的电子数	每个金属原子符合 18 电子规则要求 M—M 键的数目
$Cr(CO)_6$	八面体	12+6=18	18	0
$Mn_2(CO)_{10}$	两个八面体以 Mn—Mn 键连接	20+14=34	17	1
$Fe_3(CO)_{12}$	图 9.10(a)	24+24=48	16	2
$Co_4(CO)_{12}$	图 9.10(b) 四面体	24+36=60	15	3
$[Co_6(CO)_{14}]^{4-}$	八面体	28+54+4=86	14.33	

面体,如图 9.11 所示是 $n=6\sim12$ 的硼烷。多面体的顶点由硼占据,氢则连在硼上或桥联在两个硼之间,顶点全为硼占据的称为闭式(closo)硼烷,通式为 $B_nH_n^{2-}$,如 $B_{12}H_{12}^{2-}$ 称为闭式-十二硼烷(12),它是由 20 个等边三角形组成,见图 9.11 的闭式硼烷,硼的 3 个价电子中的 1 个,用来形成 B—H 键,伸向骨架之外,另外两个用于组成多面体的骨架成键,所以闭式-十二硼烷用于骨架成键的电子数为 26,同理, $B_6H_6^{2-}$[闭式-六硼烷(6)]用于骨架成键的电子数是 14,可用 $2n+2$ 表示闭式硼烷的骨架电子数。B_nH_{n+4} 型的硼烷的结构不是封闭的,相当于封闭多面体去掉 1 个顶点,其构型酷似鸟窝,称为巢式(nido-)硼烷。图 9.12 中部为巢式-B_6H_{10}[巢式-六硼烷(10)]的结构,相当于图中的闭式-$B_7H_7^{2-}$ 去掉了 1 个顶点,硼原子去掉后由另外 4 个氢桥联加以补充,图中的黑点表示桥联氢,巢式硼烷骨架电子数为 $2n+4$,此外,还有 B_nH_{n+6} 型的硼烷,相当于闭式硼烷空出了两个顶点,空间构型和蛛网相似,称为网式(arachno-)硼烷。图中为 B_5H_{11} 即网式-五硼烷(11)的结构,相当于闭式-七硼烷(7)的多面体去掉两个硼,B_5H_{11} 有三个桥联氢和八个端联氢(图中以黑点表示)。补充的氢用以中和两个硼原子移去后产生 $(BH)_6^{6-}$ 所具有的高电荷,使构型得以稳定,所以网式硼烷骨架上的电子数为 $2n+6$。每个硼有 4 个价电子轨道(1 个 s 和 3 个 p 轨道),其中 3 个用来组成骨架,如 $B_6H_6^{2-}$ 的硼共提供 18 个轨道来组成骨架的分子轨道,这类化合物轨道数有余,而骨架成键电子数不足,所以称为贫电子化合物,其成键情况与金属簇类似,二者又泛称为原子簇化合物。

W. Wade 研究大量硼烷结构,将其骨架成键电子对数和几何构型联系起来,将其结果列于表 9.6,因此已知原子簇骨架成键电子数就可以判断其几何构型。

第 9 章　等瓣类似性、簇状配合物和配位催化

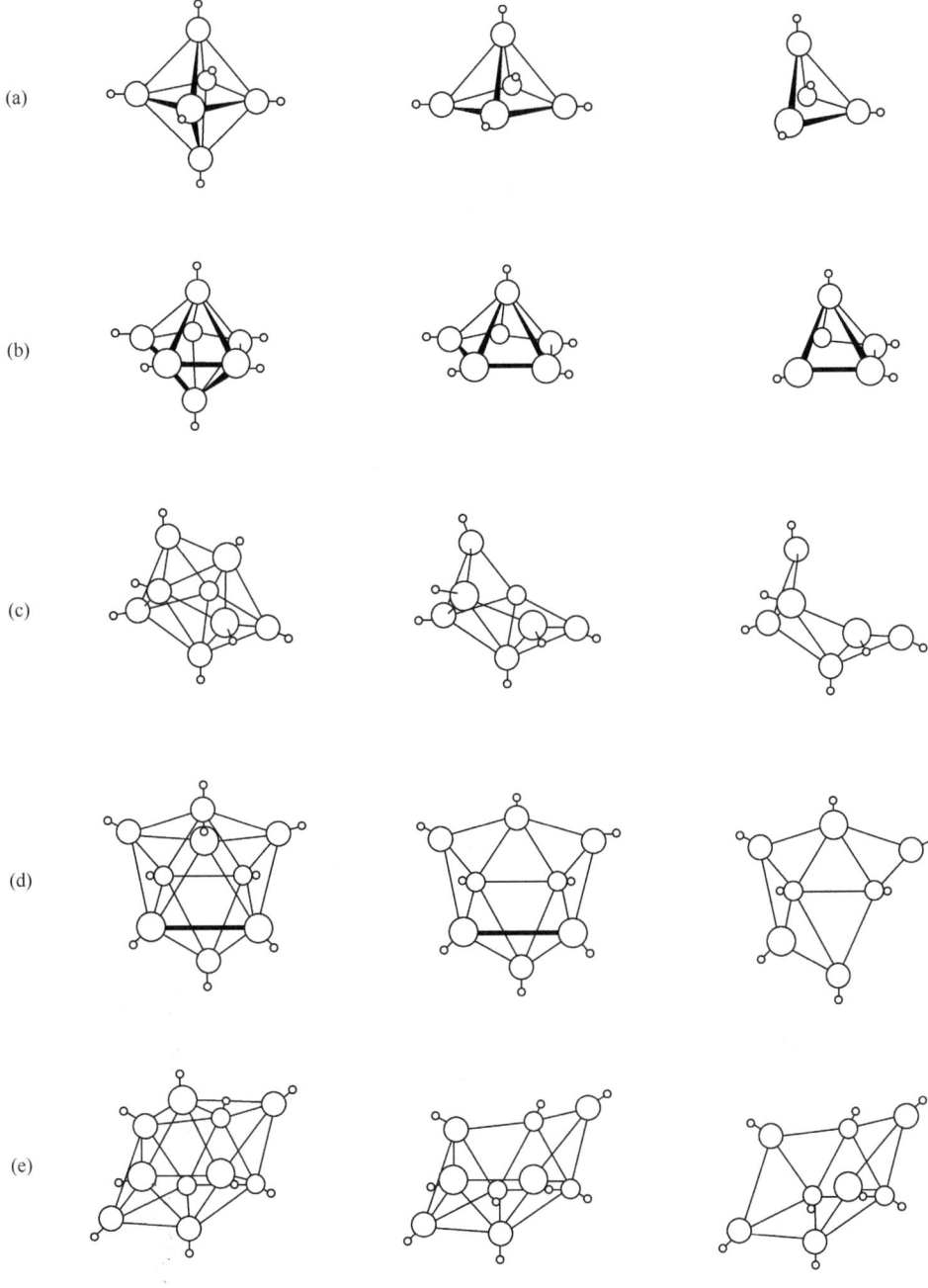

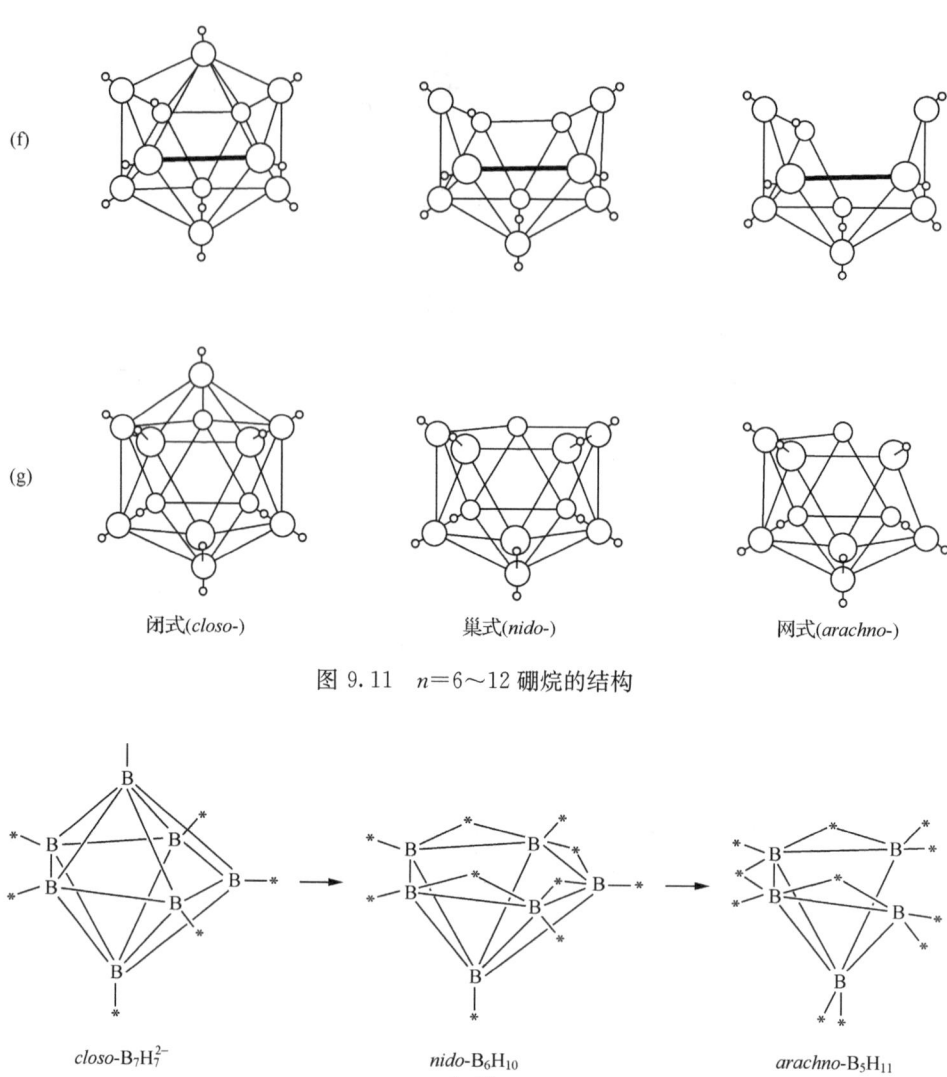

图 9.11　$n=6\sim 12$ 硼烷的结构

图 9.12　$closo\text{-}B_7H_7^{2-}$、$nido\text{-}B_6H_{10}$ 和 $arachno\text{-}B_5H_{11}$ 之间的关系

表 9.6 原子簇化合物骨架电子对的数目与结构的关系

骨架成键电子对数目	骨架的基本几何构型	闭式		巢式		网式	
		骨架原子数	例	骨架原子数	例	骨架原子数	例
6	三角双锥	5	$C_2B_3H_5$	4		3	$B_3H_8^-$
7	八面体	6	$B_6H_6^{2-}$	5	B_5H_9	4	B_4H_{10}
8	五角双锥	7	$B_7H_7^{2-}$	6	B_6H_{10}	5	B_5H_{11}
9	十二面体	8	$B_8H_8^{2-}$	7		6	B_6H_{12}
10	三冠三棱柱	9	$B_9H_9^{2-}$	8	B_8H_{12}	7	
11	双冠阿基米德反棱柱	10	$B_{10}H_{10}^{2-}$	9	B_9H_{12}	8	B_8H_{14}
12	十八面体	11	$B_{11}H_{11}^{2-}$	10	$B_{10}H_{14}$	9	B_9H_{15}
13	二十面体	12	$B_{12}H_{12}^{2-}$	11		10	$B_{10}H_{15}^-$ $B_{10}H_{14}^{2-}$

3. 硼烷和金属簇的类似性

在 9.1 节中指出 CH 碎片等瓣于 15 电子的八面体碎片 $Co(CO)_3$,相似地,BH 有 4 个价电子它等瓣于 14 电子碎片,如 $Fe(CO)_3$ 和 $(\eta^5\text{-}C_5H_5)Co$,现已发现一些金属有机碎片能取代硼烷或碳硼烷中与之等瓣的主族元素。例如,图 9.13 列出已被合成的硼烷 B_5H_9 的有机金属衍生物。图 9.14 中绘出等瓣碎片 BH 和 $Fe(CO)_3$ 用于骨架成键的轨道。在 BH 中参与骨架成键的是 sp_z 杂化轨道,指向多面体中心。p_x 和 p_y 轨道和原子簇的表面相切,在 $Fe(CO)_3$ 中 $sp_zd_{z^2}$ 杂化轨道也指向多面体中心,pd 杂化轨道也与 $Fe(CO)_3$ 表面相切,这说明二者前沿轨道对称性相似。因此,只需知道金属碎片达到价电子数 18 所需的电子数,就能与硼烷碎片 BH_x 满足 8 电子所需的电子数关联起来。例如,14 电子碎片 $(\eta^5\text{-}C_5H_5)Co$ 缺 4 个电子达到 18,它相当于缺 4 个电子的碎片 BH,现将有机金属碎片和相关的 BH_x 碎片列于表 9.7。

表 9.7 一些有机金属碎片和相关的 BH_x 碎片

有机金属碎片的价电子数	例子	相关的硼烷碎片
13	$Mn(CO)_3$	B
14	CoCp	BH
15	$Co(CO)_3$	BH_2
16	$Fe(CO)_4$	BH_3

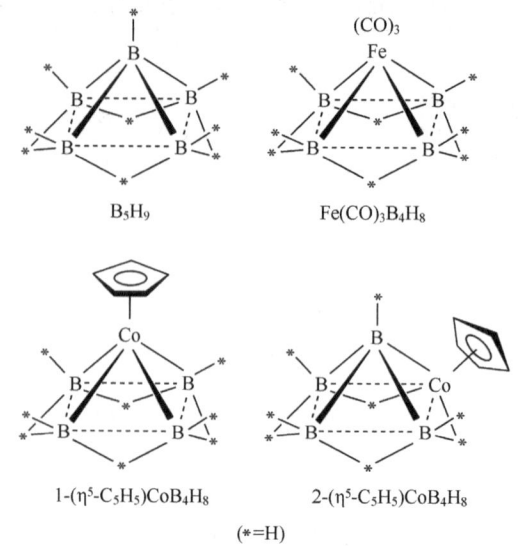

(*=H)

图 9.13　B_5H_9 的有机金属衍生物

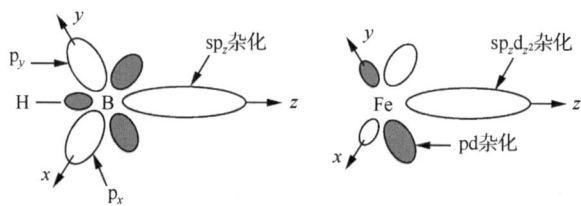

图 9.14　$Fe(CO)_3$ 和等瓣碎片 BH 的轨道

4. Wade 规则

金属簇的骨架电子对的数目和结构的关系和硼烷十分类似。现在先讨论如何用 Wade 规则计算硼烷骨架电子对的数目。例如，硼以 3 个原子轨道用于原子簇成键，另一轨道用来和氢成键，硼烷中每一个硼提供骨架成键电子数 b，可按式(9-4)计算。

$$b=V+X-2 \tag{9-4}$$

式中，V 为硼(或其他主族元素)的价电子数，即元素所在的族次；X 为其他配体所提供的电子数，硼烷中的氢提供一个电子，所以 $X=1$，但硼和氢成键用去 2 个电子，所以应从总数中扣除。按式(9-4)计算得到每一个硼提供骨架成键电子数为 2。

以上规律可推广到其他主族元素和各种类型的硼烷，称为 Wade 规则。从

Wade 规则再计算骨架成键电子总数 B, 例如

B_9H_{15}　　$B=9(3+1-2)+6=24e^-$

由表 9.6 可知, 骨架上 12 对电子的 9 原子簇硼烷其电子数目符合 $2n+6$, 应该是网式的十八面体。

对碳硼烷也可照此计算, 碳硼烷可看成硼烷中 1 个或若干个 BH 基团被同数目的 C 原子所取代。

$C_2B_4H_8$　　$B=2(4+1-2)+4(3+1-2)+2=16e^-$

骨架上 8 对电子, 骨架原子数为 6 的硼烷应是巢式五角双锥结构。

$1,2\text{-}C_2B_9H_{11}=(CH)_2(BH)_9$　　$B=2\times 3+9\times 2=24e^-$ 闭式结构

对过渡元素的金属簇有 9 个价电子轨道(1s, 3p, 5d), 假定其中 6 个轨道和配体形成成键轨道, 其余 3 个提供骨架成键。6 个成键轨道需用去 12 个电子。每个金属簇提供给骨架电子数为 b

$$b=V+X-12 \qquad (9\text{-}5)$$

式中, V 为金属的外层价电子数; X 为配体 L 和金属成键提供的电子数。现将典型过渡金属簇的单位 ML_n 提供骨架成键电子数按式(9-5)计算列于表 9.8, 例如

$Co(CO)_3$　　$b=9+6-12=3e^-$

$Co_4(CO)_{12}$　　$B=3\times 4=12e^-$

相当于骨架电子数为 $2n+4$ 的硼烷结构。由表 9.6 可知, 具 4 个原子的金属簇骨架上有 6 对电子应为巢式三角双锥结构(表中 1 行 5 列)。又如

$Rh_6(CO)_{16}$　　$B=6\times 9+16\times 2-6\times 12=14e^-$

相当于骨架电子数为 $2n+2$ 的闭式硼烷结构, 由表 9.6 可知应为八面体(**9.9**), Wade 规则也同样适于 π 键配合物, 如 $(\eta^5\text{-}C_5H_5)_2Rh_3(CO)_3$ 的簇单位为 $(\eta^5\text{-}C_5H_5)Rh$, 可把 $\eta^5\text{-}C_5H_5$ 看成提供 5 个电子的配体, 该簇单位提供电子数

$(\eta^5\text{-}C_5H_5)Rh$　　$b=9+5-12=2e^-$

$(\eta^5\text{-}C_5H_5)_3Rh_3(CO)_3$　　$B=3\times 2+3\times 2=12e^-$

相当于骨架电子数为 $2n+6$ 的网式三角双锥结构。

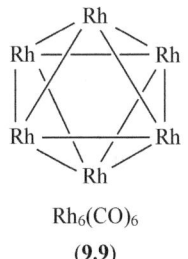

$Rh_6(CO)_6$

(**9.9**)

表 9.8 典型的过渡金属簇单位 ML_n 提供骨架成键电子数 ($V+X-12$)

V	过渡金属	$M(CO)_2$ ($X=4$)	$M(\eta\text{-}C_5H_5)$ ($X=5$)	$M(CO)_3$ ($X=6$)	$M(CO)_4$ ($X=8$)
6	Cr, Mo, W	-2	-1	0	2
7	Mn, Tc, Re	-1	0	1	3
8	Fe, Ru, Os	0	1	2	4
9	Co, Rh, Ir	1	2	3	5
10	Ni, Pd, Pt	2	3	4	6

以上 Wade 在比较硼烷和金属簇成键特性下推导出了 Wade 规则。一个更简单的方法是比较硼烷和金属簇提供给骨架的价电子数。过渡金属有 9 个价电子轨道,比仅有 4 个价电子轨道的硼多 5 个轨道用于骨架成键。所以用每个单位金属簇去代替硼烷时每单位骨架原子会需要增加 10 个电子。例如,$closo\text{-}B_6H_6^{2-}$ 有 26 个价电子,如果用 6 个钴金属簇取代 6 个硼则金属簇的价电子总数应为 $6\times10+26=86e^-$,相应的金属簇为 $Co_6(CO)_{18}$。从硼烷的电子数可推知金属簇的电子数现总结于表 9.9。

表 9.9 硼烷和过渡金属簇的电子数计算($n=$骨架原子数)

结构形状	硼簇	金属簇
闭式	$4n+2$	$14n+2$
巢式	$4n+4$	$14n+4$
网式	$4n+6$	$14n+6$

Wade 规则可以用来指导合成和预测新化合物的结构。如用丙烯羰基化反应合成丁醇的过程中,催化活性物质是 $[HFe_3(CO)_{11}]^-$,它的结构过去认为如 (**9.10**) 所示。

$$\begin{bmatrix} & & (CO)_3 & & \\ & & Fe & & \\ O=C & & & C=O \\ (CO)_3Fe & & & Fe(CO)_3 \\ & & H & & \end{bmatrix}^-$$

(**9.10**)

但用 Wade 规则来判断,由 3 个 $Fe(CO)_3$ 簇、2 个 CO 和 1 个 H 组成。3 个 $Fe(CO)_3$ 提供 $2\times3=6$ 个电子,CO 提供 $2\times2=4$ 个电子,1 个 H^- 提供 2 个电子,骨架成键电子总数 $B=6+4+2=12e^-$,即 $2n+6$ 个电子,因此是网式三角双锥结构(图 9.15)。后来由 X 射线和穆斯鲍尔(Mossbauer)谱证实了这一推断的正确

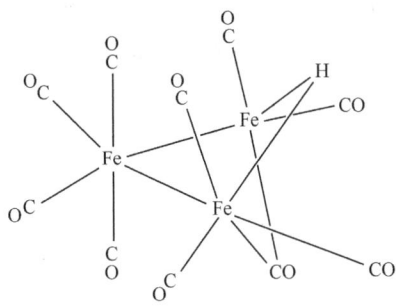

图 9.15 $[HFe_3(CO)_{11}]^-$ 的结构

性。由金属簇的构型和电子数间的密切联系,可以预测在氧化还原反应中几何构型的变化。例如,闭式金属簇得到两个电子经还原得到巢式,巢式再得到两个电子还原得到网式。反之,网式经氧化转化成闭式。这类反应称为簇骨架开放(或闭合)反应。

$$闭式 \underset{-2e^-}{\overset{+2e^-}{\rightleftharpoons}} 巢式 \underset{-2e^-}{\overset{+2e^-}{\rightleftharpoons}} 网式$$

除利用氧化还原反应来改变金属簇的结构外,还可利用加成反应来达到目的。一种情况是可引入电子数为 2 的单位金属簇,如表 9.8 中的 $M(CO)_3$(M=Fe、Ru、Os)或 $M(\eta^5-C_5H_5)$(M=Co、Rh、Ir)等,它们加成后可对骨架提供一个金属和一对电子,这样使原有多面体顶点增加,但仍保持原来的形式。

$$n \text{个金属簇} \begin{Bmatrix} 闭式 \\ 巢式 \\ 网式 \end{Bmatrix} \xrightarrow{ML_n} \begin{Bmatrix} 闭式 \\ 巢式 \\ 网式 \end{Bmatrix} (n+1) \text{个金属簇}$$

Wade 规则不仅适合一些羰基金属簇,也适合于不饱和烃金属簇。它适合于含 n 个骨架的原子和具有 $(2n+2)$、$(2n+4)$、$(2n+6)$ 个电子的原子簇。但对具有 $2n$ 或 $(2n-2)$ 个成键电子的金属簇,如 $Os_6(CO)_{18}$、$Os_7(CO)_{21}$、$Os_8(CO)_{23}$、$Os_8(CO)_{21}C$ 等的结构就不能说明。目前成键理论还在发展中。

9.2.3 羰基金属簇的性质

1. 颜色

过渡金属的簇状配合物可看成介于共价键的化合物和自由金属键的一种化合物。实验证明,在金属簇的分子轨道中的电子是不定域的,随着金属数目的增大,离域的程度也越大,这种关系也表现在金属数目增多,配合物颜色越深。例如,$Rh(CO)_4^-$ 为无色,$Rh_{12}(CO)_{30}^{2-}$ 为紫色,随着 Rh 的数目增多,颜色越深,簇状配合物的颜色往往比不含金属键的配合物深。相似组成和结构的金属簇,随金属在周期表的位置从上而下,颜色逐渐变浅。又如,$Fe_3(CO)_{12}$ 为绿色,$Ru_3(CO)_{12}$ 为橙色,$Os_3(CO)_{12}$ 为黄色,以上规律虽然也发现在一些不含金属键的配合物中,但变化程度不如金属簇明显。

2. 金属键的键长

簇状配合物中金属原子间的排列与金属有相似之处,此外原子间的键长也极为相近,如以 $Rh_6(CO)_{16}$ 为例,其中 Rh 原子占据八面体的 6 个顶点,其原子间距为 2.78Å。金属铑的(111)单晶面上铑原子的排列和它在八面体上的排列相似,其中金属铑中最邻近原子间距为 2.68Å,也颇相近。其他羰基簇合物中金属-金属键长与纯金属比较也颇相近,例如,$Rh_4(CO)_{12}$ 中 M—M 键长为 2.73Å,在纯金属中为 2.68Å,但配合物中没有桥基时金属键的键长略大于纯金属的键长。这可能是由于有配体结合在金属簇上的缘故。但当羰基桥联时,键长缩短,桥联与非桥联金属键长的差别往往随金属簇中金属原子数目的增加而变小。

3. 配体的流动性

人们发现在大多数金属羰基簇中,某些羰基的位置可以互相交换形成一种分子不断进行重排的流动结构,对于一定化合物有一特定的"失稳温度",这温度以上开始表现出这种流动性,如用 ^{13}C 核磁共振研究 $Rh_4(CO)_{12}$ 的溶液时,发现在 −60℃ 左右有 4 个峰,其面积相等,表明 12 个 CO 分别处于 4 种不同的化学环境中[见(9.11)中的阿拉伯数字],即有 4 组不同化学位移的 CO,每组有 3 个 CO 峰。这 4 个峰中,有 3 个峰分裂为 2,这是由 ^{13}C 与 ^{103}Rh 的自旋偶合所引起,^{103}Rh 的自旋量子数 $I=1/2$,引起 ^{13}C 分裂的数目为 $2nI+1=2$,所以 $n=1$,即有 1 个 ^{103}Rh 与 ^{13}C 偶合,证明 9 个 CO 以端基配位。另 1 个峰分裂为 3,即 $2nI+1=3$,所以 $n=2$,说明有 3 个 CO 各与 2 个 Rh 桥联,这和用 X 射线测出的固态配合物的结构一致,其结构式用(9.11)表示。当逐渐升至室温时,4 个峰不断变宽,并合为 1 个峰,这说明所有的羰基所处的化学环境一样,发生了(9.11)向(9.12)的转变,当再升温至 63.2℃,单峰又渐变窄,并出现 1∶4∶6∶4∶1 的五重峰,如图 9.16 所示的精细结构,分裂数为 $2nI+1=5$,所以 $n=4$,表明每个 CO 和 4 个 Rh 发生自旋偶合,这只能是式(9.12)中的 CO 在 4 个 Rh 上迅速游动,成为一种流动结构。(9.11)和(9.12)之间的转变也不是通过分子间的交换(如配体的离解或键的断裂)发生的,即

$$Rh_4(CO)_{12} \rightleftharpoons Rh_4(CO)_{11} + CO$$

因为分子间的交换将破坏 Rh 和 ^{13}C 之间的偶合。

核磁共振的动力学实验指出,(9.11)与(9.12)的能量接近,所以能通过桥基与非桥基间相互转变。

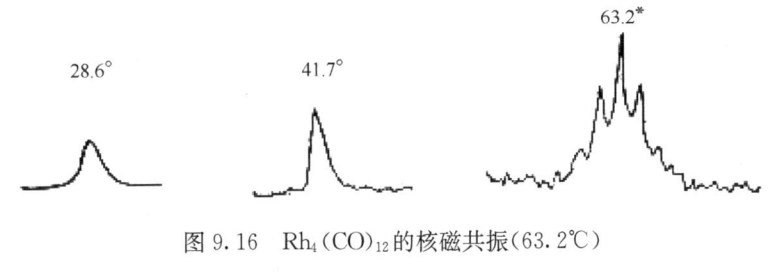

图 9.16 Rh$_4$(CO)$_{12}$ 的核磁共振(63.2℃)

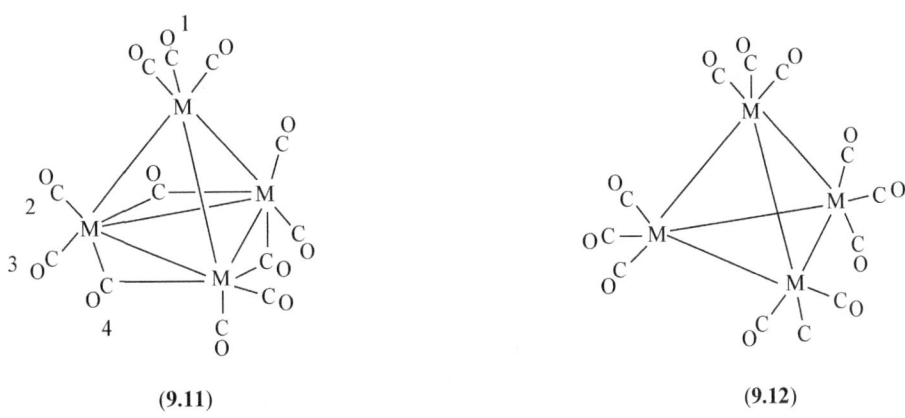

多相催化反应中过渡金属作为催化剂时,在不完整的金属表面(如晶体的棱边、顶角处)发生化学吸附,吸附物质(如 CO, H$_2$ 等)在室温流动性很大,它可从端点移到棱边或从端点移到面上。这种性质和金属簇中配体的移动十分类似。

此外,羰基在金属簇上和吸附在金属上的谱带也十分类似,如 Rh$_6$(CO)$_{16}$ 的 CO 在 IR 谱 2075cm^{-1} 和 1800cm^{-1} 处,在金属 Rh 上吸附的 CO,在 2050cm^{-1} 和 1850cm^{-1} 处与之对应,这说明配位的羰基与吸附的 CO 之间的构型有相似之处。因此,有人认为金属簇是以金属小集团作为基本单位的,金属簇的性质和微片金属类似。

9.2.4 其他配体的金属簇

以卤根为配体的金属簇配合物 [Re$_2$X$_8$]$^{2-}$(X=Cl、Br 或 SCN$^-$)为代表,其中 [Re$_2$Cl$_8$]$^{2-}$ 是蓝色的双核阴离子,它的结构有两个特点:①Re—Re 键长很短(2.24Å),比金属中 Re—Re 键的平均键长(2.75Å)短;②4 个氯原子围绕着一个铼呈近似平面正方形排列,两个平面正方形不是重叠的排布而是呈交错构型[图 9.17(b)]。Re—Cl 键长为 2.29Å,小于两个范德华半径之和(3.40~3.60Å)。铼原子约高出四个氯所组成的平面 0.5Å。关于 M—M 键长缩短的现象也发生在其他类似的多核配合物中,如 [Tc$_2$Cl$_8$]$^{2-}$ 中的 Tc—Tc 键长只有 2.13Å,比 Re—

Re 键长还要短。为了说明金属键长缩短的现象，F. A. Cotton 认为金属之间存在着多重键，Re—Re 间以四重键连接着，其成键情况如图 9.17 所示。

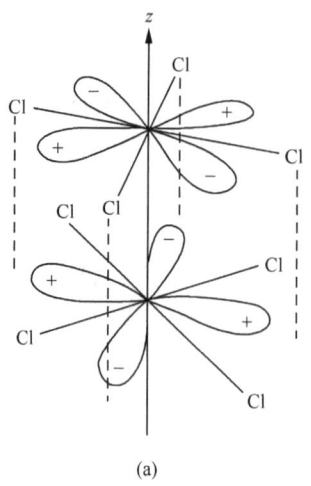
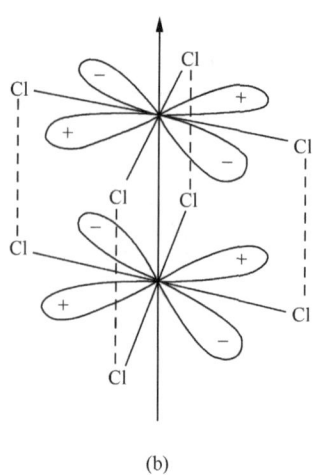

图 9.17 $[Re_2Cl_8]^{2-}$ 可能的两种构型

(a)重叠构型；(b)交错构型

两个过渡金属原子通过 d 轨道的相互作用而形成金属键，d 轨道相互作用不仅形成 σ 键和 π 键，而且还形成 δ 键，如图 9.18 所示。假定将两核间连线作出 z 轴，两 d_{z^2} 轨道相互作用是最强的相互作用，即 σ 相互作用。其次是对应 d_{xz} 和 d_{yz} 轨道的作用。它们在两个方向上重叠性较差，产生 π 相互作用。最弱的是 d_{xy} 和 $d_{x^2-y^2}$ 轨道的重叠，形成 δ 轨道。在无配体时，每个金属碎片有 5 个 d 轨道，在 M—M 碎片中由于 d-d 轨道相互作用，产生按能量依次升高的 σ、π、δ、δ*、π*、σ* 轨道（图 9.19）。在重叠型的 $[Re_2Cl_8]^{2-}$ 中，Re—Cl 键指向 xz 和 zy 平面，δ 和 δ* 来源于 $d_{x^2-y^2}$ 轨道（图 9.19 右）。对于 $[Re_2Cl_8]^{2-}$，每个铼的形式氧化态为 Re(Ⅲ)，有 4 个 d 电子，在配合物的两个 Re 的 8 个 d 电子占据图右中 4 个最低能级，相应于两个铼之间有 1 个 σ 键、2 个 π 键和 1 个 δ 键，即有四重键存在。这样其键序为 4（键序＝1/2(成键轨道电子数-反键轨道电子数)）。如果把电子加入到 δ* 轨道，则键序减小。例如，$[Os_2Cl_8]^{2-}$ 共有 10 个 d 电子，不仅成键轨道充满电子，反键的 δ* 轨道也被电子占据着，键序减小到 3。两个 δ 键相互抵消，有 1 个 3 重键存在。图 9.20 为双金属簇中电子排布和 M—M 之间的键长和键序。由图可见，在 Mo 和 Re 的金属簇中随着重键键序增加，多重键数目增加，M—M 的键长缩短。

在金属簇的键型中，以 δ 键最弱，其强弱程度决定于 δ 和 δ* 能级分裂的大小，在卤素双金属簇中 δ 和 δ* 之间能量差很小，相应可见光的能量，因此大多数四重键的双金属簇有鲜艳的颜色，如 $[Re_2Cl_8]^{2-}$ 是鲜艳的蓝色，$[Mo_2Cl_8]^{2-}$ 是亮红

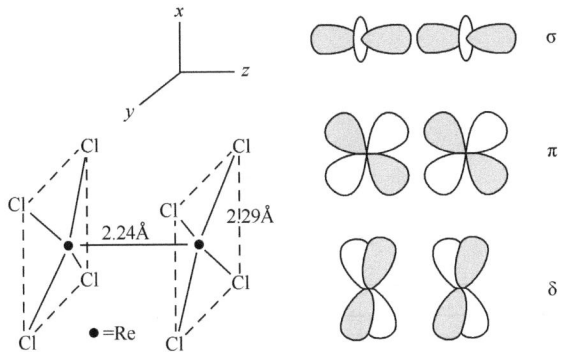

图 9.18 在含 M—M 多重键的双金属簇中的 σ、π、δ 分子轨道

色,与充满 π 轨道和空的 $π^*$ 轨道的主族元素相比,如 CO 和 N_2 都是无色,因为后者的轨道能量差在紫色部分。

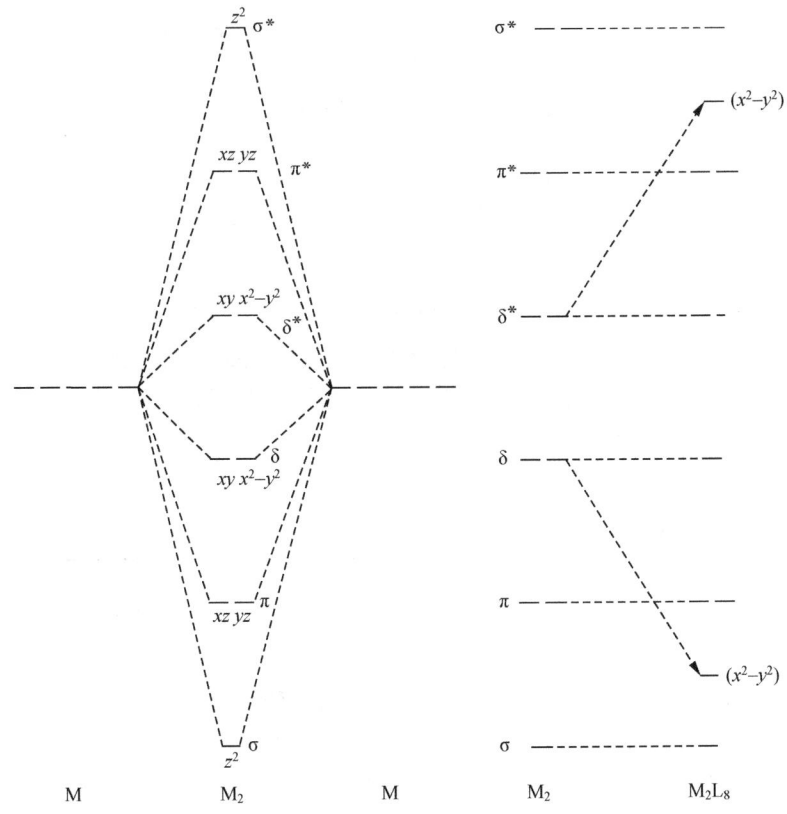

图 9.19 d 轨道相互作用的相对能级图

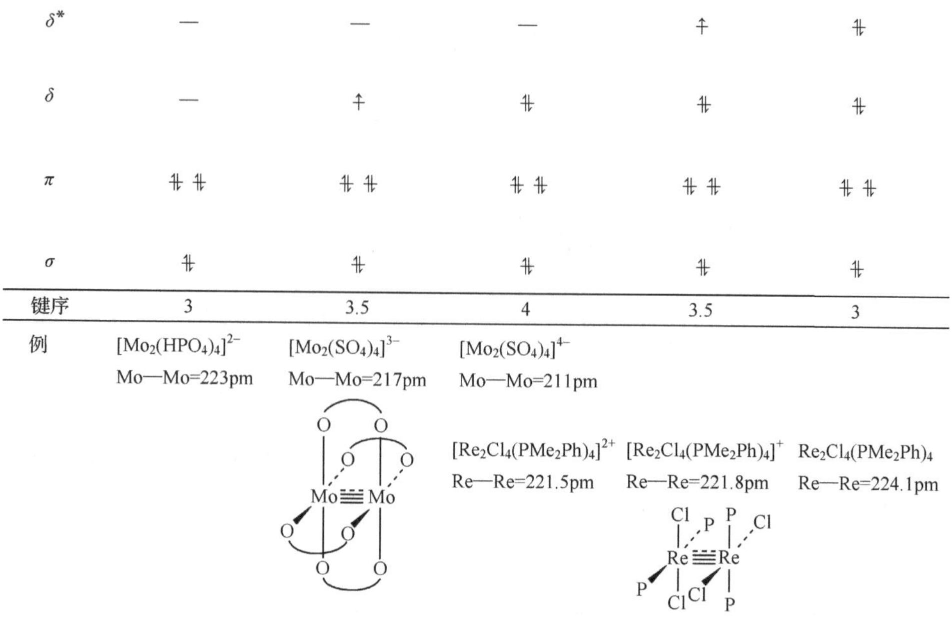

δ^*	—	—	—	↿	⇅
δ	—	↿	⇅	⇅	⇅
π	⇅⇅	⇅⇅	⇅⇅	⇅⇅	⇅⇅
σ	⇅	⇅	⇅	⇅	⇅
键序	3	3.5	4	3.5	3
例	$[Mo_2(HPO_4)_4]^{2-}$ Mo—Mo=223pm	$[Mo_2(SO_4)_4]^{3-}$ Mo—Mo=217pm	$[Mo_2(SO_4)_4]^{4-}$ Mo—Mo=211pm	$[Re_2Cl_4(PMe_2Ph)_4]^{2+}$ Re—Re=221.5pm	$[Re_2Cl_4(PMe_2Ph)_4]^{+}$ Re—Re=221.8pm
					$Re_2Cl_4(PMe_2Ph)_4$ Re—Re=224.1pm

图 9.20 双金属簇的键序和电子排布（1pm=10^{-2}Å）

金属-金属间重键对其键距影响很大，但金属氧化态改变却对键距的影响较小（表 9.10）。表 9.10 中移去 $Re_2Cl_4(PMe_2Ph)_4$ δ^* 轨道的电子 Re—Re 键距却变化不大。这可能是因为金属的氧化态增加引起 d 电子收缩，但当移去 δ^* 电子，作用相对减弱，即增加了键序和 Re 的氧化态相互补偿作用，使 Re—Re 键距变化不大。

表 9.10 在 Re 的双金属簇中氧化态对 Re—Re 键距的影响

配合物	d 电子数	Re—Re 形式键级	Re 的形式氧化态	键距/Å
$Re_2Cl_4(PMe_2Ph_4)_4$	10	3	2	2.241
$[Re_2Cl_4(PMe_2Ph_4)_4]^+$	9	3.5	2.5	2.218
$[Re_2Cl_4(PMe_2Ph_4)_4]^{2+}$	8	4	3	2.215

除二核的双金属簇外，较常见的还有三核、四核和六核，如 $[Re_3^{III}Cl_{12}]^{3-}$ (**9.13**)、$[Mo_6^{II}Cl_8]^{4+}$ (**9.14**)等。

另外一类重要的含硫配体的簇状配合物中，铁和硫的原子数都是 4，组成 Fe_4S_4 型的原子簇，如 $Fe_4S_4(NO)_4$、$Fe_4S_4(C_5H_5)_4$。它们有共同的结构特征（图 9.21），即 4 个铁与 4 个硫原子相间地占领立方体的顶点，铁端配体为 NO、RS^-、cys(半胱氨酸)等，两个铁原子间有金属键相连，近年来分离出的铁氧还蛋白也是具有类似结构的原子簇。

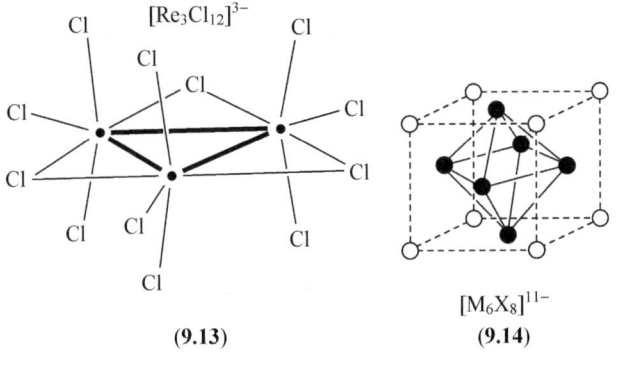

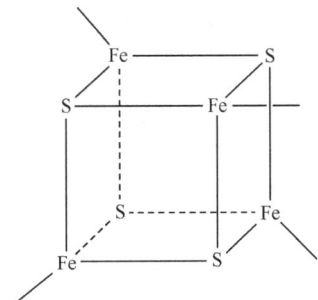

图 9.21　Fe_4S_4 的结构

9.2.5　金属簇的应用

最近，由于纳米大小的金属簇在催化、化学传感、分子器件等多方面的功能，因此引起了人们极大的注意，甚至有人认为[2]："纳米工艺的发展驱使分子簇化学在某些部分得到复苏。"

1. 催化

例如，用 Cu—Pd 簇合物催化水中硝酸盐的氢化反应[3]。因为地下水被硝酸盐污染是十分广泛的问题，人体摄入过量硝酸盐将会造成毒性。载在活性炭上的 Cu—Pd 簇合物能将硝酸盐催化氢化成亚硝酸盐、氮或氨。

2. 金簇合物与纳米粒子[4]

金的纳米粒子或聚集成簇都显示出和天然金在性质上有基本上的差别。因为金在化学上是惰性的，但金的纳米粒子和其簇合物则表现出与尺寸有关的活性。所以金簇合物和金纳米粒子在纳米工艺方面有不同于其他贵金属的独特之处。目前直径约为 2nm 的裸露金属簇已能用常规方法制备,量子尺寸的 Au_{55} 簇合物可望应用于电子器件。簇合物 $[Au_{55}Cl_6(PPh_3)_{12}]$ 通过与配体硫醇反应得到稳定的 Au_{75} 簇合物,它独特的光、电性质在纳米工艺中已有潜在的应用。

3. 储氢[2]

储氢是涉及利用清洁能源的一个问题,一般是使氢成为氢根(氢负离子)的形式下储存起来。例如,合金以化学键的形式大量吸收氢并以金属氢化物的形式保存下来。虽然合金在吸收氢和释放氢并不损坏其结构,但在释放氢的过程中需要消耗能量,一般需在 300℃,1atm 时才释放氢。此外,钯对氢的吸收有大的容量。实验指出,二十面体 Pd 的纳米粒子有高的吸收氢的能力。纳米粒子的尺寸可通过在柠檬酸存在下调节反应温度和时间得到控制。

近来报道了用金属簇储存和释放氢[5],其采用化学反应和电流控制整个过程而不需输入大量能量。该金属簇含有 6 个 Rh 原子核 12 个氢原子,每个簇吸收 2 个氢分子产生 16 个氢原子的金属簇。吸收过程在标准大气压的 H_2、室温下进行 10min。在 Ar 气、室温条件下,被储存的氢能保存一周。且在加入还原剂或用电化学方法改变金属簇氧化态的情况下,氢能加速释放。可遗憾的是氢的储存容量仍然很低,以释放氢对吸收氢之比计算仅 0.1%。其实际应用离美国能源部的要求还很远。不过这种独特的金属簇提供了很好的储氢模型,对高效和方便的储氢材料的发展提供了前景。

9.3 配位催化的基元反应

20 世纪 60 年代以来,用过渡金属配合物或过渡金属盐作为催化剂可使烃类(烯烃、炔烃和芳烃)转化为一系列的石油化工产品(醇、醛、酮、酸及高聚物单体和中间原料),在催化过程中,催化剂往往同反应物分子形成不稳定的配合物作为中间体,反应物分子经配位后易于进行某些特定的反应,金属在其中所起的作用是配位催化作用,这类反应称为配位催化反应,过渡金属配合物或过渡金属盐可称为配位催化剂。它们能将简单的分子转变为复杂的分子,将相对廉价的原料(煤、石油和水)转变成极有价值的化工产品。例如,已用于工业中的乙烯转化成乙醛的 $[PdCl_4]^{2-}$ 催化剂,甲醇或乙酸的 $[RhI_2(CO)]^-$ 及能将有机单体变成聚合物的 Ziegler-Natta 催化剂等,它们在工业上占有相当重要的地位。配位催化的研究是发展得非常迅速的一个领域,配位催化反应虽然种类繁多,但各种反应某些基元反应常是相似的,而这些基元反应是催化反应的关键,所以研究基元反应有助于了解催化的反应机理。

基元反应大致可分为两类。第一类包括与配体得失的反应有:①配体的离解和取代(ligand dissociation and substitution);②氧化加成(oxidative addition);③还原消去反应(reductive elimination);④亲核取代(nucleophillic displacement)。第二类包括配体的修饰反应有:①插入反应(insertion reaction);②氢根消去(hydride elimination);③环金属化(cyclometallation)

以下将介绍这些基元反应。

9.3.1 配体的离解和取代

羰基配合物在受光或热作用时,会失去 CO,然后在其他配体存在下被取代,或发生分子内部的重排。

$$Fe(CO)_5 + P(CH_3)_3 \xrightarrow{\triangle} Fe(CO)_4 P(CH_{33}) + CO$$

配体的离解和取代反应是催化反应的重要过程,在离解过程中,中心原子的氧化数不变,仅其配位数发生变化。配体的离解和配位与中心原子的电子构型有关,如第 8 章中已指出电子构型为 d^6、d^8、d^{10} 的金属离子,当它们分别形成配位数为 6、5、4 的配合物时,满足 18 电子规则,这时金属离子不能再接纳其他配体,在催化过程中不显示活性,如[Rh(NH$_3$)$_6$]Cl$_3$、[Rh(en)$_3$]Cl$_3$ 没有催化活性,但 RhCl$_3$ 和 [Rh(NH$_3$)$_5$]Cl$_3$ 却能催化氢还原 Fe^{3+}。

大多数配体的离解和取代反应是按离解机理进行的,即反应速率与取代配体浓度无关,只与配合物的浓度有关,对配合物的浓度是一级的。例如,Ni(CO)$_4$ 被配体 L 取代,其反应机理分两步进行。

$$Ni(CO)_4 + L \longrightarrow Ni(CO)_3 L + CO$$

反应机理 $\quad Ni(CO)_4 \longrightarrow Ni(CO)_3 + CO \quad (慢)$

$$Ni(CO)_3 + L \longrightarrow Ni(CO)_3 L \quad (快)$$

反应第一步是从稳定的含 18 电子的 Ni(CO)$_4$ 失去 CO,它相对于 L 的加成反应是一个慢反应。第二部是活性的 16 电子中间体 Ni(CO)$_3$ 迅速地被 L 加成形成稳定的 18 电子产物,反应速率为 v

$$v = k_1 [Ni(CO)_4]$$

但对一些更为复杂的反应如

$$Mo(CO)_6 + L \xrightarrow{\triangle} Mo(CO)_5 L + CO \quad L=膦$$

其速率方程由两项组成

$$v = k_1[\text{Mo(CO)}_6] + k_2[\text{Mo(CO)}_6][L] \tag{9-6}$$

这暗示对 Mo(CO)$_5$L 的形成是由两个平行反应组成,第一项与离解机理一致,即

$$\text{Mo(CO)}_6 \xrightarrow{k_1} \text{Mo(CO)}_5 + \text{CO} \quad 慢$$

$$\text{Mo(CO)}_5 + L \longrightarrow \text{Mo(CO)}_5 L \quad 快$$

$$v_1 = k_1[\text{Mo(CO)}_6]$$

式(9-6)的第二项涉及 Mo(CO)$_6$ 和 L 的双分子缔合反应过程。首先形成过渡态,然后失去 CO

$$\text{Mo(CO)}_6 + L \xrightarrow{k_2} [\text{Mo(CO)}_6 \cdots L] \tag{9-7}$$

$$[\text{Mo(CO)}_6 \cdots L] \longrightarrow \text{Mo(CO)}_5 L + \text{CO} \tag{9-8}$$

在式(9-7)和式(9-8)中形成过渡态是决定反应速率的一步,其速率为 v_2

$$v_2 = k_2[\text{Mo(CO)}_6][L]$$

因为是两个平行反应,所以形成[Mo(CO)$_5$L]的总速率是单分子和双分子反应速率之和,即得到式(9-6)。虽然 CO 在羰基配合物中常以离解反应进行,但如果配合物中的金属有较大的体积能容纳外来配体,外来配体又有高的亲核性,则按缔合路径是可能的。

在有机金属配合物中除 CO 外,其他配体也有离解功能,离解的难易不仅取决于 M—L 键的强度,还与共存配体的立体效应有关。

9.3.2 氧化加成

在氧化加成反应中,配合物的金属的形式氧化态和配位数都相应地增加,它是许多催化反应中最重要的基元反应,氧化加成(OA)的逆反应称为还原消去(RE)。

$$L_n M + X{-}Y \underset{\text{RE}}{\overset{\text{OA}}{\rightleftharpoons}} L_n M \begin{matrix} X \\ \\ Y \end{matrix}$$

氧化加成反应常发生在 d^7、d^8、d^{10} 的过渡金属配合物中,进行氧化加成的配体并不限于氢,还有卤素、卤化氢、卤化烷或卤化乙酰基等其他类似的分子,无论它们有无极性均可进行加成反应。例如,在 I_2 存在下加热 Fe(CO)$_5$ 形成 cis-I_2-Fe(CO)$_4$,反应分两步进行

$$\text{Fe(CO)}_5 \xrightarrow{\triangle} \text{Fe(CO)}_4 + \text{CO} \tag{9-9}$$

$$\text{Fe(CO)}_4 + I_2 \longrightarrow cis\text{-}I_2\text{-Fe(CO)}_4 \tag{9-10}$$

$$\quad\quad 16e^- \quad\quad\quad\quad 18e^-$$

第一步是 CO 的离解形成配位数为 4 的 Fe(0)中间体;第二步是 Fe(CO)$_4$ 因

I_2 的加入被氧化成 $Fe(Ⅱ)$，且配位数也随之增加。在此铁的配位数和氧化数均增加 2 单位。在 OA 反应中，配合物的金属形式氧化态的确定是根据自由配体所带的电荷，如 CO 是 0，Cl^-、CN^- 是 1−，氢原子和有机基团处理成负离子。

H^-　　　CH_3^-　　　　$C_6H_5^-$　　　　　　$\eta^5\text{-}C_5H_5^-$

氢根　　甲基负离子　　苯基负离子　　环戊二烯基负离子

这种处理只是为了证明金属的形式氧化态，并没有实际的化学意义，因为在含甲基等金属配合物中 M—C 为共价键，并没有含有自由的 CH_3^-。d^8 的 trans-$Ir(CO)Cl(PEt_3)_2$ 平面正方形的氧化加成反应有特殊的化学意义。

$$\begin{array}{c}\text{OC} - \text{Ir} - \text{Cl} \\ \text{Et}_3\text{P} \quad \text{PEt}_3 \\ \text{Ir}(Ⅰ)\end{array} \left\{\begin{array}{l}\xrightarrow{H_2}\ \text{OC}-\underset{\underset{\text{Cl}}{|}}{\overset{\overset{H}{|}}{\text{Ir}}}-H \text{（PEt}_3\text{）}\quad \longleftarrow Ir(Ⅲ)\quad\text{H 加在顺位}\quad (9\text{-}11)\\ \\ \xrightarrow{CH_3Br}\ \text{OC}-\underset{\underset{\text{Br}}{|}}{\overset{\overset{CH_3}{|}}{\text{Ir}}}-Cl \text{（PEt}_3\text{）}\quad \longleftarrow Ir(Ⅲ)\quad (9\text{-}12)\\ \\ \xrightarrow{HI}\ \text{OC}-\underset{\underset{\text{Cl}}{|}}{\overset{\overset{H}{|}}{\text{Ir}}}-I \text{（PEt}_3\text{）}\quad \longleftarrow Ir(Ⅲ)\quad\text{H 和 I 加在顺位}\quad (9\text{-}13)\end{array}\right.$$

以上各反应中 Ir 的形式氧化态从（Ⅰ）增加到（Ⅲ），配位数从 4 增加到 6。从式(9-11)到式(9-13)，令人感兴趣的是进入的新配体是加在平面四方形配合物的顺位，这样使进入的配体容易发生反应，这种现象常见于催化循环机理中。

氧化加成反应中，配体进入的位置，随配体的性质而不同，一般非极性分子（如H_2）经均裂后加在顺位，而卤代烷加在顺位和反位的都有，但大部分加在反位。此外，加成配体进入的位置还要受到溶剂的影响。

一般来说，中心原子的氧化态越低，所处的周期数目越大，氧化加成的倾向也越大。

配体对氧化加成反应的影响主要是改变中心原子周围的电荷密度，配体给出成键电子对的能力越强，中心原子电荷转移就越容易，从而使中心原子的氧化加成反应越容易进行。

Fe(0)	Co(Ⅰ)	Ni(Ⅱ)	↑ 氧化加成倾向 ↓
Ru(0)	Rh(Ⅰ)	Pd(Ⅱ)	
Os(0)	Ir(Ⅰ)	Pt(Ⅱ)	

← 氧化加成倾向

9.3.3 还原消去

还原消去是氧化加成的逆反应，在反应过程中配合物中金属的形式氧化态和配位数都减少。例如，在式(9-14)的逆反应中钽从 Ta(Ⅴ) 到 Ta(Ⅲ)。

$$(\eta^5\text{-}C_5H_5)_2TaH + H_2 \underset{RE}{\overset{OA}{\rightleftharpoons}} (\eta^5\text{-}C_5H_5)_2TaH_3 \qquad (9\text{-}14)$$

RE 反应常涉及在反应中一些分子的消除，如 R—H、R—R′、R—X、H—H(R,R′=烷烃、芳烃；X=卤素)。RE 反应和 OA 反应同样重要，它和产物的消除(R—H、R—R′、R—X)和催化剂再生有密切的关系，因为反应分子在过渡金属配合物上配位后活化，并进行反应生成新分子，在配合物上脱离分解成产物，必须通过消去反应这一过程。

可以预料 RE 反应的速率会受到配体体积大小的影响，如式(9-15)的二甲基膦配合物 $PdL_2(CH_3)_2$ ($L=Ph_3P, MePh_2P$)中，膦配体被溶剂分子(S)取代后，RE 反应生成乙烷的速率因膦的体积增加，使还原消去反应速率常数[$k=1.04\times10^{-3}$, (Ph_3P)和 $9.62\times10^{-3}s^{-1}$, ($MePh_2P$)]也随之而增大。

$$\begin{array}{c}L\\ \diagup\\ Pd\\ \diagdown\\ L\end{array}\!\!\begin{array}{c}CH_3\\ \\ \\ \\ CH_3\end{array} + S \xrightarrow{-L} \begin{array}{c}L\\ \diagup\\ Pd\\ \diagdown\\ S\end{array}\!\!\begin{array}{c}CH_3\\ \\ \\ \\ CH_3\end{array} \xrightarrow{RE} H_3C\text{—}CH_3 + LPd(S) \qquad (9\text{-}15)$$

9.3.4 亲核取代反应

当外来配体作为亲核剂进行取代反应时，这类反应称为亲核取代反应，特别在有机金属配合物带有负电荷时，在取代反应中常作为亲核剂进行反应。例如，阴离子$[(\eta^5\text{-}C_5H_5)Mo(CO)_3]^-$ 能从 CH_3I 中取代出 I^-。

$$[(\eta^5\text{-}C_5H_5)Mo(CO)_3]^- + CH_3I \longrightarrow [(\eta^5\text{-}C_5H_5)(CH_3)Mo(CO)_3] + I^-$$

$[Fe(CO)_4]^{2-}$ 是一个极其有用的有机金属亲核剂，其母体化合物 $Na_2Fe(CO)_4$ 称为 Collman 试剂，由金属 Na 和 $Fe(CO)_5$ 在二噁烷(dioxane)中反应制得。

$$2Na + Fe(CO)_5 \xrightarrow{\text{二噁烷}} Na_2Fe(CO)_4 \cdot 1.5\text{二噁烷} + CO$$

反应产物能够用来合成各种有机化合物。例如，$[Fe(CO)_4]^{2-}$ 对有机卤化物 RX 的亲核袭击产生$[R\text{-}Fe(CO)_4]^-$，然后它能转变成烷烃、酮、羧酸、醛等有机化工产品。

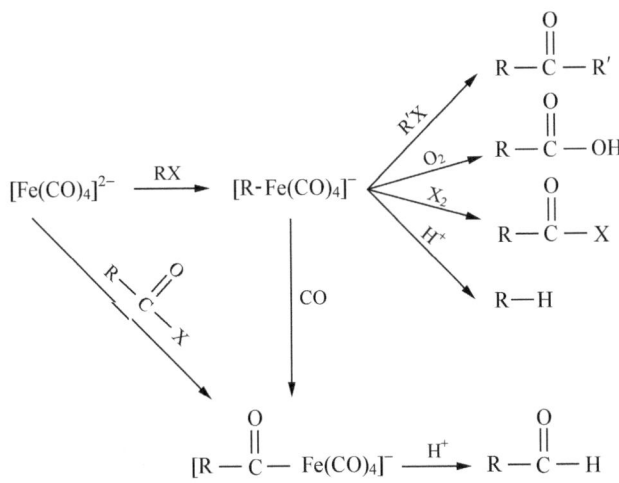

另外一个有用的亲核剂是$[Co(CO)_4]^-$,它是一种较为温和的亲核剂,由 Na 和 $Co_2(CO)_8$ 反应制备。它和有机卤化物反应产生烷基配合物

$$[Co(CO)_4]^- + RX \longrightarrow RCo(CO)_4 + X^-$$

9.3.5 插入反应

插入反应是在反应过程中小分子 X 插入到金属-配体键中,插入反应可表示为

$$-\!\!\overset{|}{\underset{|}{M}}\!\!-\!Y + X \rightleftharpoons -\!\!\overset{|}{\underset{X}{M}}\!\!-\!Y \xrightleftharpoons{插入} -\!\!\overset{|}{\underset{\square}{M}}\!\!-\!X\!-\!Y$$

配体 X 可对配合物直接配位,也可取代原来的配体,新进入的配体 X 立刻插入相邻的 M—Y 键中,同时留下配位空位(□)。配体空位相似于固体催化剂活性中心,它可使配位在上面的配体受到活化,插入反应常在催化反应中遇到。

能被分子插入的键有 M—C、M—H、M—X(卤素)、M—N、M—M'(M,M'金属)等,能进行插入反应的分子有烯及双烯、乙炔、CO、CO_2、SO_2 等。式(9-16)和式(9-17)是羰基插入和 SO_2 插入的例子。

$$\begin{array}{c}\text{OC—Mn—CH}_3 + \text{CO} \longrightarrow \text{OC—Mn—C} \overset{O}{\underset{CH_3}{\diagdown}} \end{array} \tag{9-16}$$

$$\text{(OC)}_4\text{Mn}-\text{CH}_3 + \text{SO}_2 \longrightarrow \text{(OC)}_4\text{Mn}-\text{S(=O)}_2-\text{CH}_3 \tag{9-17}$$

在式(9.16)中烷基配合物和 CO 反应,CO 插入到金属-烷基键之间,生成酰基[—C(=O)R]产物。式(9-16)和式(9-17)中 CO 和 SO_2 分别用同一原子对 $CH_3Mn(CO)_5$ 的 CH_3—Mn 键进行插入称为 1,1-插入。区别于式(9-18)和式(9-19),小分子以相邻位置的原子在 Mn—CH_3 键插入。例如,$F_2C=CF_2$ 以 1-位、2-位碳原子进行插入,称为 1,2-插入。

$$(\text{CO})_3\text{Co}-\text{H} + F_2C\underset{1}{=}\underset{2}{CF_2} \longrightarrow (\text{CO})_3\text{Co}-\underset{1}{CF_2}-\underset{2}{CF_2}-\text{H} \tag{9-18}$$

$$(\text{CO})_3\text{Co}-\text{H} + (\text{H}_3\text{C})_2\underset{1}{C}=\underset{2}{C}=O \longrightarrow (\text{CO})_3\text{Co}-\underset{2}{C}(=O)-\underset{1}{C}(\text{CH}_3)_2\text{H} \tag{9-19}$$

对插入反应机理研究得最完善的是羰基的插入,以式(9-16)作为代表。CO 到底是如何插入的? 可以用三种机理进行解释。至于采取哪一种还必须用实验论证。

机理 1:外来配体 CO 直接插入到顺位的 Mn—CH_3 键中生成酰基键。

机理 2:分子内 CO 迁移到 Mn—CH_3 键中,留下的配位空位被外来 CO 占据。

机理 3:分子内烷基转移到顺位的 CO 和金属的 Mn—CO 键中形成烷酰基键,得到 5 配位的中间体。留下的配位空位被外来的 CO 所占据。以上三种机理可以用图 9.22 表示。

大量的实验结果证明,CO 的插入是按机理 3 进行,即 CO 的插入是由于烷基的转移而不是 CO 直接插入。例如,用含标记的 ^{13}CO 和 $CH_3Mn(CO)_5$ 反应,产物中含有 ^{13}CO 配体,但没有发现它在酰基位置,只得到了 $CH_3\overset{O}{\overset{\|}{C}}Mn(CO)_4(^{13}CO)$。

此外,还从标记 ^{13}CO 化合物的去酰基反应进行研究,在产物中,标记 ^{13}CO 处于 CH_3 的顺位或反位,而没有 ^{13}CO 的释放,故确定 CO 的插入是烷基转移而不是羰基转移引起的。

$$CH_3{}^{13}\overset{O}{\overset{\|}{C}}-Mn(CO)_5 \xrightarrow{\triangle} H_3C-Mn(CO)_4(^{13}CO) + CO$$

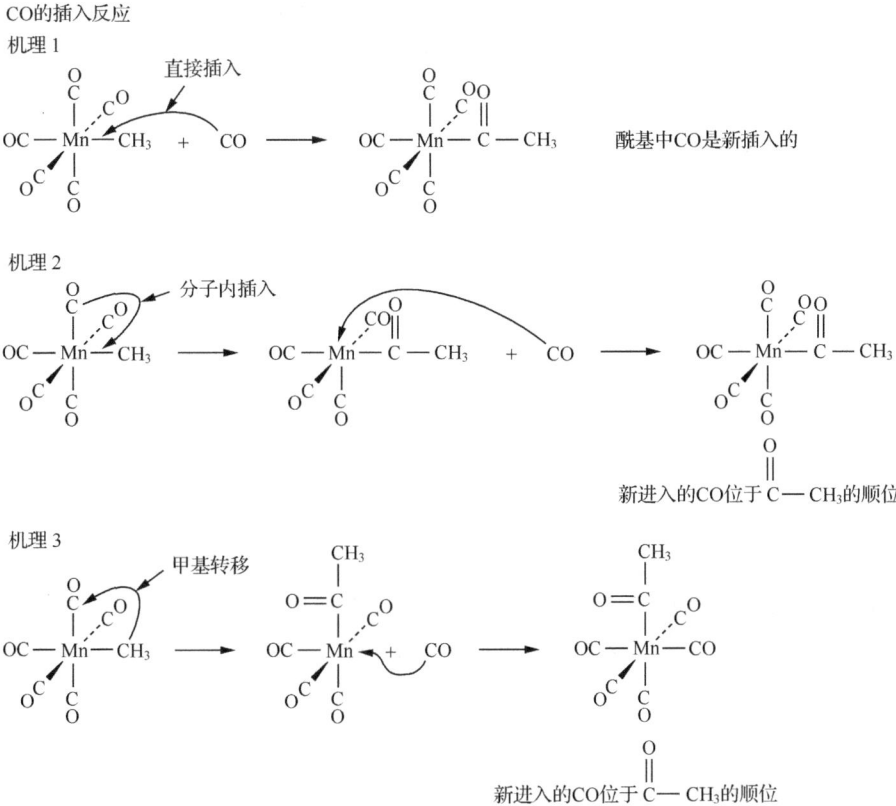

图 9.22 对 CO 插入三种可能的机理

9.3.6 氢根消去反应

氢根消去反应的特点是在反应过程中氢原子(氢原子形式上被视为 H^-)从配体转移到金属,其结果引起金属的形式氧化态和配位数增加,因此也可看成氧化加成。这类反应最常见的是 β 消去反应。β 消去反应是在烷基配体上 β 位置上的氢(或其他基团)转移到金属上,然后金属和碳间的键断裂,生成含有氢的配合物。β 消去反应可是为 1, 2-插入反应的逆反应,如式(9-20)。

β 消去反应的历程是金属,α 和 β 碳原子和氢根在共平面上,先生成含 agostic 键的活化配合物(**9.15**),然后金属和碳间的键断裂,生成含有氢的配合物[式(9-21)]。

$$\text{(9-20)}$$

$$\text{(9.15)}$$

$$\text{(9-21)}$$

显然，中心原子的氧化态越高，或正电荷密度越高，M—H 键的生成和 C—H 键的断裂都越容易。反之，如果配合物中有较强的授电子配体存在，β 消去反应就不容易进行。进行 β 消去反应的条件是：①配合物中含有 β 氢；②不含有 β 氢的烷基配合物比含有 β 氢的配合物更加稳定，如式(9-20)；③β 氢的转移需要有配位空位。

9.3.7 环金属化反应

使配位金属进入芳环的反应，称为环金属化反应，大多数环金属化反应发生在和金属相连的芳环邻位的碳原子，并产生氧化加成，如式(9-22)中的芳环邻位碳原子和氢配位到 Ir 上，使 Ir 的形式氧化数从 Ir(Ⅰ)变到 Ir(Ⅲ)。必须注意的是并不是所有环金属化反应都是 OA，在式(9-23)产物中，Pt(Ⅱ)虽直接和芳环碳原子相连，但氧化数并未改变。

$$\text{(9-22)}$$

$$\underset{Pt(\text{I})}{\text{Ph}_3\text{P}\diagdown\text{Pt}\diagup\text{PPh}_3} \xrightarrow{\Delta} CH_4 + \underset{Pt(\text{II})}{\text{Ph}_3\text{P}\diagdown\text{Pt}\diagup\text{PPh}_3} \qquad (9\text{-}23)$$

9.4 几种典型的催化反应

9.4.1 氢甲酰化过程

氢甲酰化(hydroformylation)过程是在工业上能够把烯烃转变成其他有机产品的一个重要的过程,如由烯烃制醛的氢甲酰化反应。它是以不饱和烃为原料,以羰基钴配合物 $Co_2(CO)_8$ 为催化剂,在 CO 和 H_2 存在下,生成碳原子数增加的醛的过程。现以烯烃制备醛的氢甲酰化过程(图 9.23)为例说明。

$$R_2C=CH_2+CO+H_2 \xrightarrow{Co_2(CO)_8} R_2C=CHCHO$$

羰基合钴在氢气中有如下平衡

$$Co_2(CO)_8 + H_2 \rightleftharpoons 2HCo(CO)_4 \rightleftharpoons 2HCo(CO)_3 + 2CO$$

所以在反应中活性物种为羰基氢化物 $HCo(CO)_3$。

在图 9.23 中的第 1 步是 CO 从 $HCo(CO)_4$ 上离解生成配位数不饱和 16 电子的 $HCo(CO)_3$,在高 CO 压力下,此步反应受到抑制,所以需要适当控制压力以调节产量和反应速率。$HCo(CO)_3$ 是催化反应的活性物种,由于钴的配位数不饱和,因此可与烯烃配位生成第 2 步反应。第 2 步反应是反应过程中最慢的反应,是决定速率的一步,反应速率对烯烃是一级的。第 3 步反应是烯烃的 1,2-插入反应,烯烃和钴之间的键从 π 键转变成 σ 键,其中钴和烷基中的 M—C 键是以普通共价键相连,又具有一定程度的离子性,金属上的正电荷比碳上高,含有 σ 型的 M—C 键(也包括 M—H 键)往往较为活泼,能进行各种催化过程的基元反应,如烷基转移、氧化加成等。第 6 步是 H_2 的氧化加成,在这一步中,似乎增加氢压对氧化加成有利,但氢压过高,H_2 也会加成到第 3 步的中间体 $R_2CH—CH_2—Co(CO)_3$ 上,加成的产物很容易通过还原消去失去烷烃,减少产量。

$$R_2CH—CH_2—Co(CO)_3 + H_2 \longrightarrow R_2CH—CH_2—Co(H)_2(CO)_3 \qquad \text{氧化加成}$$
$$\quad 16e^- \qquad\qquad\qquad\qquad\qquad 18e^-$$

$$R_2CH—CH_2—Co(H)_2(CO)_3 \longrightarrow R_2CH—CH_3 + HCo(CO)_4 \qquad \text{还原消去}$$
$$\quad 18e^- \qquad\qquad\qquad\qquad 16e^-$$

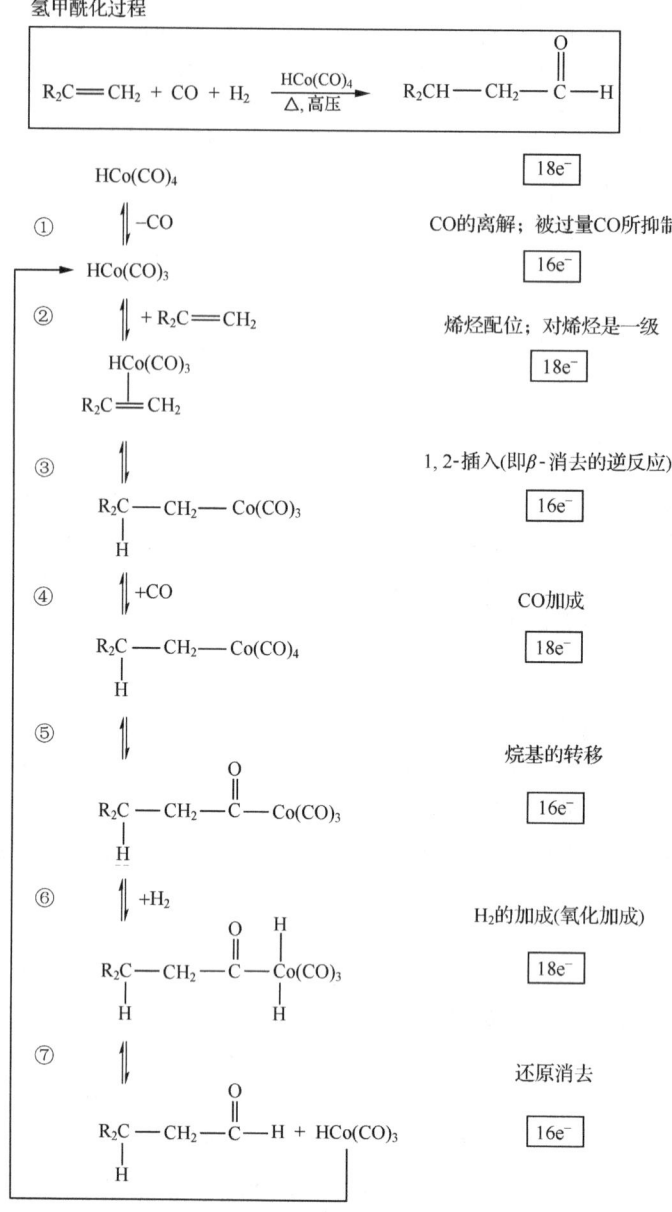

图 9.23 氢甲酰化过程

所以严格地控制实验条件才能有效地提高产率。氢甲酰化在工业上的实际应用是从丙烯生产丁醛($CH_3CH=CH_2 \longrightarrow CH_3CH_2CH_2CHO$),然后加氢成丁醇,丁醇是重要的工业溶剂。对于用甲酰化工业过程产生其他醛,既可用钴催化剂又可用以铑为基础的催化剂。以羰基钴为基础的催化剂在以上过程中仅产生约

80%的有价值的直链醛,其余为支链化合物,这是其缺点。如果在原始配合物中用 PBu_3(Bu=n-丁基)代替 1 个 CO 配体,得到 $HCo(CO)_3(PBu_3)$,用它作为催化剂则得到直链醛和支链醛之比约为 9∶1,因此对催化剂进行修饰可提高选择性。再者,如果用 Rh 代替 Co 作催化剂[如 $HRh(CO)_2(PPh_3)_3$],将会提高催化剂的活性,与比以钴为基础的催化剂相比,它在更低温度和压力下,具有提高直链醛和降低支链醛的功能。

9.4.2 由甲醇制乙酸(Monsanto)过程

以铑配合物作为催化剂,由甲醇和 CO 合成乙酸。

$$CH_3 + CO \xrightarrow[HI]{Rh 催化剂} CH_3COOH$$

自 1970 年已被 Monsanto(孟山都)公司进行工业化,并获得很大成功。过程机理见图 9.24。

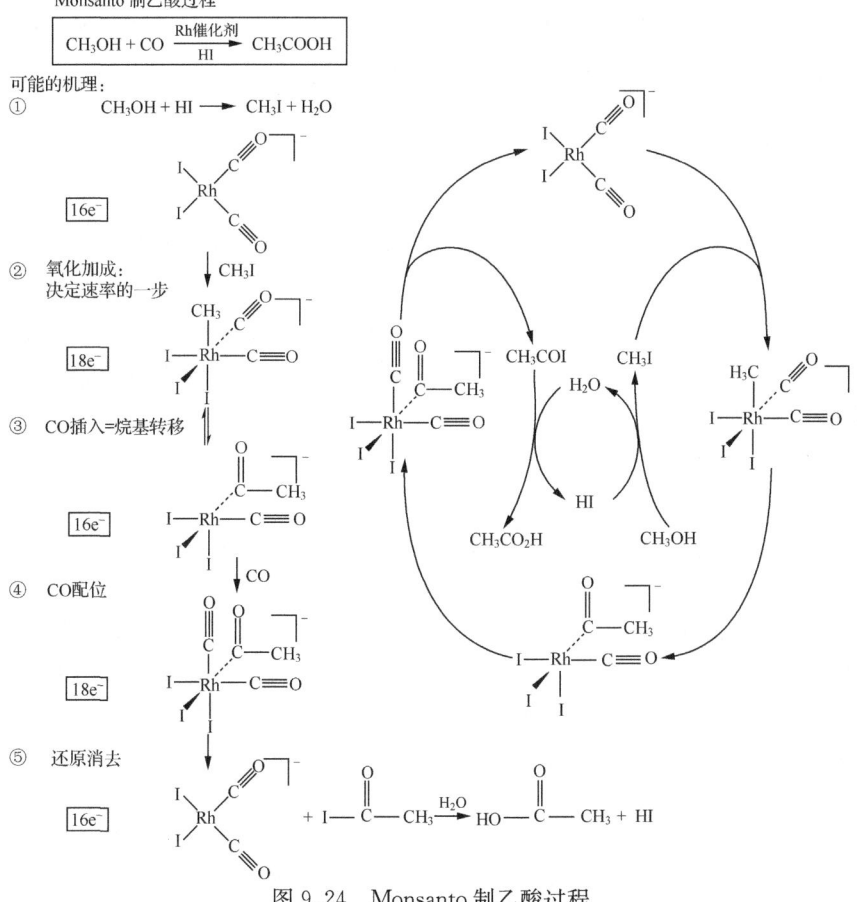

图 9.24 Monsanto 制乙酸过程

如同氢甲酰化过程一样,过程的每一步都是催化的典型基元反应,它们都涉及 18 电子或 16 电子中间体分别在过程中 2 个电子的得失。此外在 16 电子的 4 同 5 配位的中间体中,可能有溶剂分子占据配合物的配位空位。

反应的第 1 步是 CH_3I 加成到 $[RhI_2(CO)_2]^-$,引起 Rh 的形式氧化态从 Rh(Ⅰ)变成 Rh(Ⅲ)是氧化加成反应,这是决定总反应速率的一步,然后经过 CO 的插入,得到 5 配位的中间体,留下的配位空位可能被溶剂占据,通过外来配体 CO 的配位形成 18 电子的饱和配合物。最后一步是通过还原消去反应使小分子 $IC(=O)CH_3$ 脱离,通过 $IC(=O)CH_3$ 水解生成 CH_3COOH。催化活性物种 $[Rh(CO)_2I_2]^-$(可能含有溶剂)可按图 9.24 中的催化循环获得再生。

除以 Rh 配合物为基础的催化剂外,以 $[Ir(CO)_2I_2]^-$ 为活性物种的催化剂也得到发展,它和 CH_3I 的反应与 Rh 体系类似。

9.4.3　烯烃的氢化(Wilkinson 催化剂)

以 $RhCl(PPh_3)_3$ 为代表的一类催化剂,称为 Wilkinson(威尔金森)催化剂。它们能催化烯烃加氢和其他含有烯键的化合物氢化。

$$\diagdown C=C\diagup + H_2 \xrightarrow{RhCl(PPh_3)_3} -\underset{|}{\overset{H}{C}}-\underset{|}{\overset{H}{C}}-$$

在这类催化剂中配体膦的体积对配合物的选择性起了关键作用,它限制了 Rh 对烯键的配位,使烯键能配位到无阻碍的有利位置上。以烯烃被 $RhCl(PPh_3)_3$ 催化氢化为例,见图 9.25。图中第 1 步和第 2 步得到了配位不饱和的催化中间体 $RhCl(H)_2(PPh_3)_2$,其配位空位可提供给烯烃配位。在中间体上的氢因配位而得到活化,对烯烃进行 1,2-插入,然后经还原消去得到产物。

Wilkinson 催化剂中被加氢的化合物双键的位置和在 Rh 上配位的空间位阻的大小决定配体膦加氢速率的大小。如果在分子中含有多个双键,则在配位时具有最小位阻的双键才会被还原,这是由于配体 PPh_3 有大的体积,阻碍了双键的配位。如式(9-24)两种不同双键位置的化合物(**9.16**)、(**9.17**)因选择位阻小的配位位置还原,经加氢后得到同一产物。

因为 PPh_3 配体对 Wilkinson 催化剂的选择性影响较大,所以选择不同的膦配体可改善其催化活性。例如,将 PPh_3 中的苯基用不同尺寸的基团取代,这样对催化剂的选择性可进行微调。目前含有不同膦配体的 Wilkinson 催化剂及其相似化合物已用于其他催化循环中。

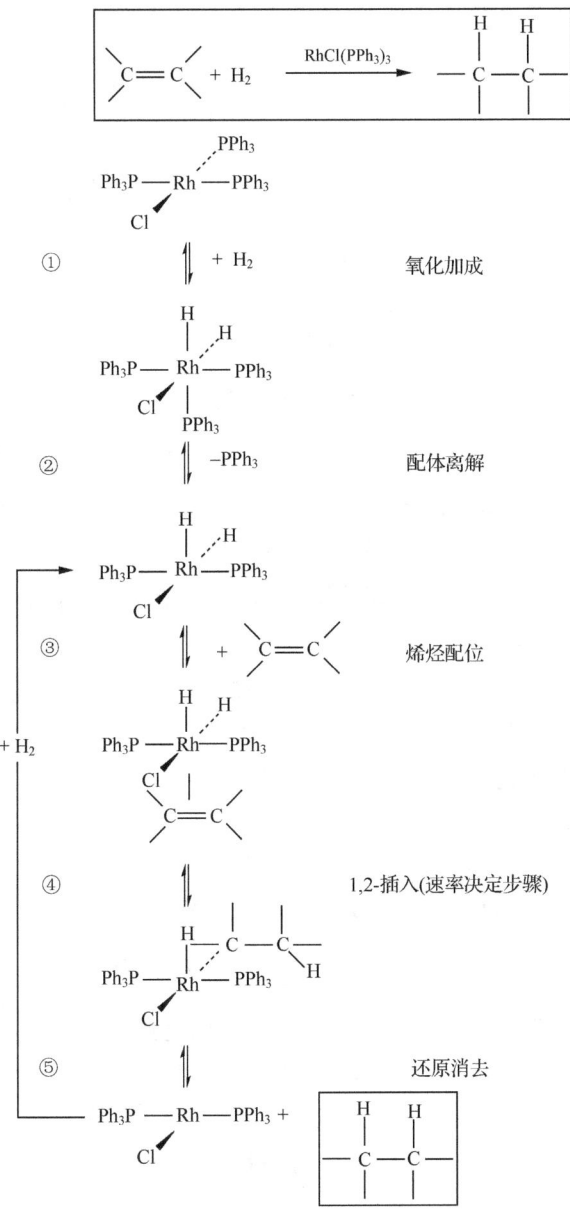

图 9.25　Wilkinson 催化剂的催化加氢过程

$$\text{(9.16)} \xrightarrow[\text{PhCl(PPh}_3)_3]{H_2}$$

$$\text{(9.17)} \xrightarrow[\text{PhCl(PPh}_3)_3]{H_2}$$

$$\left. \right\} \quad \text{产物} \tag{9-24}$$

9.4.4 乙烯氧化制备乙醛(Wacker 或 Smidt 过程)

乙醛是重要的化工产品,是合成乙酸、乙酸乙烯酯的主要原料,用途极广。从乙烯的化学性质来说,乙烯容易和亲电试剂起加成反应,但用加成反应制备乙醛,必须经过合成乙醇及脱氢两个阶段,经典方法是

$$H_2C=CH_2 + H_2O \xrightarrow{\text{液相}(H_2SO_4 \text{ 存在})} C_2H_5OH \xrightarrow{Cu} CH_3CHO + H_2$$

这种方法成本昂贵,不能用于生产。另一种设想是利用乙烯取代反应来合成乙醛,即乙烯中的氢被 OH^- 取代成为乙烯醇,乙烯醇不稳定,可异构化为乙醛。但乙烯很难进行取代反应,因为 OH^- 是亲核的,而乙烯的性质是容易同亲电试剂起反应,因此直接取代乙烯中的氢是不可能的,必须寻找一种催化剂同乙烯生成配合物来改变乙烯的反应性能。

乙烯氧化法是用乙烯和氧气为原料,用 $PdCl_2$ 和 $CuCl_2$ 为催化剂,将乙烯及氧通入 $PdCl_2$ 及 $CuCl_2$ 的水溶液中,反应后产生乙醛。

$$C_2H_4 + \frac{1}{2}O_2 \xrightarrow[\text{稀 HCl}]{PdCl_2 + CuCl_2} CH_3CHO$$

乙烯被 $PdCl_2$ 溶液吸收,明显分为两步,开始乙烯迅速地被吸收,超过无钯盐存在下乙烯的溶解度。然后吸收乙烯的量随溶液中 Cl^- 和 H^+ 浓度的增加而减小,反应随之慢慢进行。动力学实验证实,当溶液中 H^+ 和 Cl^- 浓度中等时,乙烯氧化的速率表达式为 $\dfrac{-d[C_2H_4]}{dt} = \dfrac{k[PdCl_4][C_2H_4]}{[H][Cl]^2}$,$Cl^-$ 和 H^+ 对反应有阻化作用,对 Cl^- 是二级的,对 H^+ 是一级的,因此认为反应分两步进行。第一步如(9-25)是生成 $Pd(II)$ 和乙烯的配合物,第二步是配位乙烯转化为醛的复杂过程。

在水溶液有充分 Cl^- 存在的条件下,$PdCl_2$ 可转变成 $[PdCl_4]^{2-}$,它和乙烯反应

$$[PdCl_4]^{2-} + C_2H_4 \xrightleftharpoons{K_1} [PdCl_3(C_2H_4)]^- + Cl^- \tag{9-25}$$

$$K_1 = \frac{[PdCl_3(C_2H_4)][Cl]}{[PdCl_4][C_2H_4]}$$

乙烯的反位效应较大,位于乙烯范围的 Cl^- 最容易被 H_2O 取代,然后配位的水分子放出 H^+

$$[PdCl_3(C_2H_4)]^- + H_2O \xrightleftharpoons{K_2} [PdCl_2(H_2O)(C_2H_4)] + Cl^- \qquad (9-26)$$

$$K_2 = \frac{[PdCl_2(H_2O)(C_2H_4)][Cl]}{[PdCl_3(C_2H_4)]}$$

$$[PdCl_2(H_2O)(C_2H_4)] \xrightleftharpoons{K_3} [PdCl_2(OH)(C_2H_4)]^- + H^+ \qquad (9-27)$$

$$K_3 = \frac{[PdCl_2(OH)(C_2H_4)][H]}{[PdCl_2(H_2O)(C_2H_4)]}$$

式(9-25)到式(9-27)的反应大致可说明动力学的实验结果,即反应对于 $[PdCl_4]^{2-}$ 和乙烯是一级的,H^+ 为一级阻化反应,Cl^- 为二级阻化反应,但未涉及转化为醛的过程。

以上反应要能继续进行,必须想办法使 Pd 转变成 $PdCl_2$,在工业上加入 $CuCl_2$ 把 Pd 氧化成 $PdCl_2$,被还原了的 CuCl 经氧气重新氧化成 $CuCl_2$,这样才能使反应不断进行。

$$Pd + 2CuCl_2 \longrightarrow PdCl_2 + 2CuCl$$

$$2CuCl + 2HCl + \frac{1}{2}O_2 \longrightarrow 2CuCl_2 + H_2O$$

关于配位乙烯转变为醛的过程建议是

$$[PdCl_2(OH)(C_2H_4)]^- \xrightarrow[\text{慢}]{k_4} [PdCl_2(CH_2CH_2OH)]^- \qquad (9-28)$$

$$[PdCl_2(CH_2CH_2OH)]^- \xrightarrow{\text{快}} CH_3CHO + Pd(0) + H^+ + 2Cl^- \qquad (9-29)$$

式(9-28)是决定速率的过程,反应速率 $v = -d[C_2H_4]/dt$

$$v = k_4[PdCl_2(OH)(C_2H_4)]^-$$

式(9-25)到式(9-27)进行得很快,容易达到平衡,将 $[PdCl_2(OH)(C_2H_4)]^-$ 的浓度转化成与平衡常数的关系得

$$v = k_4 K_1 K_2 K_3 \frac{[PdCl_4][C_2H_4]}{[H][Cl]^2} = k \frac{[PdCl_4][C_2H_4]}{[H][Cl]^2} \qquad (9-30)$$

式(9-30)符合了动力学结果。关于乙烯氧化成乙醛的催化过程以图 9.26 表示。

图 9.26 中①为烯烃在 Pd(Ⅱ)上配位;②表示由于烯烃有大的反位效应,位于其反位的 Cl^- 被溶剂分子 H_2O 取代;③H_2O 的离解放出 H^+;④和⑤反式的羟基配合物异构化转变为顺式,由于烯烃配位后双键被活化,两个碳原子之间电子云密度降低,有利于 OH^- 的亲核进攻,致使烯烃的 π 键重排为 σ 键。⑥σ 键不稳定,在分子内部电子重排,β 氢发生转移生成 $(CH_3—CHOH)^+$,它不稳定立刻分解转化

为乙醛。

Wacker (Smidt) 过程

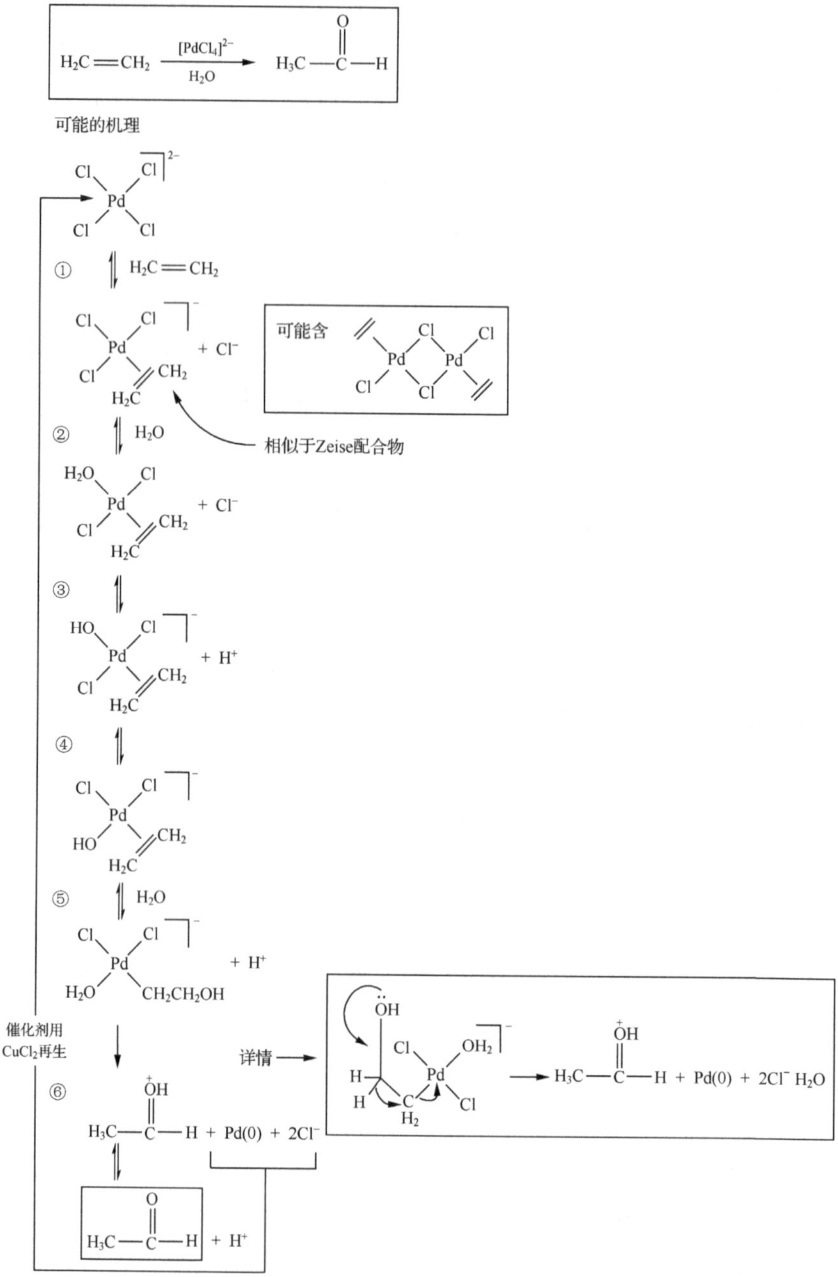

$$H_2C=CH_2 \xrightarrow[H_2O]{[PdCl_4]^{2-}} H_3C-\overset{O}{\underset{}{C}}-H$$

可能的机理

图 9.26 乙烯氧化制乙醛的机理

用同位素交换法将重水 D_2O 代替水溶液,在重水中产生的乙醛不含氘,这证明了乙醛中氢原子不是外界的氢。因此提供了在反应过程中氢原子必须转移的证据,乙烯氧化法的机理现在还存在着一些分歧,但反应的主要中间过程已经被实验所证实。

从上面所讨论的机理可归纳为,乙烯同 $PdCl_2$ 生成配合物后改变了乙烯的反应性能,使乙烯分子活化,因而容易受亲核试剂的进攻,乙烯同金属间的键,从 π 键转变成 σ 键形成活化配合物,使氢原子发生转移产生乙醛,在整个反应过程中,中心原子从氧化态+2转变成为0,其总反应如下

$$C_2H_4 + PdCl_2 + H_2O \longrightarrow CH_3CHO + Pd + 2HCl$$

9.4.5 烯烃聚合催化剂

1955年,Ziegler 和 Natta 报道了 $TiCl_4$ 和 $Al(C_2H_5)_3$ 在碳氢溶剂的多相体系中能催化烯烃聚合,这称为 Ziegler-Natta(齐格勒-纳塔)催化剂。此后,用烷基铝和过渡金属配合物用于烯烃聚合得到很大发展,成为一大类催化剂。关于这类催化剂的机理至今说法不一,现介绍两种普通接受的观点。

首先,$TiCl_4$ 和烷基铝反应得到 $TiCl_3$(α-$TiCl_3$),它进一步和烷基铝反应得到活性的烷基钛配合物,聚合反应主要在 α-$TiCl_3$ 晶体表面进行,烷基铝只起烷基化及链的转移作用。如式(9-31)中乙烯或丙烯对烷基钛配位然后插入到钛-碳键中去,形成键较长的烷基钛配合物。长链烷基钛对烯烃插入有特殊敏感性,如此反复进行得到更长的链,目前多重链插入到钛-碳键的现象已被证实,以上机理称为 Cossee-Arlman 机理。

另一种机理涉及金属环丁烷(metallacyclobutane)的中间体(**9.18**)的聚合,在式(9-32)中烷基金属配合物不稳定转变成亚烷基金属配合物,二者互为平衡。然后乙烯插入到亚烷基金属配合物的金属-碳键中去,形成金属环丁烷,通过配位氢转移形成比原始反应物更长的链[式(9-33)]。

Cossee-Arlman 机理

$$\text{Ti—CH}_2\text{R} + \text{H}_2\text{C}=\text{CH}_2 \longrightarrow \begin{array}{c} \text{H}_2\text{C}=\text{CH}_2 \\ | \\ \text{Ti—CH}_2\text{R} \end{array} \quad (9\text{-}31)$$

$$\downarrow 1,2\text{-插入}$$

$$\text{Ti(CH}_2\text{CH}_2)_n\text{CH}_2\text{R} \dashleftarrow \text{Ti—CH}_2\text{CH}_2\text{—CH}_2\text{R}$$

通过金属环丁烷中间体聚合
(1) 烷基-亚烷基之间的平衡

$$\text{M—CH}_2\text{R} \Longleftrightarrow \text{M}=\text{C}\begin{array}{c}\text{H}\\\text{R}\end{array} \quad (9\text{-}32)$$

(2) 通过金属环丁烷插入

$$\text{(9.18)} \tag{9-33}$$

$$\rightarrow M-CH_2CH_2CH_2R$$
$$\rightarrow M(CH_2CH_2)_nCH_2R$$

目前区别属于哪一个机理尚存在困难,似乎支持第一种机理的人较多,但对第二种机理的证据是,金属环丁烷的中间体也已被分出。

大量配位催化反应是均相反应,它以小分子或离子高度分散在介质(溶剂)中,各个分子或离子之间具有相同的催化能力,在比较温和条件下就可显示出较大的效率,这是多相催化所不能比拟的。因为多相催化反应只发生在少数固体催化剂表面的活性中心,活性和选择性不高,反应方向也不容易控制。但多相催化剂的活性组分可以广泛变化,使用温度范围比较广,催化剂容易分离。均相催化虽然有许多优点,但同时也存在着一些缺点,如催化剂回收和循环困难、设备腐蚀严重等。配位催化大多使用贵金属为催化剂,催化剂的分离和回收等问题更为突出,若不很好地分离,则既不经济又污染产品,从而影响下一步反应。为了弥补均相催化的不足,在均相配位催化剂的多相化方面进行了大量的工作,主要通过两个途径来实现。一种是吸附法,即将配位催化剂吸附在硅胶、分子筛等载体上;另一种是化学结合法,将配合物键合到有机或无机高聚物载体上,如以聚苯乙烯为载体使 $RhCl(PPh_3)_3$ 加氢催化剂固相化,获得了较满意的结果。

9.4.6 配体性质对催化活性的影响

在催化反应中起催化作用的主要是金属,其次是配体。有的配体虽不直接参加反应,但由于它们有较强的电子接受能力,可通过诱导效应改变金属的电子云密度,因而可在一定程度改变催化活性。这种例子已有不少。如果配体是易形成 σ 配键的卤素,其中 I^- 与 Cl^- 相较,I^- 给予电子能力较强,因而使金属周围有较高的电荷密度,使得其他配体的 σ 配键受到削弱,这种影响对处于反位的配体更大,但对顺位也有影响。对金属和烷基、烯基之间的键影响更为明显,如插入反应、β 消去反应、氧化加成反应等,都因金属周围的电子云密度改变而受到明显的影响。

如果配体是易形成反馈 π 键的,如 CO,它接受金属的反馈电子的能力很强,这就必然引起金属周围的电荷密度降低,使金属反馈电子到其他配体的能力减弱,因而对催化活性产生抑制作用。例如,CO 能抑制 N_2 在固氮酶上的催化还原,就是因为 CO 在酶的活性部位——金属上面配位,而使金属对 N_2 的反馈作用受到破坏。

膦类、胂类配体不仅有接受电子的空轨道(3d 或 4d 轨道),还有一对可以形成强 σ 键的电子,它能增强中心原子给出电子的能力,使和它共存的 CO、N_2、烯、炔等 π 配体的配位能力增强,同时又能削弱中心原子对烷基、卤素、水、氢等配体的配位能力。因此膦类配体是用于羰基合成反应中,钴系、铑系的活性调节剂。如表 9.11 在羰基合成醛的反应中,PPh_3 中的苯基为其他基团所取代时所得的结果。

表 9.11 膦类配体对羰基合成醛的影响

催化剂	膦的 pK_a	支链产物的质量分数/%
$HCo(CO)_3(n\text{-}Bu_3P)$	8.43	12.1
$HCo(CO)_3[P(octyl)_3]$		11.8
$HCo(CO)_3[P(cyhl)_3]$	9.70	12.0
$HCo(CO)_3(Ph_3P)$	2.73	22.6
$HCo(CO)_4$		43

注:octyl 为正辛基,cyhl 为环己基。

由表 9.11 可见,当改变催化剂的膦类配体时,随着膦的碱性增加,生成支链的量减少,其原因可用式(9-34)说明。

$$\underset{Co(CO)_3(PBu_3)}{RCHCH_3} \rightleftharpoons \underset{\substack{OC \diagup \overset{|}{Co} \diagdown CO \\ PBu_3}}{\overset{RCH=CH_2}{\underset{H}{\diagdown}\overset{|}{\diagup}CO}} \rightleftharpoons \underset{\substack{OC-\overset{|}{Co} \diagdown CO \\ PBu_3}}{\overset{RCH_2CH_2}{\diagdown}\overset{CO}{\diagup}} \quad (9\text{-}34)$$

和苯基比较,烷基有更强的给予电子的能力,所以烷基膦比苯基膦的碱性更强。在表 9.11 中烷基膦有较大的 pK_a 值。PR_3(R=烷基)给电子形成 σ 键的能力比 CO 强,接受金属反馈电子的能力比 CO 弱,虽然 PR_3 可以和金属生成 σ 键和反馈 π 两种键型,但 σ 键占优势。PR_3 给出电子使钴原子上的电荷密度增强,使钴原子上带有较高的负电荷,这时和钴相连的氢原子上的负电荷也相应增高,按照马尔科夫尼科夫(Markovnidov)加成定则,带负电荷的氢应加在烯键邻近烷基的碳原子上,这样使式(9-34)的平衡往生成直链的方向转移。所以表 9.11 中当烷基膦和 CO 共存时生成支链的产率较小。

9.4.7 催化反应中的 agostic 作用[6]

第 1 章图 1.7 曾举例说明 agostic 键(抓氢键),这种键在本章中也屡见不鲜,因此在此基础上做进一步讨论。agostic 相互作用(agostic interaction)是指配体上的 C—H 基和配合物中的金属间的相互作用。C—H 基中的氢可与配位不饱和的过渡金属、镧系、锕系金属形成一种弱的化学键(二电子三中心键),以 C—H→M 或 X—H→M(X=C,B,N,S)表示。其形成过程如下

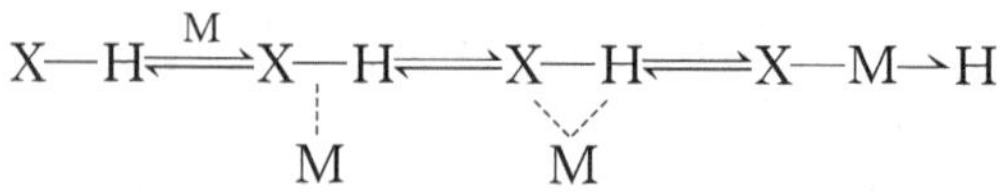

$$X—H \underset{M}{\rightleftharpoons} X—H \rightleftharpoons X—H \rightleftharpoons X—M \rightarrow H$$

成键模型用图 9.27 表示,即 σ 电子从 XH 轨道授予到能量相近且对称性相同的金属空 d 轨道(Mdσ),而金属的 d 电子(Mdπ)反馈到 HX 的反馈 σ 轨道形成反馈 π 键。

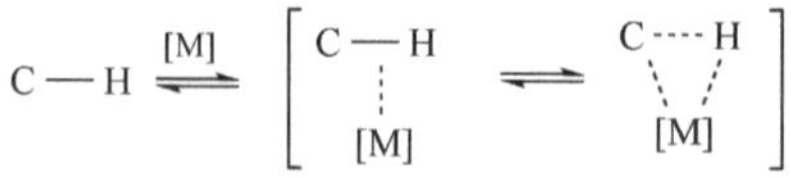

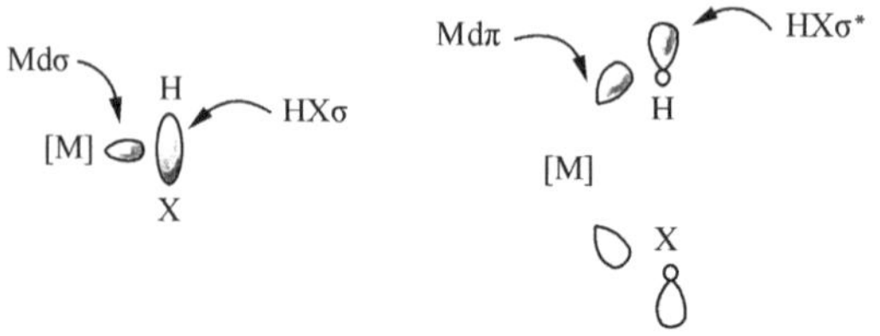

图 9.27 agostic 键的形成

agostic 键和常规的氢键 X—H⋯Y 不同:①氢键中的氢原子是和负电性高的 Y 原子相吸引,而抓氢键中是正电性的金属,金属的正电性越高,吸引力越强;② Agostic 作用比大多数的氢键作用强,计算表明,抓氢作用能量为 10~15kcal,在催化过程中有时会增加过渡态的刚性(rigidity)。例如,在 Ziegler-Natta 催化中,高的亲电性金属随 C—H 聚合链的生长,产生抓氢作用,从而增加了聚合物的刚性和聚合过程的立体选择性,由此控制聚合物的结构。

agostic 键可用谱学方法进行表征:① agnostic 键的形成使 M—H 键和 C—H 键的键长增加,比一般的金属氢化物和碳氢化合物的键长多 15%~20%,M—H 键的键长在 1.8~2.3Å,M—H—C 的键角为 90°~140°(图 1.7)。②抓氢作用使 NMR 中 C 和 H 之间自旋偶合常数值 $J(^{13}C—^{1}H=75\sim100Hz)$,比正常的 sp^3 饱和 C—H 键的 $J(120\sim130Hz)$ 低,而烷基氢化物的 $J<10Hz$。此外,因氢原子配位显示出高场化学位移,δ_H 多为负值;③在 agostic 体系中,由于 C—H 键增长,其伸缩振动频率 $\nu(C—H)=2700\sim2350cm^{-1}$,比正常值($2800\sim3100\ cm^{-1}$)低。

在 C—H—M 体系中,C—H 基与金属间的作用,使基的活性增加,传统具有 sp^3 构型的 C—H 键通常是惰性的,因为 agostic 作用在金属有机化学中能进行许多反应。

1. 氧化加成

如式(9-22)的环金属化反应,芳基膦配体的邻位氢因 Ir(Ⅰ)和 H 间 agostic

键的生成,削弱了芳环的 C—H 键,从而完成了金属环化的氧化加成。

2. β 消去或烷基插入

例如式(9-20),或以式(9-35)表示

$$\underset{R}{\overset{L}{\underset{L}{M}}}\xrightarrow[\beta\text{消去}]{\text{烷基插入}}\underset{R-C}{\overset{H}{\underset{C}{\overset{L}{\underset{L}{M}}}}}\rightleftharpoons\underset{R}{\overset{H}{\underset{L}{\underset{L}{M}}}} \quad (9\text{-}35)$$

(9.19)

动力学研究表明,基态的 agostic 烷基配合物(**9.19**)的烷基转移的活化自由能 $\Delta G^{\ominus}$ 比通常的烷基配合物低得多,因此能顺利进行 β 消去和插入反应。

此外,如烯烃聚合反应、金属有机配合物的取代反应等均因 agostic 作用,反应才得以顺利进行。

小　结

(1) 等瓣类似性原理是在无机化学和有机化学之间建立一座桥梁,它提出某些烷基分子(CH_4、CH_3、CH_2、CH)和有机金属碎片(ML_6、ML_5、ML_4、ML_3)的前沿分子轨道的对称性、形状、近似能量以及电子数目之间的类似性。在前面三种情况类似下,达到稳定的结构所需的电子数目尤为重要(表 9.1)。

(2) 等瓣类似性不仅适合有机金属碎片,也适合于带电荷的物种或配体为环状多烯(η^5-C_5H_5)及其他两电子给体。不同构型的碎片间也有等瓣类似性。

$$d^6ML_n \longleftrightarrow d^8ML_{n-2}, \quad d^8ML_n \longleftrightarrow d^{10}ML_{n-2}$$

(3) 在簇状配合物中,金属之间有重键相连。烷基碎片和硼烷及金属簇碎片之间有等瓣类似性。用 Wade 规则可分别计算硼烷骨架上电子的数目和金属簇骨架上电子的数目。借鉴硼烷结构可预测金属簇结构。

(4) 配体催化过程由两类基元反应组成(配体得失和配体修饰反应)。在反应中配合物的价电子数、金属和配体生成 σ 键和反馈 π 键的能力以及共存配体的立体效应都对基元反应有影响。

(5) 在催化过程中配体和金属形成反馈 π 键,使配体键长增加,红外频率降低,改变了配体的反应性,使配体得到活化,且 M—C 和 M—H 键较活泼,能进行各种基元反应,如 π 键、σ 键之间的转换等。催化过程的基元反应可用 18 电子规则加以解说。

(6) agostic 作用是指配体上的 XH 基(X=C,B,N,S)中的 H 原子和配合物中的金属(过渡金属、镧系、锕系)间的相互作用,使 C—H→M 中 M—H 和 C—H 键长增加而得到活化,因而有利于催化反应的进行。

习 题

1. 找出等瓣于以下碎片的有机瓣片。
   (1) $Ni(\eta^5-C_5H_5)$，(2) $Cr(CO)_2(\eta^6-C_6H_6)$，(3) $[Fe(CO)_2(PPh_3)]^-$

2. 举出等瓣于以下碎片的有机金属碎片的例子(不包括表 9.2 中的碎片)
   (1) 等瓣于 CH_2^+，(2) 等瓣于 CH^-，(3) 等瓣于 CH_3 的 3 个有机金属碎片

3. 以下硼烷属哪一种结构？
   (1) $B_{11}H_{13}^{2-}$，(2) $B_5H_8^-$，(3) $B_7H_7^{2-}$，(4) $B_{10}H_{18}$，(5) CB_5H_9

4. 按照 Wade 规则预测下列金属簇的结构。
   (1) $Ru_3(CO)_{12}$，(2) $(\eta^5-C_5H_5)_4Fe_4(CO)_4$，(3) $Ir_4(CO)_{12}$，(4) $Rh_4(CO)_{12}$，(5) $(\eta^5-C_5H_5)_3Rh_3(CO)_3$

5. 举例说明烷基、硼烷和金属簇碎片之间的等瓣类似性。

6. 写出用 PEt_3 和 $CH_3Mn(CO)_5$ 反应生成 $CH_3COMn(CO)_4PEt_3$ 的反应机理。

7. 指出以下反应是哪种基元反应，并预测产物是什么？
   (1) $CpCo(CO)_2+PPh_3$，(2) $Rh(PPh_3)_3Br+Cl_2$，(3) $Ru(PPh_3)_2(CO)_3+H_2$，(4) $[CpFe(CO)_2]^-+C_6H_5Cl$，(5) $HIrCl_2(PPh_3)_2 \xrightarrow{\triangle}$，(6) $Me_2Hg+Cp_2TiCl_2$，(7) $W(CO)_6+(n-Bu_4N)I$，(8) $Mo(CO)_5py+PPh_3$

8. 用 $HRh(CO)_2(PPh_3)_2$ 作为催化剂，对烯烃进行氢甲酰化过程，其反应步骤如下，试指出其中每一步的基元反应的类型。

以上 $P=PPh_3$

9. 选择 1~2 例说明反应中的 agostic 作用。

10. 如何用氢甲酰化反应由 $CH_3CH=CH_2$ 制备 $CH_3CH_2CH_2CHO$？

参 考 文 献

[1] Hoffmann R. Building bridges between inorganic and organic chemistry (Nobel Lecture). Angew. Chem. Int. Ed, 1982, 21: 711

[2] Dyson P J, McIndoe J S. Hydrogen sponge? A heteronuclear cluster that absorbs large quantities of hydrogen. Angew. Chem. Int. Ed, 2005, 44: 5772

[3] Sakamoto Y, Nakamura K, Kushibiki R, et al. A two-stage catalytic process with Cu-Pd cluster/active carbon and Pd/β-Zeolite for removal of nitrate in water. Chem. Lett. , 2005, 34: 1510

[4] Balasubramanian R, Guo R, Mills A J, et al. Reaction of $Au_{55}(PPh_3)_{12}Cl_6$ with thiols yields thiolate monolayer protected Au_{75} clusters: J. Am. Chem. Soc. , 2005, 127: 8126

[5] Takimoto M, Hou Z. Hydrogen at the flick of switch. Nature, 2006, 443: 400

[6] (a) Brookhart M, Green M L H, Parkin G. Agostic interactions in transation metal compounds. Proceedings of the National Academy of Sciences of the United States of America, 2007, 104: 6908

(b) 陈冬玲,刘秋田. 含C-H. M二电子三中心配键的过渡金属配合物. 化学通报,1992,(3): 20

第 10 章　生命过程中的配位化学

提要　本章从配位化学的角度介绍了金属蛋白、金属酶及离子载体活性中心结构和功能的关系、模拟方法。除介绍了卟啉环、咕啉环及叶绿素环作为配体分别参与氧的储存、转移、电子传递和异构化以及光合作用外，还介绍了和绿色化学相关的过氧化物酶、过氧化氢酶、与能源有关的甲烷单加氧酶和固氮酶。最后还介绍具有防卫功能的超氧化物歧化酶的作用机理以及配合物在药物中的应用和发展前景。

10.1　生物体内的金属离子和配体

生物体内存在着金属离子，这些离子多以配合物的形式存在，参与促进或抑制体内的反应，其中一些离子在体内的作用还不太清楚，酶和蛋白由多肽键折叠成凸凹不平、具有裂口或缝隙的球形结构，在催化时底物与金属离子键合在隙缝中称为活性位置或活性中心，金属酶和大部分金属蛋白活性中心的金属离子，其键合方式、空间结构和配位环境与配合物有类似之处，所以将活性部位作为配位化合物来进行研究。表 10.1 列出有代表性的金属酶和金属蛋白，表中金属离子除碱、碱土族外，多为第一过渡系的金属离子，但后过渡族的元素(如 Mo, W)也存在于生物体中。

表 10.1　含金属离子的酶和蛋白

金属	化合物及功能
Fe(血红素)	血红素，过氧化物酶，细胞色素 P-450，色氨酸二氧化物酶，细胞色素 c，亚硝酸还原酶
Fe(非血红素)	固氮酶，邻苯二酚酶，铁氧还蛋白，蚯蚓血红蛋白，铁传递蛋白，(顺)乌头酸酶
Cu	酪氨酸酶，胺氧化酶，漆酶，抗坏血酸氧化酶，血浆铜蓝蛋白，超氧化物歧化酶，质体蓝素，亚硝酸还原酶
Co(B_{12}辅酶)	谷氨酸变位酶，二醇脱水酶，甲硫氨酸合成酶
Co(非钴咻)	二肽酶
Zn(Ⅱ)	碳酸酐酶，羧肽酶，乙醇脱氢酶，DNA 聚合酶，
Mg(Ⅱ)	活性磷酸转移酶，磷酸水化酶，DNA 聚合酶
K(Ⅰ)	丙酮酸磷酸激酶，K-特效 ATP 酶
Na(Ⅰ)	Na-特效 ATP 酶
Mo	固氮酶，硝酸还原酶，黄嘌呤氧化酶，亚硫酸氧化酶，DMSO 还原酶
W	醛铁氧还蛋白氧化还原酶

重要的生物配体可分为如下三类[1]。

10.1.1 与环境有关的配体

在生物进化过程中，H_2O 分子的衍生物（如 OH^-、O^{2-} 等配体）伴随着金属离子而进入体内。在富 H_2S 或其衍生物的环境中，硫化物可被还原，所以在生物体中常存在着二硫桥键。

10.1.2 蛋白质中氨基酸作为配体

蛋白质或金属酶中含有通过肽键连接的氨基酸，其中含有能和金属离子配位的 N、O、S。表 10.2 列出了能形成蛋白的氨基酸。图 10.1 中标明配位原子。至于和哪种金属离子键合，符合硬-软酸法则。即 O 给体和硬金属，N 给体和交界金属，S 给体和软金属分别配位。此外，羧酸配体在生物体中是一类非常重要的配体，它能以单齿、多齿、桥联的方式键合。

表 10.2 在生物体中能形成蛋白质的氨基酸

氨基酸	配位原子	配体类型	键合方式（图 10.1）
组氨酸[a]	N	咪唑	N-His
半胱氨酸[a]	S	硫羟	Cys-S[b]
蛋氨酸	S	硫醚	Met-S-CH_3
谷氨酸[a]	O	羧酸根	Glu-COO^-
天冬氨酸[a]	O	羧酸根	Asp-COO^-
酪氨酸	O	酚	ph-O[b]

a. 以大多数存在；b. 同金属离子配位时去质子化。

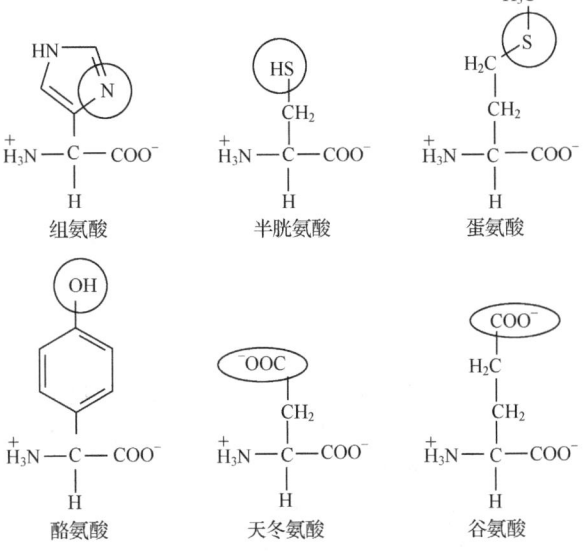

图 10.1 形成蛋白质的天然氨基酸
圈指提供配位原子的基团

10.1.3 大环配体

最重要的大环配体是含 4 个吡咯基的卟啉(porphrin)及其类似的大环,它们是不饱和的环状配体,在去质子时可以与二价金属离子键合。图 10.2 是典型的卟啉类大环。将卟啉母体(卟吩,porphin)[图 10.2(a)]和其余大环比较,结构稍有不同。卟啉以生成铁的配合物为特征,卟啉铁可以看成是铁的配合物,称为血红素(heme group)。部分氢化的卟啉环称为叶绿素环(cholin)和 Mg^{2+} 配位生成如图 10.13 所示的配合物,有光合作用的功能。图 10.2(c)中的咕啉(corrin)与卟啉环相似,也含有 4 个吡咯环,但其中两个吡咯环不通过亚甲基相连,而是借助 α-碳原子直接连接,环上仅含有一个能给出质子的氮原子,显示 -1 价,环上含有部分双键,其环的元数比卟啉环少 1。Co(Ⅲ)的咕啉配合物是维生素 B_{12} 结构的一部分。F_{430} 是在 1980 年才被发现,它的 Ni(Ⅱ)配合物是从富甲烷的细菌中得到的。

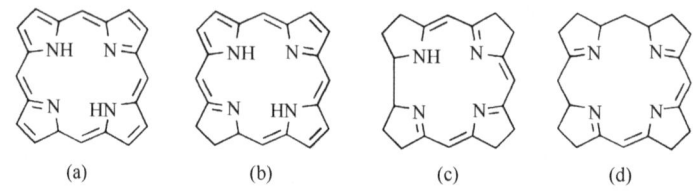

图 10.2 典型的卟啉类的母体
(a) 卟啉母体;(b) 叶绿素;(c) 咕啉;(d) F_{430}

10.2 卟啉及其配合物简介

10.2.1 卟啉的结构特征

在以上大环中最重要的是卟啉,卟啉的骨架是卟吩[2]。它是由四个吡咯环以次甲基相连,组成大环体系,所有的卟吩衍生物统称为卟啉,环上有不定域 π 电子,能够调节四个氮原子给予电子和接受电子的能力,表现出丰富的氧化还原性质。环上未曾和氢结合的氮原子还可以接受两个质子,形成 $+2$ 价的离子,已和氢结合的氮原子又能给出两个质子,形成 -2 价离子,表现出酸碱性。从环的空腔中心到氮原子的距离为 2.64Å,这数值恰和第一过渡金属离子和氮原子共价半径之和相匹配,所以卟啉阴离子对第一过渡金属离子有很强的配位能力。由于环上的 π 电子作用,金属和氮键键长保持在 $1.39 \sim 1.69 \text{Å}$,并不因金属离子不同而发生很大变化。卟啉与金属离子的配位情况和冠醚相似,如果环的空腔比金属离子大,则环发生畸变,如果环的空腔半径小于金属离子,则金属离子(如 Fe^{2+})略高于大环平面。卟啉和两价离子形成配合物稳定性顺序为

$$Ni^{2+} > Cu^{2+}, Co^{2+} > Fe^{2+} > Zn^{2+}$$

除 Ni^{2+} 的平面正方形配合物有最高稳定性外,其他配合物服从 Irving William。金属卟啉作为催化剂,能催化许多有机合成反应。

卟啉在自然界和配位化学中,都表现出许多独特的性质,其原因大致如下:①卟啉和大多数金属离子形成配合物有高的稳定常数。②通常卟啉环具有刚性结构,在配合物对客体的键合或被底物诱导的反应过程中,能够施加明确的立体限制,这限制了反应的选择性。③底物配位到环平面的一个轴向,在另外一个轴向可通过反位效应,调节底物的电荷状态。因此轴向配体结合状态不同,使血红素基本功能也不同(10.2.2 节)。④金属卟啉的氧化还原性质可通过金属和配体间 $d\pi$-$p\pi$ 电子相互作用而得到控制。⑤通常不稳定的中间体能被大环的 π 电子体系所稳定。⑥各种功能团被引入到卟啉环的周边,生成功能化卟啉。卟啉配合物的生物功能随金属离子的氧化态不同而异。

这说明了卟啉铁(Ⅱ)能作为具有多种功能的蛋白或酶的活性中心的原因。

10.2.2　卟啉铁(Ⅱ)配合物[3a]

卟啉铁(Ⅱ)配合物的生物功能随金属离子氧化态、环上取代基和轴向配体不同而异,轴向配体的种类和配位方式对生物功能功能影响尤为显著,因为铁(Ⅱ)的最高配位数为 6,它只和卟啉环 4 个氮配位后,两个轴向是空的,它可被蛋白质的氨基酸或小分子占据。根据占据情况对功能有如下几种影响:①如果仅有 1 个配体来自氨基酸,其余 1 个位置是空的,如血红蛋白就是这种情况,余下 1 个空位可以被 O_2 分子占据(10.3 节),这时卟啉铁(Ⅱ)起着运输氧的功能;②如果卟啉铁(Ⅱ)的轴向,1 个被蛋白质氨基酸占据,另一个被水分子占据,水分子是活性配体,配位能力不强,如果配位前后,Fe(Ⅱ)的自旋态不发生改变,仍为高自旋,在溶液中水分子又能被其他物种取代,则 Fe(Ⅱ)能活化新物种,这时卟啉铁(Ⅱ)可能具有催化作用,表现出酶的特性;③如果两个轴向配体均来自蛋白键的氨基酸,铁(Ⅱ)的自旋态一般为低自旋,金属中心不能再和其他物质作用,只能参与电子转移,如细胞色素 c(图 10.3),它能可逆地转移电子,这种情况轴向配体和环上取代基对氧化还原电位 Fe^{3+}/Fe^{2+} 有高的灵敏性。例如,血红蛋白在氧合前为高自旋,Fe(Ⅱ)的氧化还原电位值很正(0.17V),说明 Fe(Ⅱ)不易被氧化,具有输氧功能。相反,如果作为催化剂(酶)氧化还原值很负,例如,活性部位为卟啉 Fe(Ⅱ)的过氧化氢酶能加速 H_2O_2 分解,过氧化氢酶能催化氧裂解,$E^{\ominus}$ 值在 $-0.43 \sim -0.17V$。这说明在反应过程中 Fe(Ⅱ)被氧化成高氧化态,氧化产物血红素基的形式氧化态为 4+ 或 5+。

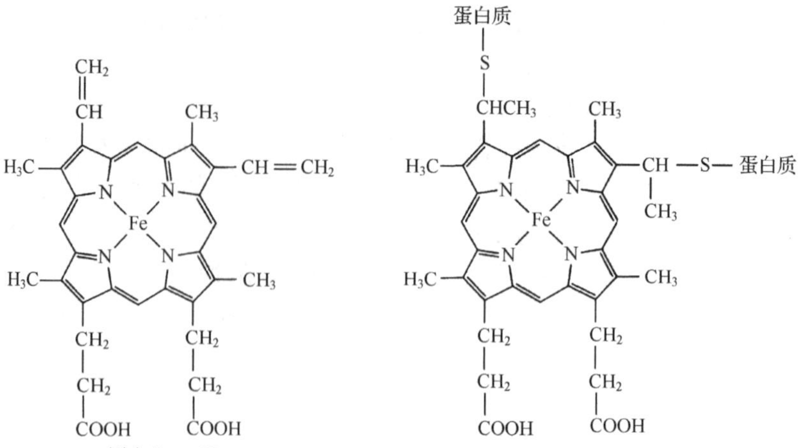

图 10.3　卟啉铁配合物

10.3　血红蛋白和肌红蛋白

10.3.1　血红蛋白的化学环境

血红蛋白(hemoglobin)和肌红蛋白(myoglobin)[3]是天然的载氧体,在高等动物中起着运输氧和储存氧的作用。血红蛋白从肺或腮运输到肌肉细胞内部用氧的部位,并将氧转移至肌红蛋白用来维持呼吸。血红蛋白和肌红蛋白的活性部位即血红素是原卟啉Ⅸ(简称为PIX)的Fe(Ⅱ)配合物(图10.3)。Fe^{2+}与PIX的四个氮配位后,产生不带电荷的中性分子,但在生理环境中(pH=7)PIX环上的两个羧基的氢是离解的,因而血红素带有两个负电荷,在体内血红素中的Fe(Ⅱ)是稳定的。但游离的血红素在空气中或水中立即被氧化成Fe(Ⅲ),Fe(Ⅲ)的配合物称为高铁血红素,高铁血红素没有运载氧的功能。

$$血红素\ Fe(Ⅱ) \xrightarrow{\frac{O_2}{水}} 高铁血红素\ Fe(Ⅲ)$$

血红素中的Fe(Ⅱ)在体内稳定的原因主要是由于它在周围有疏水的带侧链的氨基酸包围着,如图10.4所示。图10.4给出了血红蛋白在肌红蛋白中的化学环境,图中黑点表示Fe(Ⅱ)周围有苯丙氨酸、白氨酸和组氨酸等。血红素被肌红蛋白(相对分子质量为17 000)折叠的肽链包围着造成疏水的空腔内和一定的空间结构,这样有利于氧的进入,并阻止水分子进入。

每一个血红蛋白分子由 4 条蛋白链的亚单位组成(即两条 α 蛋白链和两条 β 链),它可近似地看成是肌红蛋白的四聚体,见图 10.5。每一条蛋白链使 4 个血红素彼此分开,以避免 Fe(Ⅱ)吸氧后生成氧联或羟联的二聚体 $Fe^{Ⅲ}$—O—$Fe^{Ⅲ}$。血红素 Fe(Ⅱ)的一个轴向通过蛋白链的组氨酸的咪唑基上的氮原子与之键合,另一个轴向是空的,体液中的溶解氧能够占据该位置,每个亚基都能结合 1 分子氧,氧合后自旋态发生变化,从高自旋变为低自旋。

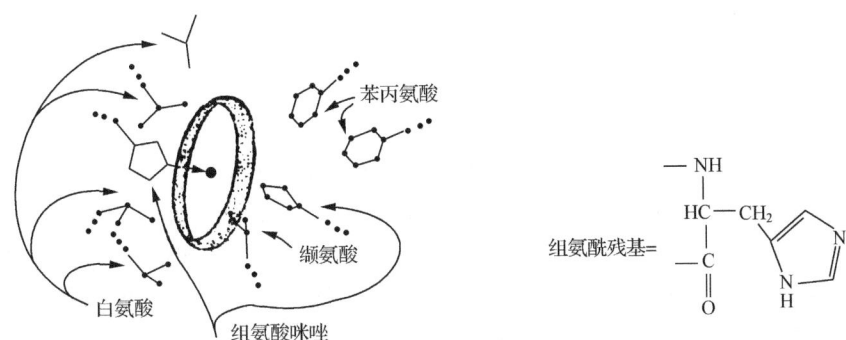

图 10.4 血红素在肌红蛋白中化学环境

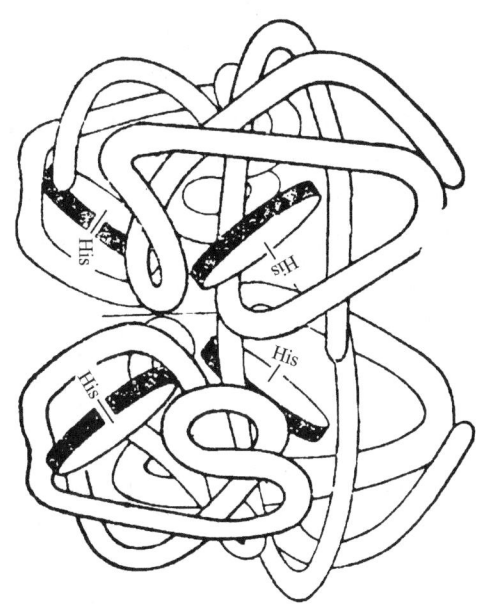

图 10.5 血红蛋白结构示意图

4 个圆饼代表血红素基;His 代表组氨酸的咪唑基

10.3.2 血红蛋白和肌红蛋白的氧合能力

肌红蛋白(Mb)的每一个分子仅含有 1 个血红素基,其氧合平衡十分简单

$$Mb + O_2 \rightleftharpoons MbO_2$$

血红蛋白虽可近似地看成肌红蛋白的四聚体,但它的氧合能力并非肌红蛋白的加合,氧合能力的不同反映出血红蛋白结构有特异之处。1 分子血红蛋白能键合 4 分子氧,其逐级平衡常数 $K_1, \cdots, K_4$ 有如下值

$$Hb + O_2 \rightleftharpoons HbO_2 \qquad K_1 = 5 \sim 60$$
$$HbO_2 + O_2 \rightleftharpoons Hb(O_2)_2$$
$$Hb(O_2)_2 + O_2 \rightleftharpoons Hb(O_2)_3$$
$$Hb(O_2)_3 + O_2 \rightleftharpoons Hb(O_2)_4 \qquad K_4 = 3000 \sim 6000$$

第一级平衡常数比第四级小很多倍,如果在氧合过程中没有结构改变,K_4 应远小于 K_1,只有在氧合过程中蛋白键结构发生改变才有此结果。即第一个 Fe(Ⅱ)和氧发生键合时引起蛋白结构改变,使其余 3 个 Fe(Ⅱ)立即发生强的键合。相反当 1 个氧被释放时,立即触发其余氧的释放。

实验结果指出,氧合后 Fe(Ⅱ)从高自旋变为低自旋,铁原子朝卟啉环原子组成的平面移动 $0.3 \sim 0.5$Å,轴向的咪唑基也略有移动。因为高自旋 Fe(Ⅱ)的半径约为 0.781Å。前者半径比较大,只能位于卟啉环平面上 0.08Å 处,不能落在空腔中(图 10.6),相反在氧合后 Fe(Ⅱ)位于卟啉环的空腔中。随着氧合过程的进行,两条肽键上的血红素相互靠近,移动约为 0.1Å,同时另外两条移开约 0.7Å。蛋白链移动的结果减少了链间的相互作用,增加了对氧的亲和力。这说明了血红蛋白一旦结合了氧分子后,与氧的亲和力就显著增加的原因。这现象称为协同效应。图 10.7 是 Hb 和 Mb 的氧合作用曲线,以氧的分压(p_{O_2})对氧的饱和度 Y 作图,图

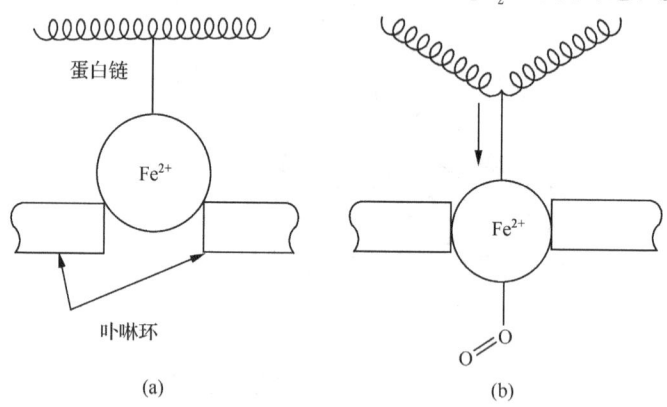

图 10.6 氧合前后 Fe^{2+} 在卟啉环中的位置示意图
(a) 氧合前;(b) 氧合后

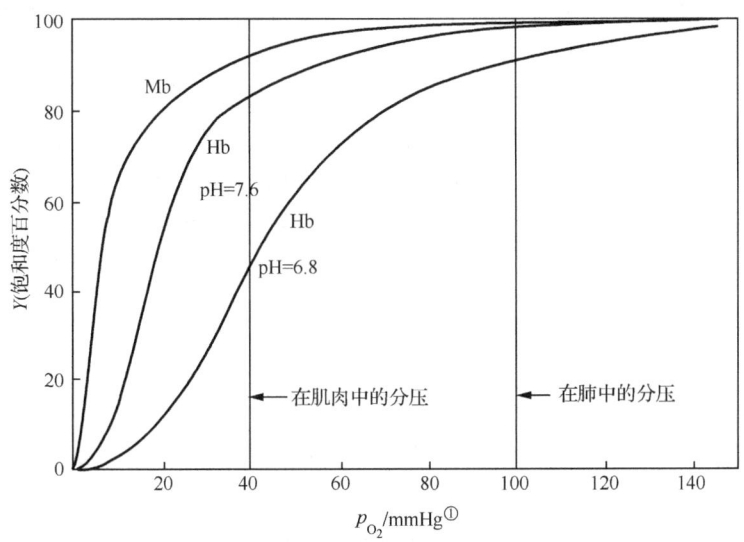

图 10.7 血红蛋白和肌红蛋白在不同 pH 时的氧合曲线

中数字代表氧合时的 pH。单体 Mb 对氧的键合不显示协同效应,其氧合曲线呈双曲线形,Hb 的曲线呈 S 形。在氧分压较低时 Mb 摄取氧的能力比 Hb 强,在氧分压较低时 Mb 又有较强的摄取氧的能力,它在氧分压极低的情况下,才具有释放氧的能力,因此认为肌红蛋白有储备氧的功能。在人体肺泡内氧气的分压较高(p_{O_2} 约为 13kPa)。有利于 Hb 氧合,所以当血液由静脉流经肺部氧的饱和度高,当血液离开肺部经氧分压较低(p_{O_2} 约 4.7kPa)的肌肉组织,血红素便明显释放出氧气,当肌肉做强烈运动,血液的分压降低到 4~5mmHg,供氧任务已由 Mb 承担了。[①]

血红蛋白和肌红蛋白合作作用的另一个不同现象是 Mb 的氧合能力与血液 pH 无关,而 Hb 的氧合能力随着 pH 而变化。哺乳动物的血液正常 pH 在 7.3~7.5。由图 10.7 可见,当高于血液正常 pH,Hb 氧合能力强,低于正常 pH 血红蛋白氧合能力弱,这种效应称为 Bohr(波尔)效应,波尔效应和生理现象一致,当肌肉组织进行激烈运动时,由于大量释放出乳酸和 CO_2,组织中氢离子浓度增加 $2H_2O+CO_2 \rightleftharpoons HCO_3^- + H_3O^+$,促使血红蛋白释放出更多的氧,以供给组织新陈代谢之用。

已知气体 CO 和 CN^- 能不可逆地键合到血红蛋白的铁上,阻止氧的传输。因为 CO 是比氧更好的 π-受体,能和 Fe(Ⅱ) 形成更强的反馈 π 键,无蛋白的自由血红素对 CO 和 O_2 稳定常数之比 K_{CO}/K_{O_2} 等于 25 000,在血红蛋白中二者之比为 200∶1,蛋白链存在使人体吸入 CO 的量减少。这是受到蛋白质构型的限制。蛋

---

① 1mmHg=0.133kPa,余同。

白质键合口袋的几何构型更适合于以一定角度配位的氧,而不利于直线配位的CO。在氧合血红素中氧分子仅用 1 个氧的孤电子对与铁键合,O—O 距离为 1.89Å,Fe—O—O 角为 120°左右,此外氧原子还与蛋白质上氨基酸形成氢键。

血红素在血红蛋白中的任务不仅是保证氧的可逆键合,而且会迅速地配位和释放,并保证氧的正确浓度和分压,使适合于肺和细胞介质的环境。再者,它还对大气中小分子的 H_2O、N_2、CO_2 具有识别性和选择性,可见血红蛋白是具有优良功能的超分子受体。

10.3.3 人工载氧体

1. 血红素型载氧体

游离的 Fe(Ⅱ)-血红蛋白和合成的 Fe(Ⅱ)卟啉在大气下立即和氧气反应产生 μ-氧二聚体。

$$4[Fe^{Ⅱ} 血红素] + O_2 \longrightarrow 2[血红素\text{-}Fe^{Ⅲ}\text{-}O^{2-}\text{-}Fe^{Ⅲ}\text{-}血红素]$$

蛋白键对血红素起了稳定作用,关于蛋白质对血红素的稳定作用,人们做了许多工作企图寻找人造血的代用品。将血红素嵌在含 1-(2-苯乙基)咪唑的聚苯乙烯中,这里的咪唑基是模拟血红素周围氨基酸的咪唑。这种人工模拟的血红蛋白在水存在下也能可逆地氧合。另一个工作是将四苯基卟啉(TTP)的铁配合物与咪唑键合,然后连接到硅胶上也能可逆地氧合(图 10.8)。但直到目前为止无数人造血的候选者都存在着一定的问题。

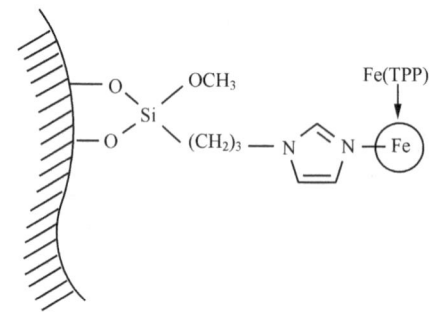

图 10.8　接在硅胶上的四苯基卟啉铁[Fe(TPP)]

在卟啉环的周边引入大体积的基团能阻止 Fe(Ⅱ)的氧化和聚合,因此许多卟啉衍生物被合成,其中最著名的是"栅栏篱笆"型的 Fe(Ⅱ)配合物(图 10.9),由于在四苯基卟啉的苯环上有三甲基酰胺基保护着,使 Fe(Ⅱ)不致氧化聚合,能可逆地进行氧合。这结构预测了日后用 X 射线测定在 HbO_2 和 MbO_2 中氧分子的键合模式,在此氧分子采取端基配位(Fe—O—O)的结构。

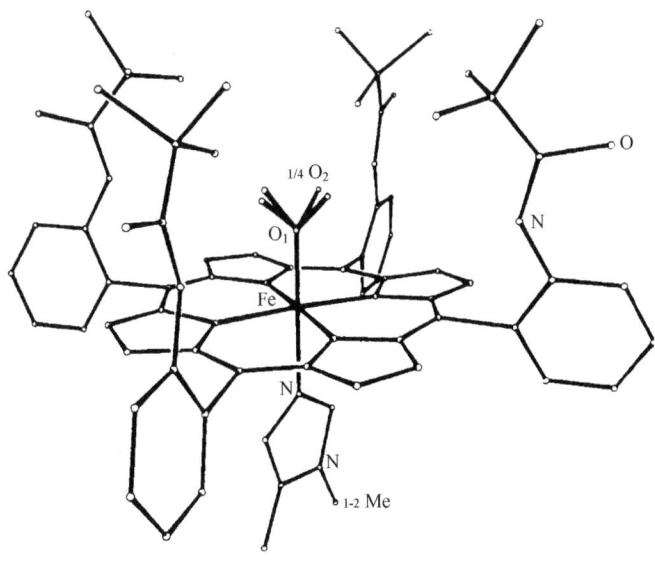

图 10.9 栅栏型卟啉 Fe(Ⅱ)的氧合物的配位结构

2. 双氧配合物

氧在室温反应很慢,若生成过渡金属双氧配合物却能使氧活化,氧是廉价、清洁且纯净的氧化剂,研究双氧配合物对寻求新配合物作为氧化反应催化剂是十分有意义的,目前已有许多金属配合物在有机合成中作为氧化催化剂。再者血红蛋白能可逆氧合,与双氧配位强弱有关,血红蛋白结构复杂,难以进行研究,所以合成小分子配合物寻找可逆氧合的模型化合物进行研究更具有实际意义。

1) 聚合型双氧配合物

二(水杨醛)缩乙二胺合钴[Co(salen)](**10.1**)是聚合的双氧配合物,它是黄色晶体,放置在空气中氧合成黑色反磁性的二聚体[Co(salen)]$_2$O$_2$,经加热到约80℃,或放置在真空中抽空,经脱氧回复到黄色,可逆性良好,可循环 3000 次。第二次世界大战时,曾用以分离空气中的氧,供潜艇工作。氧合产物有平面层结构,氧位于两层之间。例如,将[Co(salen)]溶于 DMF 或 DMSO,再通入氧可分离出[Co(salen)]$_2$O$_2$·B$_2$(B=DMF,DMSO)。

(**10.1**)

2) 单体双氧配合物

动物在运输氧的血红蛋白是单体的卟啉铁配合物,作为模型化合物来说,研究单体双氧配合物更为重要。用二(乙酰丙酮根)缩乙二胺合钴(Ⅱ)[Co(acacen)] (**10.2**),在 py 或 DMF 存在下,用降低温度的方法,得到黑色顺磁性的晶体[Co(acacen)]$O_2 \cdot B$,(B_2＝py、DMF),有效磁距为 $1.49\mu_B$,说明它有一个不成对的电子。用 X 射线分析,在室温下得到 O—O 的键长为 1.25Å,Co—O—O 的键角为 120°,该化合物在 1123cm^{-1}时出现强烈的红外吸收峰,经脱氧后消失,以上数据均和超氧化合物相近。经^{17}O 顺磁实验指出,该配合物 90%以上的概率在氧上,因此钴的氧化态可看成＋3 价。

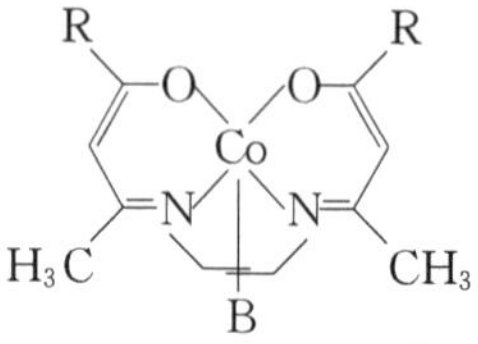

R = CH_3 或 C_6H_5
B = n-$BuNH_2$,py 等

(10.2)

血红蛋白和这个单体配合物的结构极为类似,钴周围配位的四个原子,相当于卟吩环上的氮,和钴相连的碱基(如 py 等),位于配合物平面的垂直方向的轴向配体 B,相当于血红蛋白中处于反位的组氨基酸残基。在该配合物中,双氧的振动频率,也和血红蛋白相近。

3) Vaska 型双氧配合物

1963 年,Vaska 发现了黄色的[IrCl(CO)(PPh$_3$)$_2$]的苯溶液能可逆地吸收 1mol 的 O_2,并能转变成红色。

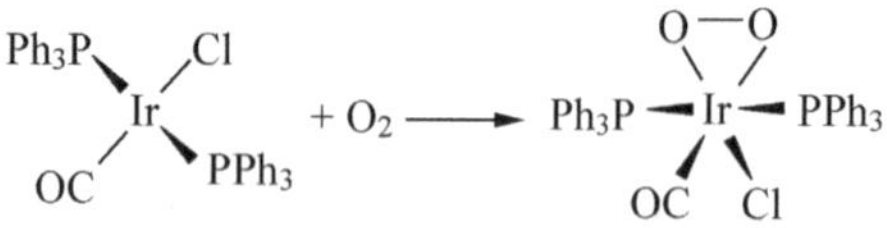

两个氧原子和金属是等距的,配位后 O—O 键长是 1.30Å,和自由氧的键长相比较 (1.207Å),显然双氧被活化了。这一类配合物简称为 Vaska 配合物。氧在温室不与 SO_2、CO_2、CO 等发生反应,但双氧经活化后很容易氧化。

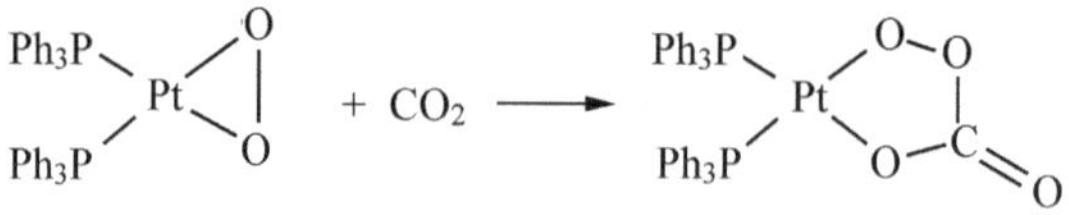

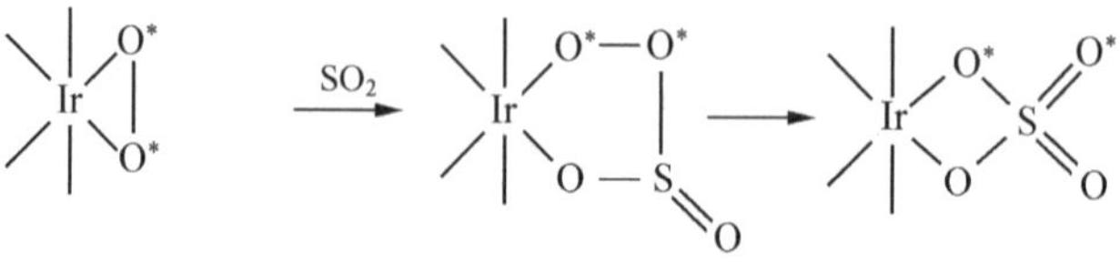

如果生成的氧化产物和金属配位不牢,则可脱离金属,这样配合物可再进一步氧化和氧合,就有可能进行催化反应,所以一些过渡金属的 Vaska 配合物具有催化性能。

10.3.4 双氧配合物的结构

10.3.3 节已指出单核的[Co(acacen)(O_2)(py)]是顺磁性,Co(Ⅱ)的一个不成对电子离域在氧上,钴的形式氧化态为 +3 价,它能在强轴向配体存在下,才能进行氧合。[Co(acacen)]为平面正方形结构,其 d 轨道能级分裂如图 10.10 左侧,在 z 轴方向加入一个强轴配体,生成四方锥结构,因而 d_{z^2} 轨道能级升高,不成对电子占据 d_{z^2} 轨道。氧合时,O_2 从轴向配体的反方向接近 Co(Ⅱ),生成八面体配合物。图 10.10 为四方锥配合物[CoL_5]$^{2+}$ 和 O_2 生成配合物的分子轨道能级图。

图 10.10 左边是 Co(Ⅱ)在四方锥场中的轨道能级,右边是氧分子的简并 $2p\pi^*$ 轨道,简称 π^* 轨道。氧分子的一个 π^* 轨道和[CoL_5]$^{2+}$ 中 Co(Ⅱ)的 z^2 组成的成键和反键的 σ 轨道 $(z^2/\pi^*)_\sigma$ 和 $(z^2/\pi^*)_{\sigma^*}$。其中成键的 $(z^2/\pi^*)_\sigma$ 轨道被氧的一对电子占据,可近似地认为氧授电子给 Co(Ⅱ),生成 σ 键。氧的另外一个 π^* 轨道和 Co(Ⅱ)的 xz 轨道生成两个 π 轨道,即 $(xz,\pi^*)_\pi$ 和 $(xz,\pi^*)_{\pi^*}$。Co(Ⅱ)的 xy 和 yz 轨道可看成非键轨道,Co(Ⅱ)的 6 个电子占据成键的 $(xz,\pi^*)_\pi$ 和非键轨道,由于成键轨道具有氧的分子 π^* 轨道的性质,因此认为 Co(Ⅱ)在 yz 轨道上的电子(来源于 d 电子)反馈到氧的 π^* 轨道,Co(Ⅱ)的第 7 个电子占据反键的 $(xz,\pi^*)_{\pi^*}$ 轨道,因此它更多地具有氧的 π^* 轨道性质,所以认为 Co(Ⅱ)的 1 个电子离域在氧上,因而钴的形式氧化态被看做成 +3 价,由于金属反馈电子给氧,削弱了 O—O 键,使 O—O 键长增加,氧分子得到活化。

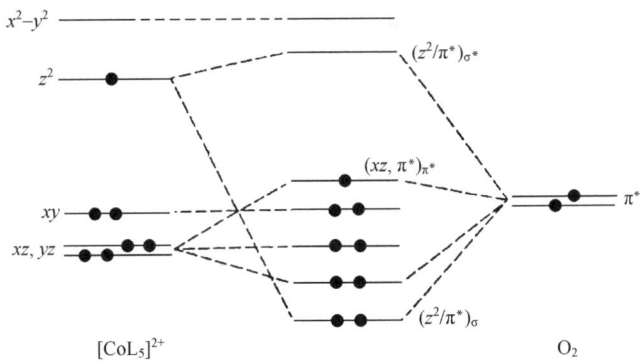

图 10.10 四方锥配合物[CoL_5]$^{2+}$ 和 O_2 组成的轨道能级图
图中[CoL_5]$^{2+}$ 的轨道并非原有 Co^{2+} 的 d 轨道,所以用 z^2、xz 等表示

在 Vaska 配合物中,金属和两个氧的键距相等,双氧以侧基配位,即氧以 $2p\pi_u$ 轨道和金属的 z^2 轨道生成 σ 键,又由充满的 xz 轨道和氧的 π^* 生成反馈键。

10.4 传递电子的蛋白质

在生物体系中有一大类金属蛋白具有调控和传递电子的功能。传递电子的铁蛋白可分为两类,一类是含有血红素基的铁蛋白,各种细胞色素(cytochromes)属于这一类。另一类是含有半胱氨酰基的非血红素铁蛋白(或称铁硫蛋白),这两类蛋白都具有氧化还原活性,其电子传递机理可用第 5 章进行解说。

10.4.1 细胞色素 c

根据血红素基的卟啉环上取代基的不同和卟啉铁轴向配体的可变性,构成数目众多的细胞色素。其氧化还原电位 $E^\ominus$ 有宽广的范围,如前所示,在细胞色素中的卟啉铁,铁的配位数已达到饱和,它们只能扮演电子传输的角色。现以细胞素 c 为例。细胞素 c 是光合作用中一类重要的电子传递体,广泛地存在于生物体中,卟啉环上的乙烯基和蛋白质上的半胱氨酸的巯基连成硫醚键,使蛋白质的肽键和血红素基能紧密地结合,细胞色素 c 的肽链像带子一样包围着血红素,血红素基处在

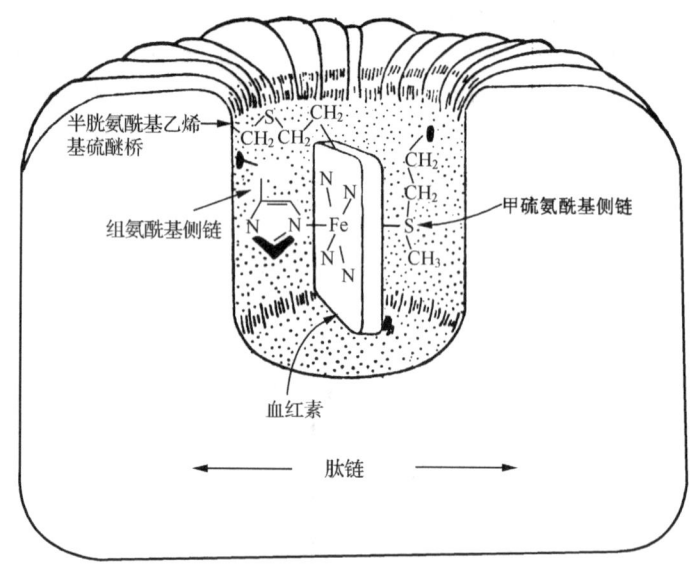

图 10.11 细胞色素 c 的结构示意图

小黑饼代表蛋白链上的 $-CH_2-CO$
                    $|$
                    NH_2

蛋白质袋中,如图 10.11 所示,血红素的铁除和卟啉环的 4 个氮原子形成配位键外,第 5 个配位位置被组氨酸咪唑基的氮原子配位,余下 1 个位置被蛋白质上的甲硫氨酰基的硫配位,铁离子的配位位置全被占据,因此它不能进行氧合,也不能和 CO 等分子配位。但铁离子的氧化态能在 +2 价和 +3 价之间可逆地改变。因此它是电子传递和氧化还原过程中的中间体。根据轴向配体的不同其 E° 也随之而改变,如果轴向是两个组氨酸基的氮原子,E° 为 $-0.1\sim -0.4V$。如果轴向 1 个为组氨基,另一个为甲硫氨酰基的硫配位,E° 为 $-0.1\sim +0.4V$,软的硫参与配位有利于中心原子的还原,因此细胞色素 c 有合适的还原电位。

10.4.2 铁硫蛋白[3(e)]

铁硫蛋白(iron-sulfur proteins)以具有较负的氧化还原电位为特点,它们不仅广泛地分布在厌氧、需氧和具有光合作用的细菌中,在植物、真菌和哺乳动物中也存在,在哺乳动物中的铁约 1% 以铁硫蛋白形式存在。除高电位铁硫蛋白外,其还原电位都很负,在 $-500mV\sim 0$,比叶绿素低得多。绝大多数叶绿素的还原电位为 $+100\sim +400mV$,铁硫蛋白是迄今在生物体系中被发现的具有最低电位的一类电子转移体。

铁硫蛋白中的硫有两种,一种是来自蛋白链中的半胱酸氨酰残基[式(10-1)];另一种是配位在铁上的活性硫,加酸处理铁蛋白活性硫会产生 H_2S,在空气中活性硫不稳定,被氧化成元素硫。有的蛋白质无活性硫。

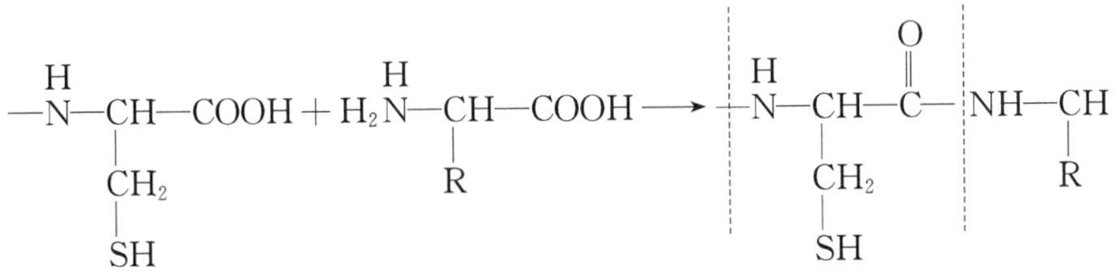

$$\begin{array}{c}H\\|\\-N-CH-COOH\\|\\CH_2\\|\\SH\end{array} + \begin{array}{c}H\\|\\H_2N-CH-COOH\\|\\R\end{array} \longrightarrow \begin{array}{c}H\quad O\\|\quad\|\\-N-CH-C-\\|\\CH_2\\|\\SH\end{array}\begin{array}{c}H\\|\\NH-CH\\|\\R\end{array}$$

半胱氨酸酰残基 (10-1)

在所有情况下,虽然铁离子数目(核数)发生变化,但 Fe 都位于准四面体的环境中,呈高自旋型。且与其他物种传递电子都进行单电子交换反应。根据铁硫族的核数,可分为如下 4 类,其活性中心的结构见图 10.12。

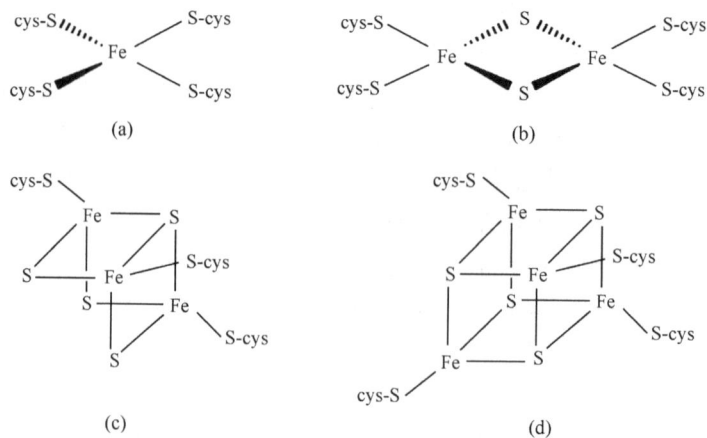

图 10.12 四种铁-硫蛋白的结构

(a) 红氧还蛋白；(b) 铁氧还蛋白；(c) [3Fe-4S]簇蛋白；(d) [4Fe-4S]簇蛋白

10.5 叶 绿 素

10.5.1 叶绿素的结构

如图 10.13 所示，叶绿素的中心原子是 Mg(Ⅱ)，它位于卟啉环平面上 30～50pm 处，环并不是处在同一个平面，而是略微变形。叶绿素的基本结构仍是卟吩

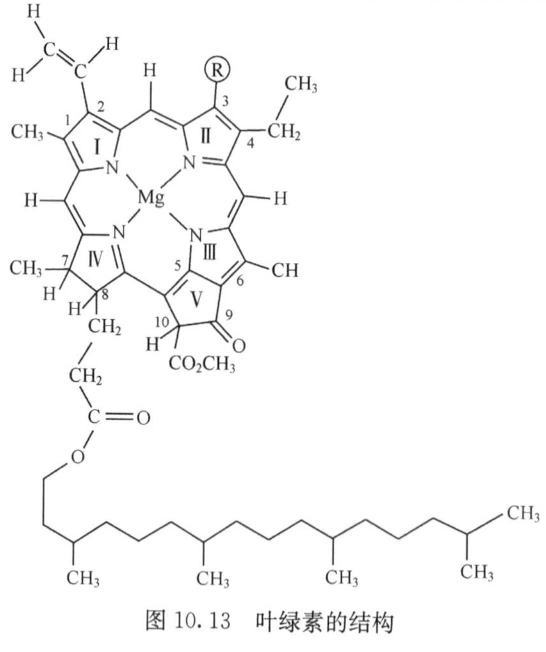

图 10.13 叶绿素的结构

环,但叶绿素的第三个吡咯环(Ⅲ)和第四个吡咯环(Ⅳ)与卟吩环不同。在Ⅲ环中标号为 6 的碳原子和 H—C—(CO$_2$Me)C=O 相连,并可异构为醇式结构 —C—(CO$_2$Me)C=OH ,但平衡时以酮式结构占优势。Ⅳ环上有长链的叶绿基,它的功能是使叶绿素分子能附着在细胞膜上,叶绿素的大环体系有吸收光能的作用,吸收光能的频率在 700nm 左右,且随环上取代基性质不同略有差别。叶绿素吸收光能,将能量用于光合作用,同时保护植物不受光化学的损害。

10.5.2 光合作用

光合作用是非常复杂的过程,绿色植物或蓝细菌(cyano bacteria)吸收太阳能,经一系列还原反应把太阳能转变为化学能,利用 CO_2 和水产生碳水化合物 $[CH_2O]$,实现太阳能的储存过程。

$$H_2O + CO_2 \xrightarrow{\text{光合作用}} [CH_2O] + O_2 \tag{10-2}$$

光合作用包含两个过程,即 H_2O 氧化成 O_2 和 CO_2 还原成碳水化合物。

$$2H_2O \longrightarrow O_2 + 4H^+ + 4e \tag{10-3}$$

$$CO_2 + 4H^+ + 4e \longrightarrow [CH_2O] \tag{10-4}$$

这两个过程分别发生在含有叶绿素 a_1(chla$_1$)和叶绿素 a_2(chla$_2$)的光学系统Ⅰ(PSⅠ)和光合系统Ⅱ(PSⅡ)中,chla$_1$ 和 chla$_2$ 的基本结构相同,仅卟吩环上取代基不同。在光合作用过程中只有 chla$_1$ 和 chla$_2$ 能直接参与光化学反应。

PSⅠ通过胡萝卜素和叶绿素等色素组成的天线网络捕集光能,并汇集到反应中心,因为吸收 700nm 左右的光能,所以根据吸收的最大波长定名为 P_{700},chla$_1$ 得到光能后放出高能电子到邻近分子,然后经多步复杂的电子转移过程,把 CO_2 和 H_2O 转变成碳水化合物(图 10.14)电子转移过程涉及到铁氧还蛋白等一系列电子载体。已知铁氧还蛋白是铁硫原子簇,它们能诱导电子转移通过 Fe(Ⅲ)-Fe(Ⅲ) ⇌ Fe(Ⅲ)-Fe(Ⅱ)电子转移过程。

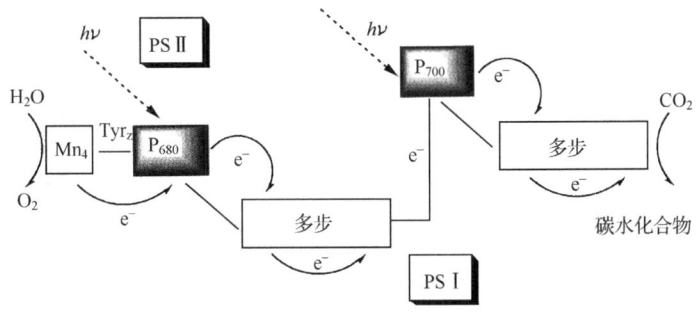

图 10.14 两个光学系统 PSⅠ和 PSⅡ的示意图

PSⅡ吸收比PSⅠ更高能量的光能(680nm)，在P_{680}中$chla_2$的主要作用是被激发提供电子，作为PSⅠ的电子源，使反应循环进行。$chla_2$被680nm的光激发后放出电子自动转化成$chla_2^+$，在锰蛋白的催化下使水氧化放出O_2。锰蛋白是4个锰组成的簇合物，称为放氧配合物(oxygen-evolving complex, OEC)具有高的氧化还原电位，不仅能提供电子给$chla_2^+$，而且催化H_2O放出O_2，用H_2O作为光合作用电子源，使光合作用得以进行。4核锰簇合物的化学成分尚不清楚，无数配合物作为OEC的模型进行研究，如配体1,4,7-三甲基-1,4,7-三氮杂环壬烷(Metacn)及其母体(tacn)可生成稳定的4核配合物，即$[Mn_4O_6(Metacn)_4]^{4+}$和$[Mn_4O_6(tacn)_4]^{4+}$(图10.15)。在4个锰组成的簇合物中，两个锰离子有强的磁耦合，其余两个偶合较弱，在一定程度上模拟了OEC的放氧性质。

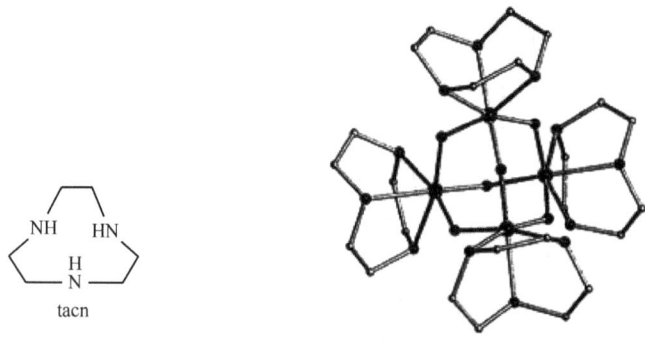

图10.15　$[Mn_4O_6(tacn)_4]^{4+}$的结构

10.6　金属酶及其模拟

10.6.1　金属酶的特点

酶是在生物体内的高效催化剂，具有高的专一性和选择性。除简单酶外，都是由不表现催化活性的蛋白质(脱辅基酶 apoenzyume)和具有催化性质的辅因子(cofactor)组成。辅因子可以是金属离子或有机分子，含金属离子的称为金属酶[3(a)]。在酶中$\frac{1}{3}$以上是金属酶，在大多数情况下金属离子是金属的活性中心(active center)，它是进行电子转移、键合外来分子和进行催化反应的部位，具有稳定结构和调控功能。它的成键方式、配位环境、空间结构和配位化合物极为相似，金属酶可以看成以蛋白质为配体的巨大配合物，所以配合物的热力学、动力学、反应机理、结构理论等都适用于金属酶的研究。金属离子在酶中所占的比例很小,却起着举足轻重的作用。例如,超氧化物歧化酶的分子质量为32 000Da(道尔顿),其中金属离子所占的质量不足1%。酶的蛋白质组成凸凹不平的带隙缝球形结构。在催化反应时底物键合的缝隙称为活性部位(active site)。酶有如此大的尺寸和高的复杂性,几乎阻止人们深入和完全理解酶,至今人们尚不能完全理解酶有如此大的尺寸是真实需要还是进化的偶然性。人们设想到把酶的尺寸减小到最小,并保留其活性进行研究是可能的,因此通过配体的裁剪和设计,可合成出与天然酶活性中心结构相似的配合物(模拟化合物或模型化合物),用此模型对酶的结构和功能进行模拟研究,这对没有获得单晶结构和反应机理尚不完全清楚的酶特别有用。由于天然酶的结构复杂,这种去粗取精的研究方法,可以得到用生物学方法直接从天然酶研究中不可能得到的信息。因此对酶的模拟研究不仅是对生物学方法的补充,而且配位化学家们可以从生物学方面获取灵感,在模拟研究中需要对大量配合物进行合成、结构表征和谱学分析研究,这样不但会刺激配位化学的发展也为配位化学注入了新的内容[3(a)]。

10.6.2 如何模拟金属酶

在金属酶的模拟中选用的配体多为多齿配体或大环配合物,其中大环配体具有独特的优点,它有许多在酶的模拟中使用,如穴醚、冠醚、杯芳烃、环糊精(第11章)等大环都用作酶的模型。通过配体的设计可以得到结构与酶的活性中心类似的或性质相近的配合物。配合物一般应具有:①高的热力学稳定性;②在水中有一定的溶解度或脂溶性;③金属离子配位数一般未达饱和,以便能接纳底物分子;④配体分子具有一定的柔软性,使能刚柔相济的发生反应。对模型配合物(或称模拟物)进行紫外-可见分光光度计(UV-Vis)、电子顺磁共振(EPR)和外延X射线吸收精细结构等谱学和其他性质研究,所得图谱和天然酶对照,可获得酶的构象、键长、键角和磁交换等信息。模拟结果有利于解释酶的活性结构、性质和反应机理,但不能模拟活性中心第一配位层外的蛋白质环境和环境对活性中心的影响等。由于自然界万年进化成复杂的生物物种,人造的模拟物要赶上生物体系的确实有很大困难,人们常以两条路径入手达到最终目的:①根据底物的键合位置和活性中心结构特点,设计出的模型称为结构模型。②根据实现反应功能,不必考虑酶的键合特点的模型称为功能模型。当然,配位化学家们力图设计出既有结构又有功能的神形兼备的模型物用于生产[3(a)]。

10.7 细胞色素 P450

10.7.1 结构和反应机理

细胞色素 P450(简称 P450)[3(b)]是酶中一大家族,它们的活性部位与肌红蛋白类似,在细胞色素 P450 中,含有 1 个血红素单元-铁卟啉 IX,但肌红蛋白中的血红素轴向的组氨酸基,在 P450 中被胱氨酸的硫醇基取代(图 10.16),由于硫醇基上电子云密度发生转移使氧活化,因此它的功能不是氧合而是开裂 O=O 键,它催化氧分子中 1 个氧转移到各种生物底物中,另 1 个氧经两电子还原成水[式(10-5)],它们是一类含血红素基的单加氧酶。

$$RH + O_2 + 2e^- + 2H^+ \xrightarrow{\text{细胞色素 P450}} ROH + H_2O \quad (10\text{-}5)$$

在 P450 中铁是低自旋,氧化还原电位(Fe^{3+}/Fe^{2+})值为负,有利于 $Fe(Ⅱ)$ 被氧化成 $Fe(Ⅲ)$。

$$\text{卟啉-}Fe(Ⅱ) + O_2 \longrightarrow \text{卟啉-}Fe(Ⅲ)\text{-}O_2^-$$

P450 广泛存在于动植物及微生物体内,在各种生物中均有发现,它参与药物代谢、天然环化分子的生物转化、外来异物的氧化代谢、类固醇激素的生物合成等,在体内具有很强的解毒功能,P450 催化底物最常见的氧化反应是羟化、环氧化、杂原子氧化等。第一个 P450 的三维结构于 1985 年才被报道,它是从细菌中分离出来的,称为 P450cam,因为它选择性地催化樟脑成 5-外-羟化樟脑(5-exo-hydroxycamphor),故为此名[式(10-6)],这是氧化非活性碳原子的极好的例子。

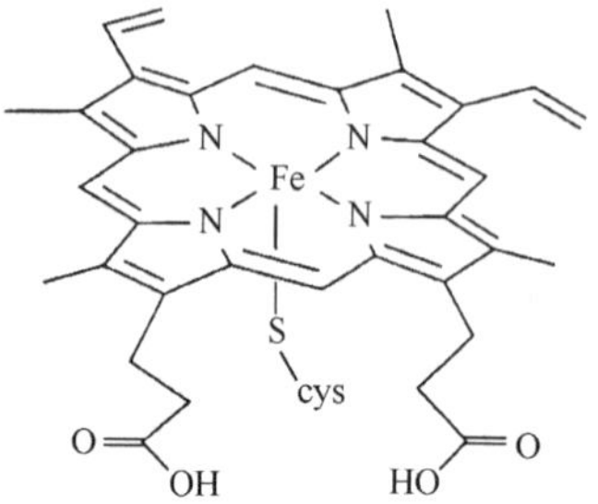

(10-6)

图 10.16　P450 活性中心结构

当细胞色素 P450 的低铁血红素基与 CO 配位时($Fe^{Ⅱ}$-CO),由于卟啉环上电子的 π-π^* 跃进产生的强带红移到 450nm,这是胱氨酸基强的给电子性质引起的,这与其他含血红素基的蛋白不同,后者强带出现在 420nm,因为该蛋白明显的光谱特征,所以称为 P450(P 意味着色素 pigment)。P450 的催化循环示于图 10.17,在溶液中底物 RH 呈自由状态时,P450 含有六配位的低自旋 $Fe(Ⅲ)$ (**1**),$Fe(Ⅲ)$

上除卟啉环外还有水分子与之疏松结合,水分子离去时产生五配位的高自旋Fe(Ⅲ)(**2**),遗留下来的配位空位用于氧分子键合。伴随着低自旋到高自旋血红素的转化,还原电位 $E^{\ominus}$ 从 -300mV 移到 -170mV,这促使高铁血红素被单胞氧还蛋白(putidordoxin)还原($E^{\ominus}=-196\text{mV}$)再生成五配位的低铁血红素(**3**)。然后氧分子键合到低铁血红素上 Fe(Ⅱ)转移电子到 O_2,形成高铁-超氧血红素($Fe^{Ⅲ}\text{-}O_2^-$)(**4**)。因为在反应过程中,P450cam 的共振拉曼光谱 O—O 键的伸缩振动和弯曲振动分别出现在 1140cm^{-1} 和 401cm^{-1} 这和端基配位在 Fe(Ⅲ)上的振动频率一致。

近来用 EPR 等谱学分析证明,再加入第 2 个电子到配合物(**4**),电子定域在氧上产生的高铁-过氧($Fe^{Ⅲ}\text{-}O^{2-}$)配合物(**5**)。当加入 2 个 H^+ 时引起 O—O 键异裂并释放出水分子,产生形式氧化态为 5+ 的铁(Ⅴ)卟啉(卟啉$^{2-}$—$Fe^{V}=O$)(**6**)。循环反应的最后一步是氧从配合物(**6**)迅速转移到底物 RH 得到 ROH(醇),然后水键合到 Fe(Ⅲ)得到初始反应物。到目前为止,P_{450} 在氧化过程中 Fe(Ⅴ)卟啉的确证尚有争议。

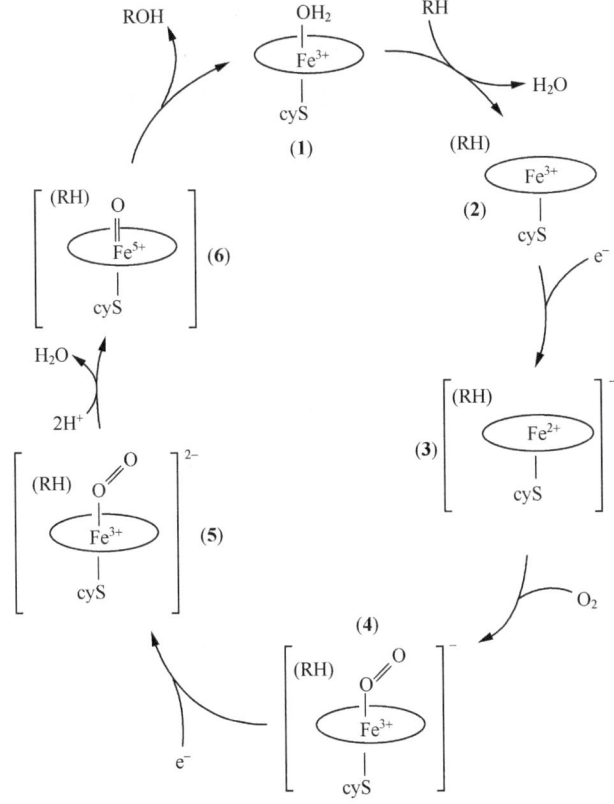

图 10.17 细胞色素 P450 的催化循环示意图

10.7.2 结构和功能的模拟

从结构上对 P450 进行模拟是较困难的,因为硫醇基和 Fe(Ⅲ)卟啉单元结合不是很牢固,在反应中硫醇基很容易被氧化成二硫化物并伴随着 Fe(Ⅲ)被还原成 Fe(Ⅱ)[式(10-7)]。

$$2[Fe^{Ⅲ}(por)(SR)] \longrightarrow 2[Fe(por)] + RSSR \tag{10-7}$$

一个轴向具有硫醇盐和 CO 的 Fe(Ⅱ)卟啉配合物(**10.3**)被合成出来,它的 UV-vis 及磁园二色谱相似于 P450 家族成员与 CO 形成的配合物,它可认为是 P450 的结构模型。

P450 在温和条件下高效专业地催化氧化多种有机物的反应是十分引人注目的。因此模拟 P450 的功能,探索在工业生产中温和条件下实现对烃类的研究,目前已吸引人们进行大量的研究。P450 的模拟体系通常的组分包括:①作催化剂的卟啉;②轴向配体;③给电子的还原剂(如 H_2O_2、烷基过氧化物);④氧源,用各种氧化剂作氧源,如碘酰苯(PhIO)、次氯酸、过碘酸盐等;⑤底物。例如以 Fe(Ⅲ)的卟啉配合物 Fe(TPP)Cl(TPP=中位-四苯基卟啉)在 phIO 存在下催化烯烃的环氧化和烷的羟化反应[式(10-8)和式(10-9)]得到产物为环氧化物和醇。

$$\text{>=<} + \text{phIO} \longrightarrow \text{>△<} + \text{phI} \tag{10-8}$$

$$\text{C—H} + \text{phIO} \longrightarrow \text{C—OH} + \text{phI} \tag{10-9}$$

(**10.3**)

Fe(TPP)Cl/phIO 体系虽在一定程度上模拟了 P450 的催化反应,但在强的氧化反应下卟啉环易被破坏或者形成不活泼的 μ-氧二聚体[(TPP)Fe—O—Fe(TPP)]引起催化活性的减弱。为了克服这些缺点将卟啉环进一步修饰和采用其他过渡金属离子的卟啉环,如锰(Ⅲ)的环常被采用。

近年来,具有生物体系特征的 P450 模拟体系尤其令人关注,读者如有兴趣可进一步阅读有关文献[4]。我国学者在对 P450 的模拟研究做了不少工作。例如，中山大学计亮年、黄锦汪等将金属卟啉用共价键接到聚苯乙烯上，实现了催化剂的固定化，具有实际意义。此外，更多国内学者的有关研究已有文献总结[5]。

10.8 辅酶 B_{12}

一类使人感兴趣的是以吡咯环为骨架的辅酶 B_{12} 和它的衍生物。例如，维生素 B_{12} 是其中一种衍生物，它们的结构绘于图 10.18。辅酶 B_{12} 及其衍生物都是以卟啉环为配体的 Co(Ⅲ) 低自旋配合物，环上除有甲基、乙酰胺、丙酰胺取代基外，还有 1 个 α-5,6-二甲基苯并咪唑核苷酸，通过苯并咪唑上的氮作为轴向配体和 Co(Ⅲ) 配位。Co(Ⅲ) 有两个轴向配体，另一个轴向配体是可变的，以 X 表示。维生素 B_{12} 的 X 轴向配体 X=CN^-、CN^- 是为离析 B_{12} 而引入的。凡下轴向配体为二甲基苯并咪唑核苷酸者统称钴氨素，所以维生素 B_{12} 又称氰钴氨素。在生物体系中 X 可为松弛的水分子或甲基，当 X＝5-脱氧腺苷基钴氨素（5-deoxyadenoxsylcobalamin）则称为辅酶 B_{12}。

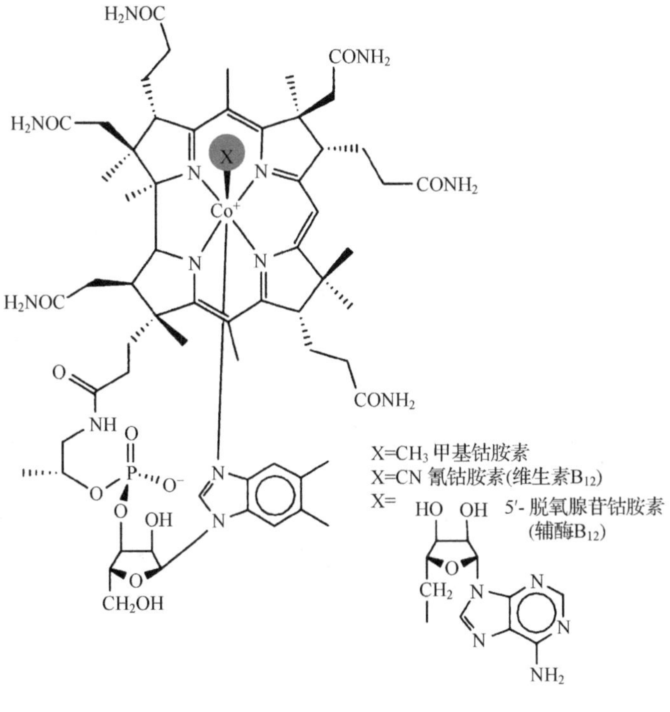

图 10.18 辅酶 B_{12} 及其衍生物

它在生物体中起着辅酶的作用,即指它辅助某种酶而发挥功能,所以它是该酶的辅基,在没有结合 B_{12} 以前的酶实际上是脱辅基酶,没有任何活性,只有与 B_{12} 结合形成酶-辅酶复合物后才具有活性。因此 B_{12} 是活性复合物的必要组分。辅酶 B_{12} 及其衍生物是迄今自然界唯一的金属-碳键的有机金属化合物,Co—C 键在生理条件下(pH=7 的无氧水溶液)非常稳定,Co—C 键长为 2.05Å。辅酶 B_{12} 最特征的反应是催化 1,2-重排,即催化化合物中两相邻碳原子上的氢和杂原子 X 间的易位。例如,辅酶 B_{12} 和相应的脱辅基酶结合成甲基丙二酸单酰辅酶 A-变位酶 (methylmalonyl-CoA mutase)、谷氨酸变位酶(glutamate mutase)等(图 10.19)。

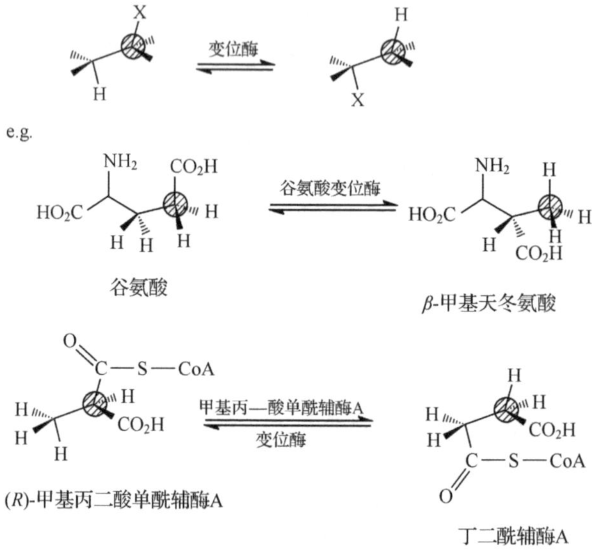

图 10.19　辅酶 B_{12} 变位酶催化 1,2-重排反应

在哺乳动物中依赖于 B_{12} 的甲基丙二酸单酰辅酶 A-变位酶是极端重要的,它与肝中氨基酸代谢有关,如果缺乏此类酶将会造成致命的基因缺陷。早在 1920 年人们就发现从动物肝中得到的提取液能治疗恶性贫血,通过大量的工作,分离出不同寻常的含钴的化合物,它在血液中浓度约为 $0.01\text{mg} \cdot \text{L}^{-1}$,经艰苦努力,在 1948 年用色谱法分离出氰钴氨素,由于它优良的治疗作用,人们把这个新的物种称为维生素 B_{12},相对分子质量为 1350,英国 Hodgkin 测定了它的晶体结构,并于 1964 年获得了诺贝尔化学奖,近年来有关维生素 B_{12} 的研究十分活跃。有关参考和综合性评论已大量发表。

10.9 固 氮 酶

10.9.1 固氮酶的结构

固氮酶(nitrogenases)存在于土壤微生物中,能够在大气中催化 N_2 还原成 NH_3。

$$N_2 + 6H^+ + 6e^- \longrightarrow 2NH_3 \tag{10-10}$$

由于 N_2 的热力学稳定性,每分子氮的还原需要 6 个电子和大的能量,在生理 pH 条件下需要很负的还原电位(低于 $-0.3V$)才能使之还原。已在 8.3.5 节中指出,N_2 是 π 酸配体,能用其 π^* 分子轨道接受金属离子的反馈电子,从而削弱 N≡N 叁键,因此能固氮的金属都是富有 d 电子的离子。已知固氮酶有三种,即钼-固氮酶、钒-固氮酶和铁-固氮酶。现仅介绍依赖于钼的固氮酶。

在钼-固氮酶中有两种蛋白质用于 N_2 的固定:一个称为铁蛋白(iron protein);另一个称为铁-钼蛋白(iron-molybdenum)。

1. 铁钼蛋白

铁钼蛋白是由两条 α 链和两条 β 链的四聚体组成,如图 10.20(b)所示。其中含有 1 个铁钼辅因子(Fe-Mo-cofactor,Fe Mo co)(或称辅基)和两个 4Fe-4S 簇构成的 P-原子簇,P-原子簇具有近似立方体结构。铁钼辅因子的结构如图 10.21(b)和图 10.21(c)所示,它含有 7 个铁原子和 1 个钼原子组成的畸变立方烷簇($MoFe_7S_9$),由两个立方体连接而成,其中 1 个是 Fe_4S_3(3 个 S^{2-} 和 4 个 Fe 原子),另一个为 $MoFe_3S_3$ 组成的立方体,之间被 3 个 S^{2-} 桥联,Mo 原子位于立方形结构的一个角,呈 MoS_3NO_2 配位的八面体构型。此外,还有蛋白链衍生物的配体,1 个半胱氨酸的硫醇根(cys275)配位到端位铁,6 个 Fe 原子组成的口袋型空间为键合底物 X 之处,配体 X 可能是 N 原子,因为它和 FeMoco 中的 6 个原子桥联形成弱键(μ_6-X)。铁原子有开放的键合位置和口袋形的空间可以键合底物,所以可能是 N_2 的键合,活化和被还原的位置。近来理论计算表明在 μ_6-X 处的原子是可交换的,它为参与在 NH_3 的形成过程。

在图 10.21(a)中 P-原子簇的两个 Fe_4S_3 被 2 个 cys 的 S 原子(μ-S-cys)和 1 个 S^{2-} 原子桥联(μ_6-S)。P-原子簇的功能是辅助电子的转移,从铁蛋白接受电子再转移到 MoFeco。在蛋白质内部 P-原子簇中所有 Fe(Ⅲ)可能被还原成 Fe(Ⅱ),它在低电位下控制电子转移到 FeMoco,它与一般铁硫蛋白不同之处在于:前者进行单电子转移,而在氮的固定中;后者可能通过各种氧化态蓄积电子到 8 个再进行转移[式(10-11)]。

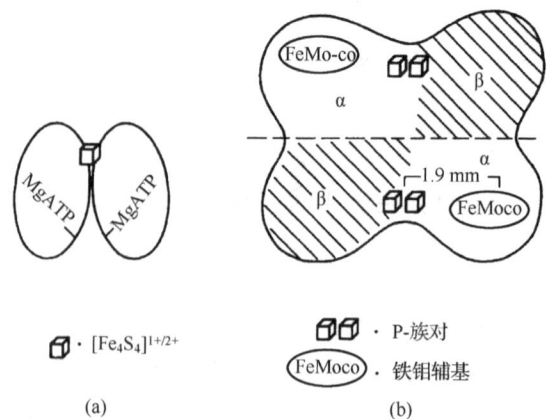

(a)　　　　　　　　　　(b)

图 10.20　在固氮酶中用于氮的固定的两种蛋白
(a) 铁蛋白；(b) 钼铁蛋白

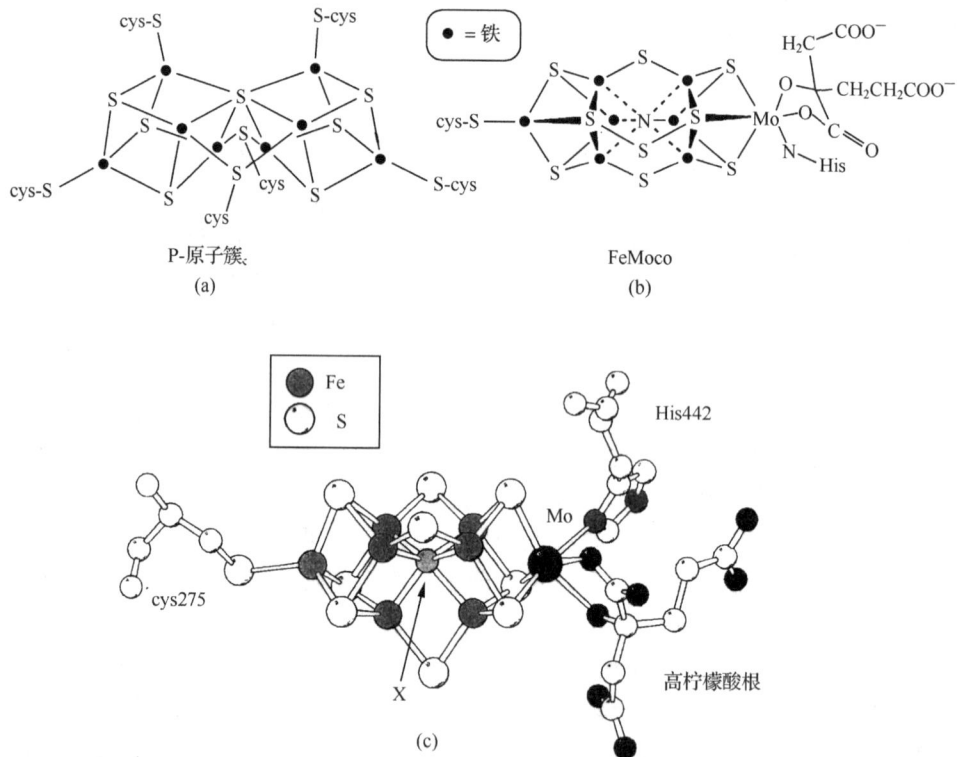

图 10.21　在固氮酶中的 P-原子簇(a)、FeMoco(b)、天然 FeMoco(c)的活性中心的晶体结构

2. 铁蛋白

铁蛋白的功能是被还原和转移电子经 P-原子簇到 FeMoco。铁蛋白含有 1 个 4Fe-4S 簇和由二磷酸腺酐(ADP)联结 2 个相同的亚单位组成。在每个相同亚单位中都含有三磷酸腺酐合镁(MgATP)的键合位置,MgATP 的作用是当它与铁蛋白结合时引起铁蛋白构象和氧化还原电位的变化,并促进向铁钼蛋白转移电子,在转移电子的同时 MgATP 发生水解形成 MgADP。

经研究表明,固氮酶是非专一性酶,它能催化一些小分子的反应,还具有氢酶的特征。在固氮过程中 N_2 还原为 NH_3 还伴随着 H_2 的放出。在 CO 存在时也不受影响。固氮反应可以用式(10-11)表示。

$$N_2 + 8H^+ + 8e^- + 16MgATP \xrightarrow{\text{固氮酶}} 2NH_3 + H_2 + 16MgADP + 16PO_4^{3-}$$
(10-11)

10.9.2 固氮酶的模拟研究

早在 20 世纪初期 Haber 等建立了合成 NH_3 的工业体系采用 Fe、Al 和 K 的氧化物催化氢还原[式(10-12)],反应在高温高压下进行且产率很低。

$$N_2(g) + 3NH_3(g) \xrightarrow[\sim 200atm, 400℃]{\text{金属催化剂}} 2NH_3$$

N_2 分子被键合到有晶格缺陷的铁原子表面而受到活化,进一步还原成 NH_3。为了寻求在常温常压下合成 NH_3,许多体系受到人们的注意。

最近还用以 Ru 为基础的催化剂载在石墨上代替铁催化剂,和含有 Fe、Co 或 Ni 的 Mo 氮化物体系,它们比 Haber 催化剂有更好的效果,这些体系几乎都具备一个共同特点,就是必须有与氮分子形成配合物的过渡金属盐和有将氮还原成氨的还原剂,如果在含质子的溶剂中就可还原成 NH_3 或 N_2H_4。

$$4Red + 4H^+ + N_2 \longrightarrow N_2H_4 + 4Ox \qquad (10-12)$$

式中,Red 和 Ox 分别代表还原剂和氧化剂。以上体系可以认为在一定程度上模拟了固氮酶的功能,可以看成固氮酶的功能模型。

由于固氮酶结构复杂,对活性中心结构的模拟还存在着很大的困难,目前配位化学家们主要从以下两方面进行研究。

1. 过渡金属双氮配合物的还原化学研究

大多数过渡金属均能与氮形成配合物,利用 N_2 的配位削弱两个氮原子间的叁键,现在的问题是如何利用还原剂给配位氮提供电子,拆开 N—N 键,再加入氢离子和带负电的氮形成 NH_3。就研究结果来看,形成稳定的双氮配合物后,再将双氮还原成 NH_3 是比较困难的,已知形成不稳定的双氮配合物主要为 Ti、Mo、W

等。再者,人们早已意识到固氮酶的活性中心存在着钼,因而对钼的配合物研究得较多。如已发现钼,钨的盐类与过量的 $PPh_2CH_2CH_2PPh_2$(dppe)在 THF 中生成双氮配合物(**10.4**)。经萘钠或格林试剂还原,见式(10-13)和式(10-14)。

$$\begin{array}{c}\text{Ph} \quad \text{N} \quad \text{Ph}\\ \text{P} \quad \text{P}\\ \text{Ph} \quad \text{P—M—P} \quad \text{Ph}\\ \text{P} \quad \text{P}\\ \text{Ph} \quad \text{N} \quad \text{Ph}\\ M=W, Mo\end{array}$$

(**10.4**)

$$[MoCl_3(THF)] + 3e + 2N_2 + 2dppe \longrightarrow Mo(N_2)_2(dppe)_2 + 3Cl^- + THF \tag{10-13}$$

$$[Mo(N_2)_2(dppe)_2] + 6H^+ \longrightarrow 2NH_3 + N_2 + Mo(IV)\text{化合物} \tag{10-14}$$

在常温常压下 1mol 配合物可产生 $0.1\sim 0.3$mol 的 NH_3。

近来一个有趣的双氮配合物,它和 Ru 的双氢配合物(**10.5**)反应得到了按化学计量的 NH_3,且不需要加入 H^+,在此双氢配合物在反应中作为酸,提供质子源。

$$L-W(-N\equiv N)(L)(L)(L) + 6[RuCl(\eta-H_2)(dppe)_2]PF_6 \longrightarrow 2NH_3 + 6RuHCl(dppe)_2 + W(VI)\text{化合物}$$

(**10.5**)

许多研究结果表明,含桥基的双氮配合物能由 N_2H_4 进一步还原成 NH_3,且有较高的还原产率,从 N—N 键长数据来看,它们比端联的单核受到的活化程度要大(自由 N_2 的键长为 1.098Å,单核双核键长为 $1.10\sim 1.12$ Å)。对于一些 Mo(IV) 和 W(IV) 配合物,双氮能完全被还原成 NH_3。

2. 结构模型的研究

直接在铁钼辅因子 FeMoco 上研究 N_2 的键合和转化为 NH_3 的过程非常困难,加之酶的还原型是非常不稳定的,且至今底物键合到天然 FeMoco 上的晶体结构尚未见报道,为此结构模型的研究显得尤为重要,FeMoco 的人工合成是对配位化学的一大挑战。尽管目前还没有得到成功的 FeMoco 的结构模型,但推动了无数 Fe-Mo-S 簇合物的合成。图 10.25 是一些有代表性的 FeMoco 模型。因为 $MoFe_3S_4$ 立方烷是 FeMoco 的一半,所以相应的一半模型引起人们的广泛研究。图 10.22 的模型(a)[$(Cl_4\text{-cat})(py)MoFe_3S_3(PEt)_2(CO)_6$]是对 $MoFe_3S_4$ 的模拟,其中邻苯二酚衍生物(Cl_4-cat)代表 FeMoco 中的 Mo 的柠檬酸根配体,在簇合物中 Mo 处在 NO_2S_3 的配位环境,这相似于在 FeMoco 中的 Mo 的环境。图 10.22 中(b)是具有 μ_2-S^{2-} 双桥联的簇合物,其中含有 $MoFe_7$ 核,它由 $MoFe_3$ 和 Fe_4 两个立方体偶联而成。图 10.22 中簇合物(c)是(b)的类似物。在以上三个簇合物中都含有 M_4S_4 立方烷型结构,但这些结构中没有类似于 FeMoco 中的 3 个 μ_2-S^{2-} 桥存在。在簇合物 $MFe_4S_6L_5$(d)中其组成和 MoFeco 有很大的区别,但是含有 3 个 μ_2-S^{2-} 桥呈现出缺硫的立方烷结构。它的 $Fe_4(\mu_3$-$S)_3(\mu_2$-$S)_3$ 部分是相似于 FeMoco 中远离 Mo 的部分。更重要的是其中 3 个 Fe 原子有三角锥构型,3 个 Fe 原子位于底部,膦位于轴向,这相似于 FeMoco 中 3 个铁原子的位置。经实验证明,该化合物的 EXAFS 谱与 FeMoco 类似。在此基础上一系列类似于 Fe 原子具有三角锥的提篮型结构的簇合物被报道,以图 10.22(e)作为代表,20 世纪 70 年代我国学者在模拟生物固氮方面做了不少工作,其中如卢嘉锡提出的 $MoFe_3S_3$ 原子簇的网兜结构模型,蔡启瑞等提出的铁钼辅基的多核原子簇结构模型,大大地促进了我国原子簇化学的发展。迄今人们以精湛的合成技术在模拟 P-原子簇和 FeMoco 方面已合成出大量的模型,但与 X 射线结构分析所得的 FeMoco 结构仍有距离。因此模拟生物固氮的研究仍任重道远。

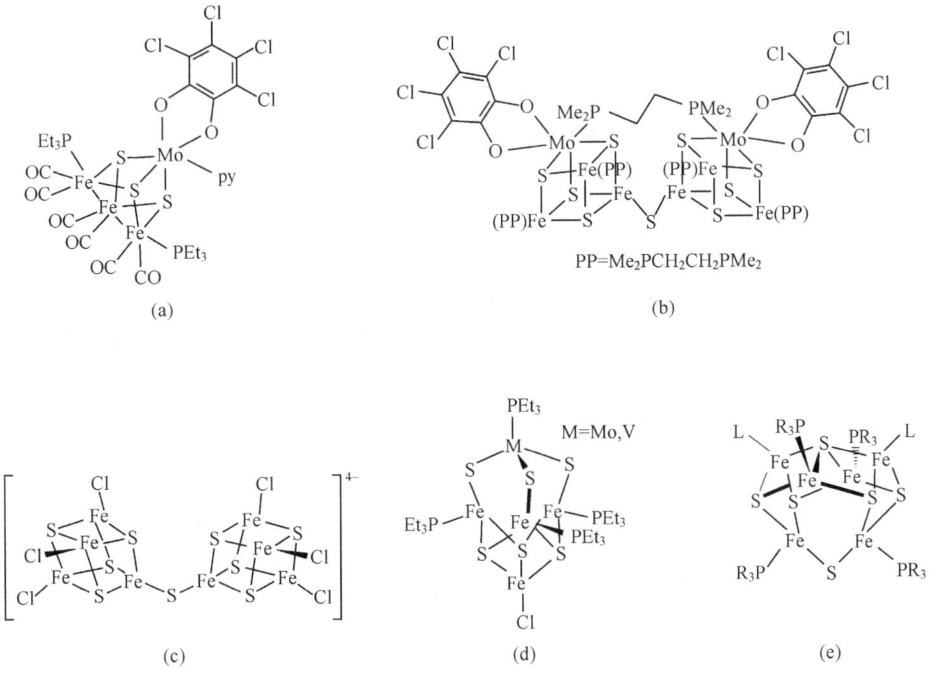

图 10.22 一些有代表性的 FeMoco 模型

10.10 具防御功能的超氧化物酶[3,6]

10.10.1 存在和功能

超氧化物歧化酶(superoxide dismutase, SOD)的一个重要功能是催化超氧阴离子 $\cdot O_2^-$ 歧化,保护细胞免于受到氧化损伤[6]。在 SOD 存在下,$\cdot O_2^-$ 按式(10-15)歧化,然后 H_2O_2 通过过氧化氢酶转化为 H_2O。

$$2 \cdot O_2^- + 2H^+ \longrightarrow H_2O_2 + O_2 \qquad (10\text{-}15)$$
$$2H_2O_2 \longrightarrow 2H_2O + O_2$$

式中,$\cdot O_2^-$ 是细胞呼吸的副产物,大约有 3% 的 O_2 在生命过程中被还原成 $\cdot O_2^-$,$\cdot O_2^-$ 经进一步演化成高反应活性氧物种(ROS),如 H_2O_2、$\cdot O_2^-$、HClO、NO_2^-。已证明 $\cdot OH^-$ 能断裂 DNA 和修饰氨基酸,具有高毒性,$\cdot O_2^-$ 和 NO 反应($\cdot O_2^- +$ NO $\longrightarrow ONO_2^-$)不仅产生高氧化性、高毒性的过氧亚硝酸根,而且消耗体内的 NO 分子,阻止信使分子 NO 传递信号。因此 $\cdot O_2^-$ 被认为是许多疾病的中介剂,它涉及 DNA 损伤、脂质过氧化、辐射损伤、糖尿病、癌症和艾滋病等。许多人体疾病的临床结果表明 SOD 有望作为治疗剂。

SOD 以金属为辅因子,随所含的金属离子不同而异,有大量存在于哺乳动物体内的 Cu_2Zn_2SOD、真核生物中的 MnSOD、叶绿素中的 FeSOD 和真菌中的 Ni-SOD,不同的 SOD 存在于不同的生物组织中,在细胞室中与 $\cdot O_2^-$ 反应。

10.10.2 超氧化物歧化酶的结构

铜锌超氧化物歧化酶在每个活性位置都含有 Cu(II) 和 Zn(II),在通常情况下为二聚体,其氧化型的活性中心结构如图 10.23(a)所示,在氧化型活性中心结构中,Cu(II)离子被 4 个来自氨酸残基(His-44,His-46,His-61 和 His-118)的咪唑氮配位,组成 N_4 平面,在轴向有一个疏松的水分子使平面向四面体畸变,连同水分子 Cu(II)中心呈现出畸变的四面体构型,这是迄今为止唯一以咪唑基桥联金属的生物分子。Cu(II)是氧化还原的活性中心,Zn(II)起着稳定结构的作用。咪唑桥在歧化 $\cdot O_2^-$ 的过程中起着重要作用。图 10.23(b)是还原型活性中心的两种结构,在还原型的一种结构[图 10.23(b)左]中,咪唑桥被质子化后,不再键合到 Cu(I)上[6]。还原型 Cu_2Zn_2SOD 的谱学数据充分地支持了 Cu(I)三配位的论点。因为 Cu(I)不能和咪唑竞争质子。

静电力学和分子力学计算表明,活性位置中的 Cu(II) 和 Zn(II)位于蛋白链构成的袋形缝隙中,如图 10.24 所示。Zn(II)远离溶剂,藏于袋中,Cu(II)仅以 10Å 的面积轻微暴露,与 Cu(II)相距约 5Å 处带正电荷的精氨酸残基(Arg-141)

组成离子通道,引导·O_2^-进入袋内和Cu(Ⅱ)发生反应。

MnSOD和FeSOD有非常相似的活性中心结构,催化过程的相关氧化态为Fe(Ⅲ,Ⅱ)、Mn(Ⅲ,Ⅱ)。在氧化态结构中,两个His的氮和1个Asp的羧氧组成一个赤道平面,另一个His基和羟基(或水)位于轴向,形成三角双锥构型[图10.23(c)]。在锰和铁还原型的SOD中羟基结合质子,轴向变为水分子。

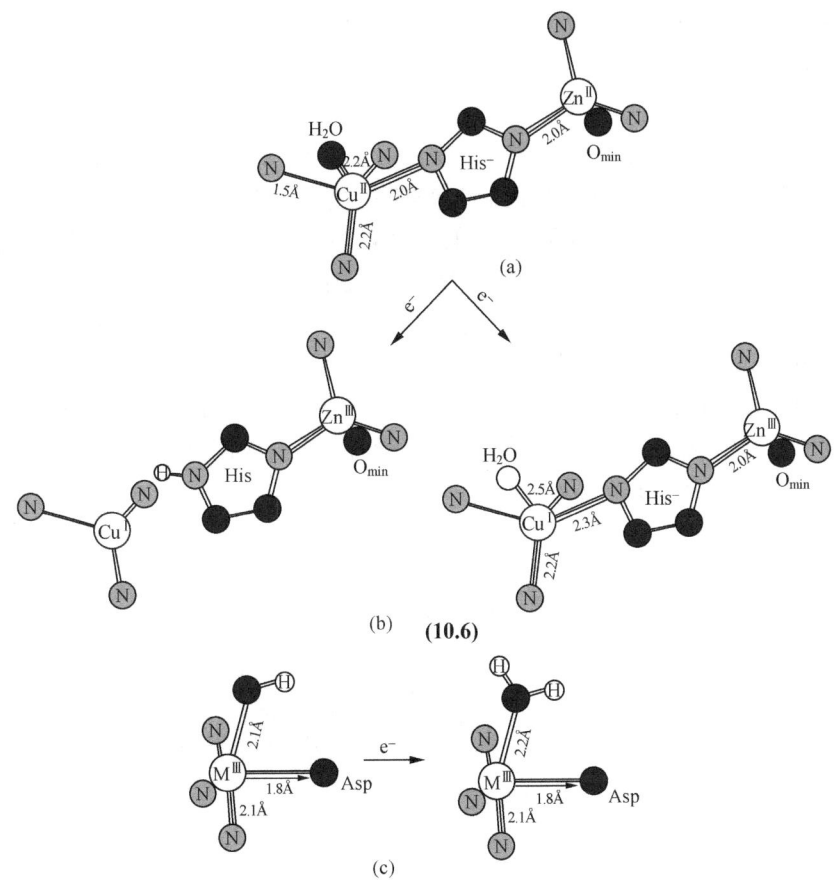

图10.23 超氧化物歧化酶的活性中心结构
(a) 氧化型Cu_2Zn_2SOD;(b) 还原型Cu_2Zn_2SOD;(c) 氧化型和还原型FeSOD和MnSOD。

10.10.3 歧化·O_2^-的机理

由脉冲幅解法(pulse radiolysis)研究Cu_2Zn_2SOD和·O_2^-的反应,结果表明歧化反应遵循两个连续单电子转移步骤。铜离子接受和给出电子,并伴随着质子的转移,以式(10-16)和式(10-17)表示(式中仅列出活性中心结构),**(10.6)**为还原型,其结构绘于图10.23(b)。

$$\text{Cu}^{II}\text{—N}\diagdown\text{N—Zn}^{II} + \text{H}^+ + \cdot\text{O}_2^- \longrightarrow \text{Cu}^{I}\diagup\text{N}\diagdown\text{N—Zn}^{II} + \text{O}_2 \quad (10\text{-}16)$$
(10.6)

$$\text{Cu}^{I}\text{—N}\diagdown\text{N—Zn}^{II} + \text{H}^+ + \cdot\text{O}_2^- \longrightarrow \text{Cu}^{II}\diagup\text{N}\diagdown\text{N—Zn}^{II} + \text{H}_2\text{O}_2 \quad (10\text{-}17)$$

Cu_2Zn_2SOD 对 $\cdot O_2^-$ 的双分子催化速率常数 $k_{cat}=2.0\times 10^9 L\cdot mol^{-1}\cdot s^{-1}$。催化速率受底物扩散到活性中心的速率控制。$Cu_2Zn_2SOD$ 有如此高的反应速率,其活性中心必须满足如下条件。

(1) $\cdot O_2^-$ 必须以高速度进入活性中心。实验证明,提高反应液的离子强度,修饰精氨酸残基(Arg^{141})的正电荷会抑制催化活性,而对 SOD 活性中心周围进行修饰,减少负电荷基团,则提高 SOD 的活性,这说明在生理条件下,带正电荷的 Arg^{141} 和 $Cu(II)$ 的存在,增加了底物扩散到活性中心的速度。

(2) 金属由配位空位接纳底物进行内层电子转移。X 射线晶体结构分析表明,在 Cu_2Zn_2SOD 中微弱键合于轴向的水分子容易被阴离子 CN^-、N_3^-、SCN^- 等取代,因此水也易被 $\cdot O_2^-$ 取代,生成 $Cu(II)-\cdot O_2^-$。配位在 $Cu(II)$ 上的 $\cdot O_2^-$ 经内层电子转移生成 $Cu(I)+O_2$,与 $Cu(I)$ 键合的 O_2,因铜离子电荷降低,从活性中心逃逸,使 $Cu(I)$ 形成三配位结构(图 10.24)。

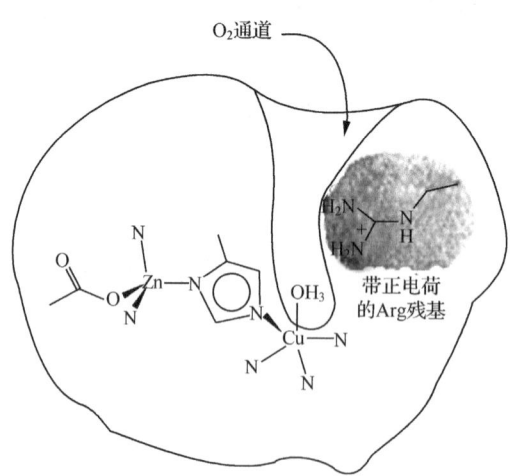

图 10.24 Cu_2Zn_2SOD 的 $Cu(II)$ 和 $Zn(II)$ 在蛋白链组成的袋中的位置

(3) $\cdot O_2^-$ 迅速质子化产生 H_2O_2。关于桥基(His^{61})迅速去质子化问题,由牛血中得到的 Cu_2Zn_2SOD(BESOD)咪唑桥的质子化常数(以 pK_a 表示),将氧化型 Cu_2Zn_2SOD 的 pK_a 值($pK_{ox}=5.38$)与还原型 Cu_2Zn_2SOD 的 pK_a 值($pK_{red}=8.2$)比较,说明当 SOD 中 $Cu(II)$ 被还原成 $Cu(I)$ 时,桥基咪唑基质子化能力增加,致

使咪唑桥发生断裂,相反当Cu(Ⅰ)被氧化成Cu(Ⅱ)时咪唑基的pK_a下降,其质子化能力减弱。所以Cu(Ⅱ)比Cu(Ⅰ)更容易连接咪唑基,这进一步说明了Cu_2Zn_2SOD在歧化·O_2^-过程中咪唑桥基的断裂机理(图10.25)。

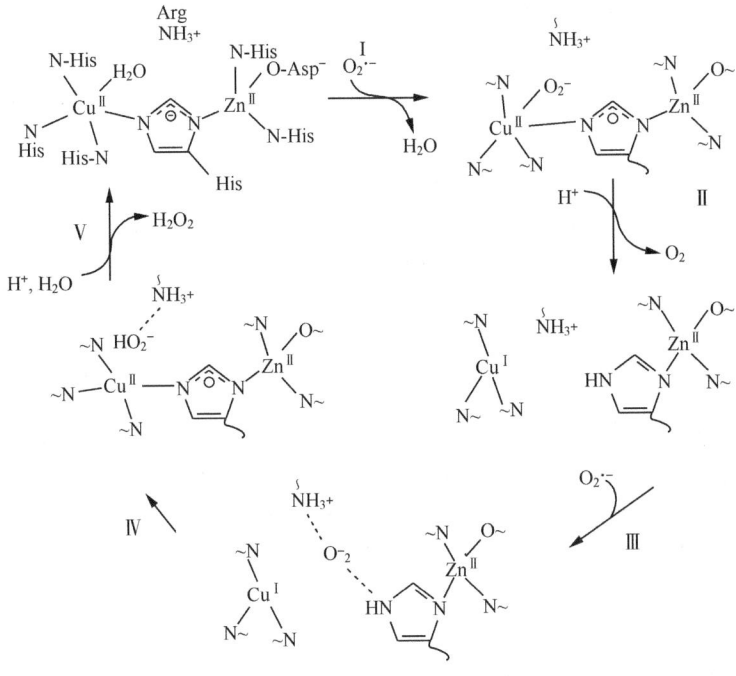

图 10.25 Cu_2Zn_2SOD催化歧化·O_2^-循环示意图

(4) 有适合的热力学驱动力。SOD催化歧化·O_2^-的驱动力和反应的氧化还原电位有关。·O_2^-的还原电位为

$$\cdot O_2^- + 2H^+ + e \longrightarrow H_2O_2 \quad E^{\ominus} = +0.89\text{V(NHE)}$$

$$O_2 + e \longrightarrow \cdot O_2^- \quad E^{\ominus} = -0.16\text{V(NHE)}$$

如果SOD的还原电位在-0.16V~$+0.89$V范围,对·O_2^-进行单电子氧化还原反应应该有最大的热力学驱动力。天然Cu_2Zn_2SOD的氧化还原电位(SHE)为$+0.4$V,FeSOD的为0.26V,MnSOD的为$+0.31$V。分别对歧化·O_2^-有驱动作用。有趣的是相应金属的水合离子的氧还电位(SHE):$[Cu(H_2O)_6]^{1+/2+}$,$+0.16$V;$[Fe(H_2O)_6]^{2+/3+}$,$+0.77$V;$[Mn(H_2O)_6]^{2+/3+}$,$+1.5$V。所以$[Cu(H_2O)_6]^{2+}$能有效地催化歧化·O_2^-,而$[Mn(H_2O)_6]^{2+}$不具有催化能力。可能Mn^{2+}、Fe^{3+}是d^5高自旋电子构型,稳定了水合离子的氧化态。在Cu_2Zn_2SOD中Cu^{2+}被3个His,1个水分子和咪唑桥配位,增加了氧还电位($+0.40$V)。比起水合铜离子,Cu_2Zn_2SOD歧化·O_2^-有更大的驱动力,是有效的催化剂。MnSOD和FeSOD的催化机理和Cu_2Zn_2SOD相似,对MnSOD和FeSOD可描述为

$$\cdot O_2^- + H^+ + LM^{III}(OH^-) \longrightarrow O_2 + LM^{II}(H_2O)$$
$$\cdot O_2^- + H^+ + LM^{II}(H_2O) \longrightarrow H_2O_2 + LM^{III}(OH^-)$$

式中，M=Fe 或 Mn；L 表示蛋白质配体；OH^- 或 H_2O 表示键合在金属上的羟基或水；其余配位基团被略去。

由以上讨论将 Cu_2Zn_2SOD 催化歧化 $\cdot O_2^-$ 的机理示意于图 10.25，图中第 I 步为 Arg^{141} 的导向作用、H_2O 的离解及 $\cdot O_2^-$ 的配位，第 II 步表示第二个 $\cdot O_2^-$ 进一步反应的过程，有学者认为 $\cdot O_2^-$ 是直接键合到三配位的 Cu(I)，再经内层电子转移生成过氧阴离子。但由红外光谱证实，第二个 $\cdot O_2^-$ 不是直接配位到 Cu(I) 上，而是和 Arg^{141} 以氢相连，可能在第 IV 步中通过 $\cdot O_2^-$ 和 Cu(I) 间的外层电子转移，以及 His^{61} 的质子转移在重新形成咪唑桥。第 V 步是俘获质子和水，转化为初始 SOD 完成催化循环。

10.10.4 超氧化物歧化酶的模拟

SOD 对有机体有防护功能，许多临床结果显示，Cu_2Zn_2SOD 在治疗风湿性关节炎及药物治疗和放射治疗产生的副反应有一定的疗效，但 SOD 不易穿透细胞膜，缺乏免疫性，寿命短（在体内的半衰期只有几分钟），且价格昂贵，其药用价值受到限制，低相对分子质量的过渡金属配合物也能歧化 $\cdot O_2^-$，所以作为 SOD 的模拟物的研究引起人们极大的兴趣，早期 SOD 的模拟工作侧重于寻找具有歧化功能的 Cu(II) 配合物，如配体为邻羟基苯甲酸类（乙酰水杨酸，3,5-二异丙基水杨酸）、氨基酸和多肽（Gly-His-Lys）的铜（II）配合物，它们在体外有比 Cu_2Zn_2SOD 稍低的活性，但这类配合物稳定性低，在体内离解或被其他中性配体（如蛋白质等）所取代。由于大环（II）配合物有较高的稳定性，近年来将大环超分子体系用于作为 SOD 模拟物的研究已引起注意，尤其是 Mn(II) 大环多胺配合物作为 SOD 模拟物在抗炎方面已取得进展。

Cu_2Zn_2SOD 的活性中心的较 MnSOD 和 FeSOD 有更复杂的结构。对后两者化学家们侧重于功能的模拟，对前者已从单纯的功能模拟进而深入到结构的模拟研究，企图从结构、催化机理、热力学、动力学等各方面进行探索，比较与天然酶的异同，了解结构和功能的关系，最终达到成为药物的目的。

1. Cu_2Zn_2SOD 的模拟[6]

Cu_2Zn_2SOD 的 X 射线晶体结构分析在 1982 年已趋于完成，但其活性中心结构的晶体模型至 1990 年还未见报道。由于 Cu^{2+} 和 Zn^{2+} 的动力学活性和与咪唑基三者之间碱度不匹配等问题，合成十分困难。直到 20 世纪 90 年代才由罗勤慧等得到第一个咪唑桥联 Cu(II)，Zn(II) 配合物的晶体结构（图 10.26）即（[(tren)Cu(im)Zn(tren)](ClO_4)_3·MeOH（tren=二(2-氨基乙基胺)；im=咪唑基））。因为咪唑的 N-3 对质子有强的结合力,容易生成咪唑正离子(imH$_2^+$)。中性咪唑在强碱液中 N-1 上质子才能离解(pK$_a$=14.2~14.6)成负离子,参与金属配位[式(10-18)]。当咪唑作为桥基时必须在高碱度下才能成桥,但在碱度稍高时金属(Cu,Zn)会发生水解,致使咪唑桥联配合物难以生成,为此加入强配体 tren 以抑制水解。

$$\text{咪唑(H1,H,N3)} \longrightarrow \text{咪唑负离子} + H^+ \tag{10-18}$$

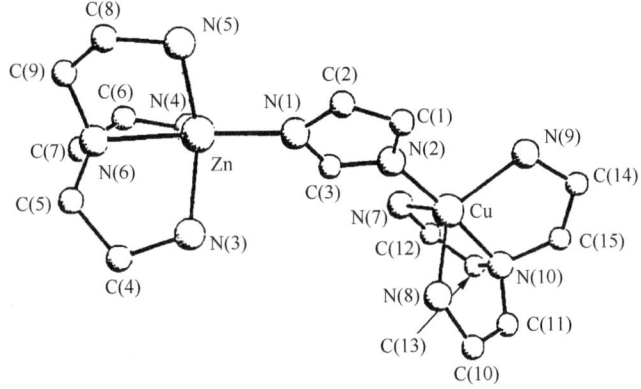

图 10.26　Cu$_2$Zn$_2$SOD 活性中心模型[(tren)Cu(im)Zn(tren)]$^{3+}$ 的晶体结构

迄今为止,咪唑桥联的 Cu-Zn 模型极少,只有几个被报道,但大多数存在咪唑桥基不稳定的缺点,J. L. Pierre 等合成出第一个以穴醚为配体的 Cu-Zn 穴合物[LCuZn(im)]$^{3+}$(L=穴醚)(**10.7**),其晶体结构如图 10.27 所示,咪唑桥在 pH=6~10.5 时保持稳定,该模型是迄今为止模拟 Cu$_2$Zn$_2$SOD 最优秀的模型。

(10.7)

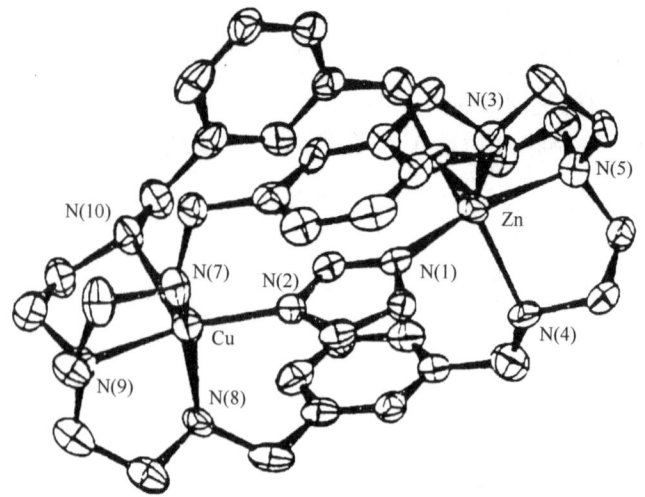

图 10.27 [LCuZn(im)]³⁺ 的晶体结构

2. MnSOD 的模拟

Cu_2Zn_2SOD 的模拟研究已做了大量工作,在结构和功能关系方面的研究已取得了大的进展,但至今有药用效能的模拟物仍不多见。因此近年来人们对 Mn-SOD 的模拟寄以极大兴趣,由于 MnSOD 活性中心结构较简单,易于模拟。在众多研究中主要有 15 元大环多胺锰(Ⅱ)配合物,尤引人入胜,其已发展成为新一代药物,有良好应用前景。

以 1,4,7,10,13-五氮杂环十五烷([15]aneN₅)作为配体的 Mn(Ⅱ)配合物 [Mn[15]aneN₅Cl₂] (**10.8**) 是这类模拟物的母体,其中两个 Cl⁻ 居于大环平面的轴向。它在 pH=7.4 时具有合适的热力学稳定性($\lg K=10.7$)和极佳的动力学惰性,已证明该配合物在体内是有效的抗炎剂,且具有其他优良的生物功能,为了改进[Mn[15]aneN₅Cl₂]作为药物的功能,对合成的大量配合物进行筛选,并用计算机辅助设计得到在体内有高稳定性和高 SOD 活性的两个 Mn(Ⅱ)配合物,将其称为 M40403(**10.9**)和 M40401(**10.10**)。通过大量的医学模型实验,M40403 及其相关的模拟物已被建议在心血管疾病引起炎症和缺血在灌注损伤等用作治疗剂。

(**10.8**)　　(**10.9**)　　(**10.10**)

10.11 双核铁家族

10.11.1 蚯蚓血红蛋白

蚯蚓血红蛋白(hemerythrin, Hr)也是一类载氧体,但它不含有血红素基,而是以双核铁作为活性中心。Hr存在于无脊椎动物中。它的载氧方式及载氧时铁离子氧化态变化,都不同于血红蛋白和肌红蛋白,但它的氧合能力却比血红蛋白或肌红蛋白高5~10倍。

去氧-Hr的两个高自旋Fe(Ⅱ)通过OH^-和来自蛋白链上的谷氨酸残基及天冬氨酸残基的两个羧基根作为桥基产生弱的反磁性耦合。另外3个组氨酸残基的氮以端基和1个Fe(Ⅱ)配位,形成八面体构型,另外2个组氨氮和另一个Fe(Ⅱ)配位呈五配位的三角双锥构型[式(10-19)]。

$$\text{(结构式)} \quad (10\text{-}19)$$

氧合时氧分子键合到五配位的Fe(Ⅱ)的空位上,电子从两个Fe(Ⅱ)转移到O_2形成过氧根离子,然后O_2^{2-}从桥基OH^-接受质子,促使μ-氧桥的形成,并与氢过氧根形成氢键。Hr与Hb或Mb不同,在氧合过程中没有pH的改变,所以认为氢过氧根的质子是来自桥基OH^-,而不是来自于溶液。因此氧合-Hr的活性部位可看成以μ-氧及二(μ-羧酸根)为桥,并含有以氢过氧根和组氨酸根端连的配合物。Hr在氧合前后颜色发生变化,从无色变位紫红色。从氧合前后来看,在氧合过程中Fe(Ⅱ)被氧化成Fe(Ⅲ),羟桥被转化成氧桥,铁的自旋态没有发生变化,蛋白的两个亚单位在氧合时仅显示微弱的协同效应。

10.11.2 甲烷单加氧酶[7]

甲烷有很高的键能(435kJ/mol),是最稳定的分子,很难发生化学反应。例如,细胞色素P450能氧化多种有机底物,却不能氧化甲烷。但存在于一种嗜甲烷菌(methanotrophic bacteria)体内的甲烷单加氧酶(methane monooxygenasese, MMO),却能催化氧化甲烷成甲醇,它是利用CH_4作为碳源和能源的一种酶,在能源短缺的今天,对MMO的研究令人备感兴趣。MMO不仅能氧化甲烷,还能氧化大量的其他含碳氢的底物,包括卤代烷烃、烯烃等,如大量的地下水污染物中难以氧化的三氯乙烯也能被其氧化。

甲烷氧化最关键的一步是甲烷被 MMO 催化导致稳定的 C—H 键断裂,在反应中从生物还原剂 NAD(P)H[①] 获得 2 个电子使 O—O 键开裂,其中 1 个氧原子被还原成水,另一个氧原子进入底物 CH_4 中,产生甲醇。所以 MMO 具有单加氧酶的特征。

$$CH_4 + O_2 + NAD(P)H + H^+ \longrightarrow CH_3OH + NAD(P)^+ + H_2O \quad (10-20)$$

在可溶的 MMO 体系中有 3 个蛋白参与催化循环,1 个称为羟化酶蛋白(MMOH),分子质量为 245kDa,也称甲烷单加氧羟化酶,它是以羧酸根和羟基桥联的双核单元作为中心,是键合底物的位置。另一个是还原蛋白(MMOR),在底物存在时从 NAD(P)H 提供电子到 MMOR,再转移到双核铁单元,第三个蛋白称为偶联蛋白 B(MMOB),它调节催化过程中各阶段的电子传递。在 MMO 中氧的键合,电子传递和碳氢底物的氧化具有高度的有序性。

MMOH 的活性部位含羟桥的双核铁,氧化型的甲烷羟化酶($MMOH_{ox}$)的双核铁处于高铁状态[Fe^{III}-Fe^{III}],它能接受 1 个或 2 个电子,分别产生混合价态[Fe^{III}-Fe^{II}]或低铁态[Fe^{II}-Fe^{II}],后者称为还原型 MMOH($MMOH_{red}$)。$MMOH_{ox}$ 的活性中心结构已被 X 射线晶体结构所表征。图 10.28 给出了 $MMOH_{ox}$ 的晶体结构。图中 1 个谷氨酸(Glu 114)和羟基作为桥基连接 Fe1 和 Fe2,3 个谷氨酸残基(Glu 114、Glu 209 和 Glu 243)以 1∶2 分别以端基氧和 Fe1、Fe2 单齿配位,此外 1 个水分子与 Fe1 形成弱键,并与 Glu 114 以氢键相连,还有 2 个 Fe-His 键分别与 Fe1 和 Fe2 配位。值得注意的是位于两个组氨残基的远侧的桥基位置可提供 OH 或 H_2O、Ac^- 等成桥,图 10.28 中为甲酸根所占据。

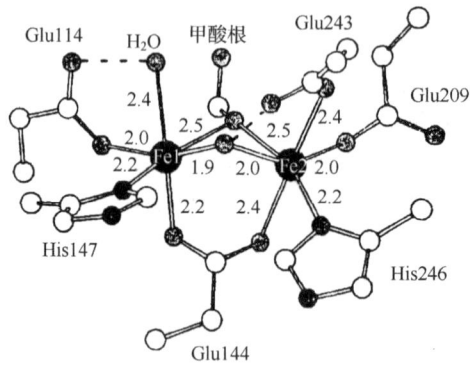

图 10.28 氧化型甲烷单加氧酶活性中心结构

---

① NAD(P)H 即烟碱酰胺腺嘌呤双核苷酸磷酸酯,它的主要功能是提供电子和转移电子。NADH 和 NAD(P)H 是代表骨架相同而有否取代基的还原剂。

当对 MMOH$_{ox}$ 加入两个电子生成 MMOH$_{red}$ 时,引起结构发生改变,MMOH$_{ox}$ 中的 1 个 Glu 单齿配体发生转移,生成 μ-1,1 桥联两个 Fe^{II} 的桥基,并排挤出溶剂衍生的桥基(X 和 OH$^-$),MMOH$_{red}$ 的结构如图 10.29 所示。MMOH$_{red}$ 和 O$_2$ 的反应用时间分辨光谱技术进行研究,发现在长波出现(过氧)二铁(Ⅲ)物种的从配体到金属的电荷转移带(LMCT),从振动光谱对(μ-1,2-过氧)二铁(Ⅲ)物种的存在也获得证实,至于 μ-1,2-过氧基的联结方式还不十分清楚,可能含有图 10.29 中 **(1)** 和 **(2)** 两种主要模式,氢化酶的过氧基中间体以 MMOH$_{peroxo}$ 表示,然后通过 Fe(Ⅲ)氧化成 Fe(Ⅳ),O—O 键进一步开裂生成(MMOH$_Q$),MMOH$_Q$ 是高活性物种,与细胞色素 P450 高铁氧化态物种类似,它氧化 CH$_4$ 成 CH$_3$OH,目前机理已有许多研究,但还不十分清楚,如图 10.29 所示。

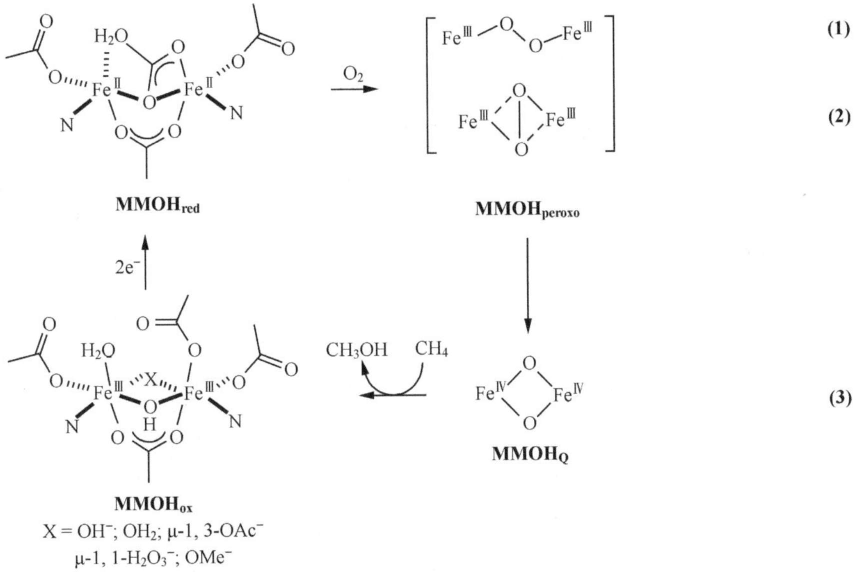

图 10.29　MMOH 氧化 CH$_4$ 成 CH$_3$OH 的过程示意图
在 MMOH$_{peroxo}$ 和 MMOH$_Q$ 中略去其他配体

除双核铁家族成员 Hr 和 MMO 外,与之对应的还有双核铜家族成员,即血蓝蛋白(hemoeyanin Hc)和酪氨酸酶(tyrosinase,tyr),这两类酶的功能和结构有互为类似之处。

10.12　与绿色化学有关的金属酶

绿色化学是当今国际化学的一个重要前沿,是我国实现可持续发展的组成部分,其核心是研究新的合成方法和路径,探索新型化学键的形成和断裂及选择性和调控反应,力求使反应具有"原子经济性",实现废物的"零排放"。在配位化学中通过配体的剪裁和设计,结合超分子化学方法由相对弱的非共价键自组装成超结构过程(第12章),组分识别选择性高,耗能少,副产物低,符合绿色化学的要求,从超分子水平模拟自然界,酶催化和仿生催化作为绿色化学研究重点之一。

10.12.1 氯过氧化物酶和棘根过氧化物酶[8(a)]

过氧化物酶(AH_2)是一类酶的总称,它们存在于所有动植物中,催化有机底物的氧化,从底物摄取1个或2个电子(通常为2个),通过单电子转移到电子受体H_2O_2,如式(10-21)所示。

$$AH_2 + H_2O_2 \xrightarrow{\text{过氧化物酶}} A + 2H_2O \tag{10-21}$$

血红素过氧化物酶含有血红素基,它被H_2O_2活化产生高铁-氧物种作为中间体,从底物中摄取电子,反应机理和细胞色素P450类似。氯过氧化物酶(chloroperoxidase,CPO)、棘根过氧化物酶(horseradish peroxidase,HRP)、锰过氧化物酶(manganese peroxidase)和木质过氧化物素酶(lignin peroxidase,LIP)存在于植物中,它们都是与绿色化学有关的金属酶。CPO是含血红素-硫醇基的一种多功能酶,它的活性中心结构与P450相似,它催化C—H键的氯化。在H_2O_2和Cl^-存在和pH2.7时,氯化氧化多种底物[式(10-22)]。

$$AH_2 + H_2O_2 + Cl^- + H^+ \xrightarrow{\text{CPO}} ACl + 2H_2O \tag{10-22}$$

氯过氧化物酶还能像P450一样,催化N-去甲基反应和各种烯烃(苯乙烯、丙烯、丙烯基氯)的环氧化。它与P450比较,作为酶催化剂,有更大的优越性,因为P450氧化反应的氧化剂为氧,需要可再生的还原剂(NADH),过氧化物酶催化底物氧化只使用纯净的过氧化氢,符合绿色化学的要求。且酶催化反应条件温和、快速,反应易于控制,在适当条件下有较高产率,如CPO氧化硫醚成手性砜,对映体选择性为90%~95%。所以过氧化酶在发展绿色化学中受到高度的重视。

棘根过氧化物酶与CPO结构不同之处是,前者血红素基的轴向为组氨酸残基,后者轴向为半胱氨酸。HRP催化酚(4-甲基酚、4-丁基酚等)的氧化偶联[式(10-23)]和对2-萘酚的对映体选择氧化成1,1-二萘基-2,2-二醇[式(10-24)]。

HRP在H_2O_2存在下催化酚基的氧化偶联,在室温水溶液中进行,不像金属催化剂,在酶催化下新的废液中不含有金属,是对环境友好的反应,是绿色化学所需要发展的方法。HRP催化氧化酚的方法也被建议用于废水中除苯酚。

$$(10-23)$$

$$(10-24)$$

10.12.2 木质素过氧化物酶和锰过氧化物酶[8(c)]

木质素酶包括木质素过氧化物酶(LiP)和锰过氧化物酶(MnP),它们和其模拟物对木质素催化降解的研究是绿色化学中一个值得注意的课题。木质素是由占优势的 β-羟基肉桂醇和松伯醇及芥子醇组成的高聚物,是人类可再生的资源之一,是蕴藏太阳能极多的物质,能转变成醛、酮、酸等有用的化工产品,是未来石油的最佳代用品,目前木质素在制浆造纸等工业中作为废液排放。20 世纪 80 年代人们从白腐菌(phanerochaete chrysosporium)中分离出降解木质素的 LiP 和 MnP,二者合称为木质素酶,是自然界唯一的依赖 H_2O_2 催化单电子氧化大量有机底物的金属酶,特别是对难氧化的有机底物,有其独到之处。例如,DDT 和高丙体 6,6,6(lindane)不能被微生物降解,但能被木质素酶氧化成三氯苯酚和苯并噁烷(benzo-dioxane)。

MnP 和 LiP 中都含有卟啉铁(Ⅲ)为结构单元,但 MnP 中除含有卟啉铁外还含有锰(Ⅱ)的配位单元。LiP 是一个脆弱的酶,当 H_2O_2 超过 20 倍时会失活,使 LiP 在工业上使用受到限制。模拟物的相对分子质量小,穿透性能和稳定性好,所以模型化合物的研究引起人们的重视。多氯酚是用氯漂白木材纸浆废液的污染物,其中 2,4,6-三氯苯酚(TCP)和五氯苯酚(PCP)已被美国环境保护总署列为重点污染物,木质素酶虽然能降解多氯酚,但用生物方法反应很慢,在实际中不能得到应用。因此许多木质素酶的模型,如磺化铁或锰的卟啉配合物、金属酞菁配合物等用于 TCP 和 PCP 的降解取得好的成果。

近年来以四酰基大环为配体和 Fe(Ⅲ)生成的一类配合物称为 TAML 活化剂(**10.11**),已得到人们的重视,这类配合物在水中 H_2O_2 存在下能对毫摩尔的 PCP 和 TCP 进行 99% 以上的降解,在环境条件下反应速率快,溶液 pH 要求范围广,更重要的是如果用生物降解法就会形成有毒的聚氯化二苯并-p-二噁星和二苯并呋喃,而采用大环 Fe(Ⅲ)配合物降解的产物却无毒,在降解液中二噁星含量不能被检测到,它对水中的商业染料和有色的纸浆废液能迅速氧化。有大的实用价值。

这类配合物不仅能催化 H_2O_2 氧化 PCP 等污染物,而且有可能代替长期使用的氯漂白工艺中代替,用氯漂白纸浆、纺织品,会形成有毒的含二噁星、二苯并呋喃的废液。使用 TAML 活化剂用以活化 H_2O_2,使实现低温漂白成为可能。有关这方面的研究,国外已进行了大量工作,尤以 T.J. Collins 在 TAML 的化学和工业等研究上作出了杰出的贡献,获得了 1999 年美国的绿色化学挑战奖[8(b)]。

TAML
(a) X=Cl, Y=H_2O, R=CH_3
(b) X=H, Y=Cl, R=CH_3
(c) X=H, Y=H_2O, R=F

(**10.11**)

10.12.3 锰过氧化氢酶

在生物体的新陈代谢中,细胞有氧呼吸所消耗的氧约 10% 被还原成 H_2O_2,H_2O_2 很容易被细胞中各种还原剂还原成极毒的羟基自由基 ·OH。细胞内存在着过氧化氢酶(catalases),能有效催化歧化 H_2O_2 成水和氧。

$$2H_2O_2 \longrightarrow 2H_2O + O_2$$

目前已知的过氧化氢酶有两类:一类含有血红素基;另一类不含血红素基,但含有锰,称为锰过氧化氢酶(Mncat)。近年来对 Mncat 及其模拟物的研究十分活跃,可利用它们代替常用的化学法,廉价而无污染地消除 H_2O_2。Mncat 由嗜热细菌(thermus thermophilus,Tr)和植物乳酸杆菌(lactobacillus,Lp)等细菌中分离得到,在 25℃、pH7.0 时的催化速率 $v=2.0\times10^5\,\text{s}^{-1}$。早期由于采用 3Å 低分辨率的 X 射线进行观察,对其活性中心结构不能完全确定,因此只能得到推测的模型(图 10.30)。

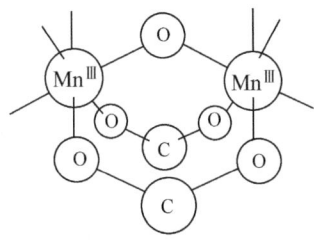

图 10.30　MnCat 活性中心的推测结构(氧化型)

直到 1997 年采用 1.4Å 和 1.6Å 分辨率的 X 射线对来自细菌 Tr 的 Mncat (Tr)结构进行测定时,才对活性中心结构有了进一步了解,研究结果表明,在还原态 Mn_2(Ⅱ,Ⅱ)中的 Mn⋯Mn 距离为 3.18Å,两个锰离子被谷氨酸残基(Glu^{70})以 $\mu_{1,3}$-羧酸根桥联,另外两个桥基经模拟得到的是在还原态可能为 μ-OH 和 μ-H_2O,在氧化态可能为 μ-O 和 μ-H_2O 与图 10.30 吻合。

$R=(a)CH_3,(b)CH_2CH_2OH$

(10.12)　　　　　　**(10.13)**

造纸工业是我国污染极为严重的工业之一,新的漂白工艺亟待开发。在造纸过程中,绝大部分木质素被除去后,在造纸上留下有色芳香化合物,必须进行漂白,目前多采用以氯为基础的氧化剂用于漂白,该工艺会产生极毒的氯化芳香化合物,如多氯酚。为了从源头上消灭污染,人们注意到对环境友好的 H_2O_2 催化剂用于漂白。但传统的过氧化氢漂白剂(过氧硼酸盐或过氧碳酸盐)在去污过程中需要高温(80~95℃),即使有足够漂白能力的过氧乙酸所需的温度也在 40~60℃。已知锰的大环双核配合物有高的稳定性,锰与其他过渡金属相比,对人体和环境危害较小,以 1,4,7-三氯环壬烷为基础(**10.12**)和衍生出的双核锰配合物(**10.14**)至(**10.16**)对 H_2O_2 有高的歧化能力,产生的活性氧对纸浆有漂白作用,因而对这些化合物进行研究,希望能实现低温漂白。

$$[LMn^{IV}(O)_2Mn^{IV}L](PF_6)_2 \quad L=(10.13)(a)$$
(10.14)

(10.15) $[\text{N}_4\text{Mn}^{IV}(O)_2(\text{OAc})\text{Mn}^{III}\text{N}_4](PF_6)_2$

(10.16) $[LMn^{III}(O)_2(H_2O)](ClO_4)_2$

三氮环锰配合物在低温是一种有效的锰催化的漂白催化剂,它们在造纸、纺织等工业中可望获得应用。

以上介绍了有代表性的金属酶,金属酶种类众多,如催化蛋白质水解的多肽酶(Zn^{2+})、催化 CO_2 水合的碳酸酐酶(Zn^{2+})、含 Nr^{2+} 的脲酶等不能一一介绍,读者在此基础上已能自学理解,所以在此不赘述。

10.13 生物体内钠钾浓度的控制

10.13.1 细胞膜外钠钾浓度的差别

在生物体内,某一部分内钠的浓度比钾大得多,而另一部分正好相反,这是一种普遍现象。例如,在人的细胞中,K^+ 浓度为 $157 mmol \cdot L^{-1}$,Na^+ 浓度为 $14 mmol \cdot L^{-1}$。而在人血浆中,K^+ 浓度为 $4 mmol \cdot L^{-1}$,Na^+ 浓度为 $410 mmol \cdot L^{-1}$,Na^+ 和 K^+ 在大多数代谢过程中互相起对抗作用,K^+ 促进代谢,而 Na^+ 抑制代谢过程。这是生物体内控制代谢过程的一个因素。

为什么细胞内外 Na^+ 和 K^+ 的浓度大小正好相反?用渗透性是无法解释的,Na^+ 对细胞膜有一定的渗透性,K^+ 的渗透性更大,但渗透性不能造成浓度差,当细胞死亡或由于中毒、过冷而引起代谢停止时,这种浓度差就消失了。由此可以推断,是细胞代谢过程产生的能量维持着浓度差,执行这种过程的组织称为"钠泵",又称为 Na^+/K^+ 离子泵,正如内燃机带动水泵,将水从低水位抽向高水位一样,当内燃机停止转动时,水位差就会消失,这种强制输送也称为主动输送。它与被动输送正好相反,被动输送受扩散控制,由高浓度向低浓度输送不需要能量。血浆中高浓度 Na^+ 不断自由渗透进入细胞,细胞中高浓度 K^+ 不断由细胞自由渗透出来,而钠泵则不断将 Na^+ 运出细胞,将 K^+ 运入细胞。

10.13.2 细胞膜的结构

细胞膜将细胞封闭起来,选择地调节营养物质和废物的摄入和排出,细胞膜由类脂和蛋白质组成,生物膜中最主要的类脂是磷脂。例如,一个典型的磷脂(磷脂酰胆碱)的结构如(10.17)磷脂酰胆碱一端为脂肪链,具有疏水性(或亲脂性),另一端为胆碱,具有亲水性。现已探明细胞膜的基本结构可表示为图 10.31。

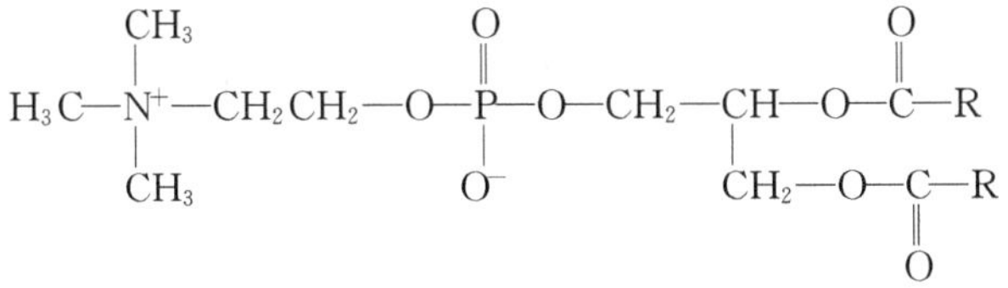

$$\begin{array}{c} \text{CH}_3 \\ | \\ \text{H}_3\text{C}-\text{N}^+-\text{CH}_2\text{CH}_2-\text{O}-\overset{\text{O}}{\underset{|}{\text{P}}}-\text{O}-\text{CH}_2-\overset{}{\underset{|}{\text{CH}}}-\overset{\text{O}}{\underset{}{\text{C}}}-\text{R} \\ | \quad\quad\quad\quad\quad\quad\quad\quad\quad\quad\quad | \quad\quad\quad\quad\quad | \\ \text{CH}_3 \quad\quad\quad\quad\quad\quad\quad\quad\quad \text{O}^- \quad\quad \text{CH}_2-\text{O}-\overset{\text{O}}{\underset{}{\text{C}}}-\text{R} \end{array}$$

10.17　　　R 代表长脂肪链

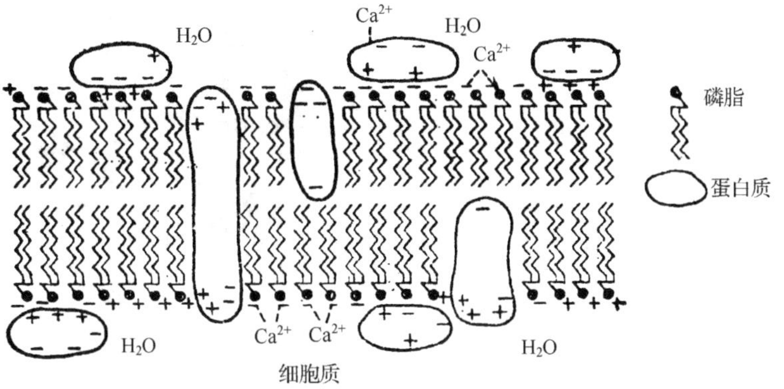

图 10.31　细胞膜的结构模型

磷脂分子是两性分子,组成细胞膜时,亲水端向外,疏水端向内,两层的疏水端相向排列,互相黏附,磷脂双层形成细胞膜的基本骨架,生物膜的功能主要取决于膜上的蛋白质。大部分蛋白质是嵌在磷脂的骨架中,另外一部分蛋白质分布于膜的外表面,通过静电引力与膜表面结合。

按照以上模型,细胞膜是由磷脂双层和蛋白质构成的,其基本结构是疏水的,细胞膜对非极性分子的渗透性大,对极性分子的渗透性小,因此磷脂双层膜不能透过 K^+ 和 Na^+,因为 Na^+、K^+ 不是亲脂的,它们不能扩散透过细胞膜,要使阳离子被动地传输,只能被亲脂载体输送,或在膜上建立亲水通道,允许阳离子通过,亲脂载体是一种配体,它既能选择性地键合金属离子,又能给金属离子穿上"亲脂外衣",使形成的配合物能顺利地通过膜的亲脂区,这种配体称为离子载体(ionophore)。

缬氨霉素是一种环状低相对分子质量的多肽化合物,它的羰基上的氧可以和 K^+ 配位形成带正电荷的配合物(图 10.32),由于配合物外围有很多的脂肪链,因此能通过膜。缬氨霉素环的空腔太大,不能与钠生成稳定的配合物,因此不能改变 Na^+ 对磷脂膜的渗透性。缬氨霉素携带 K^+ 通过膜,所以是一种离子载体。

大量实验证明,细胞的膜蛋白在物质输送中起到了载体的作用,与缬氨霉素类似,载体蛋白还具有高度的选择性,因此能够让 K^+ 通过细胞膜而 Na^+ 则不能,这样人体内细胞中 K^+ 的浓度比浸润它的血液浓度高 100 倍以上。关于载体输送离子的过程,可以设想为下列三个步骤:第一步,当金属离子接近膜时,膜能识别它;第二步,载体和它生成配合物通过膜;第三步,在膜的另一侧,离子从配合物中释放出来。离子从低浓度的一边抽取到高浓度的一边,需要消耗能量,能量由三磷酸腺苷(ATP)水解而得。

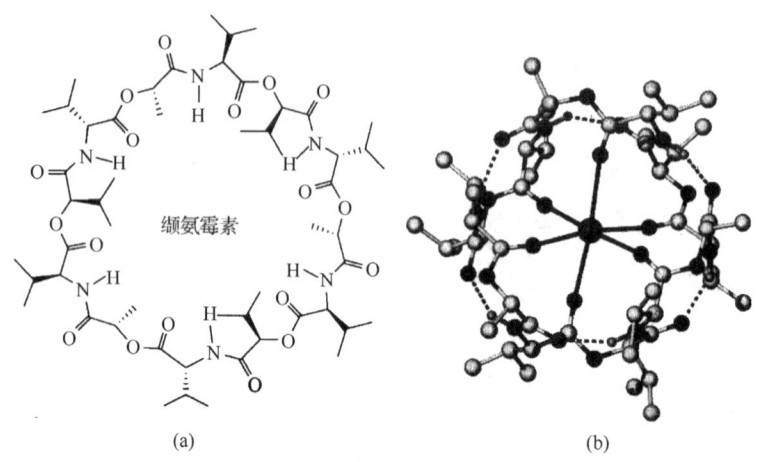

图 10.32　缬氨霉素与 K^+ 配合物的晶体结构

10.13.3　大环作为离子载体模型

冠醚结构与缬氨霉素类似,因此冠醚在生物膜的研究中作为离子转移的载体模型。

冠醚如[18]冠-6 既具有亲水性又具有亲脂性,在配合物中,氧原子均指向腔内,造成空腔外部疏水,相似于跨膜传输的离子载体缬氨霉素,但是自由配体则相反,自由配体的氧原子均指向环外,为环外部提供大的极性。冠醚有高度的柔性,可以形成亲水的表面或疏水的外部(图 10.33)。冠醚在亲水介质中,氧的孤电子指向环外,它屏蔽了亲脂的亚乙基骨架,形成一亲脂的碳氢内核。冠醚在水中的状态好像一滴油在水中。当冠醚在有机溶剂中,孤电子指向环内,形成富电子空腔,此时冠醚分子好像在油中的水滴,相似的柔性也出现在穴醚中。冠醚与客体(含金属离子)通过离子偶极键或氢键相互作用形成。

冠醚穴醚对阳离子配位性质的发现,导致人们开始对人工载体进行研究。图 10.34 为液膜传输体系。图 10.34 中有机相模拟细胞膜称为膜相,金属离子传输前的水相称为源相,传输后的水相称为受相。$[M]_s$ 和 $[M]_r$ 分别代表源相和受相中金属离子的浓度。离子选择性地从源相通过亲脂的有机相进入受相,冠醚作为载体在有机界面与金属离子形成配合物,伴随负离子(离子对)进入有机相。通过有机膜在受相表面释放出金属离子,然后载体在体系中来回穿梭重复该过程,直至被传输的离子在两相中达平衡。

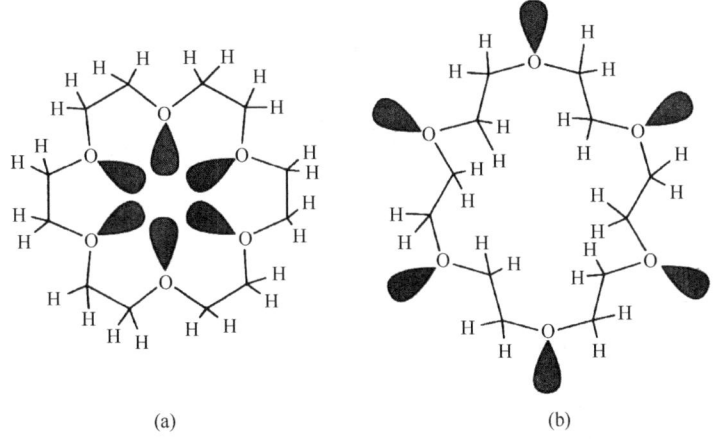

图 10.33 [18]冠-6 的溶液性质

(a) 在有机溶剂中如 $CHCl_3$（冠醚像包在油中的水滴）；(b) 在亲水介质中（冠醚像油滴在水中）

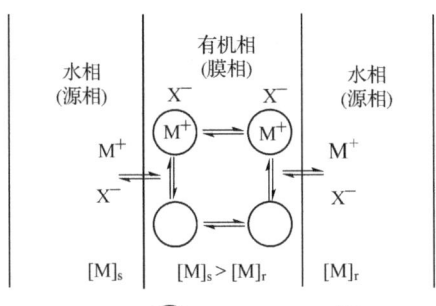

图 10.34 液膜传输体系

金属离子跨过人工液膜的速率依赖于以下几种因素：

(1) 载体与金属离子生成配合物的稳定性。稳定性不能太高也不能太低，如果太低，金属离子从源相到膜相的速率将会受到抑制，太高将会延迟金属离子在受相表面的释放。

(2) 配对阴离子的性质。配对阴离子性质对阳离子传输速率有大的影响。研究结果表明，传输速率随阴离子的不同而不同，与阴离子的水合能力有关，即阴离子越小，水合能力越强，传输速率越小。这说明当载体对金属离子运载是离子对迁移，阴离子水合能力越强，则不轻易由源相进入膜相，因而传输能力减小。

(3) 载体的亲脂性。将长链烷基修饰到大环骨架上，增加了对膜相的溶解性，阻止了它们滞留在源相和受相。

通过液膜不仅能分离碱金属、碱土金属离子，也适用于过渡金属离子和阴离子。利用液膜传输原理和分离技术，在痕量金属的分离和富集、有毒重金属的去除方面已有许多应用。

10.14 金属药物[9]

在1.4.4节中举出了一些金属或金属配合物作为药物,现仅就其中代表性者进行讨论。

10.14.1 顺铂及其相关配合物

20世纪70年代以来人们发现 *cis*-二氯·二氨合铂(Ⅱ)(简称顺铂,cisplatin)对治疗某些肿瘤有显著疗效,顺铂对细胞的脱氧核糖核酸(deoxyribonucleic acid, DNA)发生作用,从而阻止了细胞的繁衍和复制。

脱氧核糖核酸分子中含有五元环的脱氧核糖环,糖环间由一个糖环的5-位磷酸氧原子和另一糖环的3′-位氧原子形成3′,5′-磷酸二酯键(图10.35)。此外糖环上分别连有以下4个碱基中的1个,它们是胞嘧啶(cytosine,C)、鸟嘌呤(guanine,G)、胸腺嘧啶(thymine,T)和腺嘌呤(adenine,A)。碱基的化学结构见图10.36,聚合的糖环组成单股脱氧核糖核酸的骨架。DNA分子是由两条脱氧核糖核酸链组成的双螺旋结构,碱基在螺旋内,其平面与中心轴垂直,磷酸在外(图10.37)。两条等同的链通过氢键,π-π 堆积作用以相反的方向围绕在一个轴上盘绕,形成双螺旋结构。两条链由碱基对之间以氢键相连,在空间可能的碱基对只有腺嘌呤(A)与胸腺嘧啶(T)以及鸟嘌呤(G)与胞嘧啶(C)形成氢键(图10.38),所以两条链是互补的。当细胞生长时,双螺旋DNA分子的两条脱氧核糖核酸链先局部拆开为两条单链,每条单链分别作为模板各自合成一条同自己碱基互补的新链,通过氢键作用形成与亲代双键的DNA完全相同的新双螺旋DNA分子。每个子代的DNA分子的两条核糖酸链中一条来自亲代的DNA分子,另一条是新合成的,即在复制过程中的新生态DNA。癌细胞的繁殖是不正常细胞大量繁殖的结果。许多研抗癌药物就是基于它们能阻止DNA的复制。根据许多研究表明顺铂的抗癌作用也是同一道理。

顺铂在细胞液中水解成二氨·二水合铂,然后二氨·二水合铂和在DNA中同链的鸟嘌呤上的氮原子配位(偶然也和异链上的鸟嘌呤配位),即所谓顺铂和DNA进行链内交联(cross link)或链间交联,链内交联如式(10-25)。

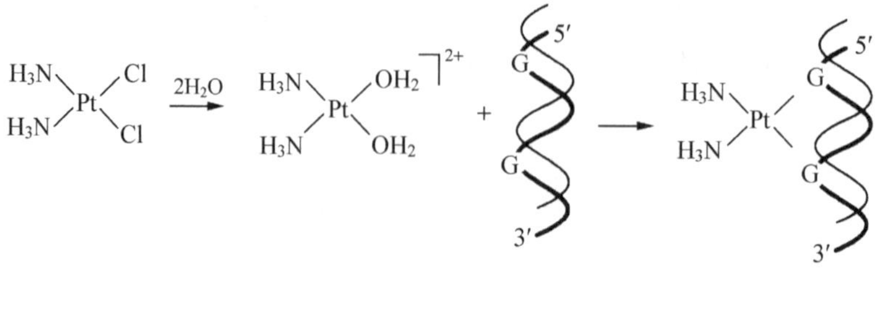

(10-25)

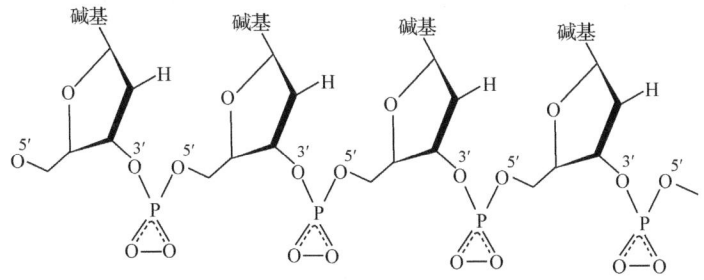

图 10.35　DNA 的骨架结构

碱基是胞嘧啶 C、鸟嘌呤 G、胸腺嘧啶 T、腺嘌呤 A

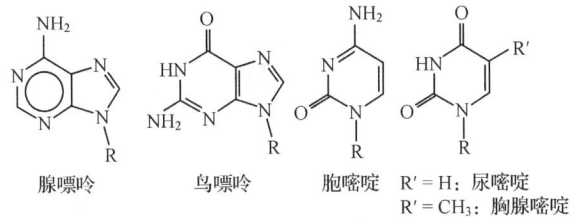

腺嘌呤　　鸟嘌呤　　胞嘧啶　　R′=H：尿嘧啶
　　　　　　　　　　　　　　　R′=CH₃：胸腺嘧啶

图 10.36　碱基的化学结构

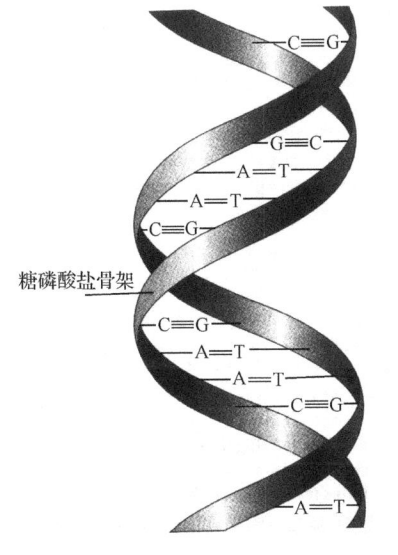

图 10.37　DNA 双螺旋结构　　　　图 10.38　碱基对的氢键连接

交联的结果是 DNA 的螺旋结构发生绞缠(kink)和扭曲。图 10.39 显示了顺铂-DNA 配合物中因 Pt(Ⅱ)和 2 个鸟嘌呤链内交联时链弯曲呈 26°的角度。螺旋链构型的改变是足以干扰 DNA 的复制。在临床上能观察到肿瘤的缩小。

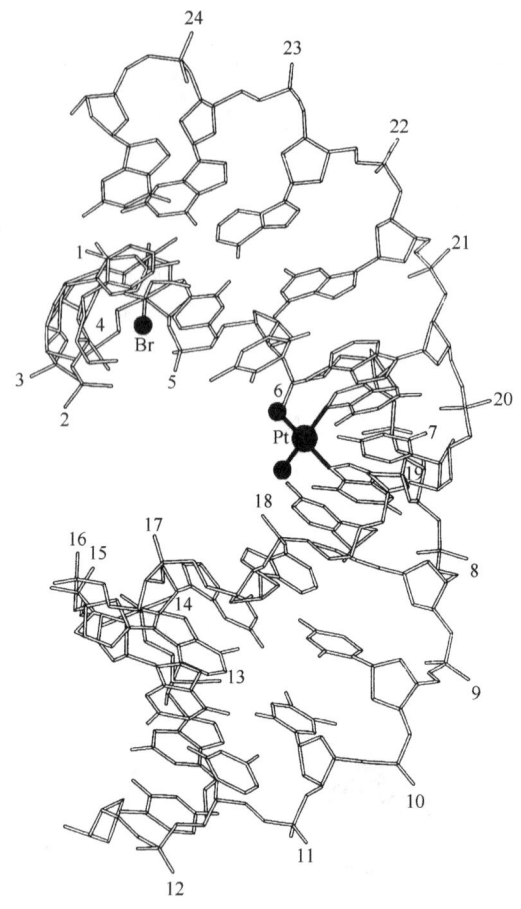

图 10.39　顺铂-DNA 配合物的结构

　　顺铂对头颈部癌和泌尿生殖系统癌有良好的疗效,但有肾毒性和引起呕吐等副作用。顺铂溶解度差且在治疗过程中有抗药性,这些使药效的发挥受到限制。因此必须寻找对正常细胞产生低毒、抗药性小,对癌细胞有广谱性和具有口服活性(顺铂必须以静脉注射的方式给药的)的药物,学者们进行了许多工作。新的一代抗癌药已用于临床。例如,卡铂(**10.18**)也是广泛使用的抗癌药。化合物(**10.19**)和(**10.20**)已在日本用于临床试验。它们具有低的抗药性和低肾毒性。有趣的是化合物(**10.19**)中,含(R)-构型的手性胺配体,不具有毒性,而含(S)-对映体却具有毒性。具空间位阻的配合物(**10.21**),通过注射和口服对人体卵巢癌移植瘤很有效,已于 1997 进入临床实验。

（结构式 10.18, 10.19, 10.20, 10.21, 10.22）

除 Pt(Ⅱ) 系配合物外，Pt(Ⅳ) 配合物也具有抗癌活性，如氨·二氯·二(乙酸根-O)·(环己胺)合铂(Ⅳ)(**10.22**)，作为口服药物已进入临床，其作用相似于顺铂，但较顺铂更为稳定，配体能阻止它在消化道预先发生反应，而是进入血液中才能被吸收。

从以上抗癌化合物可见，它们具有以下特点：①配合物在顺位含有两个硬的阴离子(Cl^- 或氧给体)，并能被 DNA 中的含氮碱基取代；②它们都是水溶性的不带电荷的中性配合物，有穿透细胞的能力；③在另一顺位不反应的配体是第一胺或第二胺。

至今铂配合物仍是治疗癌症较为有效的药物，但其副作用仍未解决，所以有待开发非铂系配合物作为药物。近年来，非铂系配合物的研究十分活跃。例如，二氯化二茂钛($TiCp_2Cl_2$) 和二氯化二茂钒(VCp_2Cl_2) 用于治疗抗铂的一些肿瘤有独特的疗效。其他如铑、锡、镓等的配合物也在研究中。

10.14.2 与糖尿病有关的配合物

胰岛素的功能之一是调节糖类代谢，使一部分葡萄糖作为燃料得到利用，使另一部分转变为糖元加以储存，糖元是以 D-葡萄糖为单位的均一多糖，是动物体内储存糖类的主要形式，因此胰岛素能够调节血糖浓度，使血糖浓度降低，并维持在一定水平。有学者认为葡萄糖耐糖因子(glucose tolerance factor)能增加胰岛素功能，耐糖因子中含有 Cr^{3+}、菸酸(吡啶甲酸)及谷甘胱肽配体，因而 Cr(Ⅲ) 的菸酸配合物如亲脂的 $[Cr^{3+}(pic)_3]$ (pic＝菸酸根)和多聚的菸酸根铬曾引起人们的兴趣，因为认为它们能影响控制胰岛素的代谢因子。另一些学者则对此尚存在异议，因此针对胰岛素影响的机理尚需进一步研究。但䓨酸铬(Ⅲ)配合物和铬酵母已作为营养补给剂而进入市场。

对依赖于胰岛素的糖尿病(Ⅰ型)的患者，往往采取每天皮下注射胰岛素的方式进行治疗，这给患者带来许多不便。为此人们试图寻低毒高效的胰岛素模拟物，能采取口服的方式进行治疗。30 余年前，已发现 V(Ⅳ)(如 $VOSO_4$)和 V(Ⅴ)(如 Na_3VO_4)能模拟胰岛素某些功能(如葡萄糖的吸收、氧化和合成)，但由于口服时被吸收效果低，需大剂量用药，因此不适合作为药物。如果选用适当有机配体和钒生成的配合物，则可减降钒的毒性，增加药物的水溶性和亲脂性。例如，双(2-甲基-3-羟基-4-吡喃酮)氧钒(Ⅳ)(**10.23**)已被证实是一个很有潜力的胰岛素模拟物，含氧配体能增加化合物的溶解度，去质子的阴离子配体能与 VO^{2+} 形成中性配合物，从而具有很好的口服性，在体内的疗效比 $VOSO_4$ 高 3 倍。在固态该配合物为四方锥的构型，氧配体位于轴向。经研究证明，其他配位形式的氧钒配合物也具有似胰岛素活性，如双(吡啶甲酸根)氧钒(Ⅳ)(**10.24**)，$[VO(pic)_2]$是具有低毒的口服试剂。具有 $VO(S_4)$ 配位模式的化合物(**10.25**)对调节血糖和自由脂肪酸十分有效，且具有口服活性。关于其他类型的配合物和对胰岛素活性机理可进一步参阅有关文献。

(10.23)　　　　(10.24)　　　　(10.25)

10.14.3　治疗关节炎的金配合物

自 1920 年以来，几个治疗风湿关节炎的金配合物作为注射剂，已广泛用于处理严重的关节炎。例如，金硫苹果酸钠(mgocrism)(**10.26**)、金硫葡萄糖(solganol)(**10.27**)、金硫丙醇酸钠(allochrysine)(**10.28**)和金双(硫代硫酸)盐(sanochrysin)(**10.29**)。含金药物的作用机理至今尚不清楚，可能和蛋白质形成金-硫键的配合物阻止了二硫键形成。由于对关节炎的生物化学一直不是很清楚，因此对于特殊作用的药物设计一直是很困难的。

$$\left(\begin{array}{c}\text{NaO}\\\quad\text{C=O}\\\quad\text{CH—S—Au}\\\quad\text{C=O}\\\text{ONa}\end{array}\right)_n \qquad \left[\begin{array}{c}\text{CH}_2\text{OH}\\\text{O}\\\text{OH}\quad\text{S—Au}\\\text{OH OH}\end{array}\right]_n$$

(10.26)   (10.27)

$$\left[\begin{array}{c}\text{Au—S—CH}_2\\\quad|\\\quad\text{CHOH}\\\quad|\\\quad\text{CH}_2\text{—SO}_3\text{Na}\end{array}\right]_n \qquad \left[\begin{array}{c}\quad\quad\text{SO}_3\\\text{S—Au—S}\\\text{O}_3\text{S}\end{array}\right]3\text{Na}^+$$

(10.28)   (10.29)

小　结

(1) 本章介绍了一些有代表性的金属酶和金属蛋白及有关的非蛋白体系,现就其功能和活性中心的金属离子总结如下

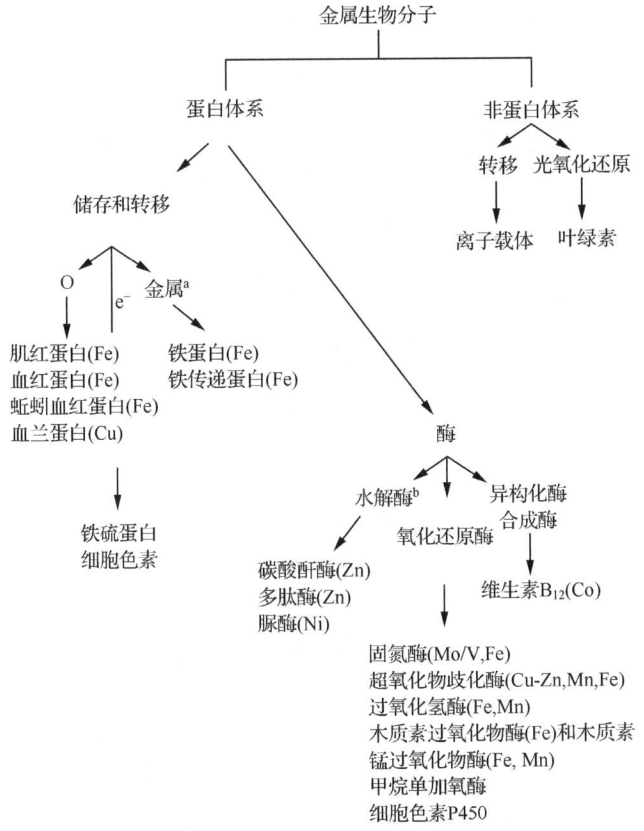

a 和 b 的体系本章未提及,为了完整起见将其列出

(2) 卟啉可作为载氧体、加氧酶和电子传递体(细胞色素 c)的活性中心,其功能随轴向配体的种类、配体数目、强弱不同而异,也受金属离子氧化态、自旋态、氧化还原电位所影响。

(3) 辅酶 B_{12} 及其衍生物是迄今自然界唯一的金属-碳键的有机化合物,它辅助某种酶而发挥功能,如和各种变位酶结合生成全酶起异构化作用。

(4) 金属酶可看成结构精致的配合物,根据金属酶的特点,可以进行模拟?以 Cu_2Zn_2SOD 为例得到功能模型和结构模型,用于对药物的开发。

(5) 过氧化物酶(包括氯过氧化氢酶、棘根过氧化物酶、木质素过氧化物酶和锰过氧化物酶)和锰过氧化氢酶是和绿色化学有关的酶。它们的活性中心结构与细胞色素 P450 类似,均含有血红素基。但前一类催化底物氧化使用 H_2O_2 更加优越。其模拟物在应用中有一定的应用前景。

(6) 细胞膜内外 K^+、Na^+ 的传输的路径之一是通过离子载体对金属离子选择性形成配合物,然后通过膜的亲脂区,ATP 水解释放出能量作为输送离子能源,冠醚等大环可作为离子载体模型。

(7) 以顺铂为例,说明了其抗癌机理及发展前景。

习 题

1. 下图是 Mb 和 Hb 的吸氧饱和度与氧的压力关系图,试从图解释 Hb 具有输氧任务,能从肺将氧转移到血液,而 Mb 却转移氧从血液转移到其他组织,并具有储氧任务的原因。

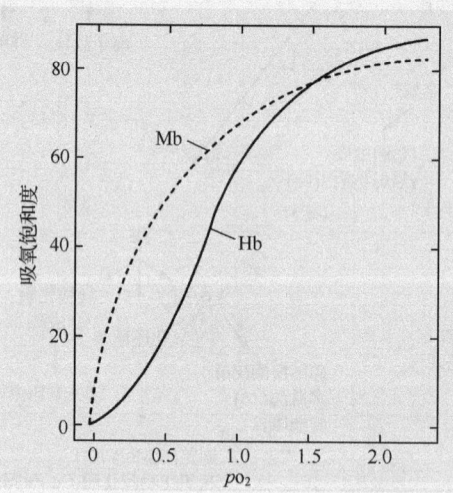

2. 比较 Mb、Hb、P450 和细胞色素 c 的活性中心结构,并说明其功能与结构之间的关系。
3. 固氮酶是 1 个复杂的酶,该酶由哪几部分组成?结构有何特点?
4. 结合 Cu_2Zn_2SOD 的结构特点说明图 10.25 的催化 $\cdot O_2^-$ 歧化的机理。

5. 在图 10.34 的例子是金属离子沿离子浓度降低方向传输,更有兴趣的是逆离子浓度方向传输即"登高传输"。例如,载体 HL 在源相或受相与膜界面金属离子发生如下反应

$M^+ (aq) + HL(org) \longrightarrow ML(org) + H^+ (aq)$

$ML(org) + HL(aq) \longrightarrow HL(org) + M^+ (aq)$

试从下图质子偶合传输体系说明载体如何穿梭于富阳离子和富质子的水相中,造成质子反向传输。

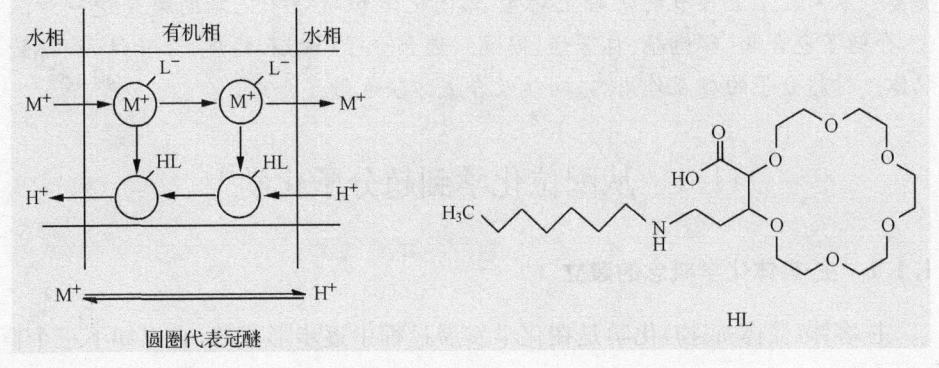

圆圈代表冠醚

参 考 文 献

[1] Gispert J R. Coordination Chemistry. Weinheim: Verlag GmbH&Co. KGaA,2008
[2] Miessler G L,Tarr D A. Inorganic Chemistry(3rd ed)(影印版)北京:高等教育出版社,2004
[3] (a) 罗勤慧. 大环化学——主客体化合物和超分子. 北京:科学出版社,2009
  (b) 杨频,高飞. 生物无机化学原理. 北京:科学出版社,2002
  (c) 计亮年,毛宗万,黄锦任,等. 生物无机化学导论(第三版). 广州:中山大学出版社,2010
[4] Schenning A P H J, Hubert D H W, Esch J H, et al. Novel bimetallic model system for cytochrome-P-450-effect of membrane environment on the catalytic-oxidation. Angew. Chem. Int. Ed. Engl, 1994, 33:2468
[5] 王兰芸,余运斌,纪红兵,等. 金属卟啉模拟催化研究. 化学进展,2005,17:678
[6] 罗勤慧. 铜锌超氧化物歧化酶的模拟研究. 高等化学学报,1997,18:1042
[7] Mocleverty J A, Meyel T J. Comprenhensive Coordination Chemisty II. Vol. 8. Boston:Elsevier pergamon,2004
[8] (a) Bolzacchini E, Meinardi S, Orlandi B, et al. In: Tundo P, Anastas P. Green Chemistry. Oxford: Oxford University Press,2000
  (b) Dagani R. Green Chemistry:Presidental awards recognize enviromentally friendly technologies. Chem. Eng. News, 1999,77(27):30
  (c) 张建军,罗勤慧. 木质素及其化学模拟进展. 化学通报,2001:420
[9] Guo Z J, Sadler J P. Medicinal Inorganic Chemistry'. In Sykes A G. Adv. Inorg. Chem. Vol. 49. New York:Academic Press, 2000: 183-283

第 11 章 超分子配合物

提要 本章在 1.2.3 节的基础上对主-客体化学和超分子化学的概念进一步深化,介绍了包合物(环糊精、杯芳烃、囚醚)、连锁分子(索烃、轮烷、分子结)和螺旋配体。对超分子的相互作用力、功能及合成方法也做了介绍。

11.1 从配位化学到超分子化学[1]

11.1.1 主-客体化学概念的建立

主-客体(受体-底物)化学是在化学发展过程中逐步形成的,它以如下三个概念为基础。

1. "锁与钥匙"的概念

1894 年 Fischer 提出分子结合是有选择性的,如酶的接受体-底物间结合,他用锁与钥匙相互匹配的立体图像来描述(图 4.6),即底物有一定的几何形状和尺寸,与受体(或接受体)互补,造成和谐的环境,才能稳定结合,由此主体能将底物分辨出来,即是分子识别的基础。

2. 亲和力的概念

选择性结合必须涉及主-客体间相互吸引和相互亲和,这实际上是 1893 年 Werner 配位理论的普遍化,即金属离子与配体间存在着亲和力,而产生金属被配体配位。此概念被推广至主体和客体间各种互相作用力。

3. 选择性和接受体

1906 年从事传染病治疗工作的 P. Ehrlich 发现亚甲基蓝加入活细胞体系中呈现出强烈的蓝色。他认为蓝色的出现是亚甲基蓝对一些细胞有强的亲和力,能使细胞染色,而不破坏其他细胞结构,因而他设想如果仅有特定的细胞可以染色,那可能有这样的染料,它只让携带病毒的细胞着色,同时也不破坏其他细胞结构,由此提出选择性概念。后来用选择性概念,根据亚甲基蓝对细胞的亲和力发现了结核杆菌。Ehrlich 还提出分子没有键合就不会有作用,特定分子能作为接受体接纳和键合特定的小物种(后称为底物),由此在生物学上引入了受体的概念。

以上"分子识别"、"选择性"和"受体"的概念虽来自生物,但在 Werner 配位理论中已显雏形,在不同领域中被提出发展成超分子的基本概念,从而达到异途同归的效果。

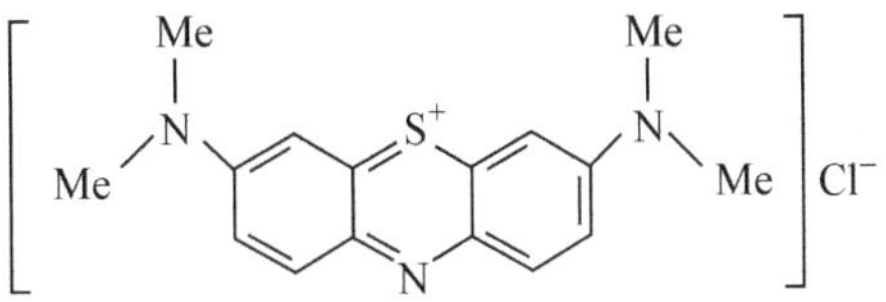

亚甲基蓝

11.1.2 主-客体化学的定义和命名

D. J. Cram[2]于 1974 年提出主-客体化学,1988 年他在诺贝尔奖授奖大会上做了进一步阐明,他指出,主体是一个大分子或分子聚集体或具有一定大小空腔的环状化合物,如球醚(spherand)(**11.1**)和(**11.2**)、套索醚(lariat ether)(**11.3**)以及杯芳烃(**11.4**)等。客体是单原子,无机阴、阳离子或更复杂分子。更规范地说,**主体被定义为具有会聚(convergent)键合位置的分子实体,实体中含有 Lewis(路易斯)碱的受体原子或氢键受体等。客体具有发散(divergent)的键合位置,如金属离子、中性分子、卤离子等**。由此可见,主体不仅以环状形式、内部空腔与客体结合,还可以在特定外部位置结合。从而扩大了弱相互作用的范围,即弱相互作用并非大环化合物所专有,而是扩大到生物和其他学科。

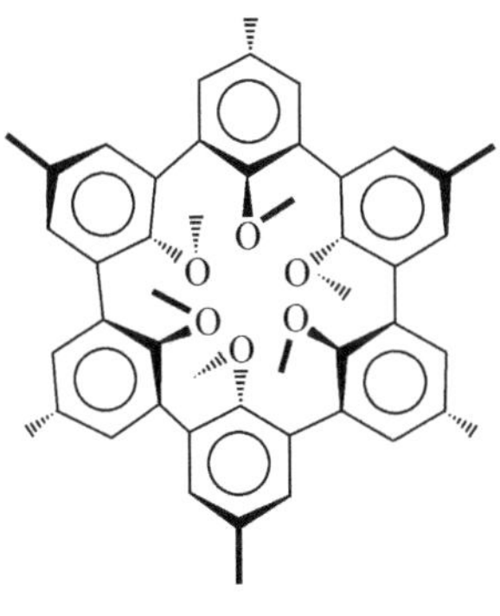

(11.1) 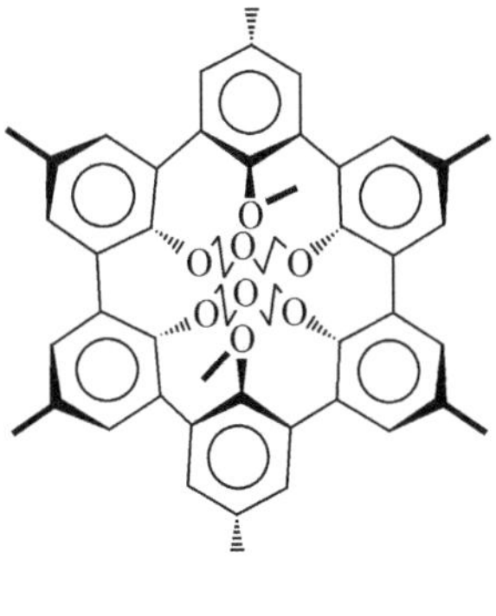   (11.2)

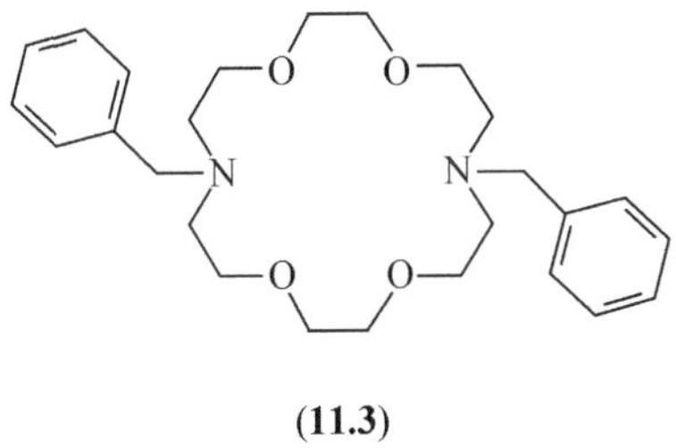

(11.3) 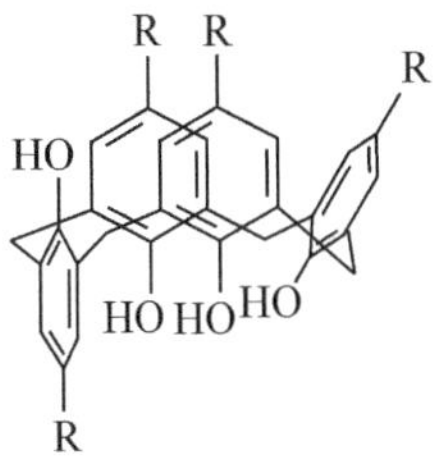   (11.4)

表 11.1　主体(配体)和主-客体化合物的通俗命名

主体		主-客体化合物	
王冠醚	crown ether	王冠合物	coraplex
冠状醚,冠状体[b]	coronand	冠合物	coronate
穴醚,穴状体[c]	cryptand	穴合物	cryptate
荚醚[a,d]	podand	荚合物	podate, podaplex
套索醚[e]	lariat ether	套索合物	lariate
囚醚	carcerand	囚合物	carceplex
球醚	spherand	球合物	spheraplex
笼醚	clathrand	笼合物	clathrate, clathraplex
螺(旋)状体	helicand	螺合物	helicate
配位笼醚	coordinate clathrand	配位笼合物	coordinate clathrate
环胺	cyclam		
杯芳烃	calixaren		
环糊精	cyclodexin		
索烃	catenane, catenand	索状体,索合物	catenate
轮烷	rotaxanes		
分子结	molecular knot		

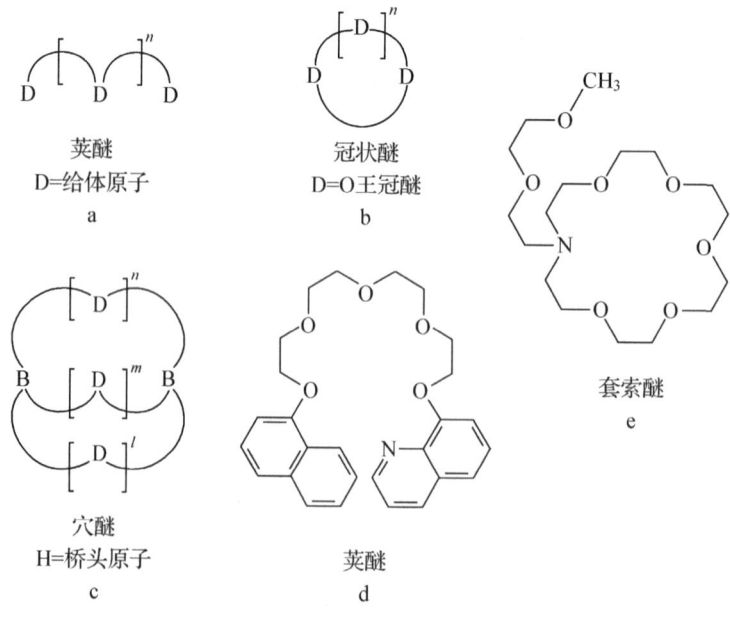

Lehn[3]将主-客体化合物的概念深化到(接)受体-底物的概念,主-客体化学深化为受体的化学。Lehn 指出"受体化学,即人工受体的化学,是一种广义的配位化学,研究的内容不仅局限于过渡金属离子,而是延伸到所有类型的底物:阳离子、阴离子或中性有机物种、无机物种以及生物物种。"配位化学、主-客体化学和超分子中的受体化学,三者之间有如此紧密的亲缘关系,以至于它们的术语是平行发展,此关系已在表 1.5 中列出。由于学科的交叉和发展,这三者之间难以划出明确的界限,特别是居于中间类型或混杂物种,如具有次层配位的配合物(图 1.4)或配合物作为模块的超分子,文献上也用超分子配合物(supramolecular coordination compound, or supramolecular complex)或配位超分子(coordinate supramolecule)的术语表示化合物中既有经典配位键又有非共价键。

主-客体化合物或超分子至今尚无完整的命名法,大多数情况下是根据主体(或受体)分子的形状特征冠以通俗的称呼,如冠醚、穴醚、荚醚、套索醚等,本书按历史习惯照约定俗成的原则将常见的通俗名列于表 11.1 以供使用。在表 11.1 中按照主体结构特征和历史习惯,主体多称为"-醚"或"-状体",对应的化合物称为"-合物",其详情可参考文献[1]。

11.2 主-客体化合物

11.2.1 阳离子键合的主体

冠醚和穴醚不仅和金属阳离子以离子-偶极键或 Lewis 酸/碱相互作用,而且还和非金属铵离子以氢键作用形成几何构型互补。例如,四面体结构的 NH_4^+ 与球形穴醚(**11.5**)形成 4 个 N^+-H⋯N 型的氢键,二者构型恰相匹配,该穴醚能识别四面体构型的 NH_4^+,这种识别称为四面体识别。氢键对铵离子的影响使其离解常数 pK_a 值增加约 6 个单位。

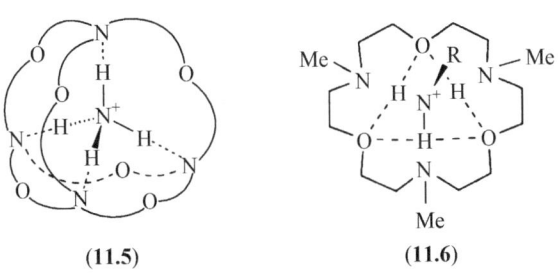

(11.5)　　　　(11.6)

烷基铵正离子(alkyl ammonium cation,简称烷铵离子)和[18]冠-6 及其 C-骨架上有取代基的衍生物(**11.6**)成键时,通过 3 个 N^+-H⋯O 氢键和离子-偶极相互作用,烷铵离子位于大环上顶部。表 11.2 列出了各种铵离子与三种冠醚的键合自由能,由表 11.2 可见在 3 种客体中铵离子有最强的键合自由能,键合自由能大小随烷基数目的增加而减小,其中铵与伯铵离子的差别最大,对冠醚(**11.7**),相差约为 6.2 kJ·mol^{-1}。(Me)$_3$CNH$_3^+$ 对(**11.9**)的键合能最小,这主要因为主体的两个甲基会对(Me)$_3$CNH$_3^+$ 甲基产生空间位阻作用。(**11.9**)·(Me)$_3$CNH$_3^+$ 的晶体结构表明(图 11.1),主体中甲基的空间位阻使环产生折叠结构,当(Me)$_3$CNH$_3^+$ 进入主体时为了避免甲基的作用,客体只能位于环的一侧,减少了二者接触。

能配位阳离子的另一类大环主体是球醚,在球醚(**11.1**)和(**11.2**)中给体原子是氧原子,OCH$_3$、OH、O$^-$ 是环内取代基,它们指向刚性环内部。冠醚和穴醚在溶液中是相对柔软的,而球醚属于刚性主体。球醚的给体原子在和金属离子配位前就强迫集中在球醚键合口袋的中心,在与金属离子配位时表现出强的键合能力和极好的选择性。球醚具有三维空间,其配位的氧原子在接纳金属离子前已被预先组织成八面体排列。在球醚(**11.1**)中,三个芳环朝上(在纸面外),另外三个朝下,使甲氧苯基的氧原子大致呈八面体的排列,这样造成苯环上的 p-甲基和甲氧苯基对溶剂提供了亲脂的表面。这种球醚能选择性的与 Li$^+$ 配位,是迄今对 Li$^+$ 最强的配位剂,从其他阳离子太大不能与其配位。球醚(**11.2**)有与(**11.1**)相近大小的空腔,前者通过二甘醇基成对地连接在一起,限制苯环的移动使四个环朝下,两个环朝上。球醚具有比冠醚、穴醚更刚性的空间,对有机胺的配位能力差。

荚醚(又称开链冠醚)[表 11.1(a)和(d)]是类似于冠醚的非环化合物,是合成 DB18C6 中的另一副产品。因为荚醚形成配合物时与类似的冠醚相比有不利的焓变和熵变,所以其配合物比冠醚的稳定性小,但荚醚有更好的柔性,这是其优点。

表 11.2　一些穴醚和铵离子的键合自由能变

主体	$-\Delta G^{\ominus}$ (kJ·mol^{-1})		
	NH$_4^+$	CH$_3$NH$_3^+$	(CH$_3$)$_3$CNH$_3^+$
(**11.7**)	43.9	37.7	34.7
(**11.8**)	39.7	31.4	28.9
(**11.9**)	37.2	28.9	26.8

(11.7)　　　(11.8)　　　(11.9)

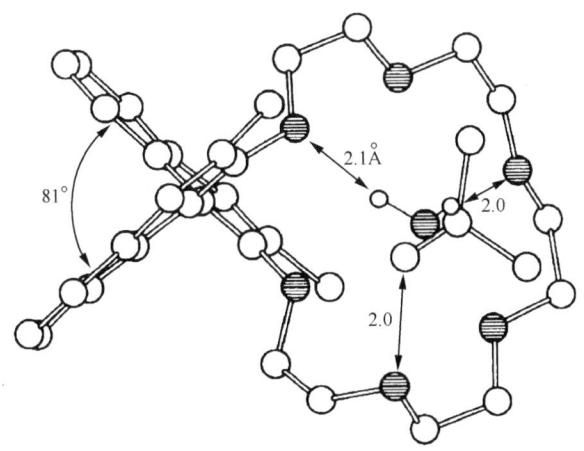

图 11.1　$(CH_3)_3CNH_3^+ \subset (11.9)$ 的晶体结构

11.2.2　键合阴离子的主体和阴离子的配位化学

无机或有机阴离子作为客体，大环作为主体，二者通过氢键、静电引力以及酸碱引力形成一大类主-客体化合物，常称阴离子配位化合物。由此阴离子配位化学成为配位化学中一个新领域。这里配位的概念和经典配位化学中的概念不同，在经典配位化学中阴离子作为配体，对金属离子提供电子对进行配位，在阴离子配位化学中，它作为客体对主体(受体)的配位，不涉及电子对的共享，不是经典的配位键，而是弱的成键作用。以图11.2为例，图中化合物(11.10)至(11.12)俗称咽醚(katapinand)，它作为阴离子主体，通过两个 N^+—$H \cdots X^-$ 键，对卤离子 X^- 配位，根据主体尺寸(以桥键长 n 而定)对客体展现出以体积为基础的选择性。咽醚(11.10)和阴离子无显著的选择性，但其类似物(11.11)在水/三氟乙酸的酸性溶剂中对 Cl^- 有选择性，阴离子配合物的稳定常数为 10^2 L·mol^{-1}，对 Cl^- 的选择性约为 Br^- 的8倍，而(11.12)对 Cl^-、Br^-、I^- 都不具选择性。

阴离子如 $H_2PO_4^-$、HSO_4^-、N_3^- 及 CH_3COO^- 等有 Lewis 碱和氢键受体的性质，它和带正电荷主体借助静电引力发生作用。含氮穴醚是阳离子主体，它们借助于桥头叔胺氮和桥键上的仲胺的 Lewis 碱性与金属离子配位。如果改变溶液 pH 就会使胺基质子化形成能键合阴离子的主体。

大环多胺(11.14)·$6H^+$ 有可变的空腔，其尺寸依赖于键 $(CH_2)_n$ 的长度，变化链的长度可用以识别特定长度的 α,ω-二羧酸根 $O_2C(CH_2)_mCO_2^-$ (11.13)，图11.3给出了质子化多胺和二羧酸根的配位。图11.4表示出当羧酸阴离子长度 $m=3$ 或 5 时，它和大环多胺有最强的键合，二者在尺寸上匹配得最好。

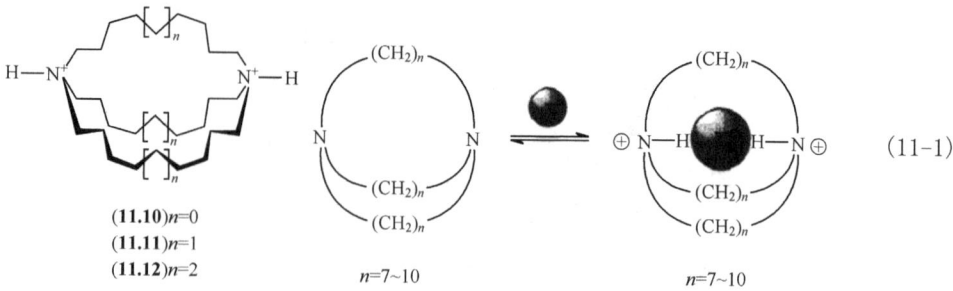

(**11.10**) $n=0$
(**11.11**) $n=1$
(**11.12**) $n=2$

$n=7\sim10$ $n=7\sim10$ (11-1)

图 11.2　咽醚和卤离子键合

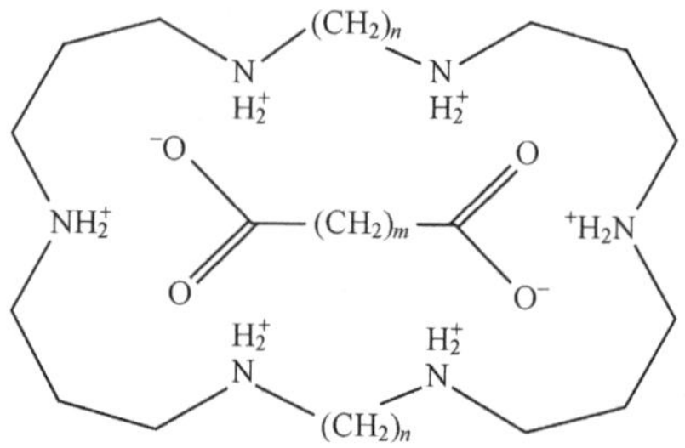

(**11.14**)·6H$^+$和 α, ω-二羧酸根

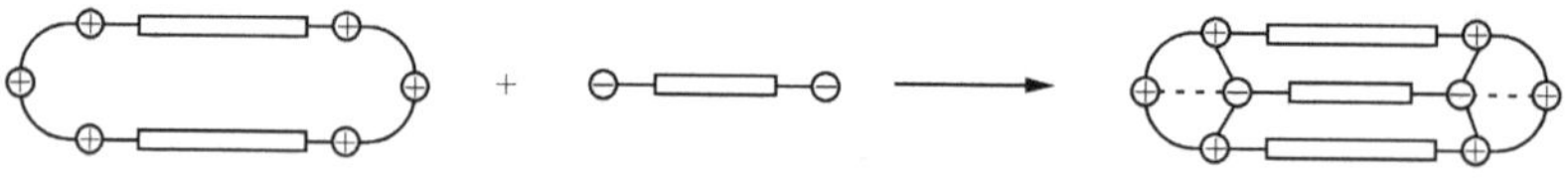

(11-2)

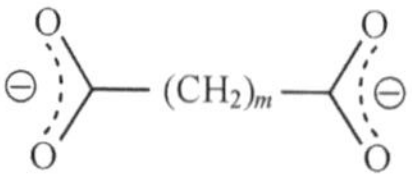

(**11.13**)

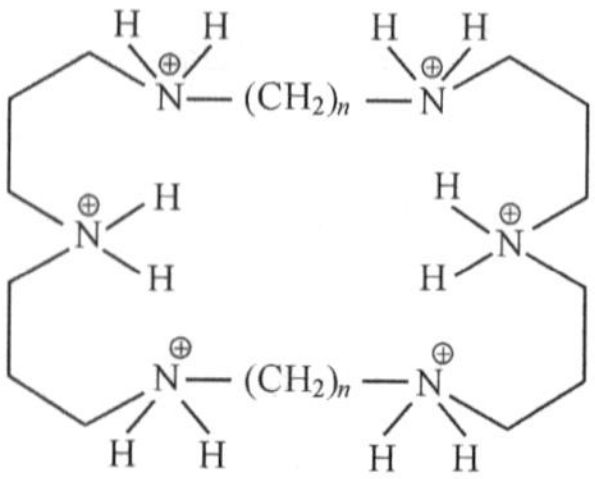

(**11.14**)·6H$^+$

图 11.3　质子化环多胺和二羧酸根离子的长度识别

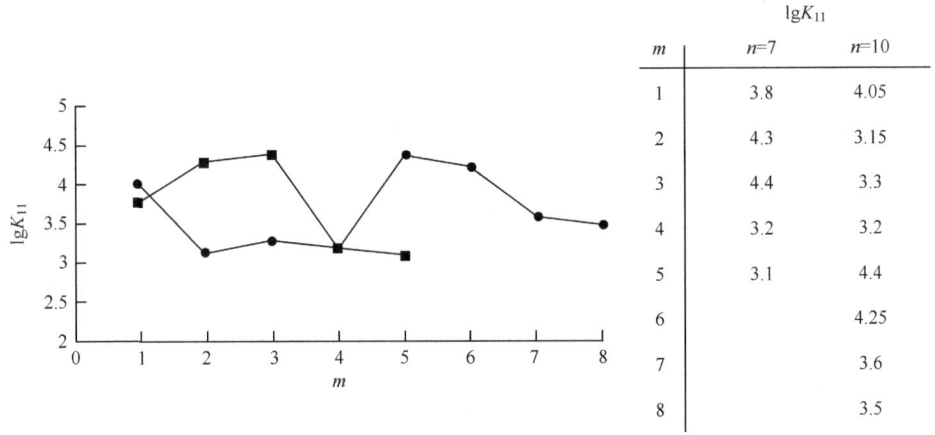

图 11.4　稳定常数 $\lg K_{11}$ 和二羧酸链长 m 的关系
黑方块：$n=7$，实圆：$n=10$

大环多胺(**11.15**)至(**11.16**)质子化后，能够键合过渡金属配阴离子，如 $[PdCl_4]^{2-}$、$[Fe(CN)_6]^{4-}$、$[Ru(CN)_6]^{4-}$、$[Fe(CN)_6]^{3-}$ 等，过渡金属和阴离子形成配合物，反过来配阴离子 $[Fe(CN)_6]^{3-}$ 等又键合质子化的环多胺，形成配合物的配合物，称为超配合物(super complex)。第 1 章图 1.4 是 $[Fe(CN)_6]^{3-}$ 的配位过程。配阴离子形成超配合物后，配阴离子的电化学和光化学性质均发生改变。阴离子配位化学概念被提出后，随着环境化学、生物化学、催化化学和分子器件的发展，受到广泛重视，近年来阴离子配位化学中阴离子受体的设计、合成和其传感性的研究尤其受到关注。因为许多有毒金属(As、Sb、Pb、Cr 等)往往以含氧阴离子形式存在，在水中有很大的溶解度，对人的危害很大。此外，在放射性疾病的治疗和核工业化学中必须控制 $^{188}ReO_4^-$ 和 $^{99}TcO_4^-$ 或其他放射阴离子的积累浓度。在催化过程中，自然界许多酶的底物都是阴离子。例如，羧肽酶催化的底物是多肽末端羧酸根，超氧化物歧化酶的底物是超氧阴离子，以及阴离子作为客体和带荧光基团的主体组成以阴离子为基础的超分子传感器等,用于以上研究正方兴未艾。

11.2.3 环糊精和包合物

环糊精(cyclodextrin,CD)是典型的中性分子受体。它是一种环状低聚糖,是在淀粉酶的作用下分离得到的,已被广泛使用的环糊精有三种,它们是分别具有 6、7、8 个葡萄糖单位的 α-环糊精(α-CD)、β-环糊精(β-CD)和 γ-环糊精(γ-CD)。

图 11.5(a)是 β-CD 的化学结构。其中 n 个葡萄糖基是通过 α-1,4 糖苷键[图 11.5(b)]连接组成一类类似平头漏斗状的结构,在具有 n 个葡萄糖基的分子中,漏斗的狭窄开口处称为初级面,连接着 n 个伯羟基,另一宽的开口处称为次级面,连接着 $2n$ 个仲羟基。由于葡萄糖单元的伯羟基可以自由旋转因而能部分封住小口,图 11.5(c)是 β-环糊精的结构解析。环糊精锥体中所有葡萄糖单元都保持原有的椅式构象,基本上没有变形,这种结构特点使其环糊精分子可进行修饰。其他环糊精有完全类似结构,只是空腔大小不同而已。环糊精空腔内部是非极性的,外部是极性的,所以内腔疏水,外腔亲水,使其能够包容小分子形成典型的主-客体化合物。例如,众多芳香化合物的苯环和脂肪族化合物非极性的链烃都可进入环糊精的空腔中形成包容化合物(inclusion compound),简称包合物。

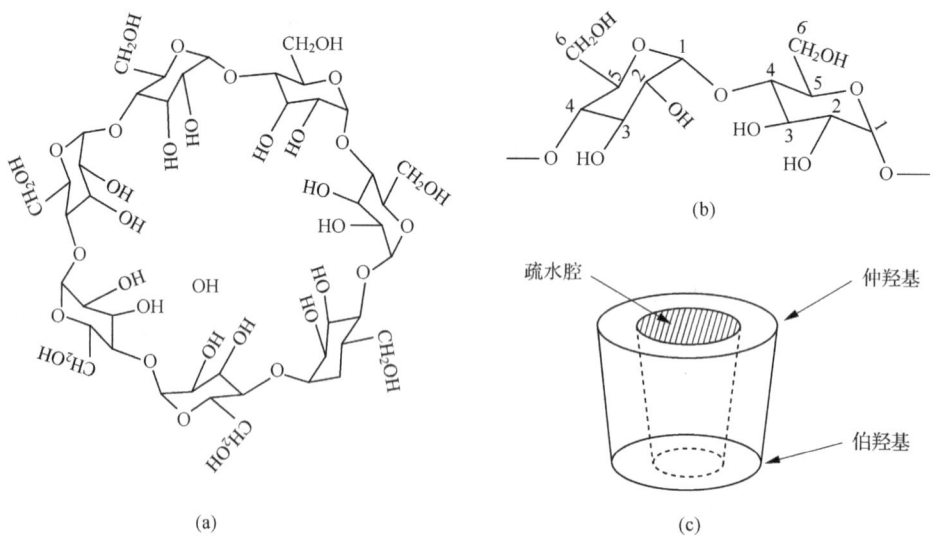

图 11.5　β-环糊精的化学结构(a)、糖苷键(b)及环糊精的解析结构(c)

主-客体间的结合可形象地比喻为"以手握乒乓球",手作为主体,客体(球)被包容在主体(手)中,手对球提供空间(或无力)阻力,阻止球落下(离解),它们之间通常不存在原子间的化学结合,仅各自以适当结构互相匹配,由此包容化合物(简称包合物)的术语应运而生。这仅是十分简单的想象,实际上,包合物的内涵要复杂得多。

例如，α-CD 能包容苯环，借助于范德华力，二者紧密地接触形成包合物。环糊精具有键合客体的疏水腔和羟基去质子化特性，在疏水空腔附近存在着反应活性的羟基具有亲核的功能，环糊精能催化许多生物反应和非生物反应。它常作为酶的模型和模拟物进行研究，具有许多优点：①水是酶进行反应的介质，环糊精在生理 pH 条件下是水溶性的；②它有确定的化学结构和与客体键合的明确模式；③它既具有催化活性部分的羟基又有键合客体的疏水腔；④和客体具有可逆的非共价结合，在反应过程中释放客体较天然酶慢，以利于研究；⑤可根据需要对结构进行修饰，如手性环糊精在催化上具有对映体选择性。环糊精催化的一个典型反应是催化芳香酯和磷酸酯的水解，因此它具有酯酶活性。例如，β-CD 催化 p-硝基苯乙酸酯的水解速率比无环糊精时高 750 000 倍。天然环糊精（未加修饰的）的催化作用是发生在活性仲羟基处，仲羟基（$pK_a=12\sim12.5$）在溶液中活性阴离子浓度比自由氢氧离子高，底物苯乙酸酯以苯基为头，从 β-CD 的次级面进入腔中。图 11.6 是 β-CD 催化酯水解机理，图中酯基与仲羟基的氧负离子紧密接近，由于羰基的吸电子作用，对仲羟基氧原子进行亲核袭击，并削弱苯氧原子的键合，促使酯基发生水解，产生苯酚，然后中间体重排释放出酸，完成催化循环。环糊精是继冠醚、穴醚之后被研究的第二代主体，它是一类价格低廉较易得到的半天然产物，其化学性质

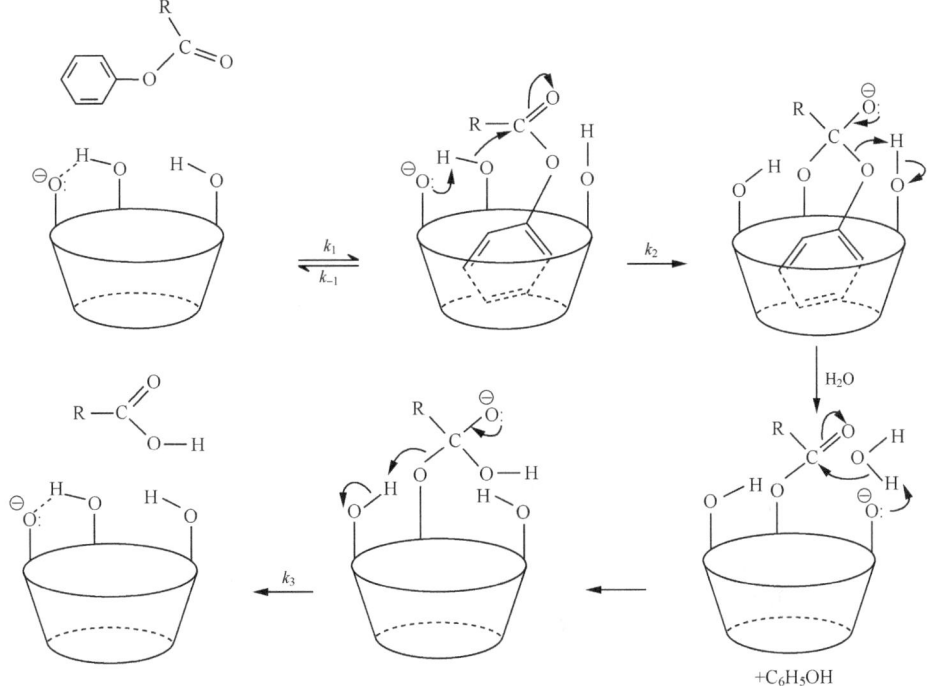

图 11.6　β-CD 催化酯水解机理

稳定,在食品、化妆品、药物工业和分析化学上有广阔应用。例如,作为药物缓释剂和化合物发送剂,在广的计量范围内不显示毒性;在分析化学的色谱分析中,作为流动相的添加剂或用化学法键合在固定相中,改善分离效率,对异构体或手性化合物的分离特别有效。修饰环糊精已被用来作为分子开关、能量转换和储存、光学器件等。

11.2.4 杯芳烃

杯芳烃(calixarene)是由 p-烷基酚和甲醛在一定条件下反应得到的一类环状聚合物[式(11-3)和式(11-4)]因为它们的分子形状(特别是四聚体)与希腊圣杯(calix crater)相似,而且又是多个苯环构成的芳香族分子(arene),所以称为杯芳烃。在杯芳烃命名中,为了表示母体中苯酚基的数目,用一个方括号[n]插在"杯"和"芳烃"之间。例如,杯[4]芳烃(calix[4]arene)表示是环的四聚体。图 11.7 是 p-叔丁基杯[4]芳烃的分子和其形状。

$R^1 = H, OH, 烷基, R^2 = 烷基, 芳基$

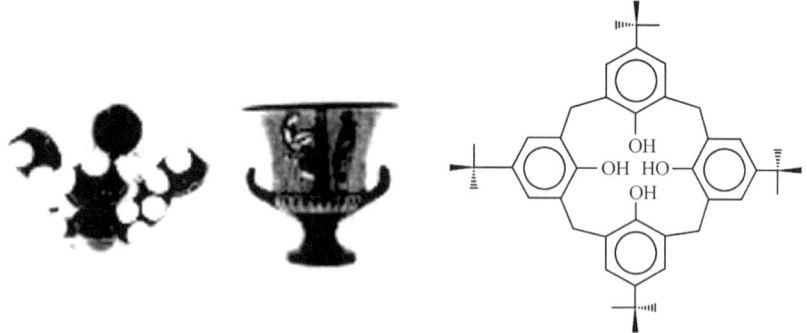

图 11.7 p-叔丁基-[4]芳烃分子和其杯状结构

这类化合物具有如下特点：①如图11.8所示为杯芳烃的杯状结构，其杯上部是疏水的空腔，杯的底部有序地排列着多个可解离的酚基，使它不仅能包容中性分子，而且对金属离子或其他正离子有强的配位能力，集冠醚和环糊精两者之所长。②与环糊精不同，它们是人工合成的主体，可以制得一系列空腔大小不同的环状化合物，以满足客体的需求。例如，目前已制备出4～20个单元构成不同的空腔大小的杯芳烃。③杯芳烃母体结构易于修饰。杯的下缘的酚基、上缘的苯环的对位和桥联两个苯环的亚甲基都可进行功能化，可以获得大量具有独特性的杯芳烃衍生物。④杯芳烃具有热稳定性和化学稳定性高的优点。⑤易于合成，且原料价格低廉易得。所以杯芳烃是合成各种类型主体分子的理想初始原料，可以作为构筑特定结构功能的大分子建筑模块，是作为设计键合特殊客体的受体部位的优良平台。在分析化学、传感技术、医学诊断、废水处理、酶的模拟、非线性光学材料的合成等方面，杯芳烃作为高专一性的配体，有广阔的应用前景，所以认为它是继冠醚、环糊精之后的第三代主体化合物。

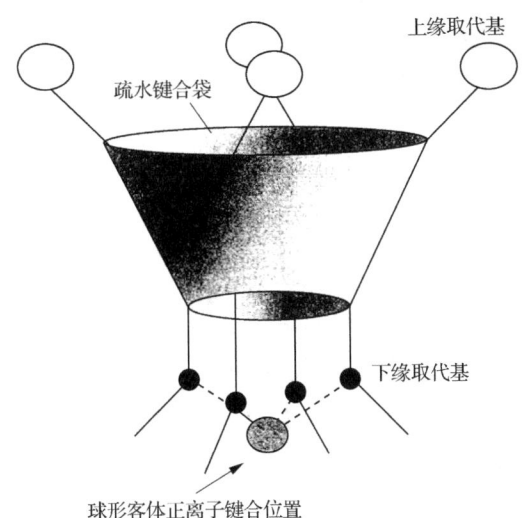

图11.8　杯芳烃的杯状结构解析

杯芳烃上缘具有疏水特性，下缘有可解离的酚羟基，酚羟基相对于桥联亚甲基碳原子所确定平面的位置不同，具有不同的构象，(**11.4**)是其中一种，其结构灵活多变，且易于修饰，因此有包容中性分子、离子等特性。杯芳烃与中性客体的包合物一般键合很弱，由于杯芳烃空间小，客体又缺乏明确键合位置，大多数中性分子不是在内部而是在环的多原子骨架上方。例如，p-叔丁基杯[4]芳烃甲醚(**11.18**)与苯甲酸钠和等物质的量的水及三甲基铝反应，得到的包合物十分有趣，除 Na^+ 配位在杯芳烃的4个醚的氧原子外，在疏水腔中还含有苯甲酸钠和三甲基铝反应产生的甲苯,甲苯用甲基端插入腔中(图 11.9)。杯芳烃既能作为阳离子主体又能作为中性分子主体。图 11.10 是 p-叔丁基杯[4]芳烃与 p-二甲苯形成的 2∶1 的包合物。其中二甲苯中的两个甲基分别包容在两个杯芳烃中。杯芳烃中的烷基或甲基与客体中的芳环距离十分靠近,约为 3Å,两者产生 Me⋯π 的弱相互作用,进一步稳定了包合物结构。这类固态包合物的形成十分广泛,它是由带微弱正电荷的甲基碳原子和富 π 电子的芳烃产生 Me⋯π 的弱相互作用的结果。

杯芳烃的空腔相对说来较小,对中性客体来讲溶剂化效应的焓变对包合物形成的贡献不大,因此杯芳烃对中性分子在非水溶剂中键合很弱。最常见的是杯芳烃和金属离子以及其他正离子的键合。

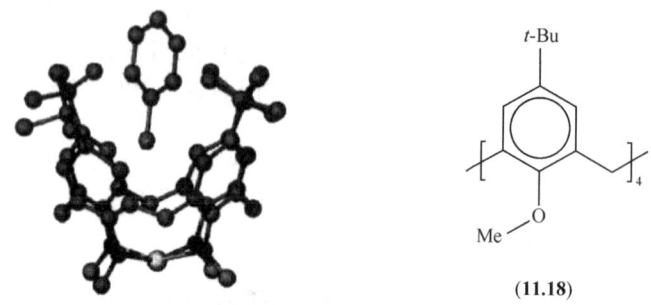

图 11.9　p-叔丁基杯[4]芳烃甲醚包容 Na^+ 和甲苯

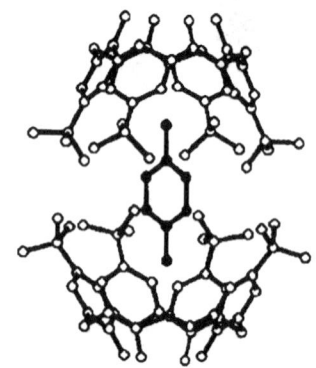

图 11.10　p-叔丁基杯[4]芳烃与 p-二甲苯形成 2∶1 包合物

11.2.5　囚醚和囚合物

1. 合成及性质

囚醚(carcerands)是一种封闭的分子容器或称分子胶囊,它不具有明显的能够使分子自由进入或离去的孔,客体物种永远被囚禁在主体分子之内,除非构成主体分子的共价键断裂，囚醚囚禁客体，形成被囚禁的主-客体化合物，称为囚合物(carceplexes)。另外一种闭合的分子容器，主体具有足够使客体分子出入的孔，有可测的活化能垒，对客体有一定的障碍，这种主体称为半囚醚(hemicarcerands)。当客体存在时形成的化合物称为半囚合物(hemicarceplexes)。半囚醚在外部条件改变时，有响应的选择性键合和驱赶客体物种的能力，它的特殊之处在于能在主体腔中稳定反应物种，在腔内实现催化反应和药物发送，在分子器件中受到人们的关注。

早在 1985 年 Cram 等发现以间苯二酚杯[4]芳烃(**11.19**)为基础的囚醚。它在高稀释条件下将两个碗形的苯二酚杯[4]芳烃(**11.20**)和(**11.21**)的上缘用—$(CH_2)_2S$—偶联形成一拟球形空腔的胶囊(**11.22**)(图 11.11)。

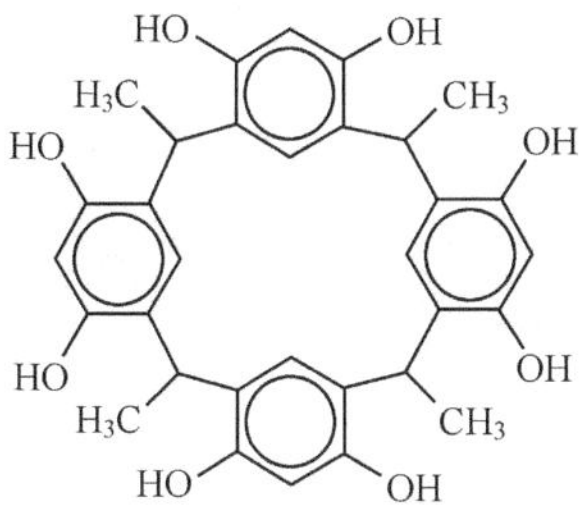

(**11.19**)

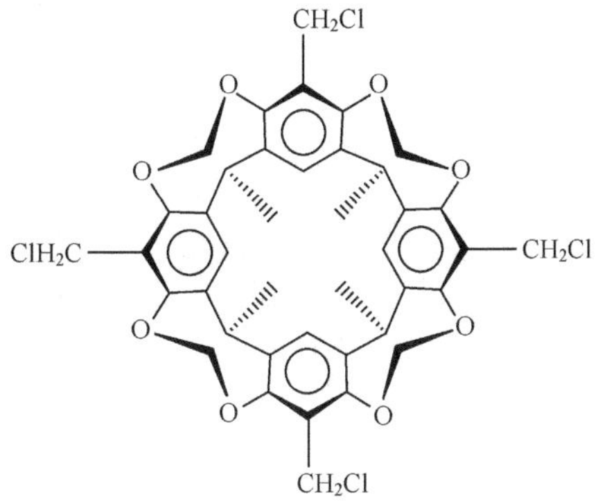

(**11.20**)　(11-5)

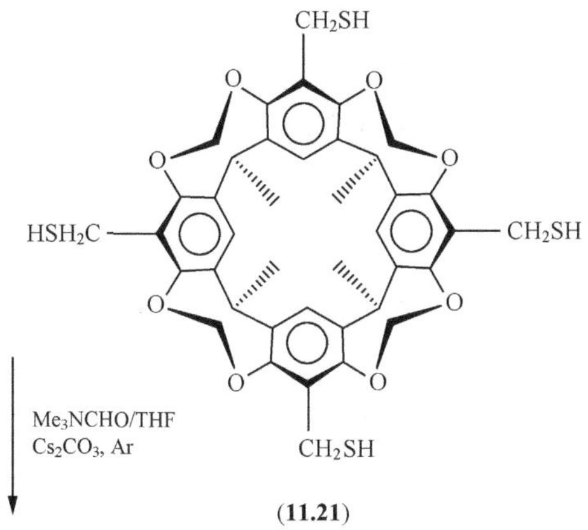

(**11.21**)

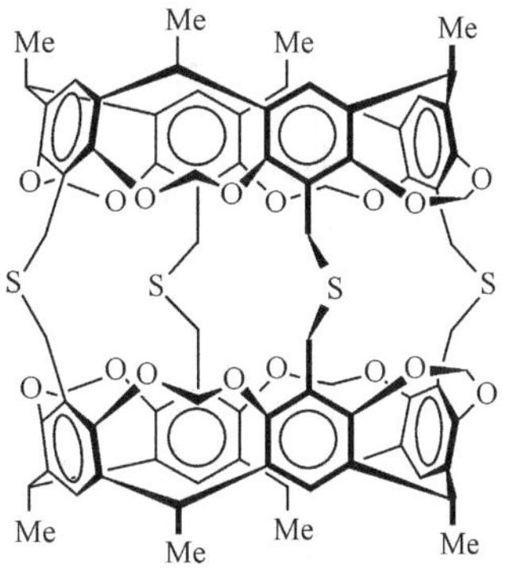

(**11.22**)

图 11.11　第一个囚醚

如果将其中 4 个桥联基减少到 3 个，得到低对称的开口类似物，即半囚醚(或半囚合物)(**11.23**)和(**11.24**)。分别是以乙缩醛基[—$O(CH_2)O$—]为桥的半囚醚和半囚合物。

另外一类诱人囚合物是通过金属桥联两个腔醚,这类囚合物有很好的热稳定性。

客体进入囚醚腔会引起客体性质的变化,如被囚禁的客体和外部溶剂交换速度等也随之而改变。客体和外部溶剂的交换速度用来表征囚醚与客体的交换键合情况,真正的囚合物,其客体与外部溶剂不发生交换。几小时甚至几天的客体交换是半囚醚的特性。如果主体和非常小的分子,如 O_2 的键合,它具有迅速的交换性质(在 NMR 时间标度范围内),则生成的化合物严格来说不是半囚合物,而称为包合物。主-客体的包合性质能通过 ^1H NMR 监测。由于形成主体腔壁的磁各向异性导致客体的 NMR 信号发生大的化学位移,通常向高场位移。当客体较深的贯穿于腔的底部,化学位移移向高场更为显著。通常,自由客体的化学位移和被俘获客体的化学位移之差为 2~4.5 ppm,差值的大小依赖于客体贯穿于主体(囚醚)的程度。

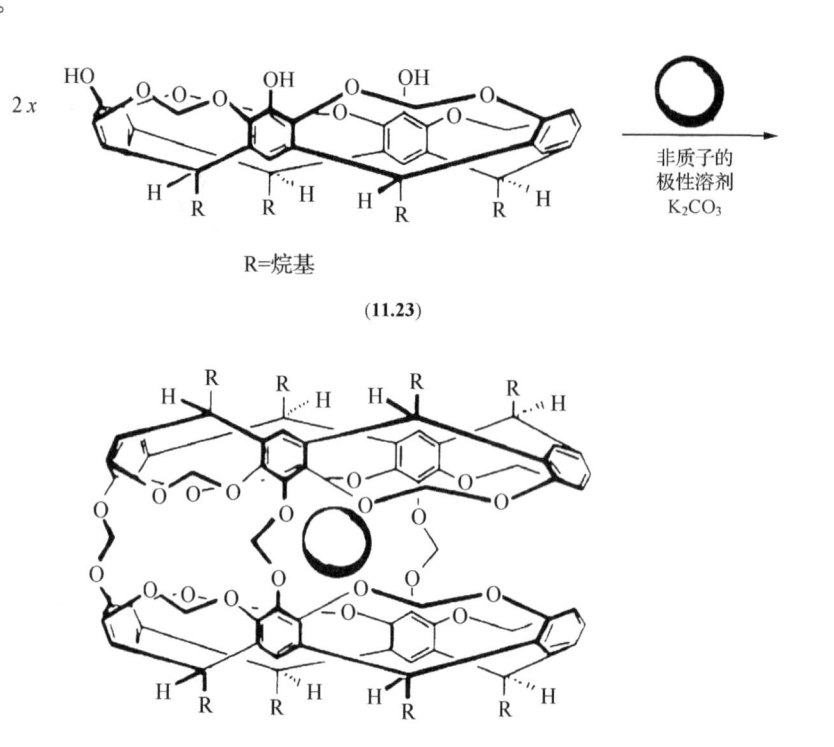

(11-6)

2. 分子烧瓶——制备短寿命物种

半囚醚具有坚实而且很好屏蔽的空腔,已被用作微反应器。这种微反应器又称为分子烧瓶(molecular flasks)或分子容器(molecular containers)。它能接纳小分子物种,稳定反应中间物种,催化某些反应和保护产物免于分解。

例如,在半球醚(**11.24**)的腔内用吡喃酮(**11.25**)光解,合成出极度不稳定的分子环丁二烯(**11.26**)。在此之前环丁二烯仅能在特定条件下才能观察到,即吡喃酮被光解后所得产物被冰冻(8K)在惰性气体基底上被发现。当温度稍高时,环丁二烯迅速二聚成环辛四烯。在半囚醚(**11.24**)的空腔中,控制反应条件,反应的主要过程如图11.12所示。

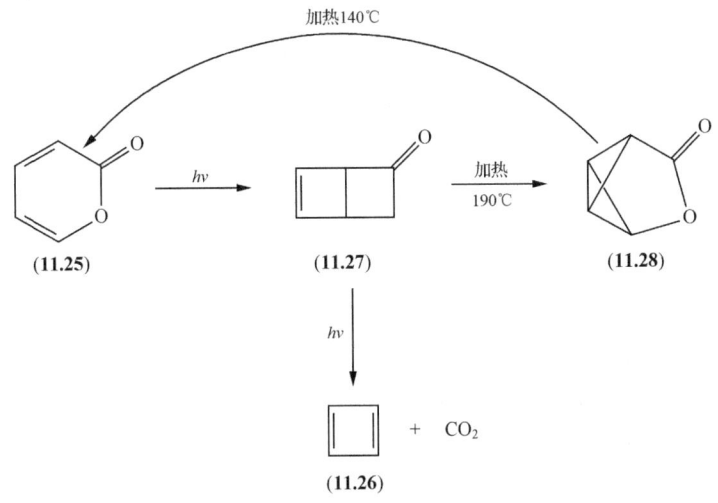

图 11.12　在囚醚中制备环丁二烯的主要反应

在以上过程中,①囚醚和 α-吡喃酮加热回流,通过循环光解得到内酰酯(**11.27**),在加热下重排成化合物(**11.28**),②居于囚醚中的(**11.27**)在正常的条件下(固态室温),能够稳定存在两周。令人惊诧的是当用 750W 弧氙灯对包容在半囚醚的(**11.27**)照射 30min,得到环丁二烯,并伴随着 CO_2 从腔内逸出。新得到的产物在 ^1H NMR 谱上呈现出 $\delta=2.27$ppm 的尖锐新信号,证明环丁二烯在半囚醚的环境中是稳定的,尖锐的信号说明环丁二烯有一个单重基态。自由的环丁二烯的质子化学位移通过计算应在 5.2～5.7ppm,说明被囚禁后环丁二烯的质子化学位移移向高场。

应用主体分子作为容器来制备高反应性的物种,对有机合成化学是一个重要的发展。气体分子有小的体积(2～4Å^3)和低的静电作用力,在主体中包含气体是十分困难的,近年来发现半囚醚(**11.29**)能选择性地接纳 N_2O。N_2O 是温室气体,用于神经麻醉,作为 N_2O 储存容器和释放材料十分重要,半囚醚(**11.29**)能从空气中可逆吸收 N_2,将 N_2O 通入它的氯仿或苯的溶液中,得到在 N_2O 气氛下无限稳定的包合物(**11.29**)·N_2O[式(11-7)],N_2O 能在空气中释放,有 30min 的半衰期,这类囚醚可望成为 N_2O 的选择接受器。

目前在分子烧瓶中的反应还不是很多,但它标志着在超分子化学、有机化学和理论化学交界领域中,有了激动人心的发展的开端。

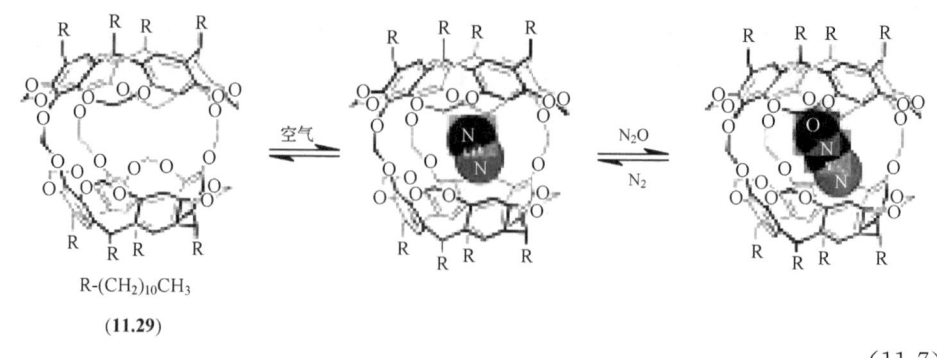

R-(CH$_2$)$_{10}$CH$_3$
(11.29)

(11-7)

11.3 什么是超分子[3,5]

上述的主-客体化合物都是以大环为基础,一个分子包容另一个分子的非共价结合的化合物。但非共价结合的化合物十分广泛。例如,图 1.8 中 DNA 的碱基对之间氢键结合,酶和底物、抗原和抗体的结合等,只要分子间的构型、电荷、尺寸、酸碱度、刚柔相济等因素互补或匹配就能形成以弱相互作用为一大类特征的化合物。Lehn 将主-客体化合物的概念加以延伸和扩充,用"超分子"一词来描述。所谓**超分子,即超越共价键的分子**,是指由配位饱和的物种非共价结合合成具有高度组织的实体。超分子化学被定义为超越分子的化学、分子组装(assembly)的化学或分子间键的化学。超分子化学研究的目的在于发展高度复杂的化学体系,这种复杂体系可看作由分子建筑模块作为部件以分子间非共价力相互作用而形成的。更广泛的意义来说,**超分子是一种类型或多种类型无数部件结合在一块组成的聚集体,这种结合可以是自发地或者有意地由部件性质衍生的更大实体**[图 11.13(c)]。这种聚集体可以是一个分子包容另一分子的主-客体化合物[图 11.13(a)],也可以是相似尺寸的部件通过互补或自组装形成的[图 11.13(b)],对后者它们之间已不具有主体或客体概念,而是由分子建筑模块发展成超分子。由于超分子化学迅速发展,包括大量的化学体系涉及许多学科范围,根据以非共价相互作用为基础的超分子化学的定义,似乎缺少特殊性和精确性。但是科学是研究复杂的问题,而研究领域的任何定义往往过于简单,难以包罗各个方面,为了进一步理解超分子化学,下面举例说明超分子化学不同于以原子间成键的化学的特点。

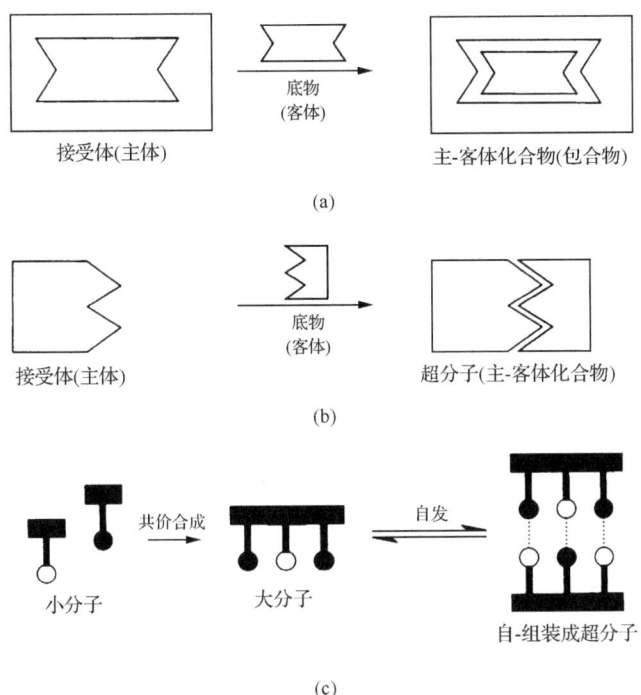

图 11.13 由分子建筑模块发展成超分子(a)、主-客体化合物(b)以及
互补物种间的自组装(c)(圆代表键合位置)

(1) 三聚氰胺(**11.30**)与氰脲酸(**11.31**)能形成以氢键为特征的多种稳定聚集体,如图 11.14。它们或者其衍生物以氢键相互作用形成的聚集体;这些聚集体可由 NMR 观察到。已知单个氢键的键能远低于共价键的键能,可是由 Whitesides 小组合成出可多达含有 54 个氢键的复杂体系,假定每个氢键键能为 16 kJ·mol^{-1},则整个氢键体系的键能为 864 kJ·mol^{-1},它远高于标准共价 C—C 键的键能,因此,超分子形成影响了整个体系的性质,稳定了聚集体。

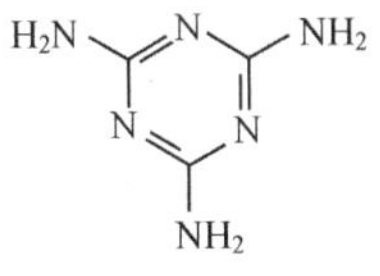

(**11.30**) 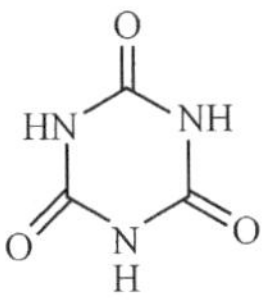　　(**11.31**) 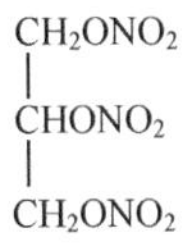　　(**11.32**)

图 11.14 一些具有 Whiteside 结构的超分子

(2) 已指出丁二烯(**11.26**)在通常情况下非常不稳定,但当保存在分子烧瓶(**11.24**)中,经历几个月而不发生变化。三硝酸甘油酯(**11.32**)是心脏病的急救药

物,它具有爆炸性,将它包容在β-环糊精的空腔中,阻止了它急剧分解,并增加了它的生物利用性,目前β-CD和三硝酸甘油酯组成的包合物在日本已作为药物进入市场。

(3) 超分子的合成方法不同于传统的合成方法,如对分子结(**11.33**)、奥林匹克环(**11.34**)等拓扑结构的合成,没有采用超分子化学中预组织的概念,即没有对底物进行预先组织强迫适当定位,就不可能合成出如此复杂结构,如分子结(**11.33**)的合成,由于Cu^+形成配合物时要求为四面体结构(**11.35**),所以首先必须用菲咯啉衍生物和Cu^+垂直定向配位(图11.15)得到骨架雏形再衍生出分子结。

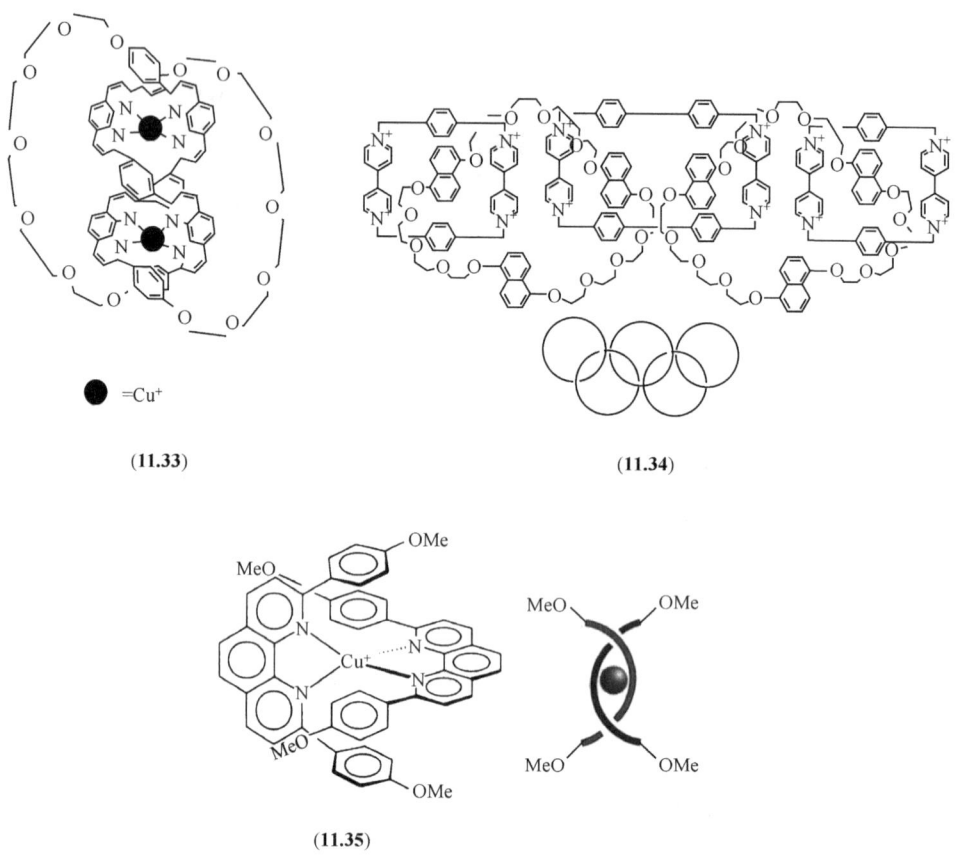

图11.15 1,4-菲咯啉衍生物和铜(Ⅰ)垂直定向配位

(4) α-环糊精用多醚联结成"分子项链"是在溶液中通过"一锅煮"的方法自发形成的(图11.16)。通过自组装一步获得如此复杂结构而不同于传统合成的多步反应法。

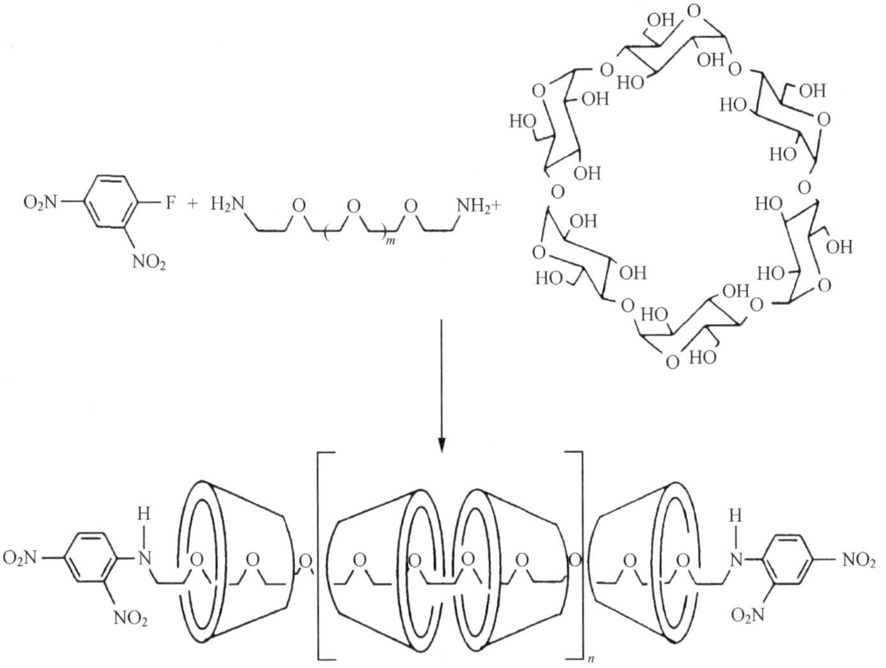

图 11.16 "一锅煮"法自组装成分子项链

由以上各例可以看出,当分子形成分子聚集态时,已改变了原来个体分子的性质,在囚醚中高活性的环丁二烯变得稳定了,相似的三硝酸甘油酯也因包容在环糊精中减低了爆炸性,说明分子或离子聚集的体系在性质上不同于单个分开的体系,这是超分子化学最基本的特征。在图 11.14 的 Whiteside 氢键聚集体中,缔合是有条件的,三聚氰胺和氰脲酸只有在有利的空间排列及分子间静电场互补的情况下,才能产生有效的分子间吸引力和相互识别。相似的用 α-环糊精采用"一锅煮"的方法能合成"分子项链",如果改用环更大的环糊精却难以成功。这说明在超分子化学中识别不是单方面的,而是相互的。

超分子化学的研究对象是超分子实体(supramolecular entity),它是超分子的特征部分,相应于配位化学中配位实体(coordination entity),超分子实体是由 2 个或多个分子通过分子间非共价键作用力聚集起来,形成复杂有序、具有某种特定功能和性质的高复杂性聚集体。它具有确定的结构、构型、化学热力学、动力学和分子动力学性质。超分子在结合方式上完全脱离了常规化学所设想的模式,结合不是在原子层次,而是在分子层次。超分子的出现说明继基本粒子、原子、分子之后,出现的更高层次的复杂物种。用 Lehn 的话来表达,即**原子、分子、超分子相当于语言中的字母、单词和句子**。

主-客体化学起源于冠醚与碱金属离子的配位化学,然后扩张到其他大环与阴离子、阳离子、中性分子及天然分子。主-客体化学是对大环配位化学高度的概括。主-客体化合物可视为特定情况下的超分子化学的雏形,而超分子化学是主-客体化学的深化和发展,二者没有明确的界限。

超分子化学涉及非共价相互作用,"非共价"这一术语意味着分子间存在着各种吸引力与排斥力。研究一个超分子体系必须考虑所有相互作用,如主体和客体及其周围环境(如溶剂作用、晶格、气相等)间的相互作用。现将超分子的成键作用汇总于表 11.3。在表 11.3 中各种作用力中部分作用力有必要加以介绍[6]。

表 11.3　超分子的成键作用力举例

接受体	底物	作用力	键合能/(kJ·mol^{-1})	例子
冠醚	金属离子	离子-偶极	50～200	K$^+$⊂18C6
球醚	烷铵离子	氢键	4～120	球醚·MeNH$_3^+$
环糊精	有机分子	氢键/范德华力	4～120/<5	α-CD-对羟基苯甲酸
杯芳烃	有机分子	范德华力/晶格填充	<5/微弱	p-叔丁基杯[4]芳烃·甲苯
杯芳烃	Na$^+$,Li$^+$/K$^+$,Ag$^+$	离子偶极/阳离子-π	50～200/5～80	杯[4]芳烃四甲醚·金属
苯	Li$^+$,NMe$_4^+$	阳离子-π	5～80	
芳环	芳环	π-π	0～50	
质子环多胺	[Fe(CN)$_6$]$^{3-}$	离子-离子	100～350	[Fe(CN)$_6$]$^{3-}$⊂质子多胺

1. 阳离子-π 相互作用[4]

阳离子-π 相互作用是重要而普遍存在的一种非共价相互作用,这种相互作用首先发现在离子-苯分子的气相中,继而在蛋白质晶体及人工合成的含芳烃的大环与客体的键合中,在生物体系中,如蛋白质的精氨酸、组氨酸、赖氨酸支链上的 NH$_2$ 基与质子形成阳离子时和邻近支链上芳基发生相互作用,有如图 11.17 两种排列,即氨基平行和垂直于苯环,氨基氮和苯环距离为 3.6～3.8Å。用高压质谱和离子回旋加速共振谱方法表明,阳离子与芳环体系有强的键合作用,这种作用不同于过渡金属如 Fe^{2+}、Pb^{2+} 等与烯烃、二茂铁等芳香碳氢体系所形成的配合物,在这些配合物中成键是来源于配体电子的给予及金属中 d 电子的反馈,没有考虑到非共价相互作用。从一些阳离子与芳香体系 π 面的键合在气相中的键合能可知,K$^+$ 与水分子强烈的键合,表现出强的水合作用,在气相中 K$^+$⋯H$_2$O 键合能为 75 kJ·mol^{-1}。但 K$^+$⋯苯的键合能却为 80.3 kJ·mol^{-1},这说明 K$^+$ 与苯间也存在着相互作用。NH$_4^+$ 与 K$^+$ 在某些方面有其相似性,如二者有相近的水化能。同样 C$_6$H$_6$-K$^+$、C$_6$H$_6$-NH$_4^+$ 的键合能也相近。当铵离子烷基化时减少了阳离子-π 的相互作用,NMe$_4^+$ 与苯的键合能降低为 39.4 kJ·mol^{-1}。

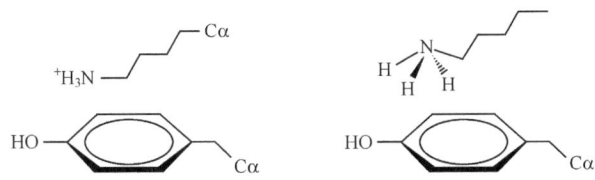

图 11.17　在蛋白质中质子化氨基和苯环的相互作用

2. π-π 堆积

π-π 堆积(或 π-π 相互作用)也属于一种弱的静电相互作用,通常发生在一个相对富电子的芳环和另一贫电子的芳环间,如图 11.18 所示有面对面、面对边两种典型的堆积作用。例如,石墨结构是以面对面堆积,在 DNA 双螺旋结构中,核苷酸碱基对的芳环间就存在着类似的面对面 π 堆积,它对稳定 DNA 双螺旋结构起了一定作用。面对边的相互作用可以看作一个芳环的相对贫电子的氢原子与另一个富 π 电子的芳环之间形成的弱氢键。π-π 堆积作用在稳定含芳香客体的主-客体化合物是十分重要的,但是它是非常弱的,难以控制,特别在强相互作用存在下,这种作用更显得微弱。

3. 范德华力

范德华(Vander Waals)力来源于邻近原子核对另一原子极化后产生的静电吸引力,这种力是无方向性的,且在有限范围内存在。一般来说,范德华力相互作用存在于易极化的物种中,但在惰性气体中,有时也存在着这种相互作用。在超分子化学中这种作用力对包合物的形成至关重要,一些小的有机分子常疏松地包入空腔或晶格中,如甲苯包入对-叔丁基杯[4]芳烃中(图 11.19)。

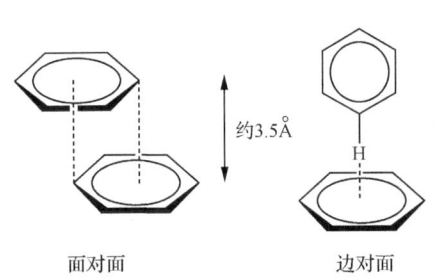

图 11.18　两种 π-π 堆积

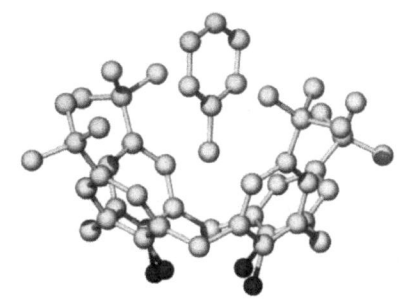

图 11.19　*p*-叔丁基杯[4]芳烃包容甲苯

4. 疏水效应[6]

水和矿物油间的互不相溶现象可作为疏水效应(hydrophobic effects)的简单例子,在此体系中水分子强烈的相互吸引,使矿物油有机分子在水分子间强的挤压下聚集成团。这种现象好像有机分子间的吸引作用,虽然在有机分子间还有附加范德华力和 π-π 堆积相互作用,但在此不是主要的。疏水效应对在水中的有机客体被环糊精的键合作用是十分重要的,疏水效应由焓变和熵变两个能量项组成。环糊精在水溶液中包容有机客体主要受疏水(疏溶剂)效应的影响。因为有机分子在水中是不溶解的,在溶液中,如果主-客体匹配,客体将在主体非极性空腔中寻求"庇护所",并驱逐主体腔中不稳定的高能量水分子,产生焓疏水效应。焓的疏水效应与主体空腔中的水分子被客体逐出腔外的稳定化作用有关。水分子位于腔中,主体腔是疏水的,水分子与空腔壁的作用十分微弱,因而水分子具有高能量,当客体键合时,水分子被逐出腔外,进入本底溶液中,然后同本底水分子作用,释放出能量而被稳定下来。熵的疏水效应与溶剂的无序化有关。如图 11.20 所示,因为主体分子和客体分子结合,溶剂分子无序化程度增加,引起体系熵增。所以,焓和熵的疏水效应都有利于客体的键合。

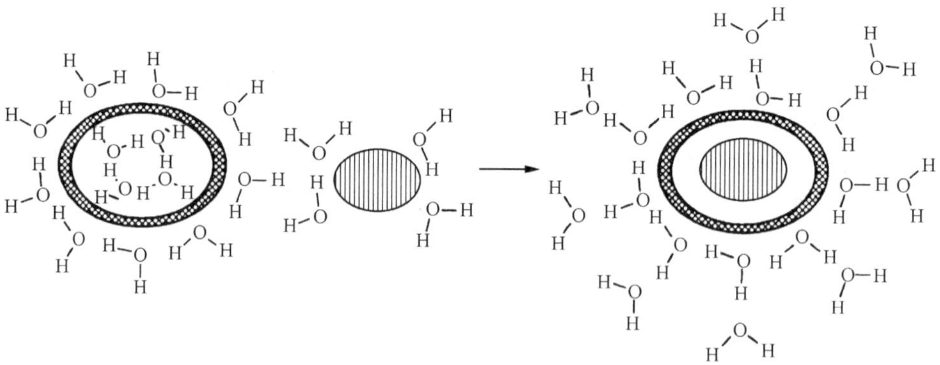

图 11.20 有机客体在水溶液中的疏水键合

溶剂效应在液相中主-客体间的分子识别起着关键作用,正确地选择溶剂会加强二者的缔合。例如,水是最好的溶剂,疏水效应会对非极性客体的键合提供大的自由能贡献,使主-客体键合强度增加,这种现象广泛存在于生物体系中。

11.4 超分子的基本功能

11.4.1 分子识别和选择性

如图 11.21 中在共价键基础上合成出的受体与底物以分子间的键,通过广义的配位作用,形成超分子,这种广义的配位作用不是随意的结合,而是有选择性、有目的的结合,所以受体是具有键合目的的配体,识别、转换(光、电化学)、易位(传输)是超分子的三大功能。分子识别是超分子化学的核心内容。分子识别意味着主体对底物分子的选择性键合,它是通过一系列结构确定的分子间相互作用而组成的模式识别过程。Lehn 指出,主体选择性的结合客体,形成超分子体系,在热力学上用稳定性,在动力学上用动力学选择性来表征。有高选择性的主体,并不一定有强的键合能力,反之亦然。强键合并不同于分子识别。例如,大环酚盐(**11.36**)对神经传递剂-胆碱$(CH_3)_3N^+(OH)CH_2CH_2OH$(**11.37**)有强的键合,其键合常数 $K=5\times10^4$ $dm^3 \cdot mol^{-1}$,大环对其他含有$(CH_3)_3N^+$基团的客体分子也有大的 K 值,但没有选择性。而大环却只对胆碱有高选择性。在 11.3 节中,三聚氰胺和氰脲酸或它们的衍生物形成多种高选择性的超分子聚集体,只有在给体和受体位置(或空间)互补的条件下,才有可能借助氢键形成多种聚集体。

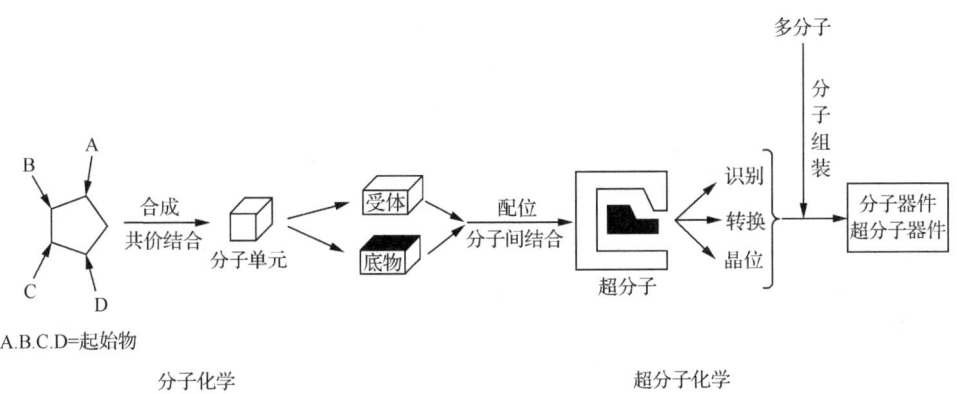

图 11.21 超分子的形成和功能

动力学选择性与反应路径中各竞争客体的转化速率有关。例如,在酶催化反应中,转化得最快的客体有高的动力学选择性,但不是结合得最牢,有高稳定性的客体,由于与主体结合得太牢,会阻止客体的转化,从而降低反应速率,降低了动力学选择性。在酶的反应中,某一瞬间主-客体结构可以是完全互补的,这会显示出大的动力学选择性。如果主体被预组织成刚体,就不会对客体迅速催化。

(11.36) (11.37)

前面已叙述，最简单的识别是球形识别。例如，冠醚对球形底物碱金属离子、卤离子的识别。其他如穴醚对线性底物，N_3^-、OCN^-对-苯二甲酸根的识别，冠醚对四面体底物SO_4^{2-}，ClO_4^-及烷铵离子的四面体识别，还有在自然界中普遍存在的以及人工合成的大环，它们会有选择性地键合对映体分子，即手性识别。例如，用α-环糊精在色谱柱上能分别分出α-蒎烯和樟脑的对映体(**11.38**)至(**11.41**)。

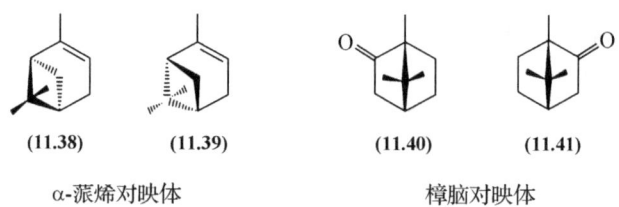

(11.38)   (11.39)   (11.40)   (11.41)

α-蒎烯对映体   樟脑对映体

主体和客体的识别过程除用"锁和钥匙"的关系描述外，近年来借助生物化学酶的"变构效应"引入"诱导拟合"模型(induced fit model)的概念[图 4.6(b)]，它是指主体在识别客体的过程中，能改变自己的构型，以适应客体的需要，刚性主体按"锁和钥匙"的关系，对客体识别提供很有效的途径，形成高稳定性的超分子。柔性主体通过"诱导拟合"过程和底物结合，往往会显示出高的选择性，但由于构型改变会耗去一部分能量，使稳定性降低(图 4.7)。分子识别是以分子信息作为基础的，而信息是贯穿超分子化学的主线。受体对底物的识别，依赖于储存在二者中的信息。例如，受体的几何构型、电子特性和化学反应等信息都储存在受体中，识别过程意味在超分子水平上的信息处理，使受体与底物信息达到最佳匹配。

11.4.2 转换和易位及催化

受体一般具有光活性、氧化还原活性、酸-碱活性等特点，当底物与合适受体结合时，产生相互作用，当受外界光、电和化学刺激时，可能引起光、电、酸-碱性质的改变，导致光子、电子、质子的释放或俘获，诱导出新信号，信号可以光、电形式检测，完成电、光等功能转换，成为构筑超分子器件的基础。例如，由联吡啶组成的穴醚与 Eu(Ⅲ)形成的穴合物(**1.10**)有光转换功能,能增强 Eu(Ⅲ)对紫外光的吸收,并转换成荧光进行发射。如果它们的性质在两个或多个不同状态间转换,这构成了光、电传感器或分子开关、分子导线、分子机器、计算机逻辑门的基础。以上信号产生、处理、传递、转换以及检测与化学密切相关,研究的对象即信息化学,超分子化学最深远的贡献即在化学中引入分子信息的概念,并在化学体系中实现,使来源于生物科学中"锁和钥匙"的互补关系朝着电子和通信时代信息化方向发展,这将在第 12 章予以介绍。

水溶性亲脂受体能作为载体,运载底物使底物发生易位,如冠醚能运载 K^+ 穿透类脂膜。溶液的 pH、外施的电压以及底物金属的氧化态改变都能推动载体对底物的传输。酶对底物的作用,恰似催化剂的作用,通过超分子生成的催化反应会降低反应活化能,增加反应速率和选择性。

11.5 合成方法

超分子的合成在方法上有其特殊性,一般来说有下列两种方法,即以金属离子作为模板和高度稀释法。

11.5.1 模板效应

二苯并[18]冠-6 的合成诞生了现代的超分子化学。在式(1-5)的反应中,若反应条件不适当,就可能生成聚合物。这个新奇的环状化合物就不能得到。大环多醚能够轻易得到,并不是因为它在热力学上更为稳定,而是选择了 K_2CO_3 作为碱。如果将 K_2CO_3 改成了有机碱如三乙基胺(NEt_3)进行反应,则发现生成的产物主要是多聚物。这两类碱主要区别在于 K^+ 能够组织反应物在它的周围,并且形成一环状中间体(图 11.22),反应物与 K^+ 配位,通过螯合效应稳定了中间体,并使—OH 和—Cl 基互相邻近,预组织成结构所需的大环化合物。有机碱不能形成这样的中间体,只能采取分子间聚合路径,而不是分子内的成环路径。在此反应中,大环化合物的合成,借助于 K^+ 作为模板而得以实现。许多大环化合物的合成也有类似的情况,即金属离子要求反应基团在它的周围按一定的空间位置成环,金属离子在反应中作为模板,进行生成金属离子构型要求的模型,当除去金属离子后,新生配体仍保持原有构型。这种效应称为"模板效应"(template effect)。模板效应又分为动力学模板效应和热力学模板效应,对合成二苯并[18]冠-6,严格地说,称为"动力学模板效应"。金属离子在此反应中既增加了环状中间体的稳定性,又大大地提高大环化合物形成的速率,具有催化作用,因此这个大环是一个动力学产物。

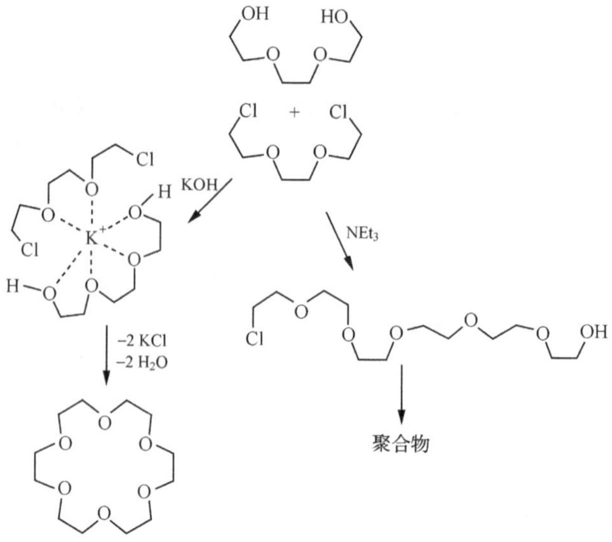

图 11.22 合成 18C6 两种可能的路径(环化和聚合反应)

根据式(11-8),用不同阳离子作为模板合成苯并[18]冠-6,将其表观速率常数 k_{obs} 与模板阳离子浓度的关系绘成图 11.23。由图 11.23 可知,除 Li^+ 外,反应速率随阳离子浓度增加而增加。半径小的 Li^+ 和酚氧离子形成强的离子对,阻止了成环,K^+ 与苯并[18]冠-6 的空腔大小能很好地匹配,有利于成环,所以有最高的反应速率。

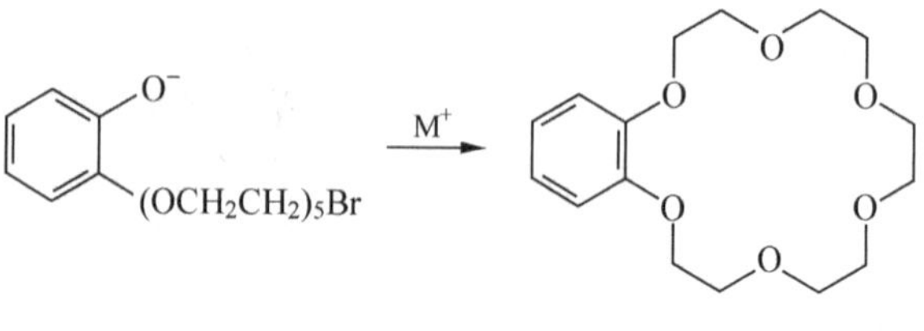

$$(11\text{-}8)$$

动力学模板效应和热力学模板效应的差别是,动力学模板效应涉及配体真实地围绕在金属离子中心的中间体的反应速率,而热力学模板效应涉及金属离子从反应平衡混合物中挑选反应配体的能力,这样驱动平衡到产物一边。例如,以 α-二酮与 2-氨基乙硫醇作用,希望得到四齿配体(**11.42**),但却得到了噻唑啉(**11.43**)。

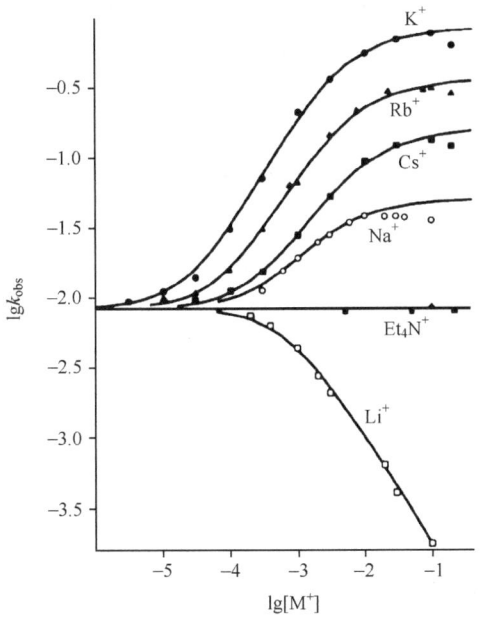

图 11.23　金属离子浓度对合成苯并[18]冠-6 反应速率的影响

用检查硫醇的化学方法来检验,证明溶液中只有少量化合物(**11.43**)存在,它与化合物(**11.42**)互为平衡状态。但如果在以上反应物中加入乙酸镍可得到 70% 产率的镍(Ⅱ)配合物(**11.44**),认为(**11.43**)是生成噻唑啉的中间体,Ni^{2+} 的作用是改变了热力学平衡,稳定了中间体,这种效应称为热力学模板效应。

模板效应普遍的用来合成冠醚、穴醚、索烃、分子结等主体,碱金属、碱土金属、过渡金属及镧系离子都具有模板性质。

11.5.2　高稀度效应

在没有适当的模板时,大环合成十分困难,常采用在高稀度的溶液中合成。即意味着在小量反应剂的条件下,采用大体积的溶剂。通常在实验时反应剂分别在搅拌下,由两个滴液漏斗中以极慢的速度加入。在高稀度下,环化产物在 1 个分子内以碰尾的方式形成,因此环化反应速率比两个分开的反应剂之间碰撞形成分子间的聚合反应更快(图 11.24)。如果反应剂 X-Y 的环化速率为 v_c,聚合速率为 v_p,则 v_c 与 v_p 分别和环化和聚合反应速率常数 k_c 和 k_p 有如下关系

$$v_c = k_c[\text{X-Y}], v_p = k_p[\text{X-Y}]^2$$

$$v_c/v_p = k_c[\text{X-Y}]/k_p[\text{X-Y}]^2 = k_c/k_p[\text{X-Y}] \tag{11-9}$$

即 v_c/v_p 值随反应剂浓度[X—Y]的增加而减小,即在稀溶液中环化反应速率增加。如果在一定条件下,反应速率大于试剂的加入速率,则反应剂在溶液中的浓度将会是很小。高稀度合成已被用于若干大环、大二环(或穴醚)的合成,特别是胺和酰氯的反应[式(11-10)]。由于氯的吸电子效应和羰基共振稳定化效应,使反应进行得较为迅速,所以该反应在高稀度下用于简单杂氮冠醚的合成。

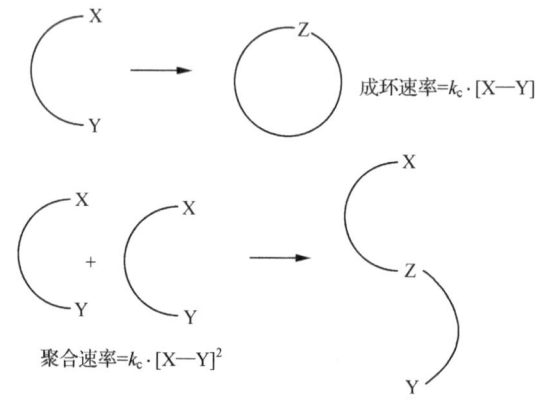

图 11.24 大环的合成路径

(11-10)

11.6 一些有代表性的配位超分子

11.6.1 索烃、轮烷和分子结

1. 结构特点

索烃(catenanes)是由一个或多个环被机械力连锁起来,形成环套环的化合

物,在两个环之间不存在化学相互作用,通常情况下,如果不破坏环的化学键,就不能将环分开。索烃的命名是将连锁环的数目放在括号中,置于化合物名称之前,如[2]索烃([2]catenanes)即包含 2 个连锁环。奥林匹克环(**11.34**)即是[5]索烃。在英文命名中索烃被看成有机碎片,(虽然它不是完全由碳氢部分组成),因此以类似烷烃(alkane)的'ane'作为结尾。在文献上,[n]catenand 和[n]catenate 也被采用,它们分别对应于 cryptand(穴醚)和 cryptate(穴合物),所以[n]catenand 指索烃作为配体,[n]catenate 指索烃与金属离子形成的配合物,分别俗称索醚或索状体和索合物。命名举例如图 11.25 所示。

轮烷(rotananes)是一类具有哑铃形的分子,两组分间借助机械力连接而不是共价键连接,即用 1 个线性分子作为棒穿入通过大环,棒的末端连以大的基团形成哑铃状,由于基团有大的体积,好似塞子,不能通过大环。如果轮烷线性分子末端不连以大的基团,好似 1 个环和插入环中心的棒组成,它们之间没有物理壁垒,棒能够滑出,这类轮烷称为准轮烷(pseudorotaxanes)。准轮烷和轮烷的命名和索烃相似,即将组分数目置于化合物名称前,如图 11.25 所示。

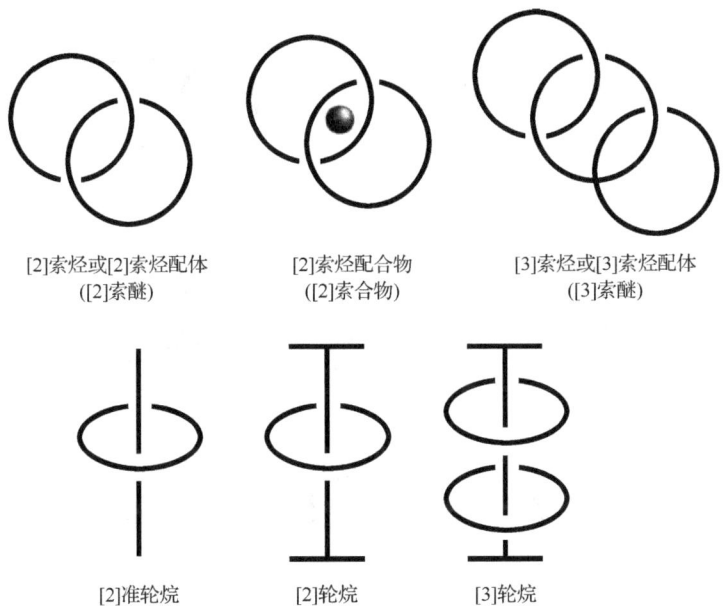

图 11.25 索烃、轮烷、准轮烷的命名

分子结(molecular knots)可看作单股绳上下通过自身绕曲而形成的环,分子结的命名是根据绳穿过的次数。典型的三叶结分子(trefoil knot)如图 11.26 和图 11.27(b)所示。

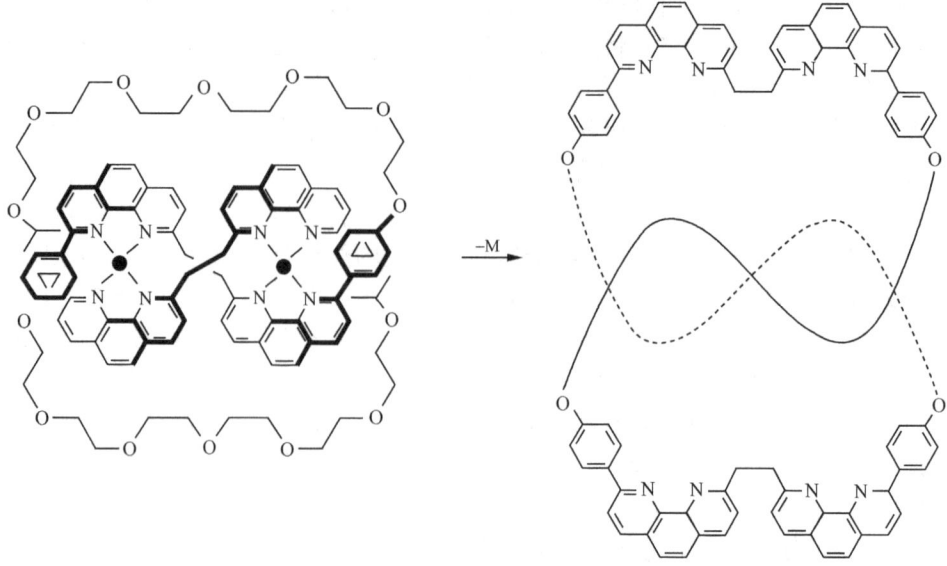

图 11.26　以菲咯啉为基础的三叶结

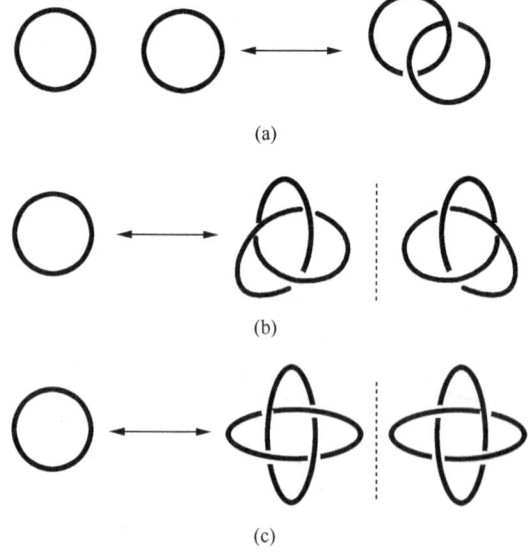

图 11.27　拓扑学异构索烃和大环互为拓扑异构(a)、三叶结(b)、索烃(c)(虚线两侧互为对映体)

从索烃的化学组成来看,等同于两个分离组分的大环,但索烃是一个组分穿入另一个组分所得到的聚集体,这在物理化学性质上产生重要的影响,形成的连锁环和分离环之间被看成一种拓扑异构现象,这种异构现象和传统的异构现象如顺、反异构,面式、经式异构不同。索烃分子是它的分离环的拓扑异构体(图 11.27),其拓扑结构的产生来自二维平面结构的交叉点的数目和类型。例如,我们将[2]索烃的平面图画在纸上,从图中能找出两个交叉点,而两个分离的环就没有交叉点,准轮烷和轮烷不存在其组分的拓扑异构体。拓扑异构体的存在也意味着有拓扑对映体。图 11.27(c)给出了[2]索烃的两个互为镜像的拓扑对映体,它们具有手性。拓扑分子和真实分子不同,在拓扑分子中现有组分只要不破裂,就可以无限地扩展和延伸。图 11.27(b)左边是三叶草的分子结,它对应的大环没有对映体,而三叶结是有手性的,有两个镜像。这一类相互连接的分子,又称为连锁分子(interlocked molecules)。

2. 合成方法

索烃连锁分子结构奇异,合成十分困难,利用传统合成路线,不但烦琐且产量极低,不能进行研究,因而长期被誉为"学术珍品"。直至 1984 年 Lehn 的弟子 Sauvage 开创性地用引入配位键作为辅助键的办法得到了第一个连锁分子[2]索烃的配合物,然后得到了索烃。其原理是以过渡金属作为模板,根据金属离子的构型和强的配位键迫使反应物形成特有环套环的雏形。Sauvage 认为,Cu(Ⅰ)配合物通常为四面体构型。例如,图 11.15 是由 2,9-二苯甲醚-1,10-菲咯啉和 Cu(Ⅰ)形成的配合物,他证实配体在 Cu(Ⅰ)的组织下呈正交的四面体几何构型,是开始构筑索烃的理想几何形状。将苯甲醚的甲氧取代基进行功能化转变成酚基(—OH),在高稀度大环反应的条件下,功能化后的配合物与 1,14-二碘-3,6,9,12-四氧杂十四烷在 DMF 中进行环化,生成索烃配合物(图 11.29)。因为 CN⁻ 是 Cu⁺ 极好的配体(生成$[Cu(CN)_4]^{3-}$),因而将索合物用 CN—处理移去 Cu(Ⅰ),得到游离的配体[式(11-11)]。

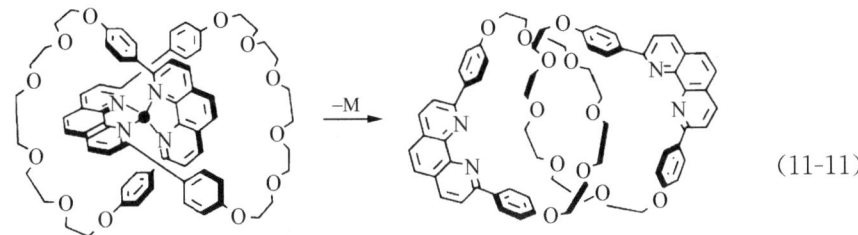

(11-11)

准轮烷是合成索烃和轮烷必需的前体,通常合成步骤是以金属离子作为模板,借助静电或氢键作用力,通过模板自组装合成准轮烷,然后经新环的闭合或在末端连接 1 个或 2 个大体积基团得到索烃或轮烷(图 11.28),具体合成方法以环糊精为例。环糊精有刚性和筒形疏水空腔,在水中能包容客体形成准轮烷。例如,在式(11-12)中,α,ω-二胺烷烃用 α-CD 或 β-CD 处理,得到 CD 包容二胺的准轮烷(**11.45**),再以它作为后续反应的模板和$[CoCl_2(en)_2]$反应得到[2]轮烷(**11.46**),产率为 42%。

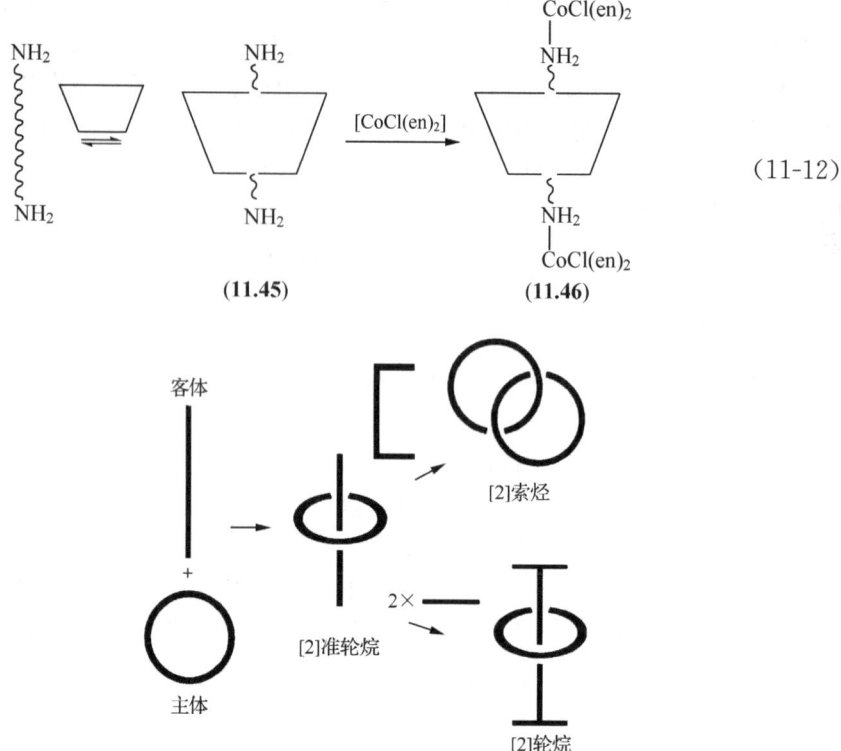

(11-12)

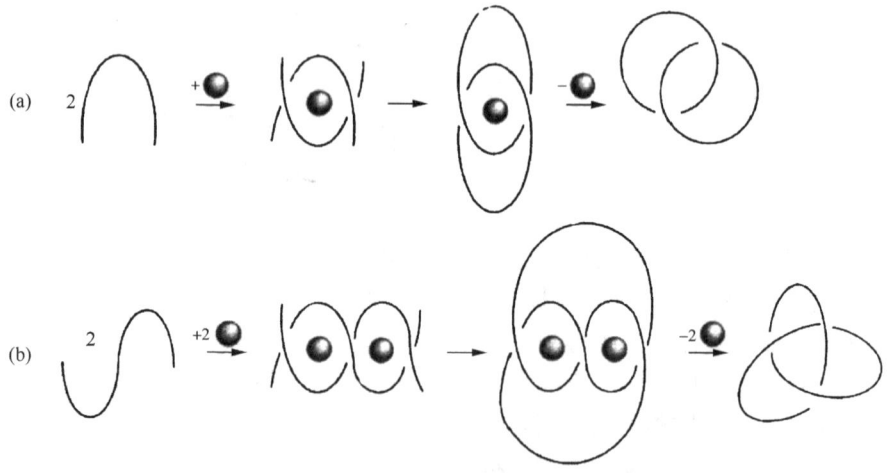

图 11.28 合成索烃和轮烷的路线

分子结的合成方法与索烃和轮烷类似,如图 11.29 所示。1989 年,Sauvage 采用与合成索烃相同的路线合成出第一个三叶结分子。

图 11.29 合成索烃和三叶结分子示意图
(a) 索烃;(b) 三叶结

11.6.2 螺旋形分子

1. 螺旋分子及其配体的结构特征

许多螺旋化合物存在于自然界中,著名的例子是 DNA 的双螺旋结构,自然界 DNA 双螺旋结构的自组装,对人工合成双螺旋结构起了显著的推动作用。在有机化学中单螺旋化合物较为普遍,如螺旋烯等,而双螺旋和三螺旋结构在化学领域中却相对较少。直到采用了过渡金属作模板合成螺旋化合物的方法问世后,它们的研究才得到很大的发展。按照配合物的配位方式(图 11.30),配体(b)有 3 种方式配位到 4 配位的金属中心上,它们可能形成单核 1∶1 的平面正方形螯合物、双核非螺旋 2∶2 配合物、双螺旋 2∶2 配合物,后者通常金属离子具有四面体几何构型。如果金属的配位数为 6,而 3 条螺旋配体又能与金属离子匹配,二者之间以非共价结合,就有可能生成三螺旋配合物(图 11.30)。

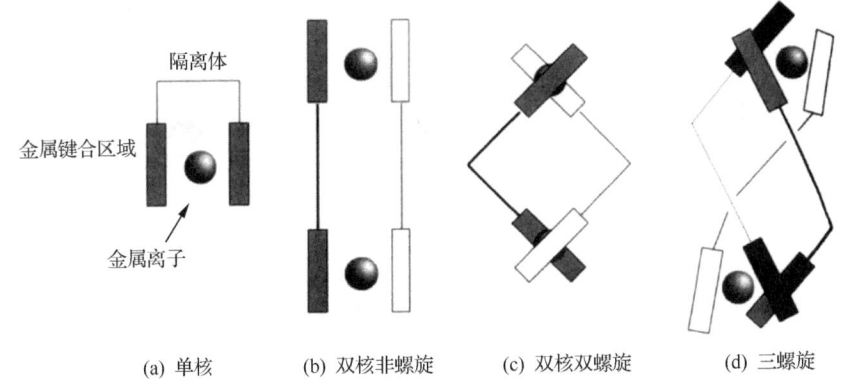

(a) 单核 　　(b) 双核非螺旋 　　(c) 双核双螺旋 　　(d) 三螺旋

图 11.30　配位数 4 和 6 的金属离子的配位方式

在螺旋形的超分子中,两个或多个离子(通常为金属离子)位于螺旋轴上,由一条或多条含有多组配位原子的多齿配体,折叠地缠绕着螺旋轴,每组配位原子用隔离体隔开,以螯合的方式分别配位于不同金属离子,形成不同的键合领域(图 11.31)。金属螺旋形分子的命名,在英文中称为 hilicates,即螺旋形配合物,简称为螺合物,相应的配体(hilicands)俗称为螺状体。

配体螺旋似的围绕螺旋轴旋转,可以是逆时针方向,称为右手螺旋以 P 表示,也可是顺时针时间方向旋转,称为左手螺旋,以 M 表示(图 11.32)。螺合物是含多金属由两条配体、三条配体或四条配体组成螺旋形的配合物。螺合物可以是饱和的,在此金属离子的配位数被键合领域中配位原子所饱和,相反,金属离子若没有被饱和,需要辅助配体来满足其空间要求。

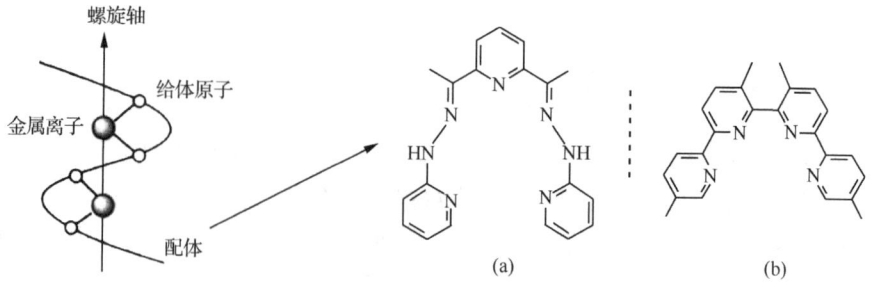

图 11.31 配体生成的螺旋结构示意图

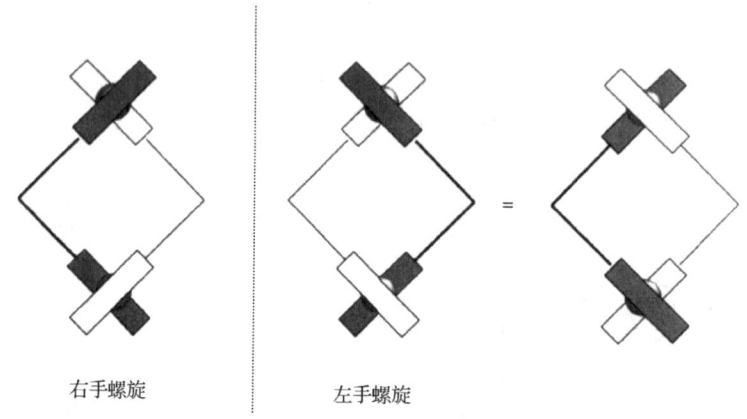

图 11.32 双螺旋配合物的手性

2. 合成原理

过渡金属离子具有可变的配位数和几何构型,用它作为模板,可控制非共价键的方向性,在刚柔相济的配体存在下能合成出各种各样的螺旋型配合物。螺合物的生成既受配体,又受金属所制约。例如,金属的配位数、几何构型、金属离子和配体间的距离都约制其生成。配体(**11.47**)有四个配位原子,可与金属形成 1∶1 平面正方形和双核 2∶2 的非螺旋配合物及双螺旋的四面体或三螺旋的八面体配合物。但是当金属离子为 Pd^{2+} 时,则倾向于生成平面正方形配合物,相反,对要求四面体构型的 Cu^+ 却能生成双螺旋。

常见的螺旋配体大多数是寡聚联吡啶,它可由 2,2′-联吡啶直接连接而成(**11.47**)或通过隔离体醚(**11.49**)或乙基等连接而成。更刚性的 1,10-菲咯啉配位性质类似于联吡啶,也可组成螺旋配体(**11.48**)。

螺旋配体是可分为不同组的多齿配体,应具有多个键合领域,每个键合领域间多存在着隔离体,它既有一定的刚性,足以阻止在螺旋体上几个配位原子键合到同一金属，又具有一定柔性，足以包裹金属产生螺旋结构。对配体的要求还包括对配体形成螺旋结构预组织的程度。例如，大环螺醚(**11.48**)中的二萘基原有的取向就有螺旋性，所以易形成双螺旋配合物[Cu(**11.48**)]$^+$。此外，四联吡啶[**11.47**(b)]也由于甲基空间位阻而使得位于中间的两个吡啶环以非平面方式定向，从而有利于螺旋形成。

(a) R = H
(b) R = Me

(**11.47**)

(**11.48**)

例如，在图 11.33 中，配体(**11.49**)含 3 个 2,2′-联吡啶单元，它和[Cu(MeCN)$_4$]$^+$在 CHCl$_3$ 和 MeCN 混合溶液中，定量地生成具 D$_2$ 对称性的双股-三核螺合物[4+4+4]([4+4+4]代表 3 个配位数为 4 的金属离子组成的螺合物)，其中每股配体含有一个垂直于螺旋轴的 C$_2$ 轴，两股配体分别被 3 个金属离子缠绕，每个金属被 2,2′-联吡啶单元配位形成准四面体结构。由于每个[Cu(bpy)$_2$]$^+$单元的准四面体构型和配体的螺旋性，二者相互识别，能够匹配后，就能

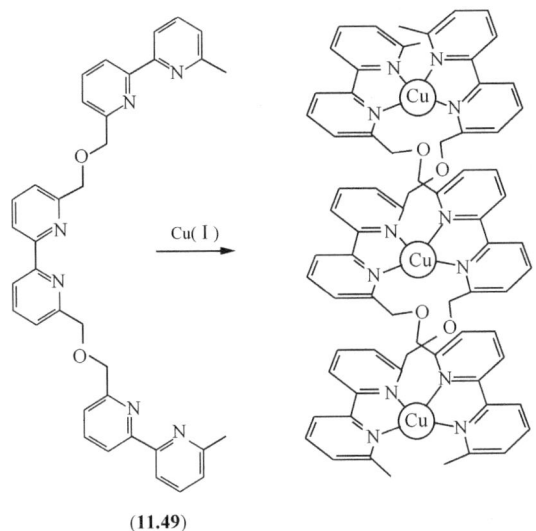

(**11.49**)

图 11.33 双螺旋三核铜(Ⅰ)配合物[Cu$_3$(**11.49**)$_2$]$^{3+}$ 的自组装

借助于非共价力自发地聚集成高度有序的双螺旋配合物,这种现象称为自组装。即具有狭窄的配位参数和结构参数的金属和配体相互匹配下,双螺旋配合物才能生成。进一步用 Lehn 的术语来说,即螺合物 $[Cu(11.49)_2]^{3+}$ 的形成相应于 Cu(Ⅰ)以四面体读取在配体(**11.49**)中储存的信息,将信息编码进入组分中,产生了程序化的螺合物(programmed helicates)。

以上是线型螺旋,利用金属离子也可以形成环状螺合物[7],并且具有纳米尺寸和纳米空腔直径。

3. 自识别和协同效应

配体[**11.50**(a)至(d)]是由隔离体 CH_2—O—CH_2 连接 2,2′-联吡啶的 6-位组成的重复链式结构。用 Cu^+ 在 $MeCN/CHCl_3$(1∶1)溶液中和每一配体反应分别得到 2~5 核的双螺旋物[4+4]、[4+4+4]、[4+4+4+4]和[4+4+4+4+4]。有趣的是用 Cu^+ 同样处理以上四种配体的混合物却再一次自发地产生出相应的 4 个双螺旋结构,这些螺合物中都具有同样的配体,没有混合配体的物种产生(图 11.34)。这表明金属离子对相同配体的识别优先于不同配体,在混合物中相似物自发选择和优先组装在金属上。类似地,当两个含不同隔离体(CH_2OCH_2、CH_2CH_2)的三-联吡啶配体(图 11.35)混合在一起,同时与 Ni^{2+} 和 Cu^+ 反应,只形

第 11 章 超分子配合物

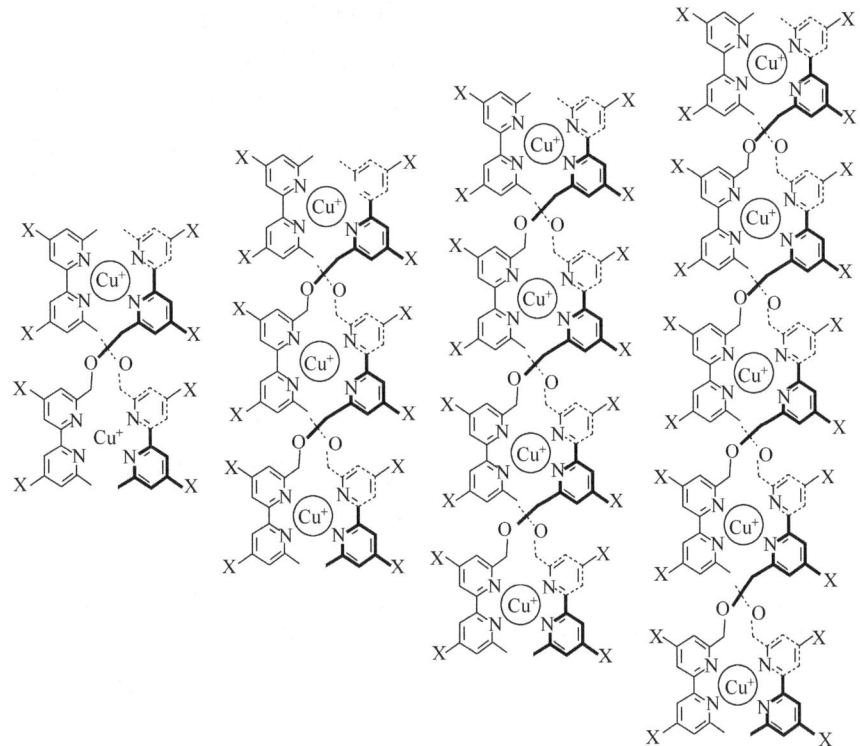

图 11.34 铜离子从寡聚联吡啶[**11.50**(a)至(d)]的混合物中识别组装成双螺旋

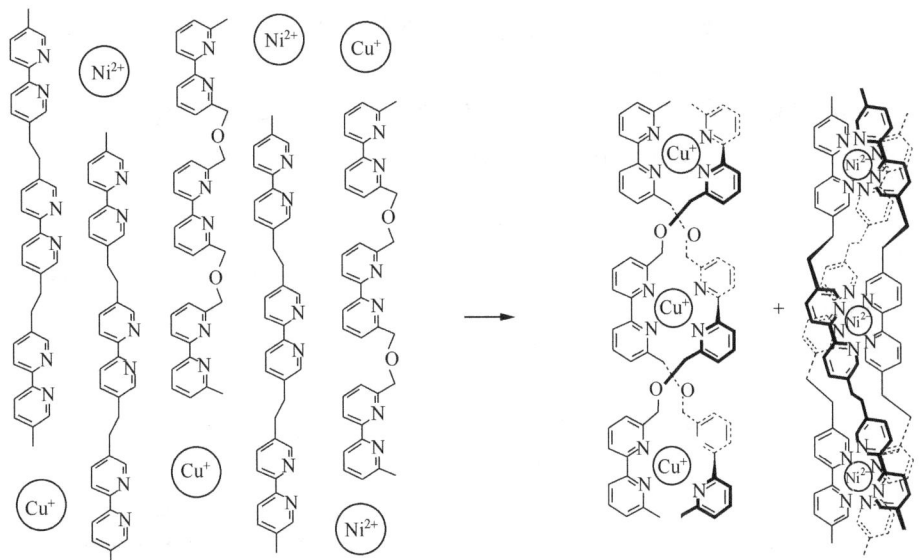

图 11.35 两种寡聚联吡啶从含 $CuClO_4$ 和 $Ni(ClO_4)_2$ 的混合物中识别,组装成双螺旋和三螺旋

成了同配体的双螺旋 Cu(Ⅰ)和三螺旋 Ni(Ⅱ)配合物,而无混合金属螺合物形成。以上两组实验说明,螺合物的生成是从起始化合物的混合物中经自我识别首先挑选相同配体然后自组装产生的,体现出相似金属离子和相似配体在混合物中自发地选择和优先组合成相应的螺合物。这种效应类似于曾经提到过的"类聚效应"。

螺合物自发组装还表现出协同效应,即当第一个金属离子键合完成后,其余金属离子以串级的方式迅速键合,直到完全形成螺合物。第一个金属离子键合后,有利于下一个金属的键合,好像 DNA 双螺旋自组装中碱基的配对,也好似晶体的成核过程。

小　结

(1) 超分子化学系统研究始于冠醚和碱金属的配位化学,后来发展成主-客体化学和超分子化学,三者有紧密的亲缘关系,其术语是平行发展的(表 1.4),根据不同情况进行使用。

(2) 环糊精、杯芳烃、囚醚是十分重要的具有代表性的主体。环糊精以包容中性分子形成包合物为特征,有催化特性。杯芳烃结构较优,兼能包容中性分子和阳离子。囚醚和半囚醚有稳定物种具有分子并的特征。对形成包合物时,主-客体间的相互作用力也进行分析。

(3) 超分子功能以识别为基础。超分子合成方法主要根据模板效应、稀释效应得到。

(4) 连锁分子和螺旋配合物的结构及其合成原理。

(5) 掌握以下名词的含义

自组装和自识别,阴离子配位化学与经典配位化学,选择性与稳定性,疏水(溶剂)效应,π-π 相互作用与 π-阳离子相互作用

习　题

1. 利用表 1.1 配位化学发展年表中寻找哪些发现是超分子化学中重要发现?哪些是与超分子化学发展相关?

2. 足球形大三环(**11.5**)是一个多方面的配体,它不仅能和 NH_4^+ 配位,而且还和 H_2O 或 Cl^- 配位。
   (1) 问将穴醚如何进行简单的预组织能达此目的?
   (2) 请绘出和 H_2O 和 Cl^- 生成的配合物,并说明其成键情况。

3. 下列化合物称为环芳是一种主体,它包容二甲苯,在水中 293K 反应时 $\Delta G^\ominus = -22 kJ \cdot mol^{-1}$,$\Delta H = -31 kJ \cdot mol^{-1}$,$T\Delta S = -9 kJ \cdot mol^{-1}$。(1) 试计算 K 值;(2) 说明稳定作用的原因是什么。

4. 简要介绍一下概念：

(1) 模板效应和高稀释效应；

(2) 预组织和互补性；

(3) 识别和信息处理；

(4) 自组织和协同效应。

5. H_3PO_4 的 pK_a 值为 2.1、6.2 和 12.4，请给出可能对阴离子 $H_2PO_4^-$、HPO_4^{2-} 和 PO_4^{3-} 具有选择性主体类型。在主体设计过程中重点考虑是什么。

6. 列表比较一下几种主体分子的性质(应包括选择性、溶剂性、配位性)。

(1) 荚状配体；

(2) 单环冠状配体；

(3) 套索醚；

(4) 穴状配体；

(5) 杯芳烃；

(6) 环糊精；

(7) 球醚。

参 考 文 献

[1] 罗勤慧. 大环化学——主-客体化合物和超分子. 北京：科学出版社，2009

[2] Cram D J. The design of molecular hosts, guests and their complexes (Nobel Lecture). Angew. Chem. Int. Ed. Engl., 1988, 27: 1009

[3] Lehn J M. Supramolecular Chemistry: Concepts and perspectives. Weinneim: VCH, 1995

[4] Ma J C, Dougherty D. The cation-π interaction. Chem. Rev., 1997, 97: 1303

[5] Lehn J M. Supramolecular chemistry-scope and perspective molecular, supramolecules and molecular devices. Angew. Chem. Int. Ed. Engl., 1988, 27: 89-112

[6] Steed J W, Atwood J L. Supramolecular Chemistry. Chichester: John Wiley & Son, 2000: 19-30

[7] Funeriu D P, Lehn J-M, Baum G, et al. Double sub-routine self-assembly: sponaneous generation of a nanocyclic dodecanuclear Cu(Ⅰ)inorganic architecture. Chem. Eur. J., 1997, 3: 99

第 12 章 超分子自组装和超分子器件

> **提要** 超分子自组装的概念来源于生物自组装,金属离子或金属配合物用于自组装有独特的优点,可组装成有限结构的配位聚合物(金属点阵纳米反应器等)和无限结构的金属配位聚合物(如多孔型等)。后者在晶体工程中进行讨论,两种配位聚合物的设计原理和多孔配位配位聚合物的功能均做了介绍。还介绍以配合物为基础的超分子器件:①通信(插口、插头和开关);②信息转换、传感;③信息处理(逻辑门);④分子机器等。

12.1 什么是超分子自组装

12.1.1 自组装的基本概念

自组装(self-assembly)是由两个或两个以上分子(或建筑模块)借助于非共价键(或共价键)作用力,在体系不受外界干扰和热力学平衡的条件下,自发地聚集起来形成结构高度有序的分子聚集体。例如,常见的结晶过程可作为自组装的例子,当化合物溶解在溶液中,一定条件下溶液中的分子首先通过识别,找到自身分子,然后借助于离子-离子之间作用力或范德华力自动地选择最佳定位排列成有序结构的晶体。一些螯合物的形成,也可以作为自组装的例子。当添加三乙基四胺 [trien=$NH_2(CH_2CH_2NH)_3NH_2$]到浅蓝色铜(Ⅱ)盐溶液中,溶液立即转变为深蓝色,说明 trien 已自发地排列到铜离子的周围,组装成平面正方形的配合物 $[Cu(trien)]^{2+}$,如图 12.1 所示。此外,如 11.3 节中 α-环糊精和多醚反应用"一锅煮"的方法生成结构复杂的"分子链"和多联吡啶的金属离子生成的双螺旋配合物(图 12.2)等。

自组装[1,2]可分为分子自组装(或共价自组装)和超分子自组装,分子自组装产物由共价键形成,形成相对强的键如醛和胺缩合形成的 Schiffs 碱大环[式(12-1)]和穴醚,共价自组装受反应物立体结构和中间体构型特点所控制。而超分子自组装形成相对较弱的和易变的键,此外,超分子自组装是以识别为基础,**在平衡过程中组分能从各种可能的结构中筛选出最稳定的结构,反应不受时间限制**。使用有限数目的组分可逆地自发缔合,这种缔合是受非共价键相互作用(如配位相互作用、氢键和偶极等相互作用)所控制。即当各组分以正确的比例混合,在给定的条件下,最终产物的产生完全是自发的,形成反应完全是可逆的,达到平衡

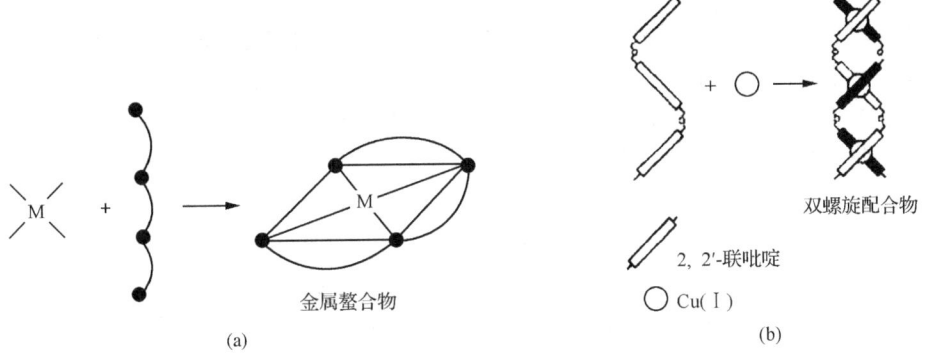

图 12.1 螯合物自组装　　　　图 12.2 双螺旋配合物的自组装

时产物是稳定的。由于自组装过程具有可逆性和相对弱的分子间作用力,通过自组装能筛选出适合部件组成热力学上最佳结构,体现出如生物体系一样有修复和更正缺陷的能力。

$$\text{2,6-二乙酰基吡啶} + \text{NH}_2(\text{CH}_2\text{CH}_2\text{NH})_2\text{CH}_2\text{CH}_2\text{NH}_2 + \text{Fe}^{2+} \longrightarrow \text{大环配合物} \quad (12-1)$$

此外,对自组装过程中不断加入信息和能量,被包含在前体中的所有信息应转变成编码进入最终结构中。

与自组装相关联的概念是第 11 章提到的自组织,自组织意味着在给定的条件下多个组分中自发地选择其互补组分,并自发地产生结构明确的超分子构筑体。自组装相应于自组织过程的基元反应。超分子有序结构产生是一个不断进步的过程,即从模板效应到自组装,再到自组织。这代表在反应过程中三个不同的等级。用这些术语说明形成超分子的组装体过程。这过程是由预程序化的分子部件按照很确定的方式,自发地聚集在一起,形成一维、二维、三维的分子结构。由于超分子化学发展迅速,它的术语不是十分严格的,它们之间的界限也不是十分明确。

12.1.2 研究自组装的目的

自组装在合成化学中是十分重要而先进的现代方法,在有机化学或配位化学中制备小分子物种,常是非常麻烦和重要过程,在每个合成阶段,即使高产阶段,有许多产物会被丢失,在人力、物力方面造成极大的浪费,不符合低碳和绿色化学的要求。因此对化学和其他相关学科如化学工程来说,当今的主要目标是尽可能简化合成步骤,减低排放。但是制备许多特殊的或精细化工产品一般是十分困难的,特别是当今信息时代,要求信息采集、显示、处理和储存等器件趋于微型化,因为微型化将使芯片内存的规模提高,每一个芯片上元件数量增加。曾有人预计如果器件尺寸缩小33%,芯片的内存将会提高50%,每一个芯片元件数量将会增加4倍。因而要求化学家们将传统的合成材料的化学发展为制备纳米级物种。

目前在分子规模的电子器件的开拓中,主要采用"工程缩小"(engineering down)的方法,即依靠硅芯片的光刻技术制备越来越小的器件,但这种方法已经发展到了极限,因为光刻法的线性尺寸只能小到100nm左右,这个尺寸按日常经验的标准来说已经是非常小,大约为人的头发丝的千分之一,但是相对于原子尺寸(1/10nm)和分子尺寸(纳米)来说则很大。虽然如此,采用"工程缩小"的方法还会受到所用材料绝缘壁垒的限制。再者,电子器件的隧道效应引起交叉通信、热损耗、制作的难度大和高费用等。因此需要另外开辟途径,即采用相反而可能的"工程扩大"(engineering up)的途径,把分子自下而上,从小到大地开始组成纳米级的功能电子器件,所以"工程扩大"(engineering up)与"积小成大"(down-top, bottom-up)互为同义语。这项工作日益受到超分子化学家的重视,超分子化学家认为由容易制备的小分子自组装合成大的聚集体,实现纳米尺度的超分子构建,将会为构筑超小分子计算机部件、光配件铺平道路。

从操纵最基层的原子或分子开始,利用"工程扩大"的途径制造纳米尺度的器件和分子机器,这方面是超分子化学家的优势,目前这个分子工程方法已成为分子电子学的同义词,分子电子学要求化学家们不仅提供分子尺度的双稳态(器件开关),而且提供与外界进行信息交换的通信外部结构(输入/输出)。此外,开关必须是在分子水平上完全可控的、可逆的、可读的,因此,对化学家的挑战就是不仅要发展双稳定态体系(开关),而且要构筑能为这样体系服务的分子部件和分子机器。要迎接这些挑战化学家们必须了解和运用分子自组装、自组织、自复制的规律和超分子合成技术。2005年7月 Science[3]在纪念创刊125周年之际,提出了21世纪实际亟待解决的25个重大科学问题中,唯一的化学问题就是"我们能够推动化学自组装能走多远",这反映了对分子自组装研究的重大意义和对化学家提出了严峻挑战。

12.2 金属配合物的自组装

12.2.1 金属配合物的自组装的特点

在人类文明的进程中由于砖的使用,无数的宏伟的宫殿、宝塔和桥梁等艺术建筑才能建造起来,同样在超分子化学中金属配合物作为建筑模块(砖头),将有机分子作为黏合剂(水泥)化学家们也能构筑许多微型艺术珍品。例如,分子盒、奥林匹克环等金属配合物用于自组装有其独特的优点:①金属离子作为中心把配体固定在特定的方位,金属和配体间既能形成稳定的配位共价键,又能形成弱的电价配位键,电价配位键的性质类似于 Pauling 在价键理论中所指的外轨型配合物,以静电引力占优势。配合物在反应中既能稳定结构,又具有一定的动力学活性,允许其结构进行再组织和可逆组装。②配合物有多种几何构型,配位键有明确的方向性,这对设计各种超结构,如立方体分子、金属阵列等提供了保证。③配合物的光、电、磁等性质随金属离子所处的配位环境不同而发生改变,因此以配合物作为模块进行组装,可合成出大量结构奇特、性质优良的组装体。

12.2.2 设计原理

超分子自组装的设计是以各种有方向性的相互作用力作为基础,如配位、氢键、离子-偶极或偶极-偶极作用力等。通过这些作用力,可形成多聚物种。例如,氢键组装的分子反应器等。本节指的是以过渡金属配合物为基础的聚集体,是以配合物为建筑模块,而不是只用裸露的金属离子,根据模块成键性质,产生聚集体的集合形状是可以预料和控制的。例如,金属配合物能提供平面正方形结构(d^8 的 Pd^{2+}、Pt^{2+})和八面体(d^6 的 Ru^{2+}、Co^{3+})以及四面体结构,(d^{10} 的 Cu^{2+}、Zn^{2+})。在结构中金属离子作为骨架,配体用来控制金属离子的配位数和方向性。如果金属离子适当地被保护,配位位置受到限制,配位数和方向性就很容易控制。将金属离子作为大环聚合物的顶点,以刚性二维非螯合配体作为桥基,或对金属离子进行顺式屏蔽,[式(12-2)]或存在相对不活性配体,就能生成各种环状聚集体。

例如,四核正方形分子$[Pd(en)(4,4'-bpy)]_4^{8+}(NO_3^-)_8$(**12.1**)通过自组装很容易获得(图 12.3)。在水醇溶液中将 $4,4'$-bpy 和 $[Pd(en)(NO_3)_2]$(**12.2**)等量混合,可获得 100% 的高产率[式(12-2)]。

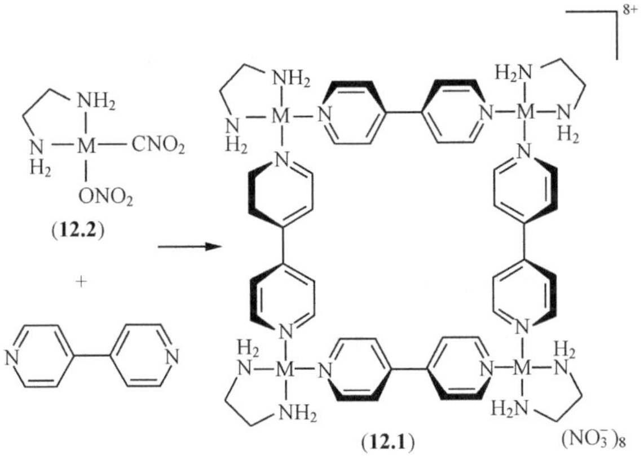

(12-2)

(a) M=Pd; (b) M=Pt

图 12.3 $[Pd(en)(4,4'-bpy)]_4^{8+}(NO_3^-)_8$ 的合成

在反应中选择[Pd(en)(NO$_3$)$_2$]作为前体,Pd^{2+}具有d^{8}电子构型,能为配合物提供平面正方形的结构。在配合物中Pd(Ⅱ)被乙二胺以顺式的方式屏蔽,以阻止反应发生。4,4'-bpy是刚性隔离体,它不易形成三角形等复杂结构的组装体,只能和Pd^{2+}构筑成近90°的角。又因为Pd^{2+}具有中等活性,在前体配合物中,乙二胺和Pd(Ⅱ)生成螯合物,Pd(Ⅱ)—N键十分稳定,单齿配体NO$_3^-$在溶液中迅速离解,进一步在热力学平衡下得到了正方形状四聚体。图12.4给出了正方形分子的晶体结构,其中所有的吡啶基均呈面式构型,正方形内部空腔直径近似为8Å与β-环糊精的空腔尺寸相近,具有在溶液中包容客体的功能,并且和萘的键合常数K_{11}为1800dm^3·mol^{-1}。(**12.1**)提供了疏水的空腔,能包容和识别中性有机分子(图12.4)。

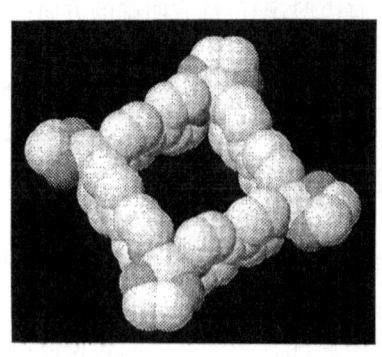

图12.4 [Pd(en)(4,4'-bpy)]$_4^{8+}$的晶体结构

反应高产的原因源于线型4,4'-bpy和平面正方形的Pd(Ⅱ)构成90°角,和热力学上熵和焓互相补偿,焓变占优势的结构。因为形成四聚体反应的平衡常数为反应焓变和熵变所贡献,在正常情况下,几个自由组分自组装成单个低聚体分子,将引起体系熵变的降低,产生不利的负熵变,可是不利熵变又被金属-配体新生成的强键对焓变的贡献所补偿。因为当金属生成八面体或平面正方形的配合物,它们之间的键角为90°时,生成的键最强。虽然正方形分子(**12.1**)是由8个组分组装获得的,熵变的降低必然大于由4个或6个组分组装的熵变,但形成正方形在组装过程中没有构型扭变,能形成强的Pd—N键。通过自组装获得产物。

日本学者Makoto Fujita对配合物自组装设计原理粗略归纳为:

根据主客体化合的定义,主体是含有收敛键合位置的组分,客体是具有发散键合位置的组分。主体包围客体时,如果收敛主体与发散客体相互匹配,产生了分离的、非聚合的胶囊状物种(胶囊具有封闭空腔,故名胶囊状物种)[图12.5(a)]。推而广之,假如收敛主体不能恰当地包围客体,它将形成更大的聚集体,直到完全包围客体,形成分离的、对热力学有利的物种,前文已指出在适当浓度范围形成分离物种,在热力学上是有利的。如果使用的主体是发散的,过渡金属离子作为客体,也是发散的,它要与主体(配体)匹配,金属离子中心必须受屏蔽配体的保护,其目的是造成它的收敛性,这样才能匹配形成分离的配合物[图12.5(b)]。换言之,只有在收敛的主体和发散的客体互补时,分离的物种才会被形成。相反,如果主体和客体都是发散的,只能产生聚合物[图12.5(c)]。

Fujita的设计原理以立方体自组装为例进一步对其进行说明。

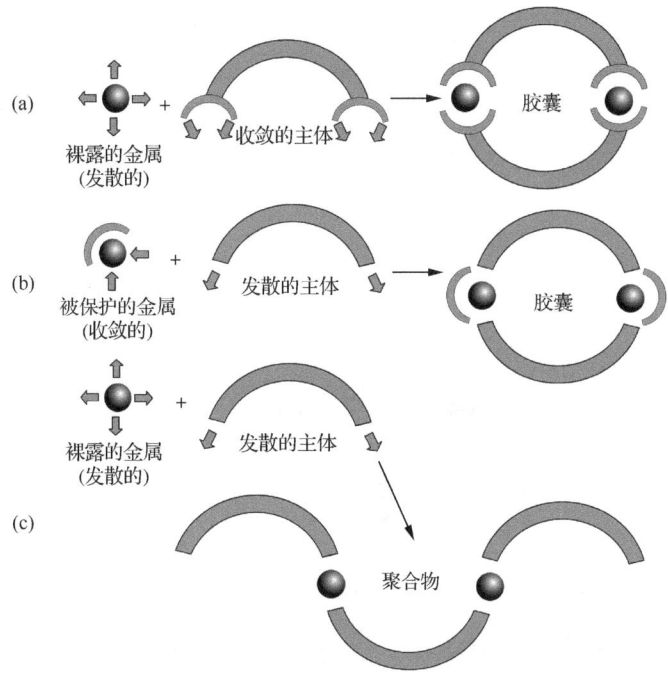

图 12.5 通过配合物自组装的结构设计

12.2.3 立方体的自组装

以三硫环为基础的 Ru(Ⅱ)配合物[Ru([9]an-S_3)Cl_2(DMSO)]$^{2+}$(**12.3**)和过量的配体 4,4′-联吡啶(**12.4**)在非配位溶剂如硝基甲烷中反应,其中 20 个组分以一步自组装得到一个超分子立方体(**12.5**)(图 12.6),bpy 作为立方体的 12 条边,配合物[Ru([9]an-S_3)]$^{2+}$ 作为 8 个角。在溶液中 Ru(Ⅱ)配合物(**12.3**)具有一定的活性,配体 Cl 和 DMSO 容易失去,留下 3 个面式的、收敛的配位位置,三硫小环起了屏蔽金属的作用。bpy 是发散型配体,只能以两个端基氮原子作为桥基参与配位,它和屏蔽了的 Ru(Ⅱ),按图 12.5(b)设计的路线发生反应。因此 3 分子 bpy 取代了两分子 Cl 和 DMSO,得到中间体[Ru([9]an-S_3)(bpy)$_3$]$^{2+}$(**12.6**),bpy 是好的给体,又是 π-受体,对稳定 Ru(Ⅱ)的结构起良好的作用。可是为何含 4 分子配体的中间体(**12.6**)会进一步和 4 分子的(**12.3**)发生反应,生成封闭型的立方体?在没有模板离子(即大体积的立方体阴离子)存在下,无数其他的低聚物和高聚物也会形成,为何只生成[{Ru([9]ane-S_3)}$_8$(μ-4,4′bpy)$_{12}$]$^{16+}$(**12.5**)呢?以下用 ^{1}H NMR 跟踪反应过程的结果予以解说,现将联吡啶区的 NMR 谱绘于图 12.7。

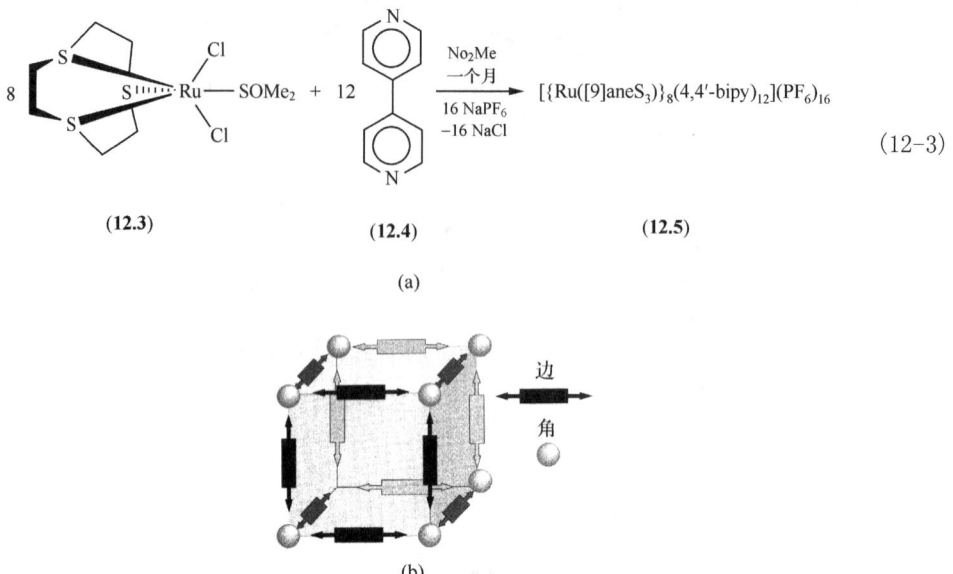

图 12.6 立方体 $[\{Ru([9]ane\text{-}S_3)\}_8(\mu\text{-}4,4'bpy)_{12}]^{16+}$ (a)的制备及结构示意图(b)

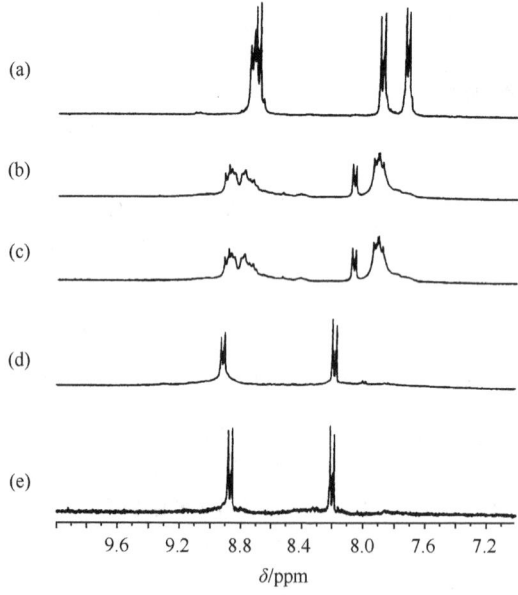

图 12.7 制备(**12.5**),在反应过程中 bpy 区的 ^{1}H NMR 谱

(a) $[Ru([9]an\text{-}S_3)(4,4\text{-}bpy)_3]^{2+}$;(b) 三天后;(c) 一周后;(d) 四周后;(e) 产物

由图12.7(a)可知,中间体(**12.5**)的¹H NMR 峰具有高度对称性,说明所有 bpy 基均是等价的。对谱峰积分证实,bpy 边和位于立方体角上配体[9]an-S₃的质子比为1:1,这与 X 射线结构分析得到三个联吡啶基互为直角定向的结果一致。当反应进行到3d 左右反应混合物开始形成[图12.7(b)和(c)],然后渐渐趋向于形成简单产物,反应物回流一月后,¹H NMR 信号变成一组简单的吡啶基配体的峰,表示立方体结构的物种(**12.5**)已自组装完成。

特别值得注意的是,如果在没有模板存在下,同时对20个组分(12条边,8个角)进行自组装,从统计学上来说是完全不可能的。这种高度有序、对称分子的产生,被解释为化学的自然选择(natural selection)的结果。因为 Ru^{2+} 是一个中等活性的离子。在各种物种形成的混合平衡中,它和配体形成的键容易断裂和重新生成。在各种聚合体碎片、立方体碎片和偶然生成的少量立方体产物共存下,闭合的立方体产物与其他开环分子不同,前者有高度的热力学稳定性,因为断裂立方体中的 Ru—N 键需要扭变整个闭合的立方体结构,而不是破坏简单的 Ru—N 键,所以立方体的形成是不可逆的,也需要长时间才能形成,遍及于长时间反应中,立方体结构被选择作为最终产物。在整个反应时间内只有在中间体(**12.6**)中的 Ru—N 形成才是可逆的。因此它能再与(**12.3**)反应生成立方体分子(**12.5**)。目前通过配位化合物自组装获得立方体结构已较为普遍,我国学者也进行了不少研究工作。

12.2.4 配合物组装纳米反应器[4]

配合物自组装既可以合成纳米尺度的大环,又可以合成三维的纳米笼形化合物。笼形化合物因为具有封闭空腔,类似于囚醚或半囚醚有包容客体,并修饰客体反应性,从而显示出反应器的性质。例如,笼形的配合物(**12.7**)是由6个分子顺式屏蔽的 Pd(Ⅱ)配合物和4分子三(4-吡啶基)-三嗪自组装而得,配合物有高度对称性,具有金刚烷结构,直径约为11Å,具有 500 Å³ 的内腔,在水溶液中能够包容各种中性有机分子(图12.8)。因此考虑将它作为相转移催化剂的载体,在有机相和水相界面俘获有机分子,运载到水相。例如,苯乙烯(**12.8**)氧化成苯乙酮(**12.9**)(Wacker 反应),用常用的[Pd(en)](NO₃)₂ 在水中作催化剂,产量仅为4%,可是在存在催化剂的(**12.7**)中烯烃和金属笼形物的 Pd(Ⅱ)配位得到活化,进而活性物种受到保护,乙烯苯的产量急剧增加,高达82%,但溶液中如果存在1,3,5-三甲氧基苯,它和苯乙酮对(**12.7**)的包合作用有效地竞争,生成乙酮苯的产率下降到3%。胶囊(**12.7**)除作为相转移催化剂外,还成功地被应用为光二聚反应的催化剂。

最近能够同时配位和加速2个或多个底物反应的新笼型主体已经被设计和合成出来,并且得到很大发展。从以上各例说明对它们的设计必须从以下方面考虑:①作为反应器的主体必须能键合客体和限制客体,并有屏蔽溶剂分子的能力。这

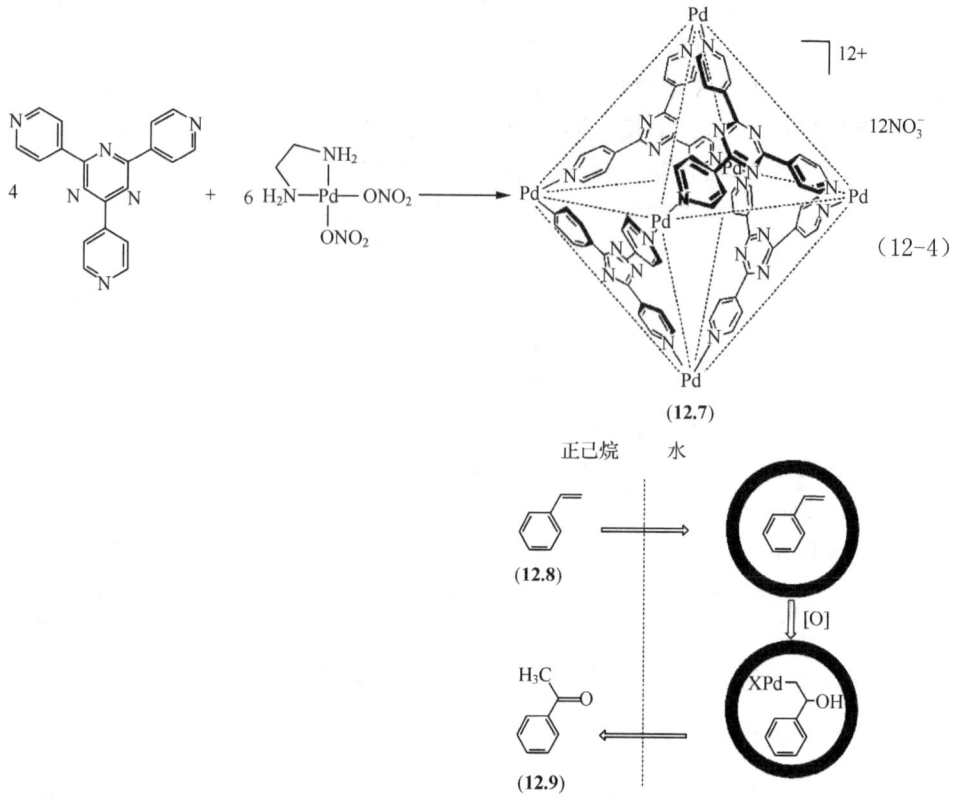

图 12.8　胶囊(**12.7**)作为相转移催化剂,在两相体系中催化苯乙烯氧化成苯乙酮
黑圈代表笼型分子,X 代表 Pd(Ⅱ)配合物的配体

样使得在双分子反应中,反应剂(底物)和主体形成的过渡态不受溶剂干扰,有适当的稳定性。②除了能键合客体外,反应剂在腔中需要有正确的定向,反应才能有效地发生,因此设计的主体必须对键合的反应剂的形状有一定的几何限制,从而在产物形成时迫使反应剂有区域选择性或立体选择性。③主体对客体要有适当的键合能力,常见的例子是反应剂在包容条件下,使环加成反应加速,当环加成反应的两种反应剂在主体腔中,被定向成正确的几何构型,这样主体就作为类似于过渡态的模板。此外,应小心设计主体的键合位置,使它们键合产物的强度比键合反应剂更弱,或者使生成比空腔尺寸更大或更小的产物。特别在后一种途径,对能够可逆的组装和拆卸的主体胶囊是极其方便的。

　　本节介绍的纳米反应器局限于以非共价键构筑的纳米反应器,其实还有许多以共价键构筑的纳米反应器。

12.3 金属阵列的自组装[5]

12.3.1 分子梯和架结构

除上述封闭型结构外,金属离子和棒状刚性配体能自发、恰当地结合,自组装成书架(rack)形[图12.9(a)]、梯形[图12.9(b)]和栅栏形(grid)[图12.9(c)]的阵列。常见用于合成金属阵列的配体有 6,6''''-二甲基-2,2';5',3'',6'',2'''-四吡啶(**12.10**)及其衍生物,其中每个 2,2'-联吡啶含有两个配位位置,一个分子共螯合两个金属离子。如果扩大配位原子数可得到键合更多金属的棒状配体。例如,用 2mol 的含有六个配位原子的(**12.11**)和桥联配体(**12.12**)在 Ag(Ⅰ)或 Cu(Ⅰ)存在下反应,可以得到分子梯(molecular ladder)(**12.14**)。如果用联吡啶或邻二氮菲代替四齿桥联配体,可产生架形结构。碟形配体(**12.13**)是六齿配体,它桥联 3 分子(**12.10**)与 6 个 Cu(Ⅰ)组成一类似办公室分子的建筑体(**12.15**),在此,碟形配体构成"地板"和"天花板",棒状配体组成墙。如果增加棒状配体上联吡啶的数目可得到多样的办公室结构(**12.16**)。近来还采用大环双核金属配合物作为分子梯的平面组成另一类型分子梯(**12.17**)。

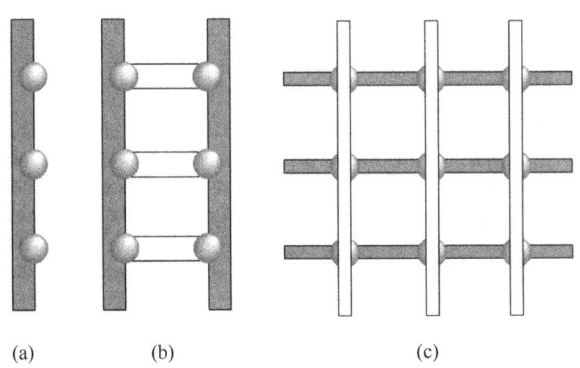

图 12.9 由"刚性棒状"配体和金属离子构成
(a) 书架;(b) 梯子;(c) 栅栏型结构

以上自组装受热力学驱动,在能量上有利于形成低聚的配位实体,而不利于形成高聚物,以上每种情况,组装体的每个部件借助于配体的刚性、给体的数目和位置以及金属离子的配位几何结构被编码集合成整个组装体的信息。

(12.11) (12.10) (12.13) (12.12)

(12.14) (12.15)

(12.16) (12.17) (ClO$_4$)$_2$

12.3.2 栅栏型金属阵列[5]

栅栏型金属阵列是指一组金属离子和与之成垂直的配体,通过配位形成的规则网络。如图12.10所示,二(吡啶基)哒嗪(**12.18**)和要求 $M=Ag^+$ 或 Cu^+ 形成的[2×2]栅栏型阵列,Cu^+ 或者 Ag^+ 与4分子配体(**12.18**)恰能满足金属离子的配位数和空间结构要求,当金属离子和配体按 1:1 化学计量混合,栅栏形组装体 $[M_4^I(\textbf{12.18})_4]^{4+}$ 自发形成,排列成[2×2]栅栏型金属阵列。X射线结构分析表明,$[M_4(\textbf{12.18})_4]^{4+}$ 展现出畸变菱形排列。金属离子位于畸变的四面体环境,Cu—Cu距离为3.57Å,Cu—Cu—Cu键角近似为79°和101°。以[2×2]阵列为基础可合成出更复杂的金属阵列。例如,用配体(**12.11**)可合成出[3×3]阵列。图12.11是各种类型的栅栏型金属阵列,通过配位形成的规则网络,它的二维(2D)图案和64-bit(比特)分子逻辑和存储设备类似。图12.12是64-bit分子存储设备,它是两组8条Pt线交叉组成,在不同电压下具有"读"和"写"信息的功能。有很确定的二维排列和特定的金属离子数目,这种结构非常类似于二元编码矩阵(binary coded matrics)和用于信息处理的交叉棒(cross-bar)构筑体。此外,它们有独特的氧化还原性、磁性和自旋态转变等性质,可以在固体表面排列成扩展的二维集合体。这些特征在纳米技术、信息存储和处理的器件中有潜在应用。

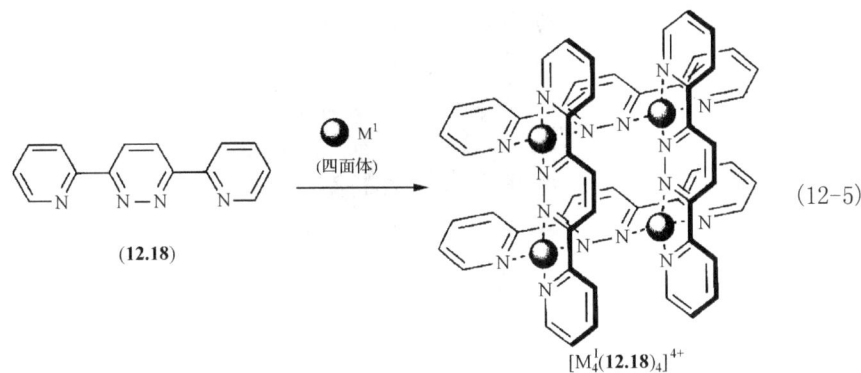

(12-5)

图 12.10 四面体金属离子 $M=Ag(I)$,$Cu(I)$和配体(**12.18**)自组装形成[2×2]栅栏型金属阵列 $[M_4^I(\textbf{12.18})_4]^{4+}$

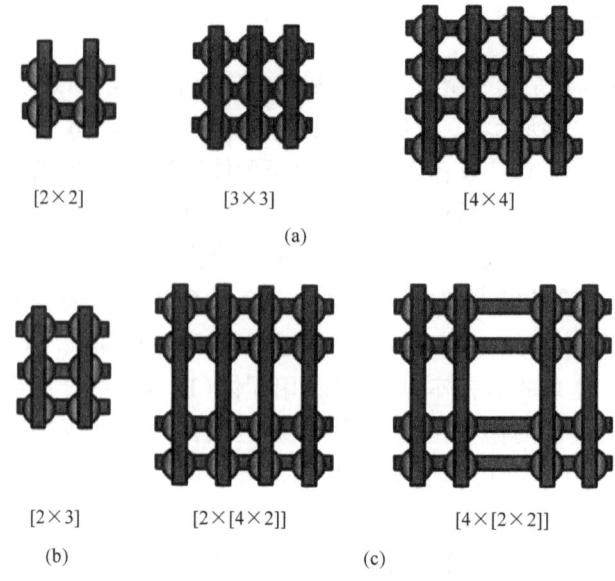

图 12.11　各种类型的栅栏型分子离子阵列

图 12.12　64-bit 分子存储设备

12.4　晶体工程

12.4.1　简介

晶体工程[6,7]是从分子或建筑模块开始,借助非共价相互作用,在固态成功地组织分子或离子构筑有期望性质的新材料,因此晶体工程不仅是制造晶体而是设计和制造具有特殊预期性质的晶体,因为许多分子材料的主要性质是受分子在固体中的排列所支配,因而受控晶体中的排序,也会控制整个性质,晶体工程最初的工作集中在用单纯氢键连接的有机体系如羧酸二聚体等。近年来发展到含有金属和有机配体为骨架的配位聚合物(coordination polymer)体系,或称为金属-有机骨架(metal-organic frameworks, MOF)体系。氢键和配位键在晶体工程中因具有明确的方向性,而占有重要位置,至于其他分子间的相互作用力,如 $\pi\cdots\pi$ 离子间相互作用力和范德华力等也不可忽略。例如,范德华力虽不占统治地位,但为紧密堆积提供了驱动力,并为决定分子形状和晶体稳定性作出贡献。

MOF 体系是包括有限结构[或不连续结构(discrete structure)的配位聚合物(DCP)]和无限结构(infinit structure)的配合物(ICP),前者如 12.2 节讨论的立方体、栅栏型聚合物等。后者是由有机配体和金属离子组成的规整无限网络结构。由于金属离子进入网络,它提供的物理化学性质是普通有机固体所不具备的,具有储氢、离子交换、非线性光学性质、电导催化、磁性等多种性质和功能,是当今前沿研究领域之一。无限结构的配位聚合物比有限结构有更大的优点和骨架稳定性以及多孔性,更为人们所关注。

12.4.2 无限结构的配位聚合物的设计原理

ICP 可视为 DCP 结构的扩张和延伸。在 12.2 节中 Fujila 从主-客体化学角度讨论了合成 DCP 的设计原理。在晶体工程学上提出所谓"结(node)-连接体(connector)"方法,连接体又称为隔离体,结又称为"接头"。结是指金属离子(或含金属离子的建筑模块),它有不同的价态和多种几何结构,显示出不同的连接性。好似在建筑体中不同形状的"接头"。例如,Ag^+、Cu^+ 倾向于作为线形的"接头",具有线形连接性。在选择特定金属离子作为结,以二齿或多齿配体作为桥基(连接体),就可构筑预期的网状结构。例如,构筑二维平面正方形阵列的金属离子大多数情况下选择配位数为 4 的平面构型的金属离子,配体的配位位置必须满足金属离子的最大配位数和使配体平面围绕金属离子中心呈直线排列,使用弯曲形配体是不合适的。图 12.13 是用结-连接体法对结构的预测。图 12.13 指出 2 条直线重复连接可得一维链,三重联结,一维的 T 型结构和二维砖墙或六角形结构。4 重连接可得二维正方形金属阵列和三维四面体连接的似金刚石结构,6 重连接可得到普鲁士蓝结构。

图 12.14 是有代表性的连接体,其中吡啶类和羧酸类在构筑 MOF 配体设计中经常采用。羧酸根是一类优秀的连接体,带有一个负电荷和与金属配位的两个氧原子,用它作为桥基,能与金属离子形成多核或簇合物,在构筑聚合物时用它们作为建筑模块,称为次级结构单元(secondary building unit, SBU)。例如,(**12.19**)和(**12.20**)是以羧酸根桥联的 SBU,由于金属离子被羧酸根所定位形成的 ICP 十分坚固,在 ICP 中 SUB 模块代替了原来的顶点金属离子(如金属-吡啶配合物),对

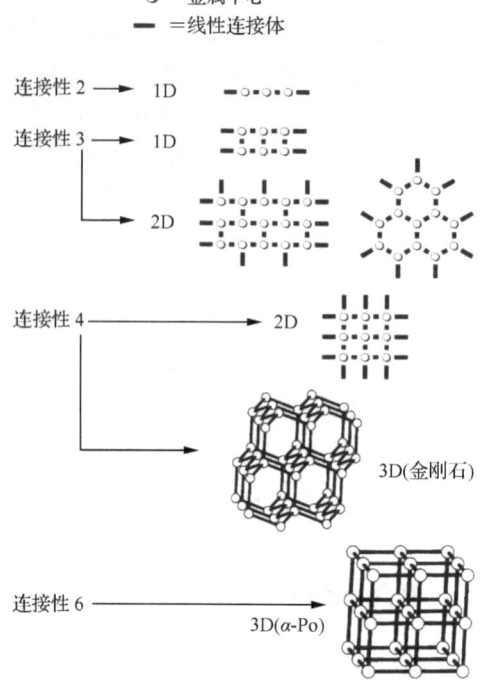

图 12.13 结-连接体法对结构的预测

产生高度稳定的无限网络十分有利。图 12.15 是[Cu_2(*trans*-1,4-环己烷二羧酸根)$_4$]作为次级结构与 4,4′-联吡啶(连接体)构筑成的似 Prussian 蓝结构。特别是含 M—M 金属键的簇合物作为 SUB 的引入,将会使构筑的新材料表现出不平常的光、电、磁性质。此外,还可以根据羧酸的质子化程度不同提供氢键给体或受体,进行配位键和氢键驱动的超分子组装。吡啶类配体是一种多方面的配体,它具有单齿、多齿、棒状、刚性或柔性等特征,能构筑结构新颖的配位聚合物。

(12.19)   (12.20)

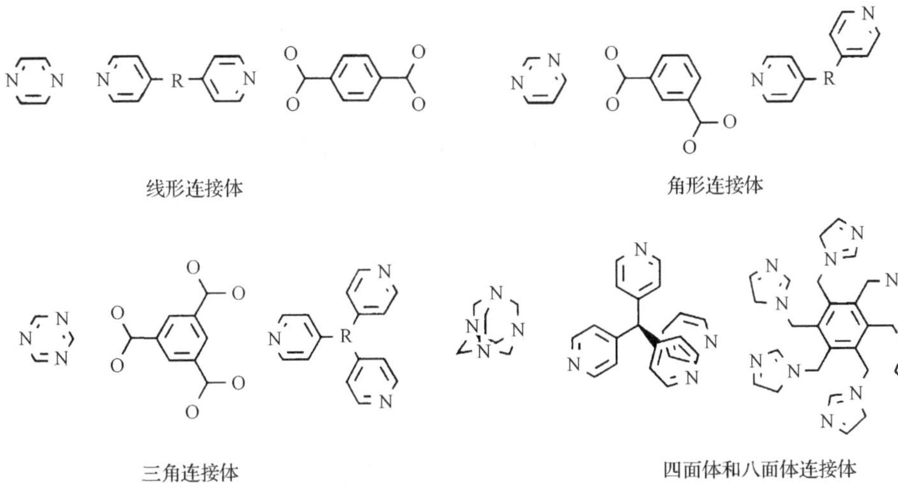

线形连接体　　　　　　　　　　　　　　角形连接体

三角连接体　　　　　　　　　　　　　四面体和八面体连接体

图 12.14　有代表性连接体

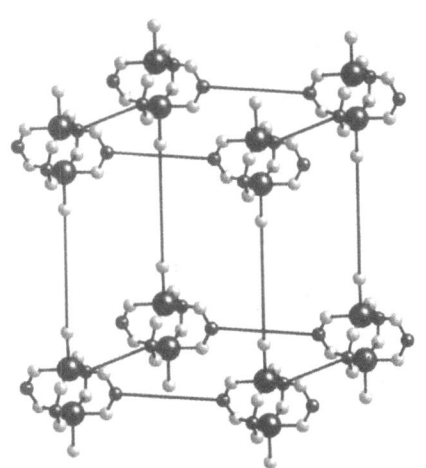

图 12.15　由[Cu_2(*trans*-1,4-环己烷二羧酸根)$_4$]和 4,4'-bpy 构成的似 Prussian 蓝结构

除了金属离子的连接性和配体连接性外,阴离子、溶剂 pH、模板分子等因素对配位聚合物的组装和构筑过程也产生影响。例如,乙二胺四丙腈与 $AgNO_3$、$Ag(CF_3SO_3)$ 或 $AgClO_4$ 在溶液中组装分别产生一维链、二维层状或似盒形的网状结构,阴离子不仅影响金属离子的布局结构,而且影响整个骨架,起着骨架调节器的作用。此外,溶剂分子可作为模板,质子化溶剂和 H^+ 在骨架中提供氢键也会影响 MOF_3 的组装。

以上所述影响无限结构配位聚合物组装与本章 12.3 节中所讨论的基本相似,所不同的是在考虑无限结构时金属离子的配位位置不需屏蔽,如图 12.5(c)所示,又如配合物(**12.2**)中的乙二胺作为屏蔽基团,保护了金属离子的聚合。将(**12.2**)

和图 12.16 比较,图 12.16(a)是由 4,4′-联吡啶基和 Cd^{2+} 或 Cu^{2+} 组装成的二维无限结构。Cd^{2+} 要求形成的畸变八面体,联吡啶基位于赤道平面,两个 NO_3^- 位于八面体顶点。若 Cu^{2+} 代替 Cd^{2+} 也得到相似的平面正方形网络。图 12.16(b)是多组分自组装。图 12.16(c)是用 3 个吡啶基异构体来代替 4,4′-联吡啶与二价金属离子分别组装成管状形和 Z 字形结构。

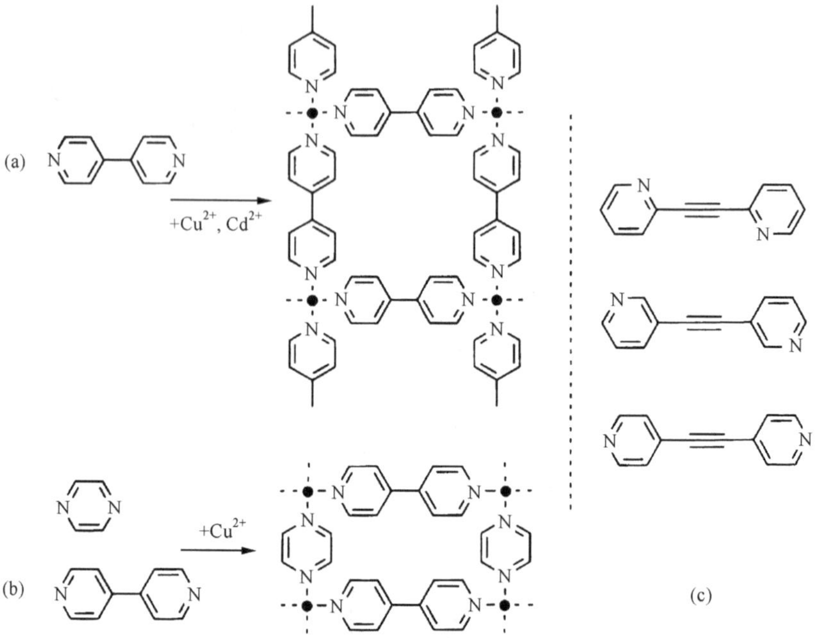

图 12.16 以多吡啶基为桥基的 2D 网状结构

12.4.3 合成方法

配位聚合物的合成是采取"积小为大"的合成,由于配体具有高的选择性,将金属盐(或模块配合物)和双功能配体反应,MOF_3 能方便地合成,并具有高产量。在所用的方法中,自组装是最常用的方法,在合理修饰配体,控制温度、pH、溶剂等条件下,通过配位键、M—M 键、氢键、π-π 相互作用、CH-π 相互作用以及范德华力进行组装,但由于配位聚合物在大多数有机溶剂中溶解度小,难以重结晶,有时必须采取其他合成方法。水(溶剂)热[hydro(solvo)thermal]法也是较常用的方法,建立在合成分子筛方法的基础上。典型的水热法是在温度为 120~260℃、自发压力下,从可溶性的反应前体开发自组装产物。反应进行在固体被溶剂萃取和晶体的生长的非平衡结晶条件下,是动力学介稳态而不是通常热力学平衡态。因此降低水的黏度,增加物种的扩散过程对固体的萃取和晶体的生长是有利的,同时也减少了溶解度的不利因素。这种技术广泛应用于含金属氧化物的聚合物的合成[Cu

$(3,4'\text{-bpy})\text{MoO}_4]_n$ 等在加热 120℃、72h 制备。此外,也应用于 Cd^{2+}、Zn^{2+} 等和氰基吡啶、吡啶羧醛反应生成的配位网络。在此,氰基、羧醛基慢慢水解产生羧酸,以利于网络的形成。微波加热(micro-waveheating)法是在水热合成的基础上发展出来的新技术,该方法不但可缩短反应时间(从天缩短到分钟),而且在水热法中不进行的反应,在微波法中也能得到新产物,如 $[\text{Ag(dpa)}]_n$ (dpa＝2,2'-氨基吡啶),在 120℃、40min 的微波炉中获得。超声(ultrasonic)法是有用的方法,但目前还使用不广泛。此外,也经常使用普通扩散法。

12.4.4 多孔型配位聚合物

早期研究的配位聚合物大多数是"经典的"相对较弱的分子间作用力,晶体是通过氢键、π 堆积等附加定向效应和范德华紧密堆积和具有高度定向的金属-配体间的配位相互作用,通过无限个链状的配位相互作用产生坚固的晶体建筑的大分聚合物。其灵感来源于沸石和分子筛化学。沸石和分子筛在石油化工、分离科学以及环境化学等方面有重要应用,而多孔型配位聚合物与沸石、分子筛相比具有更大的优越性。目前多孔型配位聚合物的研究发展很快,可分为 3 个阶段(图 12.17):第一代化合物能提供被客体分子支撑的微孔或管道形骨架结构,当去除客体分子时骨架发生崩溃;第二代有坚固的多孔骨架,能可逆地失去和重新吸附客体分子而不改变骨架或形态;第三代化合物在受到外来刺激如压力、光、电场和客体分子的化学刺激时,为了响应这种刺激,化合物改变自己产生动力学骨架结构。分子筛等是由共价键连接的多孔固体通常被归属于第二代化合物。而多孔型的配位聚合物不仅具有稳定的第二代性质,而且具有第三代的动力学性质。现将第二代和第三代配位聚合物及其功能列于表 12.1。

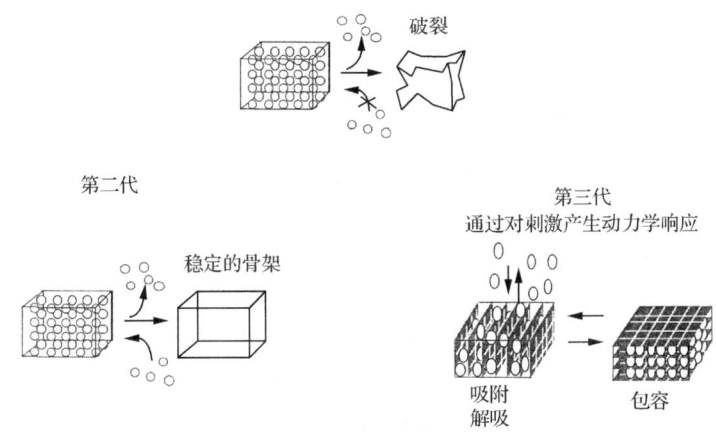

图 12.17 三种类型的多孔型配位聚合物

表 12.1 一些有代表的功能多孔配位聚合物

	功能	化合物	客体或底物
第一代化合物	吸附（气体）	$[Co_2(NO_3)_4(4,4'\text{-bpy})_3]_n$	CH_4, O_2, N_2
	吸附（蒸气）	$[Zn_4O(1,4'\text{-bpy})_3]_n$	$CH_2Cl_2, CCl_4, C_6H_{12}$ 等
第三代化合物	离子交换	$[Cu(L1)]_n^a$	BF_4^-, PF_6^-
	吸附（气体）	$[\{Cu(BF_4)_2(4,4'\text{-bpy})(H_2O)\}\,4,4'\text{-bpy}]_n$	Ar, N_2, CO_2
	吸附（蒸气）	$[Ag(CF_3SO_3)(3\text{-teb})]_n^b$	C_6H_6
	离子交换	$[Ag(\text{edtpn})]_n^c$	$NO_3^-, CF_3SO_3^-, ClO_4^-$
	催化[d]	$[\{Zn_3O(L2)_6\}\cdot 2H_3O\cdot 12H_2O]_n^d$	酯和醇
		$[\{Cd(NO_3)_2\}(4,4'\text{-bpy})_2]_n$	醛和 $SiMe_3CN$

a. L1=4,4′,4″,4‴-四氰四苯基甲烷；b. 3-teb=1,3,5-三(3-乙炔苯并腈)苯；c. edtpn=乙二胺四丙腈，L2=手性有机配体；d. 催化位置是以金属离子为中心，并可能伴随键的形成和断裂的动力学行为。

由表 12.1 可知，第一代多孔配位聚合物基本上不具有实际意义，第二代能可逆地吸附气体，储气和运输气体方面具有潜在应用。例如，1997 年报道的 $[Co_2(NO_3)_4(4,4'\text{-bpy})_3]_n$，是一个二维双层结构(图 12.18)。具有相同骨架的其他聚合物也被发现，如 $[M_2(4,4'\text{-bpy})_3(NO_3)_4]\cdot xH_2O$ (M=Co,Ni)，它们吸附 CH_4、N_2、O_2，在 0~36atm 下晶体骨架不发生崩溃。相似的化合物 $[Cu(SiF_6)(4,4'\text{-bpy})_2]$ 在室温、低压(约 36atm)下比通常吸附甲烷的优良多孔材料—5Å 分子筛有更大的吸附量。在 36atm 下，前者为 6.5mmol/g，5Å 分子筛为 3.7mmol/g。氢作为清洁能源代替碳氢燃料在汽车中应用，对储氢材料要求是能储存大体积和高质量的氢。多孔配位聚合物有相当大的表面积、高热稳定性和可调控的结构，是最可能作为储氢材料的候选者。由二羟酸或三羧酸的配体的立方形分子筛材料 MIL-100 和 MIL-101 具有多孔径等上述优点，有望作为优秀储氢材料。此外，它们还具有吸附和释放药物的性质。第三代配位聚合物在客体分子的作用下与第二代不同，其骨架发生可逆改变，改变情况可归结为如图 12.19 所示的三类：①客体诱导化合物骨架从晶体到无定形转变(crystal to amorphous transformation, CAT)：当网络中客体分子离去时，晶体原有紧密的填充力使晶体崩溃，可是再引入客体分子时结构又重新复原。②客体诱导骨架从晶体到晶体转变(CCT-Ⅰ)：当受到客体分子刺激时，化合物结构发生移动，同时与其他客体发生交换。③另一种

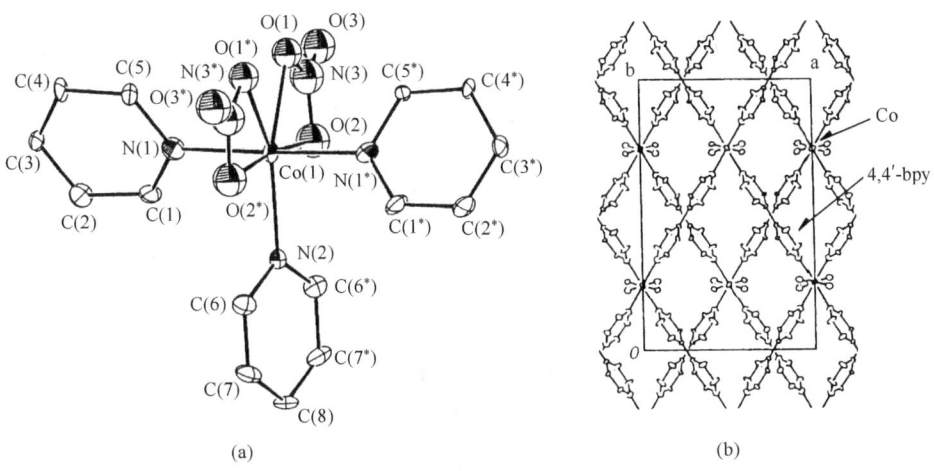

图 12.18 $[\{Co_2(4,4'\text{-bpy})_3(NO_3)_4\} \cdot 4H_2O]_n$ 中围绕 Co 中心的结构(a)和晶体网络(b)

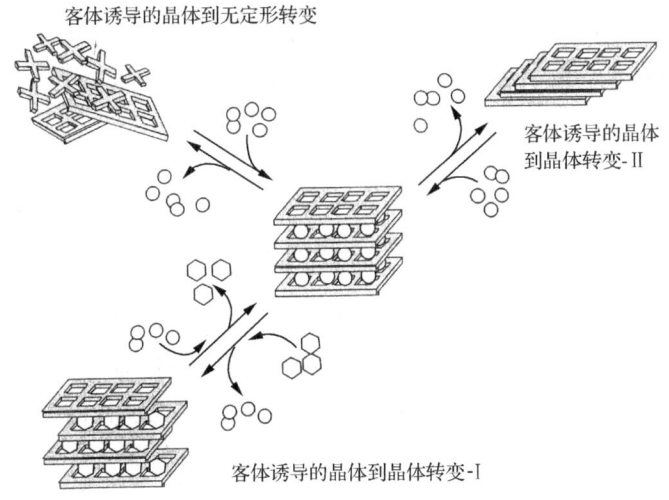

图 12.19 第三代多孔聚合物的动力学行为

客体诱导从晶体到晶体转变(CCT-Ⅱ):在网络中加入或移去客体分子,网络结构发生变化,但在初始条件下,又恢复到原始结构。在此金属离子起关键的作用,该性质对多相催化剂和离子交换剂的再生和循环十分有利,特别是以金属配合物作为建筑模块构筑的多孔聚合物有高的催化和阴离子交换活性。由表 12.1 还可知,孔状配合聚合物的构筑很简单,只要选择一个配体(该配体含有分散的配位点,不能对金属进行螯合)和一个金属离子(具有和配体互补的发散配位点),如果配体足够大则在一个金属节点和下个节点之间将产生空穴。但在实际过程中往往会更复杂,如配体和金属间相互作用力很强,来不及排列成归整产物,而快速沉淀成无定形粉末和不规则动力学产物。虽然可利用扩散等晶体技术加以解决但是金属-配体骨架的几何构型不是完全能够预测,即使产生孔状结构也难以保证客体分子能自由能进入空腔。因此得到有实际意义的多孔配位聚合物尚有许多工作要做。

12.5 超分子器件[8]

12.5.1 什么是超分子器件

人们在日常生活中广泛使用各种宏观器件,分子器件是宏观器件的概念延伸到分子或超分子水平而产生的,宏观器件是具有特定功能的元件(或组件)的组合,器件中的每个元件执行简单的动作,整个器件则实现更复杂的功能。例如,一个电吹风是由开关、加热器和电风扇通过电线连接,并组装成适当的结构。

分子器件可定义为实现特定功能的分离分子元件的组装体,每个分子元件执行一个简单动作,而整个分子器件则由各个分子元件协同实现更复杂的功能。分离元件组装体即是超分子结构。在 11.1.2 节中指出,利用化学手段自下而上地从分子开始构筑纳米器件和机器而不是把物体分割得越来越小。采用"工程扩大"的方法是最理想的方法,一个分子一个分子地从下到上的组装正是超分子化学内容,所以分子器件的研究不仅有助于实现人工分子水平的器件的构筑,也有助于理解生物过程中复杂结构和功能,这对发展超分子化学和纳米科学以及纳米技术的发展具有极大的意义。

分子器件通过电子或原子重排来运行,它和宏观器件一样也需要能量来推动,需要信号和控制器(operator)进行通信,在自然界既能提供能量又能提供信号。例如,光子作为植物光合成器件的能量,又作为有关视觉过程的器件的信号。同样,在人造分子体系中,光子可用来产生光化学反应,引发电子和原子重排,也可用在发射光谱和吸收光谱的监测中。同样,电化学在分子器件中用来引发和监测电子和原子重排,也具有同样重要性。

机器和电子计算机在推动人类文明中起了重要作用,于是人们致力于探索在分子水平构筑机器和计算机,近年来简单的分子机器和用于构筑分子计算机元件已得到了很大的发展。

12.5.2 超分子器件研究涉及的范围

在第 11 章就指出,超分子是借助非共价键相互作用形成的化合物,这定义完全适用于主-客体化合物和热力学平衡下的自组装的化合物。但当涉及纳米级器件时,该定义具有局限性,不适合该领域工作者所使用,因为他们集中研究构成超分子器件各组件组分间的功能的相互作用,而不是联结它们之间键的性质。例如,图 12.20 给出了 3 个重要的光诱导进行电荷分离的体系,每个体系都是由两部分体系组成,即 1 个 Zn(Ⅱ)卟啉和 1 个 Fe(Ⅲ)卟啉,体系 **1** 的两部分是由氢键相连,体系 **2** 和体系 **3** 分别由共价键连接。按照前面提出的超分子的定义,体系 **1** 为超分子,体系 **2** 和体系 **3** 则不是超分子。但当用光激发时都发生了电子从 Zn(Ⅱ)卟啉单元到 Fe(Ⅲ)卟啉单元的电子转移。光诱导电子转移体系 **1** 和体系 **2** 中两个单元间电子作用力相同且比体系 **3** 强,所以考虑电子转移时则很难说体系 **1** 是超分子而体系 **2** 和体系 **3** 不是超分子。为此,2002 年 Lehn 从超分子功能性方面补充体系 **3** 超分子的定义,"超分子化学的目的在于发展高度复杂的化学体系,这种复杂体系是由部件以分子间相互作用而形成的"。这意味着**只要各组件部件功能间具有弱相互作用的超分子特征,超分子器件能够完全由共价分子组成。**也就是说超分子器件是由具有明确性质的分子组件组成的复合体,这些性质是分子组件固有的,与组成超分子器件与否无关。与组件各部分间如何联结(共价、氢键、配

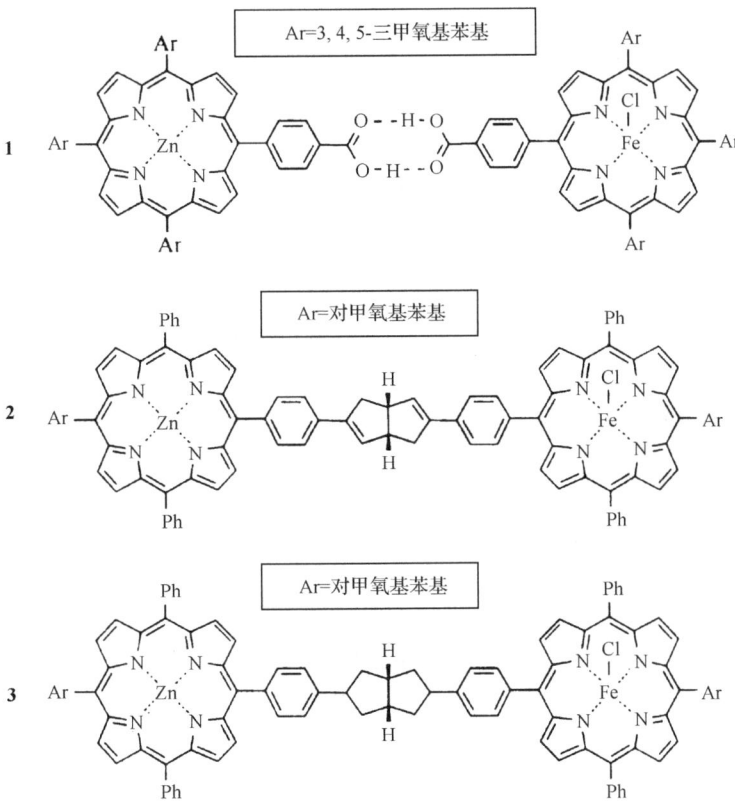

图 12.20 通过氢键(1)、部分不饱和桥键(2)、饱和桥键(3)
连接的 Zn(Ⅱ)和 Fe(Ⅲ)卟啉单元体系

位)成超分子器件也无关,而只与组件在体系中提供的某些独特功能是否与组件单独存在时一致有关,如果鉴别出体系的功能只能由整个分子提供,则该体系称为大分子而不是超分子。

超分子器件的定义并不排斥"传统"的主体和客体或受体与底物的概念。分子识别仍是超分子器件运作的基础。通常研究的超分子器件的组件是具有光化学或氧化还原活性的分子,这些分子能够吸收或发射光和能量,失去或获得电子,他们的光化学和电化学性质与大分子有所不同,因此可据此进行区分,如图 12.21 所示。

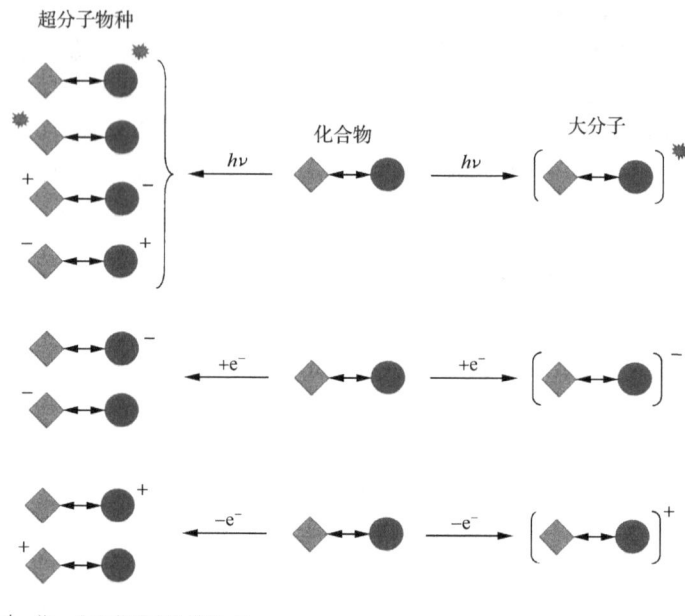

图 12.21 用光化学和电化学标准区分超分子与大分子

在图 12.21 中,如果光激发分子(A-B)产生的激发态,在实质上是定域在分子两组分中的一个(A 或 B),或者直接引起电子从 A 到 B 或者相反转移,得到新的分子可以称为超分子。如果激发态实质上是离域,在组分上则考虑为大分子。相似的理论也适用于氧化还原过程,超分子物种的氧化还原属于某一组分的氧化还原,而大分子的氧化还原则导致电子离域于整个物种之上,显然两组分相互作用的性质严格地依赖于它们之间联结体是刚性的桥联配体、流动的隔离体还是非共价联结。

综上所述,对于一个超分子体系可以从其成键性质和功能性质两方面来加以认识,超分子器件可通过弱相互作用来实现,也可将简单功能分子通过共价键联结,但其中活性基团相互作用与弱相互作用组装的超分子体系基本相同,在合理的安排下,通过分子间协同作用,使组成体系呈现出复杂的综合功能。

综上论点,除通常所指的超分子体系外,下列体系也包括在超分子器件研究的范畴:①通过 σ 共价联结而成的化合物:这类化合物虽然不是由弱相互作用联结而成,但由于组分间是非共轭的共价联结,各组分间保持其相对独立性,而不受或受到很微弱的相邻组分的扰动,因此这类化合物的各组分在原则上仍保持组分原有的光谱特征,如图 12.20 中体系 **2** 和体系 **3**,它们在整体上具有超分子体系的特征和功能。②金属配合物:一般来说,由配位键构成的经典配合物(Werner 型)的配位键是较强的,严格地说不应属于由弱相互作用构成的超分子体系。但在某些情况下,由于金属和配体间离域性很小,以至它们可以发生独立的氧化还原过程,使人们将配合物中单位看作是各自定域的,因此在超分子器件的研究中,也把它们列入研究的范畴。例如,通过电化学研究表明,三(联吡啶)钌(Ⅱ)$[Ru(bpy)_3]^{2+}$ 的氧化反应是由于金属离子失去 1 个电子形成 $[Ru(Ⅲ)(bpy)_3]^{3+}$。而还原则是配体的还原,1 个电子以振动方式附着在 1 个配体上,形成 $[Ru(Ⅱ)(bpy)_2(bpy)^-]^+$,而非配体的集体还原,于是可以在近红外光谱区内观察到配体-配体间的光化学电子转移(optical electrical transfer)。

以上概念也适用于某些双核配合物,如双核配合物 $[(L)_n M_a L—S—L M_b (L)_n]^{(x+y)+}$,L—S—L 为桥联配体,它含有两个配位位置,在适当桥联配体存在下,$[(L)_n M_a L—S—L]^{x+}$ 和 $[L—S—L M_b (L)_n]^{y+}$ 可以被定义成具有明确个体性质的分子组件,如其整体氧化态分别属于 M_a 和 M_b,相应于 $M_a^{x+}—M_b^{y+}$ 型配合物,因而这类配合物被定义为超分子,相反具有完全离域性质的 $[M_a^{(x+y)/2}—M_b^{(x+y)/2}]$ 型配合物则被归类为大分子。

以下我们将利用超分子化学的概念来设计和构筑一些具有特殊功能的超分子作为器件。

12.5.3 分子插头和插口

分子插头(plug)和插口(socket)是借助电子转移或能量转移构筑成的超分子器件。现在首先介绍由非共价力连接的给体和受体作为部件组成的超分子物种,它们具有能够调节部件间的相互作用的能力,将部件拆卸和重新组装,由此引起断开或接通部件间的能量(或电子)转移。由这两部件组装的超分子体系犹如宏观电子器件的插头和插口,它们有如下特征:①两部件能可逆地拆卸和连接;②当部件连接时,有电子或能量从插口到插头通过[图 12.22(a)]。例如,借助铵离子和冠醚间的氢键作用对构筑这种器件特别有利,因为它可以借助酸碱输入迅速并可逆地实现开关过程。图 12.22(b)显示插头的插入功能。该过程被强氢键所驱动。即在非极性溶剂中加入酸使带 2 个正电荷的线形分子 2^{2+} 中的氨基质子化形成烷基铵离子,它和冠醚氧原子借助于氢键[N^+—H—O]的作用穿入($\pm$)-联萘基冠醚 1 中,形成准轮烷结构。当用光照射此结构醚环上的联萘基时,电子从联萘基到联吡啶单元,引起典型荧光基团——联萘基的荧光猝灭。当在此非极性溶液中加入化学计量的碱(n-Bu$_4$N),使铵离子去质子化,引起联萘基荧光恢复,好像插头从准轮烷结构的插口中拔出。

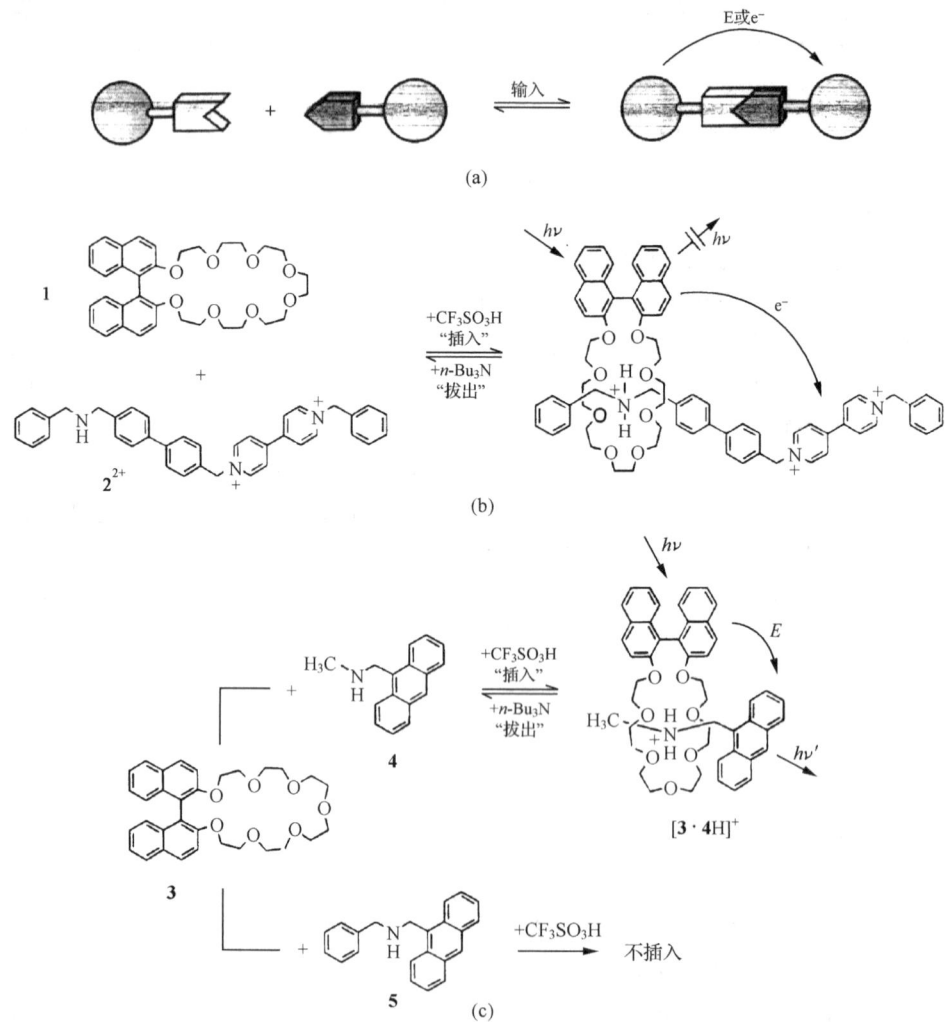

图 12.22　插头/插口图示(a)、由酸/碱控制的电子转移(b)以及控制的能量转移(c)引起分子部件的插头插入和拔出

另一个插头/插口体系涉及能量转移过程,如图 12.22(c)所示,含有等物质的量的联萘基冠醚 **3** 和甲基-蒽甲基胺 **4** 的 CH_2Cl_2 溶液,它分别显示出化合物 **3** 和 **4** 的吸收光谱及萘和蒽基的荧光光谱,这说明两组分间没有任何干扰,当加入等量的酸,引起溶液荧光性质发生显著改变。从实验观察到:①化合物 3 的荧光光谱被猝灭;②化合物 4 被质子化后,形成烷铵离子,加强了荧光。这现象和准轮烷的形成一致,当准轮烷形成时,由于冠醚吸收光通过能量从冠醚的联萘基转移到和烷铵离子相结合的蒽基上,后者受到激发被敏化而加强了荧光,当加入化学计量的碱,准轮烷被拆卸开,阻止了光能的通过,初始的吸收光谱和荧光光谱得到恢复。有趣的是在插头组件和插口的大小不匹配时,插入过程就不会发生。例如,用苄基取代 4 中的烷基,则以上过程就不会发生[图 12.22(c)]。

12.5.4 分子开关[9,10]

具有开关(switch)性质的分子是一个介稳体系,将外部信号(如光、电能、化学能、热、pH 等)输入到分子体系中,能可逆地控制其中某一功能。体系在外部信号触发下,功能被驱动,相反则停止工作。开关体系含有控制部分和活性部分,前者使分子中两种状态可逆的转变,起到控制外部输入的作用,后者通过成键、配位、eT 或 ET 过程实现其功能。本章我们将着重介绍光开关,其他类型的开关将会触类旁通[9,10]。

1. 以偶氮苯为基础的开关

早在 1937 年人们发现光能影响 N=N 双键的异构化,当将偶氮苯的丙酮溶液用光照射($\lambda=313nm$),有光异构化发生,如式(12-6)。但增加溶液温度则由反式构型返回到顺式。借助偶氮苯的开关功能将它并入无数各式各样的大环中,如和冠醚、穴醚等形成相应的偶氮大环。例如,式(12-7)的偶氮大环对碱金属的键合显示开关功能。当冠醚成反式结构时,相当于光开关处于关闭(OFF)态,它不键合碱金属。当在开启(ON)态的顺式构型,偶氮参与配位,碱金属离子被键合到穴中。相似的 15C5、18C6、21C10 等类似物也有此功能。许多偶氮苯衍生物中,其顺反异构体稳定性与客体性质和光、热异构化速率有关。

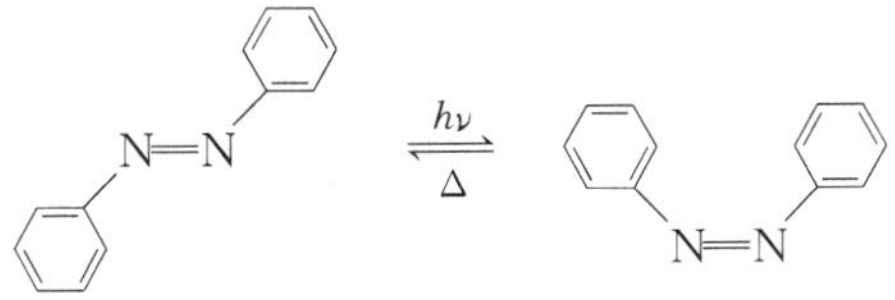

$$\text{(trans-azobenzene)} \xrightleftharpoons[\Delta]{h\nu} \text{(cis-azobenzene)} \tag{12-6}$$

$$\text{反式} \quad \underset{\Delta}{\overset{h\nu}{\rightleftharpoons}} \quad \text{顺式} \tag{12-7}$$

2. 以过渡金属为基础的开关[9]

3d 金属离子具有氧化还原活性,以 3d 金属离子的氧化还原性质改变作为开关的原理,进行说明。例如,用蒽基通过酰基(隔离体)连接的 14-烷-S_4 大环 (**12.21**),它在 MeCN 中显示蒽基荧光。而形成配合物 $[Cu^{II}(12.21)]^{2+}$ 在 MeCN 中电子从蒽基转移到 Cu(Ⅱ)引起荧光猝灭。但还原的配合物 $[Cu^{I}(12.21)]^{+}$ 却在 460nm 处展现荧光发射。如果用 NOBF4 或电化学对还原型进行氧化,在工作电位 0.55V(F_c^+/F_c)(相对于二茂铁电偶),$[Cu^{I}(12.21)]^{+}$ 被氧化成 $[Cu^{II}(12.21)]^{2+}$,导致荧光猝灭。在电位 -0.05V(Fc^+/Fc)下对已氧化的溶液进行还原,则在 460nm 处的荧光带被观察到。因此对配合物的铜中心进行可逆地氧化和还原,引起荧光关和开。开关机理如式(12-8)所示。

$$[Cu^{II}(\mathbf{12.21})]^{2+} \quad \rightleftharpoons \quad [Cu^{I}(\mathbf{12.21})]^{+} \tag{12-8}$$

在式(12-8)中开关的产生是电子从荧光基团转移到键合的 3d 金属或者做相反转移。在此,1 种氧化态的金属离子猝灭荧光,而另一氧化态的金属离子则复苏荧光。荧光发射受 $M^{(n+1)+}/M^{n+}$ 电偶所控制。在这种情况下,接受体大环对某一氧化态金属起到荧光开光的作用。图 12.23(a)为开关示意图,其中灯泡代表发光活性基团,电线代表隔离体,灯泡开关用活性金属离子表示,输入信号可以是氧化还原电位 E、pH 或 pM。例如,对于大环(**12.21**),当输入的金属离子为氧化型,生成[Cu(**12.21**)]$^{2+}$时,电子从蒽转移到Cu(Ⅱ)猝灭大环荧光,使体系处于"OFF"态,金属离子为还原型时金属电子作相反转移,荧光复苏,体系处于"ON"态,图12.23(b)和图 12.23(c)是开关作用机理,配合物分子中含有能提供两种氧化态 M^{n+} 和 M^{n+1} 的活性中心,两种氧化态的配合物处于介稳状态,"开"和"关"两种状态的选择,取决于被激发的发光基团 F^* 和组分 M^{n+} 或 M^{n+1} 的相互作用(如配位后通过电子转移或能量转移)。图 12.25(c)表示互相作用导致猝灭和发光(关和开),其中两种不利情况表示光开关永远关闭和永远打开即 OFF/OFF 和 ON/ON。氧化还原金属的开关体系在溶液中进行,溶液浓度为 $10^{-3} \sim 10^{-5}$ mol·L^{-1}。"开"和"关"能否实现,能够根据热力学简单推测。

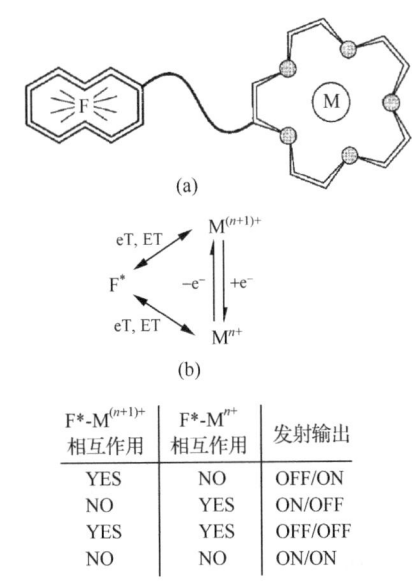

图 12.23 荧光开关示意图(a)、氧化-还原开关机理(b)和互相作用的结果(c)

12.5.5 荧光分子传感器

分子传感器(molecular sensors)是在分子水平上把化学信息转变为分析上有用信号的器件。它所处理的化学信息的浓度范围很广,包括特定样品中某些成分的浓度到整个组分的浓度。在多数情况下,经典分析方法需要对样品进行富集、转移等复杂的预处理,有时需要昂贵的仪器,使用以上传感器,不受这种限制,如果对传感器结构等进行合理的设计,就可在理想时间和地点对浓度进行现场分析。因此,化学传感器在许多领域中有广阔的应用。例如,环境和生物体系的监测、过程控制、食品和饮料分析、医学诊断、毒气和爆炸检测等,因此发展传感器的研究是科学界的当务之急。化学传感器如图 12.24 所示,它由信号单元、隔离体和接受体三部分组成。接受体有冠醚、穴醚或能与金属离子键合的其他配体。接受体有识别被分析对象(底物、客体)并吸引它到与之键合接受体中的功能。信号单元按信息(识别事态)转变成可检测信号。当接受体对底物从其他共存客体中选择性键合时,接受体与信号单元联络,使它产生信号以响应客体的键合,信号以电磁辐射(光敏感)、电流(电化学敏感)的形式发射进行检测,此外,还可以从外表改变直接进行检测,如颜色或 pH。隔离体在接受体和信号单元间起着联系和传递信号的作用。由键合事态启动生成主-客体化合物。主-客体合物性质与自由客体或接受体的性质比较发生本质上改变,这种改变导致信号产生。

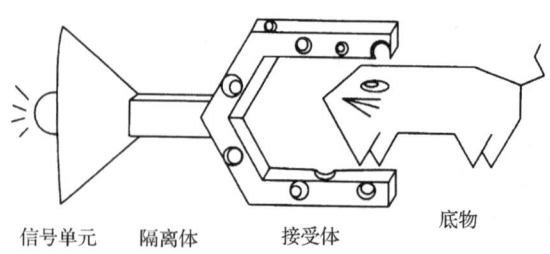

图 12.24 化学传感器示意图

以荧光为基础的传感器尤引人注目,因为测量荧光灵敏度高,以至在特定条件下单个分子也可检测,样品不必破坏,仪器价格低、易操作,在许多情况下荧光团的光物理性可以进行调控。如引入质子、能量和调控电子转移等,这些都为设计有效的传感器提供了可能性。荧光传感器由发色团作信号单元,冠醚、穴醚、杯芳烃和环糊精等作接受体,组成的分子传感器用于对阳离子、阴离子和中性分子的检测。

1. 碱金属和碱土金属离子的传感

1) 光诱电子转移传感的原理

碱金属和碱土金属离子不具有氧化还原活性,在荧光变化过程中金属离子没有氧化和还原态的改变,仅因金属离子配位促使光诱导电子转移(photoinduced electron transfer,PeT)。现以冠醚-蒽体系为例说明 PeT 传感器,图 12.25 中氮杂[18]冠-6 选择性键合 K^+。自由蒽基团 $\pi-\pi^*$ 跃迁显示出强的荧光,当它和氮杂冠醚相连后,氮原子上的孤电子对转移到蒽,使蒽荧光猝灭。在该体系中加入 K^+,孤电子对用来和 K^+ 配位,不能发生转移,荧光得以复苏。在甲醇溶液中冠醚键合 K^+ 前后荧光量子产率从 0.003 增加到 0.14。所以金属离子因配位而敏化荧光,这种现象又称螯合增强荧光(chelatation-enchanced flouresence,CHEF)效应。图 12.26 是用分子轨道说明阳离子控制光诱导电子转移的原理。在图 12.26 中阳离子受体作为电子给体(如氮杂冠醚),荧光基团(蒽)作为电子受体,在阳离子不键合时,荧光基团被激发,引起占有最高分子轨道(HOMO)的电子被激发到最低空轨道(LUMO),遗留下的空轨道使以受体为主的 HOMO 上的电子发生转移,导致荧光猝灭(图 12.26 左)。当阳离子和受体键合时,阳离子的氧化还原电位升高,不易给出电子,使受体的 HOMO 相对应于自由状态变得更低,抑制电子转移使发色团荧光复苏(图 12.26 右)。从荧光强度可检测阳离子的浓度。

从以上例子可见,传感器的原理和开关相同,传感器可以看成开关过程的应用。

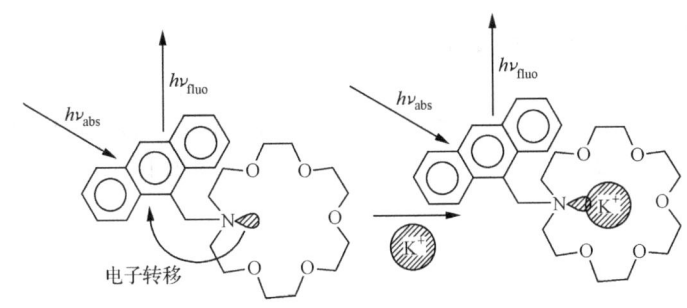

图 12.25 蒽取代的氮杂冠醚被金属离子敏化

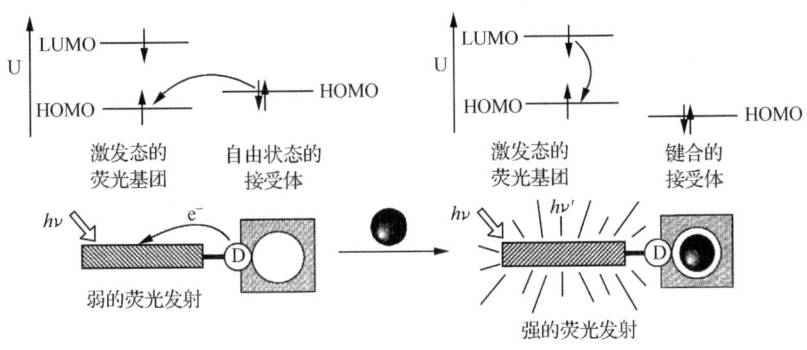

图 12.26 荧光 PeT 传感器对阳离子识别的原理

2) 碱金属和碱土金属的传感举例

Ca^{2+}、Mg^{2+}、Zn^{2+}是生物体内重要的金属,测定它们在生物体内的浓度和浓度分布一直是传感器技术研究的课题。例如,Ca^{2+}和Mg^{2+}在细胞中的跨膜分布对调控细胞功能至关重要。Zn^{2+}是碳酸酐酶和锌指蛋白(Zinc finger proteins)等锌酶中的关键成分,还影响 DNA 的合成和基因表达。此外,从含有多种金属离子的生物组织样品中检测出一种离子的传感器研究尤受到关注。例如,对复杂体系中Zn^{2+}的检测,由日本广岛大学 E. Kimura 等设计出一个很有效检测Zn^{2+}的配体,即 1-二甲胺基萘-5-磺酰胺乙基环乙二胺(**12.22**),配体由两部分组成,一部分是 1-二甲胺基萘-5-磺酰胺基(丹酰胺基 dansa),它不仅作为荧光基团,而且去质子的$-SO_2NH^-$对Zn^{2+}有强的亲和力。另一部分为环乙二胺,对锌有更强的配位能力,它在溶液中结合 2 个质子生成带 2 个质子的大环(**12.22**)·$2H^+$。在(**12.22**)中的$-SO_2NH^-$作为臂与Zn^{2+}进行侧式配位[式(12-9)],形成稳定的 1:1 四方锥配合物(**12.23**),稳定常数为$10^{20.8}$ $L·mol^{-1}$,当对Zn^{2+}强螯合时,不能通过氨基的孤电子转移来猝灭荧光,荧光得以增强。化合物(**12.22**)的环乙二胺因结合质子只引起荧光强度增加 20%,而当 Zn^{2+} 配位却引起荧光强度 5～6 倍增加,量子产率达到 5.5%,同时引起发射光谱谱峰从 582～540nm 的蓝移。荧光配体(**12.22**)检测 Zn^{2+} 的范围为 $0.1～5\mu mol \cdot L^{-1}$。在此范围中荧光强度随 Zn^{2+} 浓度呈线性变化。在碱金属、碱土金属和 Cu^{2+} 存在下对荧光测定不发生影响。化合物(**12.22**)对 Zn^{2+} 的传感有如此高的灵敏和有效性,现已成为商品加以应用。

$$\text{丹酰胺基} \quad (12.22)\cdot 2H^- \xrightarrow{Zn^{2+}} (12.23) \tag{12-9}$$

2. 过渡金属离子[10]

过渡金属离子的光诱导电子转移机理与碱金属、碱土金属不同,过渡金属离子具有氧化还原活性,荧光发射受金属离子氧化还原电偶 $M^{(n+1)+}/M^{n+}$ 所控制。如式(**12.8**)所示,14-烷-S_4 对 Cu(Ⅱ)有开关作用,能选择性地键合 Cu^{2+},对荧光有猝灭作用,猝灭作用的产生是由于蒽电子转移生成 Cu(Ⅰ)的结果。用化学方法加入还原剂或用电化学方法对溶液进行还原,可改变荧光强度,借此用来测定 Cu^{2+}。14-烷-S_4 对 Mn^{2+}、Fe^{2+}、Ni^{2+}、Co^{2+} 键合能力不强,没有开关功能。S_4 大环虽能有效地键合 Ag^+,但由于 Ag^+ 没有氧化还原活性,不发生 PeT 过程,因而无荧光强度改变。

有的配体有稳定金属离子高氧化态倾向,如骨架为二氧四胺的配体和+2 价金属离子配位时,释放出 2 个酰胺质子,有稳定金属离子高氧化态的倾向[式(12-10)],所以其配合物在受激时,金属能转移电子形成高氧化态。图 12.27 表示取代基 R_1(R_1=蒽,芘,$Ru(bpy)_3^{2+}$)的荧光衍生物。在增大溶液 pH 时生成配合物 $[M^{Ⅱ}(H_{-2}L)]$($H_{-2}L$ 代表失去酰胺上 2 个质子的配体),配合物有明显的颜色,其形成过程可用 d-d 吸收带跟踪。金属离子转移电子引起荧光的改变,配合物的形成过程也可用荧光跟踪。

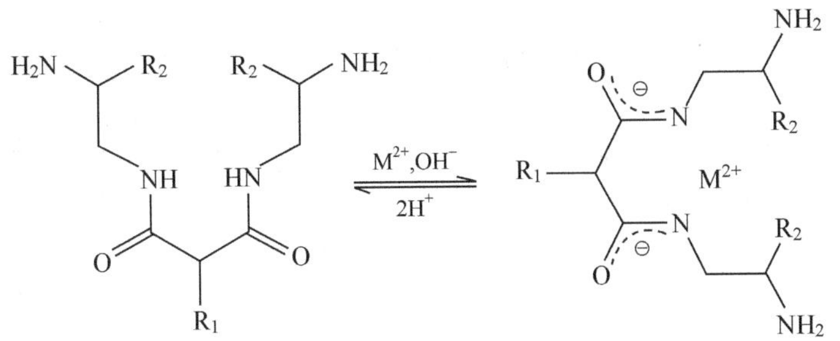

$$\text{(12-10)}$$

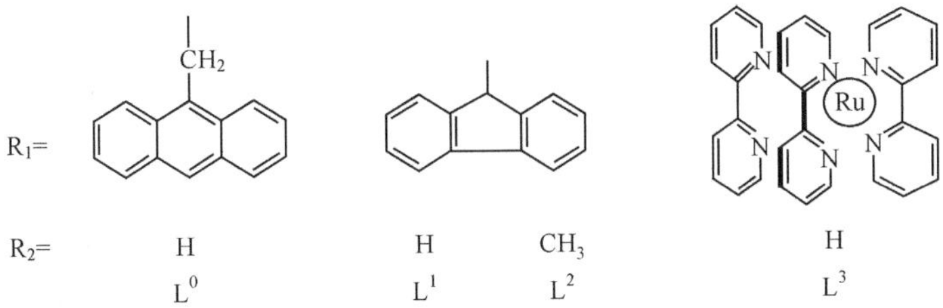

图 12.27 一些二氧四胺型的荧光接受体（或配体）

以作者[10]合成的芴为荧光基团的接受体（L^2）为例，L^2能溶于水，其水溶液在 pH=3～11 表现出芴的发射谱，图 12.28 为[$Cu^{II}(H_{-2}L^2)$]的 d-d 吸收 A 和荧光强度 I 随 pH 改变的曲线，在等物质的量的 L^2 和 Cu^{2+} 的过量酸的溶液中加入碱到 pH=6 左右，由于[$Cu^{II}(H_{-2}L^2)$]的形成，d-d 吸收带强度增加（曲线 2），同时伴随着电子从 Cu(Ⅱ)转移到激发态的芴引起荧光强度 I_F 下降（曲线 1）。当过量的酸被中和（约加入两倍碱）吸光度（A）达最大，荧光强度突然下降直到完全猝灭。由图 12.28 可知，曲线呈对称 S 形，I_F 和 A 对 pH 呈可逆的开关响应，既可通过控制溶液 pH 达到荧光开关的目的，也可利用接受体 L^2 作为检查 Cu^{2+} 的探针。

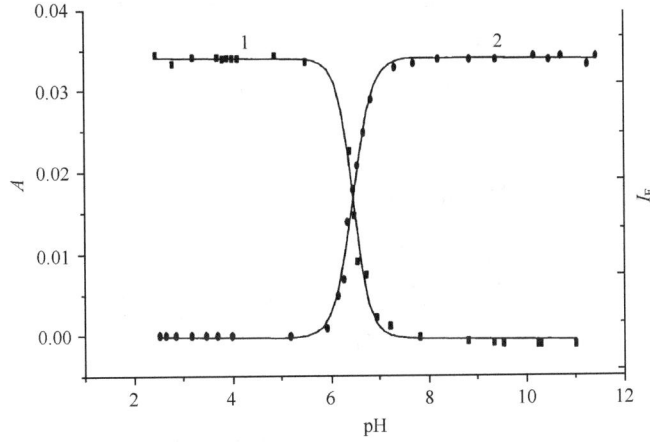

图 12.28 在 L^2 和 Cu^{2+} 的水溶液荧光强度 I_F（■）及吸光度 A（·）和 pH 的关系

如果在同样条件下用 Ni^{2+} 代替 Cu^{2+}，则 S 曲线向高 pH 移动，说明 Ni^{2+} 存在时对荧光猝灭比 Cu^{2+} 困难，这和形成配合物的稳定性有关。Mn^{2+}、Co^{2+}、Zn^{2+} 等离子则不显示开关效应。所以 Ni^{2+} 和 Cu^{2+} 离子共存时，控制不同 pH（Cu^{2+}：pH<6）能达到分别检测的目的。图 12.27 中 3 个不同荧光基团的二氧四胺接受体中，蒽的化学性质稳定，作为荧光基团被许多人所使用，但 L^1 在水中溶解度低，所以在有机溶剂中进行研究。芘的发光量子效率高、寿命长（芘：$\Phi = 0.68$，$\tau = 10$ ns；蒽：$\Phi = 0.27$，$\tau = 5.3$ ns），L^2 在水中有较高的溶解度是其优点，但稳定性比蒽低。在 L^3 中 $Ru(bpy)_3^{2+}$ 作为荧光团增加了在水中溶解度和检测灵敏度。它在水中能检测出 Cu^{2+} 浓度达 10^{-7} mol·L^{-1}（ppb 范围）。

12.6 分子机器[8]

分子机器的概念并不陌生，人体可被视为非常复杂分子机器的整体，它提供我们运动的动力，修复身体损伤，赋予我们思想、智慧和灵感。早在 1959 年荣获诺贝尔奖物理奖桂冠的 R. P. Feynman 第一次提出分子机器的概念，虽然它的尺度只有纳米大小，却有望代替体积庞大和轰鸣的马达，为人类带来福祉。1997 年 P. Boyer 等因在 ATP 合成酶方面的杰出贡献获得诺贝尔奖，ATP 合成酶是由质子驱动的分子级旋转发动机，是人体最重要的分子机器，从中可以很好地理解旋转分子机器在生物体中的作用，为了使分子机器做功需要提供能量，如化学能或电化学能，如果 1 个人造分子机器必须提供化学能才能进行，则在工作循环每一步都要添加新的反应物（燃料），且会产生废弃物，必须从体系中除去，这会给化学能引发的分子机器的设计和构筑带来困难。再者使用化学能的人工分子机器效率低，难以长期使用。与化学能相比，光能不会产生废弃物，光子除给机器提供能量外，对体系状态的读取、控制和监检机器的运行十分有利。利用电化学电势产生氧化还原反应，通过一个可逆氧化还原反应，可以给正反应提供能量，然后再改变电势，能够再回到反应物，过程中无废弃物形成，利用电化学能代替化学氧化还原作用，有简便、快捷的优势，运用电化学监测也十分有利，且电极是分子体系与宏观世界连接的最佳方式。

12.6.1 以过渡金属配合物为基础的分子机器[11]

以配合物作为基础，在氧化还原或酸碱驱动下金属离子可在双位配体的两个不等同隔室中可逆移动。为了保证移动的可逆性，金属离子与隔室的作用必须是非共价的，所生成的配合物是动力学活性的。

1. 氧化还原驱动金属离子的位移

一般来说，具有比较稳定的两个连续氧化态的过渡金属离子 M^{n+} 和 M^{n+1} 的氧化态改变在化学意义上是可逆的。根据这一基础可设计出具有两个配位位置的双位配体,双位配体可看成由两个隔室 A 和隔室 B 组成,其中隔室 A 对氧化态 M^{n+1} 有较好的亲和力,相反,B 对还原态 M^n 有好的亲和力。氧化还原循环可通过电化学或化学方式来完成。如图 12.29 所示,双位配体(**12.24**)由软硬性质不同的隔室 B 和隔室 A 组成,根据软硬酸碱原则,被氧化的 M^{n+1} 将首先居于硬的隔室 A 中,而被还原的 M^{n+} 将会居于软的隔室 B 中,因此通过电化学或化学反应使金属离子进行循环的 M^{n+1}/M^{n+} 氧化还原,则金属离子将会可逆地在 A 和 B 室间移动。移动的速率与以下因素有关:①金属中心电子转移的固有速率;②伴随金属位移引起配合物立体化学重排的难易程度,特别是金属离子氧化还原后,隔室必须重组以利于金属有最优的配位排列,与这点有关的动力学效应是难以预测的。

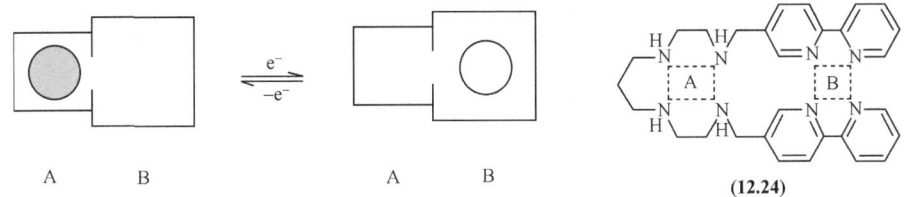

图 12.29　氧化还原驱动金属离子在隔室中移动

小圆:M^{n+1},大圆:M^{n+}

氧化还原驱动金属离子位移的第一个例子是在双位配体中铁离子氧化态的改变。图 12.30 中,双位配体含有 1 个硬的隔室(由三分子羟肟酸根作为给体,它对 Fe^{3+} 有增强的亲和力),和一个三分子 2,2′-联吡啶组成的软隔室,后者适合于低自旋 Fe^{2+} 的配位,当 Fe(Ⅲ)用抗坏血酸还原,Fe(Ⅱ)用 $S_2O_8^{2-}$ 氧化,则发现溶液颜色从 Fe(Ⅲ)配合物的淡褐色变成 Fe(Ⅱ)配合物的红紫色,再用光谱跟踪显示出位移过程较为缓慢,可从几分钟到几小时,依赖于双位体系中结构重排、配体骨架的性质、位移的方向和在 3 个羟肟酸的氢离子的释放速率。

另一个更好的例子是由双位 8 齿配体(**12.25**)提供的体系,由 4 个仲胺组成隔室 A,它适合于对交界酸 Cu^{2+} 配位,由 2 个 bpy 组成的 B 室,适合于软酸 Cu^+ 配位。(**12.25**)具有折叠构型,它们分别适合于 Cu(Ⅱ)四方形结构和 Cu(Ⅰ)四面体结构的要求。在氧化还原过程中金属离子能在两个隔室中迅速而可逆地移动(图 12.31)。

以上位移过程可以用分光光度法观察,在 MeCN 溶液中加入等物质的量的 Cu^{2+} 和(**12.25**)后,蓝紫色溶液显示了平面四方形 Cu(Ⅱ)配合物 d-d 跃迁带的特征(λ_{max} = 548 nm, ε =120 $dm^3 \cdot mol^{-1} \cdot cm^{-1}$)。因此 Cu^+ 居于 B 室。当氧化剂 H_2O_2 加入溶液后,颜色又恢复到蓝紫色。

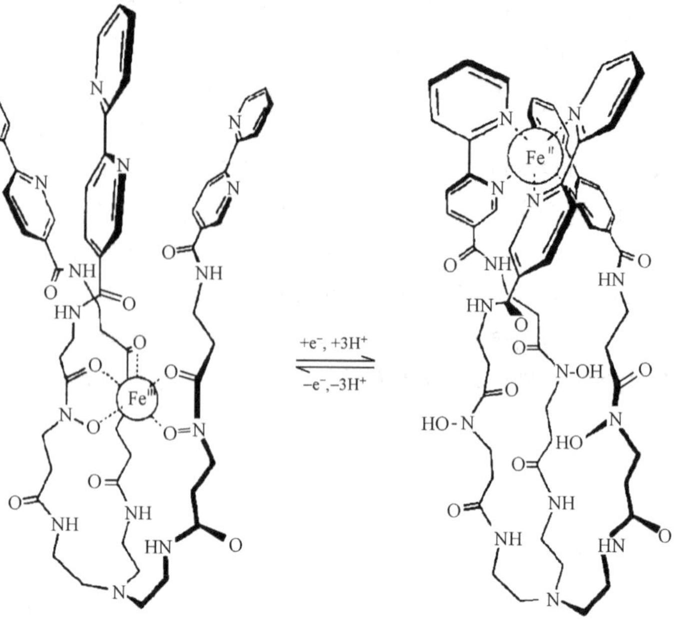

图 12.30 氧化还原驱动铁中心在双位配体中位移

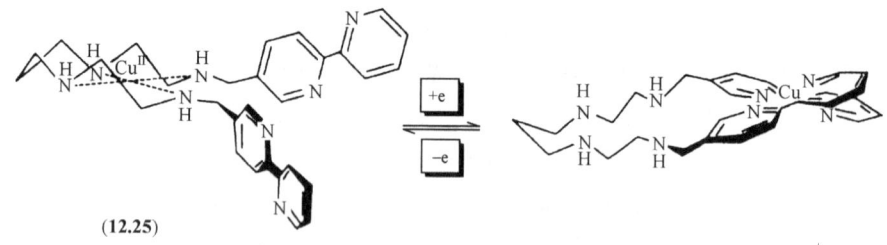

图 12.31 根据 Cu^{II}/Cu^{I} 改变氧化还原驱动铜中心位移

2. pH 驱动金属中心的位移

根据 pH 改变驱动金属中心位移所要求的双位隔室配体和以上不同,它的一个隔室(如 A),要求既具有配位功能又具有 Bronsted(布朗斯特)酸-碱性质,即这个隔室会存在质子化型 H_nA 和去质子化型 A^{n-} 两种形态。它的另一隔室 B 不显示酸碱性。隔室的配位倾向随以下序列降低,$A^{n-}>B>AH_n$,因此改变 A 室的质子化状态将诱导金属离子的转移。

例如,如图 12.32 所示,当加入酸时被 H^+ 敏化的隔室 A 呈 AH_n 型时,M^{n+} 停留在 B,当 AH_n 酸被去质子化成为 A^{n-},则 M^{n+} 将移向去质子化的隔室。因此在

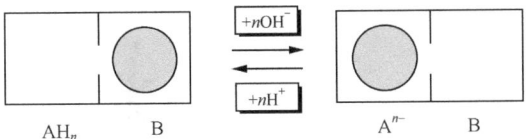

图 12.32 pH 驱动金属离子在隔室 A^{n-} 和 B 间位移

质子化溶剂中通过适当的 pH 改变会实现金属离子的转移。配体(**12.26**)是 pH 驱动金属离子位移的体系,它由两个胺基和两个酰胺基组成隔室 AH_2,酰胺氮原子对金属离子有极弱的配位能力,因此金属离子不居于隔室 AH_2 中,而居于由两个胺基氮和两个喹啉氮组成的隔室 B 中。但是当 3d 系列的两价金属 Cu^{2+} 或 Ni^{2+} 存在时,仲酰胺基—(CO)NH 去质子化,形成强的配体基—(CO)N$^-$,这样 M^{2+} 将移动到更适合它居住的 A^{2-} 室。例如,含有等物质的量的(**12.26**)和 Ni^{2+} 的水溶液,调整溶液到 pH=7.5,得到淡紫色高自旋的配合物 $[Ni(LH_2)]^{2+}$,(LH_2 代表质子化配体),它在溶液中连同两分子水形成八面体配合物,与乙二胺的 Ni(Ⅱ)配合物十分相似,所以证明 Ni^{2+} 居于 B 中。如果将溶液调节到 pH≥9,溶液呈亮黄色,归属于 d-d 吸收带(λ_{max}= 450 nm, ε=103 $dm^3 \cdot mol^{-1} \cdot cm^{-1}$)。光谱呈现出低自旋平面正方形 Ni(Ⅱ)配合物的特征,Ni^{2+} 居于去质子化的 A^{2-} 室中。如此当 pH 从 7.5 变化到 9.5 或相反变化时,Ni^{2+} 从 B 室与 A^{2-} 室间来回移动,过程可重复多次而不被降解。

如果在以上双位配体的室上,通过隔离体—CH_2—引入发光基团蒽基(An),得到配体(**12.27**)金属离子位移可通过光发射信号读出。当 pH=7 时,$[Ni(LH_2)]^{2+}$ 物种占优势,Ni(Ⅱ)居于 B 室中,蒽的发光不发生猝灭。pH≥9 时,Ni(Ⅱ)移动到 A^{2-} 室,荧光完全猝灭(图 12.33)。这是由于电子从 Ni(Ⅱ)到被激发的蒽(An*)转移,猝灭了蒽的荧光。热力学循环计算指出,当 Ni(Ⅱ)在 A^{2-} 室中时电子转移自由能 $\Delta G_{et}=-0.3$ eV,而在 B 室时 $\Delta G_{et} \gg 0$,PeT 过程不能发生。

(12.26) (12.27)

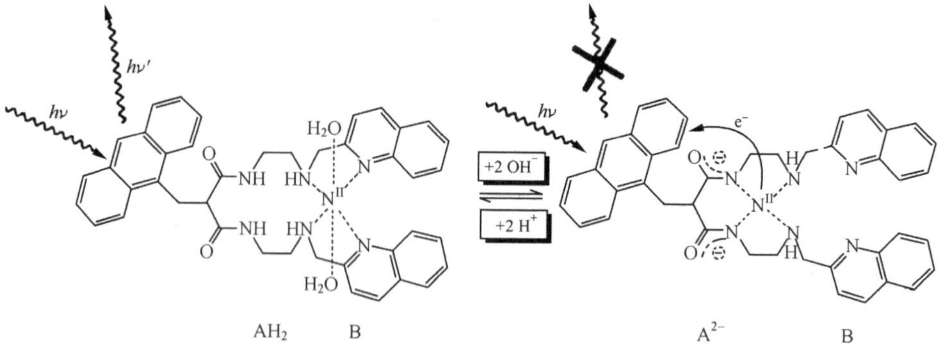

图 12.33　pH 驱动 Ni(Ⅱ)离子在双位配体(**12.27**)中移动引起发光变化

12.6.2　含过渡金属的联锁分子[12]

1. 环的旋转

过渡金属离子 M^{n+} 或 M^{n+1} 生成索合物后，两者在配位时对空间构型的要求不同，这特点提供了分子内部各组分相对运动的推动力。例如，图 12.34 中，由两个不对称大环组成索烃。其中 1 个环除含两环共同的 2,9-取代菲咯啉(dpp)单元外，还含有 1 个三齿配体三(联吡啶)(terpy)单元，在初始索合物 $1^{+}_{(4)}$ 中，Cu(Ⅰ)和两个环的菲咯啉单元构成配位数为 4 的四面体构型。该构型为 Cu(Ⅰ)所优选。索合物 $1^{+}_{(4)}$ 在 MeCN 中有合适的氧化还原电位(+0.63V,SCE)，足以推动 Cu(Ⅰ)被氧化成 Cu(Ⅱ)。如果用电化学或氧化剂(Br_2 或 $NOBF_4$)氧化，可得配位数为 4 的 Cu(Ⅱ)索合物 $1^{2+}_{(4)}$。$1^{2+}_{(4)}$ 在 MeCN 中为亮绿色，归属于 670 nm (ε = 800 $dm^3 \cdot mol^{-1} \cdot cm^{-1}$) 的 d-d 跃迁带。由于配位数为 4 的四面体的 Cu(Ⅱ)配合物不稳定，然后 $1^{2+}_{(4)}$ 的环缓慢旋转，Cu(Ⅱ)配位的 1 个菲绕啉和 terpy 交换，形成配位数为 5 的四方锥 $1^{2+}_{(5)}$。该构型是 Cu(Ⅱ)最稳定构型，因此转化反应是定量的。环的旋转易被可见光谱跟踪。旋转产物 $1^{2+}_{(5)}$ 为淡橄榄绿色(λ_{max} = 640 nm，ε = 125 $dm^3 \cdot mol^{-1} \cdot cm^{-1}$)。$1^{2+}_{(4)}$ 和 $1^{2+}_{(5)}$ 分别具有相似配体构成四面体和四方锥 Cu(Ⅱ)配合物的特征。当还原时 $1^{2+}_{(5)}$ 首先还原到过渡态 $1^{+}_{(5)}$，再通过环的旋转回复到 $1^{+}_{(4)}$。

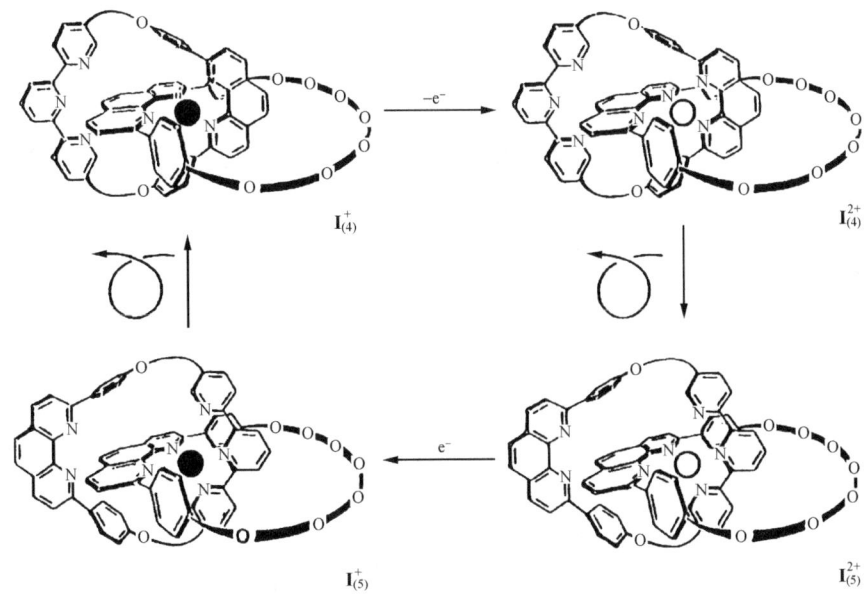

图 12.34 电化学诱导铜索合物环的旋转
黑点代表 Cu(Ⅰ),白圈代表 Cu(Ⅱ)

2. 环的移动——分子梭

图 12.35 是轮烷 2^+ 在受电化学激发时环在轴的两个不同位置间的移动。由三齿配体 terpy 连接二齿配体 dpp 构成轮烷的轴,它插入含 dpp 单元的醚环中,三苯甲基衍生物作为塞子连接在轴的末端。初始 Cu(Ⅰ)在轮烷中呈四面体构型。当 Cu(Ⅰ)氧化成 Cu(Ⅱ)时,Cu(Ⅱ)优选配位数为 5 的四方锥构型。因此触发了 Cu(Ⅱ)配位的轮烷环向 terpy 位置移动。在室温下的 MeCN 溶液中,Cu(Ⅱ)轮烷环的移动过程十分缓慢,大约需要 1~2 h,但是 Cu(Ⅱ)轮烷被还原成 Cu(Ⅰ)轮烷回复到初始态却比移动过程稍快(约几分钟)。如果轮烷轴的一端不存在塞子,则环沿轴移动会伴随着"脱线"产生。

近来分子机器的研究有显著进展,我国学者也进行了不少工作,如朱道本[13]等将缺电子的大环和带有二氧萘基(DNP)的四硫富瓦烯(TTF)作为骨架的富电子化合物构成一个轮烷(**12.28**)。该轮烷在外加电压下显示分子梭特征,是有趣的纳米记录材料的候选者。他们首次用 LB 技术将(**12.28**)制成膜,膜显示可逆电导开关效应来源于外部刺激触发时大环在 TTF 和 DNP 之间的机械运动所致。该轮烷薄膜性质稳定,具有优良的可逆开关和记忆特性,可能被用作纳米记录材料的候选者。

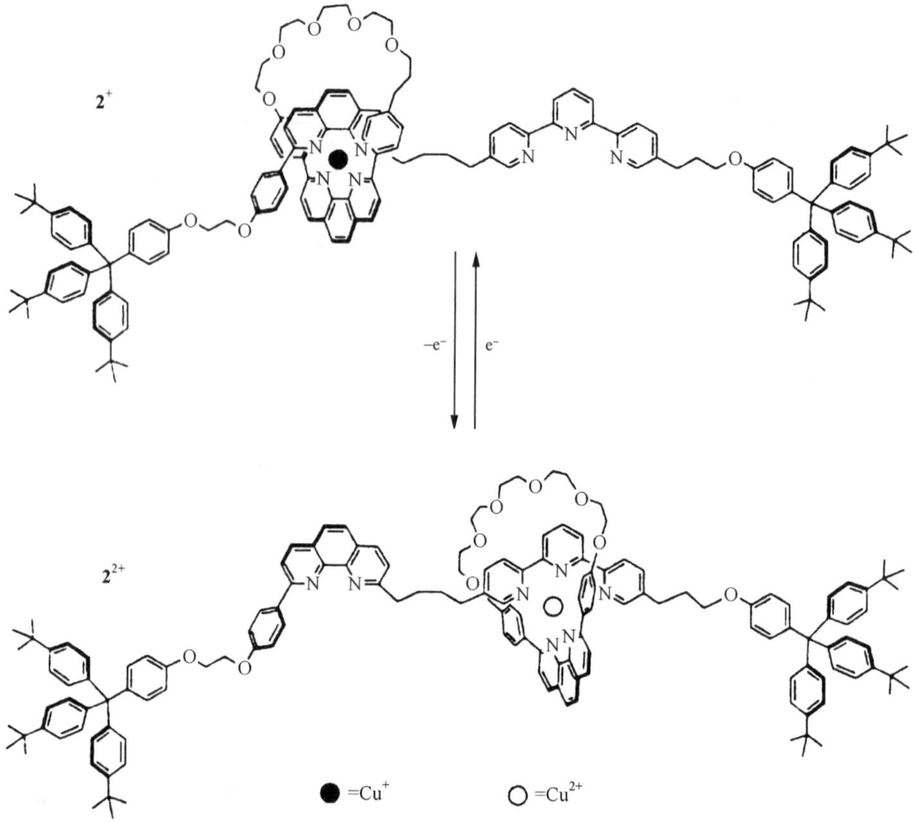

图 12.35 电化学诱导铜(Ⅰ)轮烷环的移动

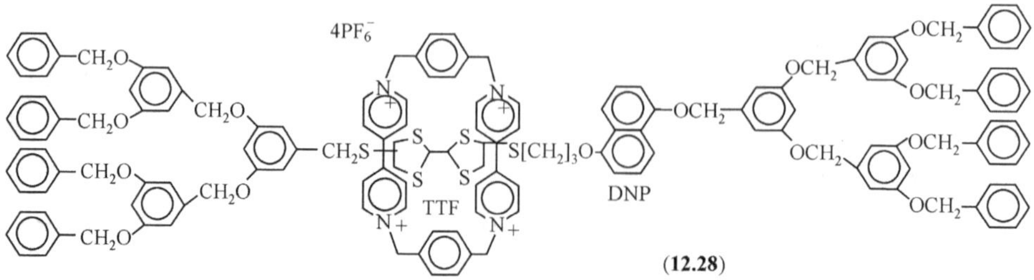

近年来,分子机器的多种模型被提出。例如,美国的 M. A. Garcia-Garibay 提出分子陀螺仪的概念,并建议这一体系将是分子机器的理想模型。第一例分子陀螺仪模型已被制备出来,如(**12.29**)所示,它是由三(羰基)铁作为转子,固定在三条亚甲基链组成的笼子中,希望在溶液或晶格中为转子提供无阻力的环境,并且转子能被外部电场所控制。后来王乐勇[14]合成出比第一例陀螺仪模型更大的分子,以

Cl—Rh—CO作为转子,固定在25~27元大环中,在溶液中能迅速转动。最近,日本科学家K. Kinbara等[15]首次将两个分子机器组装在一起,形成类似于"钳子"的复合体。微型机器以二茂铁为中心呈X型,打开X形状的一端,另一端却收拢,如图12.36所示。当机器受紫外光照射时,"钳子"与二茂铁相连的两个把手,就会收拢起来,另一端两块与Zn(Ⅱ)卟啉联结的两块板结构则呈平行状态,而当机器受到可见光照射时与二茂铁相连的把手就会打开,由Zn(Ⅱ)卟啉相连的两块板则会旋转到相对位置90°的状态。机器中氮原子和金属之间的化学键发生变化,从而为"钳子"提供了动力。

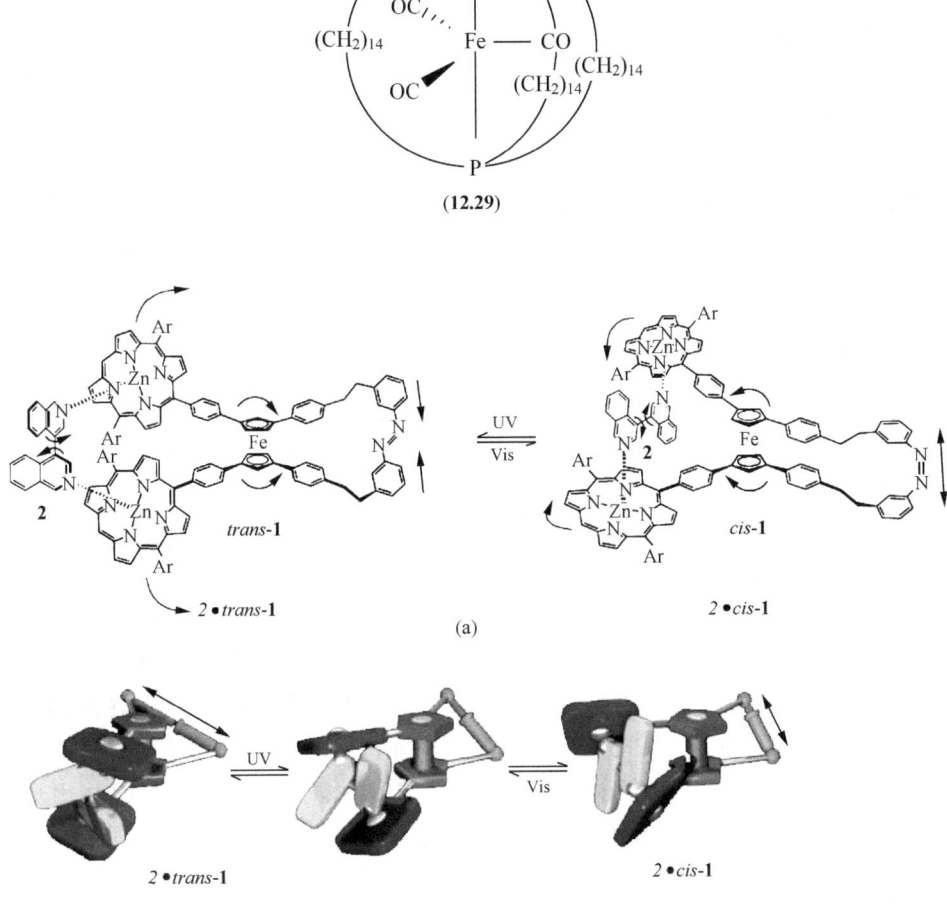

图12.36 分子"钳"机器的原理(a)及工作状态(b)

长期以来人们一直希望能够研制出在纳米尺度范围内的超微型机器。这种机器一旦实现，它可能会帮助我们疏通堵塞的血管、修复细胞，从而为人类带来诸多利益。但必须把这种机器和运动部件结合在一起，使它们一起工作。以上日本学者将两个部件组合的工作，无疑是具有重大意义的一步。当然对最终研制出用多个分子机器组合成纳米机器人而言，依然面临着许多困难，因为分子机器依靠化学键提供动力，所有力都是在纳米尺度范围内相互作用，化学键也容易受周围分子的影响而发生变化，且在如此小的尺度上进行组装，操作更是难上加难，因此该研究尚任重道远。

12.7 逻 辑 门[15]

计算机是建立在二进制代数运算的半导体逻辑门（logic gates）的基础上。基本逻辑门有 3 个，即 NOT、AND 和 OR 门（非门、与门和或门）。逻辑门是一类输出态（0 或 1）依赖于输入态（0 或 1）的开关。一些超分子体系可用作逻辑门。分子开关是一种最简单的逻辑门。用光、电化学信号作为输入并产生输出，其中荧光是最理想的输出，通常由荧光发色团和受体组成（12.5.4 节和 12.5.5 节）。受体能选择性地和外部物种发生相互作用，荧光基团在激发态的性质依赖于受体是否和外部物种发生作用。逻辑门需要能量操作，此处能量来自荧光基团的光激发。

12.7.1 YES 门和 NOT 门

YES 逻辑门具有一个输入和一个输出，且输入与输出的信号相同，即当输入为 0，则输出为 0，输入 1 则输出为 1。图 12.37 中化合物 $\mathbf{1}^{5-}$ 可作为 YES 门，对这体系加入 Ca^{2+} 作为化学输入，$\mathbf{1}^{5-}$ 的 4 个羧酸根作为 Ca^{2+} 的受体，仅当有化学输入时芳香单元才会发荧光，如果不加入 Ca^{2+}，$\mathbf{1}^{5-}$ 的芳香部分的荧光会被烷氧基苯胺的氮原子上的电子转移而猝灭。当加入 Ca^{2+}，Ca^{2+} 的配位使氮原子给电子能力大大降低，光诱导电子转移过程难以进行，不能引起荧光猝灭。化合物 $\mathbf{1}^{5-}$ 既可作为 YES 门，也是检测细胞中 Ca^{2+} 浓度的优良传感器。现将逻辑门的输入值和对应的输出值列于表[图 12.37(b)]，该表称为真值表（truth table），用来表示输入和输出的情况。

YES 同 NOT 单一输入门是最简单的逻辑元件，能执行简单逻辑门运算的分子十分普遍，只要一个在酸性介质（在质子存在下输入）中能够发生荧光（输出）的分子，可作为 YES 门。相反，在输入质子时，荧光分子的发射（输出）消失，则可作为 NOT 门。图 12.38 为可作为 NOT 门的例子。化合物（**12.30**）由非定域 Π 体系组成荧光发色团，它接受激发光产生荧光输出，苯甲酸根作为接受体，接受化学物种（H^+）。当 H^+ 浓度很低时（输入 0），产生亮的荧光（输出 1）。当 H^+ 浓度很高时（输入 1），PeT 阻止电子从荧光发色团到质子化苯甲酸受体，因此猝灭了蒽基荧光。

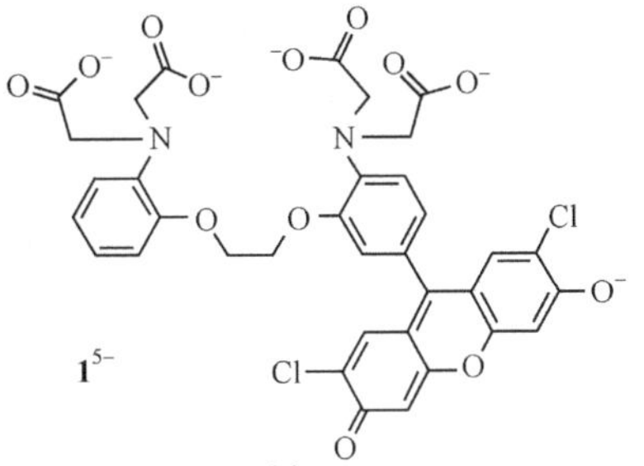

$\mathbf{1}^{5-}$

(a)

输入 Ca^{2+}	输出 $h\nu$
0	0
1	1

(b)

图 12.37　逻辑门的例

(a) 化合物 $\mathbf{1}^{5-}$；(b) 真值表

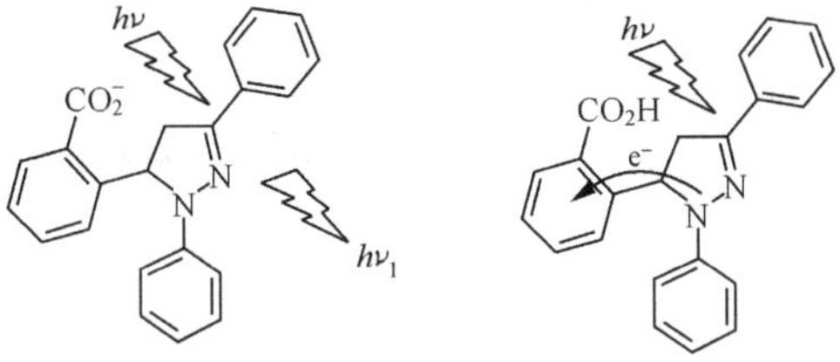

(**12.30**)

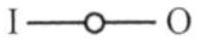

输入 H^+	输出 $h\nu$
0	1
1	0

图 12.38　NOT 逻辑门运算原理和真值表

该实验是将化合物(**12.30**)溶于体积比为 1∶4 的 MeOH 和水的混合液中，测得该化合物的量子产率为 0.13，当加入 1000 倍的酸后该值下降到 0.003。

12.7.2　AND 门

AND 运算器有两个输入和一个输出，在简单电路中，可用两个串联开关代表，以等价电路图 12.39(a)表示。分子水平的 AND 门是基于两个化学输入和一个光(荧光)输出，但处理 1 个化学和 1 个光输入，或两个光输入的 AND 门的体系也有报道。两输入的 AND 门[如化合物(**12.31**)]是由荧光基团蒽(P)和同步连接的两个共价键连接的受体苯并冠醚和胺基组成化合物(**12.31**)，受体能通过 PeT 过程猝灭发光基团的荧光。但当其中任一个受体接纳外来物种(X 或 Y)时也会同样猝灭荧光。只有当两个受体都被外来物种(相应于输入信号 X 和 Y)键合时，才有 P 的荧光信号输出。例如，化合物(**12.31**)，通过从胺基或苯并冠醚的电子转移到蒽分别独立地猝灭蒽基的荧光。相反，电子转移过程能被同时加入 H^+ 和 Na^+ 而被阻止，因此只有两个化学物种(Na^+ 和 H^+)都进入苯并冠醚和胺受

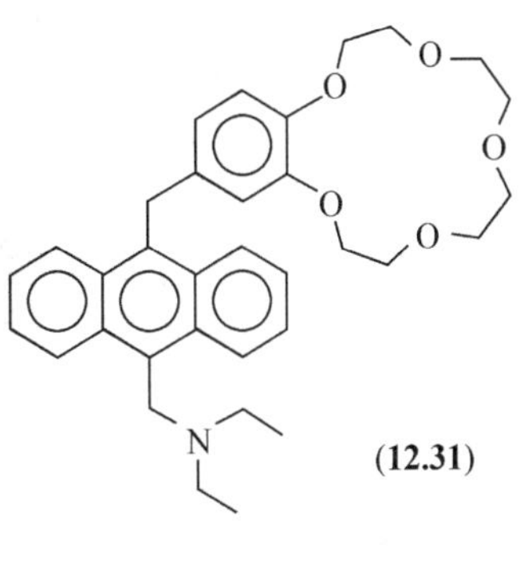

(**12.31**)

体中,荧光才能复甦。在含蒽衍生物的甲醇溶液中,加入 10^{-3} mol·L^{-1} H$^+$ 和 10^{-2} mol·L^{-1} 的 Na$^+$。溶液的量子产率为 0.22[输出态为 1,图 12.39(a)中真值表第四行]。而当 Na$^+$ 或 H$^+$ 单独存在或都不存在时,3 个输出态均为 0,实验获得的量子产率不超过 0.009。

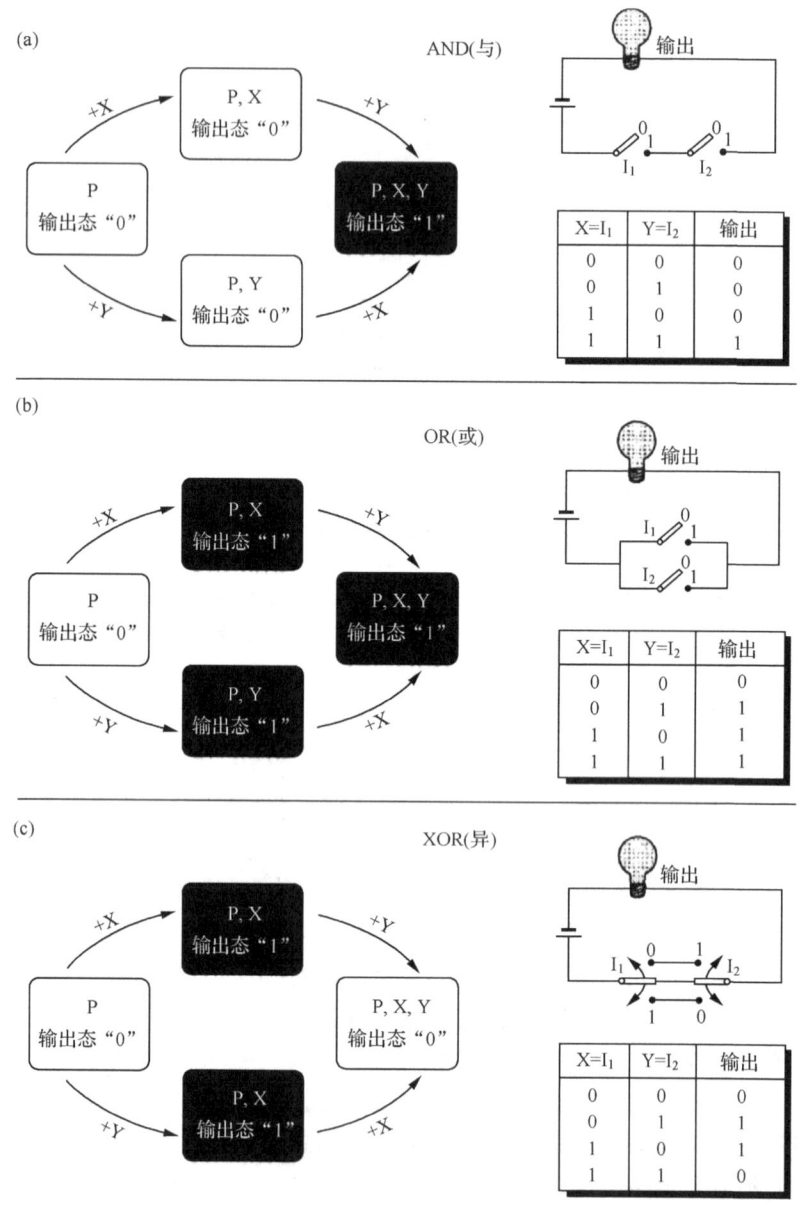

图 12.39　在 X 和 Y 两个化学输入下,体系 P 执行 AND(a)、OR(b) 和 XOR(c) 逻辑运算以及相关电路图和真值表

12.7.3 OR 门

OR 逻辑门是在输入至少有一个输入是 1 的情况下,输出才能是 1。OR 门的等价电路相当于两个开关平行连接[图 12.39(b)]。两个输入的 OR 门的化学模型如图 12.40 所示,图中荧光基团(P)被连接的受体 M 所猝灭,M 能够接纳两个不同的物种 X 和 Y。它对 X 和 Y 有弱选择性。当只要在溶液中加入其中一个物种就足以使 M 的荧光复甦。这类逻辑门近来得到很大发展。例如,化合物(**12.32**)在自由状态下吡唑啉基的荧光,因化合物中 1-氨基-2-氧苯基的电子转移发生猝灭。可是当受体键合 Mg^{2+} 或 Ca^{2+} 时,它们的氧化电位很高,eT 过程不再发生,荧光开关被打开。在中性水溶液中含有 10^{-3} mol·L^{-1} 的 Ca^{2+} 或 0.5 mol·L^{-1} 的 Mg^{2+},以及以上浓度的 Ca^{2+} 和 Mg^{2+} 共存,荧光增强系数分别为 67、57 和 67。因此该体系满意的符合真值表中的 OR 运算。

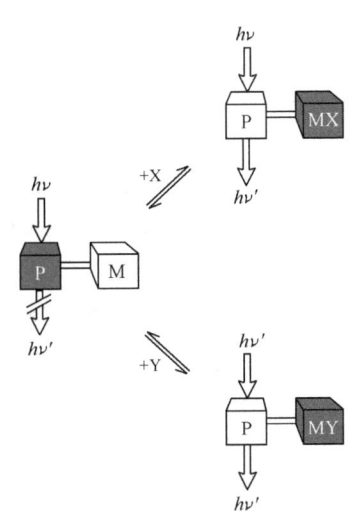

图 12.40 两个输入的分子 OR 门示意图

(12.32)

12.7.4 XOR 门

XOR 门是更为复杂的逻辑门,以等价电路[图 12.39(c)]表示,在等价电路中含有两个双极开关。XOR 运算和 OR 相似,只是当两个输入为 1 时,输出才为 0,它是一个比较器,比较两个信号的输入数值态(digital state)是否有相同的值。用分子来模拟 XOR 逻辑门较为困难,至今报道不多。

第一个 XOR 门分子由贫电子的线型 2,7-二苄基二杂氮芘基阳离子 1^{2+} 穿入富电子的含 2,3-二氧萘基的冠醚 2 中形成准轮烷 3(图 12.41),自由的二氧萘基冠醚在 $\lambda_{max}=343nm$ 有荧光发射带,形成轮烷后由于给体-受体电荷相互作用,在可见光区出现了电荷转移(CT)吸收带,导致在 $\lambda_{max}=343nm$ 处冠醚 2 的紫外荧光发射带消失。对 XOR 运算是以质子或三丁基胺(B)作输入,冠醚 2 在 343nm 的荧光信号作输出。运算过程和机理如图 12.41 所示。其具体实现如下:在含有 1^{2+} 和 2 的溶液中反应,组装成准轮烷 3。当加入 n-Bu₃N 到以上溶液中,因贫电子的 1^{2+} 和具电子对的和胺反应产生 1:2 加合物($1^{2+}\cdot B_2$)并留下已脱线的冠醚环 2(过程Ⅰ)。该过程引起 2 的荧光发射带(343 nm)恢复。随后加入和胺等量的三氟烷基磺酸(H^+),到以上溶液中,则 n-Bu₃N 质子化不能形成加合物又导致 1^{2+} 和 2 几乎定量地形成 3(过程Ⅱ)。由于准轮烷形成,343mn 处再次不显示荧光。由图 12.41 可知,过程Ⅰ和过程Ⅲ大大地增加了在 343 nm 的发射强度,而过程Ⅱ和Ⅳ则猝灭它的发射。根据以上情况,在过程Ⅰ中因胺的输入,冠醚 2 被释放,其荧光没有被猝灭(胺输入 1,输出 1)。在过程Ⅲ中 H^+ 的加入,冠醚 2 被质子化,但冠醚 2 的荧光同样未受到干扰,即 H^+ 输出 1。因此,将以上化学体系表示为在 XOR 逻辑门真值表中输入/输出的关系。只有当胺或 H^+(真值表中 X 和 Y)有一个被加入时(X:1 和 Y:0 或相反),在 343 nm 才有强荧光信号(输出 1),相反,当两个输入都存在或两个都不存在时,(即 X=Y:1,或 X=Y:0)则没有荧光信号产生。

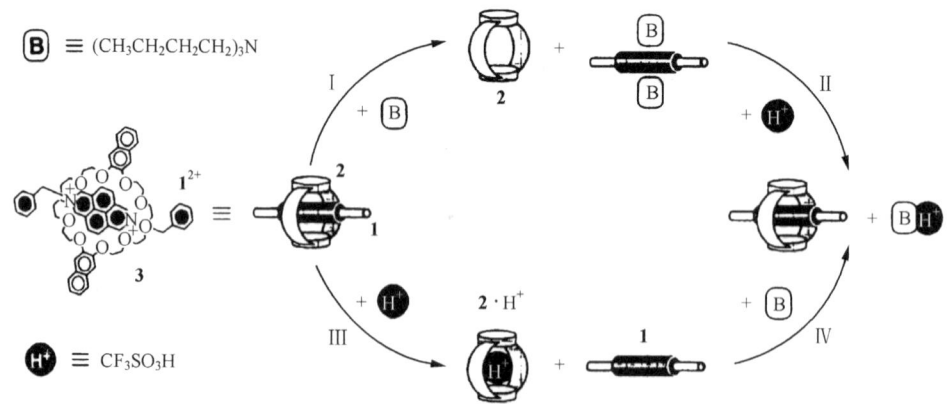

图 12.41　准轮烷 3 作为 XOR 逻辑门的工作机理

以上是较为简单的逻辑门,更为复杂的如 INHIBIT(禁 INH)逻辑门、NAND(与非)门、重组(reconfigurable)和叠加(superposed)逻辑体系等,也能用小分子构成。

除以上小分子组成的逻辑体系外,DNA 低(聚)核苷酸具有荧光读出特性,可作为 NOT 或 NAND 门等。近来证实蛋白质和细胞色素 c 在选择不同输入下能可逆地作为重组逻辑门。

小　结

（1）超分子自组装是以识别为基础，过程具有可逆性，有修复和校正结构缺陷的能力，能筛选出热力学最佳结构，是一种新的合成方法。

（2）金属配合物用于自组装有其独特的优点，以金属离子或配合物作为模板组装成立方体、金属点阵、纳米反应器等有限结构的配位聚合物和无限结构的配位聚合物，举例并讨论了它们的设计原理和影响形成的因素。对多孔型配位聚合物的功能和实际意义也做了介绍。

（3）对超分子器件只考虑构成超分子器件间各组分功能间弱相互作用，而不考虑键的性质。由此理解超分子和大分子间概念的不同。

（4）配合物在介稳状态下，受到光、电、pH等外界刺激，能进行电子转移或能量转移，使金属离子具有开关和传感功能。传感是开关过程的应用。在此基础上构成分子插头和插孔及逻辑门。

（5）介绍了以过渡金属配合物和连锁分子为基础构成的分子梭或分子旋转的原理和实验依据。

习　题

1. 二苯并[24]冠-8和化合物1在溶液中反应能自组装成准轮烷。
(1) 请用方程式表明反应的条件，以及反应物和产物的化学结构。
(2) 推动自组装的动力是什么？

2. DB24C8和化合物**2**可组成一插头和插口体系，请说明该体系的特点和如何实现该过程。

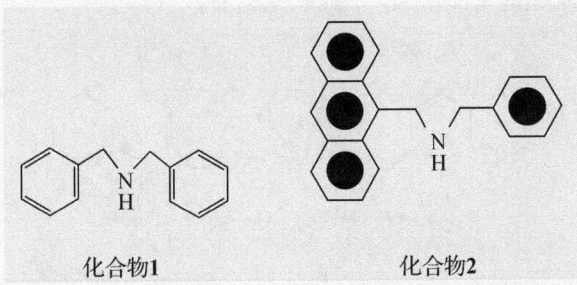

化合物1　　　　　　　　　化合物2

3. 按照超分子最初定义，即超分子化合物是由非共价相互作用连接的化合物，为什么在讨论超分子器件时，这定义却不完全适用？Lehn以超分子功能方面对该定义做了补充，对新的定义，你又是如何理解的？

4. 下图的化合物是具有3个蒽单元的穴醚，在THF中，由于叔氮原子的电子对转移，荧光量子产率很低，当加入Cu^{2+}或Ni^{2+}量子产率增大100倍。试问该体系适合于作哪种逻辑门的模型？请说明原因，并列出真值表。

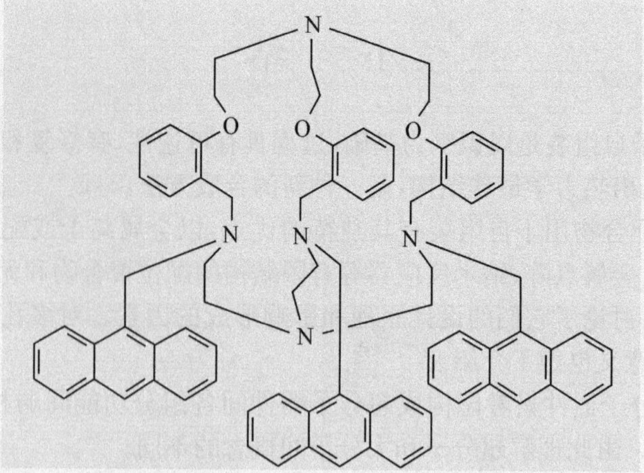

5. 已知下列反应物(L＝活性配体)中,如果 Cu^{2+} 中心的配位几何构型是①刚性四面体②展示出柔性,使用各种尺寸的阴离子在反应中起模板作用的条件下,试问哪种几何构型和哪个体系更有可能生成聚合物。J. Am. Chem. Soc.,1999,121:6306.

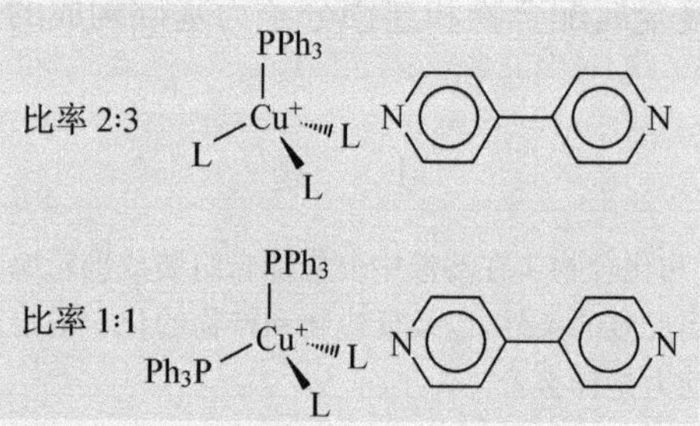

6. 二氮杂-18-冠-6 羟基喹啉的衍生物是在活体细胞中测定 Mg^{2+} 的优良传感器,试说明传感作用的原因。J. Am. Chem. Soc.,2006,128:244

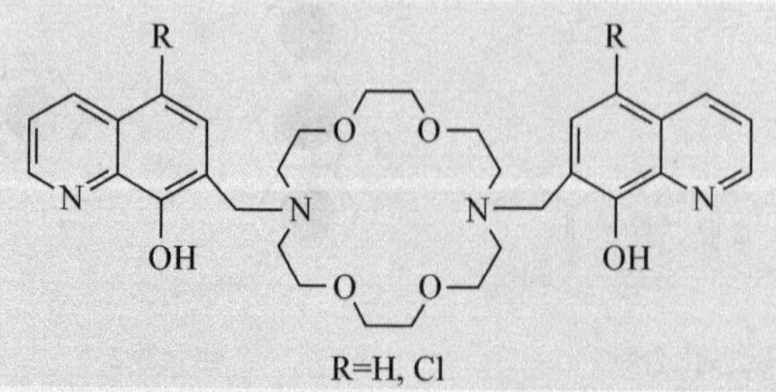

7. 荧光基团(7-硝基-2-氧杂-1,3-二唑)与穴醚连接成一个荧光体系(见下图),当用光激发该体系时,体系显示极弱的荧光。在溶液中加入 Ca^{2+} 则出现强荧光。但加入 SCN^- 和 N_3^- 等离子又显示弱的荧光。相反,加入 $AgBF_4$ 时荧光又恢复,试问为何有此现象,该体系能否作为荧光开关? Inorg. Chem.,2004,43:4626

弱荧光　　　　　　　　　　　　强荧光

○ = Cd^{2+}

强荧光　　　　　　　　　　　　弱荧光

参 考 文 献

[1] Steed J W, Atwood J L. Supramolecular Chemistry. New York: John Wiley & Sons, 2000, 赵跃鹏. 孙震译. 北京: 化学工业出版社, 2006

[2] Lindey J S. Self-assembly in synthetic to molecular devices, biological principles and chemical perspectives: a review. New J. Chem., 1991, 15: 153

[3] Robert F S. How far can we push chemical self-assembly? Science, 2005, 309: 95

[4] Vriezema J M, Aragones M C, Elemans J A A, et al. Self-assembled nanoreactors. Chem. Rev., 2005, 105: 1445

[5] Ruben M, Rojo J, Romero-Salguero F J, et al. Grid-type metal ion architectures: functional metallosupramolecular arrays. Angew. Chem. Int. Ed. Engl., 2004, 43: 3644

[6] James S L. Metal-organic frameworks. Chem. Soc. Rev, 2003, 32: 276

[7] Long J, Yaghi O. 2009 Metal-organic framework issue-reviewing the latest developments across the interdisciplinary area of metal-organic frameworks from an academic and industrial perpective. Chem. Soc. Rev., 2009, 38: 201-1508

[8] Balzani V, Credi A, Venturi M. Molecular Devices and Machines——A Journey into Nanoworld. Wein-

heim: Wiley-VCH, 2003; 田禾, 王利民译. 北京: 化学工业出版社, 2005

[9] Fabbrizzi L, Licchelli M, Pallavicini P. Transition metals as switches. Acc. Chem. Res., 1999, 32: 846

[10] Jiang L-J, Luo Q-H, Duan C-Y, et al. A new dioxoteraamine ligand appended with fluorenyl and its copper(II) complex, synthesis, crystal structure and solution behavior. Inorg. Chem. Acta., 1999, 295: 48

[11] Amendola V, Fabbrizzi L, Mangano C, et al. Molecular machines based on metal ion translation Acc. Chem. Res., 2001, 34: 488

[12] Ungaro R, Dalcanale E. Supramolecular Science: Where It Is and Where It Is Going. Dordrecht: Kluwer Academic, 1999: 1-38

[13] Feng M, Guo X F, Lin X, et al. Stable, reproducible nanorecording on rotaxane thin films. J. Am. Chem. Soc., 2005, 127: 15338

[14] Wang L Y, Hampel F. Gladysz "Giant" gyroscope-like molecules consisting of dipolar Cl-Rh-CO rotators encased in three-spoke stators that define 25-27-membered macrocycles. Angew. Chem. Int Ed. Engl., 2006, 45: 4372

[15] Muraoka T, Kinbara K, Aida T. Mechanical turisting of a guest by a photoresponsive host. Nature, 2006, 440: 512

本书常用缩写符号

acac	乙酰丙酮根
ADP	二磷酸腺苷
alan	氨基丙酸根
AMP	一磷酸腺苷
asp	天冬氨酸根
ATP	三磷酸腺苷
A 机理	缔合机理
bpy	联吡啶
Bu	丁基
β	积累稳定常数,第二阶分子超极化率
cat	邻苯二甲酸根
CFAE	晶体场活化能
CFSE	晶体场稳定化能
chla	叶绿素 a
cis-	顺式-
c_p	环戊二烯基
CPO	氯过氧化物酶
CT	电荷转移
cys	半胱氨酸根
C_{60}	富勒烯-C_{60}
15C5	15[冠]5
diars	邻亚苯基双(二甲胂)
DNA	脱氧核糖核酸
dppe	$PPh_2CH_2CH_2PPh_2$
dtp	$(C_2H_5O)_2PS^{2-}$
dtpa	二乙基三胺五乙酸根
D 机理	离解机理
edta	乙二胺四乙酸根
EDTA(或 H_4edta)	乙二胺四乙酸
en	乙二胺

Et	乙基
fac-	面式-
FAD	黄素腺嘌呤二核苷酸
FeMoco	铁钼辅因子
G	鸟嘌呤
glu	谷氨酸根
gly	氨基乙酸根
Hb	血红蛋白
HbO$_2$	氧合血红蛋白
his	组氨酸根
HOMO	最高占有分子轨道
Hr	蚯蚓血红蛋白
HRP	辣根过氧化物酶
I 机理	交换机理
ICT	分子内电荷转移
im	咪唑基
imH	咪唑
IS	内层
ISC	系间跨越
K	逐级稳定常数
k	速率常数
LF	配体场
Lip	木质素过氧化物酶
LMCT	配体到金属的电荷转移
LUMO	最低空的分子轨道
mal	丙二酸根
Mb	肌红蛋白
MbO$_2$	氧合肌红蛋白
Me	甲基
mer -	经式-
MLCT	金属到配体的电荷转移
MMO	甲烷单加氧酶
MMOR	甲烷单加氧羟化酶
MMOB	甲烷单加氧偶联蛋白
Mncat	锰过氧化氢酶

本书常用缩写符号

MnP	锰过氧化物酶
NAD(P)H	烟碱酰胺腺嘌呤磷酸酯
NLO	非线性光学性质
nta	氮三乙酸根
OEC	放氧配合物
OS	外层
ox	乙二酸根
PCP	五氯苯酚
Ph	苯基
Phen	1,1-菲咯啉
PhIO	碘酰苯
PhO	苯酚根
Ph$_3$P	三苯基膦
pic	烟酸根
pn	丙二胺
por	卟啉
pr	丙基
PSI	光学系统 I
py	吡啶
pz	吡嗪
R	烷基
sal	水杨醛
salen	水杨醛缩乙二胺
SN1	单分子亲核取代反应
SN2	双分子亲核取代反应
SOD	超氧化物歧化酶
Cu$_2$Zn$_2$SOD	铜锌超氧化物歧化酶
BESOD	牛(血清) 超氧化物歧化酶
tacn	1,4,7-三氮杂环壬烷
TAML	四酰基大环 Fe(III) 配合物
TBP	磷酸三丁酯
TCP	三氯苯酚
terpy	2′,2′,2′-三吡啶
trans-	反式-
tren	2,2′,2″-三(2-氨乙基)胺

trien	三乙基四胺
TTA	噻吩甲酰三氟乙酰丙酮
TTP	中位四苯基卟啉
T-S 谱项图	Tanabe-Sugano 谱项图